2017 家装辅材报价手册

《2017 家装辅材报价手册》编委会　编

中国建材工业出版社

图书在版编目(CIP)数据

2017 家装辅材报价手册 /《2017 家装辅材报价手册》编委会编．—北京：中国建材工业出版社，2017.1（2017.2重印）

ISBN 978-7-5160-1757-9

Ⅰ.①2… Ⅱ.①2… Ⅲ.①住宅—室内装修—装修材料—价格—手册 Ⅳ.①TU56-62

中国版本图书馆 CIP 数据核字（2017）第 010989 号

内 容 简 介

本书是家装辅材产品价格信息的纸质数据库，涵盖装修行业水、电、泥、木、油、五金六大类装饰装修辅材产品。书中收录的 1 万多条数据是从将近 6 万条产品中精心挑选出来的，包括了 180 多家大中型企业的主要辅材产品。其产品价格信息由各单位自报，并参考了国家相关造价定额、B2B 平台大数据分析，同时结合行业实际成交价格而定，具备较强的实用性和一定的权威性。

本书主要内容包括：产品名称、品牌、型号规格、包装单位、参考价格、生产厂家、联系方式等。本书是了解家装辅材产品价格信息的重要工具书。本书可供装修公司、设计师、项目经理、业主、造价工程师等参考使用。

2017 家装辅材报价手册

《2017 家装辅材报价手册》编委会　编

出版发行：中国建材工业出版社

地　　址：北京市海淀区三里河路 1 号

邮　　编：100044

经　　销：全国各地新华书店

印　　刷：北京鑫正大印刷有限公司

开　　本：787mm×1092mm　1/16

印　　张：29.5

字　　数：730 千字

版　　次：2017 年 1 月第 1 版

印　　次：2017 年 2 月第 2 次

定　　价：98.00 元

本社网址：www.jccbs.com　微信公众号：zgjcgycbs

本书如出现印装质量问题，由我社市场营销部负责调换。联系电话：(010) 88386906

支持单位

上海晓材科技有限公司（品材网）

序

在建筑材料领域，家装辅材是家庭住宅装饰装修最重要的基础建材之一，在装修过程中，辅材占据着整个材料的三分之一左右，由于被广泛用于隐蔽工程中，比较容易被忽视，一旦因质量问题涉及的维修，往往更加复杂，所以它在装修中的重要性不可否认。

近年来，伴随着家庭住宅装饰装修的飞速发展，全国家装辅材的市场规模已达数千亿元。由于辅材产品涉及水、电、泥、木、油、五金等众多工种，具有产品种类繁多、专业性强、供应链分散、品牌地域化等特点，人们对它的了解和关注并不是很多，因此出现了质量鱼龙混杂、价格不透明、标准化和规范化程度低等现象，而且很多问题往往发生在装修完成一段时间之后，影响了消费者的满意度，在相当程度上困扰乃至制约了行业的健康发展。

《2017 家装辅材报价手册》的整编发行，首次规范了家装辅材这一重要分类产品的规格标准化及市场信息价，有效填补了当前行业的空白，对家装行业参建各方主体在方案设计、预算编制、材料选型、工程报价、消费者与家装单位展开质量验收及公平造价结算等方面均具有重要的参考价值。同时，对平稳建材市场物价、推广优质品牌、鼓励绿色建材、服务民生、提高社会工作效益均有着不可估量的积极作用。希望《2017 家装辅材报价手册》的编委会成员单位不断积累工作经验，坚持做好市场调研，不断更新，把辅材行业的技术进步、品牌推广等各方面信息全面展示给消费者，促进行业健康、稳定、高速的可持续发展。

前　言

家装是一个既传统又新兴的行业，随着人们生活水平的提高、房地产行业的发展，近年来始终被高度关注。

产品线复杂、服务链条长、沟通成本高的家装行业一向被视为传统行业最后的防线，也是最难被颠覆的行业之一。在家装过程中，辅材占据整个材料30%的采购成本，它在装修中的重要性不可否认，但又因为辅材在施工中被主要运用于隐蔽工程而容易被消费者忽视。但是随着人们生活水平的提高，消费水平升级，越来越多的消费者开始把目光聚焦到家装辅材的选购上。

不管是家装从业者，还是装修过的消费者都明白一个道理：装修面子重要，里子更重要，隐蔽工程的主角“家装辅材”是决定家装品质的关键之一。防水做得好不好，抹墙平不平，腻子很关键，用啥粘瓷砖不起鼓，水电布局怎么合理、是否安全，这些都是装修后决定家居品质的核心关节，而且一旦出问题，维修成本会很大。随着人们越来越懂装修，对装修辅材的选择也越来越重视，这也就对装修公司、设计师、工长以及辅材生产企业提出了更高的要求。一方面装修从业者积极引导业主使用知名品牌辅材，另一方面企业本身加大品牌宣传，向装修施工单位和业主端进行普及推广。

本书编委会由上海晓材科技有限公司（装修材料B2B电商平台——品材网）及中国室内装饰行业协会专家、资深造价师、资深项目经理和工长组成。本书历经近一年的数据收集、整理、校对，主要解决当前建材市场的辅材品名不规范，生产厂家信息不透明等困扰从业人员以及消费者的问题。随着时代变化，新材料和新工艺层出不穷，通过编委会成员“品材网”建材电商平台的大数据分析，结合行业实际成交价格，使得上万种辅材产品的品牌、品名、规格、报价得以基本准确地展现出来，例如产品命名参考了国家标准以及各地惯用的名称，使其通俗易懂，完整准确。随着辅材行业的进步，市场呈现新趋势，即“价值战”取代“价格战”。以往“价格战”唱主角的局面，逐步被各品牌在产品性能、质量、售后服务及外观设计等方面不断深化的“价值战”而取代。

本书在编辑过程中，得到了有关协会领导以及广大企业的大力支持和帮助，在此表示感谢！最后，作为一本工具书，希望《2017家装辅材报价手册》能体现出相当的参考价值，希望所有从业人员的工作顺利，希望所有业主能快乐装修，幸福生活！

编者

2017年1月

目　　录

第 1 章　水工辅材

1.1　冷热水用聚丙烯(PP-R)水管

1.1.1　PP-R 管材

产品名称	品牌	型号规格	包装单位	参考价格（元）	生产厂家
PPR 管	爱康保利	D20×3.4(热水),白	根(3m/根)	20.51	爱康企业集团(上海)有限公司
PPR 管	爱康保利	D25×4.2(热水),白	根(3m/根)	29.52	爱康企业集团(上海)有限公司
PPR 管	爱康保利	D32×4.4(热水),白	根(3m/根)	88.70	爱康企业集团(上海)有限公司
PPR 管	公元	D20×2.8	根(4m/根)	17.10	公元塑业集团有限公司
PPR 管	公元	D25×3.5	根(4m/根)	26.63	公元塑业集团有限公司
PPR 管	公元	D25×4.2	根(4m/根)	33.28	公元塑业集团有限公司
PPR 管	公元	D32×4.4	根(4m/根)	41.56	公元塑业集团有限公司
PPR 管	金德	D20×2.3(冷水)	根(4m/根)	33.00	金德管业集团有限公司
PPR 管	金德	D20×2.8(热水)	根(4m/根)	38.00	金德管业集团有限公司
PPR 管	金德	D25×2.8(冷水)	根(4m/根)	47.00	金德管业集团有限公司
PPR 管	金德	D25×3.5(热水)	根(4m/根)	57.00	金德管业集团有限公司
PPR 管	金德	D32×3.6(冷水)	根(4m/根)	73.00	金德管业集团有限公司
PPR 管	金德	D32×4.4(热水)	根(4m/根)	89.00	金德管业集团有限公司
PPR 管	金牛	D20×2.8(热水),灰	根(4m/根)	14.30	武汉金牛经济发展有限公司
PPR 管	金牛	D20×3.4(热水),灰	根(4m/根)	17.60	武汉金牛经济发展有限公司
PPR 管	金牛	D25×3.5(热水),灰	根(4m/根)	19.80	武汉金牛经济发展有限公司
PPR 管	金牛	D32×4.4(热水),灰	根(4m/根)	31.90	武汉金牛经济发展有限公司
PPR 管	阔盛	D20×3.4(热水),绿	根(4m/根)	94.00	阔盛管道系统(上海)有限公司
PPR 管	阔盛	D25×4.2(热水),绿	根(4m/根)	146.80	阔盛管道系统(上海)有限公司
PPR 管	阔盛	D32×5.4(热水),绿	根(4m/根)	260.00	阔盛管道系统(上海)有限公司
PPR 管	阔盛	D40×6.7(热水),绿	根(4m/根)	504.40	阔盛管道系统(上海)有限公司

续表

产品名称	品牌	型号规格	包装单位	参考价格（元）	生产厂家
PPR 管	阔盛	D50×8.3(热水),绿	根(4m/根)	744.00	阔盛管道系统(上海)有限公司
PPR 管	崂山	D20×2.8	根(4m/根)	80.25	青岛崂山管业科技有限公司
PPR 管	崂山	D25×3.5	根(4m/根)	119.63	青岛崂山管业科技有限公司
PPR 管	崂山	D32×4.4	根(4m/根)	191.44	青岛崂山管业科技有限公司
PPR 管	联塑	D110×10.0	根(4m/根)	339.00	广东联塑科技实业有限公司
PPR 管	联塑	D110×12.3	根(4m/根)	407.58	广东联塑科技实业有限公司
PPR 管	联塑	D110×15.1	根(4m/根)	482.78	广东联塑科技实业有限公司
PPR 管	联塑	D110×18.3	根(4m/根)	579.38	广东联塑科技实业有限公司
PPR 管	联塑	D20×2.0	根(4m/根)	11.65	广东联塑科技实业有限公司
PPR 管	联塑	D20×2.3	根(4m/根)	12.86	广东联塑科技实业有限公司
PPR 管	联塑	D20×2.8	根(4m/根)	16.15	广东联塑科技实业有限公司
PPR 管	联塑	D20×3.4	根(4m/根)	19.66	广东联塑科技实业有限公司
PPR 管	联塑	D25×2.3	根(4m/根)	16.80	广东联塑科技实业有限公司
PPR 管	联塑	D25×2.8	根(4m/根)	19.95	广东联塑科技实业有限公司
PPR 管	联塑	D25×3.5	根(4m/根)	24.67	广东联塑科技实业有限公司
PPR 管	联塑	D25×4.2	根(4m/根)	30.95	广东联塑科技实业有限公司
PPR 管	联塑	D32×2.9	根(4m/根)	26.46	广东联塑科技实业有限公司
PPR 管	联塑	D32×3.6	根(4m/根)	31.87	广东联塑科技实业有限公司
PPR 管	联塑	D32×4.4	根(4m/根)	39.49	广东联塑科技实业有限公司
PPR 管	联塑	D32×5.4	根(4m/根)	50.02	广东联塑科技实业有限公司
PPR 管	联塑	D40×3.7	根(4m/根)	43.60	广东联塑科技实业有限公司
PPR 管	联塑	D40×4.5	根(4m/根)	52.47	广东联塑科技实业有限公司
PPR 管	联塑	D40×5.5	根(4m/根)	62.34	广东联塑科技实业有限公司
PPR 管	联塑	D40×6.7	根(4m/根)	77.22	广东联塑科技实业有限公司
PPR 管	联塑	D50×4.6	根(4m/根)	66.41	广东联塑科技实业有限公司
PPR 管	联塑	D50×5.6	根(4m/根)	81.54	广东联塑科技实业有限公司
PPR 管	联塑	D50×6.9	根(4m/根)	97.94	广东联塑科技实业有限公司
PPR 管	联塑	D50×8.3	根(4m/根)	119.83	广东联塑科技实业有限公司
PPR 管	联塑	D63×10.5	根(4m/根)	190.73	广东联塑科技实业有限公司
PPR 管	联塑	D63×5.8	根(4m/根)	106.73	广东联塑科技实业有限公司
PPR 管	联塑	D63×7.1	根(4m/根)	130.00	广东联塑科技实业有限公司
PPR 管	联塑	D63×8.6	根(4m/根)	158.65	广东联塑科技实业有限公司

续表

产品名称	品牌	型号规格	包装单位	参考价格(元)	生产厂家
PPR管	联塑	D75×10.3	根(4m/根)	224.43	广东联塑科技实业有限公司
PPR管	联塑	D75×12.5	根(4m/根)	269.76	广东联塑科技实业有限公司
PPR管	联塑	D75×6.8	根(4m/根)	157.94	广东联塑科技实业有限公司
PPR管	联塑	D75×8.4	根(4m/根)	190.02	广东联塑科技实业有限公司
PPR管	联塑	D90×10.1	根(4m/根)	274.23	广东联塑科技实业有限公司
PPR管	联塑	D90×12.3	根(4m/根)	324.44	广东联塑科技实业有限公司
PPR管	联塑	D90×15.0	根(4m/根)	380.93	广东联塑科技实业有限公司
PPR管	联塑	D90×8.2	根(4m/根)	229.13	广东联塑科技实业有限公司
PPR保温管	普通	D25×20	根(1.6m/根)	3.80	上海市闵行昊琳建材经营部
PPR保温管	普通	D25×9	根(1.6m/根)	2.80	上海市闵行昊琳建材经营部
PPR管	日丰	D110×12.3,白(冷水)	根(4m/根)	584.00	日丰企业集团有限公司
PPR管	日丰	D110×12.3,灰(冷水)	根(4m/根)	584.00	日丰企业集团有限公司
PPR管	日丰	D110×15.1,白(热水)	根(4m/根)	652.00	日丰企业集团有限公司
PPR管	日丰	D110×15.1,灰(热水)	根(4m/根)	652.00	日丰企业集团有限公司
PPR管	日丰	D32×3.6,白(冷水)	根(4m/根)	49.00	日丰企业集团有限公司
PPR管	日丰	D32×3.6,绿(冷水)	根(4m/根)	49.00	日丰企业集团有限公司
PPR管	日丰	D32×4.4,白(热水)	根(4m/根)	59.00	日丰企业集团有限公司
PPR管	日丰	D32×4.4,绿(热水)	根(4m/根)	59.00	日丰企业集团有限公司
PPR管	日丰	D40×4.5,白(冷水)	根(4m/根)	75.00	日丰企业集团有限公司
PPR管	日丰	D40×4.5,灰(冷水)	根(4m/根)	75.00	日丰企业集团有限公司
PPR管	日丰	D40×5.5,白(热水)	根(4m/根)	85.00	日丰企业集团有限公司
PPR管	日丰	D40×5.5,灰(热水)	根(4m/根)	85.00	日丰企业集团有限公司
PPR管	日丰	D50×5.6,白(冷水)	根(4m/根)	110.00	日丰企业集团有限公司
PPR管	日丰	D50×5.6,灰(冷水)	根(4m/根)	110.00	日丰企业集团有限公司
PPR管	日丰	D50×6.9,白(热水)	根(4m/根)	128.00	日丰企业集团有限公司
PPR管	日丰	D50×6.9,灰(热水)	根(4m/根)	128.00	日丰企业集团有限公司
PPR管	日丰	D63×7.1,白(冷水)	根(4m/根)	195.00	日丰企业集团有限公司
PPR管	日丰	D63×7.1,灰(冷水)	根(4m/根)	195.00	日丰企业集团有限公司
PPR管	日丰	D63×8.6,白(热水)	根(4m/根)	225.00	日丰企业集团有限公司
PPR管	日丰	D63×8.6,灰(热水)	根(4m/根)	225.00	日丰企业集团有限公司
PPR管	日丰	D75×10.3,白(热水)	根(4m/根)	332.00	日丰企业集团有限公司
PPR管	日丰	D75×10.3,灰(热水)	根(4m/根)	332.00	日丰企业集团有限公司

续表

产品名称	品牌	型号规格	包装单位	参考价格（元）	生产厂家
PPR 管	日丰	D75×8.4，白(冷水)	根(4m/根)	289.00	日丰企业集团有限公司
PPR 管	日丰	D75×8.4，灰(冷水)	根(4m/根)	289.00	日丰企业集团有限公司
PPR 管	日丰	D90×10.1，白(冷水)	根(4m/根)	392.00	日丰企业集团有限公司
PPR 管	日丰	D90×10.1，灰(冷水)	根(4m/根)	392.00	日丰企业集团有限公司
PPR 管	日丰	D90×12.3，白(热水)	根(4m/根)	405.00	日丰企业集团有限公司
PPR 管	日丰	D90×12.3，灰(热水)	根(4m/根)	405.00	日丰企业集团有限公司
PPR 双层管(外白内绿)	日丰	D20×2.3，白(冷水)	根(4m/根)	22.00	日丰企业集团有限公司
PPR 双层管(外白内绿)	日丰	D20×2.8，白(热水)	根(4m/根)	28.00	日丰企业集团有限公司
PPR 双层管(外白内绿)	日丰	D25×2.8，白(冷水)	根(4m/根)	30.00	日丰企业集团有限公司
PPR 双层管(外白内绿)	日丰	D25×3.5，白(热水)	根(4m/根)	35.00	日丰企业集团有限公司
PPR 管	上塑	D20×2.8，绿色	根(3m/根)	17.20	上海上塑控股(集团)有限公司
PPR 管	上塑	D25×3.5，绿色	根(3m/根)	25.80	上海上塑控股(集团)有限公司
PPR 管	天力	D20，米黄	根	25.30	上海天力实业(集团)有限公司
PPR 管	天力	D25，米黄	根	40.30	上海天力实业(集团)有限公司
PPR 管	伟星	D110×10.0(冷水)，绿	根(4m/根)	405.85	浙江伟星新型建材股份有限公司
PPR 管	伟星	D110×12.3(冷水)，绿	根(4m/根)	487.27	浙江伟星新型建材股份有限公司
PPR 管	伟星	D110×15.1(冷热水)，绿	根(4m/根)	576.96	浙江伟星新型建材股份有限公司
PPR 管	伟星	D110×18.3(热水)，绿	根(4m/根)	683.16	浙江伟星新型建材股份有限公司
PPR 管	伟星	D125×11.4(冷水)，绿	根(4m/根)	593.88	浙江伟星新型建材股份有限公司
PPR 管	伟星	D125×14.0(冷水)，绿	根(4m/根)	709.95	浙江伟星新型建材股份有限公司
PPR 管	伟星	D125×17.1(冷热水)，绿	根(4m/根)	844.03	浙江伟星新型建材股份有限公司
PPR 管	伟星	D160×14.6(冷水)，绿	根(4m/根)	971.35	浙江伟星新型建材股份有限公司
PPR 管	伟星	D160×17.9(冷水)，绿	根(4m/根)	1163.97	浙江伟星新型建材股份有限公司
PPR 管	伟星	D160×21.9(冷热水)，绿	根(4m/根)	1383.35	浙江伟星新型建材股份有限公司
PPR 管	伟星	D20×2.3(冷水)，绿	根(4m/根)	22.94	浙江伟星新型建材股份有限公司
PPR 管	伟星	D20×2.8(冷热水)，绿	根(4m/根)	31.99	浙江伟星新型建材股份有限公司
PPR 管	伟星	D20×3.4(热水)，绿	根(4m/根)	38.82	浙江伟星新型建材股份有限公司
PPR 管	伟星	D25×2.3(冷水)，绿	根(4m/根)	29.86	浙江伟星新型建材股份有限公司

续表

产品名称	品牌	型号规格	包装单位	参考价格（元）	生产厂家
PPR管	伟星	D25×2.8(冷水),绿	根(4m/根)	36.36	浙江伟星新型建材股份有限公司
PPR管	伟星	D25×3.5(冷热水),绿	根(4m/根)	51.24	浙江伟星新型建材股份有限公司
PPR管	伟星	D25×4.2(热水),绿	根(3m/根)	45.19	浙江伟星新型建材股份有限公司
PPR管	伟星	D32×2.9(冷水),绿	根(4m/根)	36.59	浙江伟星新型建材股份有限公司
PPR管	伟星	D32×3.6(冷水),绿	根(4m/根)	44.02	浙江伟星新型建材股份有限公司
PPR管	伟星	D32×4.4(冷热水),绿	根(4m/根)	60.28	浙江伟星新型建材股份有限公司
PPR管	伟星	D40×3.7(冷水),绿	根(4m/根)	54.92	浙江伟星新型建材股份有限公司
PPR管	伟星	D40×4.5(冷水),绿	根(4m/根)	68.57	浙江伟星新型建材股份有限公司
PPR管	伟星	D40×5.5(冷热水),绿	根(4m/根)	83.68	浙江伟星新型建材股份有限公司
PPR管	伟星	D50×4.6(冷水),绿	根(4m/根)	87.72	浙江伟星新型建材股份有限公司
PPR管	伟星	D50×5.6(冷水),绿	根(4m/根)	103.58	浙江伟星新型建材股份有限公司
PPR管	伟星	D50×6.9(冷热水),绿	根(4m/根)	131.72	浙江伟星新型建材股份有限公司
PPR管	伟星	D63×5.8(冷水),绿	根(4m/根)	139.39	浙江伟星新型建材股份有限公司
PPR管	伟星	D63×7.1(冷水),绿	根(4m/根)	166.71	浙江伟星新型建材股份有限公司
PPR管	伟星	D63×8.6(冷热水),绿	根(4m/根)	205.32	浙江伟星新型建材股份有限公司
PPR管	伟星	D75×10.3(冷热水),绿	根(4m/根)	268.59	浙江伟星新型建材股份有限公司
PPR管	伟星	D75×12.5(热水),绿	根(4m/根)	321.78	浙江伟星新型建材股份有限公司
PPR管	伟星	D75×6.8(冷水),绿	根(4m/根)	195.55	浙江伟星新型建材股份有限公司
PPR管	伟星	D75×8.4(冷水),绿	根(4m/根)	226.84	浙江伟星新型建材股份有限公司
PPR管	伟星	D90×10.1(冷水),绿	根(4m/根)	327.96	浙江伟星新型建材股份有限公司
PPR管	伟星	D90×12.3(冷热水),绿	根(4m/根)	385.11	浙江伟星新型建材股份有限公司
PPR管	伟星	D90×15.0(热水),绿	根(4m/根)	479.78	浙江伟星新型建材股份有限公司
PPR管	伟星	D90×8.2(冷水),绿	根(4m/根)	273.02	浙江伟星新型建材股份有限公司
PPR管	中萨	D110×12.3(冷水1.6MPa),白	根(4m/根)	323.10	上海皮尔萨实业有限公司
PPR管	中萨	D110×15.1(热水2MPa),白	根(4m/根)	420.33	上海皮尔萨实业有限公司
PPR管	中萨	D160×17.9(冷水1.6MPa),白	根(4m/根)	835.86	上海皮尔萨实业有限公司
PPR管	中萨	D160×21.9(热水2MPa),白	根(4m/根)	1121.99	上海皮尔萨实业有限公司
PPR管	中萨	D20×2.3(冷水1.6MPa),白	根(4m/根)	11.23	上海皮尔萨实业有限公司
PPR管	中萨	D20×2.8(热水2MPa),白	根(3m/根)	10.07	上海皮尔萨实业有限公司
PPR管	中萨	D25×2.8(冷水1.6MPa),白	根(4m/根)	17.36	上海皮尔萨实业有限公司
PPR管	中萨	D25×4.2(热水2.5MPa),白	根(3m/根)	18.17	上海皮尔萨实业有限公司
PPR管	中萨	D32×3.6(冷水1.6MPa),白	根(4m/根)	28.22	上海皮尔萨实业有限公司

续表

产品名称	品牌	型号规格	包装单位	参考价格(元)	生产厂家
PPR 管	中萨	D32×4.4(热水 2MPa),白	根(3m/根)	25.34	上海皮尔萨实业有限公司
PPR 管	中萨	D40×4.5(冷水 1.6MPa),白	根(4m/根)	45.49	上海皮尔萨实业有限公司
PPR 管	中萨	D40×5.5(热水 2MPa),白	根(4m/根)	62.37	上海皮尔萨实业有限公司
PPR 管	中萨	D50×5.6(冷水 1.6MPa),白	根(4m/根)	68.01	上海皮尔萨实业有限公司
PPR 管	中萨	D50×6.9(热水 2MPa),白	根(4m/根)	88.41	上海皮尔萨实业有限公司
PPR 管	中萨	D63×7.1(冷水 1.6MPa),白	根(4m/根)	108.84	上海皮尔萨实业有限公司
PPR 管	中萨	D63×8.6(热水 2MPa),白	根(4m/根)	134.23	上海皮尔萨实业有限公司
PPR 管	中萨	D75×10.3(热水 2MPa),白	根(4m/根)	202.54	上海皮尔萨实业有限公司
PPR 管	中萨	D75×8.4(冷水 1.6MPa),白	根(4m/根)	150.64	上海皮尔萨实业有限公司
PPR 管	中萨	D90×10.1(冷水 1.6MPa),白	根(4m/根)	222.64	上海皮尔萨实业有限公司
PPR 管	中萨	D90×12.3(热水 2MPa),白	根(4m/根)	281.30	上海皮尔萨实业有限公司

1.1.2 PP-R 管件

产品名称	品牌	规格型号	包装单位	参考价格(元)	供应商
45°弯头	爱康保利	D20,白	个	1.28	爱康企业集团(上海)有限公司
45°弯头	爱康保利	D25,白	个	1.97	爱康企业集团(上海)有限公司
45°弯头	爱康保利	D25,绿	个	1.97	爱康企业集团(上海)有限公司
45°弯头	爱康保利	D32,白	个	3.20	爱康企业集团(上海)有限公司
45°弯头	爱康保利	D32,绿	个	3.20	爱康企业集团(上海)有限公司
90°弯头	爱康保利	D20,白	个	1.33	爱康企业集团(上海)有限公司
90°弯头	爱康保利	D25,白	个	2.02	爱康企业集团(上海)有限公司
90°弯头	爱康保利	D25,绿	个	2.02	爱康企业集团(上海)有限公司
90°弯头	爱康保利	D32,白	个	3.25	爱康企业集团(上海)有限公司
90°弯头	爱康保利	D32,绿	个	3.25	爱康企业集团(上海)有限公司
等径三通	爱康保利	D20,白	个	1.76	爱康企业集团(上海)有限公司
等径三通	爱康保利	D25,白	个	2.66	爱康企业集团(上海)有限公司
等径三通	爱康保利	D25,绿	个	2.66	爱康企业集团(上海)有限公司
等径三通	爱康保利	D32,白	个	4.80	爱康企业集团(上海)有限公司
等径三通	爱康保利	D32,绿	个	4.80	爱康企业集团(上海)有限公司
等径四通	爱康保利	D20,白	个	2.93	爱康企业集团(上海)有限公司
等径四通	爱康保利	D25,白	个	3.73	爱康企业集团(上海)有限公司

续表

产品名称	品牌	规格型号	包装单位	参考价格（元）	供应商
等径四通	爱康保利	D25,绿	个	3.73	爱康企业集团(上海)有限公司
等径四通	爱康保利	D32,白	个	6.29	爱康企业集团(上海)有限公司
等径四通	爱康保利	D32,绿	个	6.29	爱康企业集团(上海)有限公司
管堵/丝堵/堵头	爱康保利	R1/2,白	个	0.75	爱康企业集团(上海)有限公司
管堵/丝堵/堵头	爱康保利	R3/4,白	个	0.80	爱康企业集团(上海)有限公司
管堵/丝堵/堵头	爱康保利	R3/4,绿	个	0.80	爱康企业集团(上海)有限公司
管帽/闷头	爱康保利	D20,白	个	0.75	爱康企业集团(上海)有限公司
管帽/闷头	爱康保利	D25,白	个	1.01	爱康企业集团(上海)有限公司
管帽/闷头	爱康保利	D25,绿	个	1.01	爱康企业集团(上海)有限公司
管帽/闷头	爱康保利	D32,白	个	1.76	爱康企业集团(上海)有限公司
管帽/闷头	爱康保利	D32,绿	个	1.76	爱康企业集团(上海)有限公司
过桥弯	爱康保利	D20,白	个	3.52	爱康企业集团(上海)有限公司
过桥弯	爱康保利	D25,白	个	5.06	爱康企业集团(上海)有限公司
过桥弯	爱康保利	D25,绿	个	5.06	爱康企业集团(上海)有限公司
过桥弯	爱康保利	D32,白	个	9.48	爱康企业集团(上海)有限公司
过桥弯	爱康保利	D32,绿	个	9.48	爱康企业集团(上海)有限公司
内丝接头	爱康保利	D20×1/2″,白	个	8.31	爱康企业集团(上海)有限公司
内丝接头	爱康保利	D25×1/2″,白	个	9.54	爱康企业集团(上海)有限公司
内丝接头	爱康保利	D25×1/2″,绿	个	9.54	爱康企业集团(上海)有限公司
内丝接头	爱康保利	D25×3/4″,白	个	13.05	爱康企业集团(上海)有限公司
内丝接头	爱康保利	D25×3/4″,绿	个	13.05	爱康企业集团(上海)有限公司
内丝接头	爱康保利	D32×1″,白	个	25.20	爱康企业集团(上海)有限公司
内丝接头	爱康保利	D32×1″,绿	个	25.20	爱康企业集团(上海)有限公司
内丝三通	爱康保利	D20×1/2″,白	个	9.54	爱康企业集团(上海)有限公司
内丝三通	爱康保利	D25×1/2″,白	个	12.04	爱康企业集团(上海)有限公司
内丝三通	爱康保利	D25×3/4″,白	个	14.71	爱康企业集团(上海)有限公司
内丝三通	爱康保利	D32×1″,白	个	27.97	爱康企业集团(上海)有限公司
内丝三通	爱康保利	D32×1″,绿	个	27.97	爱康企业集团(上海)有限公司
内丝弯头	爱康保利	D20×1/2″,白	个	9.70	爱康企业集团(上海)有限公司
内丝弯头	爱康保利	D25×1/2″,白	个	11.08	爱康企业集团(上海)有限公司
内丝弯头	爱康保利	D25×3/4″,白	个	14.55	爱康企业集团(上海)有限公司
内丝弯头	爱康保利	D25×3/4″,绿	个	14.55	爱康企业集团(上海)有限公司

续表

产品名称	品牌	规格型号	包装单位	参考价格（元）	供应商
内丝弯头	爱康保利	D32×1″,白	个	26.85	爱康企业集团(上海)有限公司
内丝弯头	爱康保利	D32×1″,绿	个	26.85	爱康企业集团(上海)有限公司
内丝弯头	爱康保利	D32×3/4″,白	个	18.49	爱康企业集团(上海)有限公司
塑料 U 型管卡	爱康保利	D20,白	个	1.23	爱康企业集团(上海)有限公司
塑料 U 型管卡	爱康保利	D25,白	个	1.28	爱康企业集团(上海)有限公司
塑料 U 型管卡	爱康保利	D32,白	个	1.49	爱康企业集团(上海)有限公司
外丝接头	爱康保利	D20×1/2,白	个	11.35	爱康企业集团(上海)有限公司
外丝接头	爱康保利	D25×1/2″,白	个	13.05	爱康企业集团(上海)有限公司
外丝接头	爱康保利	D25×1/2″,绿	个	13.05	爱康企业集团(上海)有限公司
外丝接头	爱康保利	D25×3/4″,白	个	16.73	爱康企业集团(上海)有限公司
外丝接头	爱康保利	D25×3/4″,绿	个	16.73	爱康企业集团(上海)有限公司
外丝接头	爱康保利	D32×1″,白	个	26.27	爱康企业集团(上海)有限公司
外丝接头	爱康保利	D32×1″,绿	个	26.27	爱康企业集团(上海)有限公司
外丝三通	爱康保利	D20×1/2,白	个	12.95	爱康企业集团(上海)有限公司
外丝三通	爱康保利	D25×1/2″,白	个	14.44	爱康企业集团(上海)有限公司
外丝三通	爱康保利	D25×3/4″,白	个	18.49	爱康企业集团(上海)有限公司
外丝三通	爱康保利	D25×3/4″,绿	个	18.49	爱康企业集团(上海)有限公司
外丝三通	爱康保利	D32×1″,白	个	39.16	爱康企业集团(上海)有限公司
外丝弯头	爱康保利	D20×1/2,白	个	12.52	爱康企业集团(上海)有限公司
外丝弯头	爱康保利	D25×1/2″,白	个	14.01	爱康企业集团(上海)有限公司
外丝弯头	爱康保利	D25×3/4″,白	个	17.90	爱康企业集团(上海)有限公司
外丝弯头	爱康保利	D25×3/4″,绿	个	17.90	爱康企业集团(上海)有限公司
外丝弯头	爱康保利	D32×1″,白	个	35.27	爱康企业集团(上海)有限公司
外丝弯头	爱康保利	D32×1″,绿	个	35.27	爱康企业集团(上海)有限公司
异径管接/大小头	爱康保利	D25/20,白	个	1.17	爱康企业集团(上海)有限公司
异径管接/大小头	爱康保利	D32/25,白	个	2.29	爱康企业集团(上海)有限公司
异径三通	爱康保利	D25/20/25,白	个	2.72	爱康企业集团(上海)有限公司
异径三通	爱康保利	D32/25/32,白	个	4.85	爱康企业集团(上海)有限公司
异径弯头	爱康保利	D25/20,白	个	1.86	爱康企业集团(上海)有限公司
异径弯头	爱康保利	D32/25,白	个	4.16	爱康企业集团(上海)有限公司
直通/直接	爱康保利	D20,白	个	0.96	爱康企业集团(上海)有限公司
直通/直接	爱康保利	D25,白	个	1.33	爱康企业集团(上海)有限公司

续表

产品名称	品牌	规格型号	包装单位	参考价格（元）	供应商
直通/直接	爱康保利	D25，绿	个	1.33	爱康企业集团（上海）有限公司
直通/直接	爱康保利	D32，白	个	2.18	爱康企业集团（上海）有限公司
直通/直接	爱康保利	D32，绿	个	2.18	爱康企业集团（上海）有限公司
45°弯头	公元	D20	个	0.63	公元塑业集团有限公司
45°弯头	公元	D25	个	1.06	公元塑业集团有限公司
45°弯头	公元	D32	个	2.15	公元塑业集团有限公司
90°弯头	公元	D20	个	0.76	公元塑业集团有限公司
90°弯头	公元	D25	个	1.15	公元塑业集团有限公司
90°弯头	公元	D32	个	2.26	公元塑业集团有限公司
等径三通	公元	D20	个	0.89	公元塑业集团有限公司
等径三通	公元	D25	个	1.42	公元塑业集团有限公司
等径三通	公元	D32	个	2.92	公元塑业集团有限公司
高迫码	公元	D20	个	0.29	公元塑业集团有限公司
高迫码	公元	D25	个	0.43	公元塑业集团有限公司
高迫码	公元	D32	个	0.63	公元塑业集团有限公司
管堵/丝堵/堵头	公元	D20	个	0.58	公元塑业集团有限公司
管堵/丝堵/堵头	公元	D25	个	0.72	公元塑业集团有限公司
管堵/丝堵/堵头	公元	D32	个	1.25	公元塑业集团有限公司
管帽/闷头	公元	D20	个	0.49	公元塑业集团有限公司
管帽/闷头	公元	D25	个	0.63	公元塑业集团有限公司
管帽/闷头	公元	D32	个	1.20	公元塑业集团有限公司
过桥弯	公元	D20	个	1.86	公元塑业集团有限公司
过桥弯	公元	D25	个	3.03	公元塑业集团有限公司
过桥弯	公元	D32	个	5.34	公元塑业集团有限公司
活接	公元	D20	个	2.14	公元塑业集团有限公司
活接	公元	D20×1/2	个	15.32	公元塑业集团有限公司
活接	公元	D25	个	3.55	公元塑业集团有限公司
活接	公元	D25×3/4	个	20.02	公元塑业集团有限公司
活接	公元	D32	个	5.50	公元塑业集团有限公司
活接（带铜）	公元	D20	个	14.84	公元塑业集团有限公司
活接（带铜）	公元	D25	个	23.69	公元塑业集团有限公司
活接（带铜）	公元	D32	个	41.74	公元塑业集团有限公司

续表

产品名称	品牌	规格型号	包装单位	参考价格（元）	供应商
截止阀	公元	D20	个	17.25	公元塑业集团有限公司
截止阀	公元	D25	个	28.75	公元塑业集团有限公司
截止阀	公元	D32	个	43.12	公元塑业集团有限公司
内丝管套	公元	D20×1/2	个	5.49	公元塑业集团有限公司
内丝管套	公元	D20×3/4	个	8.16	公元塑业集团有限公司
内丝管套	公元	D25×1/2	个	5.84	公元塑业集团有限公司
内丝管套	公元	D25×3/4	个	8.96	公元塑业集团有限公司
内丝管套	公元	D32×1/2	个	6.80	公元塑业集团有限公司
内丝管套	公元	D32×3/4	个	10.06	公元塑业集团有限公司
内丝活接球阀	公元	D20×1/3	个	17.21	公元塑业集团有限公司
内丝活接球阀	公元	D25×3/4	个	24.45	公元塑业集团有限公司
内丝活接球阀	公元	D32×1	个	39.75	公元塑业集团有限公司
内丝三通	公元	D20×1/2	个	5.95	公元塑业集团有限公司
内丝三通	公元	D20×3/4	个	9.07	公元塑业集团有限公司
内丝三通	公元	D25×1/2	个	6.46	公元塑业集团有限公司
内丝三通	公元	D25×3/4	个	10.47	公元塑业集团有限公司
内丝三通	公元	D32×1/2	个	8.96	公元塑业集团有限公司
内丝三通	公元	D32×3/4	个	13.05	公元塑业集团有限公司
内丝弯头	公元	D20×1/2	个	5.95	公元塑业集团有限公司
内丝弯头	公元	D20×3/4	个	8.21	公元塑业集团有限公司
内丝弯头	公元	D25×1/2	个	6.34	公元塑业集团有限公司
内丝弯头	公元	D25×3/4	个	9.31	公元塑业集团有限公司
内丝弯头	公元	D32×1/2	个	7.92	公元塑业集团有限公司
内丝弯头	公元	D32×3/4	个	11.46	公元塑业集团有限公司
内丝弯头(带耳朵)	公元	D20×1/2	个	7.96	公元塑业集团有限公司
内丝弯头(带耳朵)	公元	D25×1/2	个	9.07	公元塑业集团有限公司
内丝弯头(带耳朵)	公元	D25×3/4	个	9.82	公元塑业集团有限公司
平面四通	公元	D20	个	1.17	公元塑业集团有限公司
平面四通	公元	D25	个	2.13	公元塑业集团有限公司
平面四通	公元	D32	个	3.24	公元塑业集团有限公司
曲线管	公元	D20	个	2.49	公元塑业集团有限公司
曲线管	公元	D25	个	3.50	公元塑业集团有限公司

续表

产品名称	品牌	规格型号	包装单位	参考价格（元）	供应商
曲线管	公元	D32	个	4.51	公元塑业集团有限公司
双联内丝管套	公元	D20×1/2	个	16.10	公元塑业集团有限公司
双联内丝弯头	公元	D20×1/2	个	17.12	公元塑业集团有限公司
双联内丝弯头	公元	D25×1/2	个	18.47	公元塑业集团有限公司
塑料管卡	公元	D20	个	0.47	公元塑业集团有限公司
塑料管卡	公元	D25	个	0.51	公元塑业集团有限公司
塑料管卡	公元	D32	个	0.53	公元塑业集团有限公司
外丝管套	公元	D20×1/2	个	7.58	公元塑业集团有限公司
外丝管套	公元	D20×3/4	个	11.79	公元塑业集团有限公司
外丝管套	公元	D25×1/2	个	8.24	公元塑业集团有限公司
外丝管套	公元	D25×3/4	个	12.53	公元塑业集团有限公司
外丝管套	公元	D32×1/2	个	8.72	公元塑业集团有限公司
外丝管套	公元	D32×3/4	个	13.01	公元塑业集团有限公司
外丝活接球阀	公元	D20×1/3	个	18.01	公元塑业集团有限公司
外丝活接球阀	公元	D25×3/4	个	24.85	公元塑业集团有限公司
外丝活接球阀	公元	D32×1	个	40.55	公元塑业集团有限公司
外丝三通	公元	D20×1/2	个	8.60	公元塑业集团有限公司
外丝三通	公元	D20×3/4	个	12.84	公元塑业集团有限公司
外丝三通	公元	D25×1/2	个	9.21	公元塑业集团有限公司
外丝三通	公元	D25×3/4	个	13.75	公元塑业集团有限公司
外丝三通	公元	D32×1/2	个	12.43	公元塑业集团有限公司
外丝三通	公元	D32×3/4	个	17.65	公元塑业集团有限公司
外丝弯头	公元	D20×1/2	个	8.10	公元塑业集团有限公司
外丝弯头	公元	D20×3/4	个	11.91	公元塑业集团有限公司
外丝弯头	公元	D25×1/2	个	8.55	公元塑业集团有限公司
外丝弯头	公元	D25×3/4	个	13.17	公元塑业集团有限公司
外丝弯头	公元	D32×1/2	个	9.61	公元塑业集团有限公司
外丝弯头	公元	D32×3/4	个	16.07	公元塑业集团有限公司
异径管接/大小头	公元	D25×20	个	0.73	公元塑业集团有限公司
异径管接/大小头	公元	D32×20	个	0.98	公元塑业集团有限公司
异径管接/大小头	公元	D32×25	个	1.25	公元塑业集团有限公司
异径三通	公元	D25×20	个	1.32	公元塑业集团有限公司

续表

产品名称	品牌	规格型号	包装单位	参考价格（元）	供应商
异径三通	公元	D32×20	个	2.24	公元塑业集团有限公司
异径三通	公元	D32×25	个	2.47	公元塑业集团有限公司
45°弯头	金德	D20	个	2.99	金德管业集团有限公司
45°弯头	金德	D25	个	4.20	金德管业集团有限公司
45°弯头	金德	D32	个	7.80	金德管业集团有限公司
90°弯头	金德	D20	个	3.10	金德管业集团有限公司
90°弯头	金德	D25	个	4.40	金德管业集团有限公司
90°弯头	金德	D32	个	8.90	金德管业集团有限公司
等径三通	金德	D20	个	4.20	金德管业集团有限公司
等径三通	金德	D25	个	5.60	金德管业集团有限公司
等径三通	金德	D32	个	10.40	金德管业集团有限公司
过桥弯	金德	D20	个	5.00	金德管业集团有限公司
过桥弯	金德	D25	个	7.00	金德管业集团有限公司
截止阀	金德	D20	个	49.00	金德管业集团有限公司
截止阀	金德	D25	个	59.00	金德管业集团有限公司
截止阀	金德	D32	个	69.00	金德管业集团有限公司
内丝三通	金德	D20×1/2	个	11.20	金德管业集团有限公司
内丝三通	金德	D25×1/2	个	12.60	金德管业集团有限公司
内丝弯头	金德	D20×1/2	个	9.90	金德管业集团有限公司
内丝弯头	金德	D20×3/4	个	18.80	金德管业集团有限公司
内丝弯头	金德	D25×1/2	个	12.50	金德管业集团有限公司
内丝弯头	金德	D25×3/4	个	19.50	金德管业集团有限公司
内丝直接	金德	D20×1/2	个	9.50	金德管业集团有限公司
内丝直接	金德	D20×3/4	个	17.90	金德管业集团有限公司
内丝直接	金德	D25×1/2	个	10.60	金德管业集团有限公司
内丝直接	金德	D25×3/4	个	18.50	金德管业集团有限公司
双热熔铜球阀	金德	D20	个	94.00	金德管业集团有限公司
双热熔铜球阀	金德	D25	个	164.00	金德管业集团有限公司
双热熔铜球阀	金德	D32	个	198.00	金德管业集团有限公司
外丝接头	金德	D20×1/2	个	15.90	金德管业集团有限公司
外丝接头	金德	D25×1/2	个	16.80	金德管业集团有限公司
外丝三通	金德	D20×1/2	个	17.80	金德管业集团有限公司

续表

产品名称	品牌	规格型号	包装单位	参考价格（元）	供应商
外丝三通	金德	D25×1/2	个	18.60	金德管业集团有限公司
异径管接/大小头	金德	D25×20	个	3.00	金德管业集团有限公司
异径管接/大小头	金德	D32×20	个	4.70	金德管业集团有限公司
异径管接/大小头	金德	D32×25	个	4.90	金德管业集团有限公司
异径三通	金德	D25×20	个	5.10	金德管业集团有限公司
异径弯头	金德	D25×20	个	4.20	金德管业集团有限公司
异径弯头	金德	D32×20	个	5.40	金德管业集团有限公司
异径弯头	金德	D32×25	个	7.60	金德管业集团有限公司
直通/直接	金德	D20	个	2.10	金德管业集团有限公司
直通/直接	金德	D25	个	3.10	金德管业集团有限公司
直通/直接	金德	D32	个	4.90	金德管业集团有限公司
45°弯头	金牛	D20	个	1.32	武汉金牛经济发展有限公司
45°弯头	金牛	D25	个	1.98	武汉金牛经济发展有限公司
45°弯头	金牛	D32	个	2.75	武汉金牛经济发展有限公司
90°弯头	金牛	D20，灰	个	1.32	武汉金牛经济发展有限公司
90°弯头	金牛	D25，灰	个	1.87	武汉金牛经济发展有限公司
90°弯头	金牛	D32，灰	个	2.42	武汉金牛经济发展有限公司
90°异径弯头	金牛	D25/20，灰	个	1.87	武汉金牛经济发展有限公司
90°异径弯头	金牛	D32/20，灰	个	2.75	武汉金牛经济发展有限公司
90°异径弯头	金牛	D32/25，灰	个	2.75	武汉金牛经济发展有限公司
等径管套	金牛	D20	个	1.10	武汉金牛经济发展有限公司
等径管套	金牛	D25	个	1.43	武汉金牛经济发展有限公司
等径管套	金牛	D32	个	1.98	武汉金牛经济发展有限公司
等径三通	金牛	D20	个	1.65	武汉金牛经济发展有限公司
等径三通	金牛	D25	个	2.20	武汉金牛经济发展有限公司
等径三通	金牛	D32	个	2.75	武汉金牛经济发展有限公司
管帽/闷头	金牛	D20	个	1.10	武汉金牛经济发展有限公司
管帽/闷头	金牛	D25	个	1.65	武汉金牛经济发展有限公司
管帽/闷头	金牛	D32	个	2.20	武汉金牛经济发展有限公司
过桥弯	金牛	D20	个	2.20	武汉金牛经济发展有限公司
过桥弯	金牛	D25	个	3.30	武汉金牛经济发展有限公司
截止阀	金牛	D20	个	33.00	武汉金牛经济发展有限公司

续表

产品名称	品牌	规格型号	包装单位	参考价格（元）	供应商
截止阀	金牛	D25	个	38.50	武汉金牛经济发展有限公司
截止阀	金牛	D32	个	47.30	武汉金牛经济发展有限公司
内丝三通	金牛	D20×1/2	个	7.15	武汉金牛经济发展有限公司
内丝三通	金牛	D25×1/2	个	8.80	武汉金牛经济发展有限公司
内丝三通	金牛	D25×3/4	个	9.90	武汉金牛经济发展有限公司
内丝三通	金牛	D32×1	个	24.20	武汉金牛经济发展有限公司
内丝三通	金牛	D32×1/2	个	13.20	武汉金牛经济发展有限公司
内丝三通	金牛	D32×3/4	个	14.30	武汉金牛经济发展有限公司
内丝弯头	金牛	D20×1/2	个	7.15	武汉金牛经济发展有限公司
内丝弯头	金牛	D25×1/2	个	8.80	武汉金牛经济发展有限公司
内丝弯头	金牛	D25×3/4	个	9.90	武汉金牛经济发展有限公司
内丝弯头	金牛	D32×1	个	22.00	武汉金牛经济发展有限公司
内丝弯头	金牛	D32×1/2	个	11.00	武汉金牛经济发展有限公司
内丝弯头	金牛	D32×3/4	个	11.00	武汉金牛经济发展有限公司
内丝直接	金牛	D20×1/2	个	6.60	武汉金牛经济发展有限公司
内丝直接	金牛	D25×1/2	个	8.25	武汉金牛经济发展有限公司
内丝直接	金牛	D25×3/4	个	8.80	武汉金牛经济发展有限公司
内丝直接	金牛	D32×1	个	19.80	武汉金牛经济发展有限公司
内丝直接	金牛	D32×1/2	个	11.00	武汉金牛经济发展有限公司
内丝直接	金牛	D32×3/4	个	11.00	武汉金牛经济发展有限公司
外丝接头	金牛	D20×1/2	个	7.70	武汉金牛经济发展有限公司
外丝接头	金牛	D25×1/2	个	9.90	武汉金牛经济发展有限公司
外丝接头	金牛	D25×3/4	个	11.00	武汉金牛经济发展有限公司
外丝接头	金牛	D32×1	个	30.80	武汉金牛经济发展有限公司
外丝弯头	金牛	D20×1/2	个	8.25	武汉金牛经济发展有限公司
外丝弯头	金牛	D25×1/2	个	9.35	武汉金牛经济发展有限公司
外丝弯头	金牛	D25×3/4	个	10.45	武汉金牛经济发展有限公司
外丝弯头	金牛	D32×1	个	28.60	武汉金牛经济发展有限公司
异径管接/大小头	金牛	D25×20	个	1.65	武汉金牛经济发展有限公司
异径管接/大小头	金牛	D32×20	个	2.20	武汉金牛经济发展有限公司
异径管接/大小头	金牛	D32×25	个	2.20	武汉金牛经济发展有限公司
异径三通	金牛	D25×20	个	1.98	武汉金牛经济发展有限公司

续表

产品名称	品牌	规格型号	包装单位	参考价格（元）	供应商
异径三通	金牛	D32×20	个	2.75	武汉金牛经济发展有限公司
异径三通	金牛	D32×25	个	2.75	武汉金牛经济发展有限公司
45°弯头	阔盛	D20，绿	个	10.60	阔盛管道系统（上海）有限公司
45°弯头	阔盛	D25，绿	个	14.82	阔盛管道系统（上海）有限公司
45°弯头	阔盛	D32，绿	个	21.88	阔盛管道系统（上海）有限公司
45°弯头	阔盛	D40，绿	个	37.78	阔盛管道系统（上海）有限公司
45°弯头	阔盛	D50，绿	个	85.20	阔盛管道系统（上海）有限公司
90°弯头	阔盛	D20，绿	个	10.60	阔盛管道系统（上海）有限公司
90°弯头	阔盛	D25，绿	个	14.82	阔盛管道系统（上海）有限公司
90°弯头	阔盛	D32，绿	个	21.88	阔盛管道系统（上海）有限公司
90°弯头	阔盛	D40，绿	个	37.78	阔盛管道系统（上海）有限公司
90°弯头	阔盛	D50，绿	个	85.20	阔盛管道系统（上海）有限公司
等径三通	阔盛	D20，绿	个	9.88	阔盛管道系统（上海）有限公司
等径三通	阔盛	D25，绿	个	17.26	阔盛管道系统（上海）有限公司
等径三通	阔盛	D32，绿	个	25.56	阔盛管道系统（上海）有限公司
等径三通	阔盛	D40，绿	个	45.20	阔盛管道系统（上海）有限公司
等径三通	阔盛	D50，绿	个	125.20	阔盛管道系统（上海）有限公司
管卡	阔盛	D20，绿	个	5.20	阔盛管道系统（上海）有限公司
管卡	阔盛	D25，绿	个	8.00	阔盛管道系统（上海）有限公司
管帽/闷头	阔盛	D20，绿	个	14.30	阔盛管道系统（上海）有限公司
管帽/闷头	阔盛	D25，绿	个	19.80	阔盛管道系统（上海）有限公司
管帽/闷头	阔盛	D32，绿	个	23.40	阔盛管道系统（上海）有限公司
管帽/闷头	阔盛	D40，绿	个	37.20	阔盛管道系统（上海）有限公司
管帽/闷头	阔盛	D50，绿	个	43.96	阔盛管道系统（上海）有限公司
过桥弯	阔盛	D20，绿	个	34.80	阔盛管道系统（上海）有限公司
过桥弯	阔盛	D25，绿	个	61.20	阔盛管道系统（上海）有限公司
过桥弯	阔盛	D32，绿	个	76.30	阔盛管道系统（上海）有限公司
内丝接头	阔盛	D20×1/2″，绿	个	52.86	阔盛管道系统（上海）有限公司
内丝接头	阔盛	D20×3/4″，绿	个	79.82	阔盛管道系统（上海）有限公司
内丝接头	阔盛	D25×1/2″，绿	个	59.26	阔盛管道系统（上海）有限公司
内丝接头	阔盛	D25×3/4″，绿	个	86.58	阔盛管道系统（上海）有限公司
内丝接头	阔盛	D32×1″，绿	个	247.60	阔盛管道系统（上海）有限公司

续表

产品名称	品牌	规格型号	包装单位	参考价格(元)	供应商
内丝接头	阔盛	D32×3/4″,绿	个	98.60	阔盛管道系统(上海)有限公司
内丝接头	阔盛	D40×1″,绿	个	272.60	阔盛管道系统(上海)有限公司
内丝接头	阔盛	D40×1-1/4″,绿	个	416.40	阔盛管道系统(上海)有限公司
内丝接头	阔盛	D50×1-1/2″,绿	个	465.20	阔盛管道系统(上海)有限公司
内丝接头	阔盛	D50×1-1/4″,绿	个	428.60	阔盛管道系统(上海)有限公司
内丝三通	阔盛	D20×1/2″,绿	个	91.60	阔盛管道系统(上海)有限公司
内丝三通	阔盛	D25×1/2″,绿	个	91.60	阔盛管道系统(上海)有限公司
内丝弯头	阔盛	D20×1/2″,绿	个	59.60	阔盛管道系统(上海)有限公司
内丝弯头	阔盛	D20×3/4″,绿	个	68.86	阔盛管道系统(上海)有限公司
内丝弯头	阔盛	D25×1/2″,绿	个	66.20	阔盛管道系统(上海)有限公司
内丝弯头	阔盛	D25×3/4″,绿	个	74.70	阔盛管道系统(上海)有限公司
内丝弯头	阔盛	D32×1″,绿	个	272.20	阔盛管道系统(上海)有限公司
内丝弯头	阔盛	D32×3/4″,绿	个	130.40	阔盛管道系统(上海)有限公司
球阀	阔盛	D20,绿	个	518.30	阔盛管道系统(上海)有限公司
球阀	阔盛	D25,绿	个	736.00	阔盛管道系统(上海)有限公司
球阀	阔盛	D32,绿	个	916.10	阔盛管道系统(上海)有限公司
球阀	阔盛	D40,绿	个	1258.20	阔盛管道系统(上海)有限公司
球阀	阔盛	D50,绿	个	1848.40	阔盛管道系统(上海)有限公司
球阀	阔盛	D63,绿	个	2988.40	阔盛管道系统(上海)有限公司
外丝接头	阔盛	D20×1/2,绿	个	66.78	阔盛管道系统(上海)有限公司
外丝接头	阔盛	D20×3/4″,绿	个	71.26	阔盛管道系统(上海)有限公司
外丝接头	阔盛	D25×1/2″,绿	个	68.20	阔盛管道系统(上海)有限公司
外丝接头	阔盛	D25×3/4″,绿	个	74.22	阔盛管道系统(上海)有限公司
外丝接头	阔盛	D32×1″,绿	个	219.78	阔盛管道系统(上海)有限公司
外丝接头	阔盛	D32×3/4″,绿	个	79.76	阔盛管道系统(上海)有限公司
外丝接头	阔盛	D40×1″,绿	个	412.20	阔盛管道系统(上海)有限公司
外丝接头	阔盛	D40×1-1/4″,绿	个	418.40	阔盛管道系统(上海)有限公司
外丝接头	阔盛	D50×1-1/2″,绿	个	548.60	阔盛管道系统(上海)有限公司
外丝接头	阔盛	D50×1-1/4″,绿	个	528.60	阔盛管道系统(上海)有限公司
外丝弯头	阔盛	D20×1/2,绿	个	64.82	阔盛管道系统(上海)有限公司
外丝弯头	阔盛	D20×3/4″,绿	个	79.76	阔盛管道系统(上海)有限公司
外丝弯头	阔盛	D25×3/4″,绿	个	82.62	阔盛管道系统(上海)有限公司

续表

产品名称	品牌	规格型号	包装单位	参考价格（元）	供应商
外丝弯头	阔盛	D32×1″，绿	个	199.78	阔盛管道系统（上海）有限公司
外丝弯头	阔盛	D32×3/4″，绿	个	98.68	阔盛管道系统（上海）有限公司
旋下截止阀	阔盛	D20，绿	个	218.00	阔盛管道系统（上海）有限公司
旋下截止阀	阔盛	D25，绿	个	256.00	阔盛管道系统（上海）有限公司
旋下截止阀	阔盛	D32，绿	个	328.60	阔盛管道系统（上海）有限公司
旋下截止阀	阔盛	D40，绿	个	786.20	阔盛管道系统（上海）有限公司
异径管接/大小头	阔盛	D25/20，绿	个	11.12	阔盛管道系统（上海）有限公司
异径管接/大小头	阔盛	D32/20，绿	个	15.10	阔盛管道系统（上海）有限公司
异径管接/大小头	阔盛	D32/25，绿	个	15.10	阔盛管道系统（上海）有限公司
异径管接/大小头	阔盛	D40/25，绿	个	19.86	阔盛管道系统（上海）有限公司
异径管接/大小头	阔盛	D40/32，绿	个	19.86	阔盛管道系统（上海）有限公司
异径管接/大小头	阔盛	D50/25，绿	个	37.78	阔盛管道系统（上海）有限公司
异径管接/大小头	阔盛	D50/32，绿	个	37.78	阔盛管道系统（上海）有限公司
异径管接/大小头	阔盛	D50/40，绿	个	37.78	阔盛管道系统（上海）有限公司
异径三通	阔盛	D25/20/25，绿	个	21.40	阔盛管道系统（上海）有限公司
异径三通	阔盛	D32/20/32，绿	个	25.56	阔盛管道系统（上海）有限公司
异径三通	阔盛	D32/25/32，绿	个	25.56	阔盛管道系统（上海）有限公司
异径三通	阔盛	D40/20/40，绿	个	45.20	阔盛管道系统（上海）有限公司
异径三通	阔盛	D40/25/40，绿	个	45.20	阔盛管道系统（上海）有限公司
异径三通	阔盛	D40/32/40，绿	个	45.20	阔盛管道系统（上海）有限公司
异径三通	阔盛	D50/20/50，绿	个	125.20	阔盛管道系统（上海）有限公司
异径三通	阔盛	D50/25/50，绿	个	125.20	阔盛管道系统（上海）有限公司
异径三通	阔盛	D50/32/50，绿	个	125.20	阔盛管道系统（上海）有限公司
异径三通	阔盛	D50/40/50，绿	个	125.20	阔盛管道系统（上海）有限公司
直通/直接	阔盛	D20，绿	个	7.38	阔盛管道系统（上海）有限公司
直通/直接	阔盛	D25，绿	个	9.16	阔盛管道系统（上海）有限公司
直通/直接	阔盛	D32，绿	个	13.20	阔盛管道系统（上海）有限公司
直通/直接	阔盛	D40，绿	个	18.10	阔盛管道系统（上海）有限公司
直通/直接	阔盛	D50，绿	个	38.50	阔盛管道系统（上海）有限公司
暗阀	崂山	D20	个	137.50	青岛崂山管业科技有限公司
暗阀	崂山	D25	个	175.00	青岛崂山管业科技有限公司
暗阀	崂山	D32	个	246.88	青岛崂山管业科技有限公司

续表

产品名称	品牌	规格型号	包装单位	参考价格（元）	供应商
单外丝活接阀	崂山	D20×1/2	个	156.74	青岛崂山管业科技有限公司
单外丝活接阀	崂山	D25×3/4	个	226.39	青岛崂山管业科技有限公司
单外丝活接阀	崂山	D32×1 寸	个	376.30	青岛崂山管业科技有限公司
管箍	崂山	D20	个	2.13	青岛崂山管业科技有限公司
管箍	崂山	D25	个	3.81	青岛崂山管业科技有限公司
管箍	崂山	D32	个	4.78	青岛崂山管业科技有限公司
管帽	崂山	D20	个	1.75	青岛崂山管业科技有限公司
管帽	崂山	D25	个	2.82	青岛崂山管业科技有限公司
管帽	崂山	D32	个	4.69	青岛崂山管业科技有限公司
过桥弯	崂山	D20	个	8.10	青岛崂山管业科技有限公司
过桥弯	崂山	D25	个	11.47	青岛崂山管业科技有限公司
截止阀	崂山	D20	个	68.44	青岛崂山管业科技有限公司
截止阀	崂山	D25	个	109.38	青岛崂山管业科技有限公司
内丝活接	崂山	D20×1/2	个	76.88	青岛崂山管业科技有限公司
内丝活接	崂山	D25×3/4	个	107.82	青岛崂山管业科技有限公司
内丝三通	崂山	D20×1/2	个	26.31	青岛崂山管业科技有限公司
内丝三通	崂山	D25×1/2	个	30.25	青岛崂山管业科技有限公司
内丝三通	崂山	D25×3/4	个	32.25	青岛崂山管业科技有限公司
内丝弯头	崂山	D20×1/2	个	22.54	青岛崂山管业科技有限公司
内丝弯头	崂山	D25×1/2	个	24.13	青岛崂山管业科技有限公司
内丝弯头	崂山	D25×3/4	个	34.38	青岛崂山管业科技有限公司
内丝弯头	崂山	D32×1/2	个	38.44	青岛崂山管业科技有限公司
内丝弯头	崂山	D32×1 寸	个	38.81	青岛崂山管业科技有限公司
内丝直接	崂山	D20×1/2	个	17.63	青岛崂山管业科技有限公司
内丝直接	崂山	D25×1/2	个	18.10	青岛崂山管业科技有限公司
内丝直接	崂山	D25×3/4	个	25.78	青岛崂山管业科技有限公司
三通	崂山	D20	个	3.38	青岛崂山管业科技有限公司
三通	崂山	D25	个	5.44	青岛崂山管业科技有限公司
三通	崂山	D25×20	个	4.60	青岛崂山管业科技有限公司
三通	崂山	D32	个	9.28	青岛崂山管业科技有限公司
三通	崂山	D32×20	个	7.03	青岛崂山管业科技有限公司
三通	崂山	D32×25	个	7.97	青岛崂山管业科技有限公司

续表

产品名称	品牌	规格型号	包装单位	参考价格（元）	供应商
双活接铜球阀	崂山	D20	个	168.75	青岛崂山管业科技有限公司
双活接铜球阀	崂山	D25	个	243.75	青岛崂山管业科技有限公司
双活接铜球阀	崂山	D32	个	407.82	青岛崂山管业科技有限公司
外丝活接	崂山	D20×1/2	个	95.00	青岛崂山管业科技有限公司
外丝活接	崂山	D25×3/4	个	125.00	青岛崂山管业科技有限公司
外丝三通	崂山	D20×1/2	个	27.75	青岛崂山管业科技有限公司
外丝弯头	崂山	D20×1/2	个	23.44	青岛崂山管业科技有限公司
外丝弯头	崂山	D25×1/2	个	31.41	青岛崂山管业科技有限公司
外丝直接	崂山	D20×1/2	个	22.32	青岛崂山管业科技有限公司
外丝直接	崂山	D25×3/4	个	35.00	青岛崂山管业科技有限公司
弯头	崂山	D20×45	个	3.29	青岛崂山管业科技有限公司
弯头	崂山	D20×90	个	3.29	青岛崂山管业科技有限公司
弯头	崂山	D25×20	个	5.79	青岛崂山管业科技有限公司
弯头	崂山	D25×45	个	5.16	青岛崂山管业科技有限公司
弯头	崂山	D25×90	个	5.16	青岛崂山管业科技有限公司
弯头	崂山	D32×90	个	7.22	青岛崂山管业科技有限公司
异径	崂山	D25×20	个	4.25	青岛崂山管业科技有限公司
异径	崂山	D32×25	个	5.63	青岛崂山管业科技有限公司
45°弯头	联塑	D110	个	35.63	广东联塑科技实业有限公司
45°弯头	联塑	D20	个	0.53	广东联塑科技实业有限公司
45°弯头	联塑	D25	个	0.77	广东联塑科技实业有限公司
45°弯头	联塑	D32	个	1.59	广东联塑科技实业有限公司
45°弯头	联塑	D40	个	2.55	广东联塑科技实业有限公司
45°弯头	联塑	D50	个	4.40	广东联塑科技实业有限公司
45°弯头	联塑	D63	个	8.09	广东联塑科技实业有限公司
45°弯头	联塑	D75	个	13.89	广东联塑科技实业有限公司
45°弯头	联塑	D90	个	22.16	广东联塑科技实业有限公司
90°弯头	联塑	D110	个	53.76	广东联塑科技实业有限公司
90°弯头	联塑	D20	个	0.63	广东联塑科技实业有限公司
90°弯头	联塑	D25	个	0.96	广东联塑科技实业有限公司
90°弯头	联塑	D32	个	1.84	广东联塑科技实业有限公司
90°弯头	联塑	D40	个	3.42	广东联塑科技实业有限公司

续表

产品名称	品牌	规格型号	包装单位	参考价格（元）	供应商
90°弯头	联塑	D50	个	6.04	广东联塑科技实业有限公司
90°弯头	联塑	D63	个	10.36	广东联塑科技实业有限公司
90°弯头	联塑	D75	个	17.25	广东联塑科技实业有限公司
90°弯头	联塑	D90	个	31.53	广东联塑科技实业有限公司
法兰盘	联塑	D110	个	43.00	广东联塑科技实业有限公司
法兰盘	联塑	D50	个	23.47	广东联塑科技实业有限公司
法兰盘	联塑	D63	个	23.70	广东联塑科技实业有限公司
法兰盘	联塑	D75	个	37.29	广东联塑科技实业有限公司
法兰盘	联塑	D90	个	38.04	广东联塑科技实业有限公司
法兰套	联塑	D110	个	17.18	广东联塑科技实业有限公司
法兰套	联塑	D50	个	2.55	广东联塑科技实业有限公司
法兰套	联塑	D63	个	4.60	广东联塑科技实业有限公司
法兰套	联塑	D75	个	7.73	广东联塑科技实业有限公司
法兰套	联塑	D90	个	10.73	广东联塑科技实业有限公司
管堵/丝堵/堵头	联塑	D20	个	0.23	广东联塑科技实业有限公司
管堵/丝堵/堵头	联塑	D25	个	0.39	广东联塑科技实业有限公司
管堵/丝堵/堵头	联塑	D32	个	0.71	广东联塑科技实业有限公司
管卡	联塑	D20	个	0.19	广东联塑科技实业有限公司
管卡	联塑	D25	个	0.23	广东联塑科技实业有限公司
管卡	联塑	D32	个	0.31	广东联塑科技实业有限公司
管帽/闷头	联塑	D110	个	22.44	广东联塑科技实业有限公司
管帽/闷头	联塑	D20	个	0.27	广东联塑科技实业有限公司
管帽/闷头	联塑	D25	个	0.38	广东联塑科技实业有限公司
管帽/闷头	联塑	D32	个	0.87	广东联塑科技实业有限公司
管帽/闷头	联塑	D40	个	1.44	广东联塑科技实业有限公司
管帽/闷头	联塑	D50	个	2.67	广东联塑科技实业有限公司
管帽/闷头	联塑	D63	个	5.05	广东联塑科技实业有限公司
管帽/闷头	联塑	D75	个	7.40	广东联塑科技实业有限公司
管帽/闷头	联塑	D90	个	12.91	广东联塑科技实业有限公司
过桥弯	联塑	D20	个	1.31	广东联塑科技实业有限公司
过桥弯	联塑	D25	个	2.30	广东联塑科技实业有限公司
过桥弯	联塑	D32	个	4.60	广东联塑科技实业有限公司

续表

产品名称	品牌	规格型号	包装单位	参考价格（元）	供应商
活接	联塑	D20	个	1.58	广东联塑科技实业有限公司
活接	联塑	D25	个	1.95	广东联塑科技实业有限公司
活接	联塑	D32	个	3.47	广东联塑科技实业有限公司
活接铜球阀	联塑	D20	个	34.49	广东联塑科技实业有限公司
活接铜球阀	联塑	D25	个	45.98	广东联塑科技实业有限公司
活接铜球阀	联塑	D32	个	81.30	广东联塑科技实业有限公司
截止阀	联塑	D20	个	15.90	广东联塑科技实业有限公司
截止阀	联塑	D25	个	21.22	广东联塑科技实业有限公司
截止阀	联塑	D32	个	35.23	广东联塑科技实业有限公司
截止阀	联塑	D40	个	36.70	广东联塑科技实业有限公司
截止阀	联塑	D50	个	64.15	广东联塑科技实业有限公司
截止阀	联塑	D63	个	91.73	广东联塑科技实业有限公司
内丝三通	联塑	D20×1/2	个	4.94	广东联塑科技实业有限公司
内丝三通	联塑	D25×1/2	个	5.24	广东联塑科技实业有限公司
内丝三通	联塑	D25×3/4	个	7.23	广东联塑科技实业有限公司
内丝三通	联塑	D32×1	个	18.57	广东联塑科技实业有限公司
内丝三通	联塑	D32×1/2	个	5.98	广东联塑科技实业有限公司
内丝三通	联塑	D32×3/4	个	8.05	广东联塑科技实业有限公司
内丝弯头	联塑	D20×1/2	个	5.01	广东联塑科技实业有限公司
内丝弯头	联塑	D25×1/2	个	5.05	广东联塑科技实业有限公司
内丝弯头	联塑	D25×3/4	个	6.74	广东联塑科技实业有限公司
内丝弯头	联塑	D32×1	个	18.41	广东联塑科技实业有限公司
内丝弯头	联塑	D32×1/2	个	5.51	广东联塑科技实业有限公司
内丝弯头	联塑	D32×3/4	个	7.55	广东联塑科技实业有限公司
内丝直接	联塑	D20×1/2	个	4.53	广东联塑科技实业有限公司
内丝直接	联塑	D25×1/2	个	4.55	广东联塑科技实业有限公司
内丝直接	联塑	D25×3/4	个	6.51	广东联塑科技实业有限公司
内丝直接	联塑	D32×1	个	17.57	广东联塑科技实业有限公司
内丝直接	联塑	D32×1/2	个	5.19	广东联塑科技实业有限公司
内丝直接	联塑	D32×3/4	个	6.59	广东联塑科技实业有限公司
内丝直接	联塑	D40×11/4	个	33.32	广东联塑科技实业有限公司
内丝直接	联塑	D50×11/2	个	41.59	广东联塑科技实业有限公司

续表

产品名称	品牌	规格型号	包装单位	参考价格（元）	供应商
内丝直接	联塑	D63×2	个	60.63	广东联塑科技实业有限公司
顺水三通	联塑	D110	个	62.64	广东联塑科技实业有限公司
顺水三通	联塑	D20	个	0.73	广东联塑科技实业有限公司
顺水三通	联塑	D25	个	1.26	广东联塑科技实业有限公司
顺水三通	联塑	D32	个	2.33	广东联塑科技实业有限公司
顺水三通	联塑	D40	个	4.11	广东联塑科技实业有限公司
顺水三通	联塑	D50	个	7.57	广东联塑科技实业有限公司
顺水三通	联塑	D63	个	13.81	广东联塑科技实业有限公司
顺水三通	联塑	D75	个	19.65	广东联塑科技实业有限公司
顺水三通	联塑	D90	个	36.37	广东联塑科技实业有限公司
外丝接头	联塑	D20×1/2	个	5.91	广东联塑科技实业有限公司
外丝接头	联塑	D25×1/2	个	5.99	广东联塑科技实业有限公司
外丝接头	联塑	D25×3/4	个	8.42	广东联塑科技实业有限公司
外丝接头	联塑	D32×1	个	21.58	广东联塑科技实业有限公司
外丝接头	联塑	D32×1/2	个	6.55	广东联塑科技实业有限公司
外丝接头	联塑	D32×3/4	个	8.70	广东联塑科技实业有限公司
外丝接头	联塑	D40×11/4	个	47.96	广东联塑科技实业有限公司
外丝接头	联塑	D50×11/2	个	56.65	广东联塑科技实业有限公司
外丝接头	联塑	D63×2	个	72.64	广东联塑科技实业有限公司
外丝三通	联塑	D20×1/2	个	6.47	广东联塑科技实业有限公司
外丝三通	联塑	D25×1/2	个	6.75	广东联塑科技实业有限公司
外丝三通	联塑	D25×3/4	个	9.62	广东联塑科技实业有限公司
外丝三通	联塑	D32×1	个	23.35	广东联塑科技实业有限公司
外丝三通	联塑	D32×1/2	个	7.52	广东联塑科技实业有限公司
外丝三通	联塑	D32×3/4	个	10.03	广东联塑科技实业有限公司
外丝弯头	联塑	D20×1/2	个	6.09	广东联塑科技实业有限公司
外丝弯头	联塑	D25×1/2	个	6.59	广东联塑科技实业有限公司
外丝弯头	联塑	D25×3/4	个	8.98	广东联塑科技实业有限公司
外丝弯头	联塑	D32×1	个	22.21	广东联塑科技实业有限公司
外丝弯头	联塑	D32×1/2	个	7.11	广东联塑科技实业有限公司
外丝弯头	联塑	D32×3/4	个	9.57	广东联塑科技实业有限公司
异径管接/大小头	联塑	D110×50	个	21.82	广东联塑科技实业有限公司

续表

产品名称	品牌	规格型号	包装单位	参考价格（元）	供应商
异径管接/大小头	联塑	D110×63	个	20.38	广东联塑科技实业有限公司
异径管接/大小头	联塑	D110×75	个	22.19	广东联塑科技实业有限公司
异径管接/大小头	联塑	D110×90	个	23.42	广东联塑科技实业有限公司
异径管接/大小头	联塑	D160×110	个	73.58	广东联塑科技实业有限公司
异径管接/大小头	联塑	D25×20	个	0.56	广东联塑科技实业有限公司
异径管接/大小头	联塑	D32×20	个	0.84	广东联塑科技实业有限公司
异径管接/大小头	联塑	D32×25	个	0.69	广东联塑科技实业有限公司
异径管接/大小头	联塑	D40×20	个	1.56	广东联塑科技实业有限公司
异径管接/大小头	联塑	D40×25	个	1.60	广东联塑科技实业有限公司
异径管接/大小头	联塑	D40×32	个	1.71	广东联塑科技实业有限公司
异径管接/大小头	联塑	D50×20	个	2.51	广东联塑科技实业有限公司
异径管接/大小头	联塑	D50×25	个	2.63	广东联塑科技实业有限公司
异径管接/大小头	联塑	D50×32	个	2.84	广东联塑科技实业有限公司
异径管接/大小头	联塑	D50×40	个	3.00	广东联塑科技实业有限公司
异径管接/大小头	联塑	D63×25	个	4.48	广东联塑科技实业有限公司
异径管接/大小头	联塑	D63×32	个	4.64	广东联塑科技实业有限公司
异径管接/大小头	联塑	D63×40	个	4.60	广东联塑科技实业有限公司
异径管接/大小头	联塑	D63×50	个	4.93	广东联塑科技实业有限公司
异径管接/大小头	联塑	D75×32	个	7.44	广东联塑科技实业有限公司
异径管接/大小头	联塑	D75×40	个	6.70	广东联塑科技实业有限公司
异径管接/大小头	联塑	D75×50	个	7.19	广东联塑科技实业有限公司
异径管接/大小头	联塑	D75×63	个	7.60	广东联塑科技实业有限公司
异径管接/大小头	联塑	D90×40	个	12.00	广东联塑科技实业有限公司
异径管接/大小头	联塑	D90×50	个	11.22	广东联塑科技实业有限公司
异径管接/大小头	联塑	D90×63	个	12.01	广东联塑科技实业有限公司
异径管接/大小头	联塑	D90×75	个	12.65	广东联塑科技实业有限公司
异径三通	联塑	D110×50	个	38.76	广东联塑科技实业有限公司
异径三通	联塑	D110×63	个	43.03	广东联塑科技实业有限公司
异径三通	联塑	D110×75	个	46.04	广东联塑科技实业有限公司
异径三通	联塑	D110×90	个	52.77	广东联塑科技实业有限公司
异径三通	联塑	D25×20	个	1.11	广东联塑科技实业有限公司
异径三通	联塑	D32×20	个	1.80	广东联塑科技实业有限公司

续表

产品名称	品牌	规格型号	包装单位	参考价格（元）	供应商
异径三通	联塑	D32×25	个	1.99	广东联塑科技实业有限公司
异径三通	联塑	D40×20	个	2.80	广东联塑科技实业有限公司
异径三通	联塑	D40×25	个	3.49	广东联塑科技实业有限公司
异径三通	联塑	D40×32	个	3.70	广东联塑科技实业有限公司
异径三通	联塑	D50×20	个	4.29	广东联塑科技实业有限公司
异径三通	联塑	D50×25	个	4.73	广东联塑科技实业有限公司
异径三通	联塑	D50×32	个	5.29	广东联塑科技实业有限公司
异径三通	联塑	D50×40	个	6.37	广东联塑科技实业有限公司
异径三通	联塑	D63×25	个	8.18	广东联塑科技实业有限公司
异径三通	联塑	D63×32	个	8.51	广东联塑科技实业有限公司
异径三通	联塑	D63×40	个	8.80	广东联塑科技实业有限公司
异径三通	联塑	D63×50	个	10.97	广东联塑科技实业有限公司
异径三通	联塑	D75×32	个	12.95	广东联塑科技实业有限公司
异径三通	联塑	D75×40	个	13.98	广东联塑科技实业有限公司
异径三通	联塑	D75×50	个	15.20	广东联塑科技实业有限公司
异径三通	联塑	D75×63	个	18.29	广东联塑科技实业有限公司
异径三通	联塑	D90×40	个	22.03	广东联塑科技实业有限公司
异径三通	联塑	D90×50	个	23.10	广东联塑科技实业有限公司
异径三通	联塑	D90×63	个	25.73	广东联塑科技实业有限公司
异径三通	联塑	D90×75	个	30.63	广东联塑科技实业有限公司
异径弯头	联塑	D25×20	个	0.85	广东联塑科技实业有限公司
异径弯头	联塑	D32×20	个	1.29	广东联塑科技实业有限公司
异径弯头	联塑	D32×25	个	1.49	广东联塑科技实业有限公司
异径弯头	联塑	D40×20	个	2.04	广东联塑科技实业有限公司
异径弯头	联塑	D40×25	个	2.20	广东联塑科技实业有限公司
异径弯头	联塑	D40×32	个	2.90	广东联塑科技实业有限公司
异径弯头	联塑	D50×20	个	3.23	广东联塑科技实业有限公司
异径弯头	联塑	D50×25	个	3.52	广东联塑科技实业有限公司
异径弯头	联塑	D50×32	个	4.38	广东联塑科技实业有限公司
异径弯头	联塑	D50×40	个	5.17	广东联塑科技实业有限公司
直通/直接	联塑	D110	个	24.87	广东联塑科技实业有限公司
直通/直接	联塑	D20	个	0.38	广东联塑科技实业有限公司

续表

产品名称	品牌	规格型号	包装单位	参考价格（元）	供应商
直通/直接	联塑	D25	个	0.58	广东联塑科技实业有限公司
直通/直接	联塑	D32	个	1.04	广东联塑科技实业有限公司
直通/直接	联塑	D40	个	1.75	广东联塑科技实业有限公司
直通/直接	联塑	D50	个	3.10	广东联塑科技实业有限公司
直通/直接	联塑	D63	个	5.36	广东联塑科技实业有限公司
直通/直接	联塑	D75	个	8.26	广东联塑科技实业有限公司
直通/直接	联塑	D90	个	14.30	广东联塑科技实业有限公司
45°弯头	日丰	D20	个	2.40	日丰企业集团有限公司
45°弯头	日丰	D25	个	3.20	日丰企业集团有限公司
45°弯头	日丰	D32	个	4.40	日丰企业集团有限公司
90°弯头	日丰	D20	个	2.80	日丰企业集团有限公司
90°弯头	日丰	D25	个	3.40	日丰企业集团有限公司
90°弯头	日丰	D32	个	4.20	日丰企业集团有限公司
带底座内丝弯头	日丰	D20×1/2(4 分)	个	11.40	日丰企业集团有限公司
带底座内丝弯头	日丰	D25×1/2(4 分)	个	14.70	日丰企业集团有限公司
等径三通	日丰	D20	个	3.40	日丰企业集团有限公司
等径三通	日丰	D25	个	4.20	日丰企业集团有限公司
等径三通	日丰	D32	个	4.80	日丰企业集团有限公司
管帽/闷头	日丰	D20	个	1.40	日丰企业集团有限公司
管帽/闷头	日丰	D25	个	1.70	日丰企业集团有限公司
过桥弯	日丰	D20	个	4.40	日丰企业集团有限公司
过桥弯	日丰	D25	个	6.70	日丰企业集团有限公司
过桥弯	日丰	D32	个	8.60	日丰企业集团有限公司
活接	日丰	F12-S20×20(H)	个	25.70	日丰企业集团有限公司
活接	日丰	F12-S25×25(H)	个	31.70	日丰企业集团有限公司
活接铜球阀	日丰	D20	个	58.00	日丰企业集团有限公司
活接铜球阀	日丰	D25	个	84.00	日丰企业集团有限公司
活接铜球阀	日丰	D32	个	127.00	日丰企业集团有限公司
活接铜球阀	日丰	D40	个	274.00	日丰企业集团有限公司
活接铜球阀	日丰	D50	个	394.00	日丰企业集团有限公司
活接铜球阀	日丰	D63	个	629.00	日丰企业集团有限公司
截止阀	日丰	D20	个	32.00	日丰企业集团有限公司

续表

产品名称	品牌	规格型号	包装单位	参考价格（元）	供应商
截止阀	日丰	D25	个	41.00	日丰企业集团有限公司
截止阀	日丰	D32	个	54.00	日丰企业集团有限公司
截止阀	日丰	D40	个	78.00	日丰企业集团有限公司
截止阀	日丰	D50	个	128.00	日丰企业集团有限公司
截止阀	日丰	D63	个	184.00	日丰企业集团有限公司
卡座	日丰	KS1-20	个	0.53	日丰企业集团有限公司
卡座	日丰	KS1-25	个	0.74	日丰企业集团有限公司
卡座	日丰	KS1-32	个	0.98	日丰企业集团有限公司
内丝三通	日丰	D20×1/2(4 分)	个	9.60	日丰企业集团有限公司
内丝三通	日丰	D25×1/2(4 分)	个	10.90	日丰企业集团有限公司
内丝三通	日丰	D25×3/4(6 分)	个	13.20	日丰企业集团有限公司
内丝弯头	日丰	D20×1/2(4 分)	个	8.70	日丰企业集团有限公司
内丝弯头	日丰	D20×3/4(6 分)	个	11.70	日丰企业集团有限公司
内丝弯头	日丰	D25×1/2(4 分)	个	11.40	日丰企业集团有限公司
内丝弯头	日丰	D25×3/4(6 分)	个	12.80	日丰企业集团有限公司
内丝直接	日丰	D20×1/2(4 分)	个	8.40	日丰企业集团有限公司
内丝直接	日丰	D20×3/4(6 分)	个	11.70	日丰企业集团有限公司
内丝直接	日丰	D25×1/2(4 分)	个	9.40	日丰企业集团有限公司
内丝直接	日丰	D25×3/4(6 分)	个	12.20	日丰企业集团有限公司
双联内丝弯头	日丰	D20×1/2(4 分)	个	24.60	日丰企业集团有限公司
双联内丝弯头	日丰	D25×1/2(4 分)	个	27.40	日丰企业集团有限公司
外丝接头	日丰	D20×1/2(4 分)	个	9.40	日丰企业集团有限公司
外丝接头	日丰	D20×3/4(6 分)	个	14.20	日丰企业集团有限公司
外丝接头	日丰	D25×1/2(4 分)	个	13.10	日丰企业集团有限公司
外丝接头	日丰	D25×3/4(6 分)	个	14.30	日丰企业集团有限公司
外丝三通	日丰	D20×1/2(4 分)	个	11.70	日丰企业集团有限公司
外丝三通	日丰	D25×1/2(4 分)	个	11.90	日丰企业集团有限公司
外丝三通	日丰	D25×3/4(6 分)	个	14.80	日丰企业集团有限公司
外丝弯头	日丰	D20×1/2(4 分)	个	10.80	日丰企业集团有限公司
外丝弯头	日丰	D20×3/4(6 分)	个	14.80	日丰企业集团有限公司
外丝弯头	日丰	D25×1/2(4 分)	个	11.80	日丰企业集团有限公司
外丝弯头	日丰	D25×3/4(6 分)	个	15.90	日丰企业集团有限公司

续表

产品名称	品牌	规格型号	包装单位	参考价格（元）	供应商
异径管接/大小头	日丰	D25×20	个	2.60	日丰企业集团有限公司
异径管接/大小头	日丰	D32×20	个	3.40	日丰企业集团有限公司
异径管接/大小头	日丰	D32×25	个	3.80	日丰企业集团有限公司
异径三通	日丰	D25×20	个	3.80	日丰企业集团有限公司
异径三通	日丰	D32×20	个	4.40	日丰企业集团有限公司
异径三通	日丰	D32×25	个	4.70	日丰企业集团有限公司
异径弯头	日丰	D25×20	个	3.70	日丰企业集团有限公司
异径弯头	日丰	D32×20	个	4.90	日丰企业集团有限公司
异径弯头	日丰	D32×25	个	5.40	日丰企业集团有限公司
直通/直接	日丰	D20	个	1.80	日丰企业集团有限公司
直通/直接	日丰	D25	个	2.80	日丰企业集团有限公司
直通/直接	日丰	D32	个	3.40	日丰企业集团有限公司
45°弯头	上塑	20，绿色	只	1.40	上海上塑控股(集团)有限公司
90°弯头	上塑	20，绿色	只	1.40	上海上塑控股(集团)有限公司
管帽	上塑	20，绿色	只	0.80	上海上塑控股(集团)有限公司
管套	上塑	20，绿色	只	1.10	上海上塑控股(集团)有限公司
内螺管套	上塑	20×1/2″，绿色	只	7.60	上海上塑控股(集团)有限公司
内螺三通	上塑	20×1/2″，绿色	只	9.40	上海上塑控股(集团)有限公司
内螺弯头	上塑	20×1/2″，绿色	只	9.10	上海上塑控股(集团)有限公司
绕曲管/过桥弯	上塑	20，绿色	只	4.90	上海上塑控股(集团)有限公司
双活接热熔球阀	上塑	20，绿色	只	41.40	上海上塑控股(集团)有限公司
外螺三通	上塑	20×1/2″，绿色	只	10.00	上海上塑控股(集团)有限公司
外螺弯头	上塑	20×1/2″，绿色	只	10.00	上海上塑控股(集团)有限公司
异径管套	上塑	25×20，绿色	只	1.40	上海上塑控股(集团)有限公司
异径三通	上塑	25×20，绿色	只	3.00	上海上塑控股(集团)有限公司
异径弯头	上塑	25×20，绿色	只	1.90	上海上塑控股(集团)有限公司
正三通	上塑	20，绿色	只	1.90	上海上塑控股(集团)有限公司
45°等径弯头	天力	D20	个	2.30	上海天力实业(集团)有限公司
45°等径弯头	天力	D25	个	3.20	上海天力实业(集团)有限公司
90°等径弯头	天力	D20	个	2.90	上海天力实业(集团)有限公司
90°等径弯头	天力	D25	个	3.50	上海天力实业(集团)有限公司
90°异径弯头	天力	D25-20	个	3.50	上海天力实业(集团)有限公司

续表

产品名称	品牌	规格型号	包装单位	参考价格(元)	供应商
等径三通	天力	D20	个	2.90	上海天力实业(集团)有限公司
等径三通	天力	D25	个	4.40	上海天力实业(集团)有限公司
等径直接	天力	D20	个	2.10	上海天力实业(集团)有限公司
等径直接	天力	D25	个	2.50	上海天力实业(集团)有限公司
过桥弯	天力	D20	个	6.90	上海天力实业(集团)有限公司
过桥弯	天力	D25	个	12.70	上海天力实业(集团)有限公司
内丝三通	天力	D20×1/2	个	14.40	上海天力实业(集团)有限公司
内丝三通	天力	D25×1/2	个	17.30	上海天力实业(集团)有限公司
内丝三通	天力	D25×3/4	个	24.20	上海天力实业(集团)有限公司
内丝弯头	天力	D20×1/2	个	13.80	上海天力实业(集团)有限公司
内丝弯头	天力	D20×3/4	个	19.60	上海天力实业(集团)有限公司
内丝弯头	天力	D25×1/2	个	15.50	上海天力实业(集团)有限公司
内丝弯头	天力	D25×3/4	个	21.90	上海天力实业(集团)有限公司
内丝直接	天力	D20×1/2	个	12.70	上海天力实业(集团)有限公司
内丝直接	天力	D25×1/2	个	13.80	上海天力实业(集团)有限公司
内丝直接	天力	D25×3/4	个	23.60	上海天力实业(集团)有限公司
外丝三通	天力	D20×1/2	个	15.50	上海天力实业(集团)有限公司
外丝弯头	天力	D20×1/2	个	14.40	上海天力实业(集团)有限公司
外丝弯头	天力	D20×3/4	个	18.40	上海天力实业(集团)有限公司
外丝弯头	天力	D25×3/4	个	24.20	上海天力实业(集团)有限公司
外丝直接	天力	D20×1/2	个	12.70	上海天力实业(集团)有限公司
外丝直接	天力	D20×3/4	个	17.80	上海天力实业(集团)有限公司
外丝直接	天力	D25×1/2	个	19.60	上海天力实业(集团)有限公司
外丝直接	天力	D25×3/4	个	24.20	上海天力实业(集团)有限公司
异径三通	天力	D25-20	个	4.30	上海天力实业(集团)有限公司
异径直接	天力	D25-20	个	2.30	上海天力实业(集团)有限公司
45°弯头	伟星	D110,绿	个	141.22	浙江伟星新型建材股份有限公司
45°弯头	伟星	D160,绿	个	453.06	浙江伟星新型建材股份有限公司
45°弯头	伟星	D20,绿	个	2.67	浙江伟星新型建材股份有限公司
45°弯头	伟星	D25,绿	个	5.31	浙江伟星新型建材股份有限公司
45°弯头	伟星	D32,绿	个	7.55	浙江伟星新型建材股份有限公司
45°弯头	伟星	D40,绿	个	11.53	浙江伟星新型建材股份有限公司

续表

产品名称	品牌	规格型号	包装单位	参考价格（元）	供应商
45°弯头	伟星	D50，绿	个	20.33	浙江伟星新型建材股份有限公司
45°弯头	伟星	D63，绿	个	31.92	浙江伟星新型建材股份有限公司
45°弯头	伟星	D75，绿	个	52.97	浙江伟星新型建材股份有限公司
45°弯头	伟星	D90，绿	个	84.40	浙江伟星新型建材股份有限公司
90°弯头	伟星	D110，绿	个	160.03	浙江伟星新型建材股份有限公司
90°弯头	伟星	D125，绿	个	300.65	浙江伟星新型建材股份有限公司
90°弯头	伟星	D160，绿	个	508.67	浙江伟星新型建材股份有限公司
90°弯头	伟星	D20，绿	个	3.47	浙江伟星新型建材股份有限公司
90°弯头	伟星	D25，绿	个	5.72	浙江伟星新型建材股份有限公司
90°弯头	伟星	D32，绿	个	8.27	浙江伟星新型建材股份有限公司
90°弯头	伟星	D40，绿	个	13.64	浙江伟星新型建材股份有限公司
90°弯头	伟星	D50，绿	个	23.25	浙江伟星新型建材股份有限公司
90°弯头	伟星	D63，绿	个	41.88	浙江伟星新型建材股份有限公司
90°弯头	伟星	D75，绿	个	77.92	浙江伟星新型建材股份有限公司
90°弯头	伟星	D90，绿	个	121.89	浙江伟星新型建材股份有限公司
90°异径弯头	伟星	D25/20，绿	个	5.70	浙江伟星新型建材股份有限公司
90°异径弯头	伟星	D32/20，绿	个	9.18	浙江伟星新型建材股份有限公司
90°异径弯头	伟星	D32/25，绿	个	9.18	浙江伟星新型建材股份有限公司
90°异径弯头	伟星	D40/32，绿	个	10.09	浙江伟星新型建材股份有限公司
Z 形管	伟星	D25，绿	根	17.89	浙江伟星新型建材股份有限公司
Z 形管	伟星	D32，绿	根	31.45	浙江伟星新型建材股份有限公司
Ω管	伟星	D20，绿	个	22.03	浙江伟星新型建材股份有限公司
Ω管	伟星	D25，绿	个	34.20	浙江伟星新型建材股份有限公司
Ω管	伟星	D32，绿	个	59.05	浙江伟星新型建材股份有限公司
等径三通	伟星	D110，绿	个	217.37	浙江伟星新型建材股份有限公司
等径三通	伟星	D125，绿	个	418.03	浙江伟星新型建材股份有限公司
等径三通	伟星	D160，绿	个	683.84	浙江伟星新型建材股份有限公司
等径三通	伟星	D20，绿	个	4.21	浙江伟星新型建材股份有限公司
等径三通	伟星	D25，绿	个	7.33	浙江伟星新型建材股份有限公司
等径三通	伟星	D32，绿	个	10.78	浙江伟星新型建材股份有限公司
等径三通	伟星	D40，绿	个	17.23	浙江伟星新型建材股份有限公司
等径三通	伟星	D50，绿	个	30.00	浙江伟星新型建材股份有限公司

续表

产品名称	品牌	规格型号	包装单位	参考价格（元）	供应商
等径三通	伟星	D63，绿	个	51.67	浙江伟星新型建材股份有限公司
等径三通	伟星	D75，绿	个	90.25	浙江伟星新型建材股份有限公司
等径三通	伟星	D90，绿	个	146.44	浙江伟星新型建材股份有限公司
等径四通	伟星	D20，绿	个	7.82	浙江伟星新型建材股份有限公司
等径四通	伟星	D25，绿	个	8.86	浙江伟星新型建材股份有限公司
等径四通	伟星	D32，绿	个	15.38	浙江伟星新型建材股份有限公司
等径四通	伟星	D40，绿	个	25.02	浙江伟星新型建材股份有限公司
等径四通	伟星	D50，绿	个	43.10	浙江伟星新型建材股份有限公司
等径四通	伟星	D63，绿	个	112.48	浙江伟星新型建材股份有限公司
对接法兰头	伟星	D125，绿	个	227.01	浙江伟星新型建材股份有限公司
对接法兰头	伟星	D160，绿	个	380.57	浙江伟星新型建材股份有限公司
管堵/丝堵/堵头	伟星	R1/2，绿	个	0.84	浙江伟星新型建材股份有限公司
管堵/丝堵/堵头	伟星	R3/4，绿	个	1.00	浙江伟星新型建材股份有限公司
管堵/丝堵/堵头（带垫片）	伟星	R1/2，绿	个	1.58	浙江伟星新型建材股份有限公司
管堵/丝堵/堵头（带密封圈）	伟星	R1/2，绿	个	1.38	浙江伟星新型建材股份有限公司
管堵/丝堵/堵头（带密封圈）	伟星	R3/4，绿	个	1.69	浙江伟星新型建材股份有限公司
管帽/闷头	伟星	D110，绿	个	89.37	浙江伟星新型建材股份有限公司
管帽/闷头	伟星	D125，绿	个	148.12	浙江伟星新型建材股份有限公司
管帽/闷头	伟星	D160，绿	个	238.55	浙江伟星新型建材股份有限公司
管帽/闷头	伟星	D20，绿	个	1.95	浙江伟星新型建材股份有限公司
管帽/闷头	伟星	D25，绿	个	2.91	浙江伟星新型建材股份有限公司
管帽/闷头	伟星	D32，绿	个	4.43	浙江伟星新型建材股份有限公司
管帽/闷头	伟星	D40，绿	个	6.10	浙江伟星新型建材股份有限公司
管帽/闷头	伟星	D50，绿	个	11.40	浙江伟星新型建材股份有限公司
管帽/闷头	伟星	D63，绿	个	18.75	浙江伟星新型建材股份有限公司
管帽/闷头	伟星	D75，绿	个	30.52	浙江伟星新型建材股份有限公司
管帽/闷头	伟星	D90，绿	个	54.18	浙江伟星新型建材股份有限公司
过桥弯	伟星	D20，绿	个	11.24	浙江伟星新型建材股份有限公司
过桥弯	伟星	D25，绿	个	15.57	浙江伟星新型建材股份有限公司
过桥弯	伟星	D32，绿	个	17.84	浙江伟星新型建材股份有限公司
加长内丝接头	伟星	D32×1″，绿	个	106.71	浙江伟星新型建材股份有限公司
加长内丝接头	伟星	D40×1-1/4″，绿	个	178.61	浙江伟星新型建材股份有限公司

续表

产品名称	品牌	规格型号	包装单位	参考价格（元）	供应商
加长内丝弯头	伟星	D20×1/2″,绿	个	29.65	浙江伟星新型建材股份有限公司
加长内丝弯头	伟星	D25×1/2″,绿	个	30.85	浙江伟星新型建材股份有限公司
加长外丝接头	伟星	D32×1″,绿	个	128.15	浙江伟星新型建材股份有限公司
加长外丝接头	伟星	D40×1-1/4″,绿	个	174.40	浙江伟星新型建材股份有限公司
截止阀	伟星	D25,绿	个	109.77	浙江伟星新型建材股份有限公司
截止阀	伟星	D32,绿	个	120.91	浙江伟星新型建材股份有限公司
截止阀	伟星	D40,绿	个	162.27	浙江伟星新型建材股份有限公司
截止阀	伟星	D50,绿	个	291.46	浙江伟星新型建材股份有限公司
截止阀	伟星	D63,绿	个	412.98	浙江伟星新型建材股份有限公司
截止阀(加厚型)	伟星	D20,绿	个	70.40	浙江伟星新型建材股份有限公司
截止阀(加厚型)	伟星	D25,绿	个	124.89	浙江伟星新型建材股份有限公司
截止阀(加厚型)	伟星	D32,绿	个	174.62	浙江伟星新型建材股份有限公司
截止阀(加厚型)	伟星	D40,绿	个	223.01	浙江伟星新型建材股份有限公司
截止阀(加厚型)	伟星	D50,绿	个	373.63	浙江伟星新型建材股份有限公司
截止阀(加厚型)	伟星	D63,绿	个	549.69	浙江伟星新型建材股份有限公司
金属管卡	伟星	D110,绿	个	3.80	浙江伟星新型建材股份有限公司
金属管卡	伟星	D125,绿	个	3.80	浙江伟星新型建材股份有限公司
金属管卡	伟星	D160,绿	个	4.20	浙江伟星新型建材股份有限公司
金属管卡	伟星	D20,绿	个	1.30	浙江伟星新型建材股份有限公司
金属管卡	伟星	D25,绿	个	1.40	浙江伟星新型建材股份有限公司
金属管卡	伟星	D32,绿	个	1.60	浙江伟星新型建材股份有限公司
金属管卡	伟星	D40,绿	个	1.90	浙江伟星新型建材股份有限公司
金属管卡	伟星	D63,绿	个	2.10	浙江伟星新型建材股份有限公司
金属管卡	伟星	D75,绿	个	3.20	浙江伟星新型建材股份有限公司
金属管卡	伟星	D90,绿	个	3.20	浙江伟星新型建材股份有限公司
金属管卡	伟星	D50,绿	个	2.00	浙江伟星新型建材股份有限公司
快速活接三通	伟星	D20×1/2,绿	个	19.85	浙江伟星新型建材股份有限公司
快速活接弯头	伟星	D20×1/2,绿	个	19.31	浙江伟星新型建材股份有限公司
快速活接直通	伟星	D20×1/2,绿	个	18.77	浙江伟星新型建材股份有限公司
连体内丝接头	伟星	D20×1/2″,绿	个	62.67	浙江伟星新型建材股份有限公司
连体内丝接头	伟星	D25×1/2″,绿	个	67.49	浙江伟星新型建材股份有限公司
连体内丝三通	伟星	D20×1/2″,绿	个	67.22	浙江伟星新型建材股份有限公司

续表

产品名称	品牌	规格型号	包装单位	参考价格（元）	供应商
连体内丝三通	伟星	D25×1/2″,绿	个	75.03	浙江伟星新型建材股份有限公司
连体内丝弯头	伟星	D20×1/2″,绿	个	64.96	浙江伟星新型建材股份有限公司
连体内丝弯头	伟星	D25×1/2″,绿	个	69.61	浙江伟星新型建材股份有限公司
连体内丝弯头	伟星	D25/20×1/2″,绿	个	62.09	浙江伟星新型建材股份有限公司
两头塑料活接	伟星	D20,绿	个	60.32	浙江伟星新型建材股份有限公司
两头塑料活接	伟星	D25,绿	个	85.94	浙江伟星新型建材股份有限公司
两头塑料活接	伟星	D32,绿	个	154.14	浙江伟星新型建材股份有限公司
两头塑料活接	伟星	D40,绿	个	161.54	浙江伟星新型建材股份有限公司
螺母组合活接	伟星	D32,绿	个	71.65	浙江伟星新型建材股份有限公司
螺母组合活接	伟星	D40,绿	个	96.98	浙江伟星新型建材股份有限公司
马鞍型管件	伟星	D110/25,绿	个	8.72	浙江伟星新型建材股份有限公司
马鞍型管件	伟星	D110/32,绿	个	15.43	浙江伟星新型建材股份有限公司
马鞍型管件	伟星	D50/25,绿	个	6.51	浙江伟星新型建材股份有限公司
马鞍型管件	伟星	D63/25,绿	个	6.86	浙江伟星新型建材股份有限公司
马鞍型管件	伟星	D75/25,绿	个	8.24	浙江伟星新型建材股份有限公司
马鞍型管件	伟星	D90/25,绿	个	8.55	浙江伟星新型建材股份有限公司
马鞍型管件	伟星	D90/32,绿	个	13.76	浙江伟星新型建材股份有限公司
马鞍型内丝接头	伟星	D110/32×1″,绿	个	72.18	浙江伟星新型建材股份有限公司
马鞍型内丝接头	伟星	D160/32×1″,绿	个	74.59	浙江伟星新型建材股份有限公司
马鞍型内丝接头	伟星	D75/32×1″,绿	个	68.26	浙江伟星新型建材股份有限公司
马鞍型内丝接头	伟星	D90/32×1″,绿	个	70.15	浙江伟星新型建材股份有限公司
内丝接头	伟星	D20×1/2″,绿	个	23.17	浙江伟星新型建材股份有限公司
内丝接头	伟星	D20×3/4″,绿	个	35.15	浙江伟星新型建材股份有限公司
内丝接头	伟星	D25×1/2″,绿	个	24.58	浙江伟星新型建材股份有限公司
内丝接头	伟星	D25×3/4″,绿	个	34.27	浙江伟星新型建材股份有限公司
内丝接头	伟星	D32×1″,绿	个	64.83	浙江伟星新型建材股份有限公司
内丝接头	伟星	D32×1/2″,绿	个	28.66	浙江伟星新型建材股份有限公司
内丝接头	伟星	D32×3/4″,绿	个	45.00	浙江伟星新型建材股份有限公司
内丝接头	伟星	D40×1-1/4″,绿	个	93.13	浙江伟星新型建材股份有限公司
内丝接头	伟星	D50×1-1/2″,绿	个	118.19	浙江伟星新型建材股份有限公司
内丝接头	伟星	D63×2″,绿	个	182.37	浙江伟星新型建材股份有限公司
内丝接头	伟星	D75×2-1/2″,绿	个	482.64	浙江伟星新型建材股份有限公司

续表

产品名称	品牌	规格型号	包装单位	参考价格（元）	供应商
内丝三通	伟星	D20×1/2″,绿	个	26.85	浙江伟星新型建材股份有限公司
内丝三通	伟星	D20×3/4″,绿	个	37.16	浙江伟星新型建材股份有限公司
内丝三通	伟星	D20×3/8″,绿	个	42.96	浙江伟星新型建材股份有限公司
内丝三通	伟星	D25×1/2″,绿	个	28.78	浙江伟星新型建材股份有限公司
内丝三通	伟星	D25×3/4″,绿	个	37.33	浙江伟星新型建材股份有限公司
内丝三通	伟星	D25×3/8″,绿	个	38.54	浙江伟星新型建材股份有限公司
内丝三通	伟星	D32×1″,绿	个	72.31	浙江伟星新型建材股份有限公司
内丝三通	伟星	D32×1/2″,绿	个	30.91	浙江伟星新型建材股份有限公司
内丝三通	伟星	D32×3/4″,绿	个	53.33	浙江伟星新型建材股份有限公司
内丝三通	伟星	D32×7/16″,绿	个	61.88	浙江伟星新型建材股份有限公司
内丝三通	伟星	D40×1″,绿	个	95.07	浙江伟星新型建材股份有限公司
内丝弯头	伟星	D20×1/2″,绿	个	24.58	浙江伟星新型建材股份有限公司
内丝弯头	伟星	D20×1/2″,绿	个	24.58	浙江伟星新型建材股份有限公司
内丝弯头	伟星	D20×3/4″,绿	个	34.95	浙江伟星新型建材股份有限公司
内丝弯头	伟星	D25×1/2″,绿	个	26.27	浙江伟星新型建材股份有限公司
内丝弯头	伟星	D25×1/2″,绿	个	26.08	浙江伟星新型建材股份有限公司
内丝弯头	伟星	D25×3/4″,绿	个	36.13	浙江伟星新型建材股份有限公司
内丝弯头	伟星	D25×3/4″,绿	个	36.13	浙江伟星新型建材股份有限公司
内丝弯头	伟星	D32×1″,绿	个	73.18	浙江伟星新型建材股份有限公司
内丝弯头	伟星	D32×1/2″,绿	个	29.33	浙江伟星新型建材股份有限公司
内丝弯头	伟星	D32×3/4″,绿	个	48.34	浙江伟星新型建材股份有限公司
双活接球阀	伟星	D20,绿	个	134.75	浙江伟星新型建材股份有限公司
双活接球阀	伟星	D25,绿	个	192.34	浙江伟星新型建材股份有限公司
双活接球阀	伟星	D32,绿	个	292.70	浙江伟星新型建材股份有限公司
双活接球阀	伟星	D40,绿	个	600.72	浙江伟星新型建材股份有限公司
双活接球阀	伟星	D50,绿	个	888.76	浙江伟星新型建材股份有限公司
双活接球阀	伟星	D63,绿	个	1473.48	浙江伟星新型建材股份有限公司
双塑组合活接	伟星	D20,绿	个	52.51	浙江伟星新型建材股份有限公司
双塑组合活接	伟星	D25,绿	个	73.74	浙江伟星新型建材股份有限公司
双塑组合活接	伟星	D32,绿	个	111.79	浙江伟星新型建材股份有限公司
双塑组合活接	伟星	D40,绿	个	213.11	浙江伟星新型建材股份有限公司
双塑组合活接	伟星	D50,绿	个	289.62	浙江伟星新型建材股份有限公司

续表

产品名称	品牌	规格型号	包装单位	参考价格（元）	供应商
双塑组合活接	伟星	D63，绿	个	458.07	浙江伟星新型建材股份有限公司
塑料 U 型管卡	伟星	D20，绿	个	1.78	浙江伟星新型建材股份有限公司
塑料 U 型管卡	伟星	D25，绿	个	2.11	浙江伟星新型建材股份有限公司
塑料 U 型管卡	伟星	D32，绿	个	1.70	浙江伟星新型建材股份有限公司
塑料 U 型管卡	伟星	D20 加长型，绿	个	2.96	浙江伟星新型建材股份有限公司
塑料 U 型管卡	伟星	D25 加长型，绿	个	3.41	浙江伟星新型建材股份有限公司
塑料 U 型管卡	伟星	D32 加长型，绿	个	3.93	浙江伟星新型建材股份有限公司
塑料管卡	伟星	D20，绿	个	1.20	浙江伟星新型建材股份有限公司
塑料管卡	伟星	D25，绿	个	1.40	浙江伟星新型建材股份有限公司
塑料管卡	伟星	D32，绿	个	1.50	浙江伟星新型建材股份有限公司
塑料手轮截止阀	伟星	D20，绿	个	74.80	浙江伟星新型建材股份有限公司
塑料手轮截止阀	伟星	D25，绿	个	129.31	浙江伟星新型建材股份有限公司
塑料手轮截止阀	伟星	D32，绿	个	179.06	浙江伟星新型建材股份有限公司
外丝接头	伟星	D20×1/2，绿	个	26.31	浙江伟星新型建材股份有限公司
外丝接头	伟星	D20×3/4″，绿	个	39.81	浙江伟星新型建材股份有限公司
外丝接头	伟星	D25×1/2″，绿	个	28.24	浙江伟星新型建材股份有限公司
外丝接头	伟星	D25×3/4″，绿	个	39.40	浙江伟星新型建材股份有限公司
外丝接头	伟星	D32×1″，绿	个	80.08	浙江伟星新型建材股份有限公司
外丝接头	伟星	D32×1/2″，绿	个	31.42	浙江伟星新型建材股份有限公司
外丝接头	伟星	D32×3/4″，绿	个	43.32	浙江伟星新型建材股份有限公司
外丝接头	伟星	D40×1-1/4″，绿	个	105.57	浙江伟星新型建材股份有限公司
外丝接头	伟星	D50×1-1/2″，绿	个	137.39	浙江伟星新型建材股份有限公司
外丝接头	伟星	D63×2″，绿	个	222.32	浙江伟星新型建材股份有限公司
外丝接头	伟星	D75×2-1/2″，绿	个	607.22	浙江伟星新型建材股份有限公司
外丝三通	伟星	D20×1/2，绿	个	30.08	浙江伟星新型建材股份有限公司
外丝三通	伟星	D20×3/4″，绿	个	43.14	浙江伟星新型建材股份有限公司
外丝三通	伟星	D25×1/2″，绿	个	33.18	浙江伟星新型建材股份有限公司
外丝三通	伟星	D25×3/4″，绿	个	44.13	浙江伟星新型建材股份有限公司
外丝三通	伟星	D32×1″，绿	个	85.86	浙江伟星新型建材股份有限公司
外丝三通	伟星	D32×1/2″，绿	个	33.95	浙江伟星新型建材股份有限公司
外丝三通	伟星	D32×3/4″，绿	个	56.22	浙江伟星新型建材股份有限公司
外丝三通	伟星	D32×7/16″，绿	个	60.11	浙江伟星新型建材股份有限公司

续表

产品名称	品牌	规格型号	包装单位	参考价格（元）	供应商
外丝三通	伟星	D40×1″，绿	个	108.59	浙江伟星新型建材股份有限公司
外丝弯头	伟星	D20×1/2，绿	个	31.12	浙江伟星新型建材股份有限公司
外丝弯头	伟星	D20×3/4″，绿	个	40.18	浙江伟星新型建材股份有限公司
外丝弯头	伟星	D25×1/2″，绿	个	36.31	浙江伟星新型建材股份有限公司
外丝弯头	伟星	D25×3/4″，绿	个	41.29	浙江伟星新型建材股份有限公司
外丝弯头	伟星	D32×1″，绿	个	87.49	浙江伟星新型建材股份有限公司
外丝弯头	伟星	D32×1/2″，绿	个	37.27	浙江伟星新型建材股份有限公司
外丝弯头	伟星	D32×3/4″，绿	个	58.30	浙江伟星新型建材股份有限公司
修补棒	伟星	绿	根	4.11	浙江伟星新型建材股份有限公司
阳单头活接球阀	伟星	D20×1/2″，绿	个	112.05	浙江伟星新型建材股份有限公司
阳单头活接球阀	伟星	D25×3/4″，绿	个	163.30	浙江伟星新型建材股份有限公司
阳单头活接球阀	伟星	D32×1″，绿	个	259.14	浙江伟星新型建材股份有限公司
阳组合式活接	伟星	D20×1/2″，绿	个	55.81	浙江伟星新型建材股份有限公司
阳组合式活接	伟星	D20×3/4″，绿	个	71.92	浙江伟星新型建材股份有限公司
阳组合式活接	伟星	D25×1″，绿	个	110.94	浙江伟星新型建材股份有限公司
阳组合式活接	伟星	D25×1/2″，绿	个	75.82	浙江伟星新型建材股份有限公司
阳组合式活接	伟星	D25×3/4″，绿	个	76.26	浙江伟星新型建材股份有限公司
阳组合式活接	伟星	D32×1″，绿	个	118.09	浙江伟星新型建材股份有限公司
阳组合式活接	伟星	D32×3/4″，绿	个	114.11	浙江伟星新型建材股份有限公司
阳组合式活接	伟星	D40×1-1/4″，绿	个	191.40	浙江伟星新型建材股份有限公司
阳组合式活接	伟星	D50×1-1/2″，绿	个	236.81	浙江伟星新型建材股份有限公司
阳组合式活接	伟星	D63×2″，绿	个	386.84	浙江伟星新型建材股份有限公司
异径管接/大小头	伟星	D110/63，绿	个	101.20	浙江伟星新型建材股份有限公司
异径管接/大小头	伟星	D110/63，绿	个	136.86	浙江伟星新型建材股份有限公司
异径管接/大小头	伟星	D110/75，绿	个	93.72	浙江伟星新型建材股份有限公司
异径管接/大小头	伟星	D110/75，绿	个	143.34	浙江伟星新型建材股份有限公司
异径管接/大小头	伟星	D110/90，绿	个	104.68	浙江伟星新型建材股份有限公司
异径管接/大小头	伟星	D110/90，绿	个	147.71	浙江伟星新型建材股份有限公司
异径管接/大小头	伟星	D125/110，绿	个	190.43	浙江伟星新型建材股份有限公司
异径管接/大小头	伟星	D160/110，绿	个	179.62	浙江伟星新型建材股份有限公司
异径管接/大小头	伟星	D160/125，绿	个	280.33	浙江伟星新型建材股份有限公司
异径管接/大小头	伟星	D160/125，绿	个	196.64	浙江伟星新型建材股份有限公司

续表

产品名称	品牌	规格型号	包装单位	参考价格（元）	供应商
异径管接/大小头	伟星	D25/20，绿	个	2.75	浙江伟星新型建材股份有限公司
异径管接/大小头	伟星	D25/20，绿	个	3.91	浙江伟星新型建材股份有限公司
异径管接/大小头	伟星	D32/20，绿	个	4.12	浙江伟星新型建材股份有限公司
异径管接/大小头	伟星	D32/20，绿	个	5.10	浙江伟星新型建材股份有限公司
异径管接/大小头	伟星	D32/25，绿	个	4.45	浙江伟星新型建材股份有限公司
异径管接/大小头	伟星	D32/25，绿	个	5.20	浙江伟星新型建材股份有限公司
异径管接/大小头	伟星	D40/20，绿	个	5.56	浙江伟星新型建材股份有限公司
异径管接/大小头	伟星	D40/20，绿	个	8.11	浙江伟星新型建材股份有限公司
异径管接/大小头	伟星	D40/25，绿	个	6.04	浙江伟星新型建材股份有限公司
异径管接/大小头	伟星	D40/25，绿	个	7.94	浙江伟星新型建材股份有限公司
异径管接/大小头	伟星	D40/32，绿	个	7.06	浙江伟星新型建材股份有限公司
异径管接/大小头	伟星	D40/32，绿	个	8.06	浙江伟星新型建材股份有限公司
异径管接/大小头	伟星	D50/20，绿	个	7.83	浙江伟星新型建材股份有限公司
异径管接/大小头	伟星	D50/20，绿	个	15.10	浙江伟星新型建材股份有限公司
异径管接/大小头	伟星	D50/25，绿	个	10.08	浙江伟星新型建材股份有限公司
异径管接/大小头	伟星	D50/25，绿	个	15.21	浙江伟星新型建材股份有限公司
异径管接/大小头	伟星	D50/32，绿	个	11.11	浙江伟星新型建材股份有限公司
异径管接/大小头	伟星	D50/32，绿	个	15.37	浙江伟星新型建材股份有限公司
异径管接/大小头	伟星	D50/40，绿	个	12.45	浙江伟星新型建材股份有限公司
异径管接/大小头	伟星	D50/40，绿	个	15.51	浙江伟星新型建材股份有限公司
异径管接/大小头	伟星	D63/20，绿	个	13.04	浙江伟星新型建材股份有限公司
异径管接/大小头	伟星	D63/25，绿	个	13.56	浙江伟星新型建材股份有限公司
异径管接/大小头	伟星	D63/25，绿	个	25.32	浙江伟星新型建材股份有限公司
异径管接/大小头	伟星	D63/32，绿	个	15.92	浙江伟星新型建材股份有限公司
异径管接/大小头	伟星	D63/32，绿	个	25.95	浙江伟星新型建材股份有限公司
异径管接/大小头	伟星	D63/40，绿	个	17.78	浙江伟星新型建材股份有限公司
异径管接/大小头	伟星	D63/40，绿	个	27.03	浙江伟星新型建材股份有限公司
异径管接/大小头	伟星	D63/50，绿	个	21.02	浙江伟星新型建材股份有限公司
异径管接/大小头	伟星	D63/50，绿	个	28.47	浙江伟星新型建材股份有限公司
异径管接/大小头	伟星	D75/63，绿	个	45.91	浙江伟星新型建材股份有限公司
异径管接/大小头	伟星	D75/63，绿	个	60.05	浙江伟星新型建材股份有限公司
异径管接/大小头	伟星	D90/63，绿	个	55.32	浙江伟星新型建材股份有限公司

续表

产品名称	品牌	规格型号	包装单位	参考价格（元）	供应商
异径管接/大小头	伟星	D90/63，绿	个	85.24	浙江伟星新型建材股份有限公司
异径管接/大小头	伟星	D90/75，绿	个	65.20	浙江伟星新型建材股份有限公司
异径管接/大小头	伟星	D90/75，绿	个	87.15	浙江伟星新型建材股份有限公司
异径三通	伟星	D110/25/110，绿	个	160.02	浙江伟星新型建材股份有限公司
异径三通	伟星	D110/32/110，绿	个	173.72	浙江伟星新型建材股份有限公司
异径三通	伟星	D110/40/110，绿	个	192.95	浙江伟星新型建材股份有限公司
异径三通	伟星	D110/50/110，绿	个	174.38	浙江伟星新型建材股份有限公司
异径三通	伟星	D110/63/110，绿	个	204.57	浙江伟星新型建材股份有限公司
异径三通	伟星	D110/75/110，绿	个	209.71	浙江伟星新型建材股份有限公司
异径三通	伟星	D110/90/110，绿	个	214.81	浙江伟星新型建材股份有限公司
异径三通	伟星	D125/110/125，绿	个	352.24	浙江伟星新型建材股份有限公司
异径三通	伟星	D160/110/160，绿	个	620.23	浙江伟星新型建材股份有限公司
异径三通	伟星	D160/125/160，绿	个	667.94	浙江伟星新型建材股份有限公司
异径三通	伟星	D20/25/20，绿	个	7.66	浙江伟星新型建材股份有限公司
异径三通	伟星	D25/20/20，绿	个	7.66	浙江伟星新型建材股份有限公司
异径三通	伟星	D25/20/25，绿	个	5.97	浙江伟星新型建材股份有限公司
异径三通	伟星	D25/25/20，绿	个	7.16	浙江伟星新型建材股份有限公司
异径三通	伟星	D32/20/20，绿	个	10.41	浙江伟星新型建材股份有限公司
异径三通	伟星	D32/20/25，绿	个	14.30	浙江伟星新型建材股份有限公司
异径三通	伟星	D32/20/32，绿	个	9.09	浙江伟星新型建材股份有限公司
异径三通	伟星	D32/25/20，绿	个	14.30	浙江伟星新型建材股份有限公司
异径三通	伟星	D32/25/25，绿	个	14.30	浙江伟星新型建材股份有限公司
异径三通	伟星	D32/25/32，绿	个	9.88	浙江伟星新型建材股份有限公司
异径三通	伟星	D40/20/40，绿	个	11.56	浙江伟星新型建材股份有限公司
异径三通	伟星	D40/25/40，绿	个	14.61	浙江伟星新型建材股份有限公司
异径三通	伟星	D40/32/40，绿	个	15.10	浙江伟星新型建材股份有限公司
异径三通	伟星	D50/20/50，绿	个	18.04	浙江伟星新型建材股份有限公司
异径三通	伟星	D50/25/50，绿	个	18.81	浙江伟星新型建材股份有限公司
异径三通	伟星	D50/32/50，绿	个	23.11	浙江伟星新型建材股份有限公司
异径三通	伟星	D50/40/50，绿	个	26.72	浙江伟星新型建材股份有限公司
异径三通	伟星	D63/20/63，绿	个	36.25	浙江伟星新型建材股份有限公司
异径三通	伟星	D63/25/63，绿	个	33.78	浙江伟星新型建材股份有限公司

续表

产品名称	品牌	规格型号	包装单位	参考价格（元）	供应商
异径三通	伟星	D63/32/63,绿	个	35.92	浙江伟星新型建材股份有限公司
异径三通	伟星	D63/40/63,绿	个	39.80	浙江伟星新型建材股份有限公司
异径三通	伟星	D63/50/63,绿	个	45.06	浙江伟星新型建材股份有限公司
异径三通	伟星	D75/20/75,绿	个	60.50	浙江伟星新型建材股份有限公司
异径三通	伟星	D75/25/75,绿	个	63.56	浙江伟星新型建材股份有限公司
异径三通	伟星	D75/32/75,绿	个	59.52	浙江伟星新型建材股份有限公司
异径三通	伟星	D75/40/75,绿	个	93.51	浙江伟星新型建材股份有限公司
异径三通	伟星	D75/50/75,绿	个	94.23	浙江伟星新型建材股份有限公司
异径三通	伟星	D75/63/75,绿	个	74.43	浙江伟星新型建材股份有限公司
异径三通	伟星	D90/25/90,绿	个	101.53	浙江伟星新型建材股份有限公司
异径三通	伟星	D90/32/90,绿	个	112.16	浙江伟星新型建材股份有限公司
异径三通	伟星	D90/40/90,绿	个	108.13	浙江伟星新型建材股份有限公司
异径三通	伟星	D90/50/90,绿	个	115.35	浙江伟星新型建材股份有限公司
异径三通	伟星	D90/63/90,绿	个	119.37	浙江伟星新型建材股份有限公司
异径三通	伟星	D90/75/90,绿	个	126.81	浙江伟星新型建材股份有限公司
异面三通	伟星	D20,绿	个	5.67	浙江伟星新型建材股份有限公司
异面三通	伟星	D25,绿	个	7.14	浙江伟星新型建材股份有限公司
阴单头活接球阀	伟星	D20×1/2″,绿	个	108.22	浙江伟星新型建材股份有限公司
阴单头活接球阀	伟星	D25×3/4″,绿	个	154.81	浙江伟星新型建材股份有限公司
阴单头活接球阀	伟星	D32×1″,绿	个	235.60	浙江伟星新型建材股份有限公司
阴组合式活接	伟星	D20×1/2″,绿	个	50.48	浙江伟星新型建材股份有限公司
阴组合式活接	伟星	D20×3/4″,绿	个	63.34	浙江伟星新型建材股份有限公司
阴组合式活接	伟星	D25×1/2″,绿	个	66.60	浙江伟星新型建材股份有限公司
阴组合式活接	伟星	D25×3/4″,绿	个	68.99	浙江伟星新型建材股份有限公司
阴组合式活接	伟星	D32×1″,绿	个	111.13	浙江伟星新型建材股份有限公司
阴组合式活接	伟星	D40×1-1/4″,绿	个	185.37	浙江伟星新型建材股份有限公司
阴组合式活接	伟星	D50×1-1/2″,绿	个	229.04	浙江伟星新型建材股份有限公司
阴组合式活接	伟星	D63×2″,绿	个	384.94	浙江伟星新型建材股份有限公司
闸阀	伟星	D20,绿	个	152.66	浙江伟星新型建材股份有限公司
闸阀	伟星	D25,绿	个	220.83	浙江伟星新型建材股份有限公司
支撑环	伟星	D110,绿	个	81.75	浙江伟星新型建材股份有限公司
支撑环	伟星	D160,绿	个	237.08	浙江伟星新型建材股份有限公司

续表

产品名称	品牌	规格型号	包装单位	参考价格（元）	供应商
支撑环	伟星	D40,绿	个	10.00	浙江伟星新型建材股份有限公司
支撑环	伟星	D50,绿	个	12.84	浙江伟星新型建材股份有限公司
支撑环	伟星	D63,绿	个	17.47	浙江伟星新型建材股份有限公司
支撑环	伟星	D75,绿	个	35.11	浙江伟星新型建材股份有限公司
支撑环	伟星	D90,绿	个	51.58	浙江伟星新型建材股份有限公司
直通/直接	伟星	D110,绿	个	112.84	浙江伟星新型建材股份有限公司
直通/直接	伟星	D125,绿	个	130.69	浙江伟星新型建材股份有限公司
直通/直接	伟星	D160,绿	个	206.64	浙江伟星新型建材股份有限公司
直通/直接	伟星	D20,绿	个	2.21	浙江伟星新型建材股份有限公司
直通/直接	伟星	D25,绿	个	3.89	浙江伟星新型建材股份有限公司
直通/直接	伟星	D32,绿	个	5.56	浙江伟星新型建材股份有限公司
直通/直接	伟星	D40,绿	个	7.06	浙江伟星新型建材股份有限公司
直通/直接	伟星	D50,绿	个	13.23	浙江伟星新型建材股份有限公司
直通/直接	伟星	D63,绿	个	23.04	浙江伟星新型建材股份有限公司
直通/直接	伟星	D75,绿	个	47.30	浙江伟星新型建材股份有限公司
直通/直接	伟星	D90,绿	个	71.82	浙江伟星新型建材股份有限公司
45°弯头	中萨	D110,白	个	36.66	上海皮尔萨实业有限公司
45°弯头	中萨	D160,白	个	114.84	上海皮尔萨实业有限公司
45°弯头	中萨	D20,白	个	0.62	上海皮尔萨实业有限公司
45°弯头	中萨	D20,白	个	0.62	上海皮尔萨实业有限公司
45°弯头	中萨	D25,白	个	1.07	上海皮尔萨实业有限公司
45°弯头	中萨	D32,白	个	1.70	上海皮尔萨实业有限公司
45°弯头	中萨	D40,白	个	3.29	上海皮尔萨实业有限公司
45°弯头	中萨	D50,白	个	5.20	上海皮尔萨实业有限公司
45°弯头	中萨	D63,白	个	10.05	上海皮尔萨实业有限公司
45°弯头	中萨	D75,白	个	14.89	上海皮尔萨实业有限公司
45°弯头	中萨	D90,白	个	23.37	上海皮尔萨实业有限公司
90°弯头	中萨	D110,白	个	40.18	上海皮尔萨实业有限公司
90°弯头	中萨	D160,白	个	165.88	上海皮尔萨实业有限公司
90°弯头	中萨	D20,白	个	0.69	上海皮尔萨实业有限公司
90°弯头	中萨	D20,白	个	0.69	上海皮尔萨实业有限公司
90°弯头	中萨	D25,白	个	1.14	上海皮尔萨实业有限公司

续表

产品名称	品牌	规格型号	包装单位	参考价格（元）	供应商
90°弯头	中萨	D32，白	个	1.79	上海皮尔萨实业有限公司
90°弯头	中萨	D40，白	个	3.38	上海皮尔萨实业有限公司
90°弯头	中萨	D50，白	个	5.54	上海皮尔萨实业有限公司
90°弯头	中萨	D63，白	个	12.00	上海皮尔萨实业有限公司
90°弯头	中萨	D75，白	个	21.66	上海皮尔萨实业有限公司
90°弯头	中萨	D90，白	个	32.23	上海皮尔萨实业有限公司
暗阀	中萨	D20，白	个	38.87	上海皮尔萨实业有限公司
暗阀	中萨	D25，白	个	49.24	上海皮尔萨实业有限公司
承口内丝活接	中萨	D20×1/2，白	个	11.62	上海皮尔萨实业有限公司
承口内丝活接	中萨	D20×1/2，白	个	11.62	上海皮尔萨实业有限公司
承口内丝活接	中萨	D25×3/4，白	个	14.43	上海皮尔萨实业有限公司
承口内丝活接	中萨	D32×1，白	个	28.73	上海皮尔萨实业有限公司
承口外丝活接	中萨	D20×1/2，白	个	12.64	上海皮尔萨实业有限公司
承口外丝活接	中萨	D20×1/2，白	个	12.64	上海皮尔萨实业有限公司
承口外丝活接	中萨	D25×3/4，白	个	16.74	上海皮尔萨实业有限公司
承口外丝活接	中萨	D32×1，白	个	25.03	上海皮尔萨实业有限公司
承口外丝活接	中萨	D40×5/4，白	个	48.40	上海皮尔萨实业有限公司
承口外丝活接	中萨	D50×3/2，白	个	59.80	上海皮尔萨实业有限公司
承口外丝活接	中萨	D63×2，白	个	97.73	上海皮尔萨实业有限公司
等径三通	中萨	D110，白	个	54.29	上海皮尔萨实业有限公司
等径三通	中萨	D160，白	个	161.01	上海皮尔萨实业有限公司
等径三通	中萨	D20，白	个	0.98	上海皮尔萨实业有限公司
等径三通	中萨	D20，白	个	0.98	上海皮尔萨实业有限公司
等径三通	中萨	D25，白	个	1.38	上海皮尔萨实业有限公司
等径三通	中萨	D32，白	个	2.24	上海皮尔萨实业有限公司
等径三通	中萨	D40，白	个	3.98	上海皮尔萨实业有限公司
等径三通	中萨	D50，白	个	7.16	上海皮尔萨实业有限公司
等径三通	中萨	D63，白	个	13.21	上海皮尔萨实业有限公司
等径三通	中萨	D75，白	个	21.94	上海皮尔萨实业有限公司
等径三通	中萨	D90，白	个	35.43	上海皮尔萨实业有限公司
管堵/丝堵/堵头	中萨	D20，白	个	0.40	上海皮尔萨实业有限公司
管堵/丝堵/堵头	中萨	D25，白	个	0.48	上海皮尔萨实业有限公司

续表

产品名称	品牌	规格型号	包装单位	参考价格（元）	供应商
管帽/闷头	中萨	D110,白	个	23.92	上海皮尔萨实业有限公司
管帽/闷头	中萨	D160,白	个	87.18	上海皮尔萨实业有限公司
管帽/闷头	中萨	D20,白	个	0.44	上海皮尔萨实业有限公司
管帽/闷头	中萨	D20,白	个	0.44	上海皮尔萨实业有限公司
管帽/闷头	中萨	D25,白	个	0.48	上海皮尔萨实业有限公司
管帽/闷头	中萨	D32,白	个	0.90	上海皮尔萨实业有限公司
管帽/闷头	中萨	D40,白	个	1.46	上海皮尔萨实业有限公司
管帽/闷头	中萨	D50,白	个	2.56	上海皮尔萨实业有限公司
管帽/闷头	中萨	D63,白	个	4.59	上海皮尔萨实业有限公司
管帽/闷头	中萨	D75,白	个	7.89	上海皮尔萨实业有限公司
管帽/闷头	中萨	D90,白	个	14.11	上海皮尔萨实业有限公司
过桥弯	中萨	D20,白	个	2.39	上海皮尔萨实业有限公司
过桥弯	中萨	D20,白	个	2.39	上海皮尔萨实业有限公司
过桥弯	中萨	D25,白	个	3.12	上海皮尔萨实业有限公司
过桥弯	中萨	D32,白	个	4.00	上海皮尔萨实业有限公司
截止阀	中萨	D110,白	个	366.21	上海皮尔萨实业有限公司
截止阀	中萨	D20,白	个	15.28	上海皮尔萨实业有限公司
截止阀	中萨	D20,白	个	15.28	上海皮尔萨实业有限公司
截止阀	中萨	D25,白	个	22.23	上海皮尔萨实业有限公司
截止阀	中萨	D32,白	个	32.83	上海皮尔萨实业有限公司
截止阀	中萨	D40,白	个	39.35	上海皮尔萨实业有限公司
截止阀	中萨	D50,白	个	60.45	上海皮尔萨实业有限公司
截止阀	中萨	D63,白	个	74.93	上海皮尔萨实业有限公司
截止阀	中萨	D75,白	个	131.01	上海皮尔萨实业有限公司
截止阀	中萨	D90,白	个	261.59	上海皮尔萨实业有限公司
金属管卡	中萨	D110,白	个	5.98	上海皮尔萨实业有限公司
金属管卡	中萨	D20,白	个	0.72	上海皮尔萨实业有限公司
金属管卡	中萨	D20,白	个	0.72	上海皮尔萨实业有限公司
金属管卡	中萨	D25,白	个	0.86	上海皮尔萨实业有限公司
金属管卡	中萨	D32,白	个	1.08	上海皮尔萨实业有限公司
金属管卡	中萨	D40,白	个	1.20	上海皮尔萨实业有限公司
金属管卡	中萨	D50,白	个	1.34	上海皮尔萨实业有限公司

续表

产品名称	品牌	规格型号	包装单位	参考价格（元）	供应商
金属管卡	中萨	D63，白	个	1.79	上海皮尔萨实业有限公司
金属管卡	中萨	D75，白	个	4.45	上海皮尔萨实业有限公司
金属管卡	中萨	D90，白	个	5.38	上海皮尔萨实业有限公司
内丝接头	中萨	S20×1/2″，白	个	4.62	上海皮尔萨实业有限公司
内丝接头	中萨	S20×1/2″，白	个	4.62	上海皮尔萨实业有限公司
内丝接头	中萨	S20×3/4″，白	个	5.85	上海皮尔萨实业有限公司
内丝接头	中萨	S25×1/2″，白	个	4.97	上海皮尔萨实业有限公司
内丝接头	中萨	S25×3/4″，白	个	6.58	上海皮尔萨实业有限公司
内丝接头	中萨	S32×1″，白	个	17.12	上海皮尔萨实业有限公司
内丝接头	中萨	S32×1/2″，白	个	5.69	上海皮尔萨实业有限公司
内丝接头	中萨	S32×3/4″，白	个	8.54	上海皮尔萨实业有限公司
内丝接头	中萨	S40×5/4″，白	个	25.38	上海皮尔萨实业有限公司
内丝接头	中萨	S50×3/2″，白	个	32.20	上海皮尔萨实业有限公司
内丝接头	中萨	S63×2″，白	个	47.20	上海皮尔萨实业有限公司
内丝三通	中萨	D20×1/2″，白	个	5.14	上海皮尔萨实业有限公司
内丝三通	中萨	D20×1/2″，白	个	5.14	上海皮尔萨实业有限公司
内丝三通	中萨	D25×1/2″，白	个	5.62	上海皮尔萨实业有限公司
内丝三通	中萨	D25×3/4″，白	个	7.29	上海皮尔萨实业有限公司
内丝三通	中萨	D32×1″，白	个	17.37	上海皮尔萨实业有限公司
内丝三通	中萨	D32×1/2″，白	个	6.55	上海皮尔萨实业有限公司
内丝三通	中萨	D32×3/4″，白	个	8.39	上海皮尔萨实业有限公司
内丝弯头	中萨	D20×1/2″，白	个	4.65	上海皮尔萨实业有限公司
内丝弯头	中萨	D20×1/2″，白	个	4.65	上海皮尔萨实业有限公司
内丝弯头	中萨	D25×1/2″，白	个	5.12	上海皮尔萨实业有限公司
内丝弯头	中萨	D25×3/4″，白	个	6.90	上海皮尔萨实业有限公司
内丝弯头	中萨	D32×1″，白	个	17.64	上海皮尔萨实业有限公司
内丝弯头	中萨	D32×1/2″，白	个	6.21	上海皮尔萨实业有限公司
内丝弯头	中萨	D32×3/4″，白	个	8.03	上海皮尔萨实业有限公司
曲线管	中萨	D20×2.8，白	个	2.49	上海皮尔萨实业有限公司
曲线管	中萨	D20×2.8，白	个	2.39	上海皮尔萨实业有限公司
曲线管	中萨	D20×34，白	个	2.95	上海皮尔萨实业有限公司
曲线管	中萨	D25×3．5，白	个	3.13	上海皮尔萨实业有限公司

续表

产品名称	品牌	规格型号	包装单位	参考价格（元）	供应商
曲线管	中萨	D25×4．2，白	个	3.77	上海皮尔萨实业有限公司
曲线管	中萨	D32×4.4，白	个	6.81	上海皮尔萨实业有限公司
双活接铜球阀	中萨	D20，白	个	29.90	上海皮尔萨实业有限公司
双活接铜球阀	中萨	D20，白	个	29.90	上海皮尔萨实业有限公司
双活接铜球阀	中萨	D25，白	个	38.18	上海皮尔萨实业有限公司
双活接铜球阀	中萨	D32，白	个	66.20	上海皮尔萨实业有限公司
双活接铜球阀	中萨	D40，白	个	149.50	上海皮尔萨实业有限公司
双活接铜球阀	中萨	D50，白	个	221.59	上海皮尔萨实业有限公司
双活接铜球阀	中萨	D63，白	个	367.38	上海皮尔萨实业有限公司
塑料管卡	中萨	D20，白	个	0.75	上海皮尔萨实业有限公司
塑料管卡	中萨	D20，白	个	0.75	上海皮尔萨实业有限公司
塑料管卡	中萨	D25，白	个	0.92	上海皮尔萨实业有限公司
塑料管卡	中萨	D32，白	个	1.13	上海皮尔萨实业有限公司
塑料管卡	中萨	D40，白	个	1.18	上海皮尔萨实业有限公司
塑料管卡	中萨	D50，白	个	1.31	上海皮尔萨实业有限公司
塑料管卡	中萨	D63，白	个	1.51	上海皮尔萨实业有限公司
塑料球阀	中萨	D20，白	个	6.36	上海皮尔萨实业有限公司
塑料球阀	中萨	D20，白	个	6.36	上海皮尔萨实业有限公司
塑料球阀	中萨	D25，白	个	10.01	上海皮尔萨实业有限公司
塑料球阀	中萨	D32，白	个	18.30	上海皮尔萨实业有限公司
塑料球阀	中萨	D40，白	个	25.90	上海皮尔萨实业有限公司
塑料球阀	中萨	D50，白	个	32.29	上海皮尔萨实业有限公司
塑料球阀	中萨	D63，白	个	52.39	上海皮尔萨实业有限公司
外丝接头	中萨	S20×1/2″，白	个	5.02	上海皮尔萨实业有限公司
外丝接头	中萨	S20×1/2″，白	个	5.02	上海皮尔萨实业有限公司
外丝接头	中萨	S20×3/4″，白	个	7.71	上海皮尔萨实业有限公司
外丝接头	中萨	S25×1/2″，白	个	5.53	上海皮尔萨实业有限公司
外丝接头	中萨	S25×3/4″，白	个	8.18	上海皮尔萨实业有限公司
外丝接头	中萨	S32×1″，白	个	18.45	上海皮尔萨实业有限公司
外丝接头	中萨	S32×1/2″，白	个	6.06	上海皮尔萨实业有限公司
外丝接头	中萨	S32×3/4″，白	个	8.68	上海皮尔萨实业有限公司
外丝接头	中萨	S40×5/4″，白	个	29.72	上海皮尔萨实业有限公司

续表

产品名称	品牌	规格型号	包装单位	参考价格（元）	供应商
外丝接头	中萨	S50×3/2″,白	个	35.24	上海皮尔萨实业有限公司
外丝接头	中萨	S63×2″,白	个	55.13	上海皮尔萨实业有限公司
外丝三通	中萨	D20×1/2,白	个	5.76	上海皮尔萨实业有限公司
外丝三通	中萨	D25×1/2″,白	个	6.12	上海皮尔萨实业有限公司
外丝三通	中萨	D25×3/4″,白	个	8.07	上海皮尔萨实业有限公司
外丝三通	中萨	D32×1″,白	个	22.80	上海皮尔萨实业有限公司
外丝三通	中萨	D32×1/2″,白	个	7.23	上海皮尔萨实业有限公司
外丝三通	中萨	D32×3/4″,白	个	11.30	上海皮尔萨实业有限公司
外丝弯头	中萨	D20×1/2,白	个	4.99	上海皮尔萨实业有限公司
外丝弯头	中萨	D20×1/2,白	个	4.99	上海皮尔萨实业有限公司
外丝弯头	中萨	D25×1/2″,白	个	6.42	上海皮尔萨实业有限公司
外丝弯头	中萨	D25×3/4″,白	个	8.49	上海皮尔萨实业有限公司
外丝弯头	中萨	D32×1″,白	个	19.97	上海皮尔萨实业有限公司
外丝弯头	中萨	D32×1/2″,白	个	7.48	上海皮尔萨实业有限公司
外丝弯头	中萨	D32×3/4″,白	个	9.87	上海皮尔萨实业有限公司
阳单头活接球阀	中萨	D20×1/2″,白	个	25.32	上海皮尔萨实业有限公司
阳单头活接球阀	中萨	D20×1/2″,白	个	25.32	上海皮尔萨实业有限公司
阳单头活接球阀	中萨	D25×3/4″,白	个	36.83	上海皮尔萨实业有限公司
阳单头活接球阀	中萨	D32×1″,白	个	59.80	上海皮尔萨实业有限公司
阳单头活接球阀	中萨	D40×5/4″,白	个	117.26	上海皮尔萨实业有限公司
阳单头活接球阀	中萨	D50×3/2″,白	个	163.10	上海皮尔萨实业有限公司
阳单头活接球阀	中萨	D63×2″,白	个	246.22	上海皮尔萨实业有限公司
异径管接/大小头	中萨	D110×40,白	个	22.69	上海皮尔萨实业有限公司
异径管接/大小头	中萨	D110×50,白	个	22.87	上海皮尔萨实业有限公司
异径管接/大小头	中萨	D110×63,白	个	23.99	上海皮尔萨实业有限公司
异径管接/大小头	中萨	D110×75,白	个	24.10	上海皮尔萨实业有限公司
异径管接/大小头	中萨	D110×90,白	个	25.62	上海皮尔萨实业有限公司
异径管接/大小头	中萨	D160×110,白	个	66.91	上海皮尔萨实业有限公司
异径管接/大小头	中萨	D25×20,白	个	0.62	上海皮尔萨实业有限公司
异径管接/大小头	中萨	D25×20,白	个	0.62	上海皮尔萨实业有限公司
异径管接/大小头	中萨	D32×20,白	个	0.90	上海皮尔萨实业有限公司
异径管接/大小头	中萨	D32×25,白	个	1.04	上海皮尔萨实业有限公司

续表

产品名称	品牌	规格型号	包装单位	参考价格（元）	供应商
异径管接/大小头	中萨	D40×20,白	个	1.73	上海皮尔萨实业有限公司
异径管接/大小头	中萨	D40×25,白	个	1.72	上海皮尔萨实业有限公司
异径管接/大小头	中萨	D40×32,白	个	1.87	上海皮尔萨实业有限公司
异径管接/大小头	中萨	D50×20,白	个	2.83	上海皮尔萨实业有限公司
异径管接/大小头	中萨	D50×25,白	个	3.21	上海皮尔萨实业有限公司
异径管接/大小头	中萨	D50×32,白	个	3.28	上海皮尔萨实业有限公司
异径管接/大小头	中萨	D50×40,白	个	3.47	上海皮尔萨实业有限公司
异径管接/大小头	中萨	D63×20,白	个	4.28	上海皮尔萨实业有限公司
异径管接/大小头	中萨	D63×25,白	个	4.51	上海皮尔萨实业有限公司
异径管接/大小头	中萨	D63×32,白	个	5.25	上海皮尔萨实业有限公司
异径管接/大小头	中萨	D63×40,白	个	5.49	上海皮尔萨实业有限公司
异径管接/大小头	中萨	D63×50,白	个	5.62	上海皮尔萨实业有限公司
异径管接/大小头	中萨	D75×32,白	个	8.14	上海皮尔萨实业有限公司
异径管接/大小头	中萨	D75×40,白	个	8.55	上海皮尔萨实业有限公司
异径管接/大小头	中萨	D75×50,白	个	9.33	上海皮尔萨实业有限公司
异径管接/大小头	中萨	D75×63,白	个	9.83	上海皮尔萨实业有限公司
异径管接/大小头	中萨	D90×40,白	个	13.30	上海皮尔萨实业有限公司
异径管接/大小头	中萨	D90×50,白	个	13.35	上海皮尔萨实业有限公司
异径管接/大小头	中萨	D90×63,白	个	13.64	上海皮尔萨实业有限公司
异径管接/大小头	中萨	D90×75,白	个	14.29	上海皮尔萨实业有限公司
异径三通	中萨	D110×40,白	个	37.67	上海皮尔萨实业有限公司
异径三通	中萨	D110×50,白	个	44.89	上海皮尔萨实业有限公司
异径三通	中萨	D110×63,白	个	47.54	上海皮尔萨实业有限公司
异径三通	中萨	D110×75,白	个	52.40	上海皮尔萨实业有限公司
异径三通	中萨	D110×90,白	个	54.90	上海皮尔萨实业有限公司
异径三通	中萨	D160×110,白	个	145.24	上海皮尔萨实业有限公司
异径三通	中萨	D25×20,白	个	1.34	上海皮尔萨实业有限公司
异径三通	中萨	D25×20,白	个	1.34	上海皮尔萨实业有限公司
异径三通	中萨	D32×20,白	个	1.87	上海皮尔萨实业有限公司
异径三通	中萨	D32×25,白	个	1.96	上海皮尔萨实业有限公司
异径三通	中萨	D40×20,白	个	3.59	上海皮尔萨实业有限公司
异径三通	中萨	D40×25,白	个	3.78	上海皮尔萨实业有限公司

续表

产品名称	品牌	规格型号	包装单位	参考价格（元）	供应商
异径三通	中萨	D40×32，白	个	4.06	上海皮尔萨实业有限公司
异径三通	中萨	D50×20，白	个	5.67	上海皮尔萨实业有限公司
异径三通	中萨	D50×25，白	个	5.99	上海皮尔萨实业有限公司
异径三通	中萨	D50×32，白	个	6.58	上海皮尔萨实业有限公司
异径三通	中萨	D50×40，白	个	6.93	上海皮尔萨实业有限公司
异径三通	中萨	D63×20，白	个	11.70	上海皮尔萨实业有限公司
异径三通	中萨	D63×25，白	个	12.40	上海皮尔萨实业有限公司
异径三通	中萨	D63×32，白	个	12.79	上海皮尔萨实业有限公司
异径三通	中萨	D63×40，白	个	13.25	上海皮尔萨实业有限公司
异径三通	中萨	D63×50，白	个	13.83	上海皮尔萨实业有限公司
异径三通	中萨	D75×32，白	个	17.30	上海皮尔萨实业有限公司
异径三通	中萨	D75×40，白	个	20.84	上海皮尔萨实业有限公司
异径三通	中萨	D75×50，白	个	22.79	上海皮尔萨实业有限公司
异径三通	中萨	D75×63，白	个	24.04	上海皮尔萨实业有限公司
异径三通	中萨	D90×40，白	个	27.05	上海皮尔萨实业有限公司
异径三通	中萨	D90×50，白	个	30.07	上海皮尔萨实业有限公司
异径三通	中萨	D90×63，白	个	32.51	上海皮尔萨实业有限公司
异径三通	中萨	D90×75，白	个	34.87	上海皮尔萨实业有限公司
异径弯头	中萨	D25×20，白	个	1.29	上海皮尔萨实业有限公司
异径弯头	中萨	D25×20，白	个	1.29	上海皮尔萨实业有限公司
异径弯头	中萨	D32×20，白	个	2.03	上海皮尔萨实业有限公司
异径弯头	中萨	D32×25，白	个	2.03	上海皮尔萨实业有限公司
阴单头活接球阀	中萨	D20×1/2″，白	个	25.12	上海皮尔萨实业有限公司
阴单头活接球阀	中萨	D20×1/2″，白	个	25.12	上海皮尔萨实业有限公司
阴单头活接球阀	中萨	D25×3/4″，白	个	35.61	上海皮尔萨实业有限公司
阴单头活接球阀	中萨	D32×1″，白	个	55.32	上海皮尔萨实业有限公司
阴单头活接球阀	中萨	D40×5/4″，白	个	117.77	上海皮尔萨实业有限公司
阴单头活接球阀	中萨	D50×3/2″，白	个	162.15	上海皮尔萨实业有限公司
阴单头活接球阀	中萨	D63×2″，白	个	241.55	上海皮尔萨实业有限公司
直通/直接	中萨	D110，白	个	27.85	上海皮尔萨实业有限公司
直通/直接	中萨	D160，白	个	71.14	上海皮尔萨实业有限公司
直通/直接	中萨	D20，白	个	0.53	上海皮尔萨实业有限公司

续表

产品名称	品牌	规格型号	包装单位	参考价格(元)	供应商
直通/直接	中萨	D20，白	个	0.53	上海皮尔萨实业有限公司
直通/直接	中萨	D25，白	个	0.69	上海皮尔萨实业有限公司
直通/直接	中萨	D32，白	个	0.95	上海皮尔萨实业有限公司
直通/直接	中萨	D40，白	个	1.79	上海皮尔萨实业有限公司
直通/直接	中萨	D50，白	个	3.32	上海皮尔萨实业有限公司
直通/直接	中萨	D63，白	个	5.59	上海皮尔萨实业有限公司
直通/直接	中萨	D75，白	个	10.57	上海皮尔萨实业有限公司
直通/直接	中萨	D90，白	个	16.68	上海皮尔萨实业有限公司

1.2　排水用硬聚氯乙烯(PVC-U)水管

1.2.1　PVC管材

产品名称	品牌	规格型号	包装单位	参考价格(元)	供应商
PVC排水管(A型)	公元	D110	根(4m/根)	79.10	公元塑业集团有限公司
PVC排水管(A型)	公元	D110×2.2	根(4m/根)	58.07	公元塑业集团有限公司
PVC排水管(A型)	公元	D110×2.4	根(4m/根)	69.05	公元塑业集团有限公司
PVC排水管(A型)	公元	D50	根(4m/根)	25.11	公元塑业集团有限公司
PVC排水管(A型)	公元	D50	根(4m/根)	20.25	公元塑业集团有限公司
PVC排水管(A型)	公元	D75	根(4m/根)	42.37	公元塑业集团有限公司
PVC排水管(A型)	公元	D75	根(4m/根)	35.31	公元塑业集团有限公司
PVC排水管(A型)	联塑	D110	根(4m/根)	71.40	广东联塑科技实业有限公司
PVC排水管(A型)	联塑	D160	根(4m/根)	142.80	广东联塑科技实业有限公司
PVC排水管(A型)	联塑	D50	根(4m/根)	25.40	广东联塑科技实业有限公司
PVC排水管(A型)	联塑	D75	根(4m/根)	40.80	广东联塑科技实业有限公司
PVC排水管(B型)	联塑	D110	根(4m/根)	60.68	广东联塑科技实业有限公司
PVC排水管(B型)	联塑	D160	根(4m/根)	119.80	广东联塑科技实业有限公司
PVC排水管(B型)	联塑	D200	根(4m/根)	191.20	广东联塑科技实业有限公司
PVC排水管(B型)	联塑	D50	根(4m/根)	19.72	广东联塑科技实业有限公司
PVC排水管(B型)	联塑	D75	根(4m/根)	31.82	广东联塑科技实业有限公司
PVC排水管(A型)	日丰	D110×3.0	根(4m/根)	68.00	日丰企业集团有限公司
PVC排水管(A型)	日丰	D110×3.2	根(4m/根)	77.00	日丰企业集团有限公司

续表

产品名称	品牌	规格型号	包装单位	参考价格(元)	供应商
PVC 排水管(A 型)	日丰	D160×3.5	根(4m/根)	139.00	日丰企业集团有限公司
PVC 排水管(A 型)	日丰	D50×1.8	根(4m/根)	24.00	日丰企业集团有限公司
PVC 排水管(A 型)	日丰	D50×2.0	根(4m/根)	29.80	日丰企业集团有限公司
PVC 排水管(A 型)	日丰	D75×2.0	根(4m/根)	38.00	日丰企业集团有限公司
PVC 排水管(A 型)	日丰	D75×2.3	根(4m/根)	44.00	日丰企业集团有限公司
排水管(国际)	上塑	ϕ110×3.2	根	73.80	上海上塑控股(集团)有限公司
排水管(国际)	上塑	ϕ40	根	26.60	上海上塑控股(集团)有限公司
排水管(国际)	上塑	ϕ50×2.0	根	23.20	上海上塑控股(集团)有限公司
排水管(国际)	上塑	ϕ90	根	26.40	上海上塑控股(集团)有限公司
PVC 排水管(A 型)	中财	D110,白	根(4m/根)	61.28	浙江中财管道科技股份有限公司
PVC 排水管(A 型)	中财	D160,白	根(4m/根)	123.00	浙江中财管道科技股份有限公司
PVC 排水管(A 型)	中财	D200,白	根(4m/根)	185.00	浙江中财管道科技股份有限公司
PVC 排水管(A 型)	中财	D50,白	根(4m/根)	21.00	浙江中财管道科技股份有限公司
PVC 排水管(A 型)	中财	D75,白	根(4m/根)	35.20	浙江中财管道科技股份有限公司
PVC 排水管(B 型)	中财	D110,白	根(4m/根)	68.00	浙江中财管道科技股份有限公司
PVC 排水管(B 型)	中财	D160,白	根(4m/根)	140.00	浙江中财管道科技股份有限公司
PVC 排水管(B 型)	中财	D200,白	根(4m/根)	200.00	浙江中财管道科技股份有限公司
PVC 排水管(B 型)	中财	D40,白	根(4m/根)	24.00	浙江中财管道科技股份有限公司
PVC 排水管(B 型)	中财	D50,白	根(4m/根)	19.69	浙江中财管道科技股份有限公司
PVC 排水管(B 型)	中财	D75,白	根(4m/根)	36.90	浙江中财管道科技股份有限公司
PVC 排水管(A 型)	中萨	D110×3.2	根(4m/根)	56.14	上海皮尔萨实业有限公司
PVC 排水管(A 型)	中萨	D160×4.0	根(4m/根)	109.14	上海皮尔萨实业有限公司
PVC 排水管(A 型)	中萨	D200×4.9	根(4m/根)	41.35	上海皮尔萨实业有限公司
PVC 排水管(A 型)	中萨	D50×2.0	根(4m/根)	17.00	上海皮尔萨实业有限公司
PVC 排水管(A 型)	中萨	D75×2.3	根(4m/根)	30.30	上海皮尔萨实业有限公司
PVC 排水管(B 型)	中萨	D110×3.2	根(4m/根)	130.55	上海皮尔萨实业有限公司
PVC 排水管(B 型)	中萨	D160×4.0	根(4m/根)	200.51	上海皮尔萨实业有限公司
PVC 排水管(B 型)	中萨	D50×2.0	根(4m/根)	20.46	上海皮尔萨实业有限公司
PVC 排水管(B 型)	中萨	D75×2.3	根(4m/根)	35.46	上海皮尔萨实业有限公司
雨水管	中萨	D110×2.1	m	23.55	上海皮尔萨实业有限公司
雨水管	中萨	D200×4.9	m	4.71	上海皮尔萨实业有限公司
雨水管	中萨	D50×1.8	m	7.67	上海皮尔萨实业有限公司
雨水管	中萨	D75×1.9	m	12.57	上海皮尔萨实业有限公司

1.2.2 PVC管件

产品名称	品牌	规格型号	包装单位	参考价格（元）	供应商
90°弯头	公元	D110	个	6.54	公元塑业集团有限公司
90°弯头	公元	D50	个	1.82	公元塑业集团有限公司
90°弯头	公元	D75	个	3.33	公元塑业集团有限公司
90°弯头（带检查口）	公元	D110	个	7.62	公元塑业集团有限公司
P型存水弯	公元	D50	个	4.91	公元塑业集团有限公司
S型存水弯	公元	D50	个	6.07	公元塑业集团有限公司
管箍（直接）	公元	D110	个	2.56	公元塑业集团有限公司
管箍（直接）	公元	D50	个	0.92	公元塑业集团有限公司
管箍（直接）	公元	D75	个	1.61	公元塑业集团有限公司
立管检查口	公元	D110	个	21.62	公元塑业集团有限公司
立管检查口	公元	D75	个	5.58	公元塑业集团有限公司
顺水三通（等径）	公元	D100×100	个	10.91	公元塑业集团有限公司
顺水三通（等径）	公元	D50×50	个	2.38	公元塑业集团有限公司
顺水三通（等径）	公元	D75×75	个	5.22	公元塑业集团有限公司
顺水三通（异径）	公元	D110×50	个	7.11	公元塑业集团有限公司
顺水三通（异径）	公元	D110×75	个	7.59	公元塑业集团有限公司
顺水三通（异径）	公元	D75×50	个	4.37	公元塑业集团有限公司
异径管接/大小头	公元	D110×50	个	2.84	公元塑业集团有限公司
异径管接/大小头	公元	D110×75	个	2.99	公元塑业集团有限公司
异径管接/大小头	公元	D75×50	个	1.50	公元塑业集团有限公司
45°等径斜三通	联塑	D110	个	15.87	广东联塑科技实业有限公司
45°等径斜三通	联塑	D160	个	41.82	广东联塑科技实业有限公司
45°等径斜三通	联塑	D200	个	82.17	广东联塑科技实业有限公司
45°等径斜三通	联塑	D50	个	2.67	广东联塑科技实业有限公司
45°等径斜三通	联塑	D75	个	6.63	广东联塑科技实业有限公司
45°等径斜四通	联塑	D110	个	25.22	广东联塑科技实业有限公司
45°等径斜四通	联塑	D160	个	56.54	广东联塑科技实业有限公司
45°等径斜四通	联塑	D50	个	3.72	广东联塑科技实业有限公司
45°等径斜四通	联塑	D75	个	10.15	广东联塑科技实业有限公司
45°弯头	联塑	D110	个	6.12	广东联塑科技实业有限公司
45°弯头	联塑	D160	个	14.02	广东联塑科技实业有限公司

续表

产品名称	品牌	规格型号	包装单位	参考价格（元）	供应商
45°弯头	联塑	D200	个	32.68	广东联塑科技实业有限公司
45°弯头	联塑	D50	个	0.95	广东联塑科技实业有限公司
45°弯头	联塑	D75	个	2.53	广东联塑科技实业有限公司
90°带口弯头	联塑	D110	个	13.11	广东联塑科技实业有限公司
90°带口弯头	联塑	D160	个	29.41	广东联塑科技实业有限公司
90°带口弯头	联塑	D200	个	50.23	广东联塑科技实业有限公司
90°带口弯头	联塑	D50	个	2.75	广东联塑科技实业有限公司
90°带口弯头	联塑	D75	个	6.93	广东联塑科技实业有限公司
90°弯头	联塑	D110	个	8.00	广东联塑科技实业有限公司
90°弯头	联塑	D160	个	18.53	广东联塑科技实业有限公司
90°弯头	联塑	D200	个	44.24	广东联塑科技实业有限公司
90°弯头	联塑	D50	个	1.44	广东联塑科技实业有限公司
90°弯头	联塑	D75	个	3.27	广东联塑科技实业有限公司
H管	联塑	D110×75×110	个	37.74	广东联塑科技实业有限公司
III型吊卡	联塑	D110	个	5.46	广东联塑科技实业有限公司
III型吊卡	联塑	D50	个	2.75	广东联塑科技实业有限公司
III型吊卡	联塑	D75	个	3.61	广东联塑科技实业有限公司
P型存水弯	联塑	D110	个	23.74	广东联塑科技实业有限公司
P型存水弯	联塑	D160	个	62.13	广东联塑科技实业有限公司
P型存水弯	联塑	D50	个	3.67	广东联塑科技实业有限公司
P型存水弯	联塑	D75	个	9.26	广东联塑科技实业有限公司
P型存水弯(带检)	联塑	D110	个	29.53	广东联塑科技实业有限公司
P型存水弯(带检)	联塑	D160	个	65.79	广东联塑科技实业有限公司
P型存水弯(带检)	联塑	D50	个	4.81	广东联塑科技实业有限公司
P型存水弯(带检)	联塑	D75	个	11.83	广东联塑科技实业有限公司
S型存水弯	联塑	D110	个	30.32	广东联塑科技实业有限公司
S型存水弯	联塑	D160	个	78.63	广东联塑科技实业有限公司
S型存水弯	联塑	D50	个	4.67	广东联塑科技实业有限公司
S型存水弯	联塑	D75	个	11.78	广东联塑科技实业有限公司
S型存水弯(带检)	联塑	D110	个	35.77	广东联塑科技实业有限公司
S型存水弯(带检)	联塑	D160	个	82.28	广东联塑科技实业有限公司
S型存水弯(带检)	联塑	D50	个	5.72	广东联塑科技实业有限公司

续表

产品名称	品牌	规格型号	包装单位	参考价格（元）	供应商
S型存水弯（带检）	联塑	D75	个	14.03	广东联塑科技实业有限公司
侧地漏	联塑	D110	个	14.55	广东联塑科技实业有限公司
侧地漏	联塑	D50	个	2.52	广东联塑科技实业有限公司
侧地漏	联塑	D75	个	7.02	广东联塑科技实业有限公司
插	联塑	D110	个	7.25	广东联塑科技实业有限公司
插	联塑	D160	个	14.73	广东联塑科技实业有限公司
插	联塑	D200	个	28.34	广东联塑科技实业有限公司
插	联塑	D50	个	1.72	广东联塑科技实业有限公司
插	联塑	D75	个	3.66	广东联塑科技实业有限公司
大小头	联塑	D110×50	个	3.10	广东联塑科技实业有限公司
大小头	联塑	D110×75	个	3.40	广东联塑科技实业有限公司
大小头	联塑	D160×110	个	8.48	广东联塑科技实业有限公司
大小头	联塑	D200×110	个	14.60	广东联塑科技实业有限公司
大小头	联塑	D200×160	个	14.82	广东联塑科技实业有限公司
大小头	联塑	D75×50	个	1.44	广东联塑科技实业有限公司
管卡（尖嘴）	联塑	D110	个	3.73	广东联塑科技实业有限公司
管卡（尖嘴）	联塑	D160	个	6.19	广东联塑科技实业有限公司
管卡（尖嘴）	联塑	D50	个	2.53	广东联塑科技实业有限公司
管卡（尖嘴）	联塑	D75	个	2.88	广东联塑科技实业有限公司
简易地漏	联塑	D110	个	4.76	广东联塑科技实业有限公司
简易地漏	联塑	D160	个	10.26	广东联塑科技实业有限公司
简易地漏	联塑	D50	个	1.84	广东联塑科技实业有限公司
简易地漏	联塑	D75	个	1.72	广东联塑科技实业有限公司
立管检查口	联塑	D110	个	11.69	广东联塑科技实业有限公司
立管检查口	联塑	D160	个	32.81	广东联塑科技实业有限公司
立管检查口	联塑	D200	个	51.80	广东联塑科技实业有限公司
立管检查口	联塑	D50	个	3.02	广东联塑科技实业有限公司
立管检查口	联塑	D75	个	6.61	广东联塑科技实业有限公司
立体四通	联塑	D110	个	18.79	广东联塑科技实业有限公司
立体四通	联塑	D50	个	3.03	广东联塑科技实业有限公司
立体四通	联塑	D75	个	8.90	广东联塑科技实业有限公司
螺旋消音管	联塑	D110	个	87.48	广东联塑科技实业有限公司

续表

产品名称	品牌	规格型号	包装单位	参考价格（元）	供应商
螺旋消音管	联塑	D160	个	159.80	广东联塑科技实业有限公司
螺旋消音管	联塑	D75	个	47.32	广东联塑科技实业有限公司
排水胶水	联塑	下水	瓶（100g/瓶）	4.70	广东联塑科技实业有限公司
排水胶水	联塑	下水	瓶（500g/瓶）	13.35	广东联塑科技实业有限公司
伸缩节	联塑	D110	个	12.37	广东联塑科技实业有限公司
伸缩节	联塑	D160	个	24.45	广东联塑科技实业有限公司
伸缩节	联塑	D50	个	3.40	广东联塑科技实业有限公司
伸缩节	联塑	D75	个	7.13	广东联塑科技实业有限公司
伸缩节（简易）	联塑	D110	个	7.00	广东联塑科技实业有限公司
伸缩节（简易）	联塑	D160	个	21.12	广东联塑科技实业有限公司
伸缩节（简易）	联塑	D200	个	32.21	广东联塑科技实业有限公司
伸缩节（简易）	联塑	D50	个	2.22	广东联塑科技实业有限公司
伸缩节（简易）	联塑	D75	个	4.98	广东联塑科技实业有限公司
顺水三通（等径）	联塑	D110	个	10.45	广东联塑科技实业有限公司
顺水三通（等径）	联塑	D160	个	26.62	广东联塑科技实业有限公司
顺水三通（等径）	联塑	D200	个	57.48	广东联塑科技实业有限公司
顺水三通（等径）	联塑	D50	个	1.69	广东联塑科技实业有限公司
顺水三通（等径）	联塑	D75	个	4.92	广东联塑科技实业有限公司
顺水四通	联塑	D110	个	18.88	广东联塑科技实业有限公司
顺水四通	联塑	D160	个	39.90	广东联塑科技实业有限公司
顺水四通	联塑	D200	个	69.60	广东联塑科技实业有限公司
顺水四通	联塑	D50	个	2.50	广东联塑科技实业有限公司
顺水四通	联塑	D75	个	7.10	广东联塑科技实业有限公司
透气帽	联塑	D110	个	2.47	广东联塑科技实业有限公司
透气帽	联塑	D160	个	5.39	广东联塑科技实业有限公司
透气帽	联塑	D50	个	0.69	广东联塑科技实业有限公司
透气帽	联塑	D75	个	1.27	广东联塑科技实业有限公司
异径立体四通	联塑	D110×50	个	11.11	广东联塑科技实业有限公司
异径立体四通	联塑	D110×75	个	14.62	广东联塑科技实业有限公司
异径立体四通	联塑	D160×110	个	29.88	广东联塑科技实业有限公司

续表

产品名称	品牌	规格型号	包装单位	参考价格(元)	供应商
异径立体四通	联塑	D75×50	个	5.32	广东联塑科技实业有限公司
异径三通	联塑	D110×50	个	7.18	广东联塑科技实业有限公司
异径三通	联塑	D110×75	个	8.66	广东联塑科技实业有限公司
异径三通	联塑	D160×110	个	20.54	广东联塑科技实业有限公司
异径三通	联塑	D200×110	个	39.45	广东联塑科技实业有限公司
异径三通	联塑	D200×160	个	47.33	广东联塑科技实业有限公司
异径三通	联塑	D75×50	个	3.39	广东联塑科技实业有限公司
异径顺水三通	联塑	D110×50	个	10.07	广东联塑科技实业有限公司
异径顺水三通	联塑	D110×75	个	13.36	广东联塑科技实业有限公司
异径顺水三通	联塑	D160×110	个	31.23	广东联塑科技实业有限公司
异径顺水三通	联塑	D200×160	个	62.51	广东联塑科技实业有限公司
异径顺水三通	联塑	D75×50	个	4.68	广东联塑科技实业有限公司
异径四通	联塑	D110×50	个	9.86	广东联塑科技实业有限公司
异径四通	联塑	D110×75	个	13.24	广东联塑科技实业有限公司
异径四通	联塑	D160×110	个	30.77	广东联塑科技实业有限公司
异径四通	联塑	D200×160	个	54.02	广东联塑科技实业有限公司
异径四通	联塑	D75×50	个	4.64	广东联塑科技实业有限公司
异径斜四通	联塑	D110×50	个	12.12	广东联塑科技实业有限公司
异径斜四通	联塑	D110×75	个	16.05	广东联塑科技实业有限公司
异径斜四通	联塑	D160×110	个	35.54	广东联塑科技实业有限公司
异径斜四通	联塑	D200×160	个	69.15	广东联塑科技实业有限公司
异径斜四通	联塑	D75×50	个	5.26	广东联塑科技实业有限公司
雨水斗	联塑	D110	个	22.70	广东联塑科技实业有限公司
雨水斗	联塑	D160	个	43.42	广东联塑科技实业有限公司
雨水斗	联塑	D75	个	10.84	广东联塑科技实业有限公司
直通	联塑	D110	个	4.18	广东联塑科技实业有限公司
直通	联塑	D160	个	9.09	广东联塑科技实业有限公司
直通	联塑	D200	个	19.53	广东联塑科技实业有限公司
直通	联塑	D50	个	0.80	广东联塑科技实业有限公司
直通	联塑	D75	个	2.07	广东联塑科技实业有限公司
斜三通(等径)	普通	D40×40,白	个	2.30	上海市闵行昊琳建材经营部
45°等径斜三通	日丰	F30-T110×110×110	个	23.42	日丰企业集团有限公司

续表

产品名称	品牌	规格型号	包装单位	参考价格（元）	供应商
45°等径斜三通	日丰	F30-T160×160×160	个	66.02	日丰企业集团有限公司
45°等径斜三通	日丰	F30-T50×50×50	个	4.22	日丰企业集团有限公司
45°等径斜三通	日丰	F30-T75×75×75	个	11.14	日丰企业集团有限公司
45°等径斜四通	日丰	F30-X110×110×110×110	个	34.62	日丰企业集团有限公司
45°弯头	日丰	F30-L110×110	个	10.11	日丰企业集团有限公司
45°弯头	日丰	F30-L160×160	个	28.04	日丰企业集团有限公司
45°弯头	日丰	F30-L50×50	个	1.76	日丰企业集团有限公司
45°弯头	日丰	F30-L75×75	个	4.57	日丰企业集团有限公司
45°弯头(带检)	日丰	F30-L110×110	个	24.51	日丰企业集团有限公司
45°弯头(带检)	日丰	F30-L160×160	个	48.30	日丰企业集团有限公司
45°弯头(带检)	日丰	F30-L50×50	个	5.17	日丰企业集团有限公司
45°弯头(带检)	日丰	F30-L75×75	个	12.31	日丰企业集团有限公司
45°异径斜三通	日丰	F30-T110×50×110	个	15.30	日丰企业集团有限公司
45°异径斜三通	日丰	F30-T110×75×110	个	16.40	日丰企业集团有限公司
45°异径斜三通	日丰	F30-T75×50×75	个	9.73	日丰企业集团有限公司
45°异径斜四通	日丰	F30-X110×50×50×110	个	18.88	日丰企业集团有限公司
45°异径斜四通	日丰	F30-X110×75×75×110	个	28.12	日丰企业集团有限公司
45°异径斜四通	日丰	F30-X160×110×110×160	个	57.12	日丰企业集团有限公司
H管	日丰	F30-H110×75×110	个	74.54	日丰企业集团有限公司
P型存水弯(带检)	日丰	F30-PW110	个	42.08	日丰企业集团有限公司
P型存水弯(带检)	日丰	F30-PW50	个	7.61	日丰企业集团有限公司
P型存水弯(带检)	日丰	F30-PW75	个	18.38	日丰企业集团有限公司
S型存水弯(带检)	日丰	F30-SW110	个	57.18	日丰企业集团有限公司
S型存水弯(带检)	日丰	F30-SW50	个	11.96	日丰企业集团有限公司
S型存水弯(带检)	日丰	F30-SW75	个	30.84	日丰企业集团有限公司
大便器接口	日丰	F30-Q110	个	17.86	日丰企业集团有限公司
大小头	日丰	F30-SD110×50	个	5.04	日丰企业集团有限公司
大小头	日丰	F30-SD110×75	个	5.61	日丰企业集团有限公司
大小头	日丰	F30-SD160×110	个	13.36	日丰企业集团有限公司
大小头	日丰	F30-SD75×50	个	3.09	日丰企业集团有限公司
等径顺水三通	日丰	F30-T110×110×110	个	20.24	日丰企业集团有限公司
等径顺水三通	日丰	F30-T160×160×160	个	50.75	日丰企业集团有限公司

续表

产品名称	品牌	规格型号	包装单位	参考价格（元）	供应商
等径顺水三通	日丰	F30-T50×50×50	个	3.51	日丰企业集团有限公司
等径顺水三通	日丰	F30-T75×75×75	个	9.83	日丰企业集团有限公司
等径弯头	日丰	F30-L110×110	个	15.14	日丰企业集团有限公司
等径弯头	日丰	F30-L160×160	个	32.19	日丰企业集团有限公司
等径弯头	日丰	F30-L50×50	个	2.59	日丰企业集团有限公司
等径弯头	日丰	F30-L75×75	个	7.02	日丰企业集团有限公司
等径弯头（带检）	日丰	F30-L110×110	个	22.88	日丰企业集团有限公司
等径弯头（带检）	日丰	F30-L160×160	个	45.58	日丰企业集团有限公司
等径弯头（带检）	日丰	F30-L50×50	个	5.04	日丰企业集团有限公司
等径弯头（带检）	日丰	F30-L75×75	个	11.59	日丰企业集团有限公司
等径直通	日丰	F30-S110×110	个	7.61	日丰企业集团有限公司
等径直通	日丰	F30-S160×160	个	16.28	日丰企业集团有限公司
等径直通	日丰	F30-S50×50	个	1.51	日丰企业集团有限公司
等径直通	日丰	F30-S75×75	个	3.81	日丰企业集团有限公司
地漏	日丰	F30-Y110	个	9.78	日丰企业集团有限公司
地漏	日丰	F30-Y50	个	2.91	日丰企业集团有限公司
地漏	日丰	F30-Y75	个	4.15	日丰企业集团有限公司
防漏环	日丰	F30-O110	个	2.17	日丰企业集团有限公司
防漏环	日丰	F30-O160	个	6.79	日丰企业集团有限公司
防漏环	日丰	F30-O50	个	1.19	日丰企业集团有限公司
防漏环	日丰	F30-O75	个	1.76	日丰企业集团有限公司
管箍（直接）	日丰	F30-S110	个	16.65	日丰企业集团有限公司
管箍（直接）	日丰	F30-S50	个	9.11	日丰企业集团有限公司
立管检查口（带检）	日丰	F30-S110×110	个	22.95	日丰企业集团有限公司
立管检查口（带检）	日丰	F30-S160×160	个	48.87	日丰企业集团有限公司
立管检查口（带检）	日丰	F30-S50×50	个	5.95	日丰企业集团有限公司
立管检查口（带检）	日丰	F30-S75×75	个	13.05	日丰企业集团有限公司
偏心异径套	日丰	F30-SP110×50	个	6.74	日丰企业集团有限公司
偏心异径套	日丰	F30-SP110×75	个	7.07	日丰企业集团有限公司
偏心异径套	日丰	F30-SP160×110	个	16.18	日丰企业集团有限公司
偏心异径套	日丰	F30-SP75×50	个	3.56	日丰企业集团有限公司
平面等径四通	日丰	F30-X110×110×110×110	个	28.04	日丰企业集团有限公司

续表

产品名称	品牌	规格型号	包装单位	参考价格（元）	供应商
瓶型三通	日丰	F30-T110×110×50	个	19.67	日丰企业集团有限公司
瓶型三通	日丰	F30-T110×110×75	个	22.09	日丰企业集团有限公司
清扫口(堵头)	日丰	F30-V110	个	10.77	日丰企业集团有限公司
清扫口(堵头)	日丰	F30-V50	个	3.07	日丰企业集团有限公司
清扫口(堵头)	日丰	F30-V75	个	6.74	日丰企业集团有限公司
伸缩节	日丰	F30-E110×110	个	18.60	日丰企业集团有限公司
伸缩节	日丰	F30-E160×160	个	36.82	日丰企业集团有限公司
伸缩节	日丰	F30-E50×50	个	5.86	日丰企业集团有限公司
伸缩节	日丰	F30-E75×75	个	10.42	日丰企业集团有限公司
透气帽	日丰	F30-M110	个	3.39	日丰企业集团有限公司
透气帽	日丰	F30-M50	个	1.41	日丰企业集团有限公司
透气帽	日丰	F30-M75	个	2.60	日丰企业集团有限公司
异径顺水三通	日丰	F30-T110×50×110	个	12.88	日丰企业集团有限公司
异径顺水三通	日丰	F30-T110×75×110	个	16.75	日丰企业集团有限公司
异径顺水三通	日丰	F30-T75×50×75	个	6.67	日丰企业集团有限公司
45°弯头	上塑	ϕ110	个	4.05	上海上塑控股(集团)有限公司
45°弯头	上塑	ϕ50	个	1.18	上海上塑控股(集团)有限公司
90°弯头	上塑	ϕ110	个	5.20	上海上塑控股(集团)有限公司
90°弯头	上塑	ϕ50	个	1.40	上海上塑控股(集团)有限公司
P弯	上塑	ϕ110	个	15.30	上海上塑控股(集团)有限公司
P弯	上塑	ϕ50	个	4.20	上海上塑控股(集团)有限公司
S弯	上塑	ϕ110	个	20.38	上海上塑控股(集团)有限公司
S弯	上塑	ϕ50	个	5.13	上海上塑控股(集团)有限公司
吊卡	上塑	ϕ110	个	2.90	上海上塑控股(集团)有限公司
吊卡	上塑	ϕ50	个	1.50	上海上塑控股(集团)有限公司
管箍(束节)	上塑	ϕ110	个	2.70	上海上塑控股(集团)有限公司
管箍(束节)	上塑	ϕ50	个	0.70	上海上塑控股(集团)有限公司
管卡	上塑	ϕ110	个	2.40	上海上塑控股(集团)有限公司
管卡	上塑	ϕ50	个	1.10	上海上塑控股(集团)有限公司
胶水	上塑	标准	桶(500g/桶)	10.63	上海上塑控股(集团)有限公司
立管口/检查口	上塑	ϕ110	个	8.60	上海上塑控股(集团)有限公司

续表

产品名称	品牌	规格型号	包装单位	参考价格（元）	供应商
立管口/检查口	上塑	ϕ50	个	2.70	上海上塑控股(集团)有限公司
清扫口	上塑	ϕ110	个	4.90	上海上塑控股(集团)有限公司
清扫口	上塑	ϕ50	个	2.25	上海上塑控股(集团)有限公司
伸缩节	上塑	ϕ110	个	8.00	上海上塑控股(集团)有限公司
伸缩节	上塑	ϕ50	个	2.50	上海上塑控股(集团)有限公司
顺水三通(90°)	上塑	ϕ110×110	个	8.60	上海上塑控股(集团)有限公司
顺水三通(90°)	上塑	ϕ50×50	个	2.00	上海上塑控股(集团)有限公司
透气帽	上塑	ϕ110	个	2.70	上海上塑控股(集团)有限公司
透气帽	上塑	ϕ50	个	0.75	上海上塑控股(集团)有限公司
斜三通(45°)	上塑	ϕ110×110	个	10.00	上海上塑控股(集团)有限公司
斜三通(45°)	上塑	ϕ50×50	个	2.20	上海上塑控股(集团)有限公司
异径管接	上塑	ϕ110×50	个	2.40	上海上塑控股(集团)有限公司
异径顺水三通	上塑	ϕ110×50	个	5.60	上海上塑控股(集团)有限公司
异径斜三通	上塑	ϕ110×50	个	6.80	上海上塑控股(集团)有限公司
45°弯头	中财	D110，白	个	5.80	浙江中财管道科技股份有限公司
45°弯头	中财	D160，白	个	16.00	浙江中财管道科技股份有限公司
45°弯头	中财	D200，白	个	40.00	浙江中财管道科技股份有限公司
45°弯头	中财	D40，白	个	1.48	浙江中财管道科技股份有限公司
45°弯头	中财	D50，白	个	1.60	浙江中财管道科技股份有限公司
45°弯头	中财	D75，白	个	2.50	浙江中财管道科技股份有限公司
45°弯头(带检)	中财	D110，白	个	6.05	浙江中财管道科技股份有限公司
45°弯头(带检)	中财	D160，白	个	16.80	浙江中财管道科技股份有限公司
45°弯头(带检)	中财	D50，白	个	2.50	浙江中财管道科技股份有限公司
45°弯头(带检)	中财	D75，白	个	4.50	浙江中财管道科技股份有限公司
90°弯头	中财	D110，白	个	6.50	浙江中财管道科技股份有限公司
90°弯头	中财	D160，白	个	20.90	浙江中财管道科技股份有限公司
90°弯头	中财	D200，白	个	58.00	浙江中财管道科技股份有限公司
90°弯头	中财	D40，白	个	2.50	浙江中财管道科技股份有限公司
90°弯头	中财	D50，白	个	1.98	浙江中财管道科技股份有限公司
90°弯头	中财	D75，白	个	3.20	浙江中财管道科技股份有限公司
90°弯头(带检)	中财	D110，白	个	7.50	浙江中财管道科技股份有限公司
90°弯头(带检)	中财	D160，白	个	26.00	浙江中财管道科技股份有限公司

续表

产品名称	品牌	规格型号	包装单位	参考价格(元)	供应商
90°弯头(带检)	中财	D50,白	个	2.60	浙江中财管道科技股份有限公司
90°弯头(带检)	中财	D75,白	个	4.50	浙江中财管道科技股份有限公司
P型存水弯	中财	D110,白	个	18.15	浙江中财管道科技股份有限公司
P型存水弯	中财	D160,白	个	69.55	浙江中财管道科技股份有限公司
P型存水弯	中财	D50,白	个	4.95	浙江中财管道科技股份有限公司
P型存水弯	中财	D75,白	个	7.54	浙江中财管道科技股份有限公司
S型存水弯	中财	D110,白	个	25.00	浙江中财管道科技股份有限公司
S型存水弯	中财	D50,白	个	6.50	浙江中财管道科技股份有限公司
S型存水弯	中财	D75,白	个	10.80	浙江中财管道科技股份有限公司
存水弯(单承插)	中财	D110,白	个	14.50	浙江中财管道科技股份有限公司
存水弯(单承插)	中财	D160,白	个	43.00	浙江中财管道科技股份有限公司
存水弯(单承插)	中财	D50,白	个	3.70	浙江中财管道科技股份有限公司
存水弯(单承插)	中财	D75,白	个	5.80	浙江中财管道科技股份有限公司
存水弯(双承插)	中财	D110,白	个	14.50	浙江中财管道科技股份有限公司
存水弯(双承插)	中财	D50,白	个	4.00	浙江中财管道科技股份有限公司
存水弯(双承插)	中财	D75,白	个	5.50	浙江中财管道科技股份有限公司
管箍(直接)	中财	D110,白	个	3.20	浙江中财管道科技股份有限公司
管箍(直接)	中财	D160,白	个	8.00	浙江中财管道科技股份有限公司
管箍(直接)	中财	D200,白	个	16.00	浙江中财管道科技股份有限公司
管箍(直接)	中财	D40,白	个	1.50	浙江中财管道科技股份有限公司
管箍(直接)	中财	D50,白	个	2.00	浙江中财管道科技股份有限公司
管箍(直接)	中财	D75,白	个	2.50	浙江中财管道科技股份有限公司
管卡	中财	D110,白	个	5.00	浙江中财管道科技股份有限公司
管卡	中财	D160,白	个	4.90	浙江中财管道科技股份有限公司
管卡	中财	D50,白	个	1.50	浙江中财管道科技股份有限公司
管卡	中财	D75,白	个	1.80	浙江中财管道科技股份有限公司
环式吊卡	中财	D110,白	个	3.58	浙江中财管道科技股份有限公司
环式吊卡	中财	D160,白	个	4.94	浙江中财管道科技股份有限公司
环式吊卡	中财	D50,白	个	1.76	浙江中财管道科技股份有限公司
环式吊卡	中财	D75,白	个	2.08	浙江中财管道科技股份有限公司
立管检查口	中财	D110,白	个	12.60	浙江中财管道科技股份有限公司
立管检查口	中财	D160,白	个	26.00	浙江中财管道科技股份有限公司

续表

产品名称	品牌	规格型号	包装单位	参考价格（元）	供应商
立管检查口	中财	D50，白	个	4.60	浙江中财管道科技股份有限公司
立管检查口	中财	D75，白	个	6.60	浙江中财管道科技股份有限公司
排水胶水	中财	下水	瓶（500g/瓶）	10.00	浙江中财管道科技股份有限公司
盘式吊卡	中财	D110，白	个	3.50	浙江中财管道科技股份有限公司
盘式吊卡	中财	D160，白	个	4.73	浙江中财管道科技股份有限公司
盘式吊卡	中财	D50，白	个	1.65	浙江中财管道科技股份有限公司
盘式吊卡	中财	D75，白	个	2.20	浙江中财管道科技股份有限公司
瓶型三通	中财	D110×50，白	个	12.60	浙江中财管道科技股份有限公司
瓶型三通	中财	D110×75，白	个	13.86	浙江中财管道科技股份有限公司
清扫口（堵头）	中财	D110，内旋白	个	6.05	浙江中财管道科技股份有限公司
清扫口（堵头）	中财	D110，外旋白	个	7.50	浙江中财管道科技股份有限公司
清扫口（堵头）	中财	D160，内旋白	个	13.97	浙江中财管道科技股份有限公司
清扫口（堵头）	中财	D50，内旋白	个	4.00	浙江中财管道科技股份有限公司
清扫口（堵头）	中财	D75，内旋白	个	3.52	浙江中财管道科技股份有限公司
清扫口（堵头）	中财	D75，外旋白	个	3.80	浙江中财管道科技股份有限公司
伸缩节	中财	D110，白	个	9.50	浙江中财管道科技股份有限公司
伸缩节	中财	D160，白	个	19.00	浙江中财管道科技股份有限公司
伸缩节	中财	D200，白	个	46.20	浙江中财管道科技股份有限公司
伸缩节	中财	D50，白	个	2.80	浙江中财管道科技股份有限公司
伸缩节	中财	D75，白	个	5.00	浙江中财管道科技股份有限公司
顺水三通（等径）	中财	D110，白	个	9.90	浙江中财管道科技股份有限公司
顺水三通（等径）	中财	D160，白	个	30.00	浙江中财管道科技股份有限公司
顺水三通（等径）	中财	D200，白	个	82.00	浙江中财管道科技股份有限公司
顺水三通（等径）	中财	D40，白	个	2.80	浙江中财管道科技股份有限公司
顺水三通（等径）	中财	D50，白	个	2.80	浙江中财管道科技股份有限公司
顺水三通（等径）	中财	D75，白	个	5.50	浙江中财管道科技股份有限公司
顺水三通（异径）	中财	D110×50，白	个	6.50	浙江中财管道科技股份有限公司
顺水三通（异径）	中财	D110×75，白	个	7.50	浙江中财管道科技股份有限公司
顺水三通（异径）	中财	D75×50，白	个	4.50	浙江中财管道科技股份有限公司
斜三通（等径）	中财	D110，白	个	12.00	浙江中财管道科技股份有限公司
斜三通（等径）	中财	D160，白	个	60.00	浙江中财管道科技股份有限公司

续表

产品名称	品牌	规格型号	包装单位	参考价格(元)	供应商
斜三通(等径)	中财	D40,白	个	2.60	浙江中财管道科技股份有限公司
斜三通(等径)	中财	D50,白	个	3.00	浙江中财管道科技股份有限公司
斜三通(等径)	中财	D75,白	个	4.95	浙江中财管道科技股份有限公司
斜三通(异径)	中财	D110×50,白	个	7.59	浙江中财管道科技股份有限公司
斜三通(异径)	中财	D110×75,白	个	7.80	浙江中财管道科技股份有限公司
斜三通(异径)	中财	D160×110,白	个	42.00	浙江中财管道科技股份有限公司
斜三通(异径)	中财	D75×50,白	个	5.80	浙江中财管道科技股份有限公司
异径管接/大小头	中财	D110×50,白	个	2.80	浙江中财管道科技股份有限公司
异径管接/大小头	中财	D110×75,白	个	3.30	浙江中财管道科技股份有限公司
异径管接/大小头	中财	D160×110,白	个	9.50	浙江中财管道科技股份有限公司
异径管接/大小头	中财	D200×110,白	个	18.00	浙江中财管道科技股份有限公司
异径管接/大小头	中财	D200×160,白	个	19.00	浙江中财管道科技股份有限公司
异径管接/大小头	中财	D50×40,白	个	2.80	浙江中财管道科技股份有限公司
异径管接/大小头	中财	D75×50,白	个	1.70	浙江中财管道科技股份有限公司
45°弯头	中萨	D110	个	4.08	上海皮尔萨实业有限公司
45°弯头	中萨	D160	个	11.92	上海皮尔萨实业有限公司
45°弯头	中萨	D200	个	28.38	上海皮尔萨实业有限公司
45°弯头	中萨	D50	个	1.20	上海皮尔萨实业有限公司
45°弯头	中萨	D75	个	1.96	上海皮尔萨实业有限公司
45°弯头(带检)	中萨	D110	个	5.53	上海皮尔萨实业有限公司
45°弯头(带检)	中萨	D160	个	13.43	上海皮尔萨实业有限公司
45°弯头(带检)	中萨	D50	个	1.77	上海皮尔萨实业有限公司
45°弯头(带检)	中萨	D75	个	3.49	上海皮尔萨实业有限公司
90°弯头	中萨	D110	个	5.21	上海皮尔萨实业有限公司
90°弯头	中萨	D160	个	18.51	上海皮尔萨实业有限公司
90°弯头	中萨	D200	个	46.59	上海皮尔萨实业有限公司
90°弯头	中萨	D50	个	1.49	上海皮尔萨实业有限公司
90°弯头	中萨	D75	个	2.77	上海皮尔萨实业有限公司
90°弯头(带检)	中萨	D110	个	6.50	上海皮尔萨实业有限公司
90°弯头(带检)	中萨	D160	个	20.26	上海皮尔萨实业有限公司
90°弯头(带检)	中萨	D50	个	2.29	上海皮尔萨实业有限公司
90°弯头(带检)	中萨	D75	个	3.60	上海皮尔萨实业有限公司

续表

产品名称	品牌	规格型号	包装单位	参考价格（元）	供应商
H管	中萨	D110×110	个	35.96	上海皮尔萨实业有限公司
H管	中萨	D110×75	个	31.44	上海皮尔萨实业有限公司
H管	中萨	D75×75	个	26.89	上海皮尔萨实业有限公司
P型存水弯	中萨	D110	个	15.17	上海皮尔萨实业有限公司
P型存水弯	中萨	D50	个	4.11	上海皮尔萨实业有限公司
P型存水弯	中萨	D75	个	6.77	上海皮尔萨实业有限公司
S型存水弯	中萨	D110	个	20.38	上海皮尔萨实业有限公司
S型存水弯	中萨	D50	个	5.09	上海皮尔萨实业有限公司
S型存水弯	中萨	D75	个	8.62	上海皮尔萨实业有限公司
大小头	中萨	D110×75	个	4.48	上海皮尔萨实业有限公司
大小头	中萨	D160×110	个	10.07	上海皮尔萨实业有限公司
大小头	中萨	D200×160	个	1.89	上海皮尔萨实业有限公司
大小头	中萨	D200×160	个	29.05	上海皮尔萨实业有限公司
大小头	中萨	D75×50	个	4.26	上海皮尔萨实业有限公司
管箍（直接）	中萨	D110	个	6.26	上海皮尔萨实业有限公司
管箍（直接）	中萨	D160	个	12.85	上海皮尔萨实业有限公司
管箍（直接）	中萨	D160×2.8	个	0.76	上海皮尔萨实业有限公司
管箍（直接）	中萨	D50	个	1.33	上海皮尔萨实业有限公司
管箍（直接）	中萨	D75	个	2.75	上海皮尔萨实业有限公司
管卡（立式）	中萨	D110	个	2.40	上海皮尔萨实业有限公司
管卡（立式）	中萨	D160	个	3.71	上海皮尔萨实业有限公司
管卡（立式）	中萨	D200	个	9.32	上海皮尔萨实业有限公司
管卡（立式）	中萨	D50	个	1.09	上海皮尔萨实业有限公司
管卡（立式）	中萨	D75	个	1.46	上海皮尔萨实业有限公司
管卡（盘式）	中萨	D110	个	2.62	上海皮尔萨实业有限公司
管卡（盘式）	中萨	D160	个	3.82	上海皮尔萨实业有限公司
管卡（盘式）	中萨	D50	个	1.16	上海皮尔萨实业有限公司
管卡（盘式）	中萨	D75	个	1.49	上海皮尔萨实业有限公司
立管检查口	中萨	D110	个	8.66	上海皮尔萨实业有限公司
立管检查口	中萨	D160	个	19.22	上海皮尔萨实业有限公司
立管检查口	中萨	D200	个	49.72	上海皮尔萨实业有限公司
立管检查口	中萨	D50	个	2.86	上海皮尔萨实业有限公司

续表

产品名称	品牌	规格型号	包装单位	参考价格（元）	供应商
立管检查口	中萨	D75	个	4.48	上海皮尔萨实业有限公司
瓶型三通	中萨	D110×75	个	10.18	上海皮尔萨实业有限公司
清扫口(堵头)	中萨	D110	个	4.98	上海皮尔萨实业有限公司
清扫口(堵头)	中萨	D160	个	10.34	上海皮尔萨实业有限公司
清扫口(堵头)	中萨	D50	个	1.75	上海皮尔萨实业有限公司
清扫口(堵头)	中萨	D75	个	2.80	上海皮尔萨实业有限公司
伸缩节	中萨	D110	个	7.97	上海皮尔萨实业有限公司
伸缩节	中萨	D160	个	17.00	上海皮尔萨实业有限公司
伸缩节	中萨	D200	个	41.42	上海皮尔萨实业有限公司
伸缩节	中萨	D50	个	2.51	上海皮尔萨实业有限公司
伸缩节	中萨	D75	个	4.00	上海皮尔萨实业有限公司
水池接头	中萨	D50×2″	个	1.67	上海皮尔萨实业有限公司
水池接头	中萨	D50×3/2″	个	1.31	上海皮尔萨实业有限公司
顺水三通(等径)	中萨	D110	个	8.70	上海皮尔萨实业有限公司
顺水三通(等径)	中萨	D160	个	24.72	上海皮尔萨实业有限公司
顺水三通(等径)	中萨	D200	个	69.01	上海皮尔萨实业有限公司
顺水三通(等径)	中萨	D50	个	2.02	上海皮尔萨实业有限公司
顺水三通(等径)	中萨	D75	个	4.44	上海皮尔萨实业有限公司
顺水四通	中萨	D110×110	个	10.88	上海皮尔萨实业有限公司
顺水四通	中萨	D50×50	个	3.13	上海皮尔萨实业有限公司
顺水四通	中萨	D75×75	个	9.31	上海皮尔萨实业有限公司
透气帽	中萨	D110	个	2.18	上海皮尔萨实业有限公司
透气帽	中萨	D160	个	4.70	上海皮尔萨实业有限公司
透气帽	中萨	D50	个	0.76	上海皮尔萨实业有限公司
透气帽	中萨	D75	个	1.38	上海皮尔萨实业有限公司
斜三通(等径)	中萨	D110	个	10.05	上海皮尔萨实业有限公司
斜三通(等径)	中萨	D160	个	49.14	上海皮尔萨实业有限公司
斜三通(等径)	中萨	D50	个	2.14	上海皮尔萨实业有限公司
斜三通(等径)	中萨	D75	个	4.62	上海皮尔萨实业有限公司
斜四通	中萨	D110	个	13.29	上海皮尔萨实业有限公司
斜四通	中萨	D50	个	3.93	上海皮尔萨实业有限公司
斜四通	中萨	D75	个	6.66	上海皮尔萨实业有限公司

续表

产品名称	品牌	规格型号	包装单位	参考价格（元）	供应商
异径管接/大小头	中萨	D110×50	个	2.51	上海皮尔萨实业有限公司
异径管接/大小头	中萨	D110×75	个	5.79	上海皮尔萨实业有限公司
异径管接/大小头	中萨	D160×110	个	13.42	上海皮尔萨实业有限公司
异径管接/大小头	中萨	D200	个	1.26	上海皮尔萨实业有限公司
异径管接/大小头	中萨	D75×50	个	2.42	上海皮尔萨实业有限公司
异径三通	中萨	D110×50	个	5.64	上海皮尔萨实业有限公司
异径三通	中萨	D110×75	个	6.07	上海皮尔萨实业有限公司
异径三通	中萨	D160×110	个	20.70	上海皮尔萨实业有限公司
异径三通	中萨	D200×160	个	48.05	上海皮尔萨实业有限公司
异径三通	中萨	D75×50	个	3.67	上海皮尔萨实业有限公司
异径顺水三通	中萨	D110×50	个	6.80	上海皮尔萨实业有限公司
异径顺水三通	中萨	D110×75	个	7.14	上海皮尔萨实业有限公司
异径顺水三通	中萨	D160×110	个	35.53	上海皮尔萨实业有限公司
异径顺水三通	中萨	D200×160	个	57.51	上海皮尔萨实业有限公司
异径顺水三通	中萨	D75×50	个	4.22	上海皮尔萨实业有限公司
雨水斗	中萨	D110	个	12.30	上海皮尔萨实业有限公司
雨水斗	中萨	D75	个	8.12	上海皮尔萨实业有限公司
雨水管接头	中萨	D110	个	3.23	上海皮尔萨实业有限公司
雨水管接头	中萨	D160	个	6.87	上海皮尔萨实业有限公司
雨水管接头	中萨	D50	个	1.01	上海皮尔萨实业有限公司
雨水管接头	中萨	D75	个	1.52	上海皮尔萨实业有限公司
异径三通	联塑	D32×25	个	1.99	广东联塑科技实业有限公司
异径弯头	联塑	D32×25	个	1.49	广东联塑科技实业有限公司
内丝三通	联塑	D32×3/4	个	8.05	广东联塑科技实业有限公司
内丝弯头	联塑	D32×3/4	个	7.55	广东联塑科技实业有限公司
内丝直接	联塑	D32×3/4	个	6.59	广东联塑科技实业有限公司
外丝接头	联塑	D32×3/4	个	8.70	广东联塑科技实业有限公司
外丝三通	联塑	D32×3/4	个	10.03	广东联塑科技实业有限公司
外丝弯头	联塑	D32×3/4	个	9.57	广东联塑科技实业有限公司
内丝直接	联塑	D40×11/4	个	33.32	广东联塑科技实业有限公司
外丝接头	联塑	D40×11/4	个	47.96	广东联塑科技实业有限公司
异径管接/大小头	联塑	D40×20	个	1.56	广东联塑科技实业有限公司

续表

产品名称	品牌	规格型号	包装单位	参考价格（元）	供应商
异径三通	联塑	D40×20	个	2.80	广东联塑科技实业有限公司
异径弯头	联塑	D40×20	个	2.04	广东联塑科技实业有限公司
异径管接/大小头	联塑	D40×25	个	1.60	广东联塑科技实业有限公司
异径三通	联塑	D40×25	个	3.49	广东联塑科技实业有限公司
异径弯头	联塑	D40×25	个	2.20	广东联塑科技实业有限公司
异径管接/大小头	联塑	D40×32	个	1.71	广东联塑科技实业有限公司
异径三通	联塑	D40×32	个	3.70	广东联塑科技实业有限公司
异径弯头	联塑	D40×32	个	2.90	广东联塑科技实业有限公司
内丝直接	联塑	D50×11/2	个	41.59	广东联塑科技实业有限公司
外丝接头	联塑	D50×11/2	个	56.65	广东联塑科技实业有限公司
异径管接/大小头	联塑	D50×20	个	2.51	广东联塑科技实业有限公司
异径三通	联塑	D50×20	个	4.29	广东联塑科技实业有限公司
异径弯头	联塑	D50×20	个	3.23	广东联塑科技实业有限公司
异径管接/大小头	联塑	D50×25	个	2.63	广东联塑科技实业有限公司
异径三通	联塑	D50×25	个	4.73	广东联塑科技实业有限公司
异径弯头	联塑	D50×25	个	3.52	广东联塑科技实业有限公司
异径管接/大小头	联塑	D50×32	个	2.84	广东联塑科技实业有限公司
异径三通	联塑	D50×32	个	5.29	广东联塑科技实业有限公司
异径弯头	联塑	D50×32	个	4.38	广东联塑科技实业有限公司
异径管接/大小头	联塑	D50×40	个	3.00	广东联塑科技实业有限公司
异径三通	联塑	D50×40	个	6.37	广东联塑科技实业有限公司
异径弯头	联塑	D50×40	个	5.17	广东联塑科技实业有限公司
内丝直接	联塑	D63×2	个	60.63	广东联塑科技实业有限公司
外丝接头	联塑	D63×2	个	72.64	广东联塑科技实业有限公司
异径管接/大小头	联塑	D63×25	个	4.48	广东联塑科技实业有限公司
异径三通	联塑	D63×25	个	8.18	广东联塑科技实业有限公司
异径管接/大小头	联塑	D63×32	个	4.64	广东联塑科技实业有限公司
异径三通	联塑	D63×32	个	8.51	广东联塑科技实业有限公司
异径管接/大小头	联塑	D63×40	个	4.60	广东联塑科技实业有限公司
异径三通	联塑	D63×40	个	8.80	广东联塑科技实业有限公司
异径管接/大小头	联塑	D63×50	个	4.93	广东联塑科技实业有限公司
异径三通	联塑	D63×50	个	10.97	广东联塑科技实业有限公司

续表

产品名称	品牌	规格型号	包装单位	参考价格（元）	供应商
异径管接/大小头	联塑	D75×32	个	7.44	广东联塑科技实业有限公司
异径三通	联塑	D75×32	个	12.95	广东联塑科技实业有限公司
异径管接/大小头	联塑	D75×40	个	6.70	广东联塑科技实业有限公司
异径三通	联塑	D75×40	个	13.98	广东联塑科技实业有限公司
异径管接/大小头	联塑	D75×50	个	7.19	广东联塑科技实业有限公司
异径三通	联塑	D75×50	个	15.20	广东联塑科技实业有限公司
异径管接/大小头	联塑	D75×63	个	7.60	广东联塑科技实业有限公司
异径三通	联塑	D75×63	个	18.29	广东联塑科技实业有限公司
异径管接/大小头	联塑	D90×40	个	12.00	广东联塑科技实业有限公司
异径三通	联塑	D90×40	个	22.03	广东联塑科技实业有限公司
异径管接/大小头	联塑	D90×50	个	11.22	广东联塑科技实业有限公司
异径三通	联塑	D90×50	个	23.10	广东联塑科技实业有限公司
异径管接/大小头	联塑	D90×63	个	12.01	广东联塑科技实业有限公司
异径三通	联塑	D90×63	个	25.73	广东联塑科技实业有限公司
异径管接/大小头	联塑	D90×75	个	12.65	广东联塑科技实业有限公司
异径三通	联塑	D90×75	个	30.63	广东联塑科技实业有限公司
45°弯头	联塑	D110	个	35.63	广东联塑科技实业有限公司
90°弯头	联塑	D110	个	53.76	广东联塑科技实业有限公司
法兰盘	联塑	D110	个	43.00	广东联塑科技实业有限公司
法兰套	联塑	D110	个	17.18	广东联塑科技实业有限公司
管帽/闷头	联塑	D110	个	22.44	广东联塑科技实业有限公司
顺水三通	联塑	D110	个	62.64	广东联塑科技实业有限公司
直通/直接	联塑	D110	个	24.87	广东联塑科技实业有限公司
45°弯头	联塑	D20	个	0.53	广东联塑科技实业有限公司
90°弯头	联塑	D20	个	0.63	广东联塑科技实业有限公司
管堵/丝堵/堵头	联塑	D20	个	0.23	广东联塑科技实业有限公司
管卡	联塑	D20	个	0.19	广东联塑科技实业有限公司
管帽/闷头	联塑	D20	个	0.27	广东联塑科技实业有限公司
过桥弯	联塑	D20	个	1.31	广东联塑科技实业有限公司
活接	联塑	D20	个	1.58	广东联塑科技实业有限公司
活接铜球阀	联塑	D20	个	34.49	广东联塑科技实业有限公司
截止阀	联塑	D20	个	15.90	广东联塑科技实业有限公司

续表

产品名称	品牌	规格型号	包装单位	参考价格（元）	供应商
顺水三通	联塑	D20	个	0.73	广东联塑科技实业有限公司
直通/直接	联塑	D20	个	0.38	广东联塑科技实业有限公司
内丝弯头	联塑	D20×1/2	个	5.01	广东联塑科技实业有限公司
45°弯头	联塑	D25	个	0.77	广东联塑科技实业有限公司
90°弯头	联塑	D25	个	0.96	广东联塑科技实业有限公司
管堵/丝堵/堵头	联塑	D25	个	0.39	广东联塑科技实业有限公司
管卡	联塑	D25	个	0.23	广东联塑科技实业有限公司
管帽/闷头	联塑	D25	个	0.38	广东联塑科技实业有限公司
过桥弯	联塑	D25	个	2.30	广东联塑科技实业有限公司
活接	联塑	D25	个	1.95	广东联塑科技实业有限公司
活接铜球阀	联塑	D25	个	45.98	广东联塑科技实业有限公司
截止阀	联塑	D25	个	21.22	广东联塑科技实业有限公司
顺水三通	联塑	D25	个	1.26	广东联塑科技实业有限公司
直通/直接	联塑	D25	个	0.58	广东联塑科技实业有限公司
45°弯头	联塑	D32	个	1.59	广东联塑科技实业有限公司
90°弯头	联塑	D32	个	1.84	广东联塑科技实业有限公司
管堵/丝堵/堵头	联塑	D32	个	0.71	广东联塑科技实业有限公司
管卡	联塑	D32	个	0.31	广东联塑科技实业有限公司
管帽/闷头	联塑	D32	个	0.87	广东联塑科技实业有限公司
过桥弯	联塑	D32	个	4.60	广东联塑科技实业有限公司
活接	联塑	D32	个	3.47	广东联塑科技实业有限公司
活接铜球阀	联塑	D32	个	81.30	广东联塑科技实业有限公司
截止阀	联塑	D32	个	35.23	广东联塑科技实业有限公司
顺水三通	联塑	D32	个	2.33	广东联塑科技实业有限公司
直通/直接	联塑	D32	个	1.04	广东联塑科技实业有限公司
45°弯头	联塑	D40	个	2.55	广东联塑科技实业有限公司
90°弯头	联塑	D40	个	3.42	广东联塑科技实业有限公司
管帽/闷头	联塑	D40	个	1.44	广东联塑科技实业有限公司
截止阀	联塑	D40	个	36.70	广东联塑科技实业有限公司
顺水三通	联塑	D40	个	4.11	广东联塑科技实业有限公司
直通/直接	联塑	D40	个	1.75	广东联塑科技实业有限公司
45°弯头	联塑	D50	个	4.40	广东联塑科技实业有限公司

续表

产品名称	品牌	规格型号	包装单位	参考价格（元）	供应商
90°弯头	联塑	D50	个	6.04	广东联塑科技实业有限公司
法兰盘	联塑	D50	个	23.47	广东联塑科技实业有限公司
法兰套	联塑	D50	个	2.55	广东联塑科技实业有限公司
管帽/闷头	联塑	D50	个	2.67	广东联塑科技实业有限公司
截止阀	联塑	D50	个	64.15	广东联塑科技实业有限公司
顺水三通	联塑	D50	个	7.57	广东联塑科技实业有限公司
直通/直接	联塑	D50	个	3.10	广东联塑科技实业有限公司
45°弯头	联塑	D63	个	8.09	广东联塑科技实业有限公司
90°弯头	联塑	D63	个	10.36	广东联塑科技实业有限公司
法兰盘	联塑	D63	个	23.70	广东联塑科技实业有限公司
法兰套	联塑	D63	个	4.60	广东联塑科技实业有限公司
管帽/闷头	联塑	D63	个	5.05	广东联塑科技实业有限公司
截止阀	联塑	D63	个	91.73	广东联塑科技实业有限公司
顺水三通	联塑	D63	个	13.81	广东联塑科技实业有限公司
直通/直接	联塑	D63	个	5.36	广东联塑科技实业有限公司
45°弯头	联塑	D75	个	13.89	广东联塑科技实业有限公司
90°弯头	联塑	D75	个	17.25	广东联塑科技实业有限公司
法兰盘	联塑	D75	个	37.29	广东联塑科技实业有限公司
法兰套	联塑	D75	个	7.73	广东联塑科技实业有限公司
管帽/闷头	联塑	D75	个	7.40	广东联塑科技实业有限公司
顺水三通	联塑	D75	个	19.65	广东联塑科技实业有限公司
直通/直接	联塑	D75	个	8.26	广东联塑科技实业有限公司
45°弯头	联塑	D90	个	22.16	广东联塑科技实业有限公司
90°弯头	联塑	D90	个	31.53	广东联塑科技实业有限公司
法兰盘	联塑	D90	个	38.04	广东联塑科技实业有限公司
法兰套	联塑	D90	个	10.73	广东联塑科技实业有限公司
管帽/闷头	联塑	D90	个	12.91	广东联塑科技实业有限公司
顺水三通	联塑	D90	个	36.37	广东联塑科技实业有限公司
直通/直接	联塑	D90	个	14.30	广东联塑科技实业有限公司
内丝三通	日丰	D20×1/2(4 分)	个	9.60	日丰企业集团有限公司
内丝直接	日丰	D20×1/2(4 分)	个	8.40	日丰企业集团有限公司
双联内丝弯头	日丰	D20×1/2(4 分)	个	24.60	日丰企业集团有限公司

续表

产品名称	品牌	规格型号	包装单位	参考价格（元）	供应商
外丝接头	日丰	D20×1/2(4分)	个	9.40	日丰企业集团有限公司
外丝三通	日丰	D20×1/2(4分)	个	11.70	日丰企业集团有限公司
外丝弯头	日丰	D20×1/2(4分)	个	10.80	日丰企业集团有限公司
内丝直接	日丰	D20×3/4(6分)	个	11.70	日丰企业集团有限公司
外丝接头	日丰	D20×3/4(6分)	个	14.20	日丰企业集团有限公司
外丝弯头	日丰	D20×3/4(6分)	个	14.80	日丰企业集团有限公司
内丝三通	日丰	D25×1/2(4分)	个	10.90	日丰企业集团有限公司
内丝弯头	日丰	D25×1/2(4分)	个	11.40	日丰企业集团有限公司
内丝直接	日丰	D25×1/2(4分)	个	9.40	日丰企业集团有限公司
双联内丝弯头	日丰	D25×1/2(4分)	个	27.40	日丰企业集团有限公司
外丝接头	日丰	D25×1/2(4分)	个	13.10	日丰企业集团有限公司
外丝三通	日丰	D25×1/2(4分)	个	11.90	日丰企业集团有限公司
外丝弯头	日丰	D25×1/2(4分)	个	11.80	日丰企业集团有限公司
异径管接/大小头	日丰	D25×20	个	2.60	日丰企业集团有限公司
异径三通	日丰	D25×20	个	3.80	日丰企业集团有限公司
异径弯头	日丰	D25×20	个	3.70	日丰企业集团有限公司
内丝三通	日丰	D25×3/4(6分)	个	13.20	日丰企业集团有限公司
内丝弯头	日丰	D25×3/4(6分)	个	12.80	日丰企业集团有限公司
内丝直接	日丰	D25×3/4(6分)	个	12.20	日丰企业集团有限公司
外丝接头	日丰	D25×3/4(6分)	个	14.30	日丰企业集团有限公司
外丝三通	日丰	D25×3/4(6分)	个	14.80	日丰企业集团有限公司
外丝弯头	日丰	D25×3/4(6分)	个	15.90	日丰企业集团有限公司
异径管接/大小头	日丰	D32×20	个	3.40	日丰企业集团有限公司
异径三通	日丰	D32×20	个	4.40	日丰企业集团有限公司
异径弯头	日丰	D32×20	个	4.90	日丰企业集团有限公司
异径管接/大小头	日丰	D32×25	个	3.80	日丰企业集团有限公司
异径三通	日丰	D32×25	个	4.70	日丰企业集团有限公司
异径弯头	日丰	D32×25	个	5.40	日丰企业集团有限公司
45°弯头	日丰	D20	个	2.40	日丰企业集团有限公司
90°弯头	日丰	D20	个	2.80	日丰企业集团有限公司
等径三通	日丰	D20	个	3.40	日丰企业集团有限公司
管帽/闷头	日丰	D20	个	1.40	日丰企业集团有限公司

续表

产品名称	品牌	规格型号	包装单位	参考价格（元）	供应商
过桥弯	日丰	D20	个	4.40	日丰企业集团有限公司
活接铜球阀	日丰	D20	个	58.00	日丰企业集团有限公司
截止阀	日丰	D20	个	32.00	日丰企业集团有限公司
直通/直接	日丰	D20	个	1.80	日丰企业集团有限公司
带底座内丝弯头	日丰	D20×1/2(4 分)	个	11.40	日丰企业集团有限公司
内丝弯头	日丰	D20×1/2(4 分)	个	8.70	日丰企业集团有限公司
内丝弯头	日丰	D20×3/4(6 分)	个	11.70	日丰企业集团有限公司
45°弯头	日丰	D25	个	3.20	日丰企业集团有限公司
90°弯头	日丰	D25	个	3.40	日丰企业集团有限公司
等径三通	日丰	D25	个	4.20	日丰企业集团有限公司
管帽/闷头	日丰	D25	个	1.70	日丰企业集团有限公司
过桥弯	日丰	D25	个	6.70	日丰企业集团有限公司
活接铜球阀	日丰	D25	个	84.00	日丰企业集团有限公司
截止阀	日丰	D25	个	41.00	日丰企业集团有限公司
直通/直接	日丰	D25	个	2.80	日丰企业集团有限公司
带底座内丝弯头	日丰	D25×1/2(4 分)	个	14.70	日丰企业集团有限公司
45°弯头	日丰	D32	个	4.40	日丰企业集团有限公司
90°弯头	日丰	D32	个	4.20	日丰企业集团有限公司
等径三通	日丰	D32	个	4.80	日丰企业集团有限公司
过桥弯	日丰	D32	个	8.60	日丰企业集团有限公司
活接铜球阀	日丰	D32	个	127.00	日丰企业集团有限公司
截止阀	日丰	D32	个	54.00	日丰企业集团有限公司
直通/直接	日丰	D32	个	3.40	日丰企业集团有限公司
活接铜球阀	日丰	D40	个	274.00	日丰企业集团有限公司
截止阀	日丰	D40	个	78.00	日丰企业集团有限公司
活接铜球阀	日丰	D50	个	394.00	日丰企业集团有限公司
截止阀	日丰	D50	个	128.00	日丰企业集团有限公司
活接铜球阀	日丰	D63	个	629.00	日丰企业集团有限公司
截止阀	日丰	D63	个	184.00	日丰企业集团有限公司
活接	日丰	F12-S20×20(H)	个	25.70	日丰企业集团有限公司
活接	日丰	F12-S25×25(H)	个	31.70	日丰企业集团有限公司
卡座	日丰	KS1-20	个	0.53	日丰企业集团有限公司

续表

产品名称	品牌	规格型号	包装单位	参考价格（元）	供应商
卡座	日丰	KS1-25	个	0.74	日丰企业集团有限公司
卡座	日丰	KS1-32	个	0.98	日丰企业集团有限公司
管套	上塑	20，绿色	只	1.10	上海上塑控股（集团）有限公司
异径管套	上塑	25×20，绿色	只	1.40	上海上塑控股（集团）有限公司
90°弯头	上塑	20，绿色	只	1.40	上海上塑控股（集团）有限公司
45°弯头	上塑	20，绿色	只	1.40	上海上塑控股（集团）有限公司
正三通	上塑	20，绿色	只	1.90	上海上塑控股（集团）有限公司
绕曲管/过桥弯	上塑	20，绿色	只	4.90	上海上塑控股（集团）有限公司
管帽	上塑	20，绿色	只	0.80	上海上塑控股（集团）有限公司
双活接热熔球阀	上塑	20，绿色	只	41.40	上海上塑控股（集团）有限公司
异径三通	上塑	25×20，绿色	只	3.00	上海上塑控股（集团）有限公司
异径弯头	上塑	25×20，绿色	只	1.90	上海上塑控股（集团）有限公司
内螺弯头	上塑	20×1/2″，绿色	只	9.10	上海上塑控股（集团）有限公司
外螺弯头	上塑	20×1/2″，绿色	只	10.00	上海上塑控股（集团）有限公司
内螺三通	上塑	20×1/2″，绿色	只	9.40	上海上塑控股（集团）有限公司
外螺三通	上塑	20×1/2″，绿色	只	10.00	上海上塑控股（集团）有限公司
内螺管套	上塑	20×1/2″，绿色	只	7.60	上海上塑控股（集团）有限公司
90°等径弯头	天力	D20	个	2.90	上海天力实业（集团）有限公司
内丝弯头	天力	D20×1/2	个	13.80	上海天力实业（集团）有限公司
内丝三通	天力	D20×1/2	个	14.40	上海天力实业（集团）有限公司
等径三通	天力	D20	个	2.90	上海天力实业（集团）有限公司
内丝直接	天力	D20×1/2	个	12.70	上海天力实业（集团）有限公司
等径直接	天力	D20	个	2.10	上海天力实业（集团）有限公司
异径三通	天力	D25-20	个	4.30	上海天力实业（集团）有限公司
外丝直接	天力	D25×1/2	个	19.60	上海天力实业（集团）有限公司
内丝弯头	天力	D20×3/4	个	19.60	上海天力实业（集团）有限公司
外丝直接	天力	D20×3/4	个	17.80	上海天力实业（集团）有限公司
外丝弯头	天力	D20×3/4	个	18.40	上海天力实业（集团）有限公司
异径直接	天力	D25-20	个	2.30	上海天力实业（集团）有限公司
45°等径弯头	天力	D25	个	3.20	上海天力实业（集团）有限公司
过桥弯	天力	D25	个	12.70	上海天力实业（集团）有限公司
90°异径弯头	天力	D25-20	个	3.50	上海天力实业（集团）有限公司

续表

产品名称	品牌	规格型号	包装单位	参考价格(元)	供应商
过桥弯	天力	D20	个	6.90	上海天力实业(集团)有限公司
外丝直接	天力	D20×1/2	个	12.70	上海天力实业(集团)有限公司
内丝直接	天力	D25×3/4	个	23.60	上海天力实业(集团)有限公司
等径直接	天力	D25	个	2.50	上海天力实业(集团)有限公司
外丝弯头	天力	D20×1/2	个	14.40	上海天力实业(集团)有限公司
内丝弯头	天力	D25×3/4	个	21.90	上海天力实业(集团)有限公司
90°等径弯头	天力	D25	个	3.50	上海天力实业(集团)有限公司
45°等径弯头	天力	D20	个	2.30	上海天力实业(集团)有限公司
外丝三通	天力	D20×1/2	个	15.50	上海天力实业(集团)有限公司
内丝三通	天力	D25×3/4	个	24.20	上海天力实业(集团)有限公司
内丝三通	天力	D25×1/2	个	17.30	上海天力实业(集团)有限公司
等径三通	天力	D25	个	4.40	上海天力实业(集团)有限公司
内丝弯头	天力	D25×1/2	个	15.50	上海天力实业(集团)有限公司
外丝直接	天力	D25×3/4	个	24.20	上海天力实业(集团)有限公司
外丝弯头	天力	D25×3/4	个	24.20	上海天力实业(集团)有限公司
内丝直接	天力	D25×1/2	个	13.80	上海天力实业(集团)有限公司
45°弯头	伟星	D110,绿	个	141.22	浙江伟星新型建材股份有限公司
90°弯头	伟星	D110,绿	个	160.03	浙江伟星新型建材股份有限公司
等径三通	伟星	D110,绿	个	217.37	浙江伟星新型建材股份有限公司
金属管卡	伟星	D110,绿	个	3.80	浙江伟星新型建材股份有限公司
支撑环	伟星	D110,绿	个	81.75	浙江伟星新型建材股份有限公司
直通/直接	伟星	D110,绿	个	112.84	浙江伟星新型建材股份有限公司
异径三通	伟星	D110/25/110,绿	个	160.02	浙江伟星新型建材股份有限公司
异径三通	伟星	D110/32/110,绿	个	173.72	浙江伟星新型建材股份有限公司
异径三通	伟星	D110/40/110,绿	个	192.95	浙江伟星新型建材股份有限公司
异径三通	伟星	D110/50/110,绿	个	174.38	浙江伟星新型建材股份有限公司
异径管接/大小头	伟星	D110/63,绿	个	101.20	浙江伟星新型建材股份有限公司
异径管接/大小头	伟星	D110/63,绿	个	136.86	浙江伟星新型建材股份有限公司
异径三通	伟星	D110/63/110,绿	个	204.57	浙江伟星新型建材股份有限公司
异径管接/大小头	伟星	D110/75,绿	个	93.72	浙江伟星新型建材股份有限公司
异径管接/大小头	伟星	D110/75,绿	个	143.34	浙江伟星新型建材股份有限公司
异径三通	伟星	D110/75/110,绿	个	209.71	浙江伟星新型建材股份有限公司

续表

产品名称	品牌	规格型号	包装单位	参考价格(元)	供应商
异径管接/大小头	伟星	D110/90,绿	个	104.68	浙江伟星新型建材股份有限公司
异径管接/大小头	伟星	D110/90,绿	个	147.71	浙江伟星新型建材股份有限公司
异径三通	伟星	D110/90/110,绿	个	214.81	浙江伟星新型建材股份有限公司
90°弯头	伟星	D125,绿	个	300.65	浙江伟星新型建材股份有限公司
等径三通	伟星	D125,绿	个	418.03	浙江伟星新型建材股份有限公司
对接法兰头	伟星	D125,绿	个	227.01	浙江伟星新型建材股份有限公司
金属管卡	伟星	D125,绿	个	3.80	浙江伟星新型建材股份有限公司
直通/直接	伟星	D125,绿	个	130.69	浙江伟星新型建材股份有限公司
异径管接/大小头	伟星	D125/110,绿	个	190.43	浙江伟星新型建材股份有限公司
异径三通	伟星	D125/110/125,绿	个	352.24	浙江伟星新型建材股份有限公司
45°弯头	伟星	D160,绿	个	453.06	浙江伟星新型建材股份有限公司
90°弯头	伟星	D160,绿	个	508.67	浙江伟星新型建材股份有限公司
等径三通	伟星	D160,绿	个	683.84	浙江伟星新型建材股份有限公司
对接法兰头	伟星	D160,绿	个	380.57	浙江伟星新型建材股份有限公司
金属管卡	伟星	D160,绿	个	4.20	浙江伟星新型建材股份有限公司
支撑环	伟星	D160,绿	个	237.08	浙江伟星新型建材股份有限公司
直通/直接	伟星	D160,绿	个	206.64	浙江伟星新型建材股份有限公司
异径管接/大小头	伟星	D160/110,绿	个	179.62	浙江伟星新型建材股份有限公司
异径三通	伟星	D160/110/160,绿	个	620.23	浙江伟星新型建材股份有限公司
异径管接/大小头	伟星	D160/125,绿	个	280.33	浙江伟星新型建材股份有限公司
异径管接/大小头	伟星	D160/125,绿	个	196.64	浙江伟星新型建材股份有限公司
异径三通	伟星	D160/125/160,绿	个	667.94	浙江伟星新型建材股份有限公司
45°弯头	伟星	D20,绿	个	2.67	浙江伟星新型建材股份有限公司
90°弯头	伟星	D20,绿	个	3.47	浙江伟星新型建材股份有限公司
Ω管	伟星	D20,绿	个	22.03	浙江伟星新型建材股份有限公司
等径三通	伟星	D20,绿	个	4.21	浙江伟星新型建材股份有限公司
等径四通	伟星	D20,绿	个	7.82	浙江伟星新型建材股份有限公司
过桥弯	伟星	D20,绿	个	11.24	浙江伟星新型建材股份有限公司
金属管卡	伟星	D20,绿	个	1.30	浙江伟星新型建材股份有限公司
两头塑料活接	伟星	D20,绿	个	60.32	浙江伟星新型建材股份有限公司
双活接球阀	伟星	D20,绿	个	134.75	浙江伟星新型建材股份有限公司
双塑组合活接	伟星	D20,绿	个	52.51	浙江伟星新型建材股份有限公司

续表

产品名称	品牌	规格型号	包装单位	参考价格(元)	供应商
塑料U型管卡	伟星	D20,绿	个	1.78	浙江伟星新型建材股份有限公司
塑料管卡	伟星	D20,绿	个	1.20	浙江伟星新型建材股份有限公司
异面三通	伟星	D20,绿	个	5.67	浙江伟星新型建材股份有限公司
直通/直接	伟星	D20,绿	个	2.21	浙江伟星新型建材股份有限公司
闸阀	伟星	D20,绿	个	152.66	浙江伟星新型建材股份有限公司
异径三通	伟星	D20/25/20,绿	个	7.66	浙江伟星新型建材股份有限公司
45°弯头	伟星	D25,绿	个	5.31	浙江伟星新型建材股份有限公司
90°弯头	伟星	D25,绿	个	5.72	浙江伟星新型建材股份有限公司
Z形管	伟星	D25,绿	根	17.89	浙江伟星新型建材股份有限公司
Ω管	伟星	D25,绿	个	34.20	浙江伟星新型建材股份有限公司
等径三通	伟星	D25,绿	个	7.33	浙江伟星新型建材股份有限公司
等径四通	伟星	D25,绿	个	8.86	浙江伟星新型建材股份有限公司
过桥弯	伟星	D25,绿	个	15.57	浙江伟星新型建材股份有限公司
金属管卡	伟星	D25,绿	个	1.40	浙江伟星新型建材股份有限公司
两头塑料活接	伟星	D25,绿	个	85.94	浙江伟星新型建材股份有限公司
双活接球阀	伟星	D25,绿	个	192.34	浙江伟星新型建材股份有限公司
双塑组合活接	伟星	D25,绿	个	73.74	浙江伟星新型建材股份有限公司
塑料U型管卡	伟星	D25,绿	个	2.11	浙江伟星新型建材股份有限公司
塑料管卡	伟星	D25,绿	个	1.40	浙江伟星新型建材股份有限公司
异面三通	伟星	D25,绿	个	7.14	浙江伟星新型建材股份有限公司
闸阀	伟星	D25,绿	个	220.83	浙江伟星新型建材股份有限公司
直通/直接	伟星	D25,绿	个	3.89	浙江伟星新型建材股份有限公司
异径管接/大小头	伟星	D25/20,绿	个	2.75	浙江伟星新型建材股份有限公司
异径管接/大小头	伟星	D25/20,绿	个	3.91	浙江伟星新型建材股份有限公司
异径三通	伟星	D25/20/20,绿	个	7.66	浙江伟星新型建材股份有限公司
异径三通	伟星	D25/20/25,绿	个	5.97	浙江伟星新型建材股份有限公司
异径三通	伟星	D25/25/20,绿	个	7.16	浙江伟星新型建材股份有限公司
45°弯头	伟星	D32,绿	个	7.55	浙江伟星新型建材股份有限公司
90°弯头	伟星	D32,绿	个	8.27	浙江伟星新型建材股份有限公司
Z形管	伟星	D32,绿	根	31.45	浙江伟星新型建材股份有限公司
Ω管	伟星	D32,绿	个	59.05	浙江伟星新型建材股份有限公司
等径三通	伟星	D32,绿	个	10.78	浙江伟星新型建材股份有限公司

续表

产品名称	品牌	规格型号	包装单位	参考价格（元）	供应商
等径四通	伟星	D32,绿	个	15.38	浙江伟星新型建材股份有限公司
过桥弯	伟星	D32,绿	个	17.84	浙江伟星新型建材股份有限公司
金属管卡	伟星	D32,绿	个	1.60	浙江伟星新型建材股份有限公司
两头塑料活接	伟星	D32,绿	个	154.14	浙江伟星新型建材股份有限公司
螺母组合活接	伟星	D32,绿	个	71.65	浙江伟星新型建材股份有限公司
双活接球阀	伟星	D32,绿	个	292.70	浙江伟星新型建材股份有限公司
双塑组合活接	伟星	D32,绿	个	111.79	浙江伟星新型建材股份有限公司
塑料U型管卡	伟星	D32,绿	个	1.70	浙江伟星新型建材股份有限公司
塑料管卡	伟星	D32,绿	个	1.50	浙江伟星新型建材股份有限公司
直通/直接	伟星	D32,绿	个	5.56	浙江伟星新型建材股份有限公司
异径管接/大小头	伟星	D32/20,绿	个	4.12	浙江伟星新型建材股份有限公司
异径管接/大小头	伟星	D32/20,绿	个	5.10	浙江伟星新型建材股份有限公司
异径三通	伟星	D32/20/20,绿	个	10.41	浙江伟星新型建材股份有限公司
异径三通	伟星	D32/20/25,绿	个	14.30	浙江伟星新型建材股份有限公司
异径三通	伟星	D32/20/32,绿	个	9.09	浙江伟星新型建材股份有限公司
异径管接/大小头	伟星	D32/25,绿	个	4.45	浙江伟星新型建材股份有限公司
异径管接/大小头	伟星	D32/25,绿	个	5.20	浙江伟星新型建材股份有限公司
异径三通	伟星	D32/25/20,绿	个	14.30	浙江伟星新型建材股份有限公司
异径三通	伟星	D32/25/25,绿	个	14.30	浙江伟星新型建材股份有限公司
异径三通	伟星	D32/25/32,绿	个	9.88	浙江伟星新型建材股份有限公司
45°弯头	伟星	D40,绿	个	11.53	浙江伟星新型建材股份有限公司
90°弯头	伟星	D40,绿	个	13.64	浙江伟星新型建材股份有限公司
等径三通	伟星	D40,绿	个	17.23	浙江伟星新型建材股份有限公司
等径四通	伟星	D40,绿	个	25.02	浙江伟星新型建材股份有限公司
金属管卡	伟星	D40,绿	个	1.90	浙江伟星新型建材股份有限公司
两头塑料活接	伟星	D40,绿	个	161.54	浙江伟星新型建材股份有限公司
螺母组合活接	伟星	D40,绿	个	96.98	浙江伟星新型建材股份有限公司
双活接球阀	伟星	D40,绿	个	600.72	浙江伟星新型建材股份有限公司
双塑组合活接	伟星	D40,绿	个	213.11	浙江伟星新型建材股份有限公司
支撑环	伟星	D40,绿	个	10.00	浙江伟星新型建材股份有限公司
直通/直接	伟星	D40,绿	个	7.06	浙江伟星新型建材股份有限公司
异径管接/大小头	伟星	D40/20,绿	个	5.56	浙江伟星新型建材股份有限公司

续表

产品名称	品牌	规格型号	包装单位	参考价格（元）	供应商
异径管接/大小头	伟星	D40/20，绿	个	8.11	浙江伟星新型建材股份有限公司
异径三通	伟星	D40/20/40，绿	个	11.56	浙江伟星新型建材股份有限公司
异径管接/大小头	伟星	D40/25，绿	个	6.04	浙江伟星新型建材股份有限公司
异径管接/大小头	伟星	D40/25，绿	个	7.94	浙江伟星新型建材股份有限公司
异径三通	伟星	D40/25/40，绿	个	14.61	浙江伟星新型建材股份有限公司
异径管接/大小头	伟星	D40/32，绿	个	7.06	浙江伟星新型建材股份有限公司
异径管接/大小头	伟星	D40/32，绿	个	8.06	浙江伟星新型建材股份有限公司
异径三通	伟星	D40/32/40，绿	个	15.10	浙江伟星新型建材股份有限公司
45°弯头	伟星	D50，绿	个	20.33	浙江伟星新型建材股份有限公司
90°弯头	伟星	D50，绿	个	23.25	浙江伟星新型建材股份有限公司
等径三通	伟星	D50，绿	个	30.00	浙江伟星新型建材股份有限公司
等径四通	伟星	D50，绿	个	43.10	浙江伟星新型建材股份有限公司
双活接球阀	伟星	D50，绿	个	888.76	浙江伟星新型建材股份有限公司
双塑组合活接	伟星	D50，绿	个	289.62	浙江伟星新型建材股份有限公司
支撑环	伟星	D50，绿	个	12.84	浙江伟星新型建材股份有限公司
直通/直接	伟星	D50，绿	个	13.23	浙江伟星新型建材股份有限公司
异径管接/大小头	伟星	D50/20，绿	个	7.83	浙江伟星新型建材股份有限公司
异径管接/大小头	伟星	D50/20，绿	个	15.10	浙江伟星新型建材股份有限公司
异径三通	伟星	D50/20/50，绿	个	18.04	浙江伟星新型建材股份有限公司
异径管接/大小头	伟星	D50/25，绿	个	10.08	浙江伟星新型建材股份有限公司
异径管接/大小头	伟星	D50/25，绿	个	15.21	浙江伟星新型建材股份有限公司
异径三通	伟星	D50/25/50，绿	个	18.81	浙江伟星新型建材股份有限公司
异径管接/大小头	伟星	D50/32，绿	个	11.11	浙江伟星新型建材股份有限公司
异径管接/大小头	伟星	D50/32，绿	个	15.37	浙江伟星新型建材股份有限公司
异径三通	伟星	D50/32/50，绿	个	23.11	浙江伟星新型建材股份有限公司
异径管接/大小头	伟星	D50/40，绿	个	12.45	浙江伟星新型建材股份有限公司
异径管接/大小头	伟星	D50/40，绿	个	15.51	浙江伟星新型建材股份有限公司
异径三通	伟星	D50/40/50，绿	个	26.72	浙江伟星新型建材股份有限公司
45°弯头	伟星	D63，绿	个	31.92	浙江伟星新型建材股份有限公司
90°弯头	伟星	D63，绿	个	41.88	浙江伟星新型建材股份有限公司
等径三通	伟星	D63，绿	个	51.67	浙江伟星新型建材股份有限公司
等径四通	伟星	D63，绿	个	112.48	浙江伟星新型建材股份有限公司

续表

产品名称	品牌	规格型号	包装单位	参考价格（元）	供应商
金属管卡	伟星	D63,绿	个	2.10	浙江伟星新型建材股份有限公司
双活接球阀	伟星	D63,绿	个	1473.48	浙江伟星新型建材股份有限公司
双塑组合活接	伟星	D63,绿	个	458.07	浙江伟星新型建材股份有限公司
支撑环	伟星	D63,绿	个	17.47	浙江伟星新型建材股份有限公司
直通/直接	伟星	D63,绿	个	23.04	浙江伟星新型建材股份有限公司
异径管接/大小头	伟星	D63/20,绿	个	13.04	浙江伟星新型建材股份有限公司
异径三通	伟星	D63/20/63,绿	个	36.25	浙江伟星新型建材股份有限公司
异径管接/大小头	伟星	D63/25,绿	个	13.56	浙江伟星新型建材股份有限公司
异径管接/大小头	伟星	D63/25,绿	个	25.32	浙江伟星新型建材股份有限公司
异径三通	伟星	D63/25/63,绿	个	33.78	浙江伟星新型建材股份有限公司
异径管接/大小头	伟星	D63/32,绿	个	15.92	浙江伟星新型建材股份有限公司
异径管接/大小头	伟星	D63/32,绿	个	25.95	浙江伟星新型建材股份有限公司
异径三通	伟星	D63/32/63,绿	个	35.92	浙江伟星新型建材股份有限公司
异径管接/大小头	伟星	D63/40,绿	个	17.78	浙江伟星新型建材股份有限公司
异径管接/大小头	伟星	D63/40,绿	个	27.03	浙江伟星新型建材股份有限公司
异径三通	伟星	D63/40/63,绿	个	39.80	浙江伟星新型建材股份有限公司
异径管接/大小头	伟星	D63/50,绿	个	21.02	浙江伟星新型建材股份有限公司
异径管接/大小头	伟星	D63/50,绿	个	28.47	浙江伟星新型建材股份有限公司
异径三通	伟星	D63/50/63,绿	个	45.06	浙江伟星新型建材股份有限公司
45°弯头	伟星	D75,绿	个	52.97	浙江伟星新型建材股份有限公司
90°弯头	伟星	D75,绿	个	77.92	浙江伟星新型建材股份有限公司
等径三通	伟星	D75,绿	个	90.25	浙江伟星新型建材股份有限公司
金属管卡	伟星	D75,绿	个	3.20	浙江伟星新型建材股份有限公司
支撑环	伟星	D75,绿	个	35.11	浙江伟星新型建材股份有限公司
直通/直接	伟星	D75,绿	个	47.30	浙江伟星新型建材股份有限公司
异径三通	伟星	D75/20/75,绿	个	60.50	浙江伟星新型建材股份有限公司
异径三通	伟星	D75/25/75,绿	个	63.56	浙江伟星新型建材股份有限公司
异径三通	伟星	D75/32/75,绿	个	59.52	浙江伟星新型建材股份有限公司
异径三通	伟星	D75/40/75,绿	个	93.51	浙江伟星新型建材股份有限公司
异径三通	伟星	D75/50/75,绿	个	94.23	浙江伟星新型建材股份有限公司
异径管接/大小头	伟星	D75/63,绿	个	45.91	浙江伟星新型建材股份有限公司
异径管接/大小头	伟星	D75/63,绿	个	60.05	浙江伟星新型建材股份有限公司

续表

产品名称	品牌	规格型号	包装单位	参考价格(元)	供应商
异径三通	伟星	D75/63/75,绿	个	74.43	浙江伟星新型建材股份有限公司
45°弯头	伟星	D90,绿	个	84.40	浙江伟星新型建材股份有限公司
90°弯头	伟星	D90,绿	个	121.89	浙江伟星新型建材股份有限公司
等径三通	伟星	D90,绿	个	146.44	浙江伟星新型建材股份有限公司
金属管卡	伟星	D90,绿	个	3.20	浙江伟星新型建材股份有限公司
支撑环	伟星	D90,绿	个	51.58	浙江伟星新型建材股份有限公司
直通/直接	伟星	D90,绿	个	71.82	浙江伟星新型建材股份有限公司
异径三通	伟星	D90/25/90,绿	个	101.53	浙江伟星新型建材股份有限公司
异径三通	伟星	D90/32/90,绿	个	112.16	浙江伟星新型建材股份有限公司
异径三通	伟星	D90/40/90,绿	个	108.13	浙江伟星新型建材股份有限公司
异径三通	伟星	D90/50/90,绿	个	115.35	浙江伟星新型建材股份有限公司
异径管接/大小头	伟星	D90/63,绿	个	55.32	浙江伟星新型建材股份有限公司
异径管接/大小头	伟星	D90/63,绿	个	85.24	浙江伟星新型建材股份有限公司
异径三通	伟星	D90/63/90,绿	个	119.37	浙江伟星新型建材股份有限公司
异径管接/大小头	伟星	D90/75,绿	个	65.20	浙江伟星新型建材股份有限公司
异径管接/大小头	伟星	D90/75,绿	个	87.15	浙江伟星新型建材股份有限公司
异径三通	伟星	D90/75/90,绿	个	126.81	浙江伟星新型建材股份有限公司
管帽/闷头	伟星	D110,绿	个	89.37	浙江伟星新型建材股份有限公司
马鞍型管件	伟星	D110/25,绿	个	8.72	浙江伟星新型建材股份有限公司
马鞍型内丝接头	伟星	D110/32×1″,绿	个	72.18	浙江伟星新型建材股份有限公司
马鞍型管件	伟星	D110/32,绿	个	15.43	浙江伟星新型建材股份有限公司
管帽/闷头	伟星	D125,绿	个	148.12	浙江伟星新型建材股份有限公司
管帽/闷头	伟星	D160,绿	个	238.55	浙江伟星新型建材股份有限公司
马鞍型内丝接头	伟星	D160/32×1″,绿	个	74.59	浙江伟星新型建材股份有限公司
塑料U型管卡	伟星	D20加长型,绿	个	2.96	浙江伟星新型建材股份有限公司
加长内丝弯头	伟星	D20×1/2″,绿	个	29.65	浙江伟星新型建材股份有限公司
连体内丝接头	伟星	D20×1/2″,绿	个	62.67	浙江伟星新型建材股份有限公司
连体内丝三通	伟星	D20×1/2″,绿	个	67.22	浙江伟星新型建材股份有限公司
连体内丝弯头	伟星	D20×1/2″,绿	个	64.96	浙江伟星新型建材股份有限公司
内丝接头	伟星	D20×1/2″,绿	个	23.17	浙江伟星新型建材股份有限公司
内丝三通	伟星	D20×1/2″,绿	个	26.85	浙江伟星新型建材股份有限公司
内丝弯头	伟星	D20×1/2″,绿	个	24.58	浙江伟星新型建材股份有限公司

续表

产品名称	品牌	规格型号	包装单位	参考价格(元)	供应商
内丝弯头	伟星	D20×1/2″,绿	个	24.58	浙江伟星新型建材股份有限公司
阳单头活接球阀	伟星	D20×1/2″,绿	个	112.05	浙江伟星新型建材股份有限公司
阳组合式活接	伟星	D20×1/2″,绿	个	55.81	浙江伟星新型建材股份有限公司
阴单头活接球阀	伟星	D20×1/2″,绿	个	108.22	浙江伟星新型建材股份有限公司
阴组合式活接	伟星	D20×1/2″,绿	个	50.48	浙江伟星新型建材股份有限公司
快速活接三通	伟星	D20×1/2,绿	个	19.85	浙江伟星新型建材股份有限公司
快速活接弯头	伟星	D20×1/2,绿	个	19.31	浙江伟星新型建材股份有限公司
快速活接直通	伟星	D20×1/2,绿	个	18.77	浙江伟星新型建材股份有限公司
外丝接头	伟星	D20×1/2,绿	个	26.31	浙江伟星新型建材股份有限公司
外丝三通	伟星	D20×1/2,绿	个	30.08	浙江伟星新型建材股份有限公司
外丝弯头	伟星	D20×1/2,绿	个	31.12	浙江伟星新型建材股份有限公司
内丝接头	伟星	D20×3/4″,绿	个	35.15	浙江伟星新型建材股份有限公司
内丝弯头	伟星	D20×3/4″,绿	个	34.95	浙江伟星新型建材股份有限公司
外丝接头	伟星	D20×3/4″,绿	个	39.81	浙江伟星新型建材股份有限公司
外丝弯头	伟星	D20×3/4″,绿	个	40.18	浙江伟星新型建材股份有限公司
内丝三通	伟星	D20×3/4″,绿	个	37.16	浙江伟星新型建材股份有限公司
外丝三通	伟星	D20×3/4″,绿	个	43.14	浙江伟星新型建材股份有限公司
阳组合式活接	伟星	D20×3/4″,绿	个	71.92	浙江伟星新型建材股份有限公司
阴组合式活接	伟星	D20×3/4″,绿	个	63.34	浙江伟星新型建材股份有限公司
内丝三通	伟星	D20×3/8″,绿	个	42.96	浙江伟星新型建材股份有限公司
管帽/闷头	伟星	D20,绿	个	1.95	浙江伟星新型建材股份有限公司
截止阀(加厚型)	伟星	D20,绿	个	70.40	浙江伟星新型建材股份有限公司
塑料手轮截止阀	伟星	D20,绿	个	74.80	浙江伟星新型建材股份有限公司
塑料U型管卡	伟星	D25 加长型,绿	个	3.41	浙江伟星新型建材股份有限公司
阳组合式活接	伟星	D25×1″,绿	个	110.94	浙江伟星新型建材股份有限公司
连体内丝接头	伟星	D25×1/2″,绿	个	67.49	浙江伟星新型建材股份有限公司
连体内丝弯头	伟星	D25×1/2″,绿	个	69.61	浙江伟星新型建材股份有限公司
内丝接头	伟星	D25×1/2″,绿	个	24.58	浙江伟星新型建材股份有限公司
内丝弯头	伟星	D25×1/2″,绿	个	26.27	浙江伟星新型建材股份有限公司
内丝弯头	伟星	D25×1/2″,绿	个	26.08	浙江伟星新型建材股份有限公司
外丝接头	伟星	D25×1/2″,绿	个	28.24	浙江伟星新型建材股份有限公司
外丝弯头	伟星	D25×1/2″,绿	个	36.31	浙江伟星新型建材股份有限公司

续表

产品名称	品牌	规格型号	包装单位	参考价格（元）	供应商
加长内丝弯头	伟星	D25×1/2″,绿	个	30.85	浙江伟星新型建材股份有限公司
连体内丝三通	伟星	D25×1/2″,绿	个	75.03	浙江伟星新型建材股份有限公司
内丝三通	伟星	D25×1/2″,绿	个	28.78	浙江伟星新型建材股份有限公司
外丝三通	伟星	D25×1/2″,绿	个	33.18	浙江伟星新型建材股份有限公司
阳组合式活接	伟星	D25×1/2″,绿	个	75.82	浙江伟星新型建材股份有限公司
阴组合式活接	伟星	D25×1/2″,绿	个	66.60	浙江伟星新型建材股份有限公司
内丝接头	伟星	D25×3/4″,绿	个	34.27	浙江伟星新型建材股份有限公司
内丝弯头	伟星	D25×3/4″,绿	个	36.13	浙江伟星新型建材股份有限公司
内丝弯头	伟星	D25×3/4″,绿	个	36.13	浙江伟星新型建材股份有限公司
外丝接头	伟星	D25×3/4″,绿	个	39.40	浙江伟星新型建材股份有限公司
外丝弯头	伟星	D25×3/4″,绿	个	41.29	浙江伟星新型建材股份有限公司
内丝三通	伟星	D25×3/4″,绿	个	37.33	浙江伟星新型建材股份有限公司
外丝三通	伟星	D25×3/4″,绿	个	44.13	浙江伟星新型建材股份有限公司
阳单头活接球阀	伟星	D25×3/4″,绿	个	163.30	浙江伟星新型建材股份有限公司
阳组合式活接	伟星	D25×3/4″,绿	个	76.26	浙江伟星新型建材股份有限公司
阴单头活接球阀	伟星	D25×3/4″,绿	个	154.81	浙江伟星新型建材股份有限公司
阴组合式活接	伟星	D25×3/4″,绿	个	68.99	浙江伟星新型建材股份有限公司
内丝三通	伟星	D25×3/8″,绿	个	38.54	浙江伟星新型建材股份有限公司
管帽/闷头	伟星	D25,绿	个	2.91	浙江伟星新型建材股份有限公司
截止阀	伟星	D25,绿	个	109.77	浙江伟星新型建材股份有限公司
截止阀(加厚型)	伟星	D25,绿	个	124.89	浙江伟星新型建材股份有限公司
塑料手轮截止阀	伟星	D25,绿	个	129.31	浙江伟星新型建材股份有限公司
连体内丝弯头	伟星	D25/20×1/2″,绿	个	62.09	浙江伟星新型建材股份有限公司
90°异径弯头	伟星	D25/20,绿	个	5.70	浙江伟星新型建材股份有限公司
塑料U型管卡	伟星	D32加长型,绿	个	3.93	浙江伟星新型建材股份有限公司
加长内丝接头	伟星	D32×1″,绿	个	106.71	浙江伟星新型建材股份有限公司
加长外丝接头	伟星	D32×1″,绿	个	128.15	浙江伟星新型建材股份有限公司
内丝接头	伟星	D32×1″,绿	个	64.83	浙江伟星新型建材股份有限公司
内丝三通	伟星	D32×1″,绿	个	72.31	浙江伟星新型建材股份有限公司
内丝弯头	伟星	D32×1″,绿	个	73.18	浙江伟星新型建材股份有限公司
外丝接头	伟星	D32×1″,绿	个	80.08	浙江伟星新型建材股份有限公司
外丝三通	伟星	D32×1″,绿	个	85.86	浙江伟星新型建材股份有限公司

续表

产品名称	品牌	规格型号	包装单位	参考价格(元)	供应商
外丝弯头	伟星	D32×1″,绿	个	87.49	浙江伟星新型建材股份有限公司
阳单头活接球阀	伟星	D32×1″,绿	个	259.14	浙江伟星新型建材股份有限公司
阳组合式活接	伟星	D32×1″,绿	个	118.09	浙江伟星新型建材股份有限公司
阴单头活接球阀	伟星	D32×1″,绿	个	235.60	浙江伟星新型建材股份有限公司
阴组合式活接	伟星	D32×1″,绿	个	111.13	浙江伟星新型建材股份有限公司
内丝接头	伟星	D32×1/2″,绿	个	28.66	浙江伟星新型建材股份有限公司
内丝弯头	伟星	D32×1/2″,绿	个	29.33	浙江伟星新型建材股份有限公司
外丝接头	伟星	D32×1/2″,绿	个	31.42	浙江伟星新型建材股份有限公司
外丝弯头	伟星	D32×1/2″,绿	个	37.27	浙江伟星新型建材股份有限公司
内丝三通	伟星	D32×1/2″,绿	个	30.91	浙江伟星新型建材股份有限公司
外丝三通	伟星	D32×1/2″,绿	个	33.95	浙江伟星新型建材股份有限公司
内丝接头	伟星	D32×3/4″,绿	个	45.00	浙江伟星新型建材股份有限公司
内丝弯头	伟星	D32×3/4″,绿	个	48.34	浙江伟星新型建材股份有限公司
外丝接头	伟星	D32×3/4″,绿	个	43.32	浙江伟星新型建材股份有限公司
外丝弯头	伟星	D32×3/4″,绿	个	58.30	浙江伟星新型建材股份有限公司
内丝三通	伟星	D32×3/4″,绿	个	53.33	浙江伟星新型建材股份有限公司
外丝三通	伟星	D32×3/4″,绿	个	56.22	浙江伟星新型建材股份有限公司
阳组合式活接	伟星	D32×3/4″,绿	个	114.11	浙江伟星新型建材股份有限公司
内丝三通	伟星	D32×7/16″,绿	个	61.88	浙江伟星新型建材股份有限公司
外丝三通	伟星	D32×7/16″,绿	个	60.11	浙江伟星新型建材股份有限公司
管帽/闷头	伟星	D32,绿	个	4.43	浙江伟星新型建材股份有限公司
截止阀	伟星	D32,绿	个	120.91	浙江伟星新型建材股份有限公司
截止阀(加厚型)	伟星	D32,绿	个	174.62	浙江伟星新型建材股份有限公司
塑料手轮截止阀	伟星	D32,绿	个	179.06	浙江伟星新型建材股份有限公司
90°异径弯头	伟星	D32/20,绿	个	9.18	浙江伟星新型建材股份有限公司
90°异径弯头	伟星	D32/25,绿	个	9.18	浙江伟星新型建材股份有限公司
内丝三通	伟星	D40×1″,绿	个	95.07	浙江伟星新型建材股份有限公司
外丝三通	伟星	D40×1″,绿	个	108.59	浙江伟星新型建材股份有限公司
加长内丝接头	伟星	D40×1-1/4″,绿	个	178.61	浙江伟星新型建材股份有限公司
加长外丝接头	伟星	D40×1-1/4″,绿	个	174.40	浙江伟星新型建材股份有限公司
内丝接头	伟星	D40×1-1/4″,绿	个	93.13	浙江伟星新型建材股份有限公司
外丝接头	伟星	D40×1-1/4″,绿	个	105.57	浙江伟星新型建材股份有限公司
阳组合式活接	伟星	D40×1-1/4″,绿	个	191.40	浙江伟星新型建材股份有限公司
阴组合式活接	伟星	D40×1-1/4″,绿	个	185.37	浙江伟星新型建材股份有限公司
管帽/闷头	伟星	D40,绿	个	6.10	浙江伟星新型建材股份有限公司

续表

产品名称	品牌	规格型号	包装单位	参考价格（元）	供应商
截止阀	伟星	D40，绿	个	162.27	浙江伟星新型建材股份有限公司
截止阀（加厚型）	伟星	D40，绿	个	223.01	浙江伟星新型建材股份有限公司
90°异径弯头	伟星	D40/32，绿	个	10.09	浙江伟星新型建材股份有限公司
内丝接头	伟星	D50×1-1/2″，绿	个	118.19	浙江伟星新型建材股份有限公司
外丝接头	伟星	D50×1-1/2″，绿	个	137.39	浙江伟星新型建材股份有限公司
阳组合式活接	伟星	D50×1-1/2″，绿	个	236.81	浙江伟星新型建材股份有限公司
阴组合式活接	伟星	D50×1-1/2″，绿	个	229.04	浙江伟星新型建材股份有限公司
管帽/闷头	伟星	D50，绿	个	11.40	浙江伟星新型建材股份有限公司
截止阀	伟星	D50，绿	个	291.46	浙江伟星新型建材股份有限公司
截止阀（加厚型）	伟星	D50，绿	个	373.63	浙江伟星新型建材股份有限公司
金属管卡	伟星	D50，绿	个	2.00	浙江伟星新型建材股份有限公司
马鞍型管件	伟星	D50/25，绿	个	6.51	浙江伟星新型建材股份有限公司
内丝接头	伟星	D63×2″，绿	个	182.37	浙江伟星新型建材股份有限公司
外丝接头	伟星	D63×2″，绿	个	222.32	浙江伟星新型建材股份有限公司
阳组合式活接	伟星	D63×2″，绿	个	386.84	浙江伟星新型建材股份有限公司
阴组合式活接	伟星	D63×2″，绿	个	384.94	浙江伟星新型建材股份有限公司
管帽/闷头	伟星	D63，绿	个	18.75	浙江伟星新型建材股份有限公司
截止阀	伟星	D63，绿	个	412.98	浙江伟星新型建材股份有限公司
截止阀（加厚型）	伟星	D63，绿	个	549.69	浙江伟星新型建材股份有限公司
马鞍型管件	伟星	D63/25，绿	个	6.86	浙江伟星新型建材股份有限公司
内丝接头	伟星	D75×2-1/2″，绿	个	482.64	浙江伟星新型建材股份有限公司
外丝接头	伟星	D75×2-1/2″，绿	个	607.22	浙江伟星新型建材股份有限公司
管帽/闷头	伟星	D75，绿	个	30.52	浙江伟星新型建材股份有限公司
马鞍型管件	伟星	D75/25，绿	个	8.24	浙江伟星新型建材股份有限公司
马鞍型内丝接头	伟星	D75/32×1″，绿	个	68.26	浙江伟星新型建材股份有限公司
管帽/闷头	伟星	D90，绿	个	54.18	浙江伟星新型建材股份有限公司
马鞍型管件	伟星	D90/25，绿	个	8.55	浙江伟星新型建材股份有限公司
马鞍型内丝接头	伟星	D90/32×1″，绿	个	70.15	浙江伟星新型建材股份有限公司
马鞍型管件	伟星	D90/32，绿	个	13.76	浙江伟星新型建材股份有限公司
管堵/丝堵/堵头	伟星	R1/2，绿	个	0.84	浙江伟星新型建材股份有限公司
管堵/丝堵/堵头（带垫片）	伟星	R1/2，绿	个	1.58	浙江伟星新型建材股份有限公司
管堵/丝堵/堵头（带密封圈）	伟星	R1/2，绿	个	1.38	浙江伟星新型建材股份有限公司

续表

产品名称	品牌	规格型号	包装单位	参考价格（元）	供应商
管堵/丝堵/堵头	伟星	R3/4,绿	个	1.00	浙江伟星新型建材股份有限公司
管堵/丝堵/堵头（带密封圈）	伟星	R3/4,绿	个	1.69	浙江伟星新型建材股份有限公司
修补棒	伟星	绿	根	4.11	浙江伟星新型建材股份有限公司
异径管接/大小头	中萨	D110×40,白	个	22.69	上海皮尔萨实业有限公司
异径三通	中萨	D110×40,白	个	37.67	上海皮尔萨实业有限公司
异径管接/大小头	中萨	D110×50,白	个	22.87	上海皮尔萨实业有限公司
异径三通	中萨	D110×50,白	个	44.89	上海皮尔萨实业有限公司
异径管接/大小头	中萨	D110×63,白	个	23.99	上海皮尔萨实业有限公司
异径三通	中萨	D110×63,白	个	47.54	上海皮尔萨实业有限公司
异径管接/大小头	中萨	D110×75,白	个	24.10	上海皮尔萨实业有限公司
异径三通	中萨	D110×75,白	个	52.40	上海皮尔萨实业有限公司
异径管接/大小头	中萨	D110×90,白	个	25.62	上海皮尔萨实业有限公司
异径三通	中萨	D110×90,白	个	54.90	上海皮尔萨实业有限公司
45°弯头	中萨	D110,白	个	36.66	上海皮尔萨实业有限公司
90°弯头	中萨	D110,白	个	40.18	上海皮尔萨实业有限公司
等径三通	中萨	D110,白	个	54.29	上海皮尔萨实业有限公司
管帽/闷头	中萨	D110,白	个	23.92	上海皮尔萨实业有限公司
截止阀	中萨	D110,白	个	366.21	上海皮尔萨实业有限公司
金属管卡	中萨	D110,白	个	5.98	上海皮尔萨实业有限公司
直通/直接	中萨	D110,白	个	27.85	上海皮尔萨实业有限公司
异径管接/大小头	中萨	D160×110,白	个	66.91	上海皮尔萨实业有限公司
异径三通	中萨	D160×110,白	个	145.24	上海皮尔萨实业有限公司
45°弯头	中萨	D160,白	个	114.84	上海皮尔萨实业有限公司
90°弯头	中萨	D160,白	个	165.88	上海皮尔萨实业有限公司
等径三通	中萨	D160,白	个	161.01	上海皮尔萨实业有限公司
管帽/闷头	中萨	D160,白	个	87.18	上海皮尔萨实业有限公司
直通/直接	中萨	D160,白	个	71.14	上海皮尔萨实业有限公司
内丝三通	中萨	D20×1/2″,白	个	5.14	上海皮尔萨实业有限公司
内丝三通	中萨	D20×1/2″,白	个	5.14	上海皮尔萨实业有限公司
内丝弯头	中萨	D20×1/2″,白	个	4.65	上海皮尔萨实业有限公司

续表

产品名称	品牌	规格型号	包装单位	参考价格（元）	供应商
内丝弯头	中萨	D20×1/2″,白	个	4.65	上海皮尔萨实业有限公司
阳单头活接球阀	中萨	D20×1/2″,白	个	25.32	上海皮尔萨实业有限公司
阳单头活接球阀	中萨	D20×1/2″,白	个	25.32	上海皮尔萨实业有限公司
阴单头活接球阀	中萨	D20×1/2″,白	个	25.12	上海皮尔萨实业有限公司
阴单头活接球阀	中萨	D20×1/2″,白	个	25.12	上海皮尔萨实业有限公司
承口内丝活接	中萨	D20×1/2,白	个	11.62	上海皮尔萨实业有限公司
承口内丝活接	中萨	D20×1/2,白	个	11.62	上海皮尔萨实业有限公司
承口外丝活接	中萨	D20×1/2,白	个	12.64	上海皮尔萨实业有限公司
承口外丝活接	中萨	D20×1/2,白	个	12.64	上海皮尔萨实业有限公司
外丝三通	中萨	D20×1/2,白	个	5.76	上海皮尔萨实业有限公司
外丝弯头	中萨	D20×1/2,白	个	4.99	上海皮尔萨实业有限公司
外丝弯头	中萨	D20×1/2,白	个	4.99	上海皮尔萨实业有限公司
曲线管	中萨	D20×2.8,白	个	2.49	上海皮尔萨实业有限公司
曲线管	中萨	D20×2.8,白	个	2.39	上海皮尔萨实业有限公司
曲线管	中萨	D20×34,白	个	2.95	上海皮尔萨实业有限公司
45°弯头	中萨	D20,白	个	0.62	上海皮尔萨实业有限公司
45°弯头	中萨	D20,白	个	0.62	上海皮尔萨实业有限公司
90°弯头	中萨	D20,白	个	0.69	上海皮尔萨实业有限公司
90°弯头	中萨	D20,白	个	0.69	上海皮尔萨实业有限公司
暗阀	中萨	D20,白	个	38.87	上海皮尔萨实业有限公司
等径三通	中萨	D20,白	个	0.98	上海皮尔萨实业有限公司
等径三通	中萨	D20,白	个	0.98	上海皮尔萨实业有限公司
管堵/丝堵/堵头	中萨	D20,白	个	0.40	上海皮尔萨实业有限公司
管帽/闷头	中萨	D20,白	个	0.44	上海皮尔萨实业有限公司
管帽/闷头	中萨	D20,白	个	0.44	上海皮尔萨实业有限公司
过桥弯	中萨	D20,白	个	2.39	上海皮尔萨实业有限公司
过桥弯	中萨	D20,白	个	2.39	上海皮尔萨实业有限公司
截止阀	中萨	D20,白	个	15.28	上海皮尔萨实业有限公司
截止阀	中萨	D20,白	个	15.28	上海皮尔萨实业有限公司
金属管卡	中萨	D20,白	个	0.72	上海皮尔萨实业有限公司
金属管卡	中萨	D20,白	个	0.72	上海皮尔萨实业有限公司
双活接铜球阀	中萨	D20,白	个	29.90	上海皮尔萨实业有限公司

续表

产品名称	品牌	规格型号	包装单位	参考价格（元）	供应商
双活接铜球阀	中萨	D20，白	个	29.90	上海皮尔萨实业有限公司
塑料管卡	中萨	D20，白	个	0.75	上海皮尔萨实业有限公司
塑料管卡	中萨	D20，白	个	0.75	上海皮尔萨实业有限公司
塑料球阀	中萨	D20，白	个	6.36	上海皮尔萨实业有限公司
塑料球阀	中萨	D20，白	个	6.36	上海皮尔萨实业有限公司
直通/直接	中萨	D20，白	个	0.53	上海皮尔萨实业有限公司
直通/直接	中萨	D20，白	个	0.53	上海皮尔萨实业有限公司
内丝三通	中萨	D25×1/2″，白	个	5.62	上海皮尔萨实业有限公司
内丝弯头	中萨	D25×1/2″，白	个	5.12	上海皮尔萨实业有限公司
外丝三通	中萨	D25×1/2″，白	个	6.12	上海皮尔萨实业有限公司
外丝弯头	中萨	D25×1/2″，白	个	6.42	上海皮尔萨实业有限公司
异径管接/大小头	中萨	D25×20，白	个	0.62	上海皮尔萨实业有限公司
异径管接/大小头	中萨	D25×20，白	个	0.62	上海皮尔萨实业有限公司
异径三通	中萨	D25×20，白	个	1.34	上海皮尔萨实业有限公司
异径三通	中萨	D25×20，白	个	1.34	上海皮尔萨实业有限公司
异径弯头	中萨	D25×20，白	个	1.29	上海皮尔萨实业有限公司
异径弯头	中萨	D25×20，白	个	1.29	上海皮尔萨实业有限公司
曲线管	中萨	D25×3．5，白	个	3.13	上海皮尔萨实业有限公司
内丝三通	中萨	D25×3/4″，白	个	7.29	上海皮尔萨实业有限公司
内丝弯头	中萨	D25×3/4″，白	个	6.90	上海皮尔萨实业有限公司
外丝三通	中萨	D25×3/4″，白	个	8.07	上海皮尔萨实业有限公司
外丝弯头	中萨	D25×3/4″，白	个	8.49	上海皮尔萨实业有限公司
阳单头活接球阀	中萨	D25×3/4″，白	个	36.83	上海皮尔萨实业有限公司
阴单头活接球阀	中萨	D25×3/4″，白	个	35.61	上海皮尔萨实业有限公司
承口内丝活接	中萨	D25×3/4，白	个	14.43	上海皮尔萨实业有限公司
承口外丝活接	中萨	D25×3/4，白	个	16.74	上海皮尔萨实业有限公司
曲线管	中萨	D25×4．2，白	个	3.77	上海皮尔萨实业有限公司
45°弯头	中萨	D25，白	个	1.07	上海皮尔萨实业有限公司
90°弯头	中萨	D25，白	个	1.14	上海皮尔萨实业有限公司
暗阀	中萨	D25，白	个	49.24	上海皮尔萨实业有限公司
等径三通	中萨	D25，白	个	1.38	上海皮尔萨实业有限公司
管堵/丝堵/堵头	中萨	D25，白	个	0.48	上海皮尔萨实业有限公司

续表

产品名称	品牌	规格型号	包装单位	参考价格(元)	供应商
管帽/闷头	中萨	D25,白	个	0.48	上海皮尔萨实业有限公司
过桥弯	中萨	D25,白	个	3.12	上海皮尔萨实业有限公司
截止阀	中萨	D25,白	个	22.23	上海皮尔萨实业有限公司
金属管卡	中萨	D25,白	个	0.86	上海皮尔萨实业有限公司
双活接铜球阀	中萨	D25,白	个	38.18	上海皮尔萨实业有限公司
塑料管卡	中萨	D25,白	个	0.92	上海皮尔萨实业有限公司
塑料球阀	中萨	D25,白	个	10.01	上海皮尔萨实业有限公司
直通/直接	中萨	D25,白	个	0.69	上海皮尔萨实业有限公司
内丝三通	中萨	D32×1″,白	个	17.37	上海皮尔萨实业有限公司
内丝弯头	中萨	D32×1″,白	个	17.64	上海皮尔萨实业有限公司
外丝三通	中萨	D32×1″,白	个	22.80	上海皮尔萨实业有限公司
外丝弯头	中萨	D32×1″,白	个	19.97	上海皮尔萨实业有限公司
阳单头活接球阀	中萨	D32×1″,白	个	59.80	上海皮尔萨实业有限公司
阴单头活接球阀	中萨	D32×1″,白	个	55.32	上海皮尔萨实业有限公司
承口内丝活接	中萨	D32×1,白	个	28.73	上海皮尔萨实业有限公司
承口外丝活接	中萨	D32×1,白	个	25.03	上海皮尔萨实业有限公司
内丝三通	中萨	D32×1/2″,白	个	6.55	上海皮尔萨实业有限公司
内丝弯头	中萨	D32×1/2″,白	个	6.21	上海皮尔萨实业有限公司
外丝三通	中萨	D32×1/2″,白	个	7.23	上海皮尔萨实业有限公司
外丝弯头	中萨	D32×1/2″,白	个	7.48	上海皮尔萨实业有限公司
异径管接/大小头	中萨	D32×20,白	个	0.90	上海皮尔萨实业有限公司
异径三通	中萨	D32×20,白	个	1.87	上海皮尔萨实业有限公司
异径弯头	中萨	D32×20,白	个	2.03	上海皮尔萨实业有限公司
异径管接/大小头	中萨	D32×25,白	个	1.04	上海皮尔萨实业有限公司
异径三通	中萨	D32×25,白	个	1.96	上海皮尔萨实业有限公司
异径弯头	中萨	D32×25,白	个	2.03	上海皮尔萨实业有限公司
内丝三通	中萨	D32×3/4″,白	个	8.39	上海皮尔萨实业有限公司
内丝弯头	中萨	D32×3/4″,白	个	8.03	上海皮尔萨实业有限公司
外丝三通	中萨	D32×3/4″,白	个	11.30	上海皮尔萨实业有限公司
外丝弯头	中萨	D32×3/4″,白	个	9.87	上海皮尔萨实业有限公司
曲线管	中萨	D32×4.4,白	个	6.81	上海皮尔萨实业有限公司
45°弯头	中萨	D32,白	个	1.70	上海皮尔萨实业有限公司

续表

产品名称	品牌	规格型号	包装单位	参考价格(元)	供应商
90°弯头	中萨	D32,白	个	1.79	上海皮尔萨实业有限公司
等径三通	中萨	D32,白	个	2.24	上海皮尔萨实业有限公司
管帽/闷头	中萨	D32,白	个	0.90	上海皮尔萨实业有限公司
过桥弯	中萨	D32,白	个	4.00	上海皮尔萨实业有限公司
截止阀	中萨	D32,白	个	32.83	上海皮尔萨实业有限公司
金属管卡	中萨	D32,白	个	1.08	上海皮尔萨实业有限公司
双活接铜球阀	中萨	D32,白	个	66.20	上海皮尔萨实业有限公司
塑料管卡	中萨	D32,白	个	1.13	上海皮尔萨实业有限公司
塑料球阀	中萨	D32,白	个	18.30	上海皮尔萨实业有限公司
直通/直接	中萨	D32,白	个	0.95	上海皮尔萨实业有限公司
异径管接/大小头	中萨	D40×20,白	个	1.73	上海皮尔萨实业有限公司
异径三通	中萨	D40×20,白	个	3.59	上海皮尔萨实业有限公司
异径管接/大小头	中萨	D40×25,白	个	1.72	上海皮尔萨实业有限公司
异径三通	中萨	D40×25,白	个	3.78	上海皮尔萨实业有限公司
异径管接/大小头	中萨	D40×32,白	个	1.87	上海皮尔萨实业有限公司
异径三通	中萨	D40×32,白	个	4.06	上海皮尔萨实业有限公司
阳单头活接球阀	中萨	D40×5/4″,白	个	117.26	上海皮尔萨实业有限公司
阴单头活接球阀	中萨	D40×5/4″,白	个	117.77	上海皮尔萨实业有限公司
承口外丝活接	中萨	D40×5/4,白	个	48.40	上海皮尔萨实业有限公司
45°弯头	中萨	D40,白	个	3.29	上海皮尔萨实业有限公司
90°弯头	中萨	D40,白	个	3.38	上海皮尔萨实业有限公司
等径三通	中萨	D40,白	个	3.98	上海皮尔萨实业有限公司
管帽/闷头	中萨	D40,白	个	1.46	上海皮尔萨实业有限公司
截止阀	中萨	D40,白	个	39.35	上海皮尔萨实业有限公司
金属管卡	中萨	D40,白	个	1.20	上海皮尔萨实业有限公司
双活接铜球阀	中萨	D40,白	个	149.50	上海皮尔萨实业有限公司
塑料管卡	中萨	D40,白	个	1.18	上海皮尔萨实业有限公司
塑料球阀	中萨	D40,白	个	25.90	上海皮尔萨实业有限公司
直通/直接	中萨	D40,白	个	1.79	上海皮尔萨实业有限公司
异径管接/大小头	中萨	D50×20,白	个	2.83	上海皮尔萨实业有限公司
异径三通	中萨	D50×20,白	个	5.67	上海皮尔萨实业有限公司
异径管接/大小头	中萨	D50×25,白	个	3.21	上海皮尔萨实业有限公司

续表

产品名称	品牌	规格型号	包装单位	参考价格（元）	供应商
异径三通	中萨	D50×25,白	个	5.99	上海皮尔萨实业有限公司
阳单头活接球阀	中萨	D50×3/2″,白	个	163.10	上海皮尔萨实业有限公司
阴单头活接球阀	中萨	D50×3/2″,白	个	162.15	上海皮尔萨实业有限公司
承口外丝活接	中萨	D50×3/2,白	个	59.80	上海皮尔萨实业有限公司
异径管接/大小头	中萨	D50×32,白	个	3.28	上海皮尔萨实业有限公司
异径三通	中萨	D50×32,白	个	6.58	上海皮尔萨实业有限公司
异径管接/大小头	中萨	D50×40,白	个	3.47	上海皮尔萨实业有限公司
异径三通	中萨	D50×40,白	个	6.93	上海皮尔萨实业有限公司
45°弯头	中萨	D50,白	个	5.20	上海皮尔萨实业有限公司
90°弯头	中萨	D50,白	个	5.54	上海皮尔萨实业有限公司
等径三通	中萨	D50,白	个	7.16	上海皮尔萨实业有限公司
管帽/闷头	中萨	D50,白	个	2.56	上海皮尔萨实业有限公司
截止阀	中萨	D50,白	个	60.45	上海皮尔萨实业有限公司
金属管卡	中萨	D50,白	个	1.34	上海皮尔萨实业有限公司
双活接铜球阀	中萨	D50,白	个	221.59	上海皮尔萨实业有限公司
塑料管卡	中萨	D50,白	个	1.31	上海皮尔萨实业有限公司
塑料球阀	中萨	D50,白	个	32.29	上海皮尔萨实业有限公司
直通/直接	中萨	D50,白	个	3.32	上海皮尔萨实业有限公司
阳单头活接球阀	中萨	D63×2″,白	个	246.22	上海皮尔萨实业有限公司
阴单头活接球阀	中萨	D63×2″,白	个	241.55	上海皮尔萨实业有限公司
承口外丝活接	中萨	D63×2,白	个	97.73	上海皮尔萨实业有限公司
异径管接/大小头	中萨	D63×20,白	个	4.28	上海皮尔萨实业有限公司
异径三通	中萨	D63×20,白	个	11.70	上海皮尔萨实业有限公司
异径管接/大小头	中萨	D63×25,白	个	4.51	上海皮尔萨实业有限公司
异径三通	中萨	D63×25,白	个	12.40	上海皮尔萨实业有限公司
异径管接/大小头	中萨	D63×32,白	个	5.25	上海皮尔萨实业有限公司
异径三通	中萨	D63×32,白	个	12.79	上海皮尔萨实业有限公司
异径管接/大小头	中萨	D63×40,白	个	5.49	上海皮尔萨实业有限公司
异径三通	中萨	D63×40,白	个	13.25	上海皮尔萨实业有限公司
异径管接/大小头	中萨	D63×50,白	个	5.62	上海皮尔萨实业有限公司
异径三通	中萨	D63×50,白	个	13.83	上海皮尔萨实业有限公司
45°弯头	中萨	D63,白	个	10.05	上海皮尔萨实业有限公司

续表

产品名称	品牌	规格型号	包装单位	参考价格（元）	供应商
90°弯头	中萨	D63，白	个	12.00	上海皮尔萨实业有限公司
等径三通	中萨	D63，白	个	13.21	上海皮尔萨实业有限公司
管帽/闷头	中萨	D63，白	个	4.59	上海皮尔萨实业有限公司
截止阀	中萨	D63，白	个	74.93	上海皮尔萨实业有限公司
金属管卡	中萨	D63，白	个	1.79	上海皮尔萨实业有限公司
双活接铜球阀	中萨	D63，白	个	367.38	上海皮尔萨实业有限公司
塑料管卡	中萨	D63，白	个	1.51	上海皮尔萨实业有限公司
塑料球阀	中萨	D63，白	个	52.39	上海皮尔萨实业有限公司
直通/直接	中萨	D63，白	个	5.59	上海皮尔萨实业有限公司
异径管接/大小头	中萨	D75×32，白	个	8.14	上海皮尔萨实业有限公司
异径三通	中萨	D75×32，白	个	17.30	上海皮尔萨实业有限公司
异径管接/大小头	中萨	D75×40，白	个	8.55	上海皮尔萨实业有限公司
异径三通	中萨	D75×40，白	个	20.84	上海皮尔萨实业有限公司
异径管接/大小头	中萨	D75×50，白	个	9.33	上海皮尔萨实业有限公司
异径三通	中萨	D75×50，白	个	22.79	上海皮尔萨实业有限公司
异径管接/大小头	中萨	D75×63，白	个	9.83	上海皮尔萨实业有限公司
异径三通	中萨	D75×63，白	个	24.04	上海皮尔萨实业有限公司
45°弯头	中萨	D75，白	个	14.89	上海皮尔萨实业有限公司
90°弯头	中萨	D75，白	个	21.66	上海皮尔萨实业有限公司
等径三通	中萨	D75，白	个	21.94	上海皮尔萨实业有限公司
管帽/闷头	中萨	D75，白	个	7.89	上海皮尔萨实业有限公司
截止阀	中萨	D75，白	个	131.01	上海皮尔萨实业有限公司
金属管卡	中萨	D75，白	个	4.45	上海皮尔萨实业有限公司
直通/直接	中萨	D75，白	个	10.57	上海皮尔萨实业有限公司
异径管接/大小头	中萨	D90×40，白	个	13.30	上海皮尔萨实业有限公司
异径三通	中萨	D90×40，白	个	27.05	上海皮尔萨实业有限公司
异径管接/大小头	中萨	D90×50，白	个	13.35	上海皮尔萨实业有限公司
异径三通	中萨	D90×50，白	个	30.07	上海皮尔萨实业有限公司
异径管接/大小头	中萨	D90×63，白	个	13.64	上海皮尔萨实业有限公司
异径三通	中萨	D90×63，白	个	32.51	上海皮尔萨实业有限公司
异径管接/大小头	中萨	D90×75，白	个	14.29	上海皮尔萨实业有限公司
异径三通	中萨	D90×75，白	个	34.87	上海皮尔萨实业有限公司

续表

产品名称	品牌	规格型号	包装单位	参考价格(元)	供应商
45°弯头	中萨	D90,白	个	23.37	上海皮尔萨实业有限公司
90°弯头	中萨	D90,白	个	32.23	上海皮尔萨实业有限公司
等径三通	中萨	D90,白	个	35.43	上海皮尔萨实业有限公司
管帽/闷头	中萨	D90,白	个	14.11	上海皮尔萨实业有限公司
截止阀	中萨	D90,白	个	261.59	上海皮尔萨实业有限公司
金属管卡	中萨	D90,白	个	5.38	上海皮尔萨实业有限公司
直通/直接	中萨	D90,白	个	16.68	上海皮尔萨实业有限公司
内丝接头	中萨	S20×1/2″,白	个	4.62	上海皮尔萨实业有限公司
内丝接头	中萨	S20×1/2″,白	个	4.62	上海皮尔萨实业有限公司
外丝接头	中萨	S20×1/2″,白	个	5.02	上海皮尔萨实业有限公司
外丝接头	中萨	S20×1/2″,白	个	5.02	上海皮尔萨实业有限公司
内丝接头	中萨	S20×3/4″,白	个	5.85	上海皮尔萨实业有限公司
外丝接头	中萨	S20×3/4″,白	个	7.71	上海皮尔萨实业有限公司
内丝接头	中萨	S25×1/2″,白	个	4.97	上海皮尔萨实业有限公司
外丝接头	中萨	S25×1/2″,白	个	5.53	上海皮尔萨实业有限公司
内丝接头	中萨	S25×3/4″,白	个	6.58	上海皮尔萨实业有限公司
外丝接头	中萨	S25×3/4″,白	个	8.18	上海皮尔萨实业有限公司
内丝接头	中萨	S32×1″,白	个	17.12	上海皮尔萨实业有限公司
外丝接头	中萨	S32×1″,白	个	18.45	上海皮尔萨实业有限公司
内丝接头	中萨	S32×1/2″,白	个	5.69	上海皮尔萨实业有限公司
外丝接头	中萨	S32×1/2″,白	个	6.06	上海皮尔萨实业有限公司
内丝接头	中萨	S32×3/4″,白	个	8.54	上海皮尔萨实业有限公司
外丝接头	中萨	S32×3/4″,白	个	8.68	上海皮尔萨实业有限公司
内丝接头	中萨	S40×5/4″,白	个	25.38	上海皮尔萨实业有限公司
外丝接头	中萨	S40×5/4″,白	个	29.72	上海皮尔萨实业有限公司
内丝接头	中萨	S50×3/2″,白	个	32.20	上海皮尔萨实业有限公司
外丝接头	中萨	S50×3/2″,白	个	35.24	上海皮尔萨实业有限公司
内丝接头	中萨	S63×2″,白	个	47.20	上海皮尔萨实业有限公司
外丝接头	中萨	S63×2″,白	个	55.13	上海皮尔萨实业有限公司

1.3 卫浴五金

产品名称	品牌	规格型号	包装单位	参考价格（元）	供应商
玻璃门合页	坚朗	Y3102,304 不锈钢,亚光	套	78.00	广东坚朗五金制品股份有限公司
玻璃门合页	坚朗	Y3105,304 不锈钢,亚光	套	99.00	广东坚朗五金制品股份有限公司
单杯	坚朗	WG4017,304 不锈钢,亚光	套	50.00	广东坚朗五金制品股份有限公司
固定夹	坚朗	WB3101,304 不锈钢,亚光	套	28.00	广东坚朗五金制品股份有限公司
固定夹	坚朗	WB3102,304 不锈钢,亚光	套	26.00	广东坚朗五金制品股份有限公司
固定夹	坚朗	WB3103,304 不锈钢,亚光	套	33.00	广东坚朗五金制品股份有限公司
马桶刷	坚朗	WG4024,304 不锈钢,亚光	套	69.00	广东坚朗五金制品股份有限公司
毛巾环	坚朗	WG4008,304 不锈钢,亚光	套	49.00	广东坚朗五金制品股份有限公司
毛巾架	坚朗	WG4001,304 不锈钢,亚光	套	62.00	广东坚朗五金制品股份有限公司
毛巾架	坚朗	WG4004,304 不锈钢,亚光	套	122.00	广东坚朗五金制品股份有限公司
衣钩	坚朗	WG4010,304 不锈钢,亚光	套	31.00	广东坚朗五金制品股份有限公司
衣钩	坚朗	YG004A,304 不锈钢,镜光	套	60.00	广东坚朗五金制品股份有限公司
衣钩	坚朗	YG5368,304 不锈钢,镜光	套	39.00	广东坚朗五金制品股份有限公司
浴室拉手	坚朗	LS50105T,304 不锈钢,亚光	套	88.00	广东坚朗五金制品股份有限公司
浴室拉手	坚朗	YL1101,304 不锈钢,亚光	套	29.00	广东坚朗五金制品股份有限公司
浴室拉手	坚朗	YL1102,304 不锈钢,亚光	套	36.00	广东坚朗五金制品股份有限公司
纸巾架	坚朗	WG4021,304 不锈钢,亚光	套	55.00	广东坚朗五金制品股份有限公司
地漏	九牧	10×10cm,9210 两用地漏	个	28.00	九牧厨卫股份有限公司
地漏	九牧	10×10cm,304 不锈钢,X92001-7Z-1	只	25.00	九牧厨卫股份有限公司
金属软管（不锈钢编织管）	九牧	ϕ13.5×30cm	根	15.00	九牧厨卫股份有限公司
金属软管（不锈钢编织管）	九牧	ϕ13.5×40cm	根	16.00	九牧厨卫股份有限公司
金属软管（不锈钢波纹管）	九牧	ϕ14×30cm	根	13.00	九牧厨卫股份有限公司
金属软管（不锈钢波纹管）	九牧	ϕ14×40cm	根	14.00	九牧厨卫股份有限公司
金属软管（不锈钢波纹管）	九牧	ϕ14×50cm	根	15.00	九牧厨卫股份有限公司

续表

产品名称	品牌	规格型号	包装单位	参考价格（元）	供应商
三角阀	九牧	冷水7411-156，4分螺纹接口	只	24.00	九牧厨卫股份有限公司
三角阀	九牧	冷水X7403-306，4×4	只	18.00	九牧厨卫股份有限公司
三角阀	九牧	热水44114，分螺纹接口	只	25.00	九牧厨卫股份有限公司
三角阀	九牧	热水X4403-306，4×4	只	23.80	九牧厨卫股份有限公司
洗衣机龙头	九牧	4分/6分通用型，7201-220	个	55.00	九牧厨卫股份有限公司
洗衣机龙头	九牧	4分型，7212-183	个	38.00	九牧厨卫股份有限公司
洗衣机龙头	九牧	冷水4分螺纹接口	只	38.50	九牧厨卫股份有限公司
洗衣机龙头	九牧	冷水4分螺纹接口（西门子）	只	70.62	九牧厨卫股份有限公司
不锈钢拉丝磁性密封地漏（无口）	崂山	50	个	150.00	青岛崂山管业科技有限公司
不锈钢拉丝磁性密封地漏（有口）	崂山	50	个	150.00	青岛崂山管业科技有限公司
不锈钢拉丝高水地漏（无口）	崂山	50	个	150.00	青岛崂山管业科技有限公司
不锈钢拉丝高水地漏（有口）	崂山	50	个	150.00	青岛崂山管业科技有限公司
青古铜高水封地漏（无口）	崂山	50	个	268.75	青岛崂山管业科技有限公司
青古铜高水封地漏（无口）	崂山	50	个	268.75	青岛崂山管业科技有限公司
青古铜高水封地漏（有口）	崂山	50	个	268.75	青岛崂山管业科技有限公司
青古铜高水封地漏（有口）	崂山	50	个	268.75	青岛崂山管业科技有限公司
纯铜龙头	普通	单把菜盆龙头JF-5705	个	108.80	青岛中企易装网络科技有限公司
纯铜龙头	普通	单把面盆龙头JF-1073	个	91.00	青岛中企易装网络科技有限公司
纯铜龙头	普通	快开水龙头JF-2853	个	17.50	青岛中企易装网络科技有限公司
纯铜龙头	普通	快开铜水龙头带卡高档9611	个	30.00	青岛中企易装网络科技有限公司
纯铜龙头	普通	洗衣机快开铜	个	21.90	青岛中企易装网络科技有限公司
金属软管（不锈钢波纹管）	普通	ϕ14×30cm	根	12.00	上海市闵行昊琳建材经营部
精装龙头	普通	菜盆（纯铜）	个	22.10	青岛中企易装网络科技有限公司
精装龙头	普通	菜盆冷热两用长颈8105普	个	60.00	青岛中企易装网络科技有限公司

续表

产品名称	品牌	规格型号	包装单位	参考价格（元）	供应商
精装龙头	普通	菜盆冷热两用长颈 8605 优	个	70.00	青岛中企易装网络科技有限公司
精装龙头	普通	单孔冷热龙头 1153	个	57.00	青岛中企易装网络科技有限公司
精装龙头	普通	蛋形扁管 2008	个	108.00	青岛中企易装网络科技有限公司
精装龙头	普通	二联(8302 小)	个	65.80	青岛中企易装网络科技有限公司
精装龙头	普通	高脚菜盆(全铜)1295	个	78.10	青岛中企易装网络科技有限公司
精装龙头	普通	精装两联 7102	个	105.00	青岛中企易装网络科技有限公司
精装龙头	普通	冷热菜盆水嘴 铜八角	个	97.50	青岛中企易装网络科技有限公司
精装龙头	普通	两用高档(8302 大)	个	79.80	青岛中企易装网络科技有限公司
精装龙头	普通	十字弯管 2004	个	91.00	青岛中企易装网络科技有限公司
精装龙头	普通	锌六角单菜盆水嘴 8595	个	26.70	青岛中企易装网络科技有限公司
快开水嘴	普通	不带卡 1/2	个	1.45	青岛中企易装网络科技有限公司
快开水嘴	普通	瓷 1/2 寸	个	9.40	青岛中企易装网络科技有限公司
快开水嘴	普通	瓷 7019	个	12.90	青岛中企易装网络科技有限公司
快开水嘴	普通	带卡 7019	个	13.20	青岛中企易装网络科技有限公司
快开水嘴	普通	带卡加长 7018	个	12.40	青岛中企易装网络科技有限公司
快开水嘴	普通	带卡头 1/2 寸	个	9.50	青岛中企易装网络科技有限公司
快开水嘴	普通	塑料,带卡 1/2	个	1.50	青岛中企易装网络科技有限公司
马桶移位器	普通	5～15cm	个	18.15	上海市闵行昊琳建材经营部
马桶移位器	普通	6～10cm	个	18.15	上海市闵行昊琳建材经营部
马桶移位器	普通	马桶移位管	m	42.00	上海市闵行昊琳建材经营部
马桶移位器	普通	配套头(不含管子)	套	42.00	上海市闵行昊琳建材经营部
水嘴	普通	面盆(锌合金)	个	9.40	青岛中企易装网络科技有限公司
水嘴	普通	面盆(锌合金)7021	个	17.00	青岛中企易装网络科技有限公司
水嘴	普通	热铜水嘴 1/2	个	4.40	青岛中企易装网络科技有限公司
地漏	潜水艇	10×10cm,不锈钢 GF50-10BB(50 管)	个	55.00	北京润德鸿图科技发展有限公司
地漏	潜水艇	10×10cm,不锈钢 GF40-10BB(40 管)	个	55.00	北京润德鸿图科技发展有限公司
地漏	潜水艇	10×10cm,不锈钢 GF40-10BX(40 管)	个	65.00	北京润德鸿图科技发展有限公司
地漏	潜水艇	10×10cm,不锈钢 GF50-10BX(50 管)	个	65.00	北京润德鸿图科技发展有限公司

续表

产品名称	品牌	规格型号	包装单位	参考价格（元）	供应商
地漏	潜水艇	10×10cm，铜 TF40-10（40 管）	只	69.30	北京润德鸿图科技发展有限公司
地漏	潜水艇	10×10cm，铜 TF40-10X（40 管）	个	69.30	北京润德鸿图科技发展有限公司
地漏	潜水艇	10×10cm，铜 TF50-10（50 管）	只	69.60	北京润德鸿图科技发展有限公司
金属软管（不锈钢编织管）	潜水艇	A30cm	根	23.00	北京润德鸿图科技发展有限公司
金属软管（不锈钢编织管）	潜水艇	A40cm	根	25.00	北京润德鸿图科技发展有限公司
金属软管（不锈钢编织管）	潜水艇	A50cm	根	29.00	北京润德鸿图科技发展有限公司
金属软管（不锈钢编织管）	潜水艇	A60cm	根	31.00	北京润德鸿图科技发展有限公司
金属软管（不锈钢编织管）	潜水艇	A80cm	根	37.00	北京润德鸿图科技发展有限公司
金属软管（不锈钢编织管）	潜水艇	C60cm	根	24.00	北京润德鸿图科技发展有限公司
金属软管（不锈钢编织管）	潜水艇	CFBA-60cm/防爆裂	根	41.00	北京润德鸿图科技发展有限公司
金属软管（不锈钢编织管）	潜水艇	FBA-30cm/防爆裂	根	30.00	北京润德鸿图科技发展有限公司
金属软管（不锈钢编织管）	潜水艇	FBA-40cm/防爆裂	根	34.00	北京润德鸿图科技发展有限公司
金属软管（不锈钢编织管）	潜水艇	FBA-50cm/防爆裂	根	38.00	北京润德鸿图科技发展有限公司
金属软管（不锈钢编织管）	潜水艇	FBA-60cm/防爆裂	根	42.00	北京润德鸿图科技发展有限公司
三角阀	潜水艇	F001	只	27.60	北京润德鸿图科技发展有限公司
三角阀	潜水艇	F003	只	30.80	北京润德鸿图科技发展有限公司
台盆下水管	潜水艇	SQ-1，40/50 密封圈	个	45.00	北京润德鸿图科技发展有限公司
止逆阀	潜水艇	A100，155×155mm	个	49.00	北京润德鸿图科技发展有限公司
冲水箱	日丰	W19（双按）	个	194.00	日丰企业集团有限公司
地漏	日丰	RF-734P 自封 2 方（单用）	个	28.00	日丰企业集团有限公司
地漏	日丰	RF-735P 洗衣机 2 方（双用）	个	29.00	日丰企业集团有限公司
蹲便器	日丰	B-4001	个	274.00	日丰企业集团有限公司

续表

产品名称	品牌	规格型号	包装单位	参考价格(元)	供应商
金属软管(不锈钢编织管)	日丰	100cm	根	28.00	日丰企业集团有限公司
金属软管(不锈钢编织管)	日丰	150cm	根	34.00	日丰企业集团有限公司
金属软管(不锈钢编织管)	日丰	30cm	根	14.00	日丰企业集团有限公司
金属软管(不锈钢编织管)	日丰	40cm	根	18.00	日丰企业集团有限公司
金属软管(不锈钢编织管)	日丰	50cm	根	20.00	日丰企业集团有限公司
金属软管(不锈钢编织管)	日丰	60cm	根	23.00	日丰企业集团有限公司
金属软管(不锈钢编织管)	日丰	80cm	根	25.00	日丰企业集团有限公司
快开水龙头	日丰	RF-2202P	个	39.00	日丰企业集团有限公司
快开水龙头	日丰	RF-2268P(加长型)	个	49.00	日丰企业集团有限公司
三角阀	日丰	RF-1044P	个	28.00	日丰企业集团有限公司
地漏	中萨	D110,PVC(有口)	只	4.36	上海皮尔萨实业有限公司
地漏	中萨	D50,PVC	只	2.36	上海皮尔萨实业有限公司
地漏	中萨	D50,PVC(有口)	只	2.36	上海皮尔萨实业有限公司
地漏	中萨	D75,PVC(有口)	只	2.72	上海皮尔萨实业有限公司

1.4 水工工具及耗材

产品名称	品牌	规格型号	包装单位	参考价格(元)	供应商
骑马卡	普通	ϕ20	包(100 个/包)	10.80	上海市闵行区闽康电线电缆经营部
骑马卡	普通	ϕ25	包(100 个/包)	15.80	上海曦阳五金电器有限公司
骑马卡	普通	ϕ32	只	0.36	上海曦阳五金电器有限公司
骑马卡	普通	ϕ40	只	0.50	上海曦阳五金电器有限公司
骑马卡	普通	ϕ50	只	0.60	上海曦阳五金电器有限公司
生料带	普通	标准	卷	2.50	上海市闵行昊琳建材经营部
压力表	普通	3 分接口,1.6MPa	个	18.00	上海市闵行昊琳建材经营部
生料带	日丰	标准	个	0.99	日丰企业集团有限公司

第 2 章　电工辅材

2.1　强电线

2.1.1　BV 铜芯聚氯乙烯绝缘电线

产品名称	品牌	规格型号	包装单位	参考价格（元）	供应商
BV 铜芯聚氯乙烯绝缘电线	朝阳昆仑	BV1.5mm², 白	卷（100m/卷）	115.00	北京市朝阳昆仑电线厂
BV 铜芯聚氯乙烯绝缘电线	朝阳昆仑	BV1.5mm², 黄	卷（100m/卷）	115.00	北京市朝阳昆仑电线厂
BV 铜芯聚氯乙烯绝缘电线	朝阳昆仑	BV1.5mm², 蓝	卷（100m/卷）	115.00	北京市朝阳昆仑电线厂
BV 铜芯聚氯乙烯绝缘电线	朝阳昆仑	BV1.5mm², 双色	卷（100m/卷）	135.70	北京市朝阳昆仑电线厂
BV 铜芯聚氯乙烯绝缘电线	朝阳昆仑	BV2.5mm², 白	卷（100m/卷）	178.30	北京市朝阳昆仑电线厂
BV 铜芯聚氯乙烯绝缘电线	朝阳昆仑	BV2.5mm², 黑	卷（100m/卷）	178.30	北京市朝阳昆仑电线厂
BV 铜芯聚氯乙烯绝缘电线	朝阳昆仑	BV2.5mm², 红	卷（100m/卷）	178.30	北京市朝阳昆仑电线厂
BV 铜芯聚氯乙烯绝缘电线	朝阳昆仑	BV2.5mm², 黄	卷（100m/卷）	178.30	北京市朝阳昆仑电线厂
BV 铜芯聚氯乙烯绝缘电线	朝阳昆仑	BV2.5mm², 蓝	卷（100m/卷）	178.30	北京市朝阳昆仑电线厂
BV 铜芯聚氯乙烯绝缘电线	朝阳昆仑	BV2.5mm², 绿	卷（100m/卷）	178.30	北京市朝阳昆仑电线厂
BV 铜芯聚氯乙烯绝缘电线	朝阳昆仑	BV2.5mm², 双色	卷（100m/卷）	204.70	北京市朝阳昆仑电线厂
BV 铜芯聚氯乙烯绝缘电线	朝阳昆仑	BV4mm², 红	卷（100m/卷）	287.50	北京市朝阳昆仑电线厂
BV 铜芯聚氯乙烯绝缘电线	朝阳昆仑	BV4mm², 黄	卷（100m/卷）	287.50	北京市朝阳昆仑电线厂
BV 铜芯聚氯乙烯绝缘电线	朝阳昆仑	BV4mm², 蓝	卷（100m/卷）	287.50	北京市朝阳昆仑电线厂
BV 铜芯聚氯乙烯绝缘电线	朝阳昆仑	BV4mm², 绿	卷（100m/卷）	287.50	北京市朝阳昆仑电线厂
BV 铜芯聚氯乙烯绝缘电线	朝阳昆仑	BV4mm², 双色	卷（100m/卷）	322.00	北京市朝阳昆仑电线厂
BV 铜芯聚氯乙烯绝缘电线	朝阳昆仑	BV6mm², 白	卷（100m/卷）	414.00	北京市朝阳昆仑电线厂
BV 铜芯聚氯乙烯绝缘电线	朝阳昆仑	BV6mm², 红	卷（100m/卷）	414.00	北京市朝阳昆仑电线厂
BV 铜芯聚氯乙烯绝缘电线	朝阳昆仑	BV6mm², 红	卷（100m/卷）	115.00	北京市朝阳昆仑电线厂
BV 铜芯聚氯乙烯绝缘电线	朝阳昆仑	BV6mm², 黄	卷（100m/卷）	414.00	北京市朝阳昆仑电线厂
BV 铜芯聚氯乙烯绝缘电线	朝阳昆仑	BV6mm², 蓝	卷（100m/卷）	414.00	北京市朝阳昆仑电线厂
BV 铜芯聚氯乙烯绝缘电线	朝阳昆仑	BV6mm², 双色	卷（100m/卷）	437.00	北京市朝阳昆仑电线厂
BV 铜芯聚氯乙烯绝缘电线	飞鹤	100m/卷	卷	276.10	武汉第二电线电缆有限公司
BV 铜芯聚氯乙烯绝缘电线	飞鹤	100m/卷	卷	276.10	武汉第二电线电缆有限公司

续表

产品名称	品牌	规格型号	包装单位	参考价格(元)	供应商
BV铜芯聚氯乙烯绝缘电线	飞鹤	100m/卷	卷	276.10	武汉第二电线电缆有限公司
BV铜芯聚氯乙烯绝缘电线	飞鹤	BV1.5mm^2,蓝	卷(100m/卷)	73.70	武汉第二电线电缆有限公司
BV铜芯聚氯乙烯绝缘电线	飞鹤	BV1.5mm^2,双色	卷(100m/卷)	77.00	武汉第二电线电缆有限公司
BV铜芯聚氯乙烯绝缘电线	飞鹤	BV2.5mm^2,红	卷(100m/卷)	117.70	武汉第二电线电缆有限公司
BV铜芯聚氯乙烯绝缘电线	飞鹤	BV2.5mm^2,黄	卷(100m/卷)	117.70	武汉第二电线电缆有限公司
BV铜芯聚氯乙烯绝缘电线	飞鹤	BV2.5mm^2,蓝	卷(100m/卷)	117.70	武汉第二电线电缆有限公司
BV铜芯聚氯乙烯绝缘电线	飞鹤	BV2.5mm^2,双色	卷(100m/卷)	121.00	武汉第二电线电缆有限公司
BV铜芯聚氯乙烯绝缘电线	飞鹤	BV4mm^2,红	卷(100m/卷)	184.80	武汉第二电线电缆有限公司
BV铜芯聚氯乙烯绝缘电线	飞鹤	BV4mm^2,黄	卷(100m/卷)	184.80	武汉第二电线电缆有限公司
BV铜芯聚氯乙烯绝缘电线	飞鹤	BV4mm^2,蓝	卷(100m/卷)	184.80	武汉第二电线电缆有限公司
BV铜芯聚氯乙烯绝缘电线	沪安	BV1.5mm^2,白	卷(95m/卷)	60.00	无锡市沪安电缆有限公司
BV铜芯聚氯乙烯绝缘电线	沪安	BV1.5mm^2,黑	卷(95m/卷)	60.00	无锡市沪安电缆有限公司
BV铜芯聚氯乙烯绝缘电线	沪安	BV1.5mm^2,红	卷(95m/卷)	60.00	无锡市沪安电缆有限公司
BV铜芯聚氯乙烯绝缘电线	沪安	BV1.5mm^2,黄	卷(95m/卷)	60.00	无锡市沪安电缆有限公司
BV铜芯聚氯乙烯绝缘电线	沪安	BV1.5mm^2,蓝	卷(95m/卷)	60.00	无锡市沪安电缆有限公司
BV铜芯聚氯乙烯绝缘电线	沪安	BV1.5mm^2,绿	卷(95m/卷)	60.00	无锡市沪安电缆有限公司
BV铜芯聚氯乙烯绝缘电线	沪安	BV1.5mm^2,双色	卷(95m/卷)	60.00	无锡市沪安电缆有限公司
BV铜芯聚氯乙烯绝缘电线	沪安	BV10mm^2,白	卷(95m/卷)	372.00	无锡市沪安电缆有限公司
BV铜芯聚氯乙烯绝缘电线	沪安	BV10mm^2,黑	卷(95m/卷)	372.00	无锡市沪安电缆有限公司
BV铜芯聚氯乙烯绝缘电线	沪安	BV10mm^2,红	卷(95m/卷)	372.00	无锡市沪安电缆有限公司
BV铜芯聚氯乙烯绝缘电线	沪安	BV10mm^2,黄	卷(95m/卷)	372.00	无锡市沪安电缆有限公司
BV铜芯聚氯乙烯绝缘电线	沪安	BV10mm^2,蓝	卷(95m/卷)	372.00	无锡市沪安电缆有限公司
BV铜芯聚氯乙烯绝缘电线	沪安	BV10mm^2,绿	卷(95m/卷)	372.00	无锡市沪安电缆有限公司
BV铜芯聚氯乙烯绝缘电线	沪安	BV10mm^2,双色	卷(95m/卷)	372.00	无锡市沪安电缆有限公司
BV铜芯聚氯乙烯绝缘电线	沪安	BV16mm^2,白	卷(95m/卷)	570.00	无锡市沪安电缆有限公司
BV铜芯聚氯乙烯绝缘电线	沪安	BV16mm^2,黑	卷(95m/卷)	570.00	无锡市沪安电缆有限公司
BV铜芯聚氯乙烯绝缘电线	沪安	BV16mm^2,红	卷(95m/卷)	570.00	无锡市沪安电缆有限公司
BV铜芯聚氯乙烯绝缘电线	沪安	BV16mm^2,黄	卷(95m/卷)	570.00	无锡市沪安电缆有限公司
BV铜芯聚氯乙烯绝缘电线	沪安	BV16mm^2,蓝	卷(95m/卷)	570.00	无锡市沪安电缆有限公司
BV铜芯聚氯乙烯绝缘电线	沪安	BV16mm^2,绿	卷(95m/卷)	570.00	无锡市沪安电缆有限公司
BV铜芯聚氯乙烯绝缘电线	沪安	BV16mm^2,双色	卷(95m/卷)	570.00	无锡市沪安电缆有限公司
BV铜芯聚氯乙烯绝缘电线	沪安	BV1mm^2,白	卷(95m/卷)	43.00	无锡市沪安电缆有限公司

续表

产品名称	品牌	规格型号	包装单位	参考价格(元)	供应商
BV铜芯聚氯乙烯绝缘电线	沪安	BV1mm²,黑	卷(95m/卷)	43.00	无锡市沪安电缆有限公司
BV铜芯聚氯乙烯绝缘电线	沪安	BV1mm²,红	卷(95m/卷)	43.00	无锡市沪安电缆有限公司
BV铜芯聚氯乙烯绝缘电线	沪安	BV1mm²,红	卷(95m/卷)	43.00	无锡市沪安电缆有限公司
BV铜芯聚氯乙烯绝缘电线	沪安	BV1mm²,黄	卷(95m/卷)	43.00	无锡市沪安电缆有限公司
BV铜芯聚氯乙烯绝缘电线	沪安	BV1mm²,蓝	卷(95m/卷)	43.00	无锡市沪安电缆有限公司
BV铜芯聚氯乙烯绝缘电线	沪安	BV1mm²,绿	卷(95m/卷)	43.00	无锡市沪安电缆有限公司
BV铜芯聚氯乙烯绝缘电线	沪安	BV1mm²,双色	卷(95m/卷)	43.00	无锡市沪安电缆有限公司
BV铜芯聚氯乙烯绝缘电线	沪安	BV2.5mm²,白	卷(95m/卷)	96.00	无锡市沪安电缆有限公司
BV铜芯聚氯乙烯绝缘电线	沪安	BV2.5mm²,黑	卷(95m/卷)	96.00	无锡市沪安电缆有限公司
BV铜芯聚氯乙烯绝缘电线	沪安	BV2.5mm²,红	卷(95m/卷)	96.00	无锡市沪安电缆有限公司
BV铜芯聚氯乙烯绝缘电线	沪安	BV2.5mm²,黄	卷(95m/卷)	96.00	无锡市沪安电缆有限公司
BV铜芯聚氯乙烯绝缘电线	沪安	BV2.5mm²,蓝	卷(95m/卷)	96.00	无锡市沪安电缆有限公司
BV铜芯聚氯乙烯绝缘电线	沪安	BV2.5mm²,绿	卷(95m/卷)	96.00	无锡市沪安电缆有限公司
BV铜芯聚氯乙烯绝缘电线	沪安	BV2.5mm²,双色	卷(95m/卷)	96.00	无锡市沪安电缆有限公司
BV铜芯聚氯乙烯绝缘电线	沪安	BV25mm²,白	卷(95m/卷)	877.00	无锡市沪安电缆有限公司
BV铜芯聚氯乙烯绝缘电线	沪安	BV25mm²,黑	卷(95m/卷)	877.00	无锡市沪安电缆有限公司
BV铜芯聚氯乙烯绝缘电线	沪安	BV25mm²,红	卷(95m/卷)	877.00	无锡市沪安电缆有限公司
BV铜芯聚氯乙烯绝缘电线	沪安	BV25mm²,黄	卷(95m/卷)	877.00	无锡市沪安电缆有限公司
BV铜芯聚氯乙烯绝缘电线	沪安	BV25mm²,蓝	卷(95m/卷)	877.00	无锡市沪安电缆有限公司
BV铜芯聚氯乙烯绝缘电线	沪安	BV25mm²,绿	卷(95m/卷)	877.00	无锡市沪安电缆有限公司
BV铜芯聚氯乙烯绝缘电线	沪安	BV25mm²,双色	卷(95m/卷)	877.00	无锡市沪安电缆有限公司
BV铜芯聚氯乙烯绝缘电线	沪安	BV35mm²,白	卷(95m/卷)	1216.00	无锡市沪安电缆有限公司
BV铜芯聚氯乙烯绝缘电线	沪安	BV35mm²,黑	卷(95m/卷)	1216.00	无锡市沪安电缆有限公司
BV铜芯聚氯乙烯绝缘电线	沪安	BV35mm²,红	卷(95m/卷)	1216.00	无锡市沪安电缆有限公司
BV铜芯聚氯乙烯绝缘电线	沪安	BV35mm²,黄	卷(95m/卷)	1216.00	无锡市沪安电缆有限公司
BV铜芯聚氯乙烯绝缘电线	沪安	BV35mm²,蓝	卷(95m/卷)	1216.00	无锡市沪安电缆有限公司
BV铜芯聚氯乙烯绝缘电线	沪安	BV35mm²,绿	卷(95m/卷)	1216.00	无锡市沪安电缆有限公司
BV铜芯聚氯乙烯绝缘电线	沪安	BV35mm²,双色	卷(95m/卷)	1216.00	无锡市沪安电缆有限公司
BV铜芯聚氯乙烯绝缘电线	沪安	BV4mm²,白	卷(95m/卷)	150.00	无锡市沪安电缆有限公司
BV铜芯聚氯乙烯绝缘电线	沪安	BV4mm²,黑	卷(95m/卷)	150.00	无锡市沪安电缆有限公司
BV铜芯聚氯乙烯绝缘电线	沪安	BV4mm²,红	卷(95m/卷)	150.00	无锡市沪安电缆有限公司
BV铜芯聚氯乙烯绝缘电线	沪安	BV4mm²,黄	卷(95m/卷)	150.00	无锡市沪安电缆有限公司

续表

产品名称	品牌	规格型号	包装单位	参考价格(元)	供应商
BV 铜芯聚氯乙烯绝缘电线	沪安	BV4mm^2,蓝	卷(95m/卷)	150.00	无锡市沪安电缆有限公司
BV 铜芯聚氯乙烯绝缘电线	沪安	BV4mm^2,绿	卷(95m/卷)	150.00	无锡市沪安电缆有限公司
BV 铜芯聚氯乙烯绝缘电线	沪安	BV4mm^2,双色	卷(95m/卷)	150.00	无锡市沪安电缆有限公司
BV 铜芯聚氯乙烯绝缘电线	沪安	BV50mm^2,白	卷(95m/卷)	1698.00	无锡市沪安电缆有限公司
BV 铜芯聚氯乙烯绝缘电线	沪安	BV50mm^2,黑	卷(95m/卷)	1698.00	无锡市沪安电缆有限公司
BV 铜芯聚氯乙烯绝缘电线	沪安	BV50mm^2,红	卷(95m/卷)	1698.00	无锡市沪安电缆有限公司
BV 铜芯聚氯乙烯绝缘电线	沪安	BV50mm^2,黄	卷(95m/卷)	1698.00	无锡市沪安电缆有限公司
BV 铜芯聚氯乙烯绝缘电线	沪安	BV50mm^2,蓝	卷(95m/卷)	1698.00	无锡市沪安电缆有限公司
BV 铜芯聚氯乙烯绝缘电线	沪安	BV50mm^2,绿	卷(95m/卷)	1698.00	无锡市沪安电缆有限公司
BV 铜芯聚氯乙烯绝缘电线	沪安	BV50mm^2,双色	卷(95m/卷)	1698.00	无锡市沪安电缆有限公司
BV 铜芯聚氯乙烯绝缘电线	沪安	BV6mm^2,白	卷(95m/卷)	226.00	无锡市沪安电缆有限公司
BV 铜芯聚氯乙烯绝缘电线	沪安	BV6mm^2,黑	卷(95m/卷)	226.00	无锡市沪安电缆有限公司
BV 铜芯聚氯乙烯绝缘电线	沪安	BV6mm^2,红	卷(95m/卷)	226.00	无锡市沪安电缆有限公司
BV 铜芯聚氯乙烯绝缘电线	沪安	BV6mm^2,黄	卷(95m/卷)	226.00	无锡市沪安电缆有限公司
BV 铜芯聚氯乙烯绝缘电线	沪安	BV6mm^2,蓝	卷(95m/卷)	226.00	无锡市沪安电缆有限公司
BV 铜芯聚氯乙烯绝缘电线	沪安	BV6mm^2,绿	卷(95m/卷)	226.00	无锡市沪安电缆有限公司
BV 铜芯聚氯乙烯绝缘电线	沪安	BV6mm^2,双色	卷(95m/卷)	226.00	无锡市沪安电缆有限公司
BV 铜芯聚氯乙烯绝缘电线	沪安	BV70mm^2,白	卷(95m/卷)	2396.00	无锡市沪安电缆有限公司
BV 铜芯聚氯乙烯绝缘电线	沪安	BV70mm^2,黑	卷(95m/卷)	2396.00	无锡市沪安电缆有限公司
BV 铜芯聚氯乙烯绝缘电线	沪安	BV70mm^2,红	卷(95m/卷)	2396.00	无锡市沪安电缆有限公司
BV 铜芯聚氯乙烯绝缘电线	沪安	BV70mm^2,黄	卷(95m/卷)	2396.00	无锡市沪安电缆有限公司
BV 铜芯聚氯乙烯绝缘电线	沪安	BV70mm^2,蓝	卷(95m/卷)	2396.00	无锡市沪安电缆有限公司
BV 铜芯聚氯乙烯绝缘电线	沪安	BV70mm^2,绿	卷(95m/卷)	2396.00	无锡市沪安电缆有限公司
BV 铜芯聚氯乙烯绝缘电线	沪安	BV70mm^2,双色	卷(95m/卷)	2396.00	无锡市沪安电缆有限公司
BV 铜芯聚氯乙烯绝缘电线	慧远	BV1.5mm^2,白	卷(100m/卷)	101.20	北京慧远电线电缆有限公司
BV 铜芯聚氯乙烯绝缘电线	慧远	BV1.5mm^2,黑	卷(100m/卷)	101.20	北京慧远电线电缆有限公司
BV 铜芯聚氯乙烯绝缘电线	慧远	BV1.5mm^2,蓝	卷(100m/卷)	101.20	北京慧远电线电缆有限公司
BV 铜芯聚氯乙烯绝缘电线	慧远	BV1.5mm^2,双色	卷(100m/卷)	112.70	北京慧远电线电缆有限公司
BV 铜芯聚氯乙烯绝缘电线	慧远	BV2.5mm^2,白	卷(100m/卷)	155.30	北京慧远电线电缆有限公司
BV 铜芯聚氯乙烯绝缘电线	慧远	BV2.5mm^2,黑	卷(100m/卷)	155.30	北京慧远电线电缆有限公司
BV 铜芯聚氯乙烯绝缘电线	慧远	BV2.5mm^2,红	卷(100m/卷)	155.30	北京慧远电线电缆有限公司
BV 铜芯聚氯乙烯绝缘电线	慧远	BV2.5mm^2,红	卷(100m/卷)	101.20	北京慧远电线电缆有限公司

续表

产品名称	品牌	规格型号	包装单位	参考价格（元）	供应商
BV铜芯聚氯乙烯绝缘电线	慧远	BV2.5mm^2，黄	卷（100m/卷）	155.30	北京慧远电线电缆有限公司
BV铜芯聚氯乙烯绝缘电线	慧远	BV2.5mm^2，蓝	卷（100m/卷）	155.30	北京慧远电线电缆有限公司
BV铜芯聚氯乙烯绝缘电线	慧远	BV2.5mm^2，绿	卷（100m/卷）	155.30	北京慧远电线电缆有限公司
BV铜芯聚氯乙烯绝缘电线	慧远	BV2.5mm^2，双色	卷（100m/卷）	177.10	北京慧远电线电缆有限公司
BV铜芯聚氯乙烯绝缘电线	慧远	BV4mm^2，黑	卷（100m/卷）	247.30	北京慧远电线电缆有限公司
BV铜芯聚氯乙烯绝缘电线	慧远	BV4mm^2，红	卷（100m/卷）	247.30	北京慧远电线电缆有限公司
BV铜芯聚氯乙烯绝缘电线	慧远	BV4mm^2，黄	卷（100m/卷）	247.30	北京慧远电线电缆有限公司
BV铜芯聚氯乙烯绝缘电线	慧远	BV4mm^2，蓝	卷（100m/卷）	247.30	北京慧远电线电缆有限公司
BV铜芯聚氯乙烯绝缘电线	慧远	BV4mm^2，绿	卷（100m/卷）	247.30	北京慧远电线电缆有限公司
BV铜芯聚氯乙烯绝缘电线	慧远	BV4mm^2，双色	卷（100m/卷）	276.00	北京慧远电线电缆有限公司
BV铜芯聚氯乙烯绝缘电线	慧远	BV6mm^2，白	卷（100m/卷）	363.40	北京慧远电线电缆有限公司
BV铜芯聚氯乙烯绝缘电线	慧远	BV6mm^2，黑	卷（100m/卷）	363.40	北京慧远电线电缆有限公司
BV铜芯聚氯乙烯绝缘电线	慧远	BV6mm^2，红	卷（100m/卷）	363.40	北京慧远电线电缆有限公司
BV铜芯聚氯乙烯绝缘电线	慧远	BV6mm^2，黄	卷（100m/卷）	363.40	北京慧远电线电缆有限公司
BV铜芯聚氯乙烯绝缘电线	慧远	BV6mm^2，蓝	卷（100m/卷）	363.40	北京慧远电线电缆有限公司
BV铜芯聚氯乙烯绝缘电线	慧远	BV6mm^2，双色	卷（100m/卷）	402.50	北京慧远电线电缆有限公司
BV铜芯聚氯乙烯绝缘电线	江南	BV1.5mm^2，白	卷（100m/卷）	66.00	无锡江南电缆有限公司
BV铜芯聚氯乙烯绝缘电线	江南	BV1.5mm^2，黑	卷（100m/卷）	66.00	无锡江南电缆有限公司
BV铜芯聚氯乙烯绝缘电线	江南	BV1.5mm^2，红	卷（100m/卷）	66.00	无锡江南电缆有限公司
BV铜芯聚氯乙烯绝缘电线	江南	BV1.5mm^2，黄	卷（100m/卷）	66.00	无锡江南电缆有限公司
BV铜芯聚氯乙烯绝缘电线	江南	BV1.5mm^2，蓝	卷（100m/卷）	66.00	无锡江南电缆有限公司
BV铜芯聚氯乙烯绝缘电线	江南	BV1.5mm^2，绿	卷（100m/卷）	66.00	无锡江南电缆有限公司
BV铜芯聚氯乙烯绝缘电线	江南	BV1.5mm^2，双色	卷（100m/卷）	70.00	无锡江南电缆有限公司
BV铜芯聚氯乙烯绝缘电线	江南	BV2.5mm^2，白	卷（100m/卷）	105.00	无锡江南电缆有限公司
BV铜芯聚氯乙烯绝缘电线	江南	BV2.5mm^2，黑	卷（100m/卷）	105.00	无锡江南电缆有限公司
BV铜芯聚氯乙烯绝缘电线	江南	BV2.5mm^2，红	卷（100m/卷）	105.00	无锡江南电缆有限公司
BV铜芯聚氯乙烯绝缘电线	江南	BV2.5mm^2，黄	卷（100m/卷）	105.00	无锡江南电缆有限公司
BV铜芯聚氯乙烯绝缘电线	江南	BV2.5mm^2，蓝	卷（100m/卷）	105.00	无锡江南电缆有限公司
BV铜芯聚氯乙烯绝缘电线	江南	BV2.5mm^2，绿	卷（100m/卷）	105.00	无锡江南电缆有限公司
BV铜芯聚氯乙烯绝缘电线	江南	BV2.5mm^2，双色	卷（100m/卷）	107.00	无锡江南电缆有限公司
BV铜芯聚氯乙烯绝缘电线	江南	BV4mm^2，红	卷（100m/卷）	164.00	无锡江南电缆有限公司
BV铜芯聚氯乙烯绝缘电线	江南	BV4mm^2，黄	卷（100m/卷）	164.00	无锡江南电缆有限公司

续表

产品名称	品牌	规格型号	包装单位	参考价格（元）	供应商
BV 铜芯聚氯乙烯绝缘电线	江南	BV4mm²，蓝	卷（100m/卷）	164.00	无锡江南电缆有限公司
BV 铜芯聚氯乙烯绝缘电线	江南	BV4mm²，绿	卷（100m/卷）	164.00	无锡江南电缆有限公司
BV 铜芯聚氯乙烯绝缘电线	江南	BV4mm²，双色	卷（100m/卷）	166.00	无锡江南电缆有限公司
BV 铜芯聚氯乙烯绝缘电线	江南	BV6mm²，红	卷（100m/卷）	243.00	无锡江南电缆有限公司
BV 铜芯聚氯乙烯绝缘电线	江南	BV6mm²，黄	卷（100m/卷）	243.00	无锡江南电缆有限公司
BV 铜芯聚氯乙烯绝缘电线	江南	BV6mm²，蓝	卷（100m/卷）	243.00	无锡江南电缆有限公司
BV 铜芯聚氯乙烯绝缘电线	江南	BV6mm²，绿	卷（100m/卷）	243.00	无锡江南电缆有限公司
BV 铜芯聚氯乙烯绝缘电线	江南	BV6mm²，双色	卷（100m/卷）	248.00	无锡江南电缆有限公司
BV 铜芯聚氯乙烯绝缘电线	交通	BV1.5mm²，白	卷（95m/卷）	72.80	昆山市交通电线电缆有限公司
BV 铜芯聚氯乙烯绝缘电线	交通	BV1.5mm²，黑	卷（95m/卷）	72.80	昆山市交通电线电缆有限公司
BV 铜芯聚氯乙烯绝缘电线	交通	BV1.5mm²，红	卷（95m/卷）	72.80	昆山市交通电线电缆有限公司
BV 铜芯聚氯乙烯绝缘电线	交通	BV1.5mm²，黄	卷（95m/卷）	72.80	昆山市交通电线电缆有限公司
BV 铜芯聚氯乙烯绝缘电线	交通	BV1.5mm²，蓝	卷（95m/卷）	72.80	昆山市交通电线电缆有限公司
BV 铜芯聚氯乙烯绝缘电线	交通	BV1.5mm²，绿	卷（95m/卷）	72.80	昆山市交通电线电缆有限公司
BV 铜芯聚氯乙烯绝缘电线	交通	BV1.5mm²，双色	卷（95m/卷）	74.30	昆山市交通电线电缆有限公司
BV 铜芯聚氯乙烯绝缘电线	交通	BV2.5mm²，白	卷（95m/卷）	115.56	昆山市交通电线电缆有限公司
BV 铜芯聚氯乙烯绝缘电线	交通	BV2.5mm²，黑	卷（95m/卷）	115.56	昆山市交通电线电缆有限公司
BV 铜芯聚氯乙烯绝缘电线	交通	BV2.5mm²，红	卷（95m/卷）	115.56	昆山市交通电线电缆有限公司
BV 铜芯聚氯乙烯绝缘电线	交通	BV2.5mm²，黄	卷（95m/卷）	115.56	昆山市交通电线电缆有限公司
BV 铜芯聚氯乙烯绝缘电线	交通	BV2.5mm²，蓝	卷（95m/卷）	115.56	昆山市交通电线电缆有限公司
BV 铜芯聚氯乙烯绝缘电线	交通	BV2.5mm²，绿	卷（95m/卷）	115.56	昆山市交通电线电缆有限公司
BV 铜芯聚氯乙烯绝缘电线	交通	BV2.5mm²，双色	卷（95m/卷）	117.72	昆山市交通电线电缆有限公司
BV 铜芯聚氯乙烯绝缘电线	交通	BV4mm²，红	卷（95m/卷）	181.40	昆山市交通电线电缆有限公司
BV 铜芯聚氯乙烯绝缘电线	交通	BV4mm²，黄	卷（95m/卷）	181.40	昆山市交通电线电缆有限公司
BV 铜芯聚氯乙烯绝缘电线	交通	BV4mm²，蓝	卷（95m/卷）	181.40	昆山市交通电线电缆有限公司
BV 铜芯聚氯乙烯绝缘电线	交通	BV4mm²，绿	卷（95m/卷）	181.40	昆山市交通电线电缆有限公司
BV 铜芯聚氯乙烯绝缘电线	交通	BV4mm²，双色	卷（95m/卷）	185.10	昆山市交通电线电缆有限公司
BV 铜芯聚氯乙烯绝缘电线	交通	BV6mm²，红	卷（95m/卷）	285.00	昆山市交通电线电缆有限公司
BV 铜芯聚氯乙烯绝缘电线	交通	BV6mm²，黄	卷（95m/卷）	285.00	昆山市交通电线电缆有限公司
BV 铜芯聚氯乙烯绝缘电线	交通	BV6mm²，蓝	卷（95m/卷）	285.00	昆山市交通电线电缆有限公司
BV 铜芯聚氯乙烯绝缘电线	交通	BV6mm²，绿	卷（95m/卷）	285.00	昆山市交通电线电缆有限公司
BV 铜芯聚氯乙烯绝缘电线	交通	BV6mm²，双色	卷（95m/卷）	290.00	昆山市交通电线电缆有限公司

续表

产品名称	品牌	规格型号	包装单位	参考价格(元)	供应商
BV铜芯聚氯乙烯绝缘电线	绿宝	BV1.5mm^2,黑	卷(95m/卷)	79.35	绿宝电缆(集团)有限公司
BV铜芯聚氯乙烯绝缘电线	绿宝	BV1.5mm^2,红	卷(95m/卷)	79.35	绿宝电缆(集团)有限公司
BV铜芯聚氯乙烯绝缘电线	绿宝	BV1.5mm^2,黄	卷(95m/卷)	79.35	绿宝电缆(集团)有限公司
BV铜芯聚氯乙烯绝缘电线	绿宝	BV1.5mm^2,蓝	卷(95m/卷)	79.35	绿宝电缆(集团)有限公司
BV铜芯聚氯乙烯绝缘电线	绿宝	BV1.5mm^2,绿	卷(95m/卷)	79.35	绿宝电缆(集团)有限公司
BV铜芯聚氯乙烯绝缘电线	绿宝	BV1.5mm^2,双色	卷(95m/卷)	79.35	绿宝电缆(集团)有限公司
BV铜芯聚氯乙烯绝缘电线	绿宝	BV10mm^2,黑	卷(95m/卷)	496.80	绿宝电缆(集团)有限公司
BV铜芯聚氯乙烯绝缘电线	绿宝	BV10mm^2,红	卷(95m/卷)	496.80	绿宝电缆(集团)有限公司
BV铜芯聚氯乙烯绝缘电线	绿宝	BV10mm^2,黄	卷(95m/卷)	496.80	绿宝电缆(集团)有限公司
BV铜芯聚氯乙烯绝缘电线	绿宝	BV10mm^2,蓝	卷(95m/卷)	496.80	绿宝电缆(集团)有限公司
BV铜芯聚氯乙烯绝缘电线	绿宝	BV10mm^2,绿	卷(95m/卷)	496.80	绿宝电缆(集团)有限公司
BV铜芯聚氯乙烯绝缘电线	绿宝	BV10mm^2,双色	卷(95m/卷)	496.80	绿宝电缆(集团)有限公司
BV铜芯聚氯乙烯绝缘电线	绿宝	BV16mm^2,黑	卷(95m/卷)	783.84	绿宝电缆(集团)有限公司
BV铜芯聚氯乙烯绝缘电线	绿宝	BV16mm^2,红	卷(95m/卷)	783.84	绿宝电缆(集团)有限公司
BV铜芯聚氯乙烯绝缘电线	绿宝	BV16mm^2,黄	卷(95m/卷)	783.84	绿宝电缆(集团)有限公司
BV铜芯聚氯乙烯绝缘电线	绿宝	BV16mm^2,蓝	卷(95m/卷)	783.84	绿宝电缆(集团)有限公司
BV铜芯聚氯乙烯绝缘电线	绿宝	BV16mm^2,绿	卷(95m/卷)	783.84	绿宝电缆(集团)有限公司
BV铜芯聚氯乙烯绝缘电线	绿宝	BV16mm^2,双色	卷(95m/卷)	783.84	绿宝电缆(集团)有限公司
BV铜芯聚氯乙烯绝缘电线	绿宝	BV2.5mm^2,黑	卷(95m/卷)	122.13	绿宝电缆(集团)有限公司
BV铜芯聚氯乙烯绝缘电线	绿宝	BV2.5mm^2,红	卷(95m/卷)	122.13	绿宝电缆(集团)有限公司
BV铜芯聚氯乙烯绝缘电线	绿宝	BV2.5mm^2,黄	卷(95m/卷)	122.13	绿宝电缆(集团)有限公司
BV铜芯聚氯乙烯绝缘电线	绿宝	BV2.5mm^2,蓝	卷(95m/卷)	122.13	绿宝电缆(集团)有限公司
BV铜芯聚氯乙烯绝缘电线	绿宝	BV2.5mm^2,绿	卷(95m/卷)	122.13	绿宝电缆(集团)有限公司
BV铜芯聚氯乙烯绝缘电线	绿宝	BV2.5mm^2,双色	卷(95m/卷)	122.13	绿宝电缆(集团)有限公司
BV铜芯聚氯乙烯绝缘电线	绿宝	BV4mm^2,黑	卷(95m/卷)	195.96	绿宝电缆(集团)有限公司
BV铜芯聚氯乙烯绝缘电线	绿宝	BV4mm^2,红	卷(95m/卷)	195.96	绿宝电缆(集团)有限公司
BV铜芯聚氯乙烯绝缘电线	绿宝	BV4mm^2,黄	卷(95m/卷)	195.96	绿宝电缆(集团)有限公司
BV铜芯聚氯乙烯绝缘电线	绿宝	BV4mm^2,蓝	卷(95m/卷)	195.96	绿宝电缆(集团)有限公司
BV铜芯聚氯乙烯绝缘电线	绿宝	BV4mm^2,绿	卷(95m/卷)	195.96	绿宝电缆(集团)有限公司
BV铜芯聚氯乙烯绝缘电线	绿宝	BV4mm^2,双色	卷(95m/卷)	195.96	绿宝电缆(集团)有限公司
BV铜芯聚氯乙烯绝缘电线	绿宝	BV6mm^2,黑	卷(95m/卷)	287.04	绿宝电缆(集团)有限公司
BV铜芯聚氯乙烯绝缘电线	绿宝	BV6mm^2,红	卷(95m/卷)	287.04	绿宝电缆(集团)有限公司

续表

产品名称	品牌	规格型号	包装单位	参考价格(元)	供应商
BV 铜芯聚氯乙烯绝缘电线	绿宝	BV6mm²,黄	卷(95m/卷)	287.04	绿宝电缆(集团)有限公司
BV 铜芯聚氯乙烯绝缘电线	绿宝	BV6mm²,蓝	卷(95m/卷)	287.04	绿宝电缆(集团)有限公司
BV 铜芯聚氯乙烯绝缘电线	绿宝	BV6mm²,绿	卷(95m/卷)	287.04	绿宝电缆(集团)有限公司
BV 铜芯聚氯乙烯绝缘电线	绿宝	BV6mm²,双色	卷(95m/卷)	287.04	绿宝电缆(集团)有限公司
BV 铜芯聚氯乙烯绝缘电线	绿宝	BVR1.5mm²,黑	卷(95m/卷)	85.56	绿宝电缆(集团)有限公司
BV 铜芯聚氯乙烯绝缘电线	绿宝	BVR1.5mm²,红	卷(95m/卷)	85.56	绿宝电缆(集团)有限公司
BV 铜芯聚氯乙烯绝缘电线	绿宝	BVR1.5mm²,黄	卷(95m/卷)	85.56	绿宝电缆(集团)有限公司
BV 铜芯聚氯乙烯绝缘电线	绿宝	BVR1.5mm²,蓝	卷(95m/卷)	85.56	绿宝电缆(集团)有限公司
BV 铜芯聚氯乙烯绝缘电线	绿宝	BVR1.5mm²,绿	卷(95m/卷)	85.56	绿宝电缆(集团)有限公司
BV 铜芯聚氯乙烯绝缘电线	绿宝	BVR1.5mm²,双色	卷(95m/卷)	85.56	绿宝电缆(集团)有限公司
BV 铜芯聚氯乙烯绝缘电线	绿宝	BVR10mm²,黑	卷(95m/卷)	552.00	绿宝电缆(集团)有限公司
BV 铜芯聚氯乙烯绝缘电线	绿宝	BVR10mm²,红	卷(95m/卷)	552.00	绿宝电缆(集团)有限公司
BV 铜芯聚氯乙烯绝缘电线	绿宝	BVR10mm²,黄	卷(95m/卷)	552.00	绿宝电缆(集团)有限公司
BV 铜芯聚氯乙烯绝缘电线	绿宝	BVR10mm²,蓝	卷(95m/卷)	552.00	绿宝电缆(集团)有限公司
BV 铜芯聚氯乙烯绝缘电线	绿宝	BVR10mm²,绿	卷(95m/卷)	552.00	绿宝电缆(集团)有限公司
BV 铜芯聚氯乙烯绝缘电线	绿宝	BVR10mm²,双色	卷(95m/卷)	552.00	绿宝电缆(集团)有限公司
BV 铜芯聚氯乙烯绝缘电线	绿宝	BVR2.5mm²,黑	卷(95m/卷)	138.69	绿宝电缆(集团)有限公司
BV 铜芯聚氯乙烯绝缘电线	绿宝	BVR2.5mm²,红	卷(95m/卷)	138.69	绿宝电缆(集团)有限公司
BV 铜芯聚氯乙烯绝缘电线	绿宝	BVR2.5mm²,黄	卷(95m/卷)	138.69	绿宝电缆(集团)有限公司
BV 铜芯聚氯乙烯绝缘电线	绿宝	BVR2.5mm²,蓝	卷(95m/卷)	138.69	绿宝电缆(集团)有限公司
BV 铜芯聚氯乙烯绝缘电线	绿宝	BVR2.5mm²,绿	卷(95m/卷)	138.69	绿宝电缆(集团)有限公司
BV 铜芯聚氯乙烯绝缘电线	绿宝	BVR2.5mm²,双色	卷(95m/卷)	138.69	绿宝电缆(集团)有限公司
BV 铜芯聚氯乙烯绝缘电线	绿宝	BVR4mm²,黑	卷(95m/卷)	218.73	绿宝电缆(集团)有限公司
BV 铜芯聚氯乙烯绝缘电线	绿宝	BVR4mm²,红	卷(95m/卷)	218.73	绿宝电缆(集团)有限公司
BV 铜芯聚氯乙烯绝缘电线	绿宝	BVR4mm²,黄	卷(95m/卷)	218.73	绿宝电缆(集团)有限公司
BV 铜芯聚氯乙烯绝缘电线	绿宝	BVR4mm²,蓝	卷(95m/卷)	218.73	绿宝电缆(集团)有限公司
BV 铜芯聚氯乙烯绝缘电线	绿宝	BVR4mm²,绿	卷(95m/卷)	218.73	绿宝电缆(集团)有限公司
BV 铜芯聚氯乙烯绝缘电线	绿宝	BVR4mm²,双色	卷(95m/卷)	218.73	绿宝电缆(集团)有限公司
BV 铜芯聚氯乙烯绝缘电线	绿宝	BVR6mm²,黑	卷(95m/卷)	331.20	绿宝电缆(集团)有限公司
BV 铜芯聚氯乙烯绝缘电线	绿宝	BVR6mm²,红	卷(95m/卷)	331.20	绿宝电缆(集团)有限公司
BV 铜芯聚氯乙烯绝缘电线	绿宝	BVR6mm²,黄	卷(95m/卷)	331.20	绿宝电缆(集团)有限公司
BV 铜芯聚氯乙烯绝缘电线	绿宝	BVR6mm²,蓝	卷(95m/卷)	331.20	绿宝电缆(集团)有限公司

续表

产品名称	品牌	规格型号	包装单位	参考价格（元）	供应商
BV铜芯聚氯乙烯绝缘电线	绿宝	BVR6mm²，绿	卷（95m/卷）	331.20	绿宝电缆（集团）有限公司
BV铜芯聚氯乙烯绝缘电线	绿宝	BVR6mm²，双色	卷（95m/卷）	331.20	绿宝电缆（集团）有限公司
BV铜芯聚氯乙烯绝缘电线	起帆	5m/卷	圈（5m/圈）	26.16	上海起帆电线电缆有限公司
BV铜芯聚氯乙烯绝缘电线	起帆	BV1.5mm² 白	卷（100m/卷）	81.60	上海起帆电线电缆有限公司
BV铜芯聚氯乙烯绝缘电线	起帆	BV1.5mm² 黑	卷（100m/卷）	81.60	上海起帆电线电缆有限公司
BV铜芯聚氯乙烯绝缘电线	起帆	BV1.5mm² 红	卷（100m/卷）	81.60	上海起帆电线电缆有限公司
BV铜芯聚氯乙烯绝缘电线	起帆	BV1.5mm² 黄	卷（100m/卷）	81.60	上海起帆电线电缆有限公司
BV铜芯聚氯乙烯绝缘电线	起帆	BV1.5mm² 蓝	卷（100m/卷）	81.60	上海起帆电线电缆有限公司
BV铜芯聚氯乙烯绝缘电线	起帆	BV1.5mm² 绿	卷（100m/卷）	81.60	上海起帆电线电缆有限公司
BV铜芯聚氯乙烯绝缘电线	起帆	BV1.5mm² 双色	卷（100m/卷）	81.60	上海起帆电线电缆有限公司
BV铜芯聚氯乙烯绝缘电线	起帆	BV10mm² 白	卷（5m/卷）	38.16	上海起帆电线电缆有限公司
BV铜芯聚氯乙烯绝缘电线	起帆	BV10mm² 黑	卷（5m/卷）	33.36	上海起帆电线电缆有限公司
BV铜芯聚氯乙烯绝缘电线	起帆	BV10mm² 红	卷（100m/卷）	529.20	上海起帆电线电缆有限公司
BV铜芯聚氯乙烯绝缘电线	起帆	BV10mm² 红	卷（5m/卷）	38.16	上海起帆电线电缆有限公司
BV铜芯聚氯乙烯绝缘电线	起帆	BV10mm² 黄	卷（100m/卷）	529.20	上海起帆电线电缆有限公司
BV铜芯聚氯乙烯绝缘电线	起帆	BV10mm² 黄	卷（5m/卷）	38.16	上海起帆电线电缆有限公司
BV铜芯聚氯乙烯绝缘电线	起帆	BV10mm² 蓝	卷（100m/卷）	529.20	上海起帆电线电缆有限公司
BV铜芯聚氯乙烯绝缘电线	起帆	BV10mm² 蓝	卷（5m/卷）	38.16	上海起帆电线电缆有限公司
BV铜芯聚氯乙烯绝缘电线	起帆	BV10mm² 绿	卷（5m/卷）	38.16	上海起帆电线电缆有限公司
BV铜芯聚氯乙烯绝缘电线	起帆	BV10mm² 双色	卷（100m/卷）	529.20	上海起帆电线电缆有限公司
BV铜芯聚氯乙烯绝缘电线	起帆	BV10mm² 双色	卷（5m/卷）	38.16	上海起帆电线电缆有限公司
BV铜芯聚氯乙烯绝缘电线	起帆	BV2.5mm² 白	卷（100m/卷）	135.60	上海起帆电线电缆有限公司
BV铜芯聚氯乙烯绝缘电线	起帆	BV2.5mm² 黑	卷（100m/卷）	135.60	上海起帆电线电缆有限公司
BV铜芯聚氯乙烯绝缘电线	起帆	BV2.5mm² 红	卷（100m/卷）	135.60	上海起帆电线电缆有限公司
BV铜芯聚氯乙烯绝缘电线	起帆	BV2.5mm² 黄	卷（100m/卷）	135.60	上海起帆电线电缆有限公司
BV铜芯聚氯乙烯绝缘电线	起帆	BV2.5mm² 蓝	卷（100m/卷）	135.60	上海起帆电线电缆有限公司
BV铜芯聚氯乙烯绝缘电线	起帆	BV2.5mm² 绿	卷（100m/卷）	135.60	上海起帆电线电缆有限公司
BV铜芯聚氯乙烯绝缘电线	起帆	BV2.5mm² 双色	卷（100m/卷）	135.60	上海起帆电线电缆有限公司
BV铜芯聚氯乙烯绝缘电线	起帆	BV4mm² 白	卷（100m/卷）	190.00	上海起帆电线电缆有限公司
BV铜芯聚氯乙烯绝缘电线	起帆	BV4mm² 黑	卷（100m/卷）	190.00	上海起帆电线电缆有限公司
BV铜芯聚氯乙烯绝缘电线	起帆	BV4mm² 红	卷（100m/卷）	217.20	上海起帆电线电缆有限公司
BV铜芯聚氯乙烯绝缘电线	起帆	BV4mm² 黄	卷（100m/卷）	217.20	上海起帆电线电缆有限公司

续表

产品名称	品牌	规格型号	包装单位	参考价格（元）	供应商
BV 铜芯聚氯乙烯绝缘电线	起帆	BV4mm² 蓝	卷(100m/卷)	217.20	上海起帆电线电缆有限公司
BV 铜芯聚氯乙烯绝缘电线	起帆	BV4mm² 绿	卷(100m/卷)	217.20	上海起帆电线电缆有限公司
BV 铜芯聚氯乙烯绝缘电线	起帆	BV4mm² 双色	卷(100m/卷)	217.20	上海起帆电线电缆有限公司
BV 铜芯聚氯乙烯绝缘电线	起帆	BV6mm² 白	卷(100m/卷)	322.80	上海起帆电线电缆有限公司
BV 铜芯聚氯乙烯绝缘电线	起帆	BV6mm² 白	卷(5m/卷)	26.16	上海起帆电线电缆有限公司
BV 铜芯聚氯乙烯绝缘电线	起帆	BV6mm² 黑	卷(100m/卷)	322.80	上海起帆电线电缆有限公司
BV 铜芯聚氯乙烯绝缘电线	起帆	BV6mm² 黑	卷(5m/卷)	26.16	上海起帆电线电缆有限公司
BV 铜芯聚氯乙烯绝缘电线	起帆	BV6mm² 红	卷(100m/卷)	322.80	上海起帆电线电缆有限公司
BV 铜芯聚氯乙烯绝缘电线	起帆	BV6mm² 红	卷(5m/卷)	26.16	上海起帆电线电缆有限公司
BV 铜芯聚氯乙烯绝缘电线	起帆	BV6mm² 黄	卷(100m/卷)	322.80	上海起帆电线电缆有限公司
BV 铜芯聚氯乙烯绝缘电线	起帆	BV6mm² 黄	卷(5m/卷)	26.16	上海起帆电线电缆有限公司
BV 铜芯聚氯乙烯绝缘电线	起帆	BV6mm² 蓝	卷(100m/卷)	322.80	上海起帆电线电缆有限公司
BV 铜芯聚氯乙烯绝缘电线	起帆	BV6mm² 蓝	卷(5m/卷)	26.16	上海起帆电线电缆有限公司
BV 铜芯聚氯乙烯绝缘电线	起帆	BV6mm² 绿	卷(5m/卷)	26.16	上海起帆电线电缆有限公司
BV 铜芯聚氯乙烯绝缘电线	起帆	BV6mm² 双色	卷(100m/卷)	322.80	上海起帆电线电缆有限公司
BV 铜芯聚氯乙烯绝缘电线	上塑	BV10mm²橘红	捆(100m/捆)	560.00	上海上塑控股(集团)有限公司
BV 铜芯聚氯乙烯绝缘电线	上塑	BV2.5mm²橘红	捆(100m/捆)	140.00	上海上塑控股(集团)有限公司
BV 铜芯聚氯乙烯绝缘电线	上塑	BV4mm²橘红	捆(100m/捆)	250.00	上海上塑控股(集团)有限公司
BV 铜芯聚氯乙烯绝缘电线	上塑	BV6mm²橘红	捆(100m/捆)	380.00	上海上塑控股(集团)有限公司
BV 铜芯聚氯乙烯绝缘电线	天津小猫	BV1.5mm²,白	卷(100m/卷)	74.80	天津小猫天缆集团有限公司
BV 铜芯聚氯乙烯绝缘电线	天津小猫	BV1.5mm²,黑	卷(100m/卷)	74.80	天津小猫天缆集团有限公司
BV 铜芯聚氯乙烯绝缘电线	天津小猫	BV1.5mm²,红	卷(100m/卷)	74.80	天津小猫天缆集团有限公司
BV 铜芯聚氯乙烯绝缘电线	天津小猫	BV1.5mm²,黄	卷(100m/卷)	74.80	天津小猫天缆集团有限公司
BV 铜芯聚氯乙烯绝缘电线	天津小猫	BV1.5mm²,蓝	卷(100m/卷)	74.80	天津小猫天缆集团有限公司
BV 铜芯聚氯乙烯绝缘电线	天津小猫	BV1.5mm²,绿	卷(100m/卷)	74.80	天津小猫天缆集团有限公司
BV 铜芯聚氯乙烯绝缘电线	天津小猫	BV1.5mm²,双色	卷(100m/卷)	74.80	天津小猫天缆集团有限公司
BV 铜芯聚氯乙烯绝缘电线	天津小猫	BV10mm²,红	卷(100m/卷)	460.00	天津小猫天缆集团有限公司
BV 铜芯聚氯乙烯绝缘电线	天津小猫	BV10mm²,蓝	卷(100m/卷)	460.00	天津小猫天缆集团有限公司
BV 铜芯聚氯乙烯绝缘电线	天津小猫	BV2.5mm²,白	卷(100m/卷)	103.50	天津小猫天缆集团有限公司
BV 铜芯聚氯乙烯绝缘电线	天津小猫	BV2.5mm²,黑	卷(100m/卷)	103.50	天津小猫天缆集团有限公司
BV 铜芯聚氯乙烯绝缘电线	天津小猫	BV2.5mm²,红	卷(100m/卷)	103.50	天津小猫天缆集团有限公司
BV 铜芯聚氯乙烯绝缘电线	天津小猫	BV2.5mm²,红	m	4.00	天津小猫天缆集团有限公司

续表

产品名称	品牌	规格型号	包装单位	参考价格（元）	供应商
BV铜芯聚氯乙烯绝缘电线	天津小猫	BV2.5mm²，黄	卷（100m/卷）	103.50	天津小猫天缆集团有限公司
BV铜芯聚氯乙烯绝缘电线	天津小猫	BV2.5mm²，蓝	卷（100m/卷）	103.50	天津小猫天缆集团有限公司
BV铜芯聚氯乙烯绝缘电线	天津小猫	BV2.5mm²，蓝	m	4.00	天津小猫天缆集团有限公司
BV铜芯聚氯乙烯绝缘电线	天津小猫	BV2.5mm²，绿	卷（100m/卷）	103.50	天津小猫天缆集团有限公司
BV铜芯聚氯乙烯绝缘电线	天津小猫	BV2.5mm²，双色	卷（100m/卷）	103.50	天津小猫天缆集团有限公司
BV铜芯聚氯乙烯绝缘电线	天津小猫	BV4mm²，黑	卷（100m/卷）	170.20	天津小猫天缆集团有限公司
BV铜芯聚氯乙烯绝缘电线	天津小猫	BV4mm²，红	卷（100m/卷）	170.20	天津小猫天缆集团有限公司
BV铜芯聚氯乙烯绝缘电线	天津小猫	BV4mm²，红	m	5.20	天津小猫天缆集团有限公司
BV铜芯聚氯乙烯绝缘电线	天津小猫	BV4mm²，黄	卷（100m/卷）	170.20	天津小猫天缆集团有限公司
BV铜芯聚氯乙烯绝缘电线	天津小猫	BV4mm²，蓝	卷（100m/卷）	170.20	天津小猫天缆集团有限公司
BV铜芯聚氯乙烯绝缘电线	天津小猫	BV4mm²，蓝	m	5.20	天津小猫天缆集团有限公司
BV铜芯聚氯乙烯绝缘电线	天津小猫	BV4mm²，绿	卷（100m/卷）	170.20	天津小猫天缆集团有限公司
BV铜芯聚氯乙烯绝缘电线	天津小猫	BV4mm²，双色	卷（100m/卷）	170.20	天津小猫天缆集团有限公司
BV铜芯聚氯乙烯绝缘电线	天津小猫	BV6mm²，黑	卷（100m/卷）	273.70	天津小猫天缆集团有限公司
BV铜芯聚氯乙烯绝缘电线	天津小猫	BV6mm²，红	卷（100m/卷）	273.70	天津小猫天缆集团有限公司
BV铜芯聚氯乙烯绝缘电线	天津小猫	BV6mm²，红	m	6.30	天津小猫天缆集团有限公司
BV铜芯聚氯乙烯绝缘电线	天津小猫	BV6mm²，黄	卷（100m/卷）	273.70	天津小猫天缆集团有限公司
BV铜芯聚氯乙烯绝缘电线	天津小猫	BV6mm²，蓝	卷（100m/卷）	273.70	天津小猫天缆集团有限公司
BV铜芯聚氯乙烯绝缘电线	天津小猫	BV6mm²，蓝	m	6.30	天津小猫天缆集团有限公司
BV铜芯聚氯乙烯绝缘电线	天津小猫	BV6mm²，双色	卷（100m/卷）	273.70	天津小猫天缆集团有限公司
BV铜芯聚氯乙烯绝缘电线	熊猫	BV1.5mm²，白	卷（100m/卷）	122.40	上海熊猫线缆股份有限公司
BV铜芯聚氯乙烯绝缘电线	熊猫	BV1.5mm²，黑	卷（100m/卷）	122.40	上海熊猫线缆股份有限公司
BV铜芯聚氯乙烯绝缘电线	熊猫	BV1.5mm²，红	卷（100m/卷）	122.40	上海熊猫线缆股份有限公司
BV铜芯聚氯乙烯绝缘电线	熊猫	BV1.5mm²，黄	卷（100m/卷）	122.40	上海熊猫线缆股份有限公司
BV铜芯聚氯乙烯绝缘电线	熊猫	BV1.5mm²，蓝	卷（100m/卷）	122.40	上海熊猫线缆股份有限公司
BV铜芯聚氯乙烯绝缘电线	熊猫	BV1.5mm²，绿	卷（100m/卷）	122.40	上海熊猫线缆股份有限公司
BV铜芯聚氯乙烯绝缘电线	熊猫	BV1.5mm²，双色	卷（100m/卷）	126.00	上海熊猫线缆股份有限公司
BV铜芯聚氯乙烯绝缘电线	熊猫	BV10mm²，白	卷（100m/卷）	862.80	上海熊猫线缆股份有限公司
BV铜芯聚氯乙烯绝缘电线	熊猫	BV10mm²，黑	卷（100m/卷）	862.80	上海熊猫线缆股份有限公司
BV铜芯聚氯乙烯绝缘电线	熊猫	BV10mm²，红	卷（100m/卷）	862.80	上海熊猫线缆股份有限公司
BV铜芯聚氯乙烯绝缘电线	熊猫	BV10mm²，黄	卷（100m/卷）	862.80	上海熊猫线缆股份有限公司
BV铜芯聚氯乙烯绝缘电线	熊猫	BV10mm²，蓝	卷（100m/卷）	862.80	上海熊猫线缆股份有限公司

续表

产品名称	品牌	规格型号	包装单位	参考价格(元)	供应商
BV 铜芯聚氯乙烯绝缘电线	熊猫	BV10mm²,绿	卷(100m/卷)	862.80	上海熊猫线缆股份有限公司
BV 铜芯聚氯乙烯绝缘电线	熊猫	BV10mm²,双色	卷(100m/卷)	886.80	上海熊猫线缆股份有限公司
BV 铜芯聚氯乙烯绝缘电线	熊猫	BV2.5mm²,白	卷(100m/卷)	194.40	上海熊猫线缆股份有限公司
BV 铜芯聚氯乙烯绝缘电线	熊猫	BV2.5mm²,黑	卷(100m/卷)	194.40	上海熊猫线缆股份有限公司
BV 铜芯聚氯乙烯绝缘电线	熊猫	BV2.5mm²,红	卷(100m/卷)	194.40	上海熊猫线缆股份有限公司
BV 铜芯聚氯乙烯绝缘电线	熊猫	BV2.5mm²,黄	卷(100m/卷)	194.40	上海熊猫线缆股份有限公司
BV 铜芯聚氯乙烯绝缘电线	熊猫	BV2.5mm²,蓝	卷(100m/卷)	194.40	上海熊猫线缆股份有限公司
BV 铜芯聚氯乙烯绝缘电线	熊猫	BV2.5mm²,绿	卷(100m/卷)	194.40	上海熊猫线缆股份有限公司
BV 铜芯聚氯乙烯绝缘电线	熊猫	BV2.5mm²,双色	卷(100m/卷)	200.40	上海熊猫线缆股份有限公司
BV 铜芯聚氯乙烯绝缘电线	熊猫	BV4mm²,白	卷(100m/卷)	318.00	上海熊猫线缆股份有限公司
BV 铜芯聚氯乙烯绝缘电线	熊猫	BV4mm²,白	卷(50m/卷)	164.40	上海熊猫线缆股份有限公司
BV 铜芯聚氯乙烯绝缘电线	熊猫	BV4mm²,黑	卷(100m/卷)	318.00	上海熊猫线缆股份有限公司
BV 铜芯聚氯乙烯绝缘电线	熊猫	BV4mm²,黑	卷(50m/卷)	164.40	上海熊猫线缆股份有限公司
BV 铜芯聚氯乙烯绝缘电线	熊猫	BV4mm²,红	卷(100m/卷)	318.00	上海熊猫线缆股份有限公司
BV 铜芯聚氯乙烯绝缘电线	熊猫	BV4mm²,红	卷(50m/卷)	164.40	上海熊猫线缆股份有限公司
BV 铜芯聚氯乙烯绝缘电线	熊猫	BV4mm²,红	卷(5m/卷)	18.00	上海熊猫线缆股份有限公司
BV 铜芯聚氯乙烯绝缘电线	熊猫	BV4mm²,黄	卷(100m/卷)	318.00	上海熊猫线缆股份有限公司
BV 铜芯聚氯乙烯绝缘电线	熊猫	BV4mm²,黄	卷(50m/卷)	164.40	上海熊猫线缆股份有限公司
BV 铜芯聚氯乙烯绝缘电线	熊猫	BV4mm²,蓝	卷(100m/卷)	318.00	上海熊猫线缆股份有限公司
BV 铜芯聚氯乙烯绝缘电线	熊猫	BV4mm²,蓝	卷(50m/卷)	164.40	上海熊猫线缆股份有限公司
BV 铜芯聚氯乙烯绝缘电线	熊猫	BV4mm²,绿	卷(100m/卷)	318.00	上海熊猫线缆股份有限公司
BV 铜芯聚氯乙烯绝缘电线	熊猫	BV4mm²,双色	卷(100m/卷)	331.20	上海熊猫线缆股份有限公司
BV 铜芯聚氯乙烯绝缘电线	熊猫	BV4mm²,双色	卷(5m/卷)	19.80	上海熊猫线缆股份有限公司
BV 铜芯聚氯乙烯绝缘电线	熊猫	BV6mm²,双色	卷(100m/卷)	501.60	上海熊猫线缆股份有限公司
BV 铜芯聚氯乙烯绝缘电线	熊猫	BV6mm²,白	卷(100m/卷)	487.20	上海熊猫线缆股份有限公司
BV 铜芯聚氯乙烯绝缘电线	熊猫	BV6mm²,黑	卷(100m/卷)	487.20	上海熊猫线缆股份有限公司
BV 铜芯聚氯乙烯绝缘电线	熊猫	BV6mm²,红	卷(100m/卷)	487.20	上海熊猫线缆股份有限公司
BV 铜芯聚氯乙烯绝缘电线	熊猫	BV6mm²,黄	卷(100m/卷)	487.20	上海熊猫线缆股份有限公司
BV 铜芯聚氯乙烯绝缘电线	熊猫	BV6mm²,蓝	卷(100m/卷)	487.20	上海熊猫线缆股份有限公司
BV 铜芯聚氯乙烯绝缘电线	熊猫	BV6mm²,绿	卷(100m/卷)	487.20	上海熊猫线缆股份有限公司
BV 铜芯聚氯乙烯绝缘电线	银河	BV1.5mm²	卷(100m/卷)	70.80	郑州市银河电线电缆有限公司
BV 铜芯聚氯乙烯绝缘电线	银河	BV10mm²	卷(100m/卷)	439.20	郑州市银河电线电缆有限公司

续表

产品名称	品牌	规格型号	包装单位	参考价格（元）	供应商
BV 铜芯聚氯乙烯绝缘电线	银河	BV16mm^2	卷（100m/卷）	704.40	郑州市银河电线电缆有限公司
BV 铜芯聚氯乙烯绝缘电线	银河	BV2.5mm^2	卷（100m/卷）	106.80	郑州市银河电线电缆有限公司
BV 铜芯聚氯乙烯绝缘电线	银河	BV4mm^2	卷（100m/卷）	174.00	郑州市银河电线电缆有限公司
BV 铜芯聚氯乙烯绝缘电线	银河	BV6mm^2	卷（100m/卷）	258.00	郑州市银河电线电缆有限公司
BV 铜芯聚氯乙烯绝缘电线	远东	100m/卷	卷	268.00	远东电缆有限公司
BV 铜芯聚氯乙烯绝缘电线	远东	100m/卷	卷	249.00	远东电缆有限公司
BV 铜芯聚氯乙烯绝缘电线	远东	100m/卷	卷	249.00	远东电缆有限公司
BV 铜芯聚氯乙烯绝缘电线	远东	BV1.5mm^2，黄	卷（100m/卷）	66.00	远东电缆有限公司
BV 铜芯聚氯乙烯绝缘电线	远东	BV1.5mm^2，蓝	卷（100m/卷）	66.00	远东电缆有限公司
BV 铜芯聚氯乙烯绝缘电线	远东	BV1.5mm^2，绿	卷（100m/卷）	67.00	远东电缆有限公司
BV 铜芯聚氯乙烯绝缘电线	远东	BV1.5mm^2，双色	卷（100m/卷）	66.00	远东电缆有限公司
BV 铜芯聚氯乙烯绝缘电线	远东	BV2.5mm^2，白	卷（100m/卷）	108.00	远东电缆有限公司
BV 铜芯聚氯乙烯绝缘电线	远东	BV2.5mm^2，红	卷（100m/卷）	108.00	远东电缆有限公司
BV 铜芯聚氯乙烯绝缘电线	远东	BV2.5mm^2，黄	卷（100m/卷）	108.00	远东电缆有限公司
BV 铜芯聚氯乙烯绝缘电线	远东	BV2.5mm^2，蓝	卷（100m/卷）	108.00	远东电缆有限公司
BV 铜芯聚氯乙烯绝缘电线	远东	BV2.5mm^2，双色	卷（100m/卷）	108.00	远东电缆有限公司
BV 铜芯聚氯乙烯绝缘电线	远东	BV4mm^2，红	卷（100m/卷）	168.00	远东电缆有限公司
BV 铜芯聚氯乙烯绝缘电线	远东	BV4mm^2，黄	卷（100m/卷）	168.00	远东电缆有限公司
BV 铜芯聚氯乙烯绝缘电线	远东	BV4mm^2，蓝	卷（100m/卷）	168.00	远东电缆有限公司
BV 铜芯聚氯乙烯绝缘电线	远东	BV4mm^2，双色	卷（100m/卷）	168.00	远东电缆有限公司
BV 铜芯聚氯乙烯绝缘电线	长江	BV1.5mm^2，白	卷（95m/卷）	69.00	昆山市长江电线电缆厂
BV 铜芯聚氯乙烯绝缘电线	长江	BV1.5mm^2，黑	卷（95m/卷）	69.00	昆山市长江电线电缆厂
BV 铜芯聚氯乙烯绝缘电线	长江	BV1.5mm^2，红	卷（95m/卷）	69.00	昆山市长江电线电缆厂
BV 铜芯聚氯乙烯绝缘电线	长江	BV1.5mm^2，黄	卷（95m/卷）	69.00	昆山市长江电线电缆厂
BV 铜芯聚氯乙烯绝缘电线	长江	BV1.5mm^2，蓝	卷（95m/卷）	69.00	昆山市长江电线电缆厂
BV 铜芯聚氯乙烯绝缘电线	长江	BV1.5mm^2，绿	卷（95m/卷）	69.00	昆山市长江电线电缆厂
BV 铜芯聚氯乙烯绝缘电线	长江	BV1.5mm^2，双色	卷（95m/卷）	71.00	昆山市长江电线电缆厂
BV 铜芯聚氯乙烯绝缘电线	长江	BV2.5mm^2，白	卷（95m/卷）	106.00	昆山市长江电线电缆厂
BV 铜芯聚氯乙烯绝缘电线	长江	BV2.5mm^2，黑	卷（95m/卷）	106.00	昆山市长江电线电缆厂
BV 铜芯聚氯乙烯绝缘电线	长江	BV2.5mm^2，红	卷（95m/卷）	106.00	昆山市长江电线电缆厂
BV 铜芯聚氯乙烯绝缘电线	长江	BV2.5mm^2，黄	卷（95m/卷）	106.00	昆山市长江电线电缆厂
BV 铜芯聚氯乙烯绝缘电线	长江	BV2.5mm^2，蓝	卷（95m/卷）	106.00	昆山市长江电线电缆厂

续表

产品名称	品牌	规格型号	包装单位	参考价格（元）	供应商
BV 铜芯聚氯乙烯绝缘电线	长江	BV2.5mm^2，绿	卷(95m/卷)	106.00	昆山市长江电线电缆厂
BV 铜芯聚氯乙烯绝缘电线	长江	BV2.5mm^2，双色	卷(95m/卷)	108.00	昆山市长江电线电缆厂
BV 铜芯聚氯乙烯绝缘电线	长江	BV4mm^2，红	卷(95m/卷)	186.10	昆山市长江电线电缆厂
BV 铜芯聚氯乙烯绝缘电线	长江	BV4mm^2，黄	卷(95m/卷)	165.00	昆山市长江电线电缆厂
BV 铜芯聚氯乙烯绝缘电线	长江	BV4mm^2，蓝	卷(95m/卷)	165.00	昆山市长江电线电缆厂
BV 铜芯聚氯乙烯绝缘电线	长江	BV4mm^2，绿	卷(95m/卷)	165.00	昆山市长江电线电缆厂
BV 铜芯聚氯乙烯绝缘电线	长江	BV4mm^2，双色	卷(95m/卷)	169.00	昆山市长江电线电缆厂
BV 铜芯聚氯乙烯绝缘电线	长江	BV6mm^2，红	卷(95m/卷)	243.00	昆山市长江电线电缆厂
BV 铜芯聚氯乙烯绝缘电线	长江	BV6mm^2，黄	卷(95m/卷)	243.00	昆山市长江电线电缆厂
BV 铜芯聚氯乙烯绝缘电线	长江	BV6mm^2，蓝	卷(95m/卷)	243.00	昆山市长江电线电缆厂
BV 铜芯聚氯乙烯绝缘电线	长江	BV6mm^2，绿	卷(95m/卷)	243.00	昆山市长江电线电缆厂
BV 铜芯聚氯乙烯绝缘电线	长江	BV6mm^2，双色	卷(95m/卷)	248.00	昆山市长江电线电缆厂

2.1.2 BVR 铜芯聚氯乙烯绝缘软电线

产品名称	品牌	规格型号	包装单位	参考价格（元）	供应商
BVR 铜芯聚氯乙烯绝缘软电线	沪安	BVR1.5mm^2，白	卷(95m/卷)	66.00	无锡市沪安电缆有限公司
BVR 铜芯聚氯乙烯绝缘软电线	沪安	BVR1.5mm^2，黑	卷(95m/卷)	66.00	无锡市沪安电缆有限公司
BVR 铜芯聚氯乙烯绝缘软电线	沪安	BVR1.5mm^2，红	卷(95m/卷)	66.00	无锡市沪安电缆有限公司
BVR 铜芯聚氯乙烯绝缘软电线	沪安	BVR1.5mm^2，黄	卷(95m/卷)	66.00	无锡市沪安电缆有限公司
BVR 铜芯聚氯乙烯绝缘软电线	沪安	BVR1.5mm^2，蓝	卷(95m/卷)	66.00	无锡市沪安电缆有限公司
BVR 铜芯聚氯乙烯绝缘软电线	沪安	BVR1.5mm^2，绿	卷(95m/卷)	66.00	无锡市沪安电缆有限公司
BVR 铜芯聚氯乙烯绝缘软电线	沪安	BVR1.5mm^2，双色	卷(95m/卷)	66.00	无锡市沪安电缆有限公司
BVR 铜芯聚氯乙烯绝缘软电线	沪安	BVR10mm^2，白	卷(95m/卷)	380.00	无锡市沪安电缆有限公司
BVR 铜芯聚氯乙烯绝缘软电线	沪安	BVR10mm^2，黑	卷(95m/卷)	380.00	无锡市沪安电缆有限公司
BVR 铜芯聚氯乙烯绝缘软电线	沪安	BVR10mm^2，红	卷(95m/卷)	380.00	无锡市沪安电缆有限公司
BVR 铜芯聚氯乙烯绝缘软电线	沪安	BVR10mm^2，黄	卷(95m/卷)	380.00	无锡市沪安电缆有限公司
BVR 铜芯聚氯乙烯绝缘软电线	沪安	BVR10mm^2，蓝	卷(95m/卷)	380.00	无锡市沪安电缆有限公司
BVR 铜芯聚氯乙烯绝缘软电线	沪安	BVR10mm^2，绿	卷(95m/卷)	380.00	无锡市沪安电缆有限公司
BVR 铜芯聚氯乙烯绝缘软电线	沪安	BVR10mm^2，双色	卷(95m/卷)	380.00	无锡市沪安电缆有限公司
BVR 铜芯聚氯乙烯绝缘软电线	沪安	BVR16mm^2，白	卷(95m/卷)	580.00	无锡市沪安电缆有限公司
BVR 铜芯聚氯乙烯绝缘软电线	沪安	BVR16mm^2，黑	卷(95m/卷)	580.00	无锡市沪安电缆有限公司

续表

产品名称	品牌	规格型号	包装单位	参考价格(元)	供应商
BVR铜芯聚氯乙烯绝缘软电线	沪安	BVR16mm²,红	卷(95m/卷)	580.00	无锡市沪安电缆有限公司
BVR铜芯聚氯乙烯绝缘软电线	沪安	BVR16mm²,黄	卷(95m/卷)	580.00	无锡市沪安电缆有限公司
BVR铜芯聚氯乙烯绝缘软电线	沪安	BVR16mm²,蓝	卷(95m/卷)	580.00	无锡市沪安电缆有限公司
BVR铜芯聚氯乙烯绝缘软电线	沪安	BVR16mm²,绿	卷(95m/卷)	580.00	无锡市沪安电缆有限公司
BVR铜芯聚氯乙烯绝缘软电线	沪安	BVR16mm²,双色	卷(95m/卷)	580.00	无锡市沪安电缆有限公司
BVR铜芯聚氯乙烯绝缘软电线	沪安	BVR1mm²,白	卷(95m/卷)	47.00	无锡市沪安电缆有限公司
BVR铜芯聚氯乙烯绝缘软电线	沪安	BVR1mm²,黑	卷(95m/卷)	47.00	无锡市沪安电缆有限公司
BVR铜芯聚氯乙烯绝缘软电线	沪安	BVR1mm²,红	卷(95m/卷)	47.00	无锡市沪安电缆有限公司
BVR铜芯聚氯乙烯绝缘软电线	沪安	BVR1mm²,黄	卷(95m/卷)	47.00	无锡市沪安电缆有限公司
BVR铜芯聚氯乙烯绝缘软电线	沪安	BVR1mm²,蓝	卷(95m/卷)	47.00	无锡市沪安电缆有限公司
BVR铜芯聚氯乙烯绝缘软电线	沪安	BVR1mm²,绿	卷(95m/卷)	47.00	无锡市沪安电缆有限公司
BVR铜芯聚氯乙烯绝缘软电线	沪安	BVR1mm²,双色	卷(95m/卷)	47.00	无锡市沪安电缆有限公司
BVR铜芯聚氯乙烯绝缘软电线	沪安	BVR2.5mm²,白	卷(95m/卷)	103.00	无锡市沪安电缆有限公司
BVR铜芯聚氯乙烯绝缘软电线	沪安	BVR2.5mm²,黑	卷(95m/卷)	103.00	无锡市沪安电缆有限公司
BVR铜芯聚氯乙烯绝缘软电线	沪安	BVR2.5mm²,红	卷(95m/卷)	103.00	无锡市沪安电缆有限公司
BVR铜芯聚氯乙烯绝缘软电线	沪安	BVR2.5mm²,黄	卷(95m/卷)	103.00	无锡市沪安电缆有限公司
BVR铜芯聚氯乙烯绝缘软电线	沪安	BVR2.5mm²,蓝	卷(95m/卷)	103.00	无锡市沪安电缆有限公司
BVR铜芯聚氯乙烯绝缘软电线	沪安	BVR2.5mm²,绿	卷(95m/卷)	103.00	无锡市沪安电缆有限公司
BVR铜芯聚氯乙烯绝缘软电线	沪安	BVR2.5mm²,双色	卷(95m/卷)	103.00	无锡市沪安电缆有限公司
BVR铜芯聚氯乙烯绝缘软电线	沪安	BVR25mm²,白	卷(95m/卷)	948.00	无锡市沪安电缆有限公司
BVR铜芯聚氯乙烯绝缘软电线	沪安	BVR25mm²,黑	卷(95m/卷)	948.00	无锡市沪安电缆有限公司
BVR铜芯聚氯乙烯绝缘软电线	沪安	BVR25mm²,红	卷(95m/卷)	948.00	无锡市沪安电缆有限公司
BVR铜芯聚氯乙烯绝缘软电线	沪安	BVR25mm²,黄	卷(95m/卷)	948.00	无锡市沪安电缆有限公司
BVR铜芯聚氯乙烯绝缘软电线	沪安	BVR25mm²,蓝	卷(95m/卷)	948.00	无锡市沪安电缆有限公司
BVR铜芯聚氯乙烯绝缘软电线	沪安	BVR25mm²,绿	卷(95m/卷)	948.00	无锡市沪安电缆有限公司
BVR铜芯聚氯乙烯绝缘软电线	沪安	BVR25mm²,双色	卷(95m/卷)	948.00	无锡市沪安电缆有限公司
BVR铜芯聚氯乙烯绝缘软电线	沪安	BVR35mm²,白	卷(95m/卷)	1324.00	无锡市沪安电缆有限公司
BVR铜芯聚氯乙烯绝缘软电线	沪安	BVR35mm²,黑	卷(95m/卷)	1324.00	无锡市沪安电缆有限公司
BVR铜芯聚氯乙烯绝缘软电线	沪安	BVR35mm²,红	卷(95m/卷)	1324.00	无锡市沪安电缆有限公司
BVR铜芯聚氯乙烯绝缘软电线	沪安	BVR35mm²,黄	卷(95m/卷)	1324.00	无锡市沪安电缆有限公司
BVR铜芯聚氯乙烯绝缘软电线	沪安	BVR35mm²,蓝	卷(95m/卷)	1324.00	无锡市沪安电缆有限公司
BVR铜芯聚氯乙烯绝缘软电线	沪安	BVR35mm²,绿	卷(95m/卷)	1324.00	无锡市沪安电缆有限公司

续表

产品名称	品牌	规格型号	包装单位	参考价格（元）	供应商
BVR 铜芯聚氯乙烯绝缘软电线	沪安	BVR35mm²，双色	卷(95m/卷)	1324.00	无锡市沪安电缆有限公司
BVR 铜芯聚氯乙烯绝缘软电线	沪安	BVR4mm²，白	卷(95m/卷)	166.00	无锡市沪安电缆有限公司
BVR 铜芯聚氯乙烯绝缘软电线	沪安	BVR4mm²，黑	卷(95m/卷)	166.00	无锡市沪安电缆有限公司
BVR 铜芯聚氯乙烯绝缘软电线	沪安	BVR4mm²，红	卷(95m/卷)	166.00	无锡市沪安电缆有限公司
BVR 铜芯聚氯乙烯绝缘软电线	沪安	BVR4mm²，黄	卷(95m/卷)	166.00	无锡市沪安电缆有限公司
BVR 铜芯聚氯乙烯绝缘软电线	沪安	BVR4mm²，蓝	卷(95m/卷)	166.00	无锡市沪安电缆有限公司
BVR 铜芯聚氯乙烯绝缘软电线	沪安	BVR4mm²，绿	卷(95m/卷)	166.00	无锡市沪安电缆有限公司
BVR 铜芯聚氯乙烯绝缘软电线	沪安	BVR4mm²，双色	卷(95m/卷)	166.00	无锡市沪安电缆有限公司
BVR 铜芯聚氯乙烯绝缘软电线	沪安	BVR6mm²，白	卷(95m/卷)	248.00	无锡市沪安电缆有限公司
BVR 铜芯聚氯乙烯绝缘软电线	沪安	BVR6mm²，黑	卷(95m/卷)	248.00	无锡市沪安电缆有限公司
BVR 铜芯聚氯乙烯绝缘软电线	沪安	BVR6mm²，红	卷(95m/卷)	248.00	无锡市沪安电缆有限公司
BVR 铜芯聚氯乙烯绝缘软电线	沪安	BVR6mm²，黄	卷(95m/卷)	248.00	无锡市沪安电缆有限公司
BVR 铜芯聚氯乙烯绝缘软电线	沪安	BVR6mm²，蓝	卷(95m/卷)	248.00	无锡市沪安电缆有限公司
BVR 铜芯聚氯乙烯绝缘软电线	沪安	BVR6mm²，绿	卷(95m/卷)	248.00	无锡市沪安电缆有限公司
BVR 铜芯聚氯乙烯绝缘软电线	沪安	BVR6mm²，双色	卷(95m/卷)	248.00	无锡市沪安电缆有限公司
BVR 铜芯聚氯乙烯绝缘软电线	银河	BVR1.5mm²	卷(100m/卷)	74.40	郑州市银河电线电缆有限公司
BVR 铜芯聚氯乙烯绝缘软电线	银河	BVR10mm²	卷(100m/卷)	476.40	郑州市银河电线电缆有限公司
BVR 铜芯聚氯乙烯绝缘软电线	银河	BVR16mm²	卷(100m/卷)	744.00	郑州市银河电线电缆有限公司
BVR 铜芯聚氯乙烯绝缘软电线	银河	BVR2.5mm²	卷(100m/卷)	117.60	郑州市银河电线电缆有限公司
BVR 铜芯聚氯乙烯绝缘软电线	银河	BVR4mm²	卷(100m/卷)	187.20	郑州市银河电线电缆有限公司
BVR 铜芯聚氯乙烯绝缘软电线	银河	BVR6mm²	卷(100m/卷)	278.40	郑州市银河电线电缆有限公司

2.1.3 BVV 铜芯聚氯乙烯绝缘乙烯护套电线

产品名称	品牌	规格型号	包装单位	参考价格（元）	供应商
BVV 铜芯聚氯乙烯绝缘乙烯护套电线	沪安	BVV10，厂标，白 BVV10×0.5mm²	卷(95m/卷)	193.00	无锡市沪安电缆有限公司
BVV 铜芯聚氯乙烯绝缘乙烯护套电线	沪安	BVV10，厂标，白 BVV10×0.75mm²	卷(95m/卷)	257.00	无锡市沪安电缆有限公司
BVV 铜芯聚氯乙烯绝缘乙烯护套电线	沪安	BVV10，厂标，白 BVV10×1mm²	卷(95m/卷)	358.00	无锡市沪安电缆有限公司

续表

产品名称	品牌	规格型号	包装单位	参考价格(元)	供应商
BVV 铜芯聚氯乙烯绝缘乙烯护套电线	沪安	BVV10,厂标,黑 BVV10×0.5mm^2	卷(95m/卷)	193.00	无锡市沪安电缆有限公司
BVV 铜芯聚氯乙烯绝缘乙烯护套电线	沪安	BVV10,厂标,黑 BVV10×0.75mm^2	卷(95m/卷)	257.00	无锡市沪安电缆有限公司
BVV 铜芯聚氯乙烯绝缘乙烯护套电线	沪安	BVV10,厂标,黑 BVV10×1mm^2	卷(95m/卷)	358.00	无锡市沪安电缆有限公司
BVV 铜芯聚氯乙烯绝缘乙烯护套电线	沪安	BVV10,国标,白 BVV10×0.5mm^2	卷(95m/卷)	258.00	无锡市沪安电缆有限公司
BVV 铜芯聚氯乙烯绝缘乙烯护套电线	沪安	BVV10,国标,白 BVV10×0.75mm^2	卷(95m/卷)	366.00	无锡市沪安电缆有限公司
BVV 铜芯聚氯乙烯绝缘乙烯护套电线	沪安	BVV10,国标,白 BVV10×1mm^2	卷(95m/卷)	458.00	无锡市沪安电缆有限公司
BVV 铜芯聚氯乙烯绝缘乙烯护套电线	沪安	BVV10,国标,黑 BVV10×0.5mm^2	卷(95m/卷)	258.00	无锡市沪安电缆有限公司
BVV 铜芯聚氯乙烯绝缘乙烯护套电线	沪安	BVV10,国标,黑 BVV10×0.75mm^2	卷(95m/卷)	366.00	无锡市沪安电缆有限公司
BVV 铜芯聚氯乙烯绝缘乙烯护套电线	沪安	BVV10,国标,黑 BVV10×1mm^2	卷(95m/卷)	458.00	无锡市沪安电缆有限公司
BVV 铜芯聚氯乙烯绝缘乙烯护套电线	沪安	BVV12,厂标,白 BVV12×0.5mm^2	卷(95m/卷)	227.00	无锡市沪安电缆有限公司
BVV 铜芯聚氯乙烯绝缘乙烯护套电线	沪安	BVV12,厂标,白 BVV12×0.75mm^2	卷(95m/卷)	308.00	无锡市沪安电缆有限公司
BVV 铜芯聚氯乙烯绝缘乙烯护套电线	沪安	BVV12,厂标,白 BVV12×1mm^2	卷(95m/卷)	408.00	无锡市沪安电缆有限公司
BVV 铜芯聚氯乙烯绝缘乙烯护套电线	沪安	BVV12,厂标,黑 BVV12×0.5mm^2	卷(95m/卷)	227.00	无锡市沪安电缆有限公司
BVV 铜芯聚氯乙烯绝缘乙烯护套电线	沪安	BVV12,厂标,黑 BVV12×0.75mm^2	卷(95m/卷)	308.00	无锡市沪安电缆有限公司
BVV 铜芯聚氯乙烯绝缘乙烯护套电线	沪安	BVV12,厂标,黑 BVV12×1mm^2	卷(95m/卷)	408.00	无锡市沪安电缆有限公司
BVV 铜芯聚氯乙烯绝缘乙烯护套电线	沪安	BVV12,国标,白 BVV12×0.5mm^2	卷(95m/卷)	300.00	无锡市沪安电缆有限公司

续表

产品名称	品牌	规格型号	包装单位	参考价格（元）	供应商
BVV 铜芯聚氯乙烯绝缘乙烯护套电线	沪安	BVV12，国标，白 BVV12×0.75mm²	卷（95m/卷）	437.00	无锡市沪安电缆有限公司
BVV 铜芯聚氯乙烯绝缘乙烯护套电线	沪安	BVV12，国标，白 BVV12×1mm²	卷（95m/卷）	537.00	无锡市沪安电缆有限公司
BVV 铜芯聚氯乙烯绝缘乙烯护套电线	沪安	BVV12，国标，黑 BVV12×0.5mm²	卷（95m/卷）	300.00	无锡市沪安电缆有限公司
BVV 铜芯聚氯乙烯绝缘乙烯护套电线	沪安	BVV12，国标，黑 BVV12×0.75mm²	卷（95m/卷）	437.00	无锡市沪安电缆有限公司
BVV 铜芯聚氯乙烯绝缘乙烯护套电线	沪安	BVV12，国标，黑 BVV12×1mm²	卷（95m/卷）	537.00	无锡市沪安电缆有限公司
BVV 铜芯聚氯乙烯绝缘乙烯护套电线	沪安	BVV2，厂标，白 BVV2×0.5mm²	卷（95m/卷）	46.00	无锡市沪安电缆有限公司
BVV 铜芯聚氯乙烯绝缘乙烯护套电线	沪安	BVV2，厂标，白 BVV2×0.75mm²	卷（95m/卷）	62.00	无锡市沪安电缆有限公司
BVV 铜芯聚氯乙烯绝缘乙烯护套电线	沪安	BVV2，厂标，白 BVV2×1.5mm²	卷（95m/卷）	100.00	无锡市沪安电缆有限公司
BVV 铜芯聚氯乙烯绝缘乙烯护套电线	沪安	BVV2，厂标，白 BVV2×1mm²	卷（95m/卷）	71.00	无锡市沪安电缆有限公司
BVV 铜芯聚氯乙烯绝缘乙烯护套电线	沪安	BVV2，厂标，白 BVV2×2.5mm²	卷（95m/卷）	156.00	无锡市沪安电缆有限公司
BVV 铜芯聚氯乙烯绝缘乙烯护套电线	沪安	BVV2，厂标，白 BVV2×4mm²	卷（95m/卷）	255.00	无锡市沪安电缆有限公司
BVV 铜芯聚氯乙烯绝缘乙烯护套电线	沪安	BVV2，厂标，白 BVV2×6mm²	卷（95m/卷）	380.00	无锡市沪安电缆有限公司
BVV 铜芯聚氯乙烯绝缘乙烯护套电线	沪安	BVV2，厂标，黑 BVV2×0.5mm²	卷（95m/卷）	46.00	无锡市沪安电缆有限公司
BVV 铜芯聚氯乙烯绝缘乙烯护套电线	沪安	BVV2，厂标，黑 BVV2×0.75mm²	卷（95m/卷）	62.00	无锡市沪安电缆有限公司
BVV 铜芯聚氯乙烯绝缘乙烯护套电线	沪安	BVV2，厂标，黑 BVV2×1.5mm²	卷（95m/卷）	100.00	无锡市沪安电缆有限公司
BVV 铜芯聚氯乙烯绝缘乙烯护套电线	沪安	BVV2，厂标，黑 BVV2×1mm²	卷（95m/卷）	71.00	无锡市沪安电缆有限公司

续表

产品名称	品牌	规格型号	包装单位	参考价格（元）	供应商
BVV铜芯聚氯乙烯绝缘乙烯护套电线	沪安	BVV2，厂标，黑 BVV2×2.5mm^2	卷（95m/卷）	156.00	无锡市沪安电缆有限公司
BVV铜芯聚氯乙烯绝缘乙烯护套电线	沪安	BVV2，厂标，黑 BVV2×4mm^2	卷（95m/卷）	255.00	无锡市沪安电缆有限公司
BVV铜芯聚氯乙烯绝缘乙烯护套电线	沪安	BVV2，厂标，黑 BVV2×6mm^2	卷（95m/卷）	380.00	无锡市沪安电缆有限公司
BVV铜芯聚氯乙烯绝缘乙烯护套电线	沪安	BVV2，国标，白 BVV2×0.5mm^2	卷（95m/卷）	63.00	无锡市沪安电缆有限公司
BVV铜芯聚氯乙烯绝缘乙烯护套电线	沪安	BVV2，国标，白 BVV2×0.75mm^2	卷（95m/卷）	79.00	无锡市沪安电缆有限公司
BVV铜芯聚氯乙烯绝缘乙烯护套电线	沪安	BVV2，国标，白 BVV2×1.5mm^2	卷（95m/卷）	136.00	无锡市沪安电缆有限公司
BVV铜芯聚氯乙烯绝缘乙烯护套电线	沪安	BVV2，国标，白 BVV2×1mm^2	卷（95m/卷）	99.00	无锡市沪安电缆有限公司
BVV铜芯聚氯乙烯绝缘乙烯护套电线	沪安	BVV2，国标，白 BVV2×2.5mm^2	卷（95m/卷）	218.00	无锡市沪安电缆有限公司
BVV铜芯聚氯乙烯绝缘乙烯护套电线	沪安	BVV2，国标，白 BVV2×4mm^2	卷（95m/卷）	358.00	无锡市沪安电缆有限公司
BVV铜芯聚氯乙烯绝缘乙烯护套电线	沪安	BVV2，国标，白 BVV2×6mm^2	卷（95m/卷）	488.00	无锡市沪安电缆有限公司
BVV铜芯聚氯乙烯绝缘乙烯护套电线	沪安	BVV2，国标，黑 BVV2×0.5mm^2	卷（95m/卷）	63.00	无锡市沪安电缆有限公司
BVV铜芯聚氯乙烯绝缘乙烯护套电线	沪安	BVV2，国标，黑 BVV2×0.75mm^2	卷（95m/卷）	79.00	无锡市沪安电缆有限公司
BVV铜芯聚氯乙烯绝缘乙烯护套电线	沪安	BVV2，国标，黑 BVV2×1.5mm^2	卷（95m/卷）	136.00	无锡市沪安电缆有限公司
BVV铜芯聚氯乙烯绝缘乙烯护套电线	沪安	BVV2，国标，黑 BVV2×1mm^2	卷（95m/卷）	99.00	无锡市沪安电缆有限公司
BVV铜芯聚氯乙烯绝缘乙烯护套电线	沪安	BVV2，国标，黑 BVV2×2.5mm^2	卷（95m/卷）	218.00	无锡市沪安电缆有限公司
BVV铜芯聚氯乙烯绝缘乙烯护套电线	沪安	BVV2，国标，黑 BVV2×4mm^2	卷（95m/卷）	358.00	无锡市沪安电缆有限公司

续表

产品名称	品牌	规格型号	包装单位	参考价格(元)	供应商
BVV铜芯聚氯乙烯绝缘乙烯护套电线	沪安	BVV2,国标,黑 BVV2×6mm²	卷(95m/卷)	488.00	无锡市沪安电缆有限公司
BVV铜芯聚氯乙烯绝缘乙烯护套电线	沪安	BVV3,厂标,白 BVV3×0.5mm²	卷(100m/卷)	65.00	无锡市沪安电缆有限公司
BVV铜芯聚氯乙烯绝缘乙烯护套电线	沪安	BVV3,厂标,白 BVV3×0.75mm²	卷(100m/卷)	87.00	无锡市沪安电缆有限公司
BVV铜芯聚氯乙烯绝缘乙烯护套电线	沪安	BVV3,厂标,白 BVV3×1.5mm²	卷(100m/卷)	143.00	无锡市沪安电缆有限公司
BVV铜芯聚氯乙烯绝缘乙烯护套电线	沪安	BVV3,厂标,白 BVV3×1mm²	卷(100m/卷)	103.00	无锡市沪安电缆有限公司
BVV铜芯聚氯乙烯绝缘乙烯护套电线	沪安	BVV3,厂标,白 BVV3×2.5mm²	卷(100m/卷)	225.00	无锡市沪安电缆有限公司
BVV铜芯聚氯乙烯绝缘乙烯护套电线	沪安	BVV3,厂标,白 BVV3×4mm²	卷(100m/卷)	372.00	无锡市沪安电缆有限公司
BVV铜芯聚氯乙烯绝缘乙烯护套电线	沪安	BVV3,厂标,白 BVV3×6mm²	卷(100m/卷)	580.00	无锡市沪安电缆有限公司
BVV铜芯聚氯乙烯绝缘乙烯护套电线	沪安	BVV3,厂标,黑 BVV3×0.5mm²	卷(95m/卷)	65.00	无锡市沪安电缆有限公司
BVV铜芯聚氯乙烯绝缘乙烯护套电线	沪安	BVV3,厂标,黑 BVV3×0.75mm²	卷(95m/卷)	87.00	无锡市沪安电缆有限公司
BVV铜芯聚氯乙烯绝缘乙烯护套电线	沪安	BVV3,厂标,黑 BVV3×1.5mm²	卷(95m/卷)	143.00	无锡市沪安电缆有限公司
BVV铜芯聚氯乙烯绝缘乙烯护套电线	沪安	BVV3,厂标,黑 BVV3×1mm²	卷(95m/卷)	103.00	无锡市沪安电缆有限公司
BVV铜芯聚氯乙烯绝缘乙烯护套电线	沪安	BVV3,厂标,黑 BVV3×2.5mm²	卷(95m/卷)	225.00	无锡市沪安电缆有限公司
BVV铜芯聚氯乙烯绝缘乙烯护套电线	沪安	BVV3,厂标,黑 BVV3×4mm²	卷(100m/卷)	372.00	无锡市沪安电缆有限公司
BVV铜芯聚氯乙烯绝缘乙烯护套电线	沪安	BVV3,厂标,黑 BVV3×6mm²	卷(100m/卷)	580.00	无锡市沪安电缆有限公司
BVV铜芯聚氯乙烯绝缘乙烯护套电线	沪安	BVV3,国标,白 BVV3×0.5mm²	卷(100m/卷)	80.00	无锡市沪安电缆有限公司

续表

产品名称	品牌	规格型号	包装单位	参考价格（元）	供应商
BVV 铜芯聚氯乙烯绝缘乙烯护套电线	沪安	BVV3，国标，白 BVV3×0.75mm²	卷（100m/卷）	109.00	无锡市沪安电缆有限公司
BVV 铜芯聚氯乙烯绝缘乙烯护套电线	沪安	BVV3，国标，白 BVV3×1.5mm²	卷（100m/卷）	195.00	无锡市沪安电缆有限公司
BVV 铜芯聚氯乙烯绝缘乙烯护套电线	沪安	BVV3，国标，白 BVV3×1mm²	卷（100m/卷）	135.00	无锡市沪安电缆有限公司
BVV 铜芯聚氯乙烯绝缘乙烯护套电线	沪安	BVV3，国标，白 BVV3×2.5mm²	卷（100m/卷）	309.00	无锡市沪安电缆有限公司
BVV 铜芯聚氯乙烯绝缘乙烯护套电线	沪安	BVV3，国标，白 BVV3×4mm²	卷（100m/卷）	490.00	无锡市沪安电缆有限公司
BVV 铜芯聚氯乙烯绝缘乙烯护套电线	沪安	BVV3，国标，白 BVV3×6mm²	卷（100m/卷）	728.00	无锡市沪安电缆有限公司
BVV 铜芯聚氯乙烯绝缘乙烯护套电线	沪安	BVV3，国标，黑 BVV3×0.5mm²	卷（95m/卷）	80.00	无锡市沪安电缆有限公司
BVV 铜芯聚氯乙烯绝缘乙烯护套电线	沪安	BVV3，国标，黑 BVV3×0.75mm²	卷（95m/卷）	109.00	无锡市沪安电缆有限公司
BVV 铜芯聚氯乙烯绝缘乙烯护套电线	沪安	BVV3，国标，黑 BVV3×1.5mm²	卷（95m/卷）	195.00	无锡市沪安电缆有限公司
BVV 铜芯聚氯乙烯绝缘乙烯护套电线	沪安	BVV3，国标，黑 BVV3×1mm²	卷（95m/卷）	135.00	无锡市沪安电缆有限公司
BVV 铜芯聚氯乙烯绝缘乙烯护套电线	沪安	BVV3，国标，黑 BVV3×2.5mm²	卷（95m/卷）	309.00	无锡市沪安电缆有限公司
BVV 铜芯聚氯乙烯绝缘乙烯护套电线	沪安	BVV3，国标，黑 BVV3×4mm²	卷（100m/卷）	490.00	无锡市沪安电缆有限公司
BVV 铜芯聚氯乙烯绝缘乙烯护套电线	沪安	BVV3，国标，黑 BVV3×6mm²	卷（100m/卷）	728.00	无锡市沪安电缆有限公司
BVV 铜芯聚氯乙烯绝缘乙烯护套电线	沪安	BVV4，厂标，白 BVV4×0.5mm²	卷（95m/卷）	76.00	无锡市沪安电缆有限公司
BVV 铜芯聚氯乙烯绝缘乙烯护套电线	沪安	BVV4，厂标，白 BVV4×0.75mm²	卷（95m/卷）	113.00	无锡市沪安电缆有限公司
BVV 铜芯聚氯乙烯绝缘乙烯护套电线	沪安	BVV4，厂标，白 BVV4×1.5mm²	卷（95m/卷）	186.00	无锡市沪安电缆有限公司

续表

产品名称	品牌	规格型号	包装单位	参考价格（元）	供应商
BVV 铜芯聚氯乙烯绝缘乙烯护套电线	沪安	BVV4，厂标，白 BVV4×1mm²	卷（95m/卷）	130.00	无锡市沪安电缆有限公司
BVV 铜芯聚氯乙烯绝缘乙烯护套电线	沪安	BVV4，厂标，白 BVV4×2.5mm²	卷（95m/卷）	291.00	无锡市沪安电缆有限公司
BVV 铜芯聚氯乙烯绝缘乙烯护套电线	沪安	BVV4，厂标，白 BVV4×4mm²	卷（95m/卷）	485.00	无锡市沪安电缆有限公司
BVV 铜芯聚氯乙烯绝缘乙烯护套电线	沪安	BVV4，厂标，白 BVV4×6mm²	卷（95m/卷）	780.00	无锡市沪安电缆有限公司
BVV 铜芯聚氯乙烯绝缘乙烯护套电线	沪安	BVV4，厂标，黑 BVV4×0.5mm²	卷（95m/卷）	76.00	无锡市沪安电缆有限公司
BVV 铜芯聚氯乙烯绝缘乙烯护套电线	沪安	BVV4，厂标，黑 BVV4×0.75mm²	卷（95m/卷）	113.00	无锡市沪安电缆有限公司
BVV 铜芯聚氯乙烯绝缘乙烯护套电线	沪安	BVV4，厂标，黑 BVV4×1.5mm²	卷（95m/卷）	186.00	无锡市沪安电缆有限公司
BVV 铜芯聚氯乙烯绝缘乙烯护套电线	沪安	BVV4，厂标，黑 BVV4×1mm²	卷（95m/卷）	130.00	无锡市沪安电缆有限公司
BVV 铜芯聚氯乙烯绝缘乙烯护套电线	沪安	BVV4，厂标，黑 BVV4×2.5mm²	卷（95m/卷）	291.00	无锡市沪安电缆有限公司
BVV 铜芯聚氯乙烯绝缘乙烯护套电线	沪安	BVV4，厂标，黑 BVV4×4mm²	卷（95m/卷）	485.00	无锡市沪安电缆有限公司
BVV 铜芯聚氯乙烯绝缘乙烯护套电线	沪安	BVV4，厂标，黑 BVV4×6mm²	卷（95m/卷）	780.00	无锡市沪安电缆有限公司
BVV 铜芯聚氯乙烯绝缘乙烯护套电线	沪安	BVV4，国标，白 BVV4×0.5mm²	卷（95m/卷）	100.00	无锡市沪安电缆有限公司
BVV 铜芯聚氯乙烯绝缘乙烯护套电线	沪安	BVV4，国标，白 BVV4×0.75mm²	卷（95m/卷）	137.00	无锡市沪安电缆有限公司
BVV 铜芯聚氯乙烯绝缘乙烯护套电线	沪安	BVV4，国标，白 BVV4×1.5mm²	卷（95m/卷）	253.00	无锡市沪安电缆有限公司
BVV 铜芯聚氯乙烯绝缘乙烯护套电线	沪安	BVV4，国标，白 BVV4×1mm²	卷（95m/卷）	178.00	无锡市沪安电缆有限公司
BVV 铜芯聚氯乙烯绝缘乙烯护套电线	沪安	BVV4，国标，白 BVV4×2.5mm²	卷（95m/卷）	401.00	无锡市沪安电缆有限公司

续表

产品名称	品牌	规格型号	包装单位	参考价格（元）	供应商
BVV 铜芯聚氯乙烯绝缘乙烯护套电线	沪安	BVV4，国标，白 BVV4×4mm²	卷（95m/卷）	689.00	无锡市沪安电缆有限公司
BVV 铜芯聚氯乙烯绝缘乙烯护套电线	沪安	BVV4，国标，白 BVV4×6mm²	卷（95m/卷）	962.00	无锡市沪安电缆有限公司
BVV 铜芯聚氯乙烯绝缘乙烯护套电线	沪安	BVV4，国标，黑 BVV4×0.5mm²	卷（95m/卷）	100.00	无锡市沪安电缆有限公司
BVV 铜芯聚氯乙烯绝缘乙烯护套电线	沪安	BVV4，国标，黑 BVV4×0.75mm²	卷（95m/卷）	137.00	无锡市沪安电缆有限公司
BVV 铜芯聚氯乙烯绝缘乙烯护套电线	沪安	BVV4，国标，黑 BVV4×1.5mm²	卷（95m/卷）	253.00	无锡市沪安电缆有限公司
BVV 铜芯聚氯乙烯绝缘乙烯护套电线	沪安	BVV4，国标，黑 BVV4×1mm²	卷（95m/卷）	178.00	无锡市沪安电缆有限公司
BVV 铜芯聚氯乙烯绝缘乙烯护套电线	沪安	BVV4，国标，黑 BVV4×2.5mm²	卷（95m/卷）	401.00	无锡市沪安电缆有限公司
BVV 铜芯聚氯乙烯绝缘乙烯护套电线	沪安	BVV4，国标，黑 BVV4×4mm²	卷（95m/卷）	689.00	无锡市沪安电缆有限公司
BVV 铜芯聚氯乙烯绝缘乙烯护套电线	沪安	BVV4，国标，黑 BVV4×6mm²	卷（95m/卷）	962.00	无锡市沪安电缆有限公司
BVV 铜芯聚氯乙烯绝缘乙烯护套电线	沪安	BVV5，厂标，白 BVV5×0.5mm²	卷（95m/卷）	97.00	无锡市沪安电缆有限公司
BVV 铜芯聚氯乙烯绝缘乙烯护套电线	沪安	BVV5，厂标，白 BVV5×0.75mm²	卷（95m/卷）	148.00	无锡市沪安电缆有限公司
BVV 铜芯聚氯乙烯绝缘乙烯护套电线	沪安	BVV5，厂标，白 BVV5×1.5mm²	卷（95m/卷）	230.00	无锡市沪安电缆有限公司
BVV 铜芯聚氯乙烯绝缘乙烯护套电线	沪安	BVV5，厂标，白 BVV5×1mm²	卷（95m/卷）	170.00	无锡市沪安电缆有限公司
BVV 铜芯聚氯乙烯绝缘乙烯护套电线	沪安	BVV5，厂标，白 BVV5×2.5mm²	卷（95m/卷）	370.00	无锡市沪安电缆有限公司
BVV 铜芯聚氯乙烯绝缘乙烯护套电线	沪安	BVV5，厂标，白 BVV5×4mm²	卷（95m/卷）	620.00	无锡市沪安电缆有限公司
BVV 铜芯聚氯乙烯绝缘乙烯护套电线	沪安	BVV5，厂标，白 BVV5×6mm²	卷（95m/卷）	880.00	无锡市沪安电缆有限公司

续表

产品名称	品牌	规格型号	包装单位	参考价格（元）	供应商
BVV 铜芯聚氯乙烯绝缘乙烯护套电线	沪安	BVV5，厂标，黑 BVV5×0.5mm^2	卷（95m/卷）	97.00	无锡市沪安电缆有限公司
BVV 铜芯聚氯乙烯绝缘乙烯护套电线	沪安	BVV5，厂标，黑 BVV5×0.75mm^2	卷（95m/卷）	148.00	无锡市沪安电缆有限公司
BVV 铜芯聚氯乙烯绝缘乙烯护套电线	沪安	BVV5，厂标，黑 BVV5×1.5mm^2	卷（95m/卷）	230.00	无锡市沪安电缆有限公司
BVV 铜芯聚氯乙烯绝缘乙烯护套电线	沪安	BVV5，厂标，黑 BVV5×1mm^2	卷（95m/卷）	170.00	无锡市沪安电缆有限公司
BVV 铜芯聚氯乙烯绝缘乙烯护套电线	沪安	BVV5，厂标，黑 BVV5×2.5mm^2	卷（95m/卷）	370.00	无锡市沪安电缆有限公司
BVV 铜芯聚氯乙烯绝缘乙烯护套电线	沪安	BVV5，厂标，黑 BVV5×4mm^2	卷（95m/卷）	620.00	无锡市沪安电缆有限公司
BVV 铜芯聚氯乙烯绝缘乙烯护套电线	沪安	BVV5，厂标，黑 BVV5×6mm^2	卷（95m/卷）	880.00	无锡市沪安电缆有限公司
BVV 铜芯聚氯乙烯绝缘乙烯护套电线	沪安	BVV5，国标，白 BVV5×0.5mm^2	卷（95m/卷）	126.00	无锡市沪安电缆有限公司
BVV 铜芯聚氯乙烯绝缘乙烯护套电线	沪安	BVV5，国标，白 BVV5×0.75mm^2	卷（95m/卷）	178.00	无锡市沪安电缆有限公司
BVV 铜芯聚氯乙烯绝缘乙烯护套电线	沪安	BVV5，国标，白 BVV5×1.5mm^2	卷（95m/卷）	346.00	无锡市沪安电缆有限公司
BVV 铜芯聚氯乙烯绝缘乙烯护套电线	沪安	BVV5，国标，白 BVV5×1mm^2	卷（95m/卷）	228.00	无锡市沪安电缆有限公司
BVV 铜芯聚氯乙烯绝缘乙烯护套电线	沪安	BVV5，国标，白 BVV5×2.5mm^2	卷（95m/卷）	525.00	无锡市沪安电缆有限公司
BVV 铜芯聚氯乙烯绝缘乙烯护套电线	沪安	BVV5，国标，白 BVV5×4mm^2	卷（95m/卷）	863.00	无锡市沪安电缆有限公司
BVV 铜芯聚氯乙烯绝缘乙烯护套电线	沪安	BVV5，国标，白 BVV5×6mm^2	卷（95m/卷）	1209.00	无锡市沪安电缆有限公司
BVV 铜芯聚氯乙烯绝缘乙烯护套电线	沪安	BVV5，国标，黑 BVV5×0.5mm^2	卷（95m/卷）	126.00	无锡市沪安电缆有限公司
BVV 铜芯聚氯乙烯绝缘乙烯护套电线	沪安	BVV5，国标，黑 BVV5×0.75mm^2	卷（95m/卷）	178.00	无锡市沪安电缆有限公司

续表

产品名称	品牌	规格型号	包装单位	参考价格(元)	供应商
BVV 铜芯聚氯乙烯绝缘乙烯护套电线	沪安	BVV5,国标,黑 BVV5×1.5mm²	卷(95m/卷)	346.00	无锡市沪安电缆有限公司
BVV 铜芯聚氯乙烯绝缘乙烯护套电线	沪安	BVV5,国标,黑 BVV5×1mm²	卷(95m/卷)	228.00	无锡市沪安电缆有限公司
BVV 铜芯聚氯乙烯绝缘乙烯护套电线	沪安	BVV5,国标,黑 BVV5×2.5mm²	卷(95m/卷)	525.00	无锡市沪安电缆有限公司
BVV 铜芯聚氯乙烯绝缘乙烯护套电线	沪安	BVV5,国标,黑 BVV5×4mm²	卷(95m/卷)	863.00	无锡市沪安电缆有限公司
BVV 铜芯聚氯乙烯绝缘乙烯护套电线	沪安	BVV5,国标,黑 BVV5×6mm²	卷(95m/卷)	1209.00	无锡市沪安电缆有限公司
BVV 铜芯聚氯乙烯绝缘乙烯护套电线	沪安	BVV6,厂标,白 BVV6×0.5mm²	卷(95m/卷)	100.00	无锡市沪安电缆有限公司
BVV 铜芯聚氯乙烯绝缘乙烯护套电线	沪安	BVV6,厂标,白 BVV6×0.75mm²	卷(95m/卷)	146.00	无锡市沪安电缆有限公司
BVV 铜芯聚氯乙烯绝缘乙烯护套电线	沪安	BVV6,厂标,白 BVV6×1.5mm²	卷(95m/卷)	241.00	无锡市沪安电缆有限公司
BVV 铜芯聚氯乙烯绝缘乙烯护套电线	沪安	BVV6,厂标,白 BVV6×1mm²	卷(95m/卷)	167.00	无锡市沪安电缆有限公司
BVV 铜芯聚氯乙烯绝缘乙烯护套电线	沪安	BVV6,厂标,白 BVV6×2.5mm²	卷(95m/卷)	450.00	无锡市沪安电缆有限公司
BVV 铜芯聚氯乙烯绝缘乙烯护套电线	沪安	BVV6,厂标,白 BVV6×4mm²	卷(95m/卷)	708.00	无锡市沪安电缆有限公司
BVV 铜芯聚氯乙烯绝缘乙烯护套电线	沪安	BVV6,厂标,白 BVV6×6mm²	卷(95m/卷)	1006.00	无锡市沪安电缆有限公司
BVV 铜芯聚氯乙烯绝缘乙烯护套电线	沪安	BVV6,厂标,黑 BVV6×0.5mm²	卷(95m/卷)	100.00	无锡市沪安电缆有限公司
BVV 铜芯聚氯乙烯绝缘乙烯护套电线	沪安	BVV6,厂标,黑 BVV6×0.75mm²	卷(95m/卷)	146.00	无锡市沪安电缆有限公司
BVV 铜芯聚氯乙烯绝缘乙烯护套电线	沪安	BVV6,厂标,黑 BVV6×1.5mm²	卷(95m/卷)	241.00	无锡市沪安电缆有限公司
BVV 铜芯聚氯乙烯绝缘乙烯护套电线	沪安	BVV6,厂标,黑 BVV6×1mm²	卷(95m/卷)	167.00	无锡市沪安电缆有限公司

续表

产品名称	品牌	规格型号	包装单位	参考价格（元）	供应商
BVV 铜芯聚氯乙烯绝缘乙烯护套电线	沪安	BVV6，厂标，黑 BVV6×2.5mm²	卷（95m/卷）	450.00	无锡市沪安电缆有限公司
BVV 铜芯聚氯乙烯绝缘乙烯护套电线	沪安	BVV6，厂标，黑 BVV6×4mm²	卷（95m/卷）	708.00	无锡市沪安电缆有限公司
BVV 铜芯聚氯乙烯绝缘乙烯护套电线	沪安	BVV6，厂标，黑 BVV6×6mm²	卷（95m/卷）	1006.00	无锡市沪安电缆有限公司
BVV 铜芯聚氯乙烯绝缘乙烯护套电线	沪安	BVV6，国标，白 BVV6×0.5mm²	卷（95m/卷）	161.00	无锡市沪安电缆有限公司
BVV 铜芯聚氯乙烯绝缘乙烯护套电线	沪安	BVV6，国标，白 BVV6×0.75mm²	卷（95m/卷）	226.00	无锡市沪安电缆有限公司
BVV 铜芯聚氯乙烯绝缘乙烯护套电线	沪安	BVV6，国标，白 BVV6×1.5mm²	卷（95m/卷）	408.00	无锡市沪安电缆有限公司
BVV 铜芯聚氯乙烯绝缘乙烯护套电线	沪安	BVV6，国标，白 BVV6×1mm²	卷（95m/卷）	279.00	无锡市沪安电缆有限公司
BVV 铜芯聚氯乙烯绝缘乙烯护套电线	沪安	BVV6，国标，白 BVV6×2.5mm²	卷（95m/卷）	631.00	无锡市沪安电缆有限公司
BVV 铜芯聚氯乙烯绝缘乙烯护套电线	沪安	BVV6，国标，白 BVV6×4mm²	卷（95m/卷）	1082.00	无锡市沪安电缆有限公司
BVV 铜芯聚氯乙烯绝缘乙烯护套电线	沪安	BVV6，国标，白 BVV6×6mm²	卷（95m/卷）	1587.00	无锡市沪安电缆有限公司
BVV 铜芯聚氯乙烯绝缘乙烯护套电线	沪安	BVV6，国标，黑 BVV6×0.5mm²	卷（95m/卷）	161.00	无锡市沪安电缆有限公司
BVV 铜芯聚氯乙烯绝缘乙烯护套电线	沪安	BVV6，国标，黑 BVV6×0.75mm²	卷（95m/卷）	226.00	无锡市沪安电缆有限公司
BVV 铜芯聚氯乙烯绝缘乙烯护套电线	沪安	BVV6，国标，黑 BVV6×1.5mm²	卷（95m/卷）	408.00	无锡市沪安电缆有限公司
BVV 铜芯聚氯乙烯绝缘乙烯护套电线	沪安	BVV6，国标，黑 BVV6×1mm²	卷（95m/卷）	279.00	无锡市沪安电缆有限公司
BVV 铜芯聚氯乙烯绝缘乙烯护套电线	沪安	BVV6，国标，黑 BVV6×2.5mm²	卷（95m/卷）	631.00	无锡市沪安电缆有限公司
BVV 铜芯聚氯乙烯绝缘乙烯护套电线	沪安	BVV6，国标，黑 BVV6×4mm²	卷（95m/卷）	1082.00	无锡市沪安电缆有限公司

续表

产品名称	品牌	规格型号	包装单位	参考价格（元）	供应商
BVV铜芯聚氯乙烯绝缘乙烯护套电线	沪安	BVV6，国标，黑 BVV6×6mm²	卷（95m/卷）	1587.00	无锡市沪安电缆有限公司
BVV铜芯聚氯乙烯绝缘乙烯护套电线	沪安	BVV7，厂标，白 BVV7×0.5mm²	卷（95m/卷）	138.00	无锡市沪安电缆有限公司
BVV铜芯聚氯乙烯绝缘乙烯护套电线	沪安	BVV7，厂标，白 BVV7×0.75mm²	卷（95m/卷）	172.00	无锡市沪安电缆有限公司
BVV铜芯聚氯乙烯绝缘乙烯护套电线	沪安	BVV7，厂标，白 BVV7×1mm²	卷（95m/卷）	190.00	无锡市沪安电缆有限公司
BVV铜芯聚氯乙烯绝缘乙烯护套电线	沪安	BVV7，厂标，黑 BVV7×0.5mm²	卷（95m/卷）	138.00	无锡市沪安电缆有限公司
BVV铜芯聚氯乙烯绝缘乙烯护套电线	沪安	BVV7，厂标，黑 BVV7×0.75mm²	卷（95m/卷）	172.00	无锡市沪安电缆有限公司
BVV铜芯聚氯乙烯绝缘乙烯护套电线	沪安	BVV7，厂标，黑 BVV7×1mm²	卷（95m/卷）	190.00	无锡市沪安电缆有限公司
BVV铜芯聚氯乙烯绝缘乙烯护套电线	沪安	BVV7，国标，白 BVV7×0.5mm²	卷（95m/卷）	175.00	无锡市沪安电缆有限公司
BVV铜芯聚氯乙烯绝缘乙烯护套电线	沪安	BVV7，国标，白 BVV7×0.75mm²	卷（95m/卷）	248.00	无锡市沪安电缆有限公司
BVV铜芯聚氯乙烯绝缘乙烯护套电线	沪安	BVV7，国标，白 BVV7×1mm²	卷（95m/卷）	309.00	无锡市沪安电缆有限公司
BVV铜芯聚氯乙烯绝缘乙烯护套电线	沪安	BVV7，国标，黑 BVV7×0.5mm²	卷（95m/卷）	175.00	无锡市沪安电缆有限公司
BVV铜芯聚氯乙烯绝缘乙烯护套电线	沪安	BVV7，国标，黑 BVV7×0.75mm²	卷（95m/卷）	248.00	无锡市沪安电缆有限公司
BVV铜芯聚氯乙烯绝缘乙烯护套电线	沪安	BVV7，国标，黑 BVV7×1mm²	卷（95m/卷）	309.00	无锡市沪安电缆有限公司
BVV铜芯聚氯乙烯绝缘乙烯护套电线	沪安	BVV8，厂标，白 BVV8×0.5mm²	卷（95m/卷）	155.00	无锡市沪安电缆有限公司
BVV铜芯聚氯乙烯绝缘乙烯护套电线	沪安	BVV8，厂标，白 BVV8×0.75mm²	卷（95m/卷）	208.00	无锡市沪安电缆有限公司
BVV铜芯聚氯乙烯绝缘乙烯护套电线	沪安	BVV8，厂标，白 BVV8×1mm²	卷（95m/卷）	283.00	无锡市沪安电缆有限公司

续表

产品名称	品牌	规格型号	包装单位	参考价格（元）	供应商
BVV 铜芯聚氯乙烯绝缘乙烯护套电线	沪安	BVV8，厂标，黑 BVV8×0.5mm²	卷（95m/卷）	155.00	无锡市沪安电缆有限公司
BVV 铜芯聚氯乙烯绝缘乙烯护套电线	沪安	BVV8，厂标，黑 BVV8×0.75mm²	卷（95m/卷）	208.00	无锡市沪安电缆有限公司
BVV 铜芯聚氯乙烯绝缘乙烯护套电线	沪安	BVV8，厂标，黑 BVV8×1mm²	卷（95m/卷）	283.00	无锡市沪安电缆有限公司
BVV 铜芯聚氯乙烯绝缘乙烯护套电线	沪安	BVV8，国标，白 BVV8×0.5mm²	卷（95m/卷）	207.00	无锡市沪安电缆有限公司
BVV 铜芯聚氯乙烯绝缘乙烯护套电线	沪安	BVV8，国标，白 BVV8×0.75mm²	卷（95m/卷）	289.00	无锡市沪安电缆有限公司
BVV 铜芯聚氯乙烯绝缘乙烯护套电线	沪安	BVV8，国标，白 BVV8×1mm²	卷（95m/卷）	368.00	无锡市沪安电缆有限公司
BVV 铜芯聚氯乙烯绝缘乙烯护套电线	沪安	BVV8，国标，黑 BVV8×0.5mm²	卷（95m/卷）	207.00	无锡市沪安电缆有限公司
BVV 铜芯聚氯乙烯绝缘乙烯护套电线	沪安	BVV8，国标，黑 BVV8×0.75mm²	卷（95m/卷）	289.00	无锡市沪安电缆有限公司
BVV 铜芯聚氯乙烯绝缘乙烯护套电线	沪安	BVV8，国标，黑 BVV8×1mm²	卷（95m/卷）	368.00	无锡市沪安电缆有限公司

2.1.4 RVV 铜芯聚氯乙烯绝缘聚氯乙烯护套软电线

产品名称	品牌	规格型号	包装单位	参考价格（元）	供应商
RVV 铜芯聚氯乙烯绝缘聚氯乙烯护套软电线	丰旭	RVV 2×0.5mm²	m	0.85	湖南丰旭线缆有限公司
RVV 铜芯聚氯乙烯绝缘聚氯乙烯护套软电线	丰旭	RVV 2×0.75mm²	m	1.26	湖南丰旭线缆有限公司
RVV 铜芯聚氯乙烯绝缘聚氯乙烯护套软电线	丰旭	RVV 2×1.0mm²	m	1.62	湖南丰旭线缆有限公司
RVV 铜芯聚氯乙烯绝缘聚氯乙烯护套软电线	丰旭	RVV 2×1.5mm²	m	2.28	湖南丰旭线缆有限公司
RVV 铜芯聚氯乙烯绝缘聚氯乙烯护套软电线	丰旭	RVV 2×2.5mm²	m	3.87	湖南丰旭线缆有限公司

续表

产品名称	品牌	规格型号	包装单位	参考价格（元）	供应商
RVV 铜芯聚氯乙烯绝缘聚氯乙烯护套软电线	丰旭	RVV $2\times4.0mm^2$	m	5.60	湖南丰旭线缆有限公司
RVV 铜芯聚氯乙烯绝缘聚氯乙烯护套软电线	丰旭	RVV $2\times6.0mm^2$	m	8.30	湖南丰旭线缆有限公司
RVV 铜芯聚氯乙烯绝缘聚氯乙烯护套软电线	丰旭	RVV $3\times0.5mm^2$	m	1.36	湖南丰旭线缆有限公司
RVV 铜芯聚氯乙烯绝缘聚氯乙烯护套软电线	丰旭	RVV $3\times0.75mm^2$	m	2.00	湖南丰旭线缆有限公司
RVV 铜芯聚氯乙烯绝缘聚氯乙烯护套软电线	丰旭	RVV $3\times1.0mm^2$	m	2.40	湖南丰旭线缆有限公司
RVV 铜芯聚氯乙烯绝缘聚氯乙烯护套软电线	丰旭	RVV $3\times1.5mm^2$	m	3.47	湖南丰旭线缆有限公司
RVV 铜芯聚氯乙烯绝缘聚氯乙烯护套软电线	丰旭	RVV $3\times2.5mm^2$	m	5.20	湖南丰旭线缆有限公司
RVV 铜芯聚氯乙烯绝缘聚氯乙烯护套软电线	丰旭	RVV $3\times4.0mm^2$	m	8.13	湖南丰旭线缆有限公司
RVV 铜芯聚氯乙烯绝缘聚氯乙烯护套软电线	丰旭	RVV $3\times6.0mm^2$	m	12.39	湖南丰旭线缆有限公司
RVV 铜芯聚氯乙烯绝缘聚氯乙烯护套软电线	丰旭	RVV $4\times0.5mm^2$	m	1.78	湖南丰旭线缆有限公司
RVV 铜芯聚氯乙烯绝缘聚氯乙烯护套软电线	丰旭	RVV $4\times0.75mm^2$	m	2.61	湖南丰旭线缆有限公司
RVV 铜芯聚氯乙烯绝缘聚氯乙烯护套软电线	丰旭	RVV $4\times1.0mm^2$	m	3.15	湖南丰旭线缆有限公司
RVV 铜芯聚氯乙烯绝缘聚氯乙烯护套软电线	丰旭	RVV $4\times1.5mm^2$	m	4.54	湖南丰旭线缆有限公司
RVV 铜芯聚氯乙烯绝缘聚氯乙烯护套软电线	丰旭	RVV $5\times0.5mm^2$	m	2.07	湖南丰旭线缆有限公司
RVV 铜芯聚氯乙烯绝缘聚氯乙烯护套软电线	丰旭	RVV $5\times0.75mm^2$	m	3.15	湖南丰旭线缆有限公司
RVV 铜芯聚氯乙烯绝缘聚氯乙烯护套软电线	丰旭	RVV $5\times1.0mm^2$	m	3.78	湖南丰旭线缆有限公司

续表

产品名称	品牌	规格型号	包装单位	参考价格（元）	供应商
RVV 铜芯聚氯乙烯绝缘聚氯乙烯护套软电线	丰旭	RVV 6×0.5mm²	m	2.49	湖南丰旭线缆有限公司
RVV 铜芯聚氯乙烯绝缘聚氯乙烯护套软电线	丰旭	RVV 6×0.75mm²	m	3.76	湖南丰旭线缆有限公司
RVV 铜芯聚氯乙烯绝缘聚氯乙烯护套软电线	丰旭	RVV 6×1.0mm²	m	4.57	湖南丰旭线缆有限公司
RVV 铜芯聚氯乙烯绝缘聚氯乙烯护套软电线	丰旭	RVV 8×0.5mm²	m	3.60	湖南丰旭线缆有限公司
RVV 铜芯聚氯乙烯绝缘聚氯乙烯护套软电线	丰旭	RVV 8×0.75mm²	m	5.31	湖南丰旭线缆有限公司
RVV 铜芯聚氯乙烯绝缘聚氯乙烯护套软电线	起帆	RVV 2×1.5mm²，白	卷（100m/卷）	234.00	上海起帆电线电缆有限公司
RVV 铜芯聚氯乙烯绝缘聚氯乙烯护套软电线	起帆	RVV 2×2.5mm²，白	卷（100m/卷）	381.60	上海起帆电线电缆有限公司
RVV 铜芯聚氯乙烯绝缘聚氯乙烯护套软电线	起帆	RVV 4×4mm²，白	卷（100m/卷）	1116.00	上海起帆电线电缆有限公司
RVV 铜芯聚氯乙烯绝缘聚氯乙烯护套软电线	起帆	RVV 4×4mm²，黑	卷（100m/卷）	1116.00	上海起帆电线电缆有限公司
RVV 铜芯聚氯乙烯绝缘聚氯乙烯护套软电线	起帆	RVV 5×16mm²，黑	卷（100m/卷）	78.00	上海起帆电线电缆有限公司
RVV 铜芯聚氯乙烯绝缘聚氯乙烯护套软电线	银河	RVV 2×0.5	卷（100m/卷）	72.00	郑州市银河电线电缆有限公司
RVV 铜芯聚氯乙烯绝缘聚氯乙烯护套软电线	银河	RVV 2×0.75	卷（100m/卷）	98.40	郑州市银河电线电缆有限公司
RVV 铜芯聚氯乙烯绝缘聚氯乙烯护套软电线	银河	RVV 3×0.5	卷（100m/卷）	96.00	郑州市银河电线电缆有限公司
RVV 铜芯聚氯乙烯绝缘聚氯乙烯护套软电线	银河	RVV 3×0.75	卷（100m/卷）	138.00	郑州市银河电线电缆有限公司
RVV 铜芯聚氯乙烯绝缘聚氯乙烯护套软电线	银河	RVV 3×1	卷（100m/卷）	174.00	郑州市银河电线电缆有限公司
RVV 铜芯聚氯乙烯绝缘聚氯乙烯护套软电线	银河	RVV 4×0.5	卷（100m/卷）	127.20	郑州市银河电线电缆有限公司

续表

产品名称	品牌	规格型号	包装单位	参考价格（元）	供应商
RVV 铜芯聚氯乙烯绝缘聚氯乙烯护套软电线	银河	RVV 4×0.75	卷（100m/卷）	176.40	郑州市银河电线电缆有限公司
RVV 铜芯聚氯乙烯绝缘聚氯乙烯护套软电线	银河	RVV 4×1	卷（100m/卷）	223.20	郑州市银河电线电缆有限公司
RVV 铜芯聚氯乙烯绝缘聚氯乙烯护套软电线	银河	RVV 5×0.5	卷（100m/卷）	150.00	郑州市银河电线电缆有限公司
RVV 铜芯聚氯乙烯绝缘聚氯乙烯护套软电线	银河	RVV 5×1	卷（100m/卷）	279.60	郑州市银河电线电缆有限公司
RVV 铜芯聚氯乙烯绝缘聚氯乙烯护套软电线	银河	RVV 6×0.5	卷（100m/卷）	177.60	郑州市银河电线电缆有限公司
RVV 铜芯聚氯乙烯绝缘聚氯乙烯护套软电线	银河	RVV 6×0.75	卷（100m/卷）	261.60	郑州市银河电线电缆有限公司
RVV 铜芯聚氯乙烯绝缘聚氯乙烯护套软电线	银河	RVV 6×1	卷（100m/卷）	325.20	郑州市银河电线电缆有限公司
RVV 铜芯聚氯乙烯绝缘聚氯乙烯护套软电线	银河	RVV 7×1	卷（100m/卷）	376.80	郑州市银河电线电缆有限公司
RVV 铜芯聚氯乙烯绝缘聚氯乙烯护套软电线	银河	RVV 8×0.5	卷（100m/卷）	234.00	郑州市银河电线电缆有限公司
RVV 铜芯聚氯乙烯绝缘聚氯乙烯护套软电线	银河	RVV 8×0.75	卷（100m/卷）	339.60	郑州市银河电线电缆有限公司
RVV 铜芯聚氯乙烯绝缘聚氯乙烯护套软电线	银河	RVV 8×1	卷（100m/卷）	432.00	郑州市银河电线电缆有限公司

2.1.5　RVVP 铜芯聚氯乙烯绝缘聚氯乙烯护套屏蔽软电线电缆

产品名称	品牌	规格型号	包装单位	参考价格（元）	供应商
RVVP 铜芯聚氯乙烯绝缘聚氯乙烯护套屏蔽软电线电缆	银河	RVVP 2×0.5	卷（100m/卷）	84.00	郑州市银河电线电缆有限公司
RVVP 铜芯聚氯乙烯绝缘聚氯乙烯护套屏蔽软电线电缆	银河	RVVP 2×0.75	卷（100m/卷）	114.00	郑州市银河电线电缆有限公司
RVVP 铜芯聚氯乙烯绝缘聚氯乙烯护套屏蔽软电线电缆	银河	RVVP 3×0.5	卷（100m/卷）	114.00	郑州市银河电线电缆有限公司

续表

产品名称	品牌	规格型号	包装单位	参考价格(元)	供应商
RVVP 铜芯聚氯乙烯绝缘聚氯乙烯护套屏蔽软电线电缆	银河	RVVP 3×0.75	卷(100m/卷)	150.00	郑州市银河电线电缆有限公司
RVVP 铜芯聚氯乙烯绝缘聚氯乙烯护套屏蔽软电线电缆	银河	RVVP 3×1	卷(100m/卷)	193.20	郑州市银河电线电缆有限公司
RVVP 铜芯聚氯乙烯绝缘聚氯乙烯护套屏蔽软电线电缆	银河	RVVP 4×0.5	卷(100m/卷)	147.60	郑州市银河电线电缆有限公司
RVVP 铜芯聚氯乙烯绝缘聚氯乙烯护套屏蔽软电线电缆	银河	RVVP 4×0.75	卷(100m/卷)	195.60	郑州市银河电线电缆有限公司
RVVP 铜芯聚氯乙烯绝缘聚氯乙烯护套屏蔽软电线电缆	银河	RVVP 4×1	卷(100m/卷)	248.40	郑州市银河电线电缆有限公司
RVVP 铜芯聚氯乙烯绝缘聚氯乙烯护套屏蔽软电线电缆	银河	RVVP 5×0.5	卷(100m/卷)	171.60	郑州市银河电线电缆有限公司
RVVP 铜芯聚氯乙烯绝缘聚氯乙烯护套屏蔽软电线电缆	银河	RVVP 5×1	卷(100m/卷)	306.00	郑州市银河电线电缆有限公司
RVVP 铜芯聚氯乙烯绝缘聚氯乙烯护套屏蔽软电线电缆	银河	RVVP 6×0.5	卷(100m/卷)	205.20	郑州市银河电线电缆有限公司
RVVP 铜芯聚氯乙烯绝缘聚氯乙烯护套屏蔽软电线电缆	银河	RVVP 6×0.75	卷(100m/卷)	289.20	郑州市银河电线电缆有限公司
RVVP 铜芯聚氯乙烯绝缘聚氯乙烯护套屏蔽软电线电缆	银河	RVVP 6×1	卷(100m/卷)	356.40	郑州市银河电线电缆有限公司
RVVP 铜芯聚氯乙烯绝缘聚氯乙烯护套屏蔽软电线电缆	银河	RVVP 7×1	卷(100m/卷)	405.60	郑州市银河电线电缆有限公司
RVVP 铜芯聚氯乙烯绝缘聚氯乙烯护套屏蔽软电线电缆	银河	RVVP 8×0.5	卷(100m/卷)	256.80	郑州市银河电线电缆有限公司
RVVP 铜芯聚氯乙烯绝缘聚氯乙烯护套屏蔽软电线电缆	银河	RVVP 8×0.75	卷(100m/卷)	367.20	郑州市银河电线电缆有限公司
RVVP 铜芯聚氯乙烯绝缘聚氯乙烯护套屏蔽软电线电缆	银河	RVVP 8×1	卷(100m/卷)	462.00	郑州市银河电线电缆有限公司

2.1.6 ZB-BV 阻燃铜芯聚氯乙烯绝缘电线

产品名称	品牌	规格型号	包装单位	参考价格(元)	供应商
ZB-BV 阻燃铜芯聚氯乙烯绝缘电线	起帆	ZB-BV,1.5mm^2,白	卷(100m/卷)	174.00	上海起帆电线电缆有限公司

续表

产品名称	品牌	规格型号	包装单位	参考价格(元)	供应商
ZB-BV阻燃铜芯聚氯乙烯绝缘电线	起帆	ZB-BV,1.5mm²,黑	卷(100m/卷)	174.00	上海起帆电线电缆有限公司
ZB-BV阻燃铜芯聚氯乙烯绝缘电线	起帆	ZB-BV,1.5mm²,红	卷(100m/卷)	81.60	上海起帆电线电缆有限公司
ZB-BV阻燃铜芯聚氯乙烯绝缘电线	起帆	ZB-BV,1.5mm²,黄	卷(100m/卷)	81.60	上海起帆电线电缆有限公司
ZB-BV阻燃铜芯聚氯乙烯绝缘电线	起帆	ZB-BV,1.5mm²,双色	卷(100m/卷)	81.60	上海起帆电线电缆有限公司
ZB-BV阻燃铜芯聚氯乙烯绝缘电线	起帆	ZB-BV,1.5mm²,绿	卷(100m/卷)	81.60	上海起帆电线电缆有限公司
ZB-BV阻燃铜芯聚氯乙烯绝缘电线	起帆	ZB-BV,1.5mm²,双色	卷(100m/卷)	81.60	上海起帆电线电缆有限公司
ZB-BV阻燃铜芯聚氯乙烯绝缘电线	起帆	ZB-BV,10mm²,红	卷(100m/卷)	529.20	上海起帆电线电缆有限公司
ZB-BV阻燃铜芯聚氯乙烯绝缘电线	起帆	ZB-BV,10mm²,黄	卷(100m/卷)	529.20	上海起帆电线电缆有限公司
ZB-BV阻燃铜芯聚氯乙烯绝缘电线	起帆	ZB-BV,10mm²,双色	卷(100m/卷)	529.20	上海起帆电线电缆有限公司
ZB-BV阻燃铜芯聚氯乙烯绝缘电线	起帆	ZB-BV,10mm²,双色	卷(100m/卷)	529.20	上海起帆电线电缆有限公司
ZB-BV阻燃铜芯聚氯乙烯绝缘电线	起帆	ZB-BV,2.5mm²,白	卷(100m/卷)	135.60	上海起帆电线电缆有限公司
ZB-BV阻燃铜芯聚氯乙烯绝缘电线	起帆	ZB-BV,2.5mm²,黑	卷(100m/卷)	135.60	上海起帆电线电缆有限公司
ZB-BV阻燃铜芯聚氯乙烯绝缘电线	起帆	ZB-BV,2.5mm²,红	卷(100m/卷)	135.60	上海起帆电线电缆有限公司
ZB-BV阻燃铜芯聚氯乙烯绝缘电线	起帆	ZB-BV,2.5mm²,黄	卷(100m/卷)	135.60	上海起帆电线电缆有限公司
ZB-BV阻燃铜芯聚氯乙烯绝缘电线	起帆	ZB-BV,2.5mm²,双色	卷(100m/卷)	135.60	上海起帆电线电缆有限公司
ZB-BV阻燃铜芯聚氯乙烯绝缘电线	起帆	ZB-BV,2.5mm²,绿	卷(100m/卷)	135.60	上海起帆电线电缆有限公司

续表

产品名称	品牌	规格型号	包装单位	参考价格（元）	供应商
ZB-BV 阻燃铜芯聚氯乙烯绝缘电线	起帆	ZB-BV，2.5mm^2，双色	卷（100m/卷）	135.60	上海起帆电线电缆有限公司
ZB-BV 阻燃铜芯聚氯乙烯绝缘电线	起帆	ZB-BV，4mm^2，白	卷（100m/卷）	190.00	上海起帆电线电缆有限公司
ZB-BV 阻燃铜芯聚氯乙烯绝缘电线	起帆	ZB-BV，4mm^2，黑	卷（100m/卷）	190.00	上海起帆电线电缆有限公司
ZB-BV 阻燃铜芯聚氯乙烯绝缘电线	起帆	ZB-BV，4mm^2，红	卷（100m/卷）	217.20	上海起帆电线电缆有限公司
ZB-BV 阻燃铜芯聚氯乙烯绝缘电线	起帆	ZB-BV，4mm^2，黄	卷（100m/卷）	217.20	上海起帆电线电缆有限公司
ZB-BV 阻燃铜芯聚氯乙烯绝缘电线	起帆	ZB-BV，4mm^2，双色	卷（100m/卷）	217.20	上海起帆电线电缆有限公司
ZB-BV 阻燃铜芯聚氯乙烯绝缘电线	起帆	ZB-BV，4mm^2，绿	卷（100m/卷）	217.20	上海起帆电线电缆有限公司
ZB-BV 阻燃铜芯聚氯乙烯绝缘电线	起帆	ZB-BV，4mm^2，双色	卷（100m/卷）	217.20	上海起帆电线电缆有限公司
ZB-BV 阻燃铜芯聚氯乙烯绝缘电线	起帆	ZB-BV，6mm^2，白	卷（100m/卷）	322.80	上海起帆电线电缆有限公司
ZB-BV 阻燃铜芯聚氯乙烯绝缘电线	起帆	ZB-BV，6mm^2，黑	卷（100m/卷）	322.80	上海起帆电线电缆有限公司
ZB-BV 阻燃铜芯聚氯乙烯绝缘电线	起帆	ZB-BV，6mm^2，红	卷（100m/卷）	322.80	上海起帆电线电缆有限公司
ZB-BV 阻燃铜芯聚氯乙烯绝缘电线	起帆	ZB-BV，6mm^2，黄	卷（100m/卷）	322.80	上海起帆电线电缆有限公司
ZB-BV 阻燃铜芯聚氯乙烯绝缘电线	起帆	ZB-BV，6mm^2，双色	卷（100m/卷）	322.80	上海起帆电线电缆有限公司
ZB-BV 阻燃铜芯聚氯乙烯绝缘电线	起帆	ZB-BV，6mm^2，双色	卷（100m/卷）	322.80	上海起帆电线电缆有限公司

2.1.7 ZBN-BV 阻燃耐火铜芯聚氯乙烯绝缘电线

产品名称	品牌	规格型号	包装单位	参考价格（元）	供应商
ZBN-BV 阻燃耐火铜芯聚氯乙烯绝缘电线	起帆	ZBN-BV，2.5mm^2，白	卷（100m/卷）	174.00	上海起帆电线电缆有限公司

续表

产品名称	品牌	规格型号	包装单位	参考价格(元)	供应商
ZBN-BV阻燃耐火铜芯聚氯乙烯绝缘电线	起帆	ZBN-BV，2.5mm²，黑	卷(100m/卷)	174.00	上海起帆电线电缆有限公司
ZBN-BV阻燃耐火铜芯聚氯乙烯绝缘电线	起帆	ZBN-BV，2.5mm²，红	卷(100m/卷)	174.00	上海起帆电线电缆有限公司
ZBN-BV阻燃耐火铜芯聚氯乙烯绝缘电线	起帆	ZBN-BV，2.5mm²，黄	卷(100m/卷)	174.00	上海起帆电线电缆有限公司
ZBN-BV阻燃耐火铜芯聚氯乙烯绝缘电线	起帆	ZBN-BV，2.5mm²，蓝	卷(100m/卷)	174.00	上海起帆电线电缆有限公司
ZBN-BV阻燃耐火铜芯聚氯乙烯绝缘电线	起帆	ZBN-BV，2.5mm²，绿	卷(100m/卷)	174.00	上海起帆电线电缆有限公司
ZBN-BV阻燃耐火铜芯聚氯乙烯绝缘电线	起帆	ZBN-BV，2.5mm²，双色	卷(100m/卷)	174.00	上海起帆电线电缆有限公司

2.1.8　ZR-BV阻燃铜芯聚氯乙烯绝缘电线

产品名称	品牌	规格型号	包装单位	参考价格(元)	供应商
ZR-BV阻燃铜芯聚氯乙烯绝缘电线	朝阳昆仑	BV2.5mm²，白	卷(200m/卷)	419.80	北京市朝阳昆仑电线厂
ZR-BV阻燃铜芯聚氯乙烯绝缘电线	朝阳昆仑	BV2.5mm²，黑	卷(200m/卷)	115.00	北京市朝阳昆仑电线厂
ZR-BV阻燃铜芯聚氯乙烯绝缘电线	朝阳昆仑	BV2.5mm²，红	卷(100m/卷)	419.80	北京市朝阳昆仑电线厂
ZR-BV阻燃铜芯聚氯乙烯绝缘电线	朝阳昆仑	BV2.5mm²，黄	卷(200m/卷)	419.80	北京市朝阳昆仑电线厂
ZR-BV阻燃铜芯聚氯乙烯绝缘电线	朝阳昆仑	BV2.5mm²，蓝	卷(100m/卷)	419.80	北京市朝阳昆仑电线厂
ZR-BV阻燃铜芯聚氯乙烯绝缘电线	朝阳昆仑	BV2.5mm²，绿	卷(200m/卷)	419.80	北京市朝阳昆仑电线厂
ZR-BV阻燃铜芯聚氯乙烯绝缘电线	朝阳昆仑	BV2.5mm²，双色	卷(100m/卷)	483.00	北京市朝阳昆仑电线厂
ZR-BV阻燃铜芯聚氯乙烯绝缘电线	朝阳昆仑	BV4mm²，红	卷(100m/卷)	320.90	北京市朝阳昆仑电线厂

续表

产品名称	品牌	规格型号	包装单位	参考价格（元）	供应商
ZR-BV 阻燃铜芯聚氯乙烯绝缘电线	朝阳昆仑	BV4mm^2，蓝	卷（100m/卷）	419.80	北京市朝阳昆仑电线厂
ZR-BV 阻燃铜芯聚氯乙烯绝缘电线	朝阳昆仑	BV4mm^2，双色	卷（100m/卷）	362.30	北京市朝阳昆仑电线厂
ZR-BV 阻燃铜芯聚氯乙烯绝缘电线	慧远	BV2.5mm^2，白	卷（100m/卷）	181.70	北京慧远电线电缆有限公司
ZR-BV 阻燃铜芯聚氯乙烯绝缘电线	慧远	BV2.5mm^2，红	卷（100m/卷）	181.70	北京慧远电线电缆有限公司
ZR-BV 阻燃铜芯聚氯乙烯绝缘电线	慧远	BV2.5mm^2，黄	卷（100m/卷）	181.70	北京慧远电线电缆有限公司
ZR-BV 阻燃铜芯聚氯乙烯绝缘电线	慧远	BV2.5mm^2，蓝	卷（100m/卷）	181.70	北京慧远电线电缆有限公司
ZR-BV 阻燃铜芯聚氯乙烯绝缘电线	慧远	BV2.5mm^2，绿	卷（100m/卷）	181.70	北京慧远电线电缆有限公司
ZR-BV 阻燃铜芯聚氯乙烯绝缘电线	慧远	BV2.5mm^2，双色	卷（100m/卷）	195.50	北京慧远电线电缆有限公司
ZR-BV 阻燃铜芯聚氯乙烯绝缘电线	慧远	BV4mm^2，红	卷（100m/卷）	266.80	北京慧远电线电缆有限公司
ZR-BV 阻燃铜芯聚氯乙烯绝缘电线	慧远	BV4mm^2，黄	卷（100m/卷）	266.80	北京慧远电线电缆有限公司
ZR-BV 阻燃铜芯聚氯乙烯绝缘电线	慧远	BV4mm^2，蓝	卷（100m/卷）	266.80	北京慧远电线电缆有限公司
ZR-BV 阻燃铜芯聚氯乙烯绝缘电线	慧远	BV4mm^2，绿	卷（100m/卷）	266.80	北京慧远电线电缆有限公司
ZR-BV 阻燃铜芯聚氯乙烯绝缘电线	慧远	BV4mm^2，双色	卷（100m/卷）	293.30	北京慧远电线电缆有限公司
ZR-BV 阻燃铜芯聚氯乙烯绝缘电线	绿宝	ZR-BV1.5mm^2，黑	卷（95m/卷）	80.73	绿宝电缆（集团）有限公司
ZR-BV 阻燃铜芯聚氯乙烯绝缘电线	绿宝	ZR-BV1.5mm^2，红	卷（95m/卷）	80.73	绿宝电缆（集团）有限公司
ZR-BV 阻燃铜芯聚氯乙烯绝缘电线	绿宝	ZR-BV1.5mm^2，黄	卷（95m/卷）	80.73	绿宝电缆（集团）有限公司

续表

产品名称	品牌	规格型号	包装单位	参考价格（元）	供应商
ZR-BV 阻燃铜芯聚氯乙烯绝缘电线	绿宝	ZR-BV1.5mm²，蓝	卷（95m/卷）	80.73	绿宝电缆（集团）有限公司
ZR-BV 阻燃铜芯聚氯乙烯绝缘电线	绿宝	ZR-BV1.5mm²，绿	卷（95m/卷）	80.73	绿宝电缆（集团）有限公司
ZR-BV 阻燃铜芯聚氯乙烯绝缘电线	绿宝	ZR-BV1.5mm²，双色	卷（95m/卷）	80.73	绿宝电缆（集团）有限公司
ZR-BV 阻燃铜芯聚氯乙烯绝缘电线	绿宝	ZR-BV10mm²，红	卷（95m/卷）	499.56	绿宝电缆（集团）有限公司
ZR-BV 阻燃铜芯聚氯乙烯绝缘电线	绿宝	ZR-BV10mm²，蓝	卷（95m/卷）	499.56	绿宝电缆（集团）有限公司
ZR-BV 阻燃铜芯聚氯乙烯绝缘电线	绿宝	ZR-BV10mm²，双色	卷（95m/卷）	499.56	绿宝电缆（集团）有限公司
ZR-BV 阻燃铜芯聚氯乙烯绝缘电线	绿宝	ZR-BV2.5mm²，黑	卷（95m/卷）	123.51	绿宝电缆（集团）有限公司
ZR-BV 阻燃铜芯聚氯乙烯绝缘电线	绿宝	ZR-BV2.5mm²，红	卷（95m/卷）	123.51	绿宝电缆（集团）有限公司
ZR-BV 阻燃铜芯聚氯乙烯绝缘电线	绿宝	ZR-BV2.5mm²，黄	卷（95m/卷）	123.51	绿宝电缆（集团）有限公司
ZR-BV 阻燃铜芯聚氯乙烯绝缘电线	绿宝	ZR-BV2.5mm²，蓝	卷（95m/卷）	123.51	绿宝电缆（集团）有限公司
ZR-BV 阻燃铜芯聚氯乙烯绝缘电线	绿宝	ZR-BV2.5mm²，绿	卷（95m/卷）	123.51	绿宝电缆（集团）有限公司
ZR-BV 阻燃铜芯聚氯乙烯绝缘电线	绿宝	ZR-BV2.5mm²，双色	卷（95m/卷）	123.51	绿宝电缆（集团）有限公司
ZR-BV 阻燃铜芯聚氯乙烯绝缘电线	绿宝	ZR-BV4mm²，黑	卷（95m/卷）	197.34	绿宝电缆（集团）有限公司
ZR-BV 阻燃铜芯聚氯乙烯绝缘电线	绿宝	ZR-BV4mm²，红	卷（95m/卷）	197.34	绿宝电缆（集团）有限公司
ZR-BV 阻燃铜芯聚氯乙烯绝缘电线	绿宝	ZR-BV4mm²，黄	卷（95m/卷）	197.34	绿宝电缆（集团）有限公司
ZR-BV 阻燃铜芯聚氯乙烯绝缘电线	绿宝	ZR-BV4mm²，蓝	卷（95m/卷）	197.34	绿宝电缆（集团）有限公司

续表

产品名称	品牌	规格型号	包装单位	参考价格(元)	供应商
ZR-BV 阻燃铜芯聚氯乙烯绝缘电线	绿宝	ZR-BV4mm^2,绿	卷(95m/卷)	197.34	绿宝电缆(集团)有限公司
ZR-BV 阻燃铜芯聚氯乙烯绝缘电线	绿宝	ZR-BV4mm^2,双色	卷(95m/卷)	197.34	绿宝电缆(集团)有限公司
ZR-BV 阻燃铜芯聚氯乙烯绝缘电线	绿宝	ZR-BV6mm^2,黑	卷(95m/卷)	288.42	绿宝电缆(集团)有限公司
ZR-BV 阻燃铜芯聚氯乙烯绝缘电线	绿宝	ZR-BV6mm^2,红	卷(95m/卷)	288.42	绿宝电缆(集团)有限公司
ZR-BV 阻燃铜芯聚氯乙烯绝缘电线	绿宝	ZR-BV6mm^2,黄	卷(95m/卷)	288.42	绿宝电缆(集团)有限公司
ZR-BV 阻燃铜芯聚氯乙烯绝缘电线	绿宝	ZR-BV6mm^2,蓝	卷(95m/卷)	288.42	绿宝电缆(集团)有限公司
ZR-BV 阻燃铜芯聚氯乙烯绝缘电线	绿宝	ZR-BV6mm^2,绿	卷(95m/卷)	288.42	绿宝电缆(集团)有限公司
ZR-BV 阻燃铜芯聚氯乙烯绝缘电线	绿宝	ZR-BV6mm^2,双色	卷(95m/卷)	288.42	绿宝电缆(集团)有限公司

2.1.9 NH-BV 耐火铜芯聚氯乙烯绝缘耐火电线

产品名称	品牌	规格型号	包装单位	参考价格(元)	供应商
NH-BV 耐火铜芯聚氯乙烯绝缘耐火电线	绿宝	NH-BV1.5mm^2,黑	卷(95m/卷)	107.18	绿宝电缆(集团)有限公司
NH-BV 耐火铜芯聚氯乙烯绝缘耐火电线	绿宝	NH-BV1.5mm^2,红	卷(95m/卷)	107.18	绿宝电缆(集团)有限公司
NH-BV 耐火铜芯聚氯乙烯绝缘耐火电线	绿宝	NH-BV1.5mm^2,黄	卷(95m/卷)	107.18	绿宝电缆(集团)有限公司
NH-BV 耐火铜芯聚氯乙烯绝缘耐火电线	绿宝	NH-BV1.5mm^2,蓝	卷(95m/卷)	107.18	绿宝电缆(集团)有限公司
NH-BV 耐火铜芯聚氯乙烯绝缘耐火电线	绿宝	NH-BV1.5mm^2,绿	卷(95m/卷)	107.18	绿宝电缆(集团)有限公司
NH-BV 耐火铜芯聚氯乙烯绝缘耐火电线	绿宝	NH-BV1.5mm^2,双色	卷(95m/卷)	107.18	绿宝电缆(集团)有限公司

续表

产品名称	品牌	规格型号	包装单位	参考价格(元)	供应商
NH-BV耐火铜芯聚氯乙烯绝缘耐火电线	绿宝	NH-BV10mm²,黑	卷(95m/卷)	604.44	绿宝电缆(集团)有限公司
NH-BV耐火铜芯聚氯乙烯绝缘耐火电线	绿宝	NH-BV10mm²,红	卷(95m/卷)	604.44	绿宝电缆(集团)有限公司
NH-BV耐火铜芯聚氯乙烯绝缘耐火电线	绿宝	NH-BV10mm²,黄	卷(95m/卷)	604.44	绿宝电缆(集团)有限公司
NH-BV耐火铜芯聚氯乙烯绝缘耐火电线	绿宝	NH-BV10mm²,蓝	卷(95m/卷)	604.44	绿宝电缆(集团)有限公司
NH-BV耐火铜芯聚氯乙烯绝缘耐火电线	绿宝	NH-BV10mm²,绿	卷(95m/卷)	604.44	绿宝电缆(集团)有限公司
NH-BV耐火铜芯聚氯乙烯绝缘耐火电线	绿宝	NH-BV10mm²,双色	卷(95m/卷)	604.44	绿宝电缆(集团)有限公司
NH-BV耐火铜芯聚氯乙烯绝缘耐火电线	绿宝	NH-BV2.5mm²,黑	卷(95m/卷)	162.84	绿宝电缆(集团)有限公司
NH-BV耐火铜芯聚氯乙烯绝缘耐火电线	绿宝	NH-BV2.5mm²,红	卷(95m/卷)	162.84	绿宝电缆(集团)有限公司
NH-BV耐火铜芯聚氯乙烯绝缘耐火电线	绿宝	NH-BV2.5mm²,黄	卷(95m/卷)	162.84	绿宝电缆(集团)有限公司
NH-BV耐火铜芯聚氯乙烯绝缘耐火电线	绿宝	NH-BV2.5mm²,蓝	卷(95m/卷)	162.84	绿宝电缆(集团)有限公司
NH-BV耐火铜芯聚氯乙烯绝缘耐火电线	绿宝	NH-BV2.5mm²,绿	卷(95m/卷)	162.84	绿宝电缆(集团)有限公司
NH-BV耐火铜芯聚氯乙烯绝缘耐火电线	绿宝	NH-BV2.5mm²,双色	卷(95m/卷)	162.84	绿宝电缆(集团)有限公司
NH-BV耐火铜芯聚氯乙烯绝缘耐火电线	绿宝	NH-BV4mm²,黑	卷(95m/卷)	255.30	绿宝电缆(集团)有限公司
NH-BV耐火铜芯聚氯乙烯绝缘耐火电线	绿宝	NH-BV4mm²,红	卷(95m/卷)	255.30	绿宝电缆(集团)有限公司
NH-BV耐火铜芯聚氯乙烯绝缘耐火电线	绿宝	NH-BV4mm²,黄	卷(95m/卷)	255.30	绿宝电缆(集团)有限公司
NH-BV耐火铜芯聚氯乙烯绝缘耐火电线	绿宝	NH-BV4mm²,蓝	卷(95m/卷)	255.30	绿宝电缆(集团)有限公司

续表

产品名称	品牌	规格型号	包装单位	参考价格（元）	供应商
NH-BV 耐火铜芯聚氯乙烯绝缘耐火电线	绿宝	NH-BV4mm²,绿	卷(95m/卷)	255.30	绿宝电缆(集团)有限公司
NH-BV 耐火铜芯聚氯乙烯绝缘耐火电线	绿宝	NH-BV4mm²,双色	卷(95m/卷)	255.30	绿宝电缆(集团)有限公司
NH-BV 耐火铜芯聚氯乙烯绝缘耐火电线	绿宝	NH-BV6mm²,黑	卷(95m/卷)	369.84	绿宝电缆(集团)有限公司
NH-BV 耐火铜芯聚氯乙烯绝缘耐火电线	绿宝	NH-BV6mm²,红	卷(95m/卷)	369.84	绿宝电缆(集团)有限公司
NH-BV 耐火铜芯聚氯乙烯绝缘耐火电线	绿宝	NH-BV6mm²,黄	卷(95m/卷)	369.84	绿宝电缆(集团)有限公司
NH-BV 耐火铜芯聚氯乙烯绝缘耐火电线	绿宝	NH-BV6mm²,蓝	卷(95m/卷)	369.84	绿宝电缆(集团)有限公司
NH-BV 耐火铜芯聚氯乙烯绝缘耐火电线	绿宝	NH-BV6mm²,绿	卷(95m/卷)	369.84	绿宝电缆(集团)有限公司
NH-BV 耐火铜芯聚氯乙烯绝缘耐火电线	绿宝	NH-BV6mm²,双色	卷(95m/卷)	369.84	绿宝电缆(集团)有限公司
NH-BV 耐火铜芯聚氯乙烯绝缘耐火电线	天津小猫	BV2.5mm²,红	卷(100m/卷)	138.00	天津小猫天缆集团有限公司
NH-BV 耐火铜芯聚氯乙烯绝缘耐火电线	天津小猫	BV2.5mm²,黄	卷(100m/卷)	138.00	天津小猫天缆集团有限公司
NH-BV 耐火铜芯聚氯乙烯绝缘耐火电线	天津小猫	BV2.5mm²,蓝	卷(100m/卷)	138.00	天津小猫天缆集团有限公司
NH-BV 耐火铜芯聚氯乙烯绝缘耐火电线	天津小猫	BV2.5mm²,双色	卷(100m/卷)	138.00	天津小猫天缆集团有限公司

2.2 电力电缆

2.2.1 YJV 铜芯交联聚乙烯绝缘聚氯乙烯护套电力电缆

产品名称	品牌	规格型号	包装单位	参考价格（元）	供应商
YJV 铜芯交联聚乙烯绝缘聚氯乙烯护套电力电缆	沪安	YJV 2×10	m	9.70	无锡市沪安电缆有限公司
YJV 铜芯交联聚乙烯绝缘聚氯乙烯护套电力电缆	沪安	YJV 2×120	m	98.40	无锡市沪安电缆有限公司

续表

产品名称	品牌	规格型号	包装单位	参考价格（元）	供应商
YJV铜芯交联聚乙烯绝缘聚氯乙烯护套电力电缆	沪安	YJV 2×150	m	121.20	无锡市沪安电缆有限公司
YJV铜芯交联聚乙烯绝缘聚氯乙烯护套电力电缆	沪安	YJV 2×16	m	14.50	无锡市沪安电缆有限公司
YJV铜芯交联聚乙烯绝缘聚氯乙烯护套电力电缆	沪安	YJV 2×185	m	150.90	无锡市沪安电缆有限公司
YJV铜芯交联聚乙烯绝缘聚氯乙烯护套电力电缆	沪安	YJV 2×240	m	201.10	无锡市沪安电缆有限公司
YJV铜芯交联聚乙烯绝缘聚氯乙烯护套电力电缆	沪安	YJV 2×25	m	22.50	无锡市沪安电缆有限公司
YJV铜芯交联聚乙烯绝缘聚氯乙烯护套电力电缆	沪安	YJV 2×35	m	31.10	无锡市沪安电缆有限公司
YJV铜芯交联聚乙烯绝缘聚氯乙烯护套电力电缆	沪安	YJV 2×50	m	40.70	无锡市沪安电缆有限公司
YJV铜芯交联聚乙烯绝缘聚氯乙烯护套电力电缆	沪安	YJV 2×70	m	57.90	无锡市沪安电缆有限公司
YJV铜芯交联聚乙烯绝缘聚氯乙烯护套电力电缆	沪安	YJV 2×95	m	79.60	无锡市沪安电缆有限公司
YJV铜芯交联聚乙烯绝缘聚氯乙烯护套电力电缆	沪安	YJV 3×10	m	13.90	无锡市沪安电缆有限公司
YJV铜芯交联聚乙烯绝缘聚氯乙烯护套电力电缆	沪安	YJV 3×10+1×6	m	16.50	无锡市沪安电缆有限公司
YJV铜芯交联聚乙烯绝缘聚氯乙烯护套电力电缆	沪安	YJV 3×10+2×6	m	19.20	无锡市沪安电缆有限公司
YJV铜芯交联聚乙烯绝缘聚氯乙烯护套电力电缆	沪安	YJV 3×120	m	145.40	无锡市沪安电缆有限公司
YJV铜芯交联聚乙烯绝缘聚氯乙烯护套电力电缆	沪安	YJV 3×120+1×70	m	173.00	无锡市沪安电缆有限公司
YJV铜芯交联聚乙烯绝缘聚氯乙烯护套电力电缆	沪安	YJV 3×120+2×70	m	200.60	无锡市沪安电缆有限公司
YJV铜芯交联聚乙烯绝缘聚氯乙烯护套电力电缆	沪安	YJV 3×150	m	179.00	无锡市沪安电缆有限公司

续表

产品名称	品牌	规格型号	包装单位	参考价格（元）	供应商
YJV 铜芯交联聚乙烯绝缘聚氯乙烯护套电力电缆	沪安	YJV 3×150+1×70	m	206.50	无锡市沪安电缆有限公司
YJV 铜芯交联聚乙烯绝缘聚氯乙烯护套电力电缆	沪安	YJV 3×150+2×70	m	234.20	无锡市沪安电缆有限公司
YJV 铜芯交联聚乙烯绝缘聚氯乙烯护套电力电缆	沪安	YJV 3×16	m	21.10	无锡市沪安电缆有限公司
YJV 铜芯交联聚乙烯绝缘聚氯乙烯护套电力电缆	沪安	YJV 3×16+1×10	m	25.40	无锡市沪安电缆有限公司
YJV 铜芯交联聚乙烯绝缘聚氯乙烯护套电力电缆	沪安	YJV 3×16+2×10	m	29.80	无锡市沪安电缆有限公司
YJV 铜芯交联聚乙烯绝缘聚氯乙烯护套电力电缆	沪安	YJV 3×185	m	222.90	无锡市沪安电缆有限公司
YJV 铜芯交联聚乙烯绝缘聚氯乙烯护套电力电缆	沪安	YJV 3×185+1×95	m	261.00	无锡市沪安电缆有限公司
YJV 铜芯交联聚乙烯绝缘聚氯乙烯护套电力电缆	沪安	YJV 3×185+2×95	m	299.10	无锡市沪安电缆有限公司
YJV 铜芯交联聚乙烯绝缘聚氯乙烯护套电力电缆	沪安	YJV 3×240	m	297.10	无锡市沪安电缆有限公司
YJV 铜芯交联聚乙烯绝缘聚氯乙烯护套电力电缆	沪安	YJV 3×240+1×120	m	345.70	无锡市沪安电缆有限公司
YJV 铜芯交联聚乙烯绝缘聚氯乙烯护套电力电缆	沪安	YJV 3×240+2×120	m	394.40	无锡市沪安电缆有限公司
YJV 铜芯交联聚乙烯绝缘聚氯乙烯护套电力电缆	沪安	YJV 3×25	m	33.00	无锡市沪安电缆有限公司
YJV 铜芯交联聚乙烯绝缘聚氯乙烯护套电力电缆	沪安	YJV 3×25+1×16	m	39.60	无锡市沪安电缆有限公司
YJV 铜芯交联聚乙烯绝缘聚氯乙烯护套电力电缆	沪安	YJV 3×25+2×16	m	46.20	无锡市沪安电缆有限公司
YJV 铜芯交联聚乙烯绝缘聚氯乙烯护套电力电缆	沪安	YJV 3×35	m	45.70	无锡市沪安电缆有限公司
YJV 铜芯交联聚乙烯绝缘聚氯乙烯护套电力电缆	沪安	YJV 3×35+1×16	m	52.30	无锡市沪安电缆有限公司

续表

产品名称	品牌	规格型号	包装单位	参考价格（元）	供应商
YJV铜芯交联聚乙烯绝缘聚氯乙烯护套电力电缆	沪安	YJV 3×35+2×16	m	59.00	无锡市沪安电缆有限公司
YJV铜芯交联聚乙烯绝缘聚氯乙烯护套电力电缆	沪安	YJV 3×50	m	59.90	无锡市沪安电缆有限公司
YJV铜芯交联聚乙烯绝缘聚氯乙烯护套电力电缆	沪安	YJV 3×50+1×25	m	70.10	无锡市沪安电缆有限公司
YJV铜芯交联聚乙烯绝缘聚氯乙烯护套电力电缆	沪安	YJV 3×50+2×25	m	80.30	无锡市沪安电缆有限公司
YJV铜芯交联聚乙烯绝缘聚氯乙烯护套电力电缆	沪安	YJV 3×70	m	85.50	无锡市沪安电缆有限公司
YJV铜芯交联聚乙烯绝缘聚氯乙烯护套电力电缆	沪安	YJV 3×70+1×35	m	99.60	无锡市沪安电缆有限公司
YJV铜芯交联聚乙烯绝缘聚氯乙烯护套电力电缆	沪安	YJV 3×70+2×35	m	113.90	无锡市沪安电缆有限公司
YJV铜芯交联聚乙烯绝缘聚氯乙烯护套电力电缆	沪安	YJV 3×95	m	117.70	无锡市沪安电缆有限公司
YJV铜芯交联聚乙烯绝缘聚氯乙烯护套电力电缆	沪安	YJV 3×95+1×50	m	137.00	无锡市沪安电缆有限公司
YJV铜芯交联聚乙烯绝缘聚氯乙烯护套电力电缆	沪安	YJV 3×95+2×50	m	156.70	无锡市沪安电缆有限公司
YJV铜芯交联聚乙烯绝缘聚氯乙烯护套电力电缆	沪安	YJV 4×10	m	18.30	无锡市沪安电缆有限公司
YJV铜芯交联聚乙烯绝缘聚氯乙烯护套电力电缆	沪安	YJV 4×10+1×6	m	21.00	无锡市沪安电缆有限公司
YJV铜芯交联聚乙烯绝缘聚氯乙烯护套电力电缆	沪安	YJV 4×120	m	193.40	无锡市沪安电缆有限公司
YJV铜芯交联聚乙烯绝缘聚氯乙烯护套电力电缆	沪安	YJV 4×120+1×70	m	221.10	无锡市沪安电缆有限公司
YJV铜芯交联聚乙烯绝缘聚氯乙烯护套电力电缆	沪安	YJV 4×150	m	238.20	无锡市沪安电缆有限公司
YJV铜芯交联聚乙烯绝缘聚氯乙烯护套电力电缆	沪安	YJV 4×150+1×70	m	265.80	无锡市沪安电缆有限公司

续表

产品名称	品牌	规格型号	包装单位	参考价格（元）	供应商
YJV 铜芯交联聚乙烯绝缘聚氯乙烯护套电力电缆	沪安	YJV 4×16	m	27.80	无锡市沪安电缆有限公司
YJV 铜芯交联聚乙烯绝缘聚氯乙烯护套电力电缆	沪安	YJV 4×16+1×10	m	32.20	无锡市沪安电缆有限公司
YJV 铜芯交联聚乙烯绝缘聚氯乙烯护套电力电缆	沪安	YJV 4×185	m	296.60	无锡市沪安电缆有限公司
YJV 铜芯交联聚乙烯绝缘聚氯乙烯护套电力电缆	沪安	YJV 4×185+1×95	m	334.80	无锡市沪安电缆有限公司
YJV 铜芯交联聚乙烯绝缘聚氯乙烯护套电力电缆	沪安	YJV 4×2.5+1×1.5	m	6.20	无锡市沪安电缆有限公司
YJV 铜芯交联聚乙烯绝缘聚氯乙烯护套电力电缆	沪安	YJV 4×240	m	395.40	无锡市沪安电缆有限公司
YJV 铜芯交联聚乙烯绝缘聚氯乙烯护套电力电缆	沪安	YJV 4×240+1×120	m	444.10	无锡市沪安电缆有限公司
YJV 铜芯交联聚乙烯绝缘聚氯乙烯护套电力电缆	沪安	YJV 4×25	m	43.50	无锡市沪安电缆有限公司
YJV 铜芯交联聚乙烯绝缘聚氯乙烯护套电力电缆	沪安	YJV 4×25+1×16	m	50.20	无锡市沪安电缆有限公司
YJV 铜芯交联聚乙烯绝缘聚氯乙烯护套电力电缆	沪安	YJV 4×35	m	60.50	无锡市沪安电缆有限公司
YJV 铜芯交联聚乙烯绝缘聚氯乙烯护套电力电缆	沪安	YJV 4×35+1×16	m	67.30	无锡市沪安电缆有限公司
YJV 铜芯交联聚乙烯绝缘聚氯乙烯护套电力电缆	沪安	YJV 4×4+1×2.5	m	9.40	无锡市沪安电缆有限公司
YJV 铜芯交联聚乙烯绝缘聚氯乙烯护套电力电缆	沪安	YJV 4×50	m	79.50	无锡市沪安电缆有限公司
YJV 铜芯交联聚乙烯绝缘聚氯乙烯护套电力电缆	沪安	YJV 4×50+1×25	m	89.70	无锡市沪安电缆有限公司
YJV 铜芯交联聚乙烯绝缘聚氯乙烯护套电力电缆	沪安	YJV 4×6+1×4	m	13.80	无锡市沪安电缆有限公司
YJV 铜芯交联聚乙烯绝缘聚氯乙烯护套电力电缆	沪安	YJV 4×70	m	113.50	无锡市沪安电缆有限公司

续表

产品名称	品牌	规格型号	包装单位	参考价格（元）	供应商
YJV铜芯交联聚乙烯绝缘聚氯乙烯护套电力电缆	沪安	YJV 4×70+1×35	m	127.90	无锡市沪安电缆有限公司
YJV铜芯交联聚乙烯绝缘聚氯乙烯护套电力电缆	沪安	YJV 4×95	m	156.30	无锡市沪安电缆有限公司
YJV铜芯交联聚乙烯绝缘聚氯乙烯护套电力电缆	沪安	YJV 4×95+1×50	m	175.90	无锡市沪安电缆有限公司
YJV铜芯交联聚乙烯绝缘聚氯乙烯护套电力电缆	沪安	YJV 5×1.5	m	4.30	无锡市沪安电缆有限公司
YJV铜芯交联聚乙烯绝缘聚氯乙烯护套电力电缆	沪安	YJV 5×10	m	22.60	无锡市沪安电缆有限公司
YJV铜芯交联聚乙烯绝缘聚氯乙烯护套电力电缆	沪安	YJV 5×120	m	241.50	无锡市沪安电缆有限公司
YJV铜芯交联聚乙烯绝缘聚氯乙烯护套电力电缆	沪安	YJV 5×150	m	297.30	无锡市沪安电缆有限公司
YJV铜芯交联聚乙烯绝缘聚氯乙烯护套电力电缆	沪安	YJV 5×16	m	34.50	无锡市沪安电缆有限公司
YJV铜芯交联聚乙烯绝缘聚氯乙烯护套电力电缆	沪安	YJV 5×185	m	370.40	无锡市沪安电缆有限公司
YJV铜芯交联聚乙烯绝缘聚氯乙烯护套电力电缆	沪安	YJV 5×2.5	m	6.60	无锡市沪安电缆有限公司
YJV铜芯交联聚乙烯绝缘聚氯乙烯护套电力电缆	沪安	YJV 5×240	m	493.90	无锡市沪安电缆有限公司
YJV铜芯交联聚乙烯绝缘聚氯乙烯护套电力电缆	沪安	YJV 5×25	m	54.20	无锡市沪安电缆有限公司
YJV铜芯交联聚乙烯绝缘聚氯乙烯护套电力电缆	沪安	YJV 5×35	m	75.50	无锡市沪安电缆有限公司
YJV铜芯交联聚乙烯绝缘聚氯乙烯护套电力电缆	沪安	YJV 5×4	m	10.20	无锡市沪安电缆有限公司
YJV铜芯交联聚乙烯绝缘聚氯乙烯护套电力电缆	沪安	YJV 5×50	m	99.20	无锡市沪安电缆有限公司
YJV铜芯交联聚乙烯绝缘聚氯乙烯护套电力电缆	沪安	YJV 5×6	m	14.70	无锡市沪安电缆有限公司

续表

产品名称	品牌	规格型号	包装单位	参考价格（元）	供应商
YJV 铜芯交联聚乙烯绝缘聚氯乙烯护套电力电缆	沪安	YJV 5×70	m	141.70	无锡市沪安电缆有限公司
YJV 铜芯交联聚乙烯绝缘聚氯乙烯护套电力电缆	沪安	YJV 5×95	m	195.10	无锡市沪安电缆有限公司
YJV 铜芯交联聚乙烯绝缘聚氯乙烯护套电力电缆	起帆	YJV 1×1.5	m	1.27	上海起帆电线电缆有限公司
YJV 铜芯交联聚乙烯绝缘聚氯乙烯护套电力电缆	起帆	YJV 1×10	m	6.32	上海起帆电线电缆有限公司
YJV 铜芯交联聚乙烯绝缘聚氯乙烯护套电力电缆	起帆	YJV 1×120	m	62.78	上海起帆电线电缆有限公司
YJV 铜芯交联聚乙烯绝缘聚氯乙烯护套电力电缆	起帆	YJV 1×150	m	78.22	上海起帆电线电缆有限公司
YJV 铜芯交联聚乙烯绝缘聚氯乙烯护套电力电缆	起帆	YJV 1×16	m	9.94	上海起帆电线电缆有限公司
YJV 铜芯交联聚乙烯绝缘聚氯乙烯护套电力电缆	起帆	YJV 1×185	m	95.55	上海起帆电线电缆有限公司
YJV 铜芯交联聚乙烯绝缘聚氯乙烯护套电力电缆	起帆	YJV 1×2.5	m	1.79	上海起帆电线电缆有限公司
YJV 铜芯交联聚乙烯绝缘聚氯乙烯护套电力电缆	起帆	YJV 1×240	m	123.94	上海起帆电线电缆有限公司
YJV 铜芯交联聚乙烯绝缘聚氯乙烯护套电力电缆	起帆	YJV 1×25	m	15.03	上海起帆电线电缆有限公司
YJV 铜芯交联聚乙烯绝缘聚氯乙烯护套电力电缆	起帆	YJV 1×300	m	153.48	上海起帆电线电缆有限公司
YJV 铜芯交联聚乙烯绝缘聚氯乙烯护套电力电缆	起帆	YJV 1×35	m	20.69	上海起帆电线电缆有限公司
YJV 铜芯交联聚乙烯绝缘聚氯乙烯护套电力电缆	起帆	YJV 1×4	m	2.59	上海起帆电线电缆有限公司
YJV 铜芯交联聚乙烯绝缘聚氯乙烯护套电力电缆	起帆	YJV 1×400	m	210.29	上海起帆电线电缆有限公司
YJV 铜芯交联聚乙烯绝缘聚氯乙烯护套电力电缆	起帆	YJV 1×50	m	27.39	上海起帆电线电缆有限公司

续表

产品名称	品牌	规格型号	包装单位	参考价格（元）	供应商
YJV 铜芯交联聚乙烯绝缘聚氯乙烯护套电力电缆	起帆	YJV 1×500	m	265.62	上海起帆电线电缆有限公司
YJV 铜芯交联聚乙烯绝缘聚氯乙烯护套电力电缆	起帆	YJV 1×6	m	4.05	上海起帆电线电缆有限公司
YJV 铜芯交联聚乙烯绝缘聚氯乙烯护套电力电缆	起帆	YJV 1×630	m	331.42	上海起帆电线电缆有限公司
YJV 铜芯交联聚乙烯绝缘聚氯乙烯护套电力电缆	起帆	YJV 1×70	m	37.90	上海起帆电线电缆有限公司
YJV 铜芯交联聚乙烯绝缘聚氯乙烯护套电力电缆	起帆	YJV 1×95	m	51.77	上海起帆电线电缆有限公司
YJV 铜芯交联聚乙烯绝缘聚氯乙烯护套电力电缆	起帆	YJV 2×1	m	2.19	上海起帆电线电缆有限公司
YJV 铜芯交联聚乙烯绝缘聚氯乙烯护套电力电缆	起帆	YJV 2×1.5	m	2.79	上海起帆电线电缆有限公司
YJV 铜芯交联聚乙烯绝缘聚氯乙烯护套电力电缆	起帆	YJV 2×10	m	12.65	上海起帆电线电缆有限公司
YJV 铜芯交联聚乙烯绝缘聚氯乙烯护套电力电缆	起帆	YJV 2×120	m	128.52	上海起帆电线电缆有限公司
YJV 铜芯交联聚乙烯绝缘聚氯乙烯护套电力电缆	起帆	YJV 2×150	m	160.41	上海起帆电线电缆有限公司
YJV 铜芯交联聚乙烯绝缘聚氯乙烯护套电力电缆	起帆	YJV 2×16	m	19.69	上海起帆电线电缆有限公司
YJV 铜芯交联聚乙烯绝缘聚氯乙烯护套电力电缆	起帆	YJV 2×185	m	197.77	上海起帆电线电缆有限公司
YJV 铜芯交联聚乙烯绝缘聚氯乙烯护套电力电缆	起帆	YJV 2×2.5	m	3.80	上海起帆电线电缆有限公司
YJV 铜芯交联聚乙烯绝缘聚氯乙烯护套电力电缆	起帆	YJV 2×240	m	256.12	上海起帆电线电缆有限公司
YJV 铜芯交联聚乙烯绝缘聚氯乙烯护套电力电缆	起帆	YJV 2×25	m	28.89	上海起帆电线电缆有限公司
YJV 铜芯交联聚乙烯绝缘聚氯乙烯护套电力电缆	起帆	YJV 2×300	m	319.47	上海起帆电线电缆有限公司

续表

产品名称	品牌	规格型号	包装单位	参考价格（元）	供应商
YJV 铜芯交联聚乙烯绝缘聚氯乙烯护套电力电缆	起帆	YJV 2×35	m	40.74	上海起帆电线电缆有限公司
YJV 铜芯交联聚乙烯绝缘聚氯乙烯护套电力电缆	起帆	YJV 2×4	m	5.67	上海起帆电线电缆有限公司
YJV 铜芯交联聚乙烯绝缘聚氯乙烯护套电力电缆	起帆	YJV 2×400	m	425.23	上海起帆电线电缆有限公司
YJV 铜芯交联聚乙烯绝缘聚氯乙烯护套电力电缆	起帆	YJV 2×50	m	54.77	上海起帆电线电缆有限公司
YJV 铜芯交联聚乙烯绝缘聚氯乙烯护套电力电缆	起帆	YJV 2×6	m	7.94	上海起帆电线电缆有限公司
YJV 铜芯交联聚乙烯绝缘聚氯乙烯护套电力电缆	起帆	YJV 2×70	m	75.78	上海起帆电线电缆有限公司
YJV 铜芯交联聚乙烯绝缘聚氯乙烯护套电力电缆	起帆	YJV 2×95	m	103.44	上海起帆电线电缆有限公司
YJV 铜芯交联聚乙烯绝缘聚氯乙烯护套电力电缆	起帆	YJV 3×1	m	2.80	上海起帆电线电缆有限公司
YJV 铜芯交联聚乙烯绝缘聚氯乙烯护套电力电缆	起帆	YJV 3×1.5	m	3.36	上海起帆电线电缆有限公司
YJV 铜芯交联聚乙烯绝缘聚氯乙烯护套电力电缆	起帆	YJV 3×1.5+1×1.0	m	4.02	上海起帆电线电缆有限公司
YJV 铜芯交联聚乙烯绝缘聚氯乙烯护套电力电缆	起帆	YJV 3×1.5+2×1.0	m	4.79	上海起帆电线电缆有限公司
YJV 铜芯交联聚乙烯绝缘聚氯乙烯护套电力电缆	起帆	YJV 3×10	m	18.62	上海起帆电线电缆有限公司
YJV 铜芯交联聚乙烯绝缘聚氯乙烯护套电力电缆	起帆	YJV 3×10+1×6	m	21.36	上海起帆电线电缆有限公司
YJV 铜芯交联聚乙烯绝缘聚氯乙烯护套电力电缆	起帆	YJV 3×10+2×6	m	25.43	上海起帆电线电缆有限公司
YJV 铜芯交联聚乙烯绝缘聚氯乙烯护套电力电缆	起帆	YJV 3×120	m	181.88	上海起帆电线电缆有限公司
YJV 铜芯交联聚乙烯绝缘聚氯乙烯护套电力电缆	起帆	YJV 3×120+1×70	m	217.64	上海起帆电线电缆有限公司

续表

产品名称	品牌	规格型号	包装单位	参考价格（元）	供应商
YJV 铜芯交联聚乙烯绝缘聚氯乙烯护套电力电缆	起帆	YJV 3×120+2×70	m	253.18	上海起帆电线电缆有限公司
YJV 铜芯交联聚乙烯绝缘聚氯乙烯护套电力电缆	起帆	YJV 3×150	m	227.22	上海起帆电线电缆有限公司
YJV 铜芯交联聚乙烯绝缘聚氯乙烯护套电力电缆	起帆	YJV 3×150+1×70	m	263.11	上海起帆电线电缆有限公司
YJV 铜芯交联聚乙烯绝缘聚氯乙烯护套电力电缆	起帆	YJV 3×150+2×70	m	298.80	上海起帆电线电缆有限公司
YJV 铜芯交联聚乙烯绝缘聚氯乙烯护套电力电缆	起帆	YJV 3×16	m	27.34	上海起帆电线电缆有限公司
YJV 铜芯交联聚乙烯绝缘聚氯乙烯护套电力电缆	起帆	YJV 3×16+1×10	m	32.97	上海起帆电线电缆有限公司
YJV 铜芯交联聚乙烯绝缘聚氯乙烯护套电力电缆	起帆	YJV 3×16+2×10	m	38.73	上海起帆电线电缆有限公司
YJV 铜芯交联聚乙烯绝缘聚氯乙烯护套电力电缆	起帆	YJV 3×185	m	280.20	上海起帆电线电缆有限公司
YJV 铜芯交联聚乙烯绝缘聚氯乙烯护套电力电缆	起帆	YJV 3×185+1×95	m	328.71	上海起帆电线电缆有限公司
YJV 铜芯交联聚乙烯绝缘聚氯乙烯护套电力电缆	起帆	YJV 3×185+2×95	m	376.94	上海起帆电线电缆有限公司
YJV 铜芯交联聚乙烯绝缘聚氯乙烯护套电力电缆	起帆	YJV 3×2.5	m	4.94	上海起帆电线电缆有限公司
YJV 铜芯交联聚乙烯绝缘聚氯乙烯护套电力电缆	起帆	YJV 3×2.5+1×1.5	m	5.81	上海起帆电线电缆有限公司
YJV 铜芯交联聚乙烯绝缘聚氯乙烯护套电力电缆	起帆	YJV 3×2.5+2×1.5	m	7.13	上海起帆电线电缆有限公司
YJV 铜芯交联聚乙烯绝缘聚氯乙烯护套电力电缆	起帆	YJV 3×240	m	362.90	上海起帆电线电缆有限公司
YJV 铜芯交联聚乙烯绝缘聚氯乙烯护套电力电缆	起帆	YJV 3×240+1×120	m	424.07	上海起帆电线电缆有限公司
YJV 铜芯交联聚乙烯绝缘聚氯乙烯护套电力电缆	起帆	YJV 3×240+2×120	m	484.92	上海起帆电线电缆有限公司

续表

产品名称	品牌	规格型号	包装单位	参考价格（元）	供应商
YJV 铜芯交联聚乙烯绝缘聚氯乙烯护套电力电缆	起帆	YJV 3×25	m	41.67	上海起帆电线电缆有限公司
YJV 铜芯交联聚乙烯绝缘聚氯乙烯护套电力电缆	起帆	YJV 3×25+1×16	m	50.10	上海起帆电线电缆有限公司
YJV 铜芯交联聚乙烯绝缘聚氯乙烯护套电力电缆	起帆	YJV 3×25+2×16	m	58.78	上海起帆电线电缆有限公司
YJV 铜芯交联聚乙烯绝缘聚氯乙烯护套电力电缆	起帆	YJV 3×300	m	453.14	上海起帆电线电缆有限公司
YJV 铜芯交联聚乙烯绝缘聚氯乙烯护套电力电缆	起帆	YJV 3×300+1×150	m	529.53	上海起帆电线电缆有限公司
YJV 铜芯交联聚乙烯绝缘聚氯乙烯护套电力电缆	起帆	YJV 3×300+2×150	m	583.53	上海起帆电线电缆有限公司
YJV 铜芯交联聚乙烯绝缘聚氯乙烯护套电力电缆	起帆	YJV 3×35	m	57.30	上海起帆电线电缆有限公司
YJV 铜芯交联聚乙烯绝缘聚氯乙烯护套电力电缆	起帆	YJV 3×35+1×16	m	66.12	上海起帆电线电缆有限公司
YJV 铜芯交联聚乙烯绝缘聚氯乙烯护套电力电缆	起帆	YJV 3×35+2×16	m	74.91	上海起帆电线电缆有限公司
YJV 铜芯交联聚乙烯绝缘聚氯乙烯护套电力电缆	起帆	YJV 3×4	m	7.56	上海起帆电线电缆有限公司
YJV 铜芯交联聚乙烯绝缘聚氯乙烯护套电力电缆	起帆	YJV 3×4+1×2.5	m	9.06	上海起帆电线电缆有限公司
YJV 铜芯交联聚乙烯绝缘聚氯乙烯护套电力电缆	起帆	YJV 3×4+2×2.5	m	10.57	上海起帆电线电缆有限公司
YJV 铜芯交联聚乙烯绝缘聚氯乙烯护套电力电缆	起帆	YJV 3×400	m	602.52	上海起帆电线电缆有限公司
YJV 铜芯交联聚乙烯绝缘聚氯乙烯护套电力电缆	起帆	YJV 3×400+1×185	m	696.38	上海起帆电线电缆有限公司
YJV 铜芯交联聚乙烯绝缘聚氯乙烯护套电力电缆	起帆	YJV 3×400+2×185	m	790.03	上海起帆电线电缆有限公司
YJV 铜芯交联聚乙烯绝缘聚氯乙烯护套电力电缆	起帆	YJV 3×50	m	77.02	上海起帆电线电缆有限公司

续表

产品名称	品牌	规格型号	包装单位	参考价格（元）	供应商
YJV 铜芯交联聚乙烯绝缘聚氯乙烯护套电力电缆	起帆	YJV 3×50+1×25	m	90.59	上海起帆电线电缆有限公司
YJV 铜芯交联聚乙烯绝缘聚氯乙烯护套电力电缆	起帆	YJV 3×50+2×25	m	103.59	上海起帆电线电缆有限公司
YJV 铜芯交联聚乙烯绝缘聚氯乙烯护套电力电缆	起帆	YJV 3×6	m	10.79	上海起帆电线电缆有限公司
YJV 铜芯交联聚乙烯绝缘聚氯乙烯护套电力电缆	起帆	YJV 3×6+1×4	m	13.15	上海起帆电线电缆有限公司
YJV 铜芯交联聚乙烯绝缘聚氯乙烯护套电力电缆	起帆	YJV 3×6+2×4	m	15.43	上海起帆电线电缆有限公司
YJV 铜芯交联聚乙烯绝缘聚氯乙烯护套电力电缆	起帆	YJV 3×70	m	107.72	上海起帆电线电缆有限公司
YJV 铜芯交联聚乙烯绝缘聚氯乙烯护套电力电缆	起帆	YJV 3×70+1×35	m	125.15	上海起帆电线电缆有限公司
YJV 铜芯交联聚乙烯绝缘聚氯乙烯护套电力电缆	起帆	YJV 3×70+2×35	m	144.48	上海起帆电线电缆有限公司
YJV 铜芯交联聚乙烯绝缘聚氯乙烯护套电力电缆	起帆	YJV 3×95	m	142.18	上海起帆电线电缆有限公司
YJV 铜芯交联聚乙烯绝缘聚氯乙烯护套电力电缆	起帆	YJV 3×95+1×50	m	167.51	上海起帆电线电缆有限公司
YJV 铜芯交联聚乙烯绝缘聚氯乙烯护套电力电缆	起帆	YJV 3×95+2×50	m	198.04	上海起帆电线电缆有限公司
YJV 铜芯交联聚乙烯绝缘聚氯乙烯护套电力电缆	起帆	YJV 4×1	m	3.26	上海起帆电线电缆有限公司
YJV 铜芯交联聚乙烯绝缘聚氯乙烯护套电力电缆	起帆	YJV 4×1.5	m	4.36	上海起帆电线电缆有限公司
YJV 铜芯交联聚乙烯绝缘聚氯乙烯护套电力电缆	起帆	YJV 4×1.5+1×1	m	4.85	上海起帆电线电缆有限公司
YJV 铜芯交联聚乙烯绝缘聚氯乙烯护套电力电缆	起帆	YJV 4×10	m	23.12	上海起帆电线电缆有限公司
YJV 铜芯交联聚乙烯绝缘聚氯乙烯护套电力电缆	起帆	YJV 4×10+1×6	m	23.99	上海起帆电线电缆有限公司

续表

产品名称	品牌	规格型号	包装单位	参考价格（元）	供应商
YJV铜芯交联聚乙烯绝缘聚氯乙烯护套电力电缆	起帆	YJV 4×120	m	242.05	上海起帆电线电缆有限公司
YJV铜芯交联聚乙烯绝缘聚氯乙烯护套电力电缆	起帆	YJV 4×150	m	302.46	上海起帆电线电缆有限公司
YJV铜芯交联聚乙烯绝缘聚氯乙烯护套电力电缆	起帆	YJV 4×16	m	35.78	上海起帆电线电缆有限公司
YJV铜芯交联聚乙烯绝缘聚氯乙烯护套电力电缆	起帆	YJV 4×16+1×10	m	37.01	上海起帆电线电缆有限公司
YJV铜芯交联聚乙烯绝缘聚氯乙烯护套电力电缆	起帆	YJV 4×185	m	372.95	上海起帆电线电缆有限公司
YJV铜芯交联聚乙烯绝缘聚氯乙烯护套电力电缆	起帆	YJV 4×2.5	m	6.48	上海起帆电线电缆有限公司
YJV铜芯交联聚乙烯绝缘聚氯乙烯护套电力电缆	起帆	YJV 4×2.5+1×1.5	m	7.38	上海起帆电线电缆有限公司
YJV铜芯交联聚乙烯绝缘聚氯乙烯护套电力电缆	起帆	YJV 4×240	m	483.11	上海起帆电线电缆有限公司
YJV铜芯交联聚乙烯绝缘聚氯乙烯护套电力电缆	起帆	YJV 4×25	m	54.78	上海起帆电线电缆有限公司
YJV铜芯交联聚乙烯绝缘聚氯乙烯护套电力电缆	起帆	YJV 4×300	m	603.23	上海起帆电线电缆有限公司
YJV铜芯交联聚乙烯绝缘聚氯乙烯护套电力电缆	起帆	YJV 4×35	m	75.88	上海起帆电线电缆有限公司
YJV铜芯交联聚乙烯绝缘聚氯乙烯护套电力电缆	起帆	YJV 4×35+1×16	m	76.35	上海起帆电线电缆有限公司
YJV铜芯交联聚乙烯绝缘聚氯乙烯护套电力电缆	起帆	YJV 4×4	m	9.95	上海起帆电线电缆有限公司
YJV铜芯交联聚乙烯绝缘聚氯乙烯护套电力电缆	起帆	YJV 4×400	m	802.52	上海起帆电线电缆有限公司
YJV铜芯交联聚乙烯绝缘聚氯乙烯护套电力电缆	起帆	YJV 4×50	m	102.93	上海起帆电线电缆有限公司
YJV铜芯交联聚乙烯绝缘聚氯乙烯护套电力电缆	起帆	YJV 4×6	m	14.16	上海起帆电线电缆有限公司

续表

产品名称	品牌	规格型号	包装单位	参考价格（元）	供应商
YJV铜芯交联聚乙烯绝缘聚氯乙烯护套电力电缆	起帆	YJV 4×70	m	143.78	上海起帆电线电缆有限公司
YJV铜芯交联聚乙烯绝缘聚氯乙烯护套电力电缆	起帆	YJV 4×70+1×35	m	171.52	上海起帆电线电缆有限公司
YJV铜芯交联聚乙烯绝缘聚氯乙烯护套电力电缆	起帆	YJV 4×95	m	194.58	上海起帆电线电缆有限公司
YJV铜芯交联聚乙烯绝缘聚氯乙烯护套电力电缆	起帆	YJV 5×1	m	3.93	上海起帆电线电缆有限公司
YJV铜芯交联聚乙烯绝缘聚氯乙烯护套电力电缆	起帆	YJV 5×1.5	m	5.26	上海起帆电线电缆有限公司
YJV铜芯交联聚乙烯绝缘聚氯乙烯护套电力电缆	起帆	YJV 5×10	m	28.72	上海起帆电线电缆有限公司
YJV铜芯交联聚乙烯绝缘聚氯乙烯护套电力电缆	起帆	YJV 5×120	m	302.49	上海起帆电线电缆有限公司
YJV铜芯交联聚乙烯绝缘聚氯乙烯护套电力电缆	起帆	YJV 5×150	m	377.84	上海起帆电线电缆有限公司
YJV铜芯交联聚乙烯绝缘聚氯乙烯护套电力电缆	起帆	YJV 5×16	m	44.76	上海起帆电线电缆有限公司
YJV铜芯交联聚乙烯绝缘聚氯乙烯护套电力电缆	起帆	YJV 5×185	m	465.84	上海起帆电线电缆有限公司
YJV铜芯交联聚乙烯绝缘聚氯乙烯护套电力电缆	起帆	YJV 5×2.5	m	8.15	上海起帆电线电缆有限公司
YJV铜芯交联聚乙烯绝缘聚氯乙烯护套电力电缆	起帆	YJV 5×240	m	603.48	上海起帆电线电缆有限公司
YJV铜芯交联聚乙烯绝缘聚氯乙烯护套电力电缆	起帆	YJV 5×25	m	68.05	上海起帆电线电缆有限公司
YJV铜芯交联聚乙烯绝缘聚氯乙烯护套电力电缆	起帆	YJV 5×300	m	753.52	上海起帆电线电缆有限公司
YJV铜芯交联聚乙烯绝缘聚氯乙烯护套电力电缆	起帆	YJV 5×35	m	93.84	上海起帆电线电缆有限公司
YJV铜芯交联聚乙烯绝缘聚氯乙烯护套电力电缆	起帆	YJV 5×4	m	12.33	上海起帆电线电缆有限公司

续表

产品名称	品牌	规格型号	包装单位	参考价格（元）	供应商
YJV 铜芯交联聚乙烯绝缘聚氯乙烯护套电力电缆	起帆	YJV 5×400	m	1,002.74	上海起帆电线电缆有限公司
YJV 铜芯交联聚乙烯绝缘聚氯乙烯护套电力电缆	起帆	YJV 5×50	m	126.99	上海起帆电线电缆有限公司
YJV 铜芯交联聚乙烯绝缘聚氯乙烯护套电力电缆	起帆	YJV 5×6	m	17.62	上海起帆电线电缆有限公司
YJV 铜芯交联聚乙烯绝缘聚氯乙烯护套电力电缆	起帆	YJV 5×70	m	177.67	上海起帆电线电缆有限公司
YJV 铜芯交联聚乙烯绝缘聚氯乙烯护套电力电缆	起帆	YJV 5×95	m	236.30	上海起帆电线电缆有限公司

2.2.2 YJLV 铝芯交联聚乙烯绝缘聚氯乙烯护套电力电缆

产品名称	品牌	规格型号	包装单位	参考价格（元）	供应商
YJLV 铝芯交联聚乙烯绝缘聚氯乙烯护套电力电缆	起帆	YJLV 1×1.5	m	0.53	上海起帆电线电缆有限公司
YJLV 铝芯交联聚乙烯绝缘聚氯乙烯护套电力电缆	起帆	YJLV 1×10	m	1.39	上海起帆电线电缆有限公司
YJLV 铝芯交联聚乙烯绝缘聚氯乙烯护套电力电缆	起帆	YJLV 1×120	m	9.75	上海起帆电线电缆有限公司
YJLV 铝芯交联聚乙烯绝缘聚氯乙烯护套电力电缆	起帆	YJLV 1×150	m	12.47	上海起帆电线电缆有限公司
YJLV 铝芯交联聚乙烯绝缘聚氯乙烯护套电力电缆	起帆	YJLV 1×16	m	1.79	上海起帆电线电缆有限公司
YJLV 铝芯交联聚乙烯绝缘聚氯乙烯护套电力电缆	起帆	YJLV 1×185	m	14.36	上海起帆电线电缆有限公司
YJLV 铝芯交联聚乙烯绝缘聚氯乙烯护套电力电缆	起帆	YJLV 1×2.5	m	0.66	上海起帆电线电缆有限公司
YJLV 铝芯交联聚乙烯绝缘聚氯乙烯护套电力电缆	起帆	YJLV 1×240	m	18.74	上海起帆电线电缆有限公司
YJLV 铝芯交联聚乙烯绝缘聚氯乙烯护套电力电缆	起帆	YJLV 1×25	m	2.45	上海起帆电线电缆有限公司

续表

产品名称	品牌	规格型号	包装单位	参考价格（元）	供应商
YJLV 铝芯交联聚乙烯绝缘聚氯乙烯护套电力电缆	起帆	YJLV 1×300	m	22.92	上海起帆电线电缆有限公司
YJLV 铝芯交联聚乙烯绝缘聚氯乙烯护套电力电缆	起帆	YJLV 1×35	m	2.91	上海起帆电线电缆有限公司
YJLV 铝芯交联聚乙烯绝缘聚氯乙烯护套电力电缆	起帆	YJLV 1×4	m	0.74	上海起帆电线电缆有限公司
YJLV 铝芯交联聚乙烯绝缘聚氯乙烯护套电力电缆	起帆	YJLV 1×400	m	29.76	上海起帆电线电缆有限公司
YJLV 铝芯交联聚乙烯绝缘聚氯乙烯护套电力电缆	起帆	YJLV 1×50	m	4.54	上海起帆电线电缆有限公司
YJLV 铝芯交联聚乙烯绝缘聚氯乙烯护套电力电缆	起帆	YJLV 1×500	m	39.79	上海起帆电线电缆有限公司
YJLV 铝芯交联聚乙烯绝缘聚氯乙烯护套电力电缆	起帆	YJLV 1×6	m	0.99	上海起帆电线电缆有限公司
YJLV 铝芯交联聚乙烯绝缘聚氯乙烯护套电力电缆	起帆	YJLV 1×630	m	48.30	上海起帆电线电缆有限公司
YJLV 铝芯交联聚乙烯绝缘聚氯乙烯护套电力电缆	起帆	YJLV 1×70	m	5.89	上海起帆电线电缆有限公司
YJLV 铝芯交联聚乙烯绝缘聚氯乙烯护套电力电缆	起帆	YJLV 1×95	m	7.81	上海起帆电线电缆有限公司
YJLV 铝芯交联聚乙烯绝缘聚氯乙烯护套电力电缆	起帆	YJLV 2×1.5	m	1.47	上海起帆电线电缆有限公司
YJLV 铝芯交联聚乙烯绝缘聚氯乙烯护套电力电缆	起帆	YJLV 2×10	m	3.72	上海起帆电线电缆有限公司
YJLV 铝芯交联聚乙烯绝缘聚氯乙烯护套电力电缆	起帆	YJLV 2×120	m	21.75	上海起帆电线电缆有限公司
YJLV 铝芯交联聚乙烯绝缘聚氯乙烯护套电力电缆	起帆	YJLV 2×150	m	26.20	上海起帆电线电缆有限公司
YJLV 铝芯交联聚乙烯绝缘聚氯乙烯护套电力电缆	起帆	YJLV 2×16	m	4.79	上海起帆电线电缆有限公司
YJLV 铝芯交联聚乙烯绝缘聚氯乙烯护套电力电缆	起帆	YJLV 2×185	m	35.83	上海起帆电线电缆有限公司

续表

产品名称	品牌	规格型号	包装单位	参考价格（元）	供应商
YJLV 铝芯交联聚乙烯绝缘聚氯乙烯护套电力电缆	起帆	YJLV 2×2.5	m	1.66	上海起帆电线电缆有限公司
YJLV 铝芯交联聚乙烯绝缘聚氯乙烯护套电力电缆	起帆	YJLV 2×240	m	43.06	上海起帆电线电缆有限公司
YJLV 铝芯交联聚乙烯绝缘聚氯乙烯护套电力电缆	起帆	YJLV 2×25	m	6.58	上海起帆电线电缆有限公司
YJLV 铝芯交联聚乙烯绝缘聚氯乙烯护套电力电缆	起帆	YJLV 2×300	m	52.02	上海起帆电线电缆有限公司
YJLV 铝芯交联聚乙烯绝缘聚氯乙烯护套电力电缆	起帆	YJLV 2×35	m	8.43	上海起帆电线电缆有限公司
YJLV 铝芯交联聚乙烯绝缘聚氯乙烯护套电力电缆	起帆	YJLV 2×4	m	2.20	上海起帆电线电缆有限公司
YJLV 铝芯交联聚乙烯绝缘聚氯乙烯护套电力电缆	起帆	YJLV 2×400	m	67.72	上海起帆电线电缆有限公司
YJLV 铝芯交联聚乙烯绝缘聚氯乙烯护套电力电缆	起帆	YJLV 2×50	m	11.05	上海起帆电线电缆有限公司
YJLV 铝芯交联聚乙烯绝缘聚氯乙烯护套电力电缆	起帆	YJLV 2×6	m	2.68	上海起帆电线电缆有限公司
YJLV 铝芯交联聚乙烯绝缘聚氯乙烯护套电力电缆	起帆	YJLV 2×70	m	14.03	上海起帆电线电缆有限公司
YJLV 铝芯交联聚乙烯绝缘聚氯乙烯护套电力电缆	起帆	YJLV 2×95	m	17.62	上海起帆电线电缆有限公司
YJLV 铝芯交联聚乙烯绝缘聚氯乙烯护套电力电缆	起帆	YJLV 3×1.5	m	1.71	上海起帆电线电缆有限公司
YJLV 铝芯交联聚乙烯绝缘聚氯乙烯护套电力电缆	起帆	YJLV 3×1.5+1×1	m	1.93	上海起帆电线电缆有限公司
YJLV 铝芯交联聚乙烯绝缘聚氯乙烯护套电力电缆	起帆	YJLV 3×1.5+2×1	m	2.39	上海起帆电线电缆有限公司
YJLV 铝芯交联聚乙烯绝缘聚氯乙烯护套电力电缆	起帆	YJLV 3×10	m	4.45	上海起帆电线电缆有限公司
YJLV 铝芯交联聚乙烯绝缘聚氯乙烯护套电力电缆	起帆	YJLV 3×10+1×6	m	5.37	上海起帆电线电缆有限公司

续表

产品名称	品牌	规格型号	包装单位	参考价格（元）	供应商
YJLV铝芯交联聚乙烯绝缘聚氯乙烯护套电力电缆	起帆	YJLV 3×10+2×6	m	6.25	上海起帆电线电缆有限公司
YJLV铝芯交联聚乙烯绝缘聚氯乙烯护套电力电缆	起帆	YJLV 3×120	m	31.88	上海起帆电线电缆有限公司
YJLV铝芯交联聚乙烯绝缘聚氯乙烯护套电力电缆	起帆	YJLV 3×120+1×70	m	35.43	上海起帆电线电缆有限公司
YJLV铝芯交联聚乙烯绝缘聚氯乙烯护套电力电缆	起帆	YJLV 3×120+2×70	m	41.28	上海起帆电线电缆有限公司
YJLV铝芯交联聚乙烯绝缘聚氯乙烯护套电力电缆	起帆	YJLV 3×150	m	38.08	上海起帆电线电缆有限公司
YJLV铝芯交联聚乙烯绝缘聚氯乙烯护套电力电缆	起帆	YJLV 3×150+1×70	m	42.52	上海起帆电线电缆有限公司
YJLV铝芯交联聚乙烯绝缘聚氯乙烯护套电力电缆	起帆	YJLV 3×150+2×70	m	50.02	上海起帆电线电缆有限公司
YJLV铝芯交联聚乙烯绝缘聚氯乙烯护套电力电缆	起帆	YJLV 3×16	m	6.08	上海起帆电线电缆有限公司
YJLV铝芯交联聚乙烯绝缘聚氯乙烯护套电力电缆	起帆	YJLV 3×16+1×10	m	6.98	上海起帆电线电缆有限公司
YJLV铝芯交联聚乙烯绝缘聚氯乙烯护套电力电缆	起帆	YJLV 3×16+2×10	m	8.53	上海起帆电线电缆有限公司
YJLV铝芯交联聚乙烯绝缘聚氯乙烯护套电力电缆	起帆	YJLV 3×185	m	50.78	上海起帆电线电缆有限公司
YJLV铝芯交联聚乙烯绝缘聚氯乙烯护套电力电缆	起帆	YJLV 3×185+1×95	m	54.43	上海起帆电线电缆有限公司
YJLV铝芯交联聚乙烯绝缘聚氯乙烯护套电力电缆	起帆	YJLV 3×185+2×95	m	62.92	上海起帆电线电缆有限公司
YJLV铝芯交联聚乙烯绝缘聚氯乙烯护套电力电缆	起帆	YJLV 3×2.5	m	2.07	上海起帆电线电缆有限公司
YJLV铝芯交联聚乙烯绝缘聚氯乙烯护套电力电缆	起帆	YJLV 3×2.5+1×1.5	m	2.35	上海起帆电线电缆有限公司
YJLV铝芯交联聚乙烯绝缘聚氯乙烯护套电力电缆	起帆	YJLV 3×2.5+2×1.5	m	2.89	上海起帆电线电缆有限公司

续表

产品名称	品牌	规格型号	包装单位	参考价格（元）	供应商
YJLV 铝芯交联聚乙烯绝缘聚氯乙烯护套电力电缆	起帆	YJLV 3×240	m	61.67	上海起帆电线电缆有限公司
YJLV 铝芯交联聚乙烯绝缘聚氯乙烯护套电力电缆	起帆	YJLV 3×240+1×120	m	71.40	上海起帆电线电缆有限公司
YJLV 铝芯交联聚乙烯绝缘聚氯乙烯护套电力电缆	起帆	YJLV 3×240+2×120	m	78.80	上海起帆电线电缆有限公司
YJLV 铝芯交联聚乙烯绝缘聚氯乙烯护套电力电缆	起帆	YJLV 3×25	m	9.23	上海起帆电线电缆有限公司
YJLV 铝芯交联聚乙烯绝缘聚氯乙烯护套电力电缆	起帆	YJLV 3×25+1×16	m	10.10	上海起帆电线电缆有限公司
YJLV 铝芯交联聚乙烯绝缘聚氯乙烯护套电力电缆	起帆	YJLV 3×25+2×16	m	12.25	上海起帆电线电缆有限公司
YJLV 铝芯交联聚乙烯绝缘聚氯乙烯护套电力电缆	起帆	YJLV 3×300	m	74.83	上海起帆电线电缆有限公司
YJLV 铝芯交联聚乙烯绝缘聚氯乙烯护套电力电缆	起帆	YJLV 3×300+1×150	m	85.16	上海起帆电线电缆有限公司
YJLV 铝芯交联聚乙烯绝缘聚氯乙烯护套电力电缆	起帆	YJLV 3×300+2×150	m	96.51	上海起帆电线电缆有限公司
YJLV 铝芯交联聚乙烯绝缘聚氯乙烯护套电力电缆	起帆	YJLV 3×35	m	11.67	上海起帆电线电缆有限公司
YJLV 铝芯交联聚乙烯绝缘聚氯乙烯护套电力电缆	起帆	YJLV 3×35+1×16	m	12.88	上海起帆电线电缆有限公司
YJLV 铝芯交联聚乙烯绝缘聚氯乙烯护套电力电缆	起帆	YJLV 3×35+2×16	m	14.44	上海起帆电线电缆有限公司
YJLV 铝芯交联聚乙烯绝缘聚氯乙烯护套电力电缆	起帆	YJLV 3×4	m	2.63	上海起帆电线电缆有限公司
YJLV 铝芯交联聚乙烯绝缘聚氯乙烯护套电力电缆	起帆	YJLV 3×4+1×2.5	m	2.90	上海起帆电线电缆有限公司
YJLV 铝芯交联聚乙烯绝缘聚氯乙烯护套电力电缆	起帆	YJLV 3×4+2×2.5	m	3.57	上海起帆电线电缆有限公司
YJLV 铝芯交联聚乙烯绝缘聚氯乙烯护套电力电缆	起帆	YJLV 3×400	m	94.80	上海起帆电线电缆有限公司

续表

产品名称	品牌	规格型号	包装单位	参考价格（元）	供应商
YJLV 铝芯交联聚乙烯绝缘聚氯乙烯护套电力电缆	起帆	YJLV 3×400+1×185	m	108.15	上海起帆电线电缆有限公司
YJLV 铝芯交联聚乙烯绝缘聚氯乙烯护套电力电缆	起帆	YJLV 3×400+2×185	m	126.55	上海起帆电线电缆有限公司
YJLV 铝芯交联聚乙烯绝缘聚氯乙烯护套电力电缆	起帆	YJLV 3×50	m	14.72	上海起帆电线电缆有限公司
YJLV 铝芯交联聚乙烯绝缘聚氯乙烯护套电力电缆	起帆	YJLV 3×50+1×25	m	16.76	上海起帆电线电缆有限公司
YJLV 铝芯交联聚乙烯绝缘聚氯乙烯护套电力电缆	起帆	YJLV 3×50+2×25	m	20.19	上海起帆电线电缆有限公司
YJLV 铝芯交联聚乙烯绝缘聚氯乙烯护套电力电缆	起帆	YJLV 3×6	m	3.21	上海起帆电线电缆有限公司
YJLV 铝芯交联聚乙烯绝缘聚氯乙烯护套电力电缆	起帆	YJLV 3×6+1×4	m	3.77	上海起帆电线电缆有限公司
YJLV 铝芯交联聚乙烯绝缘聚氯乙烯护套电力电缆	起帆	YJLV 3×6+2×4	m	4.50	上海起帆电线电缆有限公司
YJLV 铝芯交联聚乙烯绝缘聚氯乙烯护套电力电缆	起帆	YJLV 3×70	m	19.15	上海起帆电线电缆有限公司
YJLV 铝芯交联聚乙烯绝缘聚氯乙烯护套电力电缆	起帆	YJLV 3×70+1×35	m	20.62	上海起帆电线电缆有限公司
YJLV 铝芯交联聚乙烯绝缘聚氯乙烯护套电力电缆	起帆	YJLV 3×70+2×35	m	25.98	上海起帆电线电缆有限公司
YJLV 铝芯交联聚乙烯绝缘聚氯乙烯护套电力电缆	起帆	YJLV 3×95	m	26.29	上海起帆电线电缆有限公司
YJLV 铝芯交联聚乙烯绝缘聚氯乙烯护套电力电缆	起帆	YJLV 3×95+1×50	m	28.16	上海起帆电线电缆有限公司
YJLV 铝芯交联聚乙烯绝缘聚氯乙烯护套电力电缆	起帆	YJLV 3×95+2×50	m	32.37	上海起帆电线电缆有限公司
YJLV 铝芯交联聚乙烯绝缘聚氯乙烯护套电力电缆	起帆	YJLV 4×1.5	m	2.00	上海起帆电线电缆有限公司
YJLV 铝芯交联聚乙烯绝缘聚氯乙烯护套电力电缆	起帆	YJLV 4×1.5+1×1	m	2.65	上海起帆电线电缆有限公司

续表

产品名称	品牌	规格型号	包装单位	参考价格（元）	供应商
YJLV 铝芯交联聚乙烯绝缘聚氯乙烯护套电力电缆	起帆	YJLV 4×1.5+1×1.0	m	4.89	上海起帆电线电缆有限公司
YJLV 铝芯交联聚乙烯绝缘聚氯乙烯护套电力电缆	起帆	YJLV 4×10	m	5.78	上海起帆电线电缆有限公司
YJLV 铝芯交联聚乙烯绝缘聚氯乙烯护套电力电缆	起帆	YJLV 4×10+1×6	m	26.67	上海起帆电线电缆有限公司
YJLV 铝芯交联聚乙烯绝缘聚氯乙烯护套电力电缆	起帆	YJLV 4×10+1×6	m	6.54	上海起帆电线电缆有限公司
YJLV 铝芯交联聚乙烯绝缘聚氯乙烯护套电力电缆	起帆	YJLV 4×120	m	41.86	上海起帆电线电缆有限公司
YJLV 铝芯交联聚乙烯绝缘聚氯乙烯护套电力电缆	起帆	YJLV 4×120+1×70	m	277.92	上海起帆电线电缆有限公司
YJLV 铝芯交联聚乙烯绝缘聚氯乙烯护套电力电缆	起帆	YJLV 4×120+1×70	m	46.16	上海起帆电线电缆有限公司
YJLV 铝芯交联聚乙烯绝缘聚氯乙烯护套电力电缆	起帆	YJLV 4×150	m	50.50	上海起帆电线电缆有限公司
YJLV 铝芯交联聚乙烯绝缘聚氯乙烯护套电力电缆	起帆	YJLV 4×150+1×70	m	338.31	上海起帆电线电缆有限公司
YJLV 铝芯交联聚乙烯绝缘聚氯乙烯护套电力电缆	起帆	YJLV 4×150+1×70	m	55.33	上海起帆电线电缆有限公司
YJLV 铝芯交联聚乙烯绝缘聚氯乙烯护套电力电缆	起帆	YJLV 4×16	m	7.47	上海起帆电线电缆有限公司
YJLV 铝芯交联聚乙烯绝缘聚氯乙烯护套电力电缆	起帆	YJLV 4×16+1×10	m	41.14	上海起帆电线电缆有限公司
YJLV 铝芯交联聚乙烯绝缘聚氯乙烯护套电力电缆	起帆	YJLV 4×16+1×10	m	8.96	上海起帆电线电缆有限公司
YJLV 铝芯交联聚乙烯绝缘聚氯乙烯护套电力电缆	起帆	YJLV 4×185	m	64.42	上海起帆电线电缆有限公司
YJLV 铝芯交联聚乙烯绝缘聚氯乙烯护套电力电缆	起帆	YJLV 4×185+1×95	m	421.38	上海起帆电线电缆有限公司
YJLV 铝芯交联聚乙烯绝缘聚氯乙烯护套电力电缆	起帆	YJLV 4×185+1×95	m	67.63	上海起帆电线电缆有限公司

续表

产品名称	品牌	规格型号	包装单位	参考价格（元）	供应商
YJLV 铝芯交联聚乙烯绝缘聚氯乙烯护套电力电缆	起帆	YJLV 4×2.5	m	2.43	上海起帆电线电缆有限公司
YJLV 铝芯交联聚乙烯绝缘聚氯乙烯护套电力电缆	起帆	YJLV 4×2.5+1×1.5	m	7.46	上海起帆电线电缆有限公司
YJLV 铝芯交联聚乙烯绝缘聚氯乙烯护套电力电缆	起帆	YJLV 4×2.5+1×1.5	m	2.98	上海起帆电线电缆有限公司
YJLV 铝芯交联聚乙烯绝缘聚氯乙烯护套电力电缆	起帆	YJLV 4×240	m	83.74	上海起帆电线电缆有限公司
YJLV 铝芯交联聚乙烯绝缘聚氯乙烯护套电力电缆	起帆	YJLV 4×240+1×120	m	544.20	上海起帆电线电缆有限公司
YJLV 铝芯交联聚乙烯绝缘聚氯乙烯护套电力电缆	起帆	YJLV 4×240+1×120	m	85.10	上海起帆电线电缆有限公司
YJLV 铝芯交联聚乙烯绝缘聚氯乙烯护套电力电缆	起帆	YJLV 4×25	m	10.74	上海起帆电线电缆有限公司
YJLV 铝芯交联聚乙烯绝缘聚氯乙烯护套电力电缆	起帆	YJLV 4×25+1×16	m	64.67	上海起帆电线电缆有限公司
YJLV 铝芯交联聚乙烯绝缘聚氯乙烯护套电力电缆	起帆	YJLV 4×25+1×16	m	13.26	上海起帆电线电缆有限公司
YJLV 铝芯交联聚乙烯绝缘聚氯乙烯护套电力电缆	起帆	YJLV 4×300	m	93.39	上海起帆电线电缆有限公司
YJLV 铝芯交联聚乙烯绝缘聚氯乙烯护套电力电缆	起帆	YJLV 4×300+1×150	m	679.52	上海起帆电线电缆有限公司
YJLV 铝芯交联聚乙烯绝缘聚氯乙烯护套电力电缆	起帆	YJLV 4×300+1×150	m	105.06	上海起帆电线电缆有限公司
YJLV 铝芯交联聚乙烯绝缘聚氯乙烯护套电力电缆	起帆	YJLV 4×35	m	13.96	上海起帆电线电缆有限公司
YJLV 铝芯交联聚乙烯绝缘聚氯乙烯护套电力电缆	起帆	YJLV 4×35+1×16	m	84.87	上海起帆电线电缆有限公司
YJLV 铝芯交联聚乙烯绝缘聚氯乙烯护套电力电缆	起帆	YJLV 4×35+1×16	m	16.33	上海起帆电线电缆有限公司
YJLV 铝芯交联聚乙烯绝缘聚氯乙烯护套电力电缆	起帆	YJLV 4×4	m	3.32	上海起帆电线电缆有限公司

续表

产品名称	品牌	规格型号	包装单位	参考价格（元）	供应商
YJLV 铝芯交联聚乙烯绝缘聚氯乙烯护套电力电缆	起帆	YJLV 4×4+1×2.5	m	11.44	上海起帆电线电缆有限公司
YJLV 铝芯交联聚乙烯绝缘聚氯乙烯护套电力电缆	起帆	YJLV 4×4+1×2.5	m	3.75	上海起帆电线电缆有限公司
YJLV 铝芯交联聚乙烯绝缘聚氯乙烯护套电力电缆	起帆	YJLV 4×400	m	118.69	上海起帆电线电缆有限公司
YJLV 铝芯交联聚乙烯绝缘聚氯乙烯护套电力电缆	起帆	YJLV 4×400+1×185	m	896.60	上海起帆电线电缆有限公司
YJLV 铝芯交联聚乙烯绝缘聚氯乙烯护套电力电缆	起帆	YJLV 4×400+1×185	m	145.46	上海起帆电线电缆有限公司
YJLV 铝芯交联聚乙烯绝缘聚氯乙烯护套电力电缆	起帆	YJLV 4×50	m	19.86	上海起帆电线电缆有限公司
YJLV 铝芯交联聚乙烯绝缘聚氯乙烯护套电力电缆	起帆	YJLV 4×50+1×25	m	116.74	上海起帆电线电缆有限公司
YJLV 铝芯交联聚乙烯绝缘聚氯乙烯护套电力电缆	起帆	YJLV 4×50+1×25	m	21.53	上海起帆电线电缆有限公司
YJLV 铝芯交联聚乙烯绝缘聚氯乙烯护套电力电缆	起帆	YJLV 4×6	m	4.09	上海起帆电线电缆有限公司
YJLV 铝芯交联聚乙烯绝缘聚氯乙烯护套电力电缆	起帆	YJLV 4×6+1×4	m	16.13	上海起帆电线电缆有限公司
YJLV 铝芯交联聚乙烯绝缘聚氯乙烯护套电力电缆	起帆	YJLV 4×6+1×4	m	4.69	上海起帆电线电缆有限公司
YJLV 铝芯交联聚乙烯绝缘聚氯乙烯护套电力电缆	起帆	YJLV 4×70	m	23.95	上海起帆电线电缆有限公司
YJLV 铝芯交联聚乙烯绝缘聚氯乙烯护套电力电缆	起帆	YJLV 4×70+1×35	m	161.90	上海起帆电线电缆有限公司
YJLV 铝芯交联聚乙烯绝缘聚氯乙烯护套电力电缆	起帆	YJLV 4×70+1×35	m	28.46	上海起帆电线电缆有限公司
YJLV 铝芯交联聚乙烯绝缘聚氯乙烯护套电力电缆	起帆	YJLV 4×95	m	32.75	上海起帆电线电缆有限公司
YJLV 铝芯交联聚乙烯绝缘聚氯乙烯护套电力电缆	起帆	YJLV 4×95+1×50	m	220.57	上海起帆电线电缆有限公司

续表

产品名称	品牌	规格型号	包装单位	参考价格（元）	供应商
YJLV铝芯交联聚乙烯绝缘聚氯乙烯护套电力电缆	起帆	YJLV 4×95+1×50	m	38.65	上海起帆电线电缆有限公司
YJLV铝芯交联聚乙烯绝缘聚氯乙烯护套电力电缆	起帆	YJLV 5×1.5	m	2.73	上海起帆电线电缆有限公司
YJLV铝芯交联聚乙烯绝缘聚氯乙烯护套电力电缆	起帆	YJLV 5×10	m	6.85	上海起帆电线电缆有限公司
YJLV铝芯交联聚乙烯绝缘聚氯乙烯护套电力电缆	起帆	YJLV 5×120	m	48.23	上海起帆电线电缆有限公司
YJLV铝芯交联聚乙烯绝缘聚氯乙烯护套电力电缆	起帆	YJLV 5×150	m	62.09	上海起帆电线电缆有限公司
YJLV铝芯交联聚乙烯绝缘聚氯乙烯护套电力电缆	起帆	YJLV 5×16	m	9.33	上海起帆电线电缆有限公司
YJLV铝芯交联聚乙烯绝缘聚氯乙烯护套电力电缆	起帆	YJLV 5×185	m	78.80	上海起帆电线电缆有限公司
YJLV铝芯交联聚乙烯绝缘聚氯乙烯护套电力电缆	起帆	YJLV 5×2.5	m	3.11	上海起帆电线电缆有限公司
YJLV铝芯交联聚乙烯绝缘聚氯乙烯护套电力电缆	起帆	YJLV 5×240	m	95.82	上海起帆电线电缆有限公司
YJLV铝芯交联聚乙烯绝缘聚氯乙烯护套电力电缆	起帆	YJLV 5×25	m	14.44	上海起帆电线电缆有限公司
YJLV铝芯交联聚乙烯绝缘聚氯乙烯护套电力电缆	起帆	YJLV 5×300	m	114.71	上海起帆电线电缆有限公司
YJLV铝芯交联聚乙烯绝缘聚氯乙烯护套电力电缆	起帆	YJLV 5×35	m	17.33	上海起帆电线电缆有限公司
YJLV铝芯交联聚乙烯绝缘聚氯乙烯护套电力电缆	起帆	YJLV 5×4	m	3.85	上海起帆电线电缆有限公司
YJLV铝芯交联聚乙烯绝缘聚氯乙烯护套电力电缆	起帆	YJLV 5×400	m	152.19	上海起帆电线电缆有限公司
YJLV铝芯交联聚乙烯绝缘聚氯乙烯护套电力电缆	起帆	YJLV 5×50	m	23.81	上海起帆电线电缆有限公司
YJLV铝芯交联聚乙烯绝缘聚氯乙烯护套电力电缆	起帆	YJLV 5×6	m	4.91	上海起帆电线电缆有限公司

续表

产品名称	品牌	规格型号	包装单位	参考价格（元）	供应商
YJLV 铝芯交联聚乙烯绝缘聚氯乙烯护套电力电缆	起帆	YJLV 5×70	m	29.93	上海起帆电线电缆有限公司
YJLV 铝芯交联聚乙烯绝缘聚氯乙烯护套电力电缆	起帆	YJLV 5×95	m	40.91	上海起帆电线电缆有限公司

2.3 通信电缆及配件

2.3.1 网线

产品名称	品牌	规格型号	包装单位	参考价格（元）	供应商
网线	安普	超五类线	箱（305m/箱）	727.50	泰科电子（上海）有限公司
网线	安普	六类线	箱（305m/箱）	856.70	泰科电子（上海）有限公司
网线	丰旭	4 芯网络加电源	m	405.00	湖南丰旭线缆有限公司
网线	丰旭	8 芯网络加电源	m	615.00	湖南丰旭线缆有限公司
网线	丰旭	超五类室外防水	m	465.00	湖南丰旭线缆有限公司
网线	丰旭	超五类线 0.45	m	390.00	湖南丰旭线缆有限公司
网线	丰旭	超五类线 0.5	m	420.00	湖南丰旭线缆有限公司
网线	丰旭	六类线 0.56	m	570.00	湖南丰旭线缆有限公司
网线	交通	标准	箱（305m/箱）	369.80	昆山市交通电线电缆有限公司
网线	起帆	超五类线 HSYV-5E 4×2×0.5	箱（305m/箱）	345.00	上海起帆电线电缆有限公司
网线	起帆	超五类线 UTP 4×2×0.5	卷（100m/卷）	129.60	上海起帆电线电缆有限公司
网线	起帆	六类线 HSYV-6 4×2×0.57	箱（305m/箱）	398.00	上海起帆电线电缆有限公司
网线 6 类	秋叶原	8 芯	箱（305m/箱）	1086.80	深圳市秋叶原实业有限公司
网线超 5 类	秋叶原	8 芯	箱（305m/箱）	724.50	深圳市秋叶原实业有限公司
网线	熊猫	超五类线 UTP 4×2×0.5	卷（100m/卷）	218.90	上海熊猫线缆股份有限公司
网线	熊猫	超五类线 UTP 4×2×0.5	卷（50m/卷）	148.50	上海熊猫线缆股份有限公司

2.3.2 音响线

产品名称	品牌	规格型号	包装单位	参考价格（元）	供应商
音响线	安普	吉迅达，铝包铜 2.5m^2	卷（100m/卷）	133.50	泰科电子（上海）有限公司
音响线	起帆	RVH 2×0.75	卷（100m/卷）	230.40	上海起帆电线电缆有限公司
音响线	起帆	RVH 2×1.5	卷（100m/卷）	406.80	上海起帆电线电缆有限公司
音响线	熊猫	SP0.75，2×100/0.1	卷（100m/卷）	250.80	上海熊猫线缆股份有限公司
音响线	熊猫	SP1.5，2×200/0.1	卷（100m/卷）	468.66	上海熊猫线缆股份有限公司

2.3.3 电视线

产品名称	品牌	规格型号	包装单位	参考价格（元）	供应商
电视线	丰旭	SYV75-3-64	m	0.75	湖南丰旭线缆有限公司
电视线	丰旭	SYV75-3-96	m	0.90	湖南丰旭线缆有限公司
电视线	丰旭	SYV75-5-128	m	1.60	湖南丰旭线缆有限公司
电视线	丰旭	SYV75-5-96	m	1.50	湖南丰旭线缆有限公司
电视线	交通	标准	卷（120m/卷）	138.60	昆山市交通电线电缆有限公司
电视线	金杯	SYWV 75-5	m	4.49	金杯电工股份有限公司
电视线	起帆	SYWV 75-5(S)双频	卷（100m/卷）	128.40	上海起帆电线电缆有限公司
电视线	秋叶原	8芯×128网（白）	盘（100m/盘）	220.80	深圳市秋叶原实业有限公司
电视线	秋叶原	8芯×160网（蓝）	盘（100m/盘）	299.00	深圳市秋叶原实业有限公司
电视线	熊猫	SYWV 75-5(S)双频	卷（100m/卷）	218.90	上海熊猫线缆股份有限公司
电视线	熊猫	SYWV 75-5(S)双频	卷（50m/卷）	168.00	上海熊猫线缆股份有限公司

2.3.4 电话线

产品名称	品牌	规格型号	包装单位	参考价格（元）	供应商
电话线	起帆	HYV 4×0.5 四芯	卷（100m/卷）	82.80	上海起帆电线电缆有限公司
电话线	秋叶原	扁平 2C	m	0.70	深圳市秋叶原实业有限公司
电话线	秋叶原	圆形 4C	m	0.90	深圳市秋叶原实业有限公司
电话线	熊猫	HJYV 4×1/0.5 四芯	卷（100m/卷）	116.60	上海熊猫线缆股份有限公司
电话线	熊猫	HJYV 4×1/0.5 四芯	卷（50m/卷）	63.80	上海熊猫线缆股份有限公司

2.3.5 电缆配件

产品名称	品牌	规格型号	包装单位	参考价格（元）	供应商
电视分配器	澳莱亚	一分二	个	8.50	佛山市顺德区迪欧电器实业有限公司
电视分配器	澳莱亚	一分三	个	9.50	佛山市顺德区迪欧电器实业有限公司
电视分配器	澳莱亚	一分四	个	10.50	佛山市顺德区迪欧电器实业有限公司
电视分配器	澳莱亚	一分五	个	11.55	佛山市顺德区迪欧电器实业有限公司
室外光纤	连讯	4B-GYXTW 四芯单模	m	1.20	上海连讯实业发展有限公司
桥架	普通	100×100×1.0（含连接片、螺钉、螺母等配件）	根（2m/根）	36.00	上海市闵行区金昇五金经营部
桥架	普通	100×50×1.0（含连接片、螺钉、螺母等配件）	根（2m/根）	30.40	上海市闵行区金昇五金经营部
桥架	普通	200×100×0.8	根（2m/根）	44.80	上海市闵行区金昇五金经营部
桥架	普通	200×150×0.8（含连接片、螺钉、螺母等配件）	根（2m/根）	42.00	上海市闵行区金昇五金经营部
桥架	普通	200×150×1.0（含连接片、螺钉、螺母等配件）	根（2m/根）	52.00	上海市闵行区金昇五金经营部
桥架 90°水平弯	普通	100×100×1.0	个	20.80	上海市闵行区金昇五金经营部
桥架 90°水平弯	普通	100×50×1.0	个	15.20	上海市闵行区金昇五金经营部
桥架 90°水平弯	普通	200×100×0.8	个	22.40	上海市闵行区金昇五金经营部
桥架 90°水平弯	普通	200×150×0.8	个	26.40	上海市闵行区金昇五金经营部
桥架 90°水平弯	普通	200×150×1.0	个	32.00	上海市闵行区金昇五金经营部
桥架垂直下弯	普通	100×100×1.0	个	20.80	上海市闵行区金昇五金经营部
桥架垂直下弯	普通	100×50×1.0	个	15.20	上海市闵行区金昇五金经营部
桥架垂直下弯	普通	200×100×0.8	个	24.00	上海市闵行区金昇五金经营部
桥架垂直下弯	普通	200×150×0.8	个	26.40	上海市闵行区金昇五金经营部
桥架垂直下弯	普通	200×150×1.0	个	32.00	上海市闵行区金昇五金经营部
桥架连接线（铜带）	普通	30cm	根	0.80	上海市闵行区金昇五金经营部
桥架水平三通	普通	100×100×1.0	个	27.20	上海市闵行区金昇五金经营部

续表

产品名称	品牌	规格型号	包装单位	参考价格（元）	供应商
桥架水平三通	普通	100×50×1.0	个	20.80	上海市闵行区金昇五金经营部
桥架水平三通	普通	200×100×0.8	只	29.12	上海市闵行区金昇五金经营部
桥架水平三通	普通	200×150×0.8	个	34.32	上海市闵行区金昇五金经营部
桥架水平三通	普通	200×150×1.0	个	41.60	上海市闵行区金昇五金经营部
桥架托架	普通	100 型	只	2.24	上海市闵行区金昇五金经营部
桥架托架	普通	200 型	个	2.56	上海市闵行区金昇五金经营部

2.4　照明

2.4.1　灯源

产品名称	品牌	规格型号	包装单位	参考价格（元）	供应商
LED 蜡烛泡	飞利浦	随心 4W LED 蜡烛泡/暖白色 E14	只	133.00	飞利浦电子中国有限公司
LED 射灯光源	飞利浦	12-75W 2700K 230V PAR30S 25D Dim	个	485.00	飞利浦电子中国有限公司
LED 射灯光源	飞利浦	17-100W 2700K 25D PAR38 OD	个	792.00	飞利浦电子中国有限公司
LED 射灯光源	飞利浦	18-100W 2700K 230V PAR38 25D Dim	个	612.00	飞利浦电子中国有限公司
LED 射灯光源	飞利浦	4-20W 2700K 12V MR11 24D	个	182.00	飞利浦电子中国有限公司
LED 射灯光源	飞利浦	4-20W 4000K 12V MR11 24D	个	182.00	飞利浦电子中国有限公司
LED 射灯光源	飞利浦	6-50W GU10 2700K 230V 25D Dim	个	266.00	飞利浦电子中国有限公司
LED 射灯光源	飞利浦	6-50W GU10 2700K 230V 40D Dim	个	266.00	飞利浦电子中国有限公司
LED 射灯光源	飞利浦	6-50W GU10 3000K 230V 25D Dim	个	266.00	飞利浦电子中国有限公司
LED 射灯光源	飞利浦	6-50W GU10 3000K 230V 40D Dim	个	266.00	飞利浦电子中国有限公司

续表

产品名称	品牌	规格型号	包装单位	参考价格（元）	供应商
LED 射灯光源	飞利浦	6-50W GU10 4000K 230V 25D Dim	个	266.00	飞利浦电子中国有限公司
LED 射灯光源	飞利浦	6-50W GU10 4000K 230V 40D Dim	个	266.00	飞利浦电子中国有限公司
LED 射灯光源	飞利浦	7-50W Par20 25D 2700K Dim	个	266.00	飞利浦电子中国有限公司
LED 射灯光源	飞利浦	8-50W+ GU10 2700K 230V 25D KoD	个	305.00	飞利浦电子中国有限公司
LED 射灯光源	飞利浦	8-50W+ GU10 2700K 230V 40D KoD	个	305.00	飞利浦电子中国有限公司
LED 射灯光源	飞利浦	8-50W+ GU10 3000K 230V 25D KoD	个	305.00	飞利浦电子中国有限公司
LED 射灯光源	飞利浦	8-50W+ GU10 3000K 230V 40D KoD	个	305.00	飞利浦电子中国有限公司
LED 射灯光源	飞利浦	8-50W+ GU10 4000K 230V 25D KoD	个	305.00	飞利浦电子中国有限公司
LED 射灯光源	飞利浦	8-50W+ GU10 4000K 230V 40D KoD	个	305.00	飞利浦电子中国有限公司
T5 三基色直管荧光灯	飞利浦	TL-5 ESS 14W/830	箱（40 支/箱）	462.00	飞利浦电子中国有限公司
T5 三基色直管荧光灯	飞利浦	TL-5 ESS 14W/840	箱（40 支/箱）	461.00	飞利浦电子中国有限公司
T5 三基色直管荧光灯	飞利浦	TL-5 ESS 14W/865	包（40 支/包）	461.00	飞利浦电子中国有限公司
T5 三基色直管荧光灯	飞利浦	TL-5 ESS 14W/865	个	13.20	飞利浦电子中国有限公司
T5 三基色直管荧光灯	飞利浦	TL-5 ESS 21W/830	箱（40 支/箱）	456.00	飞利浦电子中国有限公司
T5 三基色直管荧光灯	飞利浦	TL-5 ESS 21W/840	箱（40 支/箱）	494.00	飞利浦电子中国有限公司
T5 三基色直管荧光灯	飞利浦	TL-5 ESS 21W/865	箱（40 支/箱）	494.00	飞利浦电子中国有限公司

续表

产品名称	品牌	规格型号	包装单位	参考价格（元）	供应商
T5 三基色直管荧光灯	飞利浦	TL-5 ESS 28W/830	箱（40 支/箱）	523.00	飞利浦电子中国有限公司
T5 三基色直管荧光灯	飞利浦	TL-5 ESS 28W/840	箱（40 支/箱）	512.00	飞利浦电子中国有限公司
T5 三基色直管荧光灯	飞利浦	TL-5 ESS 28W/865	包（40 支/包）	523.00	飞利浦电子中国有限公司
T5 三基色直管荧光灯	飞利浦	TL-5 ESS 28W/865	个	14.90	飞利浦电子中国有限公司
T8 LED 灯管	飞利浦	ESSENTIAL LEDTUBE 1200MM16W840 T8 C	只	56.00	飞利浦电子中国有限公司
T8 LED 灯管	飞利浦	ESSENTIAL LEDTUBE 1200MM16W865 T8 C	只	56.00	飞利浦电子中国有限公司
T8 LED 灯管	飞利浦	ESSENTIAL LEDTUBE 600MM8W840 T8 CN	只	46.50	飞利浦电子中国有限公司
T8 LED 灯管	飞利浦	ESSENTIAL LEDTUBE 600MM8W865 T8 CN	只	46.50	飞利浦电子中国有限公司
T8 三基色直管荧光灯	飞利浦	TLD 18W/830	箱（25 支/箱）	347.00	飞利浦电子中国有限公司
T8 三基色直管荧光灯	飞利浦	TLD 18W/840	箱（25 支/箱）	347.00	飞利浦电子中国有限公司
T8 三基色直管荧光灯	飞利浦	TLD 18W/865	包（25 支/包）	347.00	飞利浦电子中国有限公司
T8 三基色直管荧光灯	飞利浦	TLD 18W/865	个	12.80	飞利浦电子中国有限公司
T8 三基色直管荧光灯	飞利浦	TLD 30W/830	箱（25 支/箱）	484.00	飞利浦电子中国有限公司
T8 三基色直管荧光灯	飞利浦	TLD 30W/840	箱（25 支/箱）	484.00	飞利浦电子中国有限公司
T8 三基色直管荧光灯	飞利浦	TLD 30W/865	包（25 支/包）	484.00	飞利浦电子中国有限公司
T8 三基色直管荧光灯	飞利浦	TLD 36W/830	箱（25 支/箱）	381.00	飞利浦电子中国有限公司

续表

产品名称	品牌	规格型号	包装单位	参考价格（元）	供应商
T8 三基色直管荧光灯	飞利浦	TLD 36W/840	箱（25 支/箱）	393.00	飞利浦电子中国有限公司
T8 三基色直管荧光灯	飞利浦	TLD 36W/865	包（25 支/包）	332.00	飞利浦电子中国有限公司
T8 三基色直管荧光灯	飞利浦	TLD 36W/865	个	14.20	飞利浦电子中国有限公司
T8 三基色直管荧光灯	飞利浦	TLD 58W/830	箱（25 支/箱）	595.00	飞利浦电子中国有限公司
T8 三基色直管荧光灯	飞利浦	TLD 58W/840	箱（25 支/箱）	595.00	飞利浦电子中国有限公司
T8 三基色直管荧光灯	飞利浦	TLD 58W/865	箱（25 支/箱）	612.00	飞利浦电子中国有限公司
T8 直管荧光灯	飞利浦	TLD 18W/29	箱（25 支/箱）	168.00	飞利浦电子中国有限公司
T8 直管荧光灯	飞利浦	TLD 18W/33	包（25 支/包）	162.00	飞利浦电子中国有限公司
T8 直管荧光灯	飞利浦	TLD 18W/54	包（25 支/包）	150.00	飞利浦电子中国有限公司
T8 直管荧光灯	飞利浦	TLD 18W/54	个	6.37	飞利浦电子中国有限公司
T8 直管荧光灯	飞利浦	TLD 30W/29	箱（25 支/箱）	196.00	飞利浦电子中国有限公司
T8 直管荧光灯	飞利浦	TLD 30W/33	包（25 支/包）	191.00	飞利浦电子中国有限公司
T8 直管荧光灯	飞利浦	TLD 30W/54	包（25 支/包）	203.00	飞利浦电子中国有限公司
T8 直管荧光灯	飞利浦	TLD 36W/29	箱（25 支/箱）	178.00	飞利浦电子中国有限公司
T8 直管荧光灯	飞利浦	TLD 36W/33	包（25 支/包）	178.00	飞利浦电子中国有限公司
T8 直管荧光灯	飞利浦	TLD 36W/54	包（25 支/包）	159.00	飞利浦电子中国有限公司
T8 直管荧光灯	飞利浦	TLD 36W/54	个	6.65	飞利浦电子中国有限公司

续表

产品名称	品牌	规格型号	包装单位	参考价格（元）	供应商
T8 直管荧光灯	飞利浦	TLD 58W/33	箱（25 支/箱）	333.00	飞利浦电子中国有限公司
T8 直管荧光灯	飞利浦	TLD 58W/54	箱（25 支/箱）	333.00	飞利浦电子中国有限公司
U 型节能灯	飞利浦	ES 50W CDL E27	只	102.00	飞利浦电子中国有限公司
U 型节能灯	飞利浦	ES 50W CW E27	只	102.00	飞利浦电子中国有限公司
U 型节能灯	飞利浦	ES 50W WW E27	只	102.00	飞利浦电子中国有限公司
U 型节能灯	飞利浦	ES 70W CDL E27	只	128.00	飞利浦电子中国有限公司
U 型节能灯	飞利浦	ES 70W WW E27	只	128.00	飞利浦电子中国有限公司
U 型节能灯	飞利浦	MASTER PL-C 10W/827/2P 1CT	个	16.20	飞利浦电子中国有限公司
U 型节能灯	飞利浦	MASTER PL-C 10W/830/2P 1CT	个	16.20	飞利浦电子中国有限公司
U 型节能灯	飞利浦	MASTER PL-C 10W/840/2P 1CT	个	16.20	飞利浦电子中国有限公司
U 型节能灯	飞利浦	MASTER PL-C 10W/840/4P 1CT	个	15.80	飞利浦电子中国有限公司
U 型节能灯	飞利浦	MASTER PL-C 10W/865/2P 1CT	个	16.20	飞利浦电子中国有限公司
U 型节能灯	飞利浦	MASTER PL-C 10W/865/4P 1CT	个	15.80	飞利浦电子中国有限公司
U 型节能灯	飞利浦	MASTER PL-C 13W/827/2P 1CT	个	16.20	飞利浦电子中国有限公司
U 型节能灯	飞利浦	MASTER PL-C 13W/827/4P 1CT	个	15.80	飞利浦电子中国有限公司
U 型节能灯	飞利浦	MASTER PL-C 13W/830/2P 1CT	个	16.20	飞利浦电子中国有限公司
U 型节能灯	飞利浦	MASTER PL-C 13W/830/4P 1CT	个	15.80	飞利浦电子中国有限公司
U 型节能灯	飞利浦	MASTER PL-C 13W/840/2P 1CT	个	16.20	飞利浦电子中国有限公司

续表

产品名称	品牌	规格型号	包装单位	参考价格（元）	供应商
U 型节能灯	飞利浦	MASTER PL-C 13W/840/4P 1CT	个	15.80	飞利浦电子中国有限公司
U 型节能灯	飞利浦	MASTER PL-C 13W/865/2P 1CT	个	16.20	飞利浦电子中国有限公司
U 型节能灯	飞利浦	MASTER PL-C 13W/865/4P 1CT	个	15.80	飞利浦电子中国有限公司
U 型节能灯	飞利浦	MASTER PL-C 18W/827/2P 1CT	个	16.20	飞利浦电子中国有限公司
U 型节能灯	飞利浦	MASTER PL-C 18W/827/4P 1CT	个	15.80	飞利浦电子中国有限公司
U 型节能灯	飞利浦	MASTER PL-C 18W/830/2P 1CT	个	16.20	飞利浦电子中国有限公司
U 型节能灯	飞利浦	MASTER PL-C 18W/830/4P 1CT	个	15.80	飞利浦电子中国有限公司
U 型节能灯	飞利浦	MASTER PL-C 18W/840/2P 1CT	个	16.20	飞利浦电子中国有限公司
U 型节能灯	飞利浦	MASTER PL-C 18W/840/4P 1CT	个	15.80	飞利浦电子中国有限公司
U 型节能灯	飞利浦	MASTER PL-C 18W/865/2P 1CT	个	16.20	飞利浦电子中国有限公司
U 型节能灯	飞利浦	MASTER PL-C 18W/865/4P 1CT	个	15.80	飞利浦电子中国有限公司
U 型节能灯	飞利浦	MASTER PL-C 26W/827/2P 1CT	个	16.20	飞利浦电子中国有限公司
U 型节能灯	飞利浦	MASTER PL-C 26W/830/2P 1CT	个	19.40	飞利浦电子中国有限公司
U 型节能灯	飞利浦	MASTER PL-C 26W/830/4P 1CT	个	17.10	飞利浦电子中国有限公司
U 型节能灯	飞利浦	MASTER PL-C 26W/840/2P 1CT	个	19.40	飞利浦电子中国有限公司
U 型节能灯	飞利浦	MASTER PL-C 26W/840/4P 1CT	个	17.10	飞利浦电子中国有限公司

续表

产品名称	品牌	规格型号	包装单位	参考价格（元）	供应商
U型节能灯	飞利浦	MASTER PL-C 26W/865/2P 1CT	个	19.40	飞利浦电子中国有限公司
U型节能灯	飞利浦	MASTER PL-C 26W/865/4P 1CT	个	17.10	飞利浦电子中国有限公司
U型节能灯	飞利浦	MASTER PL-L 18W/840/4P 1CT	个	28.00	飞利浦电子中国有限公司
U型节能灯	飞利浦	MASTER PL-L 24W/840/4P 1CT	个	28.00	飞利浦电子中国有限公司
U型节能灯	飞利浦	MASTER PL-L 24W/865/4P 1CT	个	28.00	飞利浦电子中国有限公司
U型节能灯	飞利浦	MASTER PL-L 36W/827/4P 1CT	个	28.00	飞利浦电子中国有限公司
U型节能灯	飞利浦	MASTER PL-L 36W/840/4P 1CT	个	28.90	飞利浦电子中国有限公司
U型节能灯	飞利浦	MASTER PL-L 55W/840/4P 1CT	个	35.60	飞利浦电子中国有限公司
U型节能灯	飞利浦	MASTER PL-L 55W/865/4P 1CT	个	35.60	飞利浦电子中国有限公司
U型节能灯	飞利浦	PLL 18W/84	个	24.60	飞利浦电子中国有限公司
U型节能灯	飞利浦	PLL 24W/84	个	24.60	飞利浦电子中国有限公司
U型节能灯	飞利浦	PLL 36W/82	个	27.00	飞利浦电子中国有限公司
U型节能灯	飞利浦	PL-S 11W/840/2P 1CT	个	14.40	飞利浦电子中国有限公司
U型节能灯	飞利浦	PL-S 11W/865/2P 1CT/25	只	14.40	飞利浦电子中国有限公司
U型节能灯	飞利浦	PL-S 9W/827/2P 1CT	个	14.40	飞利浦电子中国有限公司
U型节能灯	飞利浦	PL-S 9W/840/2P 1CT	个	14.40	飞利浦电子中国有限公司
U型节能灯	飞利浦	PL-S 9W/865/2P 1CT	个	14.40	飞利浦电子中国有限公司
U型节能灯	飞利浦	标准型 11W CD E27 220V 1CT/12	只	15.20	飞利浦电子中国有限公司
U型节能灯	飞利浦	标准型 11W WW E27 220V 1CT/12	只	15.20	飞利浦电子中国有限公司
U型节能灯	飞利浦	标准型 14W CD E27 220V 1CT/12	只	15.20	飞利浦电子中国有限公司

续表

产品名称	品牌	规格型号	包装单位	参考价格（元）	供应商
U 型节能灯	飞利浦	标准型 14W WW E27 220V 1CT/12	只	15.20	飞利浦电子中国有限公司
U 型节能灯	飞利浦	标准型 18W CD E27 220V 1CT/12	只	19.40	飞利浦电子中国有限公司
U 型节能灯	飞利浦	标准型 18W WW E27 220V 1CT/12	只	19.40	飞利浦电子中国有限公司
U 型节能灯	飞利浦	标准型 23W CD E27 220V 1CT/12	只	23.20	飞利浦电子中国有限公司
U 型节能灯	飞利浦	标准型 23W WW E27 220V 1CT/12	只	23.20	飞利浦电子中国有限公司
U 型节能灯	飞利浦	标准型 5W CD E27 220V 1CT/12	只	12.70	飞利浦电子中国有限公司
U 型节能灯	飞利浦	标准型 5W WW E27 220V 1CT/12	只	12.70	飞利浦电子中国有限公司
U 型节能灯	飞利浦	标准型 8W CD E27 220V 1CT/12	只	12.70	飞利浦电子中国有限公司
U 型节能灯	飞利浦	标准型 8W WW E27 220V 1CT/12	只	12.70	飞利浦电子中国有限公司
花生米卤钨泡	飞利浦	ESS CAPSL PRO 20W	个	3.14	飞利浦电子中国有限公司
花生米卤钨泡	飞利浦	ESS CAPSL PRO 35W	个	3.14	飞利浦电子中国有限公司
花生米卤钨泡	飞利浦	ESS CAPSL PRO 50W	个	3.14	飞利浦电子中国有限公司
环形荧光灯	飞利浦	ESSENTIAL T5C 40W/865	套	24.60	飞利浦电子中国有限公司
环形荧光灯	飞利浦	T5C ESSENTIAL 22W/865	支	17.20	飞利浦电子中国有限公司
环形荧光灯	飞利浦	T5C ESSENTIAL 32W/840	支	22.30	飞利浦电子中国有限公司
环形荧光灯	飞利浦	T5C ESSENTIAL 32W/865	支	22.30	飞利浦电子中国有限公司
环形荧光灯	飞利浦	TLE 22W/33	支	17.50	飞利浦电子中国有限公司
环形荧光灯	飞利浦	TLE 22W/54	支	17.00	飞利浦电子中国有限公司
环形荧光灯	飞利浦	TLE 22W/840	支	31.20	飞利浦电子中国有限公司

续表

产品名称	品牌	规格型号	包装单位	参考价格(元)	供应商
环形荧光灯	飞利浦	TLE 22W/865	支	31.20	飞利浦电子中国有限公司
环形荧光灯	飞利浦	TLE 32W/33	支	17.90	飞利浦电子中国有限公司
环形荧光灯	飞利浦	TLE 32W/54	支	17.90	飞利浦电子中国有限公司
环形荧光灯	飞利浦	TLE 32W/840	支	28.90	飞利浦电子中国有限公司
环形荧光灯	飞利浦	TLE 32W/865	支	33.20	飞利浦电子中国有限公司
环形荧光灯	飞利浦	TLE 40W/54	支	27.60	飞利浦电子中国有限公司
环形荧光灯	飞利浦	TLE 40W/840	支	34.10	飞利浦电子中国有限公司
环形荧光灯	飞利浦	TLE 40W/865	支	33.20	飞利浦电子中国有限公司
螺旋型节能灯	飞利浦	80W 865 E40 220-240V	个	155.00	飞利浦电子中国有限公司
螺旋型节能灯	飞利浦	BHL TWISTER 45W CDL	个	111.00	飞利浦电子中国有限公司
螺旋型节能灯	飞利浦	BHL TWISTER 45W WWW	个	98.80	飞利浦电子中国有限公司
螺旋型节能灯	飞利浦	BHL TWISTER 65W CDL	个	118.00	飞利浦电子中国有限公司
螺旋型节能灯	飞利浦	BHL TWISTER 65W WWW	个	137.00	飞利浦电子中国有限公司
螺旋型节能灯	飞利浦	TORNADO 12W CDL E14 220V	只	28.00	飞利浦电子中国有限公司
螺旋型节能灯	飞利浦	TORNADO 12W CDL E27 220V	只	28.00	飞利浦电子中国有限公司
螺旋型节能灯	飞利浦	TORNADO 12W WW E14 220V	只	28.00	飞利浦电子中国有限公司
螺旋型节能灯	飞利浦	TORNADO 12W WW E27 220V	只	28.00	飞利浦电子中国有限公司
螺旋型节能灯	飞利浦	TORNADO 20W CDL E27 220V	只	22.70	飞利浦电子中国有限公司
螺旋型节能灯	飞利浦	TORNADO 20W WW E27 220V	只	22.70	飞利浦电子中国有限公司
螺旋型节能灯	飞利浦	TORNADO 23W CDL E27 220V	只	34.60	飞利浦电子中国有限公司

续表

产品名称	品牌	规格型号	包装单位	参考价格（元）	供应商
螺旋型节能灯	飞利浦	TORNADO 23W WW E27 220V	只	34.60	飞利浦电子中国有限公司
螺旋型节能灯	飞利浦	TORNADO 5W CDL E14 220V	只	24.60	飞利浦电子中国有限公司
螺旋型节能灯	飞利浦	TORNADO 5W CDL E27 220V	只	24.60	飞利浦电子中国有限公司
螺旋型节能灯	飞利浦	TORNADO 5W WW E14 220V	只	24.60	飞利浦电子中国有限公司
螺旋型节能灯	飞利浦	TORNADO 5W WW E27 220V	只	24.60	飞利浦电子中国有限公司
螺旋型节能灯	飞利浦	TORNADO 8W CDL E14 220V	只	23.60	飞利浦电子中国有限公司
螺旋型节能灯	飞利浦	TORNADO 8W CDL E27 220V	只	24.60	飞利浦电子中国有限公司
螺旋型节能灯	飞利浦	TORNADO 8W WW E14 220V	只	23.60	飞利浦电子中国有限公司
螺旋型节能灯	飞利浦	TORNADO 8W WW E27 220V	只	24.60	飞利浦电子中国有限公司
迷你小功率荧光灯管	飞利浦	TL8W/54	个	6.56	飞利浦电子中国有限公司
射灯灯杯	飞利浦	ESS 20W 36D CLOSED	个	4.66	飞利浦电子中国有限公司
射灯灯杯	飞利浦	ESS 20W 36D OPEN	个	3.42	飞利浦电子中国有限公司
射灯灯杯	飞利浦	ESS 35W 36D CLOSED	个	4.66	飞利浦电子中国有限公司
射灯灯杯	飞利浦	ESS 50W 36D CLOSED	个	4.66	飞利浦电子中国有限公司
射灯灯杯	飞利浦	ESS 50W 36D OPEN	个	3.42	飞利浦电子中国有限公司
射灯灯杯	飞利浦	ESS MR11 20W GU4 12V 30D 1CT/10X5F	个	5.99	飞利浦电子中国有限公司
射灯灯杯	飞利浦	ESS MR11 35W GU4 12V 30D 1CT/10X5F	个	5.99	飞利浦电子中国有限公司
双端卤钨灯	飞利浦	COMPACT 100W	支	14.00	飞利浦电子中国有限公司
双端卤钨灯	飞利浦	SMALL 200W	支	14.00	飞利浦电子中国有限公司
双端卤钨灯	飞利浦	SMALL 300W	支	10.50	飞利浦电子中国有限公司

续表

产品名称	品牌	规格型号	包装单位	参考价格（元）	供应商
双端卤钨灯	飞利浦	SMALL 500W	支	10.60	飞利浦电子中国有限公司
双端卤钨灯	飞利浦	中文装 PLUSLINE L 1000W R7S 230V	支	16.30	飞利浦电子中国有限公司
LED T8 灯管	雷士	3000K/9W	支	22.15	惠州雷士光电科技有限公司
LED 球泡灯	雷士	4000K/5W	个	19.93	惠州雷士光电科技有限公司
T5 灯管	欧司朗	14W/830 暖白	支	6.80	欧司朗（中国）照明有限公司
T5 灯管	欧司朗	14W/840 冷白	支	6.80	欧司朗（中国）照明有限公司
T5 灯管	欧司朗	14W/865 日光色	支	28.00	欧司朗（中国）照明有限公司
T5 灯管	欧司朗	21W/830 暖白	支	7.80	欧司朗（中国）照明有限公司
T5 灯管	欧司朗	21W/840 冷白	支	7.80	欧司朗（中国）照明有限公司
T5 灯管	欧司朗	21W/865 日光色	支	7.80	欧司朗（中国）照明有限公司
T5 灯管	欧司朗	28W/830 暖白	支	8.00	欧司朗（中国）照明有限公司
T5 灯管	欧司朗	28W/840 冷白	支	8.00	欧司朗（中国）照明有限公司
T5 灯管	欧司朗	28W/865 日光色	支	8.00	欧司朗（中国）照明有限公司
T5 灯管	欧司朗	35W/830 暖白	支	18.00	欧司朗（中国）照明有限公司
T5 灯管	欧司朗	35W/840 冷白	支	18.00	欧司朗（中国）照明有限公司
T5 灯管	欧司朗	35W/865 日光色	支	18.00	欧司朗（中国）照明有限公司
T5 灯管	三雄	2700K/11W	支	7.61	广东三雄极光照明股份有限公司
T5 灯管	三雄	2700K/14W	支	7.61	广东三雄极光照明股份有限公司
T5 灯管	三雄	2700K/18W	支	8.17	广东三雄极光照明股份有限公司
T5 灯管	三雄	2700K/21W	支	8.17	广东三雄极光照明股份有限公司
T5 灯管	三雄	2700K/24W	支	8.44	广东三雄极光照明股份有限公司
T5 灯管	三雄	2700K/28W	支	8.44	广东三雄极光照明股份有限公司
T5 灯管	三雄	2700K/35W	支	15.50	广东三雄极光照明股份有限公司
T5 灯管	三雄	2700K/5W	支	6.37	广东三雄极光照明股份有限公司
T5 灯管	三雄	2700K/8W	支	6.37	广东三雄极光照明股份有限公司
T5 灯管	三雄	4000K/11W	支	7.61	广东三雄极光照明股份有限公司
T5 灯管	三雄	4000K/14W	支	7.61	广东三雄极光照明股份有限公司
T5 灯管	三雄	4000K/18W	支	8.17	广东三雄极光照明股份有限公司
T5 灯管	三雄	4000K/21W	支	8.17	广东三雄极光照明股份有限公司
T5 灯管	三雄	4000K/24W	支	8.44	广东三雄极光照明股份有限公司
T5 灯管	三雄	4000K/28W	支	8.44	广东三雄极光照明股份有限公司

续表

产品名称	品牌	规格型号	包装单位	参考价格（元）	供应商
T5灯管	三雄	4000K/35W	支	15.50	广东三雄极光照明股份有限公司
T5灯管	三雄	4000K/5W	支	6.37	广东三雄极光照明股份有限公司
T5灯管	三雄	4000K/8W	支	6.37	广东三雄极光照明股份有限公司
T5灯管	三雄	6500K/11W	支	7.61	广东三雄极光照明股份有限公司
T5灯管	三雄	6500K/14W	支	7.61	广东三雄极光照明股份有限公司
T5灯管	三雄	6500K/18W	支	8.17	广东三雄极光照明股份有限公司
T5灯管	三雄	6500K/21W	支	8.17	广东三雄极光照明股份有限公司
T5灯管	三雄	6500K/24W	支	8.44	广东三雄极光照明股份有限公司
T5灯管	三雄	6500K/28W	支	8.44	广东三雄极光照明股份有限公司
T5灯管	三雄	6500K/35W	支	15.50	广东三雄极光照明股份有限公司
T5灯管	三雄	6500K/5W	支	6.37	广东三雄极光照明股份有限公司
T5灯管	三雄	6500K/8W	支	6.37	广东三雄极光照明股份有限公司
灯带	正泰	5050白光 暖光	m	16.00	浙江正泰电器股份有限公司

2.4.2 灯具

产品名称	品牌	规格型号	包装单位	参考价格（元）	供应商
LED T5支架灯	飞利浦	BN058C LED11/CW L1200	个	90.10	飞利浦电子中国有限公司
LED T5支架灯	飞利浦	BN058C LED11/NW L1200	个	90.10	飞利浦电子中国有限公司
LED T5支架灯	飞利浦	BN058C LED11/WW L1200	个	90.10	飞利浦电子中国有限公司
LED T5支架灯	飞利浦	BN058C LED3/CW L300	个	79.70	飞利浦电子中国有限公司
LED T5支架灯	飞利浦	BN058C LED3/NW L300	个	79.70	飞利浦电子中国有限公司
LED T5支架灯	飞利浦	BN058C LED3/WW L300	个	79.70	飞利浦电子中国有限公司
LED T5支架灯	飞利浦	BN058C LED5/CW L600	个	85.90	飞利浦电子中国有限公司
LED T5支架灯	飞利浦	BN058C LED5/NW L600	个	85.90	飞利浦电子中国有限公司
LED T5支架灯	飞利浦	BN058C LED5/WW L600	个	85.90	飞利浦电子中国有限公司
LED T5支架灯	飞利浦	BN058C LED9/CW L900	个	87.80	飞利浦电子中国有限公司
LED T5支架灯	飞利浦	BN058C LED9/NW L900	个	87.80	飞利浦电子中国有限公司
LED T5支架灯	飞利浦	BN058C LED9/WW L900	个	87.80	飞利浦电子中国有限公司
LED T5支架灯	飞利浦	TCH086 EV L-LINABLE CORD265	条	5.13	飞利浦电子中国有限公司

续表

产品名称	品牌	规格型号	包装单位	参考价格（元）	供应商
LED T5 支架灯	飞利浦	TCH086 EV MOUNTING CLIP	条	68.80	飞利浦电子中国有限公司
LED T8 支架灯	飞利浦	BN006C LED15 CW L1200	个	159.00	飞利浦电子中国有限公司
LED T8 支架灯	飞利浦	BN006C LED15 NW L1200	个	159.00	飞利浦电子中国有限公司
LED T8 支架灯	飞利浦	BN006C LED15CW L600	个	152.00	飞利浦电子中国有限公司
LED T8 支架灯	飞利浦	BN006C LED15NW L600	个	152.00	飞利浦电子中国有限公司
LED T8 支架灯	飞利浦	BN006C LED30 CW L1200	个	216.00	飞利浦电子中国有限公司
LED T8 支架灯	飞利浦	BN006C LED30 NW L1200	个	216.00	飞利浦电子中国有限公司
LED T8 支架灯	飞利浦	BN006C LED8 CW L600	个	114.00	飞利浦电子中国有限公司
LED T8 支架灯	飞利浦	BN006C LED8 NW L600	个	114.00	飞利浦电子中国有限公司
LED T8 支架灯	飞利浦	BN006Z GD R-C	个	5.70	飞利浦电子中国有限公司
LED T8 支架灯	飞利浦	BN006Z GD R-S	个	5.70	飞利浦电子中国有限公司
LED T8 支架灯	飞利浦	BN006Z SI R-C	个	5.70	飞利浦电子中国有限公司
LED T8 支架灯	飞利浦	BN006Z SI R-S	个	5.70	飞利浦电子中国有限公司
LED T8 支架灯	飞利浦	BN006Z SM	个	6.84	飞利浦电子中国有限公司
LED 平板灯	飞利浦	RC088B LED22S/840 PSU W30L120 CN	套	626.00	飞利浦电子中国有限公司
LED 平板灯	飞利浦	RC088B LED22S/840 PSU W60L60 CN	套	550.00	飞利浦电子中国有限公司
LED 平板灯	飞利浦	RC088B LED22S/865 PSU W30L120 CN	套	626.00	飞利浦电子中国有限公司
LED 平板灯	飞利浦	RC088B LED22S/865 PSU W60L60 CN	套	550.00	飞利浦电子中国有限公司
LED 平板灯	飞利浦	RC088B LED44S/840 PSU W60L120 CN	套	1270.00	飞利浦电子中国有限公司
LED 平板灯	飞利浦	RC088B LED44S/865 PSU W60L120 CN	套	1270.00	飞利浦电子中国有限公司
LED 三防灯	飞利浦	WT160C LED10 CW L600	套	604.00	飞利浦电子中国有限公司
LED 筒灯	飞利浦	2.5in 7×0.5W 230V	只	115.00	飞利浦电子中国有限公司
LED 筒灯	飞利浦	2.5in 7×0.5W 230V	只	121.00	飞利浦电子中国有限公司
LED 筒灯	飞利浦	3.5in 15×0.5W 230V	只	217.00	飞利浦电子中国有限公司
LED 筒灯	飞利浦	3.5in 15×0.5W 230V	只	206.00	飞利浦电子中国有限公司

续表

产品名称	品牌	规格型号	包装单位	参考价格（元）	供应商
LED 筒灯	飞利浦	3in 12×0.5W 230V	只	167.00	飞利浦电子中国有限公司
LED 筒灯	飞利浦	3in 12×0.5W 230V	只	167.00	飞利浦电子中国有限公司
LED 筒灯	飞利浦	4in 20×0.5W 230V	只	275.00	飞利浦电子中国有限公司
LED 筒灯	飞利浦	4in 20×0.5W 230V	只	275.00	飞利浦电子中国有限公司
LED 吸顶灯	飞利浦	恒祥 16W 经典型 27K（黄光）	个	189.00	飞利浦电子中国有限公司
LED 吸顶灯	飞利浦	恒祥 16W 经典型 65K（白光）	个	189.00	飞利浦电子中国有限公司
LED 吸顶灯	飞利浦	恒祥 22W 经典型 27K（黄光）	个	284.00	飞利浦电子中国有限公司
LED 吸顶灯	飞利浦	恒祥 22W 经典型 65K（白光）	个	284.00	飞利浦电子中国有限公司
LED 吸顶灯	飞利浦	恒祥 6W 经典型 27K（黄光）	个	94.00	飞利浦电子中国有限公司
LED 吸顶灯	飞利浦	恒祥 6W 经典型 65K（白光）	个	94.00	飞利浦电子中国有限公司
T5 格栅灯	飞利浦	TBS299 2×TL5-14W HF G2	箱（2 套/箱）	475.00	飞利浦电子中国有限公司
T5 格栅灯	飞利浦	TBS299 2×TL5-14W HF M2	箱（2 套/箱）	490.00	飞利浦电子中国有限公司
T5 格栅灯	飞利浦	TBS299 2×TL5-21W HF G2	箱（2 套/箱）	564.00	飞利浦电子中国有限公司
T5 格栅灯	飞利浦	TBS299 2×TL5-28W HF G2	箱（2 套/箱）	667.00	飞利浦电子中国有限公司
T5 格栅灯	飞利浦	TBS299 2×TL5-28W HF M2	箱（2 套/箱）	683.00	飞利浦电子中国有限公司
T5 格栅灯	飞利浦	TBS299 3×TL5-14W HF G2	箱（2 套/箱）	691.00	飞利浦电子中国有限公司
T5 格栅灯	飞利浦	TBS299 3×TL5-14W HF M2	箱（2 套/箱）	706.00	飞利浦电子中国有限公司
T5 格栅灯	飞利浦	TBS299 3×TL5-21W HF G2	箱（2 套/箱）	891.00	飞利浦电子中国有限公司
T5 格栅灯	飞利浦	TBS299 3×TL5-28W HF G2	箱（2 套/箱）	1060.00	飞利浦电子中国有限公司
T5 格栅灯	飞利浦	TBS299 3×TL5-28W HF M2	箱（2 套/箱）	1080.00	飞利浦电子中国有限公司
T5 格栅灯	飞利浦	TBS299 4×TL5-14W HF G2	箱（2 套/箱）	768.00	飞利浦电子中国有限公司

续表

产品名称	品牌	规格型号	包装单位	参考价格(元)	供应商
T5 格栅灯	飞利浦	TBS299 4×TL5-14W HF M2	箱(2套/箱)	831.00	飞利浦电子中国有限公司
T5 支架灯	飞利浦	TCH086 1×TL5-14W/830 EI 220-240V EV	套	32.70	飞利浦电子中国有限公司
T5 支架灯	飞利浦	TCH086 1×TL5-14W/840 EI 220-240V EV	套	32.70	飞利浦电子中国有限公司
T5 支架灯	飞利浦	TCH086 1×TL5-14W/865 EI 220-240V EV	套	33.70	飞利浦电子中国有限公司
T5 支架灯	飞利浦	TCH086 1×TL5-21W/830 EI 220-240V EV	套	40.30	飞利浦电子中国有限公司
T5 支架灯	飞利浦	TCH086 1×TL5-21W/840 EI 220-240V EV	套	40.30	飞利浦电子中国有限公司
T5 支架灯	飞利浦	TCH086 1×TL5-21W/865 EI 220-240V EV	套	39.00	飞利浦电子中国有限公司
T5 支架灯	飞利浦	TCH086 1×TL5-28W/830 HF 220-240V EV	套	50.80	飞利浦电子中国有限公司
T5 支架灯	飞利浦	TCH086 1×TL5-28W/840 HF 220-240V EV	套	48.30	飞利浦电子中国有限公司
T5 支架灯	飞利浦	TCH086 1×TL5-28W/865 HF 220-240V EV	套	49.30	飞利浦电子中国有限公司
T5 支架灯	飞利浦	TCH086 1×TL5-8W/830 EI 220-240V EV	套	29.50	飞利浦电子中国有限公司
T5 支架灯	飞利浦	TCH086 1×TL5-8W/840 EI 220-240V EV	套	29.50	飞利浦电子中国有限公司
T5 支架灯	飞利浦	TCH086 1×TL5-8W/865 EI 220-240V EV	套	29.50	飞利浦电子中国有限公司
T5 支架灯	飞利浦	TWG 128/2005/ 865	套	108.00	飞利浦电子中国有限公司
T5 支架灯	飞利浦	TWG 128/2005/840	套	108.00	飞利浦电子中国有限公司
T5 支架灯	飞利浦	TWG114/2005 TL5-14W/830 EI	套	78.30	飞利浦电子中国有限公司
T5 支架灯	飞利浦	TWG121/ 2005	套	78.30	飞利浦电子中国有限公司
T5 支架灯	飞利浦	TWG121/2005	套	78.30	飞利浦电子中国有限公司

续表

产品名称	品牌	规格型号	包装单位	参考价格（元）	供应商
T5支架灯	飞利浦	TWG121/2005 TL5-21W/830 EI	套	92.60	飞利浦电子中国有限公司
T5支架灯	飞利浦	TWG128/2005 TL5-28W/830 HF	套	108.00	飞利浦电子中国有限公司
T5支架灯附件	飞利浦	TCH086 EV L-Linable cord 265	根	4.18	飞利浦电子中国有限公司
T5支架灯附件	飞利浦	TCH086 EV L-Linable cord 600	根	5.13	飞利浦电子中国有限公司
T5支架灯附件	飞利浦	TCH086 EV Power Cable	根	3.14	飞利浦电子中国有限公司
T8支架灯	飞利浦	TMS018 1×TL-D18WEL	个	48.30	飞利浦电子中国有限公司
T8支架灯	飞利浦	TMS018 1×TL-D18WELRL	套	68.80	飞利浦电子中国有限公司
T8支架灯	飞利浦	TMS018 1×TL-D36WEL	个	55.90	飞利浦电子中国有限公司
T8支架灯	飞利浦	TMS018 1×TL-D36WELRL	套	85.40	飞利浦电子中国有限公司
T8支架灯	飞利浦	TMS018 2×TL-D18WEL	个	77.80	飞利浦电子中国有限公司
T8支架灯	飞利浦	TMS018 2×TL-D18WELRL	套	101.00	飞利浦电子中国有限公司
T8支架灯	飞利浦	TMS018 2×TL-D36WEL	个	88.20	飞利浦电子中国有限公司
T8支架灯	飞利浦	TMS018 2×TL-D36WELRL	套	119.00	飞利浦电子中国有限公司
LED T5灯（支架+灯管）	雷士	4000K/12W	套	31.83	惠州雷士光电科技有限公司
LED T5灯（支架+灯管）	雷士	4000K/14W	套	33.63	惠州雷士光电科技有限公司
LED T5灯（支架+灯管）	雷士	4000K/7W	套	23.67	惠州雷士光电科技有限公司
LED石英变压器	雷士	60W	个	32.25	惠州雷士光电科技有限公司
LED天花小射灯	雷士	4000K/105D/2W	个	62.28	惠州雷士光电科技有限公司
LED天花小射灯	雷士	4000K/113D/4W	个	83.04	惠州雷士光电科技有限公司
T5灯（支架+灯管）	雷士	2700K/11W	套	23.25	惠州雷士光电科技有限公司
T5灯（支架+灯管）	雷士	2700K/14W	套	24.64	惠州雷士光电科技有限公司
T5灯（支架+灯管）	雷士	2700K/18W	套	25.33	惠州雷士光电科技有限公司
T5灯（支架+灯管）	雷士	2700K/21W	套	26.02	惠州雷士光电科技有限公司
T5灯（支架+灯管）	雷士	2700K/24W	套	26.30	惠州雷士光电科技有限公司
T5灯（支架+灯管）	雷士	2700K/28W	套	27.68	惠州雷士光电科技有限公司

续表

产品名称	品牌	规格型号	包装单位	参考价格(元)	供应商
T5灯(支架+灯管)	雷士	4000K/11W	套	23.25	惠州雷士光电科技有限公司
T5灯(支架+灯管)	雷士	4000K/14W	套	24.64	惠州雷士光电科技有限公司
T5灯(支架+灯管)	雷士	4000K/18W	套	25.33	惠州雷士光电科技有限公司
T5灯(支架+灯管)	雷士	4000K/21W	套	26.02	惠州雷士光电科技有限公司
T5灯(支架+灯管)	雷士	4000K/24W	套	26.30	惠州雷士光电科技有限公司
T5灯(支架+灯管)	雷士	4000K/28W	套	32.94	惠州雷士光电科技有限公司
T5灯(支架+灯管)	雷士	4000K/35W	套	33.22	惠州雷士光电科技有限公司
T5灯(支架+灯管)	雷士	4000K/8W	套	22.42	惠州雷士光电科技有限公司
T5灯(支架+灯管)	雷士	6500K/14W	套	24.64	惠州雷士光电科技有限公司
T5灯(支架+灯管)	雷士	6500K/18W	套	25.33	惠州雷士光电科技有限公司
T5灯(支架+灯管)	雷士	6500K/21W	套	26.02	惠州雷士光电科技有限公司
T5灯(支架+灯管)	雷士	6500K/24W	套	26.30	惠州雷士光电科技有限公司
T5灯(支架+灯管)	雷士	6500K/28W	套	27.68	惠州雷士光电科技有限公司
T5灯双接头	雷士	30cm	条	12.46	惠州雷士光电科技有限公司
T5连接线	雷士	双头	条	3.88	惠州雷士光电科技有限公司
T5支架	雷士	35W	套	38.74	惠州雷士光电科技有限公司
吊线黑色筒灯	雷士	3200K/15W	个	54.95	惠州雷士光电科技有限公司
T5灯(支架+灯管)	欧司朗	14W/830暖白	套	28.00	欧司朗(中国)照明有限公司
T5灯(支架+灯管)	欧司朗	14W/840冷白	套	28.00	欧司朗(中国)照明有限公司
T5灯(支架+灯管)	欧司朗	14W/865日光色	套	28.00	欧司朗(中国)照明有限公司
T5灯(支架+灯管)	欧司朗	21W/830暖白	套	35.00	欧司朗(中国)照明有限公司
T5灯(支架+灯管)	欧司朗	21W/840冷白	套	35.00	欧司朗(中国)照明有限公司
T5灯(支架+灯管)	欧司朗	21W/865日光色	套	35.00	欧司朗(中国)照明有限公司
T5灯(支架+灯管)	欧司朗	28W/830暖白	套	35.00	欧司朗(中国)照明有限公司
T5灯(支架+灯管)	欧司朗	28W/840冷白	套	35.00	欧司朗(中国)照明有限公司
T5灯(支架+灯管)	欧司朗	28W/865日光色	套	35.00	欧司朗(中国)照明有限公司
T5连接线	欧司朗	双头	条	5.00	欧司朗(中国)照明有限公司
LED超薄面板灯	普通	12W/白光/开孔150×150	个	35.00	中山市古镇欧宇灯饰电器厂
LED超薄面板灯	普通	12W/白光/开孔ϕ150	个	32.00	中山市古镇欧宇灯饰电器厂
LED超薄面板灯	普通	12W/暖光/开孔150×150	个	35.00	中山市古镇欧宇灯饰电器厂
LED超薄面板灯	普通	12W/暖光/开孔ϕ150	个	32.00	中山市古镇欧宇灯饰电器厂
LED超薄面板灯	普通	15W/白光/开孔175×175	个	39.00	中山市古镇欧宇灯饰电器厂
LED超薄面板灯	普通	15W/白光/开孔ϕ175	个	39.00	中山市古镇欧宇灯饰电器厂
LED超薄面板灯	普通	15W/暖光/开孔175×175	个	39.00	中山市古镇欧宇灯饰电器厂

续表

产品名称	品牌	规格型号	包装单位	参考价格（元）	供应商
LED超薄面板灯	普通	15W/暖光/开孔 ϕ175	个	39.00	中山市古镇欧宇灯饰电器厂
LED超薄面板灯	普通	18W/白光/开孔 200×200	个	44.00	中山市古镇欧宇灯饰电器厂
LED超薄面板灯	普通	18W/白光/开孔 ϕ200	个	32.00	中山市古镇欧宇灯饰电器厂
LED超薄面板灯	普通	18W/暖光/开孔 200×200	个	44.00	中山市古镇欧宇灯饰电器厂
LED超薄面板灯	普通	18W/暖光/开孔 ϕ200	个	32.00	中山市古镇欧宇灯饰电器厂
LED超薄面板灯	普通	3W/白光/开孔 70×70	个	14.00	中山市古镇欧宇灯饰电器厂
LED超薄面板灯	普通	3W/白光/开孔 ϕ70	个	12.00	中山市古镇欧宇灯饰电器厂
LED超薄面板灯	普通	3W/暖光/开孔 70×70	个	14.00	中山市古镇欧宇灯饰电器厂
LED超薄面板灯	普通	3W/暖光/开孔 ϕ70	个	12.00	中山市古镇欧宇灯饰电器厂
LED超薄面板灯	普通	4W/白光/开孔 90×90	个	21.00	中山市古镇欧宇灯饰电器厂
LED超薄面板灯	普通	4W/白光/开孔 ϕ90	个	17.00	中山市古镇欧宇灯饰电器厂
LED超薄面板灯	普通	4W/暖光/开孔 90×90	个	21.00	中山市古镇欧宇灯饰电器厂
LED超薄面板灯	普通	4W/暖光/开孔 ϕ90	个	17.00	中山市古镇欧宇灯饰电器厂
LED超薄面板灯	普通	6W/白光/开孔 100×100	个	22.00	中山市古镇欧宇灯饰电器厂
LED超薄面板灯	普通	6W/白光/开孔 ϕ100	个	19.00	中山市古镇欧宇灯饰电器厂
LED超薄面板灯	普通	6W/暖光/开孔 100×100	个	220.00	中山市古镇欧宇灯饰电器厂
LED超薄面板灯	普通	6W/暖光/开孔 ϕ100	个	19.00	中山市古镇欧宇灯饰电器厂
LED超薄面板灯	普通	9W/白光/开孔 130×130	个	29.00	中山市古镇欧宇灯饰电器厂
LED超薄面板灯	普通	9W/白光/开孔 ϕ130	个	26.00	中山市古镇欧宇灯饰电器厂
LED超薄面板灯	普通	9W/暖光/开孔 130×130	个	29.00	中山市古镇欧宇灯饰电器厂
LED超薄面板灯	普通	9W/暖光/开孔 ϕ130	个	26.00	中山市古镇欧宇灯饰电器厂
高光面 COB筒灯	普通	10W 白光/开孔 ϕ90	个	48.00	中山市古镇欧宇灯饰电器厂
高光面 COB筒灯	普通	10W 暖光/开孔 ϕ90	个	48.00	中山市古镇欧宇灯饰电器厂
高光面 COB筒灯	普通	15W 白光/开孔 ϕ120	个	58.00	中山市古镇欧宇灯饰电器厂
高光面 COB筒灯	普通	15W 暖光/开孔 ϕ120	个	58.00	中山市古镇欧宇灯饰电器厂
高光面 COB筒灯	普通	20W 白光/开孔 ϕ120	个	69.00	中山市古镇欧宇灯饰电器厂
高光面 COB筒灯	普通	20W 暖光/开孔 ϕ120	个	69.00	中山市古镇欧宇灯饰电器厂
高光面 COB筒灯	普通	3W 白光/开孔 ϕ70	个	22.00	中山市古镇欧宇灯饰电器厂
高光面 COB筒灯	普通	3W 暖光/开孔 ϕ70	个	22.00	中山市古镇欧宇灯饰电器厂
高光面 COB筒灯	普通	5W 白光/开孔 ϕ70	个	25.00	中山市古镇欧宇灯饰电器厂
高光面 COB筒灯	普通	5W 暖光/开孔 ϕ70	个	25.00	中山市古镇欧宇灯饰电器厂
高光面 COB筒灯	普通	7W 白光/开孔 ϕ90	个	35.00	中山市古镇欧宇灯饰电器厂
高光面 COB筒灯	普通	7W 暖光/开孔 ϕ90	个	35.00	中山市古镇欧宇灯饰电器厂
高光面 天花灯	普通	12W 白光/开孔 ϕ120	个	52.00	中山市古镇欧宇灯饰电器厂

续表

产品名称	品牌	规格型号	包装单位	参考价格（元）	供应商
高光面 天花灯	普通	12W 暖光/开孔 ϕ120	个	52.00	中山市古镇欧宇灯饰电器厂
高光面 天花灯	普通	18W 白光/开孔 ϕ145	个	90.00	中山市古镇欧宇灯饰电器厂
高光面 天花灯	普通	18W 暖光/开孔 ϕ145	个	90.00	中山市古镇欧宇灯饰电器厂
高光面 天花灯	普通	3W 白光/开孔 ϕ75	个	18.00	中山市古镇欧宇灯饰电器厂
高光面 天花灯	普通	3W 暖光/开孔 ϕ75	个	18.00	中山市古镇欧宇灯饰电器厂
高光面 天花灯	普通	5W 白光/开孔 ϕ90	个	30.00	中山市古镇欧宇灯饰电器厂
高光面 天花灯	普通	5W 暖光/开孔 ϕ90	个	30.00	中山市古镇欧宇灯饰电器厂
高光面 天花灯	普通	7W 白光/开孔 ϕ90	个	35.00	中山市古镇欧宇灯饰电器厂
高光面 天花灯	普通	7W 白光/开孔 ϕ90	个	35.00	中山市古镇欧宇灯饰电器厂
高光面 天花灯	普通	9W 白光/开孔 ϕ120	个	44.00	中山市古镇欧宇灯饰电器厂
高光面 天花灯	普通	9W 暖光/开孔 ϕ120	个	44.00	中山市古镇欧宇灯饰电器厂
高光面 天花灯	普通	小 3W 白光/开孔 ϕ58	个	17.00	中山市古镇欧宇灯饰电器厂
高光面 天花灯	普通	小 3W 暖光/开孔 ϕ58	个	17.00	中山市古镇欧宇灯饰电器厂
全铝超薄筒灯	普通	10W/白光/4 寸	个	26.00	中山市古镇欧宇灯饰电器厂
全铝超薄筒灯	普通	10W/白光/4 寸	个	26.00	中山市古镇欧宇灯饰电器厂
全铝超薄筒灯	普通	15W/白光/5 寸	个	30.00	中山市古镇欧宇灯饰电器厂
全铝超薄筒灯	普通	15W/白光/5 寸	个	30.00	中山市古镇欧宇灯饰电器厂
全铝超薄筒灯	普通	4W/白光/2.5 寸	个	14.00	中山市古镇欧宇灯饰电器厂
全铝超薄筒灯	普通	4W/暖光/2.5 寸	个	14.00	中山市古镇欧宇灯饰电器厂
全铝超薄筒灯	普通	5W/白光/3 寸	个	18.00	中山市古镇欧宇灯饰电器厂
全铝超薄筒灯	普通	5W/暖光/3 寸	个	18.00	中山市古镇欧宇灯饰电器厂
全铝超薄筒灯	普通	7W/白光/3.5 寸	个	21.00	中山市古镇欧宇灯饰电器厂
全铝超薄筒灯	普通	7W/暖光/3.5 寸	个	21.00	中山市古镇欧宇灯饰电器厂
LED T5 灯（支架＋灯管）	三雄	6500K/14W	套	29.90	广东三雄极光照明股份有限公司
LED T5 灯（支架＋灯管）	三雄	6500K/16W	套	30.17	广东三雄极光照明股份有限公司
T5 支架	三雄	11W	套	17.99	广东三雄极光照明股份有限公司
T5 支架	三雄	14W	套	18.82	广东三雄极光照明股份有限公司
T5 支架	三雄	18W	套	20.76	广东三雄极光照明股份有限公司

续表

产品名称	品牌	规格型号	包装单位	参考价格（元）	供应商
T5 支架	三雄	21W	套	21.59	广东三雄极光照明股份有限公司
T5 支架	三雄	24W	套	21.59	广东三雄极光照明股份有限公司
T5 支架	三雄	28W	套	22.15	广东三雄极光照明股份有限公司
T5 支架	三雄	35W	套	31.56	广东三雄极光照明股份有限公司
T5 支架	三雄	5W	套	17.72	广东三雄极光照明股份有限公司
T5 支架	三雄	8W	套	17.72	广东三雄极光照明股份有限公司
平板灯	正泰	30×30 白光	只	170.00	浙江正泰电器股份有限公司
平板灯	正泰	30×60 白光	只	265.00	浙江正泰电器股份有限公司
筒灯	正泰	高光 3W 白光 暖光	只	53.00	浙江正泰电器股份有限公司
筒灯	正泰	高光 5W 白光 暖光	只	58.00	浙江正泰电器股份有限公司

2.5 电工套管

2.5.1 硬聚氯乙烯(PVC-U)绝缘管材

产品名称	品牌	规格型号	包装单位	参考价格（元）	供应商
电线管（轻型）	爱康保利	D20 红	根（3m/根）	3.51	爱康企业集团（上海）有限公司
电线管（轻型）	爱康保利	D20 蓝	根（3m/根）	3.51	爱康企业集团（上海）有限公司
电线管（中型）	爱康保利	D20 红	根（3m/根）	4.27	爱康企业集团（上海）有限公司
电线管（中型）	爱康保利	D20 蓝	根（3m/根）	4.27	爱康企业集团（上海）有限公司
电线管（中型）	公元	D16	根（3m/根）	3.46	公元塑业集团有限公司
电线管（中型）	公元	D20	根（3m/根）	4.54	公元塑业集团有限公司

续表

产品名称	品牌	规格型号	包装单位	参考价格(元)	供应商
电线管(中型)	公元	D25	根(3m/根)	6.97	公元塑业集团有限公司
电线管(轻型)	日丰	D16×1.0,白	根(4m/根)	5.72	日丰企业集团有限公司
电线管(轻型)	日丰	D20×1.1,白	根(4m/根)	7.41	日丰企业集团有限公司
电线管(轻型)	日丰	D25×1.3,白	根(4m/根)	13.60	日丰企业集团有限公司
电线管(轻型)	日丰	D32×1.5,白	根(4m/根)	15.40	日丰企业集团有限公司
电线管(中型)	日丰	D16×1.2,白	根(4m/根)	6.60	日丰企业集团有限公司
电线管(中型)	日丰	D20×1.3,白	根(4m/根)	7.40	日丰企业集团有限公司
电线管(中型)	日丰	D25×1.5,白	根(4m/根)	10.20	日丰企业集团有限公司
电线管(中型)	日丰	D32×1.7,白	根(4m/根)	16.30	日丰企业集团有限公司
电工管215型	上塑	ϕ16橘红色	根(3.03m/根)	2.88	上海上塑控股(集团)有限公司
电线管(轻型)	伟星	D16白	根(3.03m/根)	3.34	浙江伟星新型建材股份有限公司
电线管(轻型)	伟星	D16红	根(3.03m/根)	3.34	浙江伟星新型建材股份有限公司
电线管(轻型)	伟星	D16蓝	根(3.03m/根)	3.34	浙江伟星新型建材股份有限公司
电线管(轻型)	伟星	D20白	根(3.03m/根)	4.72	浙江伟星新型建材股份有限公司
电线管(轻型)	伟星	D20红	根(3.03m/根)	4.72	浙江伟星新型建材股份有限公司
电线管(轻型)	伟星	D20蓝	根(3.03m/根)	4.72	浙江伟星新型建材股份有限公司
电线管(轻型)	伟星	D25白	根(3.03m/根)	6.96	浙江伟星新型建材股份有限公司
电线管(轻型)	伟星	D32白	根(3.03m/根)	10.20	浙江伟星新型建材股份有限公司
电线管(中型)	伟星	D16白	根(3.03m/根)	4.32	浙江伟星新型建材股份有限公司
电线管(中型)	伟星	D16红	根(3.03m/根)	4.32	浙江伟星新型建材股份有限公司
电线管(中型)	伟星	D16蓝	根(3.03m/根)	4.32	浙江伟星新型建材股份有限公司
电线管(中型)	伟星	D20白	根(3.03m/根)	5.81	浙江伟星新型建材股份有限公司
电线管(中型)	伟星	D20红	根(3.03m/根)	5.81	浙江伟星新型建材股份有限公司
电线管(中型)	伟星	D20蓝	根(3.03m/根)	5.81	浙江伟星新型建材股份有限公司
电线管(中型)	伟星	D25白	根(3.03m/根)	9.00	浙江伟星新型建材股份有限公司
电线管(中型)	伟星	D32白	根(3.03m/根)	13.56	浙江伟星新型建材股份有限公司
电线管(中型)	伟星	D40白	根(3.03m/根)	17.74	浙江伟星新型建材股份有限公司
电线管(重型)	伟星	D16白	根(3.03m/根)	5.45	浙江伟星新型建材股份有限公司
电线管(重型)	伟星	D16红	根(3.03m/根)	5.45	浙江伟星新型建材股份有限公司
电线管(重型)	伟星	D16蓝	根(3.03m/根)	5.45	浙江伟星新型建材股份有限公司
电线管(重型)	伟星	D20白	根(3.03m/根)	7.44	浙江伟星新型建材股份有限公司
电线管(重型)	伟星	D20红	根(3.03m/根)	7.44	浙江伟星新型建材股份有限公司

续表

产品名称	品牌	规格型号	包装单位	参考价格（元）	供应商
电线管（重型）	伟星	D20 蓝	根（3.03m/根）	7.44	浙江伟星新型建材股份有限公司
电线管（重型）	伟星	D25 白	根（3.03m/根）	10.33	浙江伟星新型建材股份有限公司
电线管（重型）	伟星	D32 白	根（3.03m/根）	15.14	浙江伟星新型建材股份有限公司
电线管（重型）	伟星	D40 白	根（3.03m/根）	20.17	浙江伟星新型建材股份有限公司
电线管（轻型 215）	中财	D16 白	根（3.03m/根）	3.00	浙江中财管道科技股份有限公司
电线管（轻型 215）	中财	D16 红	根（3.03m/根）	2.60	浙江中财管道科技股份有限公司
电线管（轻型 215）	中财	D16 蓝	根（3.03m/根）	2.60	浙江中财管道科技股份有限公司
电线管（轻型 215）	中财	D20 白	根（3.03m/根）	3.71	浙江中财管道科技股份有限公司
电线管（轻型 215）	中财	D20 红	根（3.03m/根）	3.71	浙江中财管道科技股份有限公司
电线管（轻型 215）	中财	D20 蓝	根（3.03m/根）	3.71	浙江中财管道科技股份有限公司
电线管（轻型 215）	中财	D25 白	根（3.03m/根）	8.50	浙江中财管道科技股份有限公司
电线管（轻型 215）	中财	D32 白	根（3m/根）	11.50	浙江中财管道科技股份有限公司
电线管（轻型 215）	中财	D40 白	根（3m/根）	18.00	浙江中财管道科技股份有限公司
电线管（轻型 215）	中财	D50 白	根（3m/根）	18.00	浙江中财管道科技股份有限公司
电线管（中型 315）	中财	D16 白	根（3.03m/根）	3.50	浙江中财管道科技股份有限公司
电线管（中型 315）	中财	D16 蓝	根（3.03m/根）	3.50	浙江中财管道科技股份有限公司
电线管（中型 315）	中财	D20 白	根（3.03m/根）	4.75	浙江中财管道科技股份有限公司
电线管（中型 315）	中财	D20 红	根（3.03m/根）	6.03	浙江中财管道科技股份有限公司
电线管（中型 315）	中财	D20 蓝	根（3.03m/根）	6.03	浙江中财管道科技股份有限公司
电线管（中型 315）	中财	D25 白	根（3.03m/根）	6.50	浙江中财管道科技股份有限公司
电线管（中型 315）	中财	D32 白	根（3m/根）	14.00	浙江中财管道科技股份有限公司
电线管（中型 315）	中财	D40 白	根（3m/根）	16.80	浙江中财管道科技股份有限公司
电线管（中型 315）	中财	D50 白	根（3m/根）	19.60	浙江中财管道科技股份有限公司

2.5.2 硬聚氯乙烯（PVC-U）绝缘管件

产品名称	品牌	规格型号	包装单位	参考价格（元）	供应商
86 接线盒/暗盒	爱康保利	D75×75×50 红	个	1.14	爱康企业集团（上海）有限公司
86 接线盒/暗盒	爱康保利	D75×75×50 蓝	个	1.14	爱康企业集团（上海）有限公司
86 组合式接线盒	爱康保利	D75×75×50 红	个	1.48	爱康企业集团（上海）有限公司
86 组合式接线盒	爱康保利	D75×75×50 蓝	个	1.48	爱康企业集团（上海）有限公司
八角灯头盒	爱康保利	D75×75×50 红	个	1.29	爱康企业集团（上海）有限公司

续表

产品名称	品牌	规格型号	包装单位	参考价格（元）	供应商
八角灯头盒	爱康保利	D75×75×50蓝	个	1.36	爱康企业集团(上海)有限公司
杯梳/锁扣	爱康保利	D20红	个	0.60	爱康企业集团(上海)有限公司
杯梳/锁扣	爱康保利	D20蓝	个	0.60	爱康企业集团(上海)有限公司
梳杰	爱康保利	D20红	个	0.36	爱康企业集团(上海)有限公司
梳杰	爱康保利	D20蓝	个	0.38	爱康企业集团(上海)有限公司
86接线盒/暗盒	公元	D75×50	个	1.47	公元塑业集团有限公司
86接线盒/暗盒	公元	D77×65	个	1.77	公元塑业集团有限公司
86接线盒/暗盒	公元	D77×75	个	2.35	公元塑业集团有限公司
86组合式接线盒	公元	D75×54	个	2.07	公元塑业集团有限公司
86组合式接线盒	公元	D77×65	个	2.17	公元塑业集团有限公司
86组合式接线盒	公元	D77×75	个	2.61	公元塑业集团有限公司
U迫码	公元	D16	个	0.22	公元塑业集团有限公司
U迫码	公元	D20	个	0.24	公元塑业集团有限公司
U迫码	公元	D25	个	0.34	公元塑业集团有限公司
八角灯头盒	公元	D75×50	个	1.63	公元塑业集团有限公司
八角灯头盒	公元	D75×60	个	1.99	公元塑业集团有限公司
八角灯头盒盖板	公元	多规格可选	个	0.59	公元塑业集团有限公司
杯梳/锁扣	公元	D16	个	0.30	公元塑业集团有限公司
杯梳/锁扣	公元	D20	个	0.41	公元塑业集团有限公司
杯梳/锁扣	公元	D25	个	0.61	公元塑业集团有限公司
梳杰	公元	标准	个	0.22	公元塑业集团有限公司
梳杰	公元	标准	个	0.27	公元塑业集团有限公司
梳杰	公元	标准	个	0.30	公元塑业集团有限公司
天顶吊卡(带底座)	公元	标准	个	1.03	公元塑业集团有限公司
天顶吊卡(带底座)	公元	标准	个	1.07	公元塑业集团有限公司
天顶吊卡(带底座)	公元	标准	个	1.09	公元塑业集团有限公司
86接线盒/暗盒	普通	白	个	1.20	上海市闵行昊琳建材经营部
86接线盒/暗盒	普通	红	个	1.00	上海市闵行昊琳建材经营部
86接线盒/暗盒	普通	蓝	个	1.00	上海市闵行昊琳建材经营部
86组合式接线盒	普通	D75×75×50白	个	1.50	上海市闵行昊琳建材经营部
86组合式接线盒	普通	D75×75×50红	个	1.20	上海市闵行昊琳建材经营部
86组合式接线盒	普通	D75×75×50蓝	个	1.20	上海市闵行昊琳建材经营部

续表

产品名称	品牌	规格型号	包装单位	参考价格（元）	供应商
U 迫码	普通	D16 白	个	0.18	上海市闵行昊琳建材经营部
U 迫码	普通	D16 红	个	0.18	上海市闵行昊琳建材经营部
U 迫码	普通	D20 白	个	0.18	上海市闵行昊琳建材经营部
U 迫码	普通	D20 红	个	0.18	上海市闵行昊琳建材经营部
U 迫码	普通	D20 蓝	个	0.18	上海市闵行昊琳建材经营部
八角灯头盒	普通	D75×75×50 白	个	1.00	上海市闵行昊琳建材经营部
八角灯头盒	普通	D75×75×50 红	个	0.94	上海市闵行昊琳建材经营部
八角灯头盒	普通	D75×75×50 蓝	个	0.94	上海市闵行昊琳建材经营部
八角灯头盒盖板	普通	D75×75×50 白	个	0.50	上海市闵行昊琳建材经营部
杯梳/锁扣	普通	D16 红	个	0.25	上海市闵行昊琳建材经营部
杯梳/锁扣	普通	D20 白	个	0.25	上海市闵行昊琳建材经营部
杯梳/锁扣	普通	D20 红	个	0.25	上海市闵行昊琳建材经营部
杯梳/锁扣	普通	D20 蓝	个	0.25	上海市闵行昊琳建材经营部
明盒	普通	86 型 白	个	1.50	上海市闵行昊琳建材经营部
梳杰	普通	D16 红	个	0.12	上海市闵行昊琳建材经营部
梳杰	普通	D20 白	个	0.12	上海市闵行昊琳建材经营部
梳杰	普通	D20 红	个	0.12	上海市闵行昊琳建材经营部
梳杰	普通	D20 蓝	个	0.12	上海市闵行昊琳建材经营部
118 中盒	上塑	九孔橘红色	只	1.18	上海上塑控股(集团)有限公司
86 盒	上塑	ϕ25×20(5cm)橘红色	只	0.73	上海上塑控股(集团)有限公司
90°弯头	上塑	ϕ16 橘红色	只	0.18	上海上塑控股(集团)有限公司
弹簧	上塑	ϕ16 橘红色	个	4.68	上海上塑控股(集团)有限公司
盒接	上塑	ϕ16 橘红色	只	0.18	上海上塑控股(集团)有限公司
四通盒	上塑	标准橘红色	只	0.90	上海上塑控股(集团)有限公司
直接	上塑	ϕ16 橘红色	只	0.18	上海上塑控股(集团)有限公司
118 型接线盒	伟星	138×65×50 红	个	5.04	浙江伟星新型建材股份有限公司
118 型接线盒	伟星	178×65×50 红	个	5.54	浙江伟星新型建材股份有限公司
118 型接线盒	伟星	97×65×50 红	个	4.08	浙江伟星新型建材股份有限公司
120 大方盒	伟星	108×108×50 白	个	4.40	浙江伟星新型建材股份有限公司
120 小盒	伟星	60×108×50 白	个	2.22	浙江伟星新型建材股份有限公司
86 接线盒/暗盒	伟星	75×75×38 白	个	2.45	浙江伟星新型建材股份有限公司
86 接线盒/暗盒	伟星	75×75×38 红	个	2.45	浙江伟星新型建材股份有限公司

续表

产品名称	品牌	规格型号	包装单位	参考价格（元）	供应商
86 接线盒/暗盒	伟星	75×75×38 蓝	个	2.45	浙江伟星新型建材股份有限公司
86 接线盒/暗盒	伟星	75×75×50 白	个	1.62	浙江伟星新型建材股份有限公司
86 接线盒/暗盒	伟星	75×75×50 红	个	1.84	浙江伟星新型建材股份有限公司
86 接线盒/暗盒	伟星	75×75×50 蓝	个	1.84	浙江伟星新型建材股份有限公司
86 接线盒/暗盒	伟星	75×75×60 白	个	1.98	浙江伟星新型建材股份有限公司
86 接线盒/暗盒	伟星	75×75×60 红	个	1.98	浙江伟星新型建材股份有限公司
86 接线盒/暗盒	伟星	75×75×60 蓝	个	1.98	浙江伟星新型建材股份有限公司
86 接线盒盖板	伟星	86×86 白	个	0.48	浙江伟星新型建材股份有限公司
86 接线盒盖板	伟星	86×86 红	个	0.48	浙江伟星新型建材股份有限公司
86 接线盒盖板	伟星	86×86 蓝	个	0.48	浙江伟星新型建材股份有限公司
86 组合式接线盒	伟星	75×75×50 白	个	1.81	浙江伟星新型建材股份有限公司
86 组合式接线盒	伟星	75×75×50 红	个	2.02	浙江伟星新型建材股份有限公司
86 组合式接线盒	伟星	75×75×50 蓝	个	2.02	浙江伟星新型建材股份有限公司
90°弯头	伟星	D16 白	个	0.26	浙江伟星新型建材股份有限公司
90°弯头	伟星	D16 红	个	0.30	浙江伟星新型建材股份有限公司
90°弯头	伟星	D16 蓝	个	0.30	浙江伟星新型建材股份有限公司
90°弯头	伟星	D20 白	个	0.30	浙江伟星新型建材股份有限公司
90°弯头	伟星	D20 红	个	0.31	浙江伟星新型建材股份有限公司
90°弯头	伟星	D20 蓝	个	0.31	浙江伟星新型建材股份有限公司
90°弯头	伟星	D25 白	个	0.47	浙江伟星新型建材股份有限公司
90°弯头	伟星	D32 白	个	0.71	浙江伟星新型建材股份有限公司
90°弯头	伟星	D40 白	个	1.18	浙江伟星新型建材股份有限公司
U 迫码	伟星	D16 白	个	0.22	浙江伟星新型建材股份有限公司
U 迫码	伟星	D16 红	个	0.22	浙江伟星新型建材股份有限公司
U 迫码	伟星	D16 蓝	个	0.22	浙江伟星新型建材股份有限公司
U 迫码	伟星	D20 白	个	0.26	浙江伟星新型建材股份有限公司
U 迫码	伟星	D20 红	个	0.26	浙江伟星新型建材股份有限公司
U 迫码	伟星	D20 蓝	个	0.26	浙江伟星新型建材股份有限公司
U 迫码(组合式)	伟星	D16 白	个	0.26	浙江伟星新型建材股份有限公司
U 迫码(组合式)	伟星	D16 红	个	0.26	浙江伟星新型建材股份有限公司
U 迫码(组合式)	伟星	D16 蓝	个	0.26	浙江伟星新型建材股份有限公司
U 迫码(组合式)	伟星	D20 白	个	0.30	浙江伟星新型建材股份有限公司

续表

产品名称	品牌	规格型号	包装单位	参考价格（元）	供应商
U追码(组合式)	伟星	D20红	个	0.31	浙江伟星新型建材股份有限公司
U追码(组合式)	伟星	D20蓝	个	0.31	浙江伟星新型建材股份有限公司
U追码(组合式)	伟星	D25白	个	0.34	浙江伟星新型建材股份有限公司
八角灯头盒	伟星	75×50白	个	2.16	浙江伟星新型建材股份有限公司
八角灯头盒	伟星	75×50红	个	2.16	浙江伟星新型建材股份有限公司
八角灯头盒	伟星	75×50蓝	个	2.16	浙江伟星新型建材股份有限公司
八角灯头盒	伟星	75×60白	个	2.34	浙江伟星新型建材股份有限公司
八角灯头盒	伟星	75×60红	个	2.34	浙江伟星新型建材股份有限公司
八角灯头盒	伟星	75×60蓝	个	2.34	浙江伟星新型建材股份有限公司
八角灯头盒	伟星	75×70白	个	2.64	浙江伟星新型建材股份有限公司
八角灯头盒	伟星	75×70红	个	2.64	浙江伟星新型建材股份有限公司
八角灯头盒	伟星	75×70蓝	个	2.64	浙江伟星新型建材股份有限公司
八角灯头盒盖板	伟星	白	个	0.60	浙江伟星新型建材股份有限公司
八角灯头盒盖板	伟星	红	个	0.60	浙江伟星新型建材股份有限公司
八角灯头盒盖板	伟星	蓝	个	0.60	浙江伟星新型建材股份有限公司
杯梳/锁扣	伟星	D16白	个	0.34	浙江伟星新型建材股份有限公司
杯梳/锁扣	伟星	D16红	个	0.34	浙江伟星新型建材股份有限公司
杯梳/锁扣	伟星	D16蓝	个	0.34	浙江伟星新型建材股份有限公司
杯梳/锁扣	伟星	D20白	个	0.36	浙江伟星新型建材股份有限公司
杯梳/锁扣	伟星	D20红	个	0.36	浙江伟星新型建材股份有限公司
杯梳/锁扣	伟星	D20蓝	个	0.36	浙江伟星新型建材股份有限公司
杯梳/锁扣	伟星	D25白	个	0.53	浙江伟星新型建材股份有限公司
杯梳/锁扣	伟星	D32白	个	1.02	浙江伟星新型建材股份有限公司
三联接线盒	伟星	253×78×50白	个	4.84	浙江伟星新型建材股份有限公司
三联接线盒	伟星	253×78×50红	个	5.50	浙江伟星新型建材股份有限公司
三通	伟星	D16白	个	0.34	浙江伟星新型建材股份有限公司
三通	伟星	D16红	个	0.35	浙江伟星新型建材股份有限公司
三通	伟星	D16蓝	个	0.35	浙江伟星新型建材股份有限公司
三通	伟星	D20白	个	0.35	浙江伟星新型建材股份有限公司
三通	伟星	D20红	个	0.46	浙江伟星新型建材股份有限公司
三通	伟星	D20蓝	个	0.46	浙江伟星新型建材股份有限公司
三通	伟星	D25白	个	0.67	浙江伟星新型建材股份有限公司

续表

产品名称	品牌	规格型号	包装单位	参考价格（元）	供应商
三通	伟星	D32 白	个	0.92	浙江伟星新型建材股份有限公司
三通	伟星	D40 白	个	1.51	浙江伟星新型建材股份有限公司
梳杰	伟星	D16 白	个	0.20	浙江伟星新型建材股份有限公司
梳杰	伟星	D16 红	个	0.20	浙江伟星新型建材股份有限公司
梳杰	伟星	D16 蓝	个	0.20	浙江伟星新型建材股份有限公司
梳杰	伟星	D20 白	个	0.24	浙江伟星新型建材股份有限公司
梳杰	伟星	D20 红	个	0.24	浙江伟星新型建材股份有限公司
梳杰	伟星	D20 蓝	个	0.24	浙江伟星新型建材股份有限公司
梳杰	伟星	D25 白	个	0.31	浙江伟星新型建材股份有限公司
梳杰	伟星	D32 白	个	0.58	浙江伟星新型建材股份有限公司
梳杰	伟星	D40 白	个	0.79	浙江伟星新型建材股份有限公司
双联接线盒	伟星	164×78×50 白	个	3.25	浙江伟星新型建材股份有限公司
双联接线盒	伟星	164×78×50 红	个	3.72	浙江伟星新型建材股份有限公司
双联接线盒	伟星	164×78×50 蓝	个	3.72	浙江伟星新型建材股份有限公司
圆三通	伟星	D16 白	个	1.44	浙江伟星新型建材股份有限公司
圆三通	伟星	D16 红	个	1.64	浙江伟星新型建材股份有限公司
圆三通	伟星	D16 蓝	个	1.64	浙江伟星新型建材股份有限公司
圆三通	伟星	D20 白	个	1.53	浙江伟星新型建材股份有限公司
圆三通	伟星	D20 红	个	1.75	浙江伟星新型建材股份有限公司
圆三通	伟星	D20 蓝	个	1.75	浙江伟星新型建材股份有限公司
圆四通	伟星	D16 白	个	1.84	浙江伟星新型建材股份有限公司
圆四通	伟星	D16 红	个	2.09	浙江伟星新型建材股份有限公司
圆四通	伟星	D16 蓝	个	2.09	浙江伟星新型建材股份有限公司
圆四通	伟星	D20 白	个	2.00	浙江伟星新型建材股份有限公司
圆四通	伟星	D20 红	个	2.28	浙江伟星新型建材股份有限公司
圆四通	伟星	D20 蓝	个	2.28	浙江伟星新型建材股份有限公司
86 接线盒/暗盒	中财	D75×75×50 白	个	1.58	浙江中财管道科技股份有限公司
86 接线盒/暗盒	中财	D75×75×50 红	个	1.38	浙江中财管道科技股份有限公司
86 接线盒/暗盒	中财	D75×75×50 蓝	个	1.38	浙江中财管道科技股份有限公司
86 组合式接线盒	中财	D75×75×50 白	个	1.93	浙江中财管道科技股份有限公司
86 组合式接线盒	中财	D75×75×50 红	个	1.60	浙江中财管道科技股份有限公司
86 组合式接线盒	中财	D75×75×50 蓝	个	1.60	浙江中财管道科技股份有限公司

续表

产品名称	品牌	规格型号	包装单位	参考价格（元）	供应商
90°弯头	中财	D16	个	1.20	浙江中财管道科技股份有限公司
90°弯头	中财	D16(不带检)	个	0.32	浙江中财管道科技股份有限公司
90°弯头	中财	D20	个	1.25	浙江中财管道科技股份有限公司
90°弯头	中财	D20(不带检)	个	0.40	浙江中财管道科技股份有限公司
90°弯头	中财	D25	个	1.85	浙江中财管道科技股份有限公司
90°弯头	中财	D25(不带检)	个	0.84	浙江中财管道科技股份有限公司
90°弯头	中财	D32	个	3.60	浙江中财管道科技股份有限公司
90°弯头	中财	D32(不带检) D32(不带检)	个	1.35	浙江中财管道科技股份有限公司
90°弯头	中财	D40	个	5.85	浙江中财管道科技股份有限公司
90°弯头	中财	D40(不带检) D40(不带检)	个	1.76	浙江中财管道科技股份有限公司
U 迫码	中财	D16 白	个	0.26	浙江中财管道科技股份有限公司
U 迫码	中财	D16 红	个	0.26	浙江中财管道科技股份有限公司
U 迫码	中财	D16 蓝	个	0.26	浙江中财管道科技股份有限公司
U 迫码	中财	D20 白	个	0.33	浙江中财管道科技股份有限公司
U 迫码	中财	D20 红	个	0.35	浙江中财管道科技股份有限公司
U 迫码	中财	D20 蓝	个	0.33	浙江中财管道科技股份有限公司
U 迫码	中财	D25 白	个	0.54	浙江中财管道科技股份有限公司
U 迫码	中财	D32 白	个	0.95	浙江中财管道科技股份有限公司
U 迫码	中财	D40 白	个	1.20	浙江中财管道科技股份有限公司
U 迫码(组合式)	中财	D16 白	个	0.38	浙江中财管道科技股份有限公司
U 迫码(组合式)	中财	D20 白	个	0.36	浙江中财管道科技股份有限公司
U 迫码(组合式)	中财	D20 红	个	0.40	浙江中财管道科技股份有限公司
U 迫码(组合式)	中财	D25 白	个	0.42	浙江中财管道科技股份有限公司
八角灯头盒	中财	D75×75×50 白	个	1.89	浙江中财管道科技股份有限公司
八角灯头盒	中财	D75×75×50 红	个	1.89	浙江中财管道科技股份有限公司
八角灯头盒	中财	D75×75×50 蓝	个	1.89	浙江中财管道科技股份有限公司
八角灯头盒盖板	中财	D75×75×50 白	个	0.85	浙江中财管道科技股份有限公司
八角灯头盒盖板	中财	D75×75×50 红	个	0.85	浙江中财管道科技股份有限公司
八角灯头盒盖板	中财	D75×75×50 蓝	个	0.85	浙江中财管道科技股份有限公司
杯梳/锁扣	中财	D16 白	个	0.35	浙江中财管道科技股份有限公司
杯梳/锁扣	中财	D16 红	个	0.35	浙江中财管道科技股份有限公司
杯梳/锁扣	中财	D16 蓝	个	0.35	浙江中财管道科技股份有限公司

续表

产品名称	品牌	规格型号	包装单位	参考价格（元）	供应商
杯梳/锁扣	中财	D20白	个	0.45	浙江中财管道科技股份有限公司
杯梳/锁扣	中财	D20红	个	0.48	浙江中财管道科技股份有限公司
杯梳/锁扣	中财	D20蓝	个	0.48	浙江中财管道科技股份有限公司
杯梳/锁扣	中财	D25白	个	0.78	浙江中财管道科技股份有限公司
杯梳/锁扣	中财	D32白	个	1.45	浙江中财管道科技股份有限公司
梳杰	中财	D16白	个	0.18	浙江中财管道科技股份有限公司
梳杰	中财	D16红	个	0.20	浙江中财管道科技股份有限公司
梳杰	中财	D16蓝	个	0.20	浙江中财管道科技股份有限公司
梳杰	中财	D20白	个	0.35	浙江中财管道科技股份有限公司
梳杰	中财	D20红	个	0.35	浙江中财管道科技股份有限公司
梳杰	中财	D20蓝	个	0.35	浙江中财管道科技股份有限公司
梳杰	中财	D25白	个	0.50	浙江中财管道科技股份有限公司
梳杰	中财	D32白	个	0.70	浙江中财管道科技股份有限公司
梳杰	中财	D40白	个	1.00	浙江中财管道科技股份有限公司
双联接线盒	中财	双联型，D164×78×50白	个	3.20	浙江中财管道科技股份有限公司
异径管接/大小头	中财	D25×20	个	0.90	浙江中财管道科技股份有限公司
异径管接/大小头	中财	D32×25	个	1.20	浙江中财管道科技股份有限公司
异径管接/大小头	中财	D40×25	个	2.00	浙江中财管道科技股份有限公司
异径管接/大小头	中财	D50×25	个	2.30	浙江中财管道科技股份有限公司
异径管接/大小头	中财	D50×32	个	2.50	浙江中财管道科技股份有限公司
异径管接/大小头	中财	D50×40	个	2.60	浙江中财管道科技股份有限公司
月弯/大弧度弯头	中财	D20	个	2.00	浙江中财管道科技股份有限公司
月弯/大弧度弯头	中财	D25	个	2.60	浙江中财管道科技股份有限公司
月弯/大弧度弯头	中财	D32	个	7.00	浙江中财管道科技股份有限公司
月弯/大弧度弯头	中财	D40	个	10.70	浙江中财管道科技股份有限公司
月弯/大弧度弯头	中财	D50	个	13.50	浙江中财管道科技股份有限公司

2.5.3　镀锌管材管件

产品名称	品牌	规格型号	包装单位	参考价格（元）	供应商
镀锌电线管	普通	D20×0.9	根（3m/根）	8.00	上海市闵行区金昇五金经营部
镀锌电线管	普通	D25×1.2	根（3m/根）	13.50	上海市闵行区金昇五金经营部
镀锌电线管	普通	D40×1.0	根（4m/根）	22.00	上海市闵行区金昇五金经营部

续表

产品名称	品牌	规格型号	包装单位	参考价格（元）	供应商
镀锌弯管器	普通	D20	个	36.00	上海市闵行区金昇五金经营部
镀锌弯管器	普通	D25	个	36.00	上海市闵行区金昇五金经营部
镀锌月弯/大弧度弯头	普通	D40	个	3.50	上海市闵行区金昇五金经营部
铁质暗盒	普通	D20,86型75×50×50	个	1.50	上海市闵行区金昇五金经营部
铁质暗盒	普通	D25,86型75×50×50	个	1.50	上海市闵行区金昇五金经营部
铁质暗盒盖板	普通	86型	个	0.85	上海市闵行昊琳建材经营部
铁质八角灯头盒	普通	D75×50×50	个	1.50	上海市闵行区金昇五金经营部
铁质八角灯头盒盖板	普通	D75×50×50	个	0.59	上海市闵行昊琳建材经营部
铁质杯梳	普通	D16	个	0.50	上海市闵行昊琳建材经营部
铁质杯梳	普通	D20	个	0.50	上海市闵行区金昇五金经营部
铁质杯梳	普通	D25	个	0.88	上海市闵行区金昇五金经营部
铁质杯梳	普通	D40	个	2.60	上海市闵行区金昇五金经营部
铁质梳杰	普通	D20	个	0.60	上海市闵行区金昇五金经营部
铁质梳杰	普通	D25	个	0.60	上海市闵行区金昇五金经营部
金属过桥弯	伟星	D20分体式 分体式	个	12.60	浙江伟星新型建材股份有限公司
金属过桥弯	伟星	D20一体式 一体式	个	10.56	浙江伟星新型建材股份有限公司
弯管弹簧	伟星	轻型D16 轻型	个	8.28	浙江伟星新型建材股份有限公司
弯管弹簧	伟星	轻型D20 轻型	个	8.28	浙江伟星新型建材股份有限公司
弯管弹簧	伟星	轻型D25 轻型	个	10.80	浙江伟星新型建材股份有限公司
弯管弹簧	伟星	轻型D32 轻型	个	14.40	浙江伟星新型建材股份有限公司
弯管弹簧	伟星	中型D16 中型	个	8.28	浙江伟星新型建材股份有限公司
弯管弹簧	伟星	中型D20 中型	个	8.28	浙江伟星新型建材股份有限公司
弯管弹簧	伟星	中型D25 中型	个	10.80	浙江伟星新型建材股份有限公司
弯管弹簧	伟星	中型D32 中型	个	14.40	浙江伟星新型建材股份有限公司
方钢弹簧	中财	轻型D16	个	10.80	浙江中财管道科技股份有限公司
方钢弹簧	中财	轻型D20	个	12.00	浙江中财管道科技股份有限公司
方钢弹簧	中财	轻型D25	个	15.84	浙江中财管道科技股份有限公司
方钢弹簧	中财	轻型D32	个	20.40	浙江中财管道科技股份有限公司
方钢弹簧	中财	中型D16	个	10.44	浙江中财管道科技股份有限公司
方钢弹簧	中财	中型D20	个	11.88	浙江中财管道科技股份有限公司

续表

产品名称	品牌	规格型号	包装单位	参考价格（元）	供应商
方钢弹簧	中财	中型 D25	个	15.60	浙江中财管道科技股份有限公司
方钢弹簧	中财	中型 D32	个	19.80	浙江中财管道科技股份有限公司
方钢弹簧	中财	重型 D16	个	10.59	浙江中财管道科技股份有限公司
方钢弹簧	中财	重型 D20	个	11.52	浙江中财管道科技股份有限公司
方钢弹簧	中财	重型 D25	个	15.84	浙江中财管道科技股份有限公司
方钢弹簧	中财	重型 D32	个	19.44	浙江中财管道科技股份有限公司
金属抗干扰过桥弯	中财	分离式，D20 白	个	14.00	浙江中财管道科技股份有限公司
金属抗干扰过桥弯	中财	一体式，D20 白	个	9.50	浙江中财管道科技股份有限公司

2.6　开关插座面板

2.6.1　开关

产品名称	品牌	规格型号	包装单位	参考价格（元）	供应商
二位单控开关	ABB 德逸	AE504 白	个	38.90	ABB（中国）有限公司
二位单控开关（带 LED 指示）	ABB 德逸	AE102 白	个	64.60	ABB（中国）有限公司
二位双控开关	ABB 德逸	AE162 白	个	46.70	ABB（中国）有限公司
二位双控开关（带 LED 指示）	ABB 德逸	AE106 白	个	76.30	ABB（中国）有限公司
门铃开关	ABB 德逸	AE165 白	个	34.30	ABB（中国）有限公司
三位单控开关	ABB 德逸	AE429 白	个	58.40	ABB（中国）有限公司
三位单控开关（带 LED 指示）	ABB 德逸	AE103 白	个	96.90	ABB（中国）有限公司
三位双控开关	ABB 德逸	AE163 白	个	69.30	ABB（中国）有限公司
三位双控开关（带 LED 指示）	ABB 德逸	AE107 白	个	114.50	ABB（中国）有限公司
四位单控开关	ABB 德逸	AE166 白	个	78.80	ABB（中国）有限公司
一位单控开关	ABB 德逸	AE104 白	个	26.30	ABB（中国）有限公司
一位单控开关（带 LED 指示）	ABB 德逸	AE101 白	个	45.10	ABB（中国）有限公司
一位双控开关	ABB 德逸	AE161 白	个	33.80	ABB（中国）有限公司
一位双控开关（带 LED 指示）	ABB 德逸	AE105 白	个	56.30	ABB（中国）有限公司
一位中途开关	ABB 德逸	AE164 白	个	250.30	ABB（中国）有限公司
插座防溅盒	飞雕	AE119 白	个	21.80	飞雕电器集团有限公司
二位单控开关（带荧光指示）	飞雕	白	个	13.82	飞雕电器集团有限公司

续表

产品名称	品牌	规格型号	包装单位	参考价格（元）	供应商
二位双控开关（带荧光指示）	飞雕	白	个	16.27	飞雕电器集团有限公司
开关防溅盒	飞雕	白	个	19.80	飞雕电器集团有限公司
轻触延时开关	飞雕	白	个	106.06	飞雕电器集团有限公司
三位单控开关（带荧光指示）	飞雕	白	个	15.65	飞雕电器集团有限公司
三位双控开关（带荧光指示）	飞雕	白	个	20.14	飞雕电器集团有限公司
四位单控开关（带荧光指示）	飞雕	白	个	23.37	飞雕电器集团有限公司
四位双控开关（带荧光指示）	飞雕	白	个	29.54	飞雕电器集团有限公司
调光开关	飞雕	白（150W）	个	54.76	飞雕电器集团有限公司
调光开关	飞雕	白（300W）	个	59.33	飞雕电器集团有限公司
调速开关	飞雕	白	个	46.68	飞雕电器集团有限公司
一位单控开关（带荧光指示）	飞雕	白	个	9.09	飞雕电器集团有限公司
一位双控开关（带荧光指示）	飞雕	白	个	10.26	飞雕电器集团有限公司
A86 触摸延时开关	鸿雁	A86KTCY100N	盒	42.20	杭州鸿雁电器有限公司
A86 门铃开关	鸿雁	A86KL1Y6BN	个	8.27	杭州鸿雁电器有限公司
A86 面板开关	鸿雁	A86K11Y10BN	个	7.03	杭州鸿雁电器有限公司
A86 面板开关	鸿雁	A86K12Y10BN	个	7.98	杭州鸿雁电器有限公司
A86 面板开关	鸿雁	A86K21Y10BN	个	10.70	杭州鸿雁电器有限公司
A86 面板开关	鸿雁	A86K22Y10BN	个	11.90	杭州鸿雁电器有限公司
A86 面板开关	鸿雁	A86K31Y10BN	个	14.80	杭州鸿雁电器有限公司
A86 面板开关	鸿雁	A86K32Y10BN	个	17.50	杭州鸿雁电器有限公司
A86 面板开关	鸿雁	A86K41Y10BN	个	19.80	杭州鸿雁电器有限公司
A86 声光控延时开关	鸿雁	A86KSGY100N	盒	43.20	杭州鸿雁电器有限公司
A86 调速开关	鸿雁	A86KTS250N	盒	44.10	杭州鸿雁电器有限公司
RA86 触摸延时开关	鸿雁	RA86KYD100	个	46.00	杭州鸿雁电器有限公司
RA86 门铃开关	鸿雁	RA86KL1Y6B	个	12.20	杭州鸿雁电器有限公司
RA86 面板开关	鸿雁	RA86K11Y10B	个	9.88	杭州鸿雁电器有限公司
RA86 面板开关	鸿雁	RA86K12Y10B	个	11.40	杭州鸿雁电器有限公司
RA86 面板开关	鸿雁	RA86K21Y10B	个	14.30	杭州鸿雁电器有限公司
RA86 面板开关	鸿雁	RA86K22Y10B	个	17.20	杭州鸿雁电器有限公司
RA86 面板开关	鸿雁	RA86K31Y10B	个	19.40	杭州鸿雁电器有限公司
RA86 面板开关	鸿雁	RA86K32Y10B	个	23.20	杭州鸿雁电器有限公司
RA86 面板开关	鸿雁	RA86K41Y10B	个	26.50	杭州鸿雁电器有限公司

续表

产品名称	品牌	规格型号	包装单位	参考价格（元）	供应商
RA86 面板开关	鸿雁	RA86K42Y10B	个	32.70	杭州鸿雁电器有限公司
RA86 声光控延时开关	鸿雁	RA86KSGY100	个	47.40	杭州鸿雁电器有限公司
RA86 调速开关	鸿雁	RA86KTS250	个	53.10	杭州鸿雁电器有限公司
插卡节能开关	罗格朗	玫瑰金(电镀边) K8/32KTY-C1	个	316.60	罗格朗集团有限公司
插卡节能开关	罗格朗	米兰金(银边) K8/32KTY-C2	个	316.60	罗格朗集团有限公司
插卡节能开关	罗格朗	深砂银(银边) K8/32KTY-C3	个	316.60	罗格朗集团有限公司
插卡节能开关	罗格朗	玉兰白(银边) K8/32KTY	个	302.30	罗格朗集团有限公司
插卡节能开关(带识别)	罗格朗	玫瑰金(电镀边) K8/32KTY/RF-C1	个	334.30	罗格朗集团有限公司
插卡节能开关(带识别)	罗格朗	米兰金(银边) K8/32KTY/RF-C2	个	334.30	罗格朗集团有限公司
插卡节能开关(带识别)	罗格朗	深砂银(银边) K8/32KTY/RF-C3	个	334.30	罗格朗集团有限公司
插卡节能开关(带识别)	罗格朗	玉兰白(银边) K8/32KTY/RF	个	320.00	罗格朗集团有限公司
带感应壁脚指示灯	罗格朗	玫瑰金 K8/86LG-C1	个	142.40	罗格朗集团有限公司
带感应壁脚指示灯	罗格朗	米兰金 K8/86LG-C2	个	142.40	罗格朗集团有限公司
带感应壁脚指示灯	罗格朗	深砂银 K8/86LG-C3	个	142.40	罗格朗集团有限公司
带感应壁脚指示灯	罗格朗	玉兰白 K8/86LG	个	128.10	罗格朗集团有限公司
二位触控开关	罗格朗	2x200W 米兰金 K8/CK2-C2	个	354.30	罗格朗集团有限公司
二位触控开关	罗格朗	2x200W 玉兰白 K8/CK/2	个	337.10	罗格朗集团有限公司
二位单控纯平复位开关(带 LED 指示)	罗格朗	10AX 玫瑰金 K8/32/1/2FN-C1	个	99.90	罗格朗集团有限公司
二位单控纯平复位开关(带 LED 指示)	罗格朗	10AX 米兰金 K8/32/1/2FN-C2	个	99.90	罗格朗集团有限公司

续表

产品名称	品牌	规格型号	包装单位	参考价格(元)	供应商
二位单控纯平复位开关(带 LED 指示)	罗格朗	10AX 深砂银 K8/32/1/2FN-C3	个	99.90	罗格朗集团有限公司
二位单控纯平复位开关(带 LED 指示)	罗格朗	10AX 玉兰白 K8/32/1/2FN	个	82.80	罗格朗集团有限公司
二位单控开关	罗格朗	16AX 玫瑰金(电镀边)K8/32/1/2C-C1	个	63.50	罗格朗集团有限公司
二位单控开关	罗格朗	16AX 米兰金(银边) K8/32/1/2C-C2	个	52.60	罗格朗集团有限公司
二位单控开关	罗格朗	16AX 深砂银(银边) K8/32/1/2C-C3	个	52.60	罗格朗集团有限公司
二位单控开关	罗格朗	16AX 玉兰白(银边) K8/32/1/2C	个	43.80	罗格朗集团有限公司
二位单控开关	罗格朗	16AX 玉兰白 K8/32/1/2CW	个	39.70	罗格朗集团有限公司
二位单控开关(带 LED 指示)	罗格朗	16AX 玫瑰金(电镀边) K8/32/1/2CN-C1	个	80.60	罗格朗集团有限公司
二位单控开关(带 LED 指示)	罗格朗	16AX 米兰金(银边) K8/32/1/2CN-C2	个	69.50	罗格朗集团有限公司
二位单控开关(带 LED 指示)	罗格朗	16AX 深砂银(银边) K8/32/1/2CN-C3	个	69.50	罗格朗集团有限公司
二位单控开关(带 LED 指示)	罗格朗	16AX 玉兰白(银边) K8/32/1/2CN	个	58.60	罗格朗集团有限公司
二位双控纯平复位开关(带 LED 指示)	罗格朗	10AX 玫瑰金 K8/32/2/3FN-C1	个	112.90	罗格朗集团有限公司
二位双控纯平复位开关(带 LED 指示)	罗格朗	10AX 米兰金 K8/32/2/3FN-C2	个	112.90	罗格朗集团有限公司
二位双控纯平复位开关(带 LED 指示)	罗格朗	10AX 深砂银 K8/32/2/3FN-C3	个	112.90	罗格朗集团有限公司
二位双控纯平复位开关(带 LED 指示)	罗格朗	10AX 玉兰白 K8/32/2/3FN	个	95.70	罗格朗集团有限公司
二位双控开关	罗格朗	16AX 玫瑰金(电镀边)K8/32/2/30C1	个	75.80	罗格朗集团有限公司

续表

产品名称	品牌	规格型号	包装单位	参考价格（元）	供应商
二位双控开关	罗格朗	16AX 米兰金(银边) K8/32/2/3C-C2	个	62.90	罗格朗集团有限公司
二位双控开关	罗格朗	16AX 深砂银(银边) K8/32/2/3C-C3	个	62.90	罗格朗集团有限公司
二位双控开关	罗格朗	16AX 玉兰白(银边) K8/32/2/3C	个	52.30	罗格朗集团有限公司
二位双控开关	罗格朗	16AX 玉兰白 K8/32/2/3CW	个	47.50	罗格朗集团有限公司
二位双控开关（带 LED 指示）	罗格朗	16AX 玫瑰金(电镀边)K8/32/2/3CN-C1	个	90.40	罗格朗集团有限公司
二位双控开关（带 LED 指示）	罗格朗	16AX 米兰金(银边) K8/32/2/3CN-C2	个	77.20	罗格朗集团有限公司
二位双控开关（带 LED 指示）	罗格朗	16AX 深砂银(银边) K8/32/2/3CN-C3	个	77.20	罗格朗集团有限公司
二位双控开关（带 LED 指示）	罗格朗	16AX 玉兰白(银边) K8/32/2/3CN	个	69.50	罗格朗集团有限公司
二位中途开关	罗格朗	10AX 玫瑰金(电镀边)K8/321 BW-C1	个	99.80	罗格朗集团有限公司
二位中途开关	罗格朗	10AX 米兰金(银边) K8/321 BW-C2	个	99.80	罗格朗集团有限公司
二位中途开关	罗格朗	10AX 深砂银(银边) K8/321 BW-C3	个	99.80	罗格朗集团有限公司
二位中途开关	罗格朗	10AX 玉兰白(银边) K8/321 BW	个	85.50	罗格朗集团有限公司
红外人体感应开关	罗格朗	200W 玫瑰金 K8/G02-C1	个	241.30	罗格朗集团有限公司
红外人体感应开关	罗格朗	200W 玫瑰金 K8/G03-C1	个	225.60	罗格朗集团有限公司
红外人体感应开关	罗格朗	200W 米兰金 K8/G02-C2	个	241.30	罗格朗集团有限公司
红外人体感应开关	罗格朗	200W 米兰金 K8/G03-C2	个	225.60	罗格朗集团有限公司

续表

产品名称	品牌	规格型号	包装单位	参考价格（元）	供应商
红外人体感应开关	罗格朗	200W 深砂银 K8/G02-C3	个	241.30	罗格朗集团有限公司
红外人体感应开关	罗格朗	200W 深砂银 K8/G03-C3	个	225.60	罗格朗集团有限公司
红外人体感应开关	罗格朗	200W 玉兰白 K8/G02	个	227.00	罗格朗集团有限公司
红外人体感应开关	罗格朗	200W 玉兰白 K8/G03	个	211.30	罗格朗集团有限公司
呼叫开关	罗格朗	16AX 玫瑰金（电镀边） K8/32BJ-C1	个	99.40	罗格朗集团有限公司
呼叫开关	罗格朗	16AX 米兰金（银边） K8/32BJ-C2	个	99.40	罗格朗集团有限公司
呼叫开关	罗格朗	16AX 深砂银（银边） K8/32BJ-C3	个	99.40	罗格朗集团有限公司
呼叫开关	罗格朗	16AX 玉兰白（银边） K8/32BJ	个	85.10	罗格朗集团有限公司
门禁开关	罗格朗	16A 玫瑰金（电镀边） K8/31 MJ-CI	个	56.90	罗格朗集团有限公司
门禁开关	罗格朗	16A 米兰金（银边） K8/31 MJ-C2	个	51.60	罗格朗集团有限公司
门禁开关	罗格朗	16A 深砂银（银边） K8/31 MJ-C3	个	51.60	罗格朗集团有限公司
门禁开关	罗格朗	16A 玉兰白（银边） K8/31 MJ	个	39.70	罗格朗集团有限公司
门铃开关	罗格朗	16A 玫瑰金（电镀边） K8/31 BPB-CI	个	56.90	罗格朗集团有限公司
门铃开关	罗格朗	16A 米兰金（银边） K8/31 BPB-C2	个	52.00	罗格朗集团有限公司
门铃开关	罗格朗	16A 深砂银（银边） K8/31 BPB-C3	个	52.00	罗格朗集团有限公司
门铃开关	罗格朗	16A 玉兰白（银边） K8/31 BPB	个	39.70	罗格朗集团有限公司

续表

产品名称	品牌	规格型号	包装单位	参考价格（元）	供应商
门铃开关（请勿打扰请即清理）	罗格朗	触摸屏 K8/H251	个	300.00	罗格朗集团有限公司
门铃开关（请勿打扰请即清理）	罗格朗	触摸屏 K8/H252	个	328.60	罗格朗集团有限公司
门铃开关（请勿打扰请即清理）	罗格朗	玫瑰金（电镀边）K8/H258-C1	个	82.30	罗格朗集团有限公司
门铃开关（请勿打扰请即清理）	罗格朗	米兰金（银边）K8/H258-C2	个	82.30	罗格朗集团有限公司
门铃开关（请勿打扰请即清理）	罗格朗	深砂银（银边）K8/H258-C3	个	82.30	罗格朗集团有限公司
门铃开关（请勿打扰请即清理）	罗格朗	玉兰白（银边）K8/H258	个	68.00	罗格朗集团有限公司
三位触控开关	罗格朗	3×200W 米兰金 K8/CK3-C2	个	411.40	罗格朗集团有限公司
三位触控开关	罗格朗	3×200W 玉兰白 K8/CK/3	个	394.30	罗格朗集团有限公司
三位单控纯平复位开关（带 LED 指示）	罗格朗	10AX 玫瑰金 K8/33 /1/2FN-C1	个	131.00	罗格朗集团有限公司
三位单控纯平复位开关（带 LED 指示）	罗格朗	10AX 米兰金 K8/33/1/2FN-C2	个	131.00	罗格朗集团有限公司
三位单控纯平复位开关（带 LED 指示）	罗格朗	10AX 深砂银 K8/33/1/2FN-C3	个	131.00	罗格朗集团有限公司
三位单控纯平复位开关（带 LED 指示）	罗格朗	10AX 玉兰白 K8/33/1/2FN	个	113.90	罗格朗集团有限公司
三位单控开关	罗格朗	10AX 白色 K5/33/1/2A	个	46.20	罗格朗集团有限公司
三位单控开关	罗格朗	10AX 黑色 K5/33/1/2A-C	个	56.20	罗格朗集团有限公司
三位单控开关	罗格朗	10AX 漫金 K5/33/1/2A-C2	个	56.20	罗格朗集团有限公司
三位单控开关	罗格朗	10AX 玫瑰金（电镀边）K8/33/1/2A-C1	个	86.60	罗格朗集团有限公司

续表

产品名称	品牌	规格型号	包装单位	参考价格（元）	供应商
三位单控开关	罗格朗	10AX 沙银 K5/33/1/2A-C3	个	56.20	罗格朗集团有限公司
三位单控开关	罗格朗	10AX 深砂银（银边）K8/33/1/2A-C3	个	71.50	罗格朗集团有限公司
三位单控开关	罗格朗	10AX 玉兰白（银边）K8/33/1/2A	个	59.60	罗格朗集团有限公司
三位单控开关	罗格朗	10AX 玉兰白 K8/33/1/2AW	个	54.20	罗格朗集团有限公司
三位单控开关（带LED指示）	罗格朗	10AX 白色 K5/33/1/2AN	个	73.30	罗格朗集团有限公司
三位单控开关（带LED指示）	罗格朗	10AX 黑色 K5/33/1/2AN-C	个	88.00	罗格朗集团有限公司
三位单控开关（带LED指示）	罗格朗	10AX 漫金 K5/33/1/2AN-C2	个	88.00	罗格朗集团有限公司
三位单控开关（带LED指示）	罗格朗	10AX 玫瑰金（电镀边）K8/33/1/2AN-C1	个	112.90	罗格朗集团有限公司
三位单控开关（带LED指示）	罗格朗	10AX 玫瑰金（电镀边）K8/33/2/3AN-C1	个	122.40	罗格朗集团有限公司
三位单控开关（带LED指示）	罗格朗	10AX 玫瑰金（电镀边）K8/34/1/2DN-C1	个	143.50	罗格朗集团有限公司
三位单控开关（带LED指示）	罗格朗	10AX 玫瑰金（电镀边）K8/34/2/3DN-C1	个	179.00	罗格朗集团有限公司
三位单控开关（带LED指示）	罗格朗	10AX 米兰金（银边）K8/33/1/2AN-C2	个	95.50	罗格朗集团有限公司
三位单控开关（带LED指示）	罗格朗	10AX 米兰金（银边）K8/33/2/3AN-C2	个	106.90	罗格朗集团有限公司
三位单控开关（带LED指示）	罗格朗	10AX 米兰金（银边）K8/34/1/2DN-C2	个	129.00	罗格朗集团有限公司
三位单控开关（带LED指示）	罗格朗	10AX 米兰金（银边）K8/34/2/3DN-C2	个	160.10	罗格朗集团有限公司
三位单控开关（带LED指示）	罗格朗	10AX 沙银 K5/33/1 /2AN-C3	个	88.00	罗格朗集团有限公司

续表

产品名称	品牌	规格型号	包装单位	参考价格（元）	供应商
三位单控开关(带 LED 指示)	罗格朗	10AX 深砂银(银边) K8/33/1/2AN-C3	个	95.50	罗格朗集团有限公司
三位单控开关(带 LED 指示)	罗格朗	10AX 深砂银(银边) K8/33/2/3AN-C3	个	106.90	罗格朗集团有限公司
三位单控开关(带 LED 指示)	罗格朗	10AX 深砂银(银边) K8/34/1/2DN-C3	个	129.00	罗格朗集团有限公司
三位单控开关(带 LED 指示)	罗格朗	10AX 深砂银(银边) K8/34/2/3DN-C3	个	160.10	罗格朗集团有限公司
三位单控开关(带 LED 指示)	罗格朗	10AX 玉兰白(银边) K8/33/1/2AN	个	84.30	罗格朗集团有限公司
三位单控开关(带 LED 指示)	罗格朗	10AX 玉兰白(银边) K8/33/2/3AN	个	94.10	罗格朗集团有限公司
三位单控开关(带 LED 指示)	罗格朗	10AX 玉兰白(银边) K8/34/1/2DN	个	111.20	罗格朗集团有限公司
三位单控开关(带 LED 指示)	罗格朗	10AX 玉兰白(银边) K8/34/2/3DN	个	138.70	罗格朗集团有限公司
三位双控纯平复位开关(带 LED 指示)	罗格朗	10AX 玫瑰金 K8/33/2/3FN-C1	个	142.30	罗格朗集团有限公司
三位双控纯平复位开关(带 LED 指示)	罗格朗	10AX 米兰金 K8/33/2/3FN-C2	个	142.30	罗格朗集团有限公司
三位双控纯平复位开关(带 LED 指示)	罗格朗	10AX 深砂银 K8/33/2/3FN-C3	个	142.30	罗格朗集团有限公司
三位双控纯平复位开关(带 LED 指示)	罗格朗	10AX 玉兰白 K8/33/2/3FN	个	125.10	罗格朗集团有限公司
三位双控开关	罗格朗	10AX 白色 K5/33/2/3A	个	58.40	罗格朗集团有限公司
三位双控开关	罗格朗	10AX 黑色 K5/33/2/3A-C	个	70.10	罗格朗集团有限公司
三位双控开关	罗格朗	10AX 漫金 K5/33/2/3A-C2	个	70.10	罗格朗集团有限公司
三位双控开关	罗格朗	10AX 玫瑰金(电镀边) K8/33/2/3A-C1	个	100.70	罗格朗集团有限公司

续表

产品名称	品牌	规格型号	包装单位	参考价格（元）	供应商
三位双控开关	罗格朗	10AX 米兰金(银边) K8/33/2/3A-C2	个	83.50	罗格朗集团有限公司
三位双控开关	罗格朗	10AX 沙银 K5/33/2/3A-C3	个	70.10	罗格朗集团有限公司
三位双控开关	罗格朗	10AX 深砂银(银边) K8/33/2/3A-C3	个	83.50	罗格朗集团有限公司
三位双控开关	罗格朗	10AX 玉兰白(银边) K8/33/2/3A	个	69.50	罗格朗集团有限公司
三位双控开关	罗格朗	10AX 玉兰白 K8/33/2/3AW	个	63.10	罗格朗集团有限公司
三位双控开关(带 LED 指示)	罗格朗	10AX 白色 K5/33/2/3AN	个	84.70	罗格朗集团有限公司
三位双控开关(带 LED 指示)	罗格朗	10AX 黑色 K5/33/2/3AN-C	个	101.70	罗格朗集团有限公司
三位双控开关(带 LED 指示)	罗格朗	10AX 漫金 K5/33/2/3AN-C2	个	101.70	罗格朗集团有限公司
三位双控开关(带 LED 指示)	罗格朗	10AX 沙银 K5/33/2/3AN-C3	个	101.70	罗格朗集团有限公司
声光控延时开关	罗格朗	200W 玫瑰金 K8/S02-C1	个	198.60	罗格朗集团有限公司
声光控延时开关	罗格朗	200W 玫瑰金 K8/S03-C1	个	190.90	罗格朗集团有限公司
声光控延时开关	罗格朗	200W 米兰金 K8/S02-C2	个	198.60	罗格朗集团有限公司
声光控延时开关	罗格朗	200W 米兰金 K8/S03-C2	个	190.90	罗格朗集团有限公司
声光控延时开关	罗格朗	200W 深砂银 K8/S02-C3	个	198.60	罗格朗集团有限公司
声光控延时开关	罗格朗	200W 深砂银 K8/S03-C3	个	190.90	罗格朗集团有限公司
声光控延时开关	罗格朗	200W 玉兰白 K8/S02	个	184.30	罗格朗集团有限公司

续表

产品名称	品牌	规格型号	包装单位	参考价格（元）	供应商
声光控延时开关	罗格朗	200W 玉兰白 K8/S03	个	176.60	罗格朗集团有限公司
四位触控开关	罗格朗	4x200W 米兰金 K8/CK4-C2	个	468.60	罗格朗集团有限公司
四位触控开关	罗格朗	4x200W 玉兰白 K8/CK/4	个	451.40	罗格朗集团有限公司
四位单控开关	罗格朗	10AX 白色 K5/34/1/2D	个	62.50	罗格朗集团有限公司
四位单控开关	罗格朗	10AX 黑色 K5/34/1/2D-C	个	75.00	罗格朗集团有限公司
四位单控开关	罗格朗	10AX 漫金 K5/34/1 /2D-C2	个	75.00	罗格朗集团有限公司
四位单控开关	罗格朗	10AX 玫瑰金(电镀边) K8/34/1/2D-C1	个	127.20	罗格朗集团有限公司
四位单控开关	罗格朗	10AX 米兰金(银边) K8/34/1/2D-C2	个	104.90	罗格朗集团有限公司
四位单控开关	罗格朗	10AX 沙银 K5/34/1/2D-C3	个	75.00	罗格朗集团有限公司
四位单控开关	罗格朗	10AX 深砂银(银边) K8/34/1/2D-C3	个	104.90	罗格朗集团有限公司
四位单控开关	罗格朗	10AX 玉兰白(银边) K8/34/1/2D	个	87.50	罗格朗集团有限公司
四位单控开关	罗格朗	10AX 玉兰白 K8/34/1/2DW	个	71.50	罗格朗集团有限公司
四位单控开关（带 LED 指示）	罗格朗	10AX 白色 K5/34/1/2DN	个	98.20	罗格朗集团有限公司
四位单控开关（带 LED 指示）	罗格朗	10AX 黑色 K5/34/1/2DN-C	个	117.80	罗格朗集团有限公司
四位单控开关（带 LED 指示）	罗格朗	10AX 漫金 K5/34/1/2DN-C2	个	117.80	罗格朗集团有限公司
四位单控开关（带 LED 指示）	罗格朗	10AX 沙银 K5/34/1/2DN-C3	个	117.80	罗格朗集团有限公司

续表

产品名称	品牌	规格型号	包装单位	参考价格（元）	供应商
四位双控开关	罗格朗	10AX 白色 K5/34/2/3D	个	80.60	罗格朗集团有限公司
四位双控开关	罗格朗	10AX 漫金 K5/34/2/3D-C2	个	92.00	罗格朗集团有限公司
四位双控开关	罗格朗	10AX 玫瑰金(电镀边) K8/34/2/3D-C1	个	157.00	罗格朗集团有限公司
四位双控开关	罗格朗	10AX 米兰金(银边) K8/34/3D-C2	个	130.40	罗格朗集团有限公司
四位双控开关	罗格朗	10AX 沙银 K5/34/2/3D-C3	个	92.00	罗格朗集团有限公司
四位双控开关	罗格朗	10AX 深砂银(银边) K8/34/2/3D-C3	个	130.40	罗格朗集团有限公司
四位双控开关	罗格朗	10AX 玉兰白(银边) K8/34/2/3D	个	108.80	罗格朗集团有限公司
四位双控开关	罗格朗	10AX 玉兰白 K8/34/2/3DW	个	82.90	罗格朗集团有限公司
四位双控开关(带 LED 指示)	罗格朗	10AX 白色 K5/34/2/3DN	个	117.00	罗格朗集团有限公司
四位双控开关(带 LED 指示)	罗格朗	10AX 漫金 K5/34/2/3DN-C2	个	128.90	罗格朗集团有限公司
四位双控开关(带 LED 指示)	罗格朗	10AX 沙银 K5/34/3DN-C3	个	128.90	罗格朗集团有限公司
调光开关	罗格朗	500W 玫瑰金 K8/M2-C1	个	1287.00	罗格朗集团有限公司
调光开关	罗格朗	500W 米兰金 K8/M2-C2	个	128.70	罗格朗集团有限公司
调光开关	罗格朗	500W 深砂银 K8/M2-C3	个	128.70	罗格朗集团有限公司
调光开关	罗格朗	500W 玉兰白 K8/M2	个	114.40	罗格朗集团有限公司
调速开关	罗格朗	250VA 玫瑰金 K8/M3-C1	个	134.40	罗格朗集团有限公司

续表

产品名称	品牌	规格型号	包装单位	参考价格（元）	供应商
调速开关	罗格朗	250VA 深砂银 K8/M3-C3	个	134.40	罗格朗集团有限公司
调速开关	罗格朗	250VA 米兰金 K8/M3-C2	个	134.40	罗格朗集团有限公司
调速开关	罗格朗	250VA 玉兰白 K8/M3	个	120.10	罗格朗集团有限公司
调音开关	罗格朗	玫瑰金 K8/M5B-C1	个	208.60	罗格朗集团有限公司
调音开关	罗格朗	玫瑰金 K8/M5-C1	个	180.00	罗格朗集团有限公司
调音开关	罗格朗	米兰金 K8/M5B-C2	个	20.60	罗格朗集团有限公司
调音开关	罗格朗	米兰金 K8/M5-C2	个	180.00	罗格朗集团有限公司
调音开关	罗格朗	深砂银 K8/M5B-C3	个	208.60	罗格朗集团有限公司
调音开关	罗格朗	深砂银 K8/M5-C3	个	180.00	罗格朗集团有限公司
调音开关	罗格朗	玉兰白 K8/M5	个	165.70	罗格朗集团有限公司
调音开关	罗格朗	玉兰白 K8/M5B	个	194.30	罗格朗集团有限公司
一位触控开关	罗格朗	200W 米兰金 K8/CK-C2	个	297.10	罗格朗集团有限公司
一位触控开关	罗格朗	200W 玉兰白 K8/CK	个	280.00	罗格朗集团有限公司
一位单控纯平复位开关（带 LED 指示）	罗格朗	10AX 玫瑰金 K8/31/1/2FN-C1	个	73.90	罗格朗集团有限公司
一位单控纯平复位开关（带 LED 指示）	罗格朗	10AX 米兰金 K8/31/1/2FN-C2	个	73.90	罗格朗集团有限公司
一位单控纯平复位开关（带 LED 指示）	罗格朗	10AX 深砂银 K8/31/1/2FN-C3	个	73.90	罗格朗集团有限公司
一位单控纯平复位开关（带 LED 指示）	罗格朗	10AX 玉兰白 K8/31/1/2FN	个	56.90	罗格朗集团有限公司
一位单控开关	罗格朗	16AX 玫瑰金（电镀边）K8/31/1/2B-C1	个	45.50	罗格朗集团有限公司
一位单控开关	罗格朗	16AX 米兰金（银边）K8/31/1/2B-C2	个	37.80	罗格朗集团有限公司
一位单控开关	罗格朗	16AX 深砂银（银边）K8/31/1/2B-C3	个	37.80	罗格朗集团有限公司

续表

产品名称	品牌	规格型号	包装单位	参考价格(元)	供应商
一位单控开关	罗格朗	16AX 玉兰白(银边) K8/31/1/2B	个	31.30	罗格朗集团有限公司
一位单控开关	罗格朗	16AX 玉兰白 K8/31/1/2BW	个	28.50	罗格朗集团有限公司
一位单控开关(带 LED 指示)	罗格朗	16AX 玫瑰金(电镀边) K8/31/1/2BN-C1	个	31.30	罗格朗集团有限公司
一位单控开关(带 LED 指示)	罗格朗	16AX 米兰金(银边) K8/31/1/2BN-C2	个	45.50	罗格朗集团有限公司
一位单控开关(带 LED 指示)	罗格朗	16AX 深砂银(银边) K8/31/1/2BN-C3	个	37.80	罗格朗集团有限公司
一位单控开关(带 LED 指示)	罗格朗	16AX 玉兰白(银边) K8/31/1/2BN	个	31.30	罗格朗集团有限公司
一位双极开关	罗格朗	16AX 玫瑰金(电镀边) K8/31 D20AW -C1	个	68.50	罗格朗集团有限公司
一位双极开关	罗格朗	16AX 米兰金(银边) K8/31 D20AW -C2	个	68.50	罗格朗集团有限公司
一位双极开关	罗格朗	16AX 深砂银(银边) K8/31 D20AW -C3	个	68.50	罗格朗集团有限公司
一位双控纯平复位开关(带 LED 指示)	罗格朗	10AX 玫瑰金 K8/31/2/3FN-C1	个	82.60	罗格朗集团有限公司
一位双控纯平复位开关(带 LED 指示)	罗格朗	10AX 米兰金 K8/31/2/3FN-C2	个	82.60	罗格朗集团有限公司
一位双控纯平复位开关(带 LED 指示)	罗格朗	10AX 深砂银 K8/31/2/3FN-C3	个	82.60	罗格朗集团有限公司
一位双控纯平复位开关(带 LED 指示)	罗格朗	10AX 玉兰白 K8/31/2/3FN	个	65.40	罗格朗集团有限公司
一位双控开关	罗格朗	16AX 玫瑰金(电镀边) K8/31/2/3B-C1	个	57.80	罗格朗集团有限公司
一位双控开关	罗格朗	16AX 米兰金(银边) K8/31/2/3B-C2	个	47.70	罗格朗集团有限公司
一位双控开关	罗格朗	16AX 深砂银(银边) K8/31/2/3B-C3	个	47.70	罗格朗集团有限公司

续表

产品名称	品牌	规格型号	包装单位	参考价格（元）	供应商
一位双控开关	罗格朗	16AX 玉兰白（银边）K8/31/2/3B	个	39.70	罗格朗集团有限公司
一位双控开关	罗格朗	16AX 玉兰白 K8/31/2/3BW	个	36.00	罗格朗集团有限公司
一位双控开关（带 LED 指示）	罗格朗	16AX 玫瑰金（电镀边）K8/31/2/3BN-C1	个	68.30	罗格朗集团有限公司
一位双控开关（带 LED 指示）	罗格朗	16AX 米兰金（银边）K8/31/2/3BN-C2	个	58.60	罗格朗集团有限公司
一位双控开关（带 LED 指示）	罗格朗	16AX 深砂银（银边）K8/31/2/3BN-C3	个	58.60	罗格朗集团有限公司
一位双控开关（带 LED 指示）	罗格朗	16AX 玉兰白（银边）K8/31/2/3BN	个	50.60	罗格朗集团有限公司
一位中途开关	罗格朗	玫瑰金（电镀边）K8/311 BW-C1	个	79.20	罗格朗集团有限公司
二位单控开关（带 LED 指示）	施耐德都会	10A 灰＋银	个	51.32	施耐德电气（中国）有限公司
二位双控开关（带 LED 指示）	施耐德都会	10A 灰＋银	个	59.37	施耐德电气（中国）有限公司
三位单控开关（带 LED 指示）	施耐德都会	10A 灰＋银	个	71.48	施耐德电气（中国）有限公司
三位双控开关（带 LED 指示）	施耐德都会	10A 灰＋银	个	81.39	施耐德电气（中国）有限公司
四位单控开关（带 LED 指示）	施耐德都会	10A 灰＋银	个	88.70	施耐德电气（中国）有限公司
四位双控开关（带 LED 指示）	施耐德都会	10A 灰＋银	个	97.97	施耐德电气（中国）有限公司
一位单控开关（带 LED 指示）	施耐德都会	10A 灰＋银	个	34.15	施耐德电气（中国）有限公司
一位双控开关（带 LED 指示）	施耐德都会	10A 灰＋银	个	40.82	施耐德电气（中国）有限公司
宏彩“请即清理”门铃开关	松下	标准	个	107.10	松下电器（中国）有限公司
宏彩“请即清理”指示灯及其控制开关	松下	标准	个	75.90	松下电器（中国）有限公司
宏彩“请勿打搅”“请即清理”门铃开关	松下	标准	个	155.40	松下电器（中国）有限公司
宏彩“请勿打搅”“请即清理”指示灯	松下	标准	个	106.30	松下电器（中国）有限公司
宏彩“请勿打搅”“请即清理”指示灯控制开关	松下	标准	个	50.80	松下电器（中国）有限公司
宏彩“请勿打搅”门铃开关	松下	标准	个	107.10	松下电器（中国）有限公司

续表

产品名称	品牌	规格型号	包装单位	参考价格（元）	供应商
宏彩 “请勿打搅”指示灯及其控制开关	松下	标准	个	81.10	松下电器(中国)有限公司
宏彩 “请勿打搅”指示灯控制开关	松下	标准	个	34.60	松下电器(中国)有限公司
宏彩 插卡式节能开关	松下	带延时光电式 16A 220V～	个	604.90	松下电器(中国)有限公司
宏彩 单连二位单控、调光开关	松下	旋钮式白炽灯专用 500W 220V～	个	361.80	松下电器(中国)有限公司
宏彩 单连二位单控 LED 指示灯开关	松下	10AX 250V～	个	104.40	松下电器(中国)有限公司
宏彩 单连二位单控开关	松下	10AX 250V～	个	45.10	松下电器(中国)有限公司
宏彩 单连二位单控荧光显示开关	松下	10AX 250V～	个	98.50	松下电器(中国)有限公司
宏彩 单连二位多控开关	松下	16AX 250V～	个	363.40	松下电器(中国)有限公司
宏彩 单连二位双控 LED 指示灯开关	松下	10AX 250V～	个	129.10	松下电器(中国)有限公司
宏彩 单连二位双控开关	松下	10AX 250V～	个	56.30	松下电器(中国)有限公司
宏彩 单连二位双控荧光显示开关	松下	10AX 250V～	个	123.40	松下电器(中国)有限公司
宏彩 单连三位单控 LED 指示灯开关	松下	10AX 250V～	个	148.60	松下电器(中国)有限公司
宏彩 单连三位单控开关	松下	10AX 250V～	个	60.50	松下电器(中国)有限公司
宏彩 单连三位单控荧光显示开关	松下	10AX 250V～	个	139.90	松下电器(中国)有限公司
宏彩 单连三位多控开关	松下	16AX 250V～	个	531.40	松下电器(中国)有限公司
宏彩 单连三位双控 LED 指示灯开关	松下	10AX 250V～	个	185.90	松下电器(中国)有限公司
宏彩 单连三位双控开关	松下	10AX 250V～	个	76.80	松下电器(中国)有限公司
宏彩 单连三位双控荧光显示开关	松下	10AX 250V～	个	177.20	松下电器(中国)有限公司
宏彩 单连四位双控开关	松下	10AX 250V～	个	109.20	松下电器(中国)有限公司

续表

产品名称	品牌	规格型号	包装单位	参考价格（元）	供应商
宏彩 单连一位单控 LED 指示灯开关	松下	10AX 250V～	个	58.20	松下电器(中国)有限公司
宏彩 单连一位单控开关	松下	10AX 250V～	个	28.50	松下电器(中国)有限公司
宏彩 单连一位单控荧光显示开关	松下	10AX 250V～	个	55.40	松下电器(中国)有限公司
宏彩 单连一位多控开关	松下	16AX 250V～	个	189.50	松下电器(中国)有限公司
宏彩 单连一位双控 LED 指示灯开关	松下	10AX 250V～	个	70.90	松下电器(中国)有限公司
宏彩 单连一位双控开关	松下	10AX 250V～	个	33.90	松下电器(中国)有限公司
宏彩 单连一位双控荧光显示开关	松下	10AX 250V～	个	68.00	松下电器(中国)有限公司
宏彩 单连一位调光开关	松下	旋钮式白炽灯专用 500W 220V～	个	345.00	松下电器(中国)有限公司
宏彩 单连一位调光开关	松下	旋钮式白炽灯专用 800W 220V～	个	435.20	松下电器(中国)有限公司
宏彩 二位单控、调光开关	松下	旋钮式白炽灯专用 500W 220V～	个	361.80	松下电器(中国)有限公司
宏彩 二位单控 LED 指示灯开关	松下	10AX 250V～	个	104.40	松下电器(中国)有限公司
宏彩 二位单控开关	松下	10AX 250V～	个	45.10	松下电器(中国)有限公司
宏彩 二位单控荧光显示开关	松下	10AX 250V～	个	98.50	松下电器(中国)有限公司
宏彩 二位多控开关	松下	16AX 250V～	个	363.40	松下电器(中国)有限公司
宏彩 二位双控 LED 指示灯开关	松下	10AX 250V～	个	129.10	松下电器(中国)有限公司
宏彩 二位双控开关	松下	10AX 250V～	个	56.30	松下电器(中国)有限公司
宏彩 二位双控荧光显示开关	松下	10AX 250V～	个	123.40	松下电器(中国)有限公司
宏彩 门铃按钮开关	松下	10A 250V～	个	60.50	松下电器(中国)有限公司
宏彩 三位单控 LED 指示灯开关	松下	10AX 250V～	个	148.60	松下电器(中国)有限公司
宏彩 三位单控开关	松下	10AX 250V～	个	60.50	松下电器(中国)有限公司

续表

产品名称	品牌	规格型号	包装单位	参考价格（元）	供应商
宏彩 三位单控荧光显示开关	松下	10AX 250V～	个	139.90	松下电器(中国)有限公司
宏彩 三位多控开关	松下	16AX 250V～	个	531.40	松下电器(中国)有限公司
宏彩 三位双控 LED 指示灯开关	松下	10AX 250V～	个	185.90	松下电器(中国)有限公司
宏彩 三位双控开关	松下	10AX 250V～	个	76.80	松下电器(中国)有限公司
宏彩 三位双控荧光显示开关	松下	10AX 250V～	个	177.20	松下电器(中国)有限公司
宏彩 双连六位单控开关	松下	10AX 250V～	个	120.10	松下电器(中国)有限公司
宏彩 双连四位单控开关	松下	10AX 250V～	个	89.30	松下电器(中国)有限公司
宏彩 双连五位单控开关	松下	10AX 250V～	个	104.70	松下电器(中国)有限公司
宏彩 四位双控开关	松下	10AX 250V～	个	109.20	松下电器(中国)有限公司
宏彩 一位单控 LED 指示灯开关	松下	10AX 250V～	个	58.20	松下电器(中国)有限公司
宏彩 一位单控开关	松下	10AX 250V～	个	28.50	松下电器(中国)有限公司
宏彩 一位单控荧光显示开关	松下	10AX 250V～	个	55.40	松下电器(中国)有限公司
宏彩 一位多控开关	松下	16AX 250V～	个	189.50	松下电器(中国)有限公司
宏彩 一位风扇调速开关	松下	300W 220V～	个	110.10	松下电器(中国)有限公司
宏彩 一位红外线感应延时开关	松下	白炽灯专用 400W 220V～	个	228.40	松下电器(中国)有限公司
宏彩 一位空调用开关	松下	6A 250V～	个	203.30	松下电器(中国)有限公司
宏彩 一位声光感应延时开关	松下	白炽灯 100W 220V～	个	112.10	松下电器(中国)有限公司
宏彩 一位双控 LED 指示灯开关	松下	10AX 250V～	个	70.90	松下电器(中国)有限公司
宏彩 一位双控开关	松下	10AX 250V～	个	33.90	松下电器(中国)有限公司
宏彩 一位双控荧光显示开关	松下	10AX 250V～	个	68.00	松下电器(中国)有限公司
宏彩 一位调光开关	松下	白炽灯专用 400W	个	110.10	松下电器(中国)有限公司
宏彩 一位调光开关	松下	旋钮式白炽灯专用 500W 220V～	个	345.00	松下电器(中国)有限公司
宏彩 一位调光开关	松下	旋钮式白炽灯专用 800W 220V～	个	435.20	松下电器(中国)有限公司
宏彩 一位音量调节用开关	松下	最大输出功率 4W	个	287.40	松下电器(中国)有限公司

续表

产品名称	品牌	规格型号	包装单位	参考价格（元）	供应商
新适佳“请勿打扰”“请即清理”指示灯控制开关	松下	标准	个	36.10	松下电器(中国)有限公司
新适佳“请勿打扰”指示灯控制开关	松下	标准	个	22.90	松下电器(中国)有限公司
新适佳 LED 地脚灯	松下	标准	个	228.80	松下电器(中国)有限公司
新适佳 LED 地脚灯	松下	带红外感应及环境亮度感应	个	493.40	松下电器(中国)有限公司
新适佳 二位单控开关	松下	10AX 250V～	个	29.60	松下电器(中国)有限公司
新适佳 二位单控荧光开关	松下	10AX 250V～	个	33.00	松下电器(中国)有限公司
新适佳 二位多控开关	松下	10AX 250V～	个	352.90	松下电器(中国)有限公司
新适佳 二位双控开关	松下	10AX 250V～	个	35.40	松下电器(中国)有限公司
新适佳 二位双控荧光开关	松下	10AX 250V～	个	38.80	松下电器(中国)有限公司
新适佳 门铃按钮开关	松下	标准	个	30.20	松下电器(中国)有限公司
新适佳 三位单控开关	松下	10AX 250V～	个	40.40	松下电器(中国)有限公司
新适佳 三位单控荧光开关	松下	10AX 250V～	个	43.80	松下电器(中国)有限公司
新适佳 三位双控开关	松下	10AX 250V～	个	42.50	松下电器(中国)有限公司
新适佳 三位双控荧光开关	松下	10AX 250V～	个	45.80	松下电器(中国)有限公司
新适佳 四位单控开关	松下	10AX 250V～	个	65.00	松下电器(中国)有限公司
新适佳 四位单控荧光开关	松下	10AX 250V～	个	68.40	松下电器(中国)有限公司
新适佳 四位双控开关	松下	10AX 250V～	个	78.00	松下电器(中国)有限公司
新适佳 四位双控荧光开关	松下	10AX 250V～	个	81.40	松下电器(中国)有限公司
新适佳 一位单控开关	松下	10AX 250V～	个	17.50	松下电器(中国)有限公司
新适佳 一位单控荧光开关	松下	10AX 250V～	个	22.40	松下电器(中国)有限公司
新适佳 一位多控开关	松下	10AX 250V～	个	184.20	松下电器(中国)有限公司
新适佳 一位风扇调速开关	松下	300W	个	114.20	松下电器(中国)有限公司
新适佳 一位红外线感应延时开关	松下	白炽灯 400W、荧光灯 100W	个	189.70	松下电器(中国)有限公司
新适佳 一位红外线感应延时开关(带消防线)	松下	白炽灯 400W、荧光灯 100W	个	233.90	松下电器(中国)有限公司
新适佳 一位声光感应延时开关	松下	白炽灯专用 100W	个	93.10	松下电器(中国)有限公司

续表

产品名称	品牌	规格型号	包装单位	参考价格（元）	供应商
新适佳 一位声光控感应开关	松下	三线式白炽灯300W、荧光灯100W	个	109.00	松下电器（中国）有限公司
新适佳 一位声光控感应开关带消防端子	松下	四线式白炽灯300W、荧光灯100W	个	117.50	松下电器（中国）有限公司
新适佳 一位双控开关	松下	10AX 250V～	个	22.90	松下电器（中国）有限公司
新适佳 一位双控荧光开关	松下	10AX 250V～	个	26.30	松下电器（中国）有限公司
新适佳 一位调光开关	松下	白炽灯专用400W	个	114.20	松下电器（中国）有限公司
二位单控开关（带荧光指示）	西门子灵动	5TA07621NC1雅白	个	24.18	西门子（中国）有限公司
二位双控开关（带荧光指示）	西门子灵动	5TA07641NC1雅白	个	28.20	西门子（中国）有限公司
开关防溅盒	西门子灵动	5TG06461NC1雅白	个	15.97	西门子（中国）有限公司
门铃开关	西门子灵动	5TD07421NC1雅白	个	25.38	西门子（中国）有限公司
三位单控开关（带荧光指示）	西门子灵动	5TA07921NC1雅白	个	31.80	西门子（中国）有限公司
三位双控开关（带荧光指示）	西门子灵动	5TA07941NC1雅白	个	36.12	西门子（中国）有限公司
四位单控开关（带荧光指示）	西门子灵动	5TA07951NC1雅白	个	40.05	西门子（中国）有限公司
四位双控开关（带荧光指示）	西门子灵动	5TA07971NC1雅白	个	45.63	西门子（中国）有限公司
一位单控开关（带荧光指示）	西门子灵动	5TA07321NC1雅白	个	16.26	西门子（中国）有限公司
一位双控开关（带荧光指示）	西门子灵动	5TA07341NC1雅白	个	20.28	西门子（中国）有限公司
插卡节能开关	西门子品宜	5UH86413NC白色（3800VA 220V～）	个	174.51	西门子（中国）有限公司
二位单控开关（带荧光指示）	西门子品宜	5TA06213NC白色	个	11.79	西门子（中国）有限公司
二位双控开关（带荧光指示）	西门子品宜	5TA06233NC白色	个	14.09	西门子（中国）有限公司
红外人体感应开关	西门子品宜	5UH86254NC白色	个	127.94	西门子（中国）有限公司
门铃开关（请勿打扰）	西门子品宜	5UH86433NC白色	个	48.69	西门子（中国）有限公司
门铃开关（请勿打扰请即清理）	西门子品宜	5UH86423NC白色	个	62.60	西门子（中国）有限公司
门铃开关（请勿打扰请即清理请稍后）	西门子品宜	5UH86443NC白色	个	90.40	西门子（中国）有限公司
轻触延时开关	西门子品宜	5UH86244NC白色	个	67.45	西门子（中国）有限公司
三位单控开关（带荧光指示）	西门子品宜	5TA06318NC白色	个	15.89	西门子（中国）有限公司
三位双控开关（带荧光指示）	西门子品宜	5TA06338NC白色	个	18.64	西门子（中国）有限公司
声光控延时开关	西门子品宜	5UH86234NC白色	个	69.53	西门子（中国）有限公司
四位单控开关（带荧光指示）	西门子品宜	5TA06414NC白色	个	22.50	西门子（中国）有限公司

续表

产品名称	品牌	规格型号	包装单位	参考价格（元）	供应商
四位双控开关（带荧光指示）	西门子品宜	5TA06434NC 白色	个	27.95	西门子（中国）有限公司
调光开关	西门子品宜	5UH86223NC 白色	个	69.53	西门子（中国）有限公司
调速开关	西门子品宜	5UH86213NC 白色	个	69.53	西门子（中国）有限公司
调音开关	西门子品宜	5UH86283NC 白色	个	88.34	西门子（中国）有限公司
一位大跷板门铃开关（带荧光指示）	西门子品宜	5TD06113NC 白色	个	9.05	西门子（中国）有限公司
一位单控开关（带荧光指示）	西门子品宜	5TA06113NC 白色	个	8.41	西门子（中国）有限公司
一位双控开关（带荧光指示）	西门子品宜	5TA06133NC 白色	个	10.66	西门子（中国）有限公司
二位单控开关	西门子睿致	炫白	个	43.28	西门子（中国）有限公司
二位单控开关（带 LED 指示）	西门子睿致	炫白	个	77.44	西门子（中国）有限公司
二位双控开关	西门子睿致	炫白	个	53.92	西门子（中国）有限公司
二位双控开关（带 LED 指示）	西门子睿致	炫白	个	88.08	西门子（中国）有限公司
三位单控开关	西门子睿致	炫白	个	52.24	西门子（中国）有限公司
三位单控开关（带 LED 指示）	西门子睿致	炫白	个	103.04	西门子（中国）有限公司
三位双控开关	西门子睿致	炫白	个	68.08	西门子（中国）有限公司
三位双控开关（带 LED 指示）	西门子睿致	炫白	个	118.88	西门子（中国）有限公司
四位单控开关	西门子睿致	炫白	个	77.20	西门子（中国）有限公司
四位单控开关（带 LED 指示）	西门子睿致	炫白	个	148.24	西门子（中国）有限公司
四位双控开关	西门子睿致	炫白	个	89.84	西门子（中国）有限公司
四位双控开关（带 LED 指示）	西门子睿致	炫白	个	174.00	西门子（中国）有限公司
一位单控开关	西门子睿致	炫白	个	32.72	西门子（中国）有限公司
一位单控开关（带 LED 指示）	西门子睿致	炫白	个	49.68	西门子（中国）有限公司
一位双控开关	西门子睿致	炫白	个	38.16	西门子（中国）有限公司
一位双控开关（带 LED 指示）	西门子睿致	炫白	个	55.12	西门子（中国）有限公司
报警开关（带钥匙）	西门子远景	5TA82513NC 雅白	个	46.89	西门子（中国）有限公司
壁脚灯	西门子远景	5UH82453NC 雅白	个	67.19	西门子（中国）有限公司
插卡节能开关	西门子远景	5UH82413NC 雅白	个	189.14	西门子（中国）有限公司
二位单控开关	西门子远景	5TA02111CC1 彩银	个	16.51	西门子（中国）有限公司
二位单控开关	西门子远景	5TA02111CC1 雅白	个	14.94	西门子（中国）有限公司
二位单控开关（带荧光指示）	西门子远景	5TA01151CC1 彩银	个	18.31	西门子（中国）有限公司
二位单控开关（带荧光指示）	西门子远景	5TA01151CC1 雅白	个	16.79	西门子（中国）有限公司
二位双控开关	西门子远景	5TA02161CC1 彩银	个	19.45	西门子（中国）有限公司

续表

产品名称	品牌	规格型号	包装单位	参考价格(元)	供应商
二位双控开关	西门子远景	5TA02161CC1 雅白	个	17.60	西门子(中国)有限公司
二位双控开关(带荧光指示)	西门子远景	5TA01171CC1 彩银	个	20.75	西门子(中国)有限公司
二位双控开关(带荧光指示)	西门子远景	5TA01171CC1 雅白	个	19.49	西门子(中国)有限公司
红外人体感应开关	西门子远景	5UH82254NC 雅白	个	141.61	西门子(中国)有限公司
红外人体感应开关	西门子远景	5UH82255NC 雅白	个	156.79	西门子(中国)有限公司
红外人体感应开关	西门子远景	5UH82256NC 雅白	个	152.78	西门子(中国)有限公司
红外人体感应开关	西门子远景	5UH82257NC 雅白	个	160.20	西门子(中国)有限公司
开关防溅面盖	西门子远景	5TG06011CC 彩银	个	13.65	西门子(中国)有限公司
开关防溅面盖	西门子远景	5TG06011CC 雅白	个	11.75	西门子(中国)有限公司
门禁开关	西门子远景	5TD01031CC1 雅白	个	16.46	西门子(中国)有限公司
门铃开关	西门子远景	5TD01021CC1 彩银	个	16.00	西门子(中国)有限公司
门铃开关	西门子远景	5TD01021CC1 雅白	个	14.31	西门子(中国)有限公司
门铃开关(请勿打扰)	西门子远景	5UH82433NC 雅白	个	74.48	西门子(中国)有限公司
门铃开关(请勿打扰请即清理)	西门子远景	5UH82423NC 雅白	个	98.91	西门子(中国)有限公司
轻触延时开关	西门子远景	5UH82244NC 雅白	个	74.65	西门子(中国)有限公司
轻触延时开关	西门子远景	5UH82245NC 雅白	个	81.54	西门子(中国)有限公司
轻触延时开关	西门子远景	5UH82246NC 雅白	个	78.35	西门子(中国)有限公司
轻触延时开关	西门子远景	5UH82247NC 雅白	个	93.20	西门子(中国)有限公司
三位单控开关	西门子远景	5TA02311CC1 彩银	个	21.59	西门子(中国)有限公司
三位单控开关	西门子远景	5TA02311CC1 雅白	个	20.39	西门子(中国)有限公司
三位单控开关(带荧光指示)	西门子远景	5TA01181CC1 彩银	个	23.65	西门子(中国)有限公司
三位单控开关(带荧光指示)	西门子远景	5TA01181CC1 雅白	个	22.00	西门子(中国)有限公司
三位双控开关	西门子远景	5TA02361CC1 彩银	个	23.90	西门子(中国)有限公司
三位双控开关	西门子远景	5TA02361CC1 雅白	个	22.55	西门子(中国)有限公司
三位双控开关(带荧光指示)	西门子远景	5TA01191CC1 彩银	个	26.46	西门子(中国)有限公司
三位双控开关(带荧光指示)	西门子远景	5TA01191CC1 雅白	个	24.84	西门子(中国)有限公司
声光控延时开关	西门子远景	5UH82234NC 雅白	个	80.41	西门子(中国)有限公司
声光控延时开关	西门子远景	5UH82235NC 雅白	个	84.29	西门子(中国)有限公司
声光控延时开关	西门子远景	5UH82236NC 雅白	个	79.34	西门子(中国)有限公司
声光控延时开关	西门子远景	5UH82237NC 雅白	个	89.10	西门子(中国)有限公司
四位单控开关	西门子远景	5TA02411CC1 彩银	个	32.59	西门子(中国)有限公司
四位单控开关	西门子远景	5TA02411CC1 雅白	个	29.11	西门子(中国)有限公司

续表

产品名称	品牌	规格型号	包装单位	参考价格（元）	供应商
四位双控开关(无荧光指示)	西门子远景	5TA02461CC1 彩银	个	36.62	西门子(中国)有限公司
四位双控开关(无荧光指示)	西门子远景	5TA02461CC1 雅白	个	32.76	西门子(中国)有限公司
调光开关	西门子远景	5UH82223NC 雅白	个	76.73	西门子(中国)有限公司
调速开关	西门子远景	5UH82213NC 雅白	个	78.94	西门子(中国)有限公司
调音开关	西门子远景	5UH82203NC 雅白	个	62.01	西门子(中国)有限公司
一位单控开关	西门子远景	5TA02011CC1-1 彩银	个	12.35	西门子(中国)有限公司
一位单控开关	西门子远景	5TA02011CC1-1 雅白	个	10.49	西门子(中国)有限公司
一位单控开关(带荧光指示)	西门子远景	5TA01131CC1 彩银	个	13.61	西门子(中国)有限公司
一位单控开关(带荧光指示)	西门子远景	5TA01131CC1 雅白	个	11.79	西门子(中国)有限公司
一位双控开关	西门子远景	5TA02061CC1 彩银	个	14.95	西门子(中国)有限公司
一位双控开关	西门子远景	5TA02061CC1 雅白	个	13.10	西门子(中国)有限公司
一位双控开关(带荧光指示)	西门子远景	5TA01141CC1 彩银	个	16.17	西门子(中国)有限公司
一位双控开关(带荧光指示)	西门子远景	5TA01141CC1 雅白	个	14.54	西门子(中国)有限公司
一位中途开关	西门子远景	5TA01121CC1 彩银	个	35.99	西门子(中国)有限公司
一位中途开关	西门子远景	5TA01121CC1 雅白	个	32.14	西门子(中国)有限公司
二开单控	西蒙	白	个	15.00	西蒙电气(中国)有限公司
二开单控	西蒙	金	个	22.00	西蒙电气(中国)有限公司
二开单控开关	西蒙	白	个	18.04	西蒙电气(中国)有限公司
二开双控	西蒙	白	个	18.00	西蒙电气(中国)有限公司
二开双控	西蒙	金	个	24.00	西蒙电气(中国)有限公司
二开双控开关	西蒙	白	个	21.49	西蒙电气(中国)有限公司
换向开关	西蒙	白	个	23.98	西蒙电气(中国)有限公司
换向开关控	西蒙	白	个	21.00	西蒙电气(中国)有限公司
换向开关控	西蒙	金	个	27.00	西蒙电气(中国)有限公司
三开单控	西蒙	白	个	21.00	西蒙电气(中国)有限公司
三开单控	西蒙	金	个	27.00	西蒙电气(中国)有限公司
三开单控开关	西蒙	白	个	23.98	西蒙电气(中国)有限公司
三开双控	西蒙	白	个	23.50	西蒙电气(中国)有限公司
三开双控	西蒙	金	个	30.00	西蒙电气(中国)有限公司
三开双控开关	西蒙	白	个	27.43	西蒙电气(中国)有限公司
四开单控	西蒙	白	个	26.50	西蒙电气(中国)有限公司
四开单控	西蒙	金	个	33.00	西蒙电气(中国)有限公司

续表

产品名称	品牌	规格型号	包装单位	参考价格（元）	供应商
四开单控开关	西蒙	白	个	30.56	西蒙电气(中国)有限公司
四开双控	西蒙	白	个	32.00	西蒙电气(中国)有限公司
四开双控	西蒙	金	个	37.00	西蒙电气(中国)有限公司
四开双控开关	西蒙	白	个	36.07	西蒙电气(中国)有限公司
一开单控	西蒙	白	个	10.50	西蒙电气(中国)有限公司
一开单控	西蒙	金	个	16.00	西蒙电气(中国)有限公司
一开单控开关	西蒙	白	个	11.56	西蒙电气(中国)有限公司
一开双控	西蒙	白	个	13.00	西蒙电气(中国)有限公司
一开双控	西蒙	金	个	19.00	西蒙电气(中国)有限公司
一开双控开关	西蒙	白	个	15.12	西蒙电气(中国)有限公司
两开单控	正泰	7C 香槟色	只	26.67	浙江正泰电器股份有限公司
两开单控	正泰	7V 白色	只	21.10	浙江正泰电器股份有限公司
两开双控	正泰	7C 香槟色	只	30.10	浙江正泰电器股份有限公司
两开双控	正泰	7V 白色	只	22.70	浙江正泰电器股份有限公司
三开单控	正泰	7C 香槟色	只	34.34	浙江正泰电器股份有限公司
三开单控	正泰	7V 白色	只	28.60	浙江正泰电器股份有限公司
三开双控	正泰	7C 香槟色	只	38.79	浙江正泰电器股份有限公司
三开双控	正泰	7V 白色	只	30.50	浙江正泰电器股份有限公司
四开单控	正泰	7C 香槟色	只	42.02	浙江正泰电器股份有限公司
四开单控	正泰	7V 白色	只	34.50	浙江正泰电器股份有限公司
四开双	正泰	7C 香槟色	只	47.48	浙江正泰电器股份有限公司
四开双	正泰	7V 白色	只	37.50	浙江正泰电器股份有限公司
一开单控	正泰	7C 香槟色	只	20.00	浙江正泰电器股份有限公司
一开单控	正泰	7V 白色	只	13.90	浙江正泰电器股份有限公司
一开双控	正泰	7C 香槟色	只	22.02	浙江正泰电器股份有限公司
一开双控	正泰	7V 白色	只	15.40	浙江正泰电器股份有限公司

2.6.2 插座

产品名称	品牌	规格型号	包装单位	参考价格（元）	供应商
电脑电视插座	ABB 德逸	AE325 白	个	146.40	ABB(中国)有限公司
二位电话插座	ABB 德逸	AE322 白	个	124.40	ABB(中国)有限公司

续表

产品名称	品牌	规格型号	包装单位	参考价格（元）	供应商
二位电话插座	ABB德逸	AE323白	个	152.90	ABB(中国)有限公司
二位电脑插座(超五类)	ABB德逸	AE332白	个	204.40	ABB(中国)有限公司
二位音箱插座	ABB德逸	AE341白	个	51.50	ABB(中国)有限公司
三孔插座	ABB德逸	AE203白	个	25.00	ABB(中国)有限公司
三孔插座	ABB德逸	AE206白	个	40.20	ABB(中国)有限公司
三孔插座(带开关)	ABB德逸	AE223白	个	41.90	ABB(中国)有限公司
三孔插座(带开关)	ABB德逸	AE228白	个	49.10	ABB(中国)有限公司
三相四极插座	ABB德逸	AE204白	个	93.70	ABB(中国)有限公司
四孔插座	ABB德逸	AE212白	个	39.40	ABB(中国)有限公司
四位音箱插座	ABB德逸	AE342白	个	72.40	ABB(中国)有限公司
五孔插座	ABB德逸	AE205白	个	37.80	ABB(中国)有限公司
五孔插座(带开关)	ABB德逸	AE225白	个	56.30	ABB(中国)有限公司
一位电话插座	ABB德逸	AE321白	个	77.70	ABB(中国)有限公司
一位电脑插座(超五类)	ABB德逸	AE331白	个	118.70	ABB(中国)有限公司
一位电视插座	ABB德逸	AE301白	个	45.60	ABB(中国)有限公司
一位宽频电视插座	ABB德逸	AE303白	个	88.90	ABB(中国)有限公司
五孔插座	ABV	带双USB金色	个	60.00	艾比威(上海)电气有限公司
五孔插座(弹起式)	ABV	118×120,181型(铜) 金色	个	72.00	艾比威(上海)电气有限公司
电话电脑插座	飞雕	标准	个	51.92	飞雕电器集团有限公司
电话电视插座	飞雕	标准	个	35.84	飞雕电器集团有限公司
电脑电视插座	飞雕	标准	个	50.50	飞雕电器集团有限公司
二位音箱插座	飞雕	白	个	34.33	飞雕电器集团有限公司
七孔插座	飞雕	标准	个	18.65	飞雕电器集团有限公司
三孔插座	飞雕	标准	个	19.35	飞雕电器集团有限公司
四位音箱插座	飞雕	白	个	60.99	飞雕电器集团有限公司
五孔插座	飞雕	标准	个	13.51	飞雕电器集团有限公司
五孔插座(带两位单控开关)	飞雕	标准	个	23.63	飞雕电器集团有限公司
五孔插座(带两位双控开关)	飞雕	标准	个	24.93	飞雕电器集团有限公司
五孔插座(带一位单控开关)	飞雕	标准	个	21.80	飞雕电器集团有限公司

续表

产品名称	品牌	规格型号	包装单位	参考价格（元）	供应商
五孔插座（带一位双控开关）	飞雕	标准	个	23.63	飞雕电器集团有限公司
一位电话插座	飞雕	标准	个	22.64	飞雕电器集团有限公司
一位电脑插座(六类)	飞雕	标准	个	33.44	飞雕电器集团有限公司
一位电视插座	飞雕	标准	个	20.22	飞雕电器集团有限公司
一位宽频电视分支插座	飞雕	标准	个	29.52	飞雕电器集团有限公司
插座	公牛	402-1.8M	个	33.70	公牛集团有限公司
插座	公牛	406D-1.8M	个	39.80	公牛集团有限公司
插座	公牛	GN C4 无线	个	15.50	公牛集团有限公司
插座	公牛	GN J4 电饭锅线 1.5m	个	11.90	公牛集团有限公司
插座	公牛	GN102-1.8m	个	29.50	公牛集团有限公司
插座	公牛	GN103D 16A 空调无线	个	12.90	公牛集团有限公司
插座	公牛	GN103D-1.8m	个	33.10	公牛集团有限公司
插座	公牛	GN109 10A 无线	个	30.50	公牛集团有限公司
插座	公牛	GN109K-3m	个	46.30	公牛集团有限公司
插座	公牛	GN206-3m	个	40.70	公牛集团有限公司
插座	公牛	GN212-3m	个	33.70	公牛集团有限公司
插座	公牛	GN-315,1.8m	个	42.70	公牛集团有限公司
插座	公牛	GN401W-1.8m	个	23.20	公牛集团有限公司
插座	公牛	GN401W-4m	个	34.20	公牛集团有限公司
插座	公牛	GN401 无线	个	13.90	公牛集团有限公司
插座	公牛	GN403,2m	个	39.00	公牛集团有限公司
插座	公牛	GN403,3m	个	43.70	公牛集团有限公司
插座	公牛	GN403 无线	个	29.10	公牛集团有限公司
插座	公牛	GN405D 16A 无线	个	21.30	公牛集团有限公司
插座	公牛	GN407W,2m	个	36.30	公牛集团有限公司
插座	公牛	GN407W,4m	个	37.00	公牛集团有限公司
插座	公牛	GN407W 无线	个	17.90	公牛集团有限公司
插座	公牛	GN606-1.8m	个	24.00	公牛集团有限公司
插座	公牛	GN607-1.8m	个	26.20	公牛集团有限公司
插座	公牛	GN608-6m	个	49.60	公牛集团有限公司
插座	公牛	GN609-3m	个	37.80	公牛集团有限公司

续表

产品名称	品牌	规格型号	包装单位	参考价格（元）	供应商
插座	公牛	GN612-1.8m	个	20.50	公牛集团有限公司
插座	公牛	GN618 无线	个	14.00	公牛集团有限公司
插座	公牛	H1010 转换头双重防雷	个	11.60	公牛集团有限公司
插座	公牛	H1220-1.8m 双重防雷	个	28.80	公牛集团有限公司
插座	公牛	H1330-3m 双重防雷	个	40.30	公牛集团有限公司
二头插头	公牛	10A	个	3.00	公牛集团有限公司
三头插头	公牛	10A	个	4.80	公牛集团有限公司
A86 面板插座	鸿雁	A86Z12TAK12-10BNI	个	8.36	杭州鸿雁电器有限公司
A86 面板插座	鸿雁	A86Z13-16N	个	6.37	杭州鸿雁电器有限公司
A86 面板插座	鸿雁	A86Z13K11-16BNI	个	10.20	杭州鸿雁电器有限公司
A86 面板插座	鸿雁	A86Z13TK11-10BNI	个	8.17	杭州鸿雁电器有限公司
A86 面板插座	鸿雁	A86Z223-10N	个	6.56	杭州鸿雁电器有限公司
A86 面板插座	鸿雁	A86Z223K11-10BNI	个	10.70	杭州鸿雁电器有限公司
A86 面板插座	鸿雁	A86Z23-10N	个	9.88	杭州鸿雁电器有限公司
A86 面板插座	鸿雁	A86Z332A10N	个	9.50	杭州鸿雁电器有限公司
A86 三相四线面板插座	鸿雁	A86Z14-16N	个	10.50	杭州鸿雁电器有限公司
A86 三相四线面板插座	鸿雁	A86Z14-25N	个	14.70	杭州鸿雁电器有限公司
RA86 面板插座	鸿雁	RA86Z12TK11-10B	个	9.69	杭州鸿雁电器有限公司
RA86 面板插座	鸿雁	RA86Z13-16	个	9.12	杭州鸿雁电器有限公司
RA86 面板插座	鸿雁	RA86Z13K11-10B	个	10.30	杭州鸿雁电器有限公司
RA86 面板插座	鸿雁	RA86Z13K11-16B	个	14.60	杭州鸿雁电器有限公司
RA86 面板插座	鸿雁	RA86Z223-10	个	9.12	杭州鸿雁电器有限公司
RA86 面板插座	鸿雁	RA86Z223K11-10B	个	15.00	杭州鸿雁电器有限公司
RA86 面板插座	鸿雁	RA86Z23-10	个	14.60	杭州鸿雁电器有限公司
RA86 面板插座	鸿雁	RA86Z332A10	个	13.40	杭州鸿雁电器有限公司
明装插座	鸿雁	ZM12T10Z	个	4.47	杭州鸿雁电器有限公司
明装插座	鸿雁	ZM13-10Z	个	6.65	杭州鸿雁电器有限公司
明装插座	鸿雁	ZM13-16Z	个	7.13	杭州鸿雁电器有限公司
明装插座	鸿雁	ZM13-20NX	个	13.20	杭州鸿雁电器有限公司
明装插座	鸿雁	ZM13-32NX	个	20.40	杭州鸿雁电器有限公司
明装插座	鸿雁	ZM223-10Z	个	9.31	杭州鸿雁电器有限公司
三相四极明装插座	鸿雁	ZM14-16NX	个	9.88	杭州鸿雁电器有限公司

续表

产品名称	品牌	规格型号	包装单位	参考价格（元）	供应商
三相四极明装插座	鸿雁	ZM14-25NX	个	16.80	杭州鸿雁电器有限公司
三相四极明装插座	鸿雁	ZM14-40NX	盒	38.80	杭州鸿雁电器有限公司
USB&HDMI 插座	罗格朗	玫瑰金 K8/USB/HDMI-C1	个	228.60	罗格朗集团有限公司
USB&HDMI 插座	罗格朗	米兰金 K8/USB/HDMI-C2	个	228.60	罗格朗集团有限公司
USB&HDMI 插座	罗格朗	深砂银 K8/USB/HDMI-C3	个	228.60	罗格朗集团有限公司
USB&HDMI 插座	罗格朗	玉兰白 K8/USB/HDMI	个	214.30	罗格朗集团有限公司
带开关三孔插座	罗格朗	10A 白色 K5/15/10S	个	50.60	罗格朗集团有限公司
带开关三孔插座	罗格朗	10A 黑色 K5/15/10S-C	个	60.70	罗格朗集团有限公司
带开关三孔插座	罗格朗	10A 漫金 K5/15/10S-C2	个	60.70	罗格朗集团有限公司
带开关三孔插座	罗格朗	10A 玫瑰金 K8/15/10S/C1	个	45.00	罗格朗集团有限公司
带开关三孔插座	罗格朗	10A 米兰金 K8/15/10S/C2	个	45.00	罗格朗集团有限公司
带开关三孔插座	罗格朗	10A 沙银 K5/15/10S-C3	个	60.70	罗格朗集团有限公司
带开关三孔插座	罗格朗	10A 深砂银 K8/15/10S/C3	个	45.00	罗格朗集团有限公司
带开关三孔插座	罗格朗	10A 玉兰白 K8/15/10S	个	36.60	罗格朗集团有限公司
带开关三孔插座	罗格朗	16A 深砂银 K8/15/15CS-C3	个	70.00	罗格朗集团有限公司
带开关三孔插座	罗格朗	16A 玫瑰金 K8/15/15CS-C1	个	70.00	罗格朗集团有限公司
带开关三孔插座	罗格朗	16A 米兰金 K8/15/15CS-C2	个	70.00	罗格朗集团有限公司
带开关三孔插座	罗格朗	16A 玉兰白 K8/15/15CS	个	56.90	罗格朗集团有限公司
电话电脑插座	罗格朗	玫瑰金 K8/T01/C01-C1	个	155.90	罗格朗集团有限公司
电话电脑插座	罗格朗	米兰金 K8/T01/C01-C2	个	155.90	罗格朗集团有限公司
电话电脑插座	罗格朗	深砂银 K8/T01/C01-C3	个	155.90	罗格朗集团有限公司
电话电脑插座	罗格朗	玉兰白 K8/T01/C01	个	137.60	罗格朗集团有限公司
电话电视插座	罗格朗	玫瑰金 K8/T01/TV-C1	个	134.00	罗格朗集团有限公司
电话电视插座	罗格朗	米兰金 K8/T01/TV-C2	个	134.00	罗格朗集团有限公司
电话电视插座	罗格朗	深砂银 K8/T01/TV-C3	个	134.00	罗格朗集团有限公司
电话电视插座	罗格朗	玉兰白 K8/T01/TV	个	115.70	罗格朗集团有限公司
电脑电视插座	罗格朗	玫瑰金 K8/C01/TV-C1	个	144.90	罗格朗集团有限公司
电脑电视插座	罗格朗	米兰金 K8/C01/TV-C2	个	144.90	罗格朗集团有限公司
电脑电视插座	罗格朗	深砂银 K8/C01/TV-C3	个	144.90	罗格朗集团有限公司
电脑电视插座	罗格朗	玉兰白 K8/C01/TV	个	126.60	罗格朗集团有限公司
二位电话插座	罗格朗	玫瑰金 K8/T01/2-C1	个	144.70	罗格朗集团有限公司
二位电话插座	罗格朗	米兰金 K8/T01/2-C2	个	144.70	罗格朗集团有限公司

续表

产品名称	品牌	规格型号	包装单位	参考价格（元）	供应商
二位电话插座	罗格朗	深砂银 K8/T01/2-C3	个	144.70	罗格朗集团有限公司
二位电话插座	罗格朗	玉兰白 K8/T01/2	个	126.40	罗格朗集团有限公司
二位电脑插座(超五类)	罗格朗	玫瑰金 K8/C01/2-C1	个	171.30	罗格朗集团有限公司
二位电脑插座(超五类)	罗格朗	米兰金 K8/C01/2-C2	个	171.30	罗格朗集团有限公司
二位电脑插座(超五类)	罗格朗	深砂银 K8/C01/2-C3	个	171.30	罗格朗集团有限公司
二位电脑插座(超五类)	罗格朗	玉兰白 K8/C01/2	个	153.00	罗格朗集团有限公司
二位音箱插座	罗格朗	玫瑰金 K8/M8/2-Cl	个	135.20	罗格朗集团有限公司
二位音箱插座	罗格朗	米兰金 K8/M8/2-C2	个	135.20	罗格朗集团有限公司
二位音箱插座	罗格朗	深砂银 K8/M8/2-C3	个	135.20	罗格朗集团有限公司
二位音箱插座	罗格朗	玉兰白 K8/M 8/2	个	120.90	罗格朗集团有限公司
三孔插座	罗格朗	10A 白色 K5/426/10S	个	37.20	罗格朗集团有限公司
三孔插座	罗格朗	10A 黑色 K5/426/10S-C	个	44.60	罗格朗集团有限公司
三孔插座	罗格朗	10A 漫金 K5/426/10S-C2	个	44.60	罗格朗集团有限公司
三孔插座	罗格朗	10A 玫瑰金 K8/426/10S-C1	个	34.80	罗格朗集团有限公司
三孔插座	罗格朗	10A 米兰金 K8/426/10S-C2	个	34.80	罗格朗集团有限公司
三孔插座	罗格朗	10A 沙银 K5/426/10S-C3	个	44.60	罗格朗集团有限公司
三孔插座	罗格朗	10A 深砂银 K8/426/10S-C3	个	34.80	罗格朗集团有限公司
三孔插座	罗格朗	10A 玉兰白 K8/426/10S	个	28.30	罗格朗集团有限公司
三孔插座	罗格朗	16A 深砂银 K8/426/15CS-C3	个	51.70	罗格朗集团有限公司
三孔插座	罗格朗	16A 白色 K5/426/15CS	个	49.00	罗格朗集团有限公司
三孔插座	罗格朗	16A 黑色 K5/426/15CS-C	个	59.70	罗格朗集团有限公司
三孔插座	罗格朗	16A 漫金 K5/426/15CS-C2	个	59.70	罗格朗集团有限公司
三孔插座	罗格朗	16A 玫瑰金 K8/426/15CS-C1	个	51.70	罗格朗集团有限公司
三孔插座	罗格朗	16A 米兰金 K8/426/15CS-C2	个	51.70	罗格朗集团有限公司
三孔插座	罗格朗	16A 沙银 K5/426/15CS-C3	个	59.70	罗格朗集团有限公司
三孔插座	罗格朗	16A 玉兰白 K8/426/15CS	个	42.00	罗格朗集团有限公司
五孔插座	罗格朗	10A 深砂银 K8/426/10USL-C3	个	38.50	罗格朗集团有限公司

续表

产品名称	品牌	规格型号	包装单位	参考价格（元）	供应商
五孔插座	罗格朗	10A 玫瑰金 K8/426/10USL-C1	个	38.50	罗格朗集团有限公司
五孔插座	罗格朗	10A 米兰金 K8/426/10USL-C2	个	38.50	罗格朗集团有限公司
五孔插座	罗格朗	10A 玉兰白 K8/426/10USL	个	31.40	罗格朗集团有限公司
五孔插座（带开关）	罗格朗	10A 深砂银 K8/15/10USL-C3	个	55.90	罗格朗集团有限公司
五孔插座（带开关）	罗格朗	10A 玫瑰金 K8/15/10USL-C1	个	55.90	罗格朗集团有限公司
五孔插座（带开关）	罗格朗	10A 米兰金 K8/15/10USL-C2	个	55.90	罗格朗集团有限公司
五孔插座（带开关）	罗格朗	10A 玉兰白 K8/15/10USL	个	45.50	罗格朗集团有限公司
五孔插座带 USB	罗格朗	2400mA 玫瑰金 K8/426/US/U-C1	个	191.60	罗格朗集团有限公司
五孔插座带 USB	罗格朗	2400mA 米兰金 K8/426/US/U-C2	个	191.60	罗格朗集团有限公司
五孔插座带 USB	罗格朗	2400mA 深砂银 K8/426/US/U-C3	个	191.60	罗格朗集团有限公司
五孔插座带 USB	罗格朗	2400mA 玉兰白 K8/426/US/U	个	177.30	罗格朗集团有限公司
一位电话插座	罗格朗	玫瑰金 K8/T01-C1	个	83.70	罗格朗集团有限公司
一位电话插座	罗格朗	米兰金 K8/T01-C2	个	83.70	罗格朗集团有限公司
一位电话插座	罗格朗	深砂银 K8/T01-C3	个	83.70	罗格朗集团有限公司
一位电话插座	罗格朗	玉兰白 K8/T01	个	68.10	罗格朗集团有限公司
一位电脑插座（超五类）	罗格朗	玫瑰金 K8/C01-C1	个	98.80	罗格朗集团有限公司
一位电脑插座（超五类）	罗格朗	米兰金 K8/C01-C2	个	98.80	罗格朗集团有限公司
一位电脑插座（超五类）	罗格朗	深砂银 K8/C01-C3	个	98.80	罗格朗集团有限公司
一位电脑插座（超五类）	罗格朗	玉兰白 K8/C01	个	80.50	罗格朗集团有限公司
一位电脑插座（六类）	罗格朗	玫瑰金 K8/C601-C1	个	153.70	罗格朗集团有限公司
一位电脑插座（六类）	罗格朗	米兰金 K8/C601-C2	个	153.70	罗格朗集团有限公司
一位电脑插座（六类）	罗格朗	深砂银 K8/C601-C3	个	153.70	罗格朗集团有限公司

续表

产品名称	品牌	规格型号	包装单位	参考价格（元）	供应商
一位电脑插座(六类)	罗格朗	玉兰白 K8/C601	个	135.40	罗格朗集团有限公司
一位电视插座	罗格朗	玫瑰金 K8/31VTV75-C1	个	70.20	罗格朗集团有限公司
一位电视插座	罗格朗	米兰金 K8/31VTV75-C2	个	70.20	罗格朗集团有限公司
一位电视插座	罗格朗	深砂银 K8/31VTV75-C3	个	70.20	罗格朗集团有限公司
一位电视插座	罗格朗	玉兰白 K8/31VTV75	个	57.10	罗格朗集团有限公司
一位宽频电视插座	罗格朗	玫瑰金 K8/31VTV75F-C1	个	85.10	罗格朗集团有限公司
一位宽频电视插座	罗格朗	米兰金 K8/31VTV75F-C2	个	85.10	罗格朗集团有限公司
一位宽频电视插座	罗格朗	深砂银 K8/31VTV75F-C3	个	85.10	罗格朗集团有限公司
一位宽频电视插座	罗格朗	玉兰白 K8/31VTV75F	个	70.90	罗格朗集团有限公司
一位音箱插座	罗格朗	玫瑰金 K8/M8-C1	个	86.00	罗格朗集团有限公司
一位音箱插座	罗格朗	米兰金 K8/M8-C2	个	86.00	罗格朗集团有限公司
一位音箱插座	罗格朗	深砂银 K8/M8-C3	个	86.00	罗格朗集团有限公司
一位音箱插座	罗格朗	玉兰白 K8/M8	个	71.70	罗格朗集团有限公司
四孔插座	施耐德	10A 灰+银	个	24.08	施耐德电气(中国)有限公司
二位电脑插座(超五类)	施耐德都会	八线 灰+白	个	118.15	施耐德电气(中国)有限公司
三孔插座	施耐德都会	16A 灰+银	个	41.66	施耐德电气(中国)有限公司
三孔插座(带开关)	施耐德都会	16A 灰+银	个	51.82	施耐德电气(中国)有限公司
五孔插座	施耐德都会	10A 灰+银	个	29.01	施耐德电气(中国)有限公司
五孔插座(带开关)	施耐德都会	10A 灰+银	个	35.33	施耐德电气(中国)有限公司
一位电脑插座(六类)	施耐德都会	八线 灰+银	个	69.50	施耐德电气(中国)有限公司
一位电视插座	施耐德都会	带屏蔽罩 灰+银	个	35.74	施耐德电气(中国)有限公司
宏彩 单连二位八芯通信插座	松下	超5类压接式	个	279.20	松下电器(中国)有限公司
宏彩 单连二位电视终端插座	松下	标准	个	103.00	松下电器(中国)有限公司
宏彩 单连二位多功能带保护门开关插座	松下	单控、二极 10A 250V～	个	41.70	松下电器(中国)有限公司
宏彩 单连二位多功能带保护门开关插座	松下	单控、三极 10A 250V～	个	48.90	松下电器(中国)有限公司
宏彩 单连二位多功能带保护门开关插座	松下	单控、三极 16A 250V～	个	65.70	松下电器(中国)有限公司

续表

产品名称	品牌	规格型号	包装单位	参考价格（元）	供应商
宏彩 单连二位多功能开关插座	松下	单控、二极 10A 250V～	个	38.70	松下电器(中国)有限公司
宏彩 单连二位多功能开关插座	松下	单控、三极 10A 250V～	个	44.60	松下电器(中国)有限公司
宏彩 单连二位多功能开关插座	松下	单控、三极 16A 250V～	个	63.10	松下电器(中国)有限公司
宏彩 单连二位二、三极插座	松下	10A 250V～	个	36.30	松下电器(中国)有限公司
宏彩 单连二位二、三极一体带保护门插座	松下	10A 250V～	个	42.00	松下电器(中国)有限公司
宏彩 单连二位二极插座	松下	10A 250V～	个	33.80	松下电器(中国)有限公司
宏彩 单连二位二极带保护门插座	松下	10A 250V～	个	39.90	松下电器(中国)有限公司
宏彩 单连二位二芯电话,八芯通信混合插座	松下	超 5 类压接式	个	184.60	松下电器(中国)有限公司
宏彩 单连二位二芯电话插座	松下	标准	个	89.80	松下电器(中国)有限公司
宏彩 单连二位混合插座	松下	二三极 10A、16A 250V～	个	58.10	松下电器(中国)有限公司
宏彩 单连二位混合带保护门插座	松下	二,三极 10A、16A 250V～	个	63.70	松下电器(中国)有限公司
宏彩 单连三位二极插座	松下	10A 250V～	个	45.80	松下电器(中国)有限公司
宏彩 单连三位二极带保护门插座	松下	10A 250V～	个	54.70	松下电器(中国)有限公司
宏彩 单连一位八芯通信插座	松下	超 5 类压接式	个	144.70	松下电器(中国)有限公司
宏彩 单连一位带分配器电视终端插座	松下	1 分支	个	103.00	松下电器(中国)有限公司
宏彩 单连一位电视终端插座	松下	标准	个	56.60	松下电器(中国)有限公司
宏彩 单连一位二极插座	松下	10A 250V～	个	22.00	松下电器(中国)有限公司

续表

产品名称	品牌	规格型号	包装单位	参考价格（元）	供应商
宏彩 单连一位二极带保护门插座	松下	10A 250V～	个	25.00	松下电器(中国)有限公司
宏彩 单连一位二芯电话插座	松下	标准	个	49.90	松下电器(中国)有限公司
宏彩 单连一位宽频电视插座	松下	有线网路用	个	98.90	松下电器(中国)有限公司
宏彩 单连一位三极插座	松下	10A 250V～	个	27.80	松下电器(中国)有限公司
宏彩 单连一位三极插座	松下	16A 250V～	个	46.30	松下电器(中国)有限公司
宏彩 单连一位三极带保护门插座	松下	10A 250V～	个	32.10	松下电器(中国)有限公司
宏彩 单连一位三极带保护门插座	松下	16A 250V～	个	48.90	松下电器(中国)有限公司
宏彩 单连一位四芯电话插座	松下	标准	个	74.80	松下电器(中国)有限公司
宏彩 单连一位直装式引线座	松下	标准	个	18.10	松下电器(中国)有限公司
宏彩 二位八芯通信插座	松下	6类压接式	个	332.00	松下电器(中国)有限公司
宏彩 二位八芯通信插座	松下	超5类压接式	个	279.20	松下电器(中国)有限公司
宏彩 二位电视终端插座	松下	标准	个	103.00	松下电器(中国)有限公司
宏彩 二位多功能带保护门开关插座	松下	单控、二极 10A 250V～	个	41.70	松下电器(中国)有限公司
宏彩 二位多功能带保护门开关插座	松下	单控、三极 10A 250V～	个	48.90	松下电器(中国)有限公司
宏彩 二位多功能带保护门开关插座	松下	单控、三极 16A 250V～	个	65.70	松下电器(中国)有限公司
宏彩 二位多功能开关插座	松下	单控、二极 10A 250V～	个	38.70	松下电器(中国)有限公司
宏彩 二位多功能开关插座	松下	单控、三极 10A 250V～	个	44.60	松下电器(中国)有限公司
宏彩 二位多功能开关插座	松下	单控、三极 16A 250V～	个	63.10	松下电器(中国)有限公司
宏彩 二位二、三极插座	松下	10A 250V～	个	36.30	松下电器(中国)有限公司

续表

产品名称	品牌	规格型号	包装单位	参考价格（元）	供应商
宏彩 二位二、三极一体带保护门插座	松下	10A 250V～	个	42.00	松下电器（中国）有限公司
宏彩 二位二极插座	松下	10A 250V～	个	33.80	松下电器（中国）有限公司
宏彩 二位二极带保护门插座	松下	10A 250V～	个	39.90	松下电器（中国）有限公司
宏彩 二位二芯电话、八芯通信混合插座	松下	6 类压接式	个	210.90	松下电器（中国）有限公司
宏彩 二位二芯电话、八芯通信混合插座	松下	超 5 类压接式	个	184.60	松下电器（中国）有限公司
宏彩 二位二芯电话插座	松下	标准	个	89.80	松下电器（中国）有限公司
宏彩 二位混合插座	松下	二、三极 10A、16A 250V～	个	58.10	松下电器（中国）有限公司
宏彩 二位混合带保护门插座	松下	二、三极 10A、16A 250V～	个	63.70	松下电器（中国）有限公司
宏彩 三位二极插座	松下	10A 250V～	个	45.80	松下电器（中国）有限公司
宏彩 三位二极带保护门插座	松下	10A 250V～	个	54.70	松下电器（中国）有限公司
宏彩 双连单相四位混合插座	松下	二、三极 10A	个	71.80	松下电器（中国）有限公司
宏彩 双连单相四位混合带保护门插座	松下	二、三极 10A	个	83.30	松下电器（中国）有限公司
宏彩 剃须刀专用插座	松下	20VA 110/240V～	个	592.70	松下电器（中国）有限公司
宏彩 一位八芯通信插座	松下	6 类压接式	个	171.10	松下电器（中国）有限公司
宏彩 一位八芯通信插座	松下	超 5 类压接式	个	144.70	松下电器（中国）有限公司
宏彩 一位带分配器电视终端插座	松下	1 分支	个	93.60	松下电器（中国）有限公司
宏彩 一位电视终端插座	松下	标准	个	56.60	松下电器（中国）有限公司
宏彩 一位二极插座	松下	10A 250V～	个	22.00	松下电器（中国）有限公司
宏彩 一位二极带保护门插座	松下	10A 250V～	个	25.00	松下电器（中国）有限公司
宏彩 一位二芯电话插座	松下	标准	个	49.90	松下电器（中国）有限公司
宏彩 一位宽频电视插座	松下	有线网路用	个	98.90	松下电器（中国）有限公司
宏彩 一位三极插座	松下	10A 250V～	个	27.80	松下电器（中国）有限公司

续表

产品名称	品牌	规格型号	包装单位	参考价格（元）	供应商
宏彩 一位三极插座	松下	16A 250V～	个	46.30	松下电器(中国)有限公司
宏彩 一位三极带保护门插座	松下	10A 250V～	个	32.10	松下电器(中国)有限公司
宏彩 一位三极带保护门插座	松下	16A 250V～	个	48.90	松下电器(中国)有限公司
宏彩 一位三相四线插座	松下	25A 440V～	个	104.40	松下电器(中国)有限公司
宏彩 一位四芯电话插座	松下	标准	个	74.80	松下电器(中国)有限公司
宏彩 一位直装式引线座	松下	标准	个	18.10	松下电器(中国)有限公司
宏彩 音响信号插座	松下	2 端子	个	45.50	松下电器(中国)有限公司
宏彩 音响信号插座	松下	4 端子	个	69.40	松下电器(中国)有限公司
新适佳 86 一位二芯电话插座	松下	标准	个	40.10	松下电器(中国)有限公司
新适佳 86 一位普通电视插座	松下	标准	个	40.10	松下电器(中国)有限公司
新适佳 带开关插座	松下	单控、二、三极 10A 250V～	个	37.70	松下电器(中国)有限公司
新适佳 带开关插座	松下	单控、三极 10A 250V～	个	33.10	松下电器(中国)有限公司
新适佳 带开关插座	松下	单控、三极 16A 250V～	个	52.80	松下电器(中国)有限公司
新适佳 二位八芯通信插座	松下	6 类压接式	个	234.00	松下电器(中国)有限公司
新适佳 二位八芯通信插座	松下	超 5 类压接式	个	197.00	松下电器(中国)有限公司
新适佳 二位二极插座	松下	10A 250V～	个	36.60	松下电器(中国)有限公司
新适佳 二位二三极插座	松下	10A 250V～	个	27.50	松下电器(中国)有限公司
新适佳 二位二芯电话、八芯通信混合插座	松下	6 类压接式	个	149.60	松下电器(中国)有限公司
新适佳 二位二芯电话、八芯通信混合插座	松下	超 5 类压接式	个	130.20	松下电器(中国)有限公司
新适佳 二位二芯电话、电脑用混合插座	松下	标准	个	129.50	松下电器(中国)有限公司
新适佳 二位二芯电话、普通电视混合插座	松下	标准	个	66.00	松下电器(中国)有限公司

续表

产品名称	品牌	规格型号	包装单位	参考价格（元）	供应商
新适佳 二位普通电视、八芯通信混合插座	松下	超 5 类	个	133.10	松下电器(中国)有限公司
新适佳 二位普通电视、电脑用混合插座	松下	标准	个	128.00	松下电器(中国)有限公司
新适佳 二位普通电视插座、宽频电视混合插座	松下	有线网络用	个	82.90	松下电器(中国)有限公司
新适佳 三位二极插座	松下	10A 250V～	个	52.90	松下电器(中国)有限公司
新适佳 三相四线插座	松下	25A 440V～	个	85.80	松下电器(中国)有限公司
新适佳 一位八芯电脑插座	松下	超 5 类压接式	个	127.60	松下电器(中国)有限公司
新适佳 一位八芯通信插座	松下	6 类压接式	个	120.80	松下电器(中国)有限公司
新适佳 一位带分配器普通电视插座	松下	1 分支	个	82.00	松下电器(中国)有限公司
新适佳 一位电脑用插座	松下	标准	个	90.10	松下电器(中国)有限公司
新适佳 一位二极插座	松下	10A 250V～	个	16.80	松下电器(中国)有限公司
新适佳 一位宽频电视插座	松下	有线网络用	个	52.90	松下电器(中国)有限公司
新适佳 一位三极插座	松下	10A 250V～	个	23.60	松下电器(中国)有限公司
新适佳 一位三极插座	松下	16A 250V～	个	37.70	松下电器(中国)有限公司
新适佳 一位四芯电话插座	松下	标准	个	55.30	松下电器(中国)有限公司
新适佳 一位直装式引线座	松下	标准	个	12.10	松下电器(中国)有限公司
新适佳 音响信号插座	松下	2 端子	个	48.20	松下电器(中国)有限公司
新适佳 音响信号插座	松下	4 端子	个	73.70	松下电器(中国)有限公司
插座防溅盒	西门子灵动	5TG06471NC1 雅白	个	17.77	西门子(中国)有限公司
电话电脑插座	西门子灵动	5TG07411NC1 雅白	个	64.20	西门子(中国)有限公司
电话电脑插座	西门子灵动	5TG07431NC1 雅白	个	73.70	西门子(中国)有限公司
二位电话插座	西门子灵动	5TG07211NC1 雅白	个	72.06	西门子(中国)有限公司
二位电脑插座(超五类)	西门子灵动	5TG07221NC1 雅白	个	117.90	西门子(中国)有限公司
二位音箱插座	西门子灵动	5TG07271NC1 雅白	个	36.78	西门子(中国)有限公司

续表

产品名称	品牌	规格型号	包装单位	参考价格（元）	供应商
三孔插座	西门子灵动	5UB07231NC1 雅白 10A	个	15.37	西门子（中国）有限公司
三孔插座	西门子灵动	5UB07261NC1 雅白 16A	个	27.42	西门子（中国）有限公司
三孔插座（带开关）	西门子灵动	10A 雅白	个	21.01	西门子（中国）有限公司
三孔插座（带开关）	西门子灵动	16A 雅白	个	33.44	西门子（中国）有限公司
三相四极插座	西门子灵动	5UB07701NC1 雅白 25A	个	60.66	西门子（中国）有限公司
四位音箱插座	西门子灵动	5TG07281NC1 雅白	个	58.80	西门子（中国）有限公司
五孔插座	西门子灵动	5UB07271NC1 雅白 10A	个	18.42	西门子（中国）有限公司
五孔插座（带开关）	西门子灵动	5UB07371NC1 雅白 10A	个	30.90	西门子（中国）有限公司
一位电话插座	西门子灵动	5TG07111NC1 雅白	个	41.76	西门子（中国）有限公司
一位电脑插座（超五类）	西门子灵动	5TG07121NC1 雅白	个	64.02	西门子（中国）有限公司
一位电视插座	西门子灵动	5TG07131NC1 雅白	个	26.16	西门子（中国）有限公司
电话电脑插座	西门子品宜	5TG06362NC 白色	个	38.44	西门子（中国）有限公司
电话电脑插座	西门子品宜	超 5 类 白色	个	55.44	西门子（中国）有限公司
电脑电视插座	西门子品宜	5TG06382NC 白色	个	47.39	西门子（中国）有限公司
二位电话插座	西门子品宜	5TG06312NC 白色	个	40.45	西门子（中国）有限公司
二位电脑插座（超五类）	西门子品宜	5TG06322NC 白色	个	55.85	西门子（中国）有限公司
二位音箱插座	西门子品宜	5TG06351NC 白色	个	21.01	西门子（中国）有限公司
刮须插座	西门子品宜	5UB06638NC 白色	个	177.21	西门子（中国）有限公司
三孔插座	西门子品宜	10A 白色	个	8.19	西门子（中国）有限公司
三孔插座	西门子品宜	16A 白色	个	14.09	西门子（中国）有限公司
三孔插座（带开关）	西门子品宜	10A 白色	个	14.59	西门子（中国）有限公司
三孔插座（带开关）	西门子品宜	16A 白色	个	19.26	西门子（中国）有限公司
三相四极插座	西门子品宜	5UB06463NC 白色 16A	个	19.61	西门子（中国）有限公司
三相四极插座	西门子品宜	5UB06563NC 白色 25A	个	28.85	西门子（中国）有限公司
四孔插座	西门子品宜	10A 白色	个	9.76	西门子（中国）有限公司
四位音箱插座	西门子品宜	5TG06392NC 白色	个	35.50	西门子（中国）有限公司
五孔插座	西门子品宜	10A 白色	个	10.61	西门子（中国）有限公司
五孔插座（带开关）	西门子品宜	10A 白色	个	14.59	西门子（中国）有限公司
一位电话插座	西门子品宜	RJ11 白色	个	20.16	西门子（中国）有限公司
一位电脑插座（六类）	西门子品宜	八芯 RJ45（超 5 类）白色	个	37.21	西门子（中国）有限公司
一位电视插座	西门子品宜	5-850MHz 白色	个	14.26	西门子（中国）有限公司
一位宽频电视插座	西门子品宜	5-1000MHz 白色	个	25.43	西门子（中国）有限公司

续表

产品名称	品牌	规格型号	包装单位	参考价格（元）	供应商
一位宽频电视分支插座	西门子品宜	5TG06831NC 白色	个	36.31	西门子(中国)有限公司
电话电脑插座	西门子睿致	炫白	个	99.36	西门子(中国)有限公司
二位电话插座	西门子睿致	炫白	个	80.48	西门子(中国)有限公司
二位电脑插座(超五类)	西门子睿致	炫白	个	118.24	西门子(中国)有限公司
三孔插座	西门子睿致	炫白 16A	个	54.48	西门子(中国)有限公司
五孔插座	西门子睿致	炫白	个	40.00	西门子(中国)有限公司
五孔插座(带开关)	西门子睿致	炫白	个	51.52	西门子(中国)有限公司
一位电话插座	西门子睿致	炫白	个	61.76	西门子(中国)有限公司
一位电脑插座(六类)	西门子睿致	炫白	个	80.64	西门子(中国)有限公司
一位电视插座	西门子睿致	炫白	个	52.08	西门子(中国)有限公司
一位宽频电视插座	西门子睿致	炫白	个	99.68	西门子(中国)有限公司
安装地盒	西门子远景	5TG06021CC 雅白	个	2.93	西门子(中国)有限公司
插座防溅盒	西门子远景	5TG06001CC 彩银	个	15.20	西门子(中国)有限公司
插座防溅盒	西门子远景	5TG06001CC 雅白	个	13.45	西门子(中国)有限公司
电话电脑插座	西门子远景	5TG01251CC 彩银	个	52.79	西门子(中国)有限公司
电话电脑插座	西门子远景	5TG01251CC 雅白	个	53.64	西门子(中国)有限公司
电话电视插座	西门子远景	5TG01141CC 彩银	个	46.83	西门子(中国)有限公司
电话电视插座	西门子远景	5TG01141CC 雅白	个	47.30	西门子(中国)有限公司
电脑电视插座	西门子远景	5TG01161CC 彩银	个	67.75	西门子(中国)有限公司
电脑电视插座	西门子远景	5TG01161CC 雅白	个	61.34	西门子(中国)有限公司
二位电话插座	西门子远景	5TG01221CC 彩银	个	43.97	西门子(中国)有限公司
二位电话插座	西门子远景	5TG01221CC 雅白	个	44.24	西门子(中国)有限公司
二位电脑插座(超五类)	西门子远景	5TG01231CC 彩银	个	65.52	西门子(中国)有限公司
二位电脑插座(超五类)	西门子远景	5TG01231CC 雅白	个	61.06	西门子(中国)有限公司
二位电视插座	西门子远景	5TG01121CC 彩银	个	26.46	西门子(中国)有限公司
二位电视插座	西门子远景	5TG01121CC 雅白	个	25.43	西门子(中国)有限公司
二位音箱插座	西门子远景	5TG01171CC 彩银	个	31.37	西门子(中国)有限公司
二位音箱插座	西门子远景	5TG01171CC 雅白	个	28.04	西门子(中国)有限公司
刮须插座	西门子远景	5UB01091CC 彩银	个	195.38	西门子(中国)有限公司
刮须插座	西门子远景	5UB01091CC 雅白	个	201.91	西门子(中国)有限公司
三孔插座	西门子远景	10A 彩银	个	12.35	西门子(中国)有限公司
三孔插座	西门子远景	10A 雅白	个	10.54	西门子(中国)有限公司

续表

产品名称	品牌	规格型号	包装单位	参考价格(元)	供应商
三孔插座	西门子远景	16A 彩银	个	18.77	西门子(中国)有限公司
三孔插座	西门子远景	16A 雅白	个	17.36	西门子(中国)有限公司
三孔插座(带开关)	西门子远景	10A 彩银	个	18.35	西门子(中国)有限公司
三孔插座(带开关)	西门子远景	10A 雅白	个	17.05	西门子(中国)有限公司
三孔插座(带开关)	西门子远景	16A 彩银	个	25.12	西门子(中国)有限公司
三孔插座(带开关)	西门子远景	16A 雅白	个	22.41	西门子(中国)有限公司
三相四极插座	西门子远景	5UB06001CC 彩银 25A	个	39.02	西门子(中国)有限公司
三相四极插座	西门子远景	5UB06001CC 雅白 25A	个	36.36	西门子(中国)有限公司
三相四极插座	西门子远景	5UB07001CC 彩银 16A	个	26.00	西门子(中国)有限公司
三相四极插座	西门子远景	5UB07001CC 雅白 16A	个	24.30	西门子(中国)有限公司
四孔插座	西门子远景	10A 彩银	个	15.08	西门子(中国)有限公司
四孔插座	西门子远景	10A 雅白	个	13.24	西门子(中国)有限公司
四位音箱插座	西门子远景	5TG01181CC 彩银	个	49.60	西门子(中国)有限公司
四位音箱插座	西门子远景	5TG01181CC 雅白	个	47.30	西门子(中国)有限公司
五孔插座	西门子远景	10A 彩银	个	14.49	西门子(中国)有限公司
五孔插座	西门子远景	10A 雅白	个	12.83	西门子(中国)有限公司
五孔插座(带开关)	西门子远景	10A 彩银	个	20.96	西门子(中国)有限公司
五孔插座(带开关)	西门子远景	10A 雅白	个	19.26	西门子(中国)有限公司
一位电话插座	西门子远景	5TG01201CC 彩银	个	28.35	西门子(中国)有限公司
一位电话插座	西门子远景	5TG01201CC 雅白	个	27.45	西门子(中国)有限公司
一位电脑插座(超五类)	西门子远景	5TG01211CC 彩银	个	36.71	西门子(中国)有限公司
一位电脑插座(超五类)	西门子远景	5TG01211CC 雅白	个	36.45	西门子(中国)有限公司
一位电视插座	西门子远景	5TG01111CC 彩银	个	19.03	西门子(中国)有限公司
一位电视插座	西门子远景	5TG01111CC 雅白	个	17.64	西门子(中国)有限公司
一位宽频电视插座	西门子远景	5TG01151CC 彩银	个	34.27	西门子(中国)有限公司
一位宽频电视插座	西门子远景	5TG01151CC 雅白	个	31.95	西门子(中国)有限公司
一位宽频电视分支插座	西门子远景	5TG01261CC 彩银	个	56.41	西门子(中国)有限公司
一位宽频电视分支插座	西门子远景	5TG01261CC 雅白	个	53.15	西门子(中国)有限公司
电话插座	西蒙	白	个	30.00	西蒙电气(中国)有限公司
电话插座	西蒙	白	个	33.91	西蒙电气(中国)有限公司
电话插座	西蒙	金	个	36.00	西蒙电气(中国)有限公司
电话加电脑插座	西蒙	白	个	59.00	西蒙电气(中国)有限公司

续表

产品名称	品牌	规格型号	包装单位	参考价格(元)	供应商
电话加电脑插座	西蒙	白	个	65.77	西蒙电气(中国)有限公司
电话加电脑插座	西蒙	金	个	67.00	西蒙电气(中国)有限公司
电脑插座	西蒙	白	个	46.00	西蒙电气(中国)有限公司
电脑插座	西蒙	白	个	52.16	西蒙电气(中国)有限公司
电脑插座	西蒙	金	个	55.00	西蒙电气(中国)有限公司
电视插座	西蒙	白	个	18.00	西蒙电气(中国)有限公司
电视插座	西蒙	白	个	21.49	西蒙电气(中国)有限公司
电视插座	西蒙	金	个	24.00	西蒙电气(中国)有限公司
电视加电脑插座	西蒙	白	个	56.00	西蒙电气(中国)有限公司
电视加电脑插座	西蒙	白	个	65.66	西蒙电气(中国)有限公司
电视加电脑插座	西蒙	金	个	65.00	西蒙电气(中国)有限公司
二开多控	西蒙	白	个	34.00	西蒙电气(中国)有限公司
二开多控	西蒙	金	个	40.00	西蒙电气(中国)有限公司
二位音箱插座	西蒙	白	个	31.00	西蒙电气(中国)有限公司
二位音箱插座	西蒙	金	个	37.50	西蒙电气(中国)有限公司
三孔插座	西蒙	10A,白	个	11.00	西蒙电气(中国)有限公司
三孔插座	西蒙	10A,白	个	12.85	西蒙电气(中国)有限公司
三孔插座	西蒙	10A,金	个	17.00	西蒙电气(中国)有限公司
三孔插座	西蒙	16A,白	个	19.50	西蒙电气(中国)有限公司
三孔插座	西蒙	16A,白	个	24.84	西蒙电气(中国)有限公司
三孔插座	西蒙	16A,金	个	26.00	西蒙电气(中国)有限公司
三孔插座＋开关	西蒙	10A,白	个	21.00	西蒙电气(中国)有限公司
三孔插座＋开关	西蒙	10A,白	个	23.98	西蒙电气(中国)有限公司
三孔插座＋开关	西蒙	10A,金	个	27.00	西蒙电气(中国)有限公司
三孔插座加开关	西蒙	16A,白	个	32.00	西蒙电气(中国)有限公司
三孔插座加开关	西蒙	16A,金	个	39.00	西蒙电气(中国)有限公司
三孔加开关插座	西蒙	16A,白	个	37.69	西蒙电气(中国)有限公司
四孔插座	西蒙	白	个	13.00	西蒙电气(中国)有限公司
四孔插座	西蒙	白	个	15.44	西蒙电气(中国)有限公司
四孔插座	西蒙	金	个	20.00	西蒙电气(中国)有限公司
五孔插座	西蒙	白	个	13.00	西蒙电气(中国)有限公司
五孔插座	西蒙	白	个	15.01	西蒙电气(中国)有限公司

续表

产品名称	品牌	规格型号	包装单位	参考价格（元）	供应商
五孔插座	西蒙	金	个	19.00	西蒙电气(中国)有限公司
五孔插座加 USB	西蒙	白	个	98.00	西蒙电气(中国)有限公司
五孔插座加 USB	西蒙	白	个	86.83	西蒙电气(中国)有限公司
五孔插座加 USB	西蒙	金	个	106.00	西蒙电气(中国)有限公司
五孔插座加开关	西蒙	白	个	21.00	西蒙电气(中国)有限公司
五孔插座加开关	西蒙	白	个	23.98	西蒙电气(中国)有限公司
五孔插座加开关	西蒙	金	个	28.00	西蒙电气(中国)有限公司
一位音箱插座	西蒙	白	个	19.00	西蒙电气(中国)有限公司
一位音箱插座	西蒙	金	个	26.00	西蒙电气(中国)有限公司
地插 电话＋网络	正泰	86 型	只	325.00	浙江正泰电器股份有限公司
地插 五孔	正泰	86 型	只	284.00	浙江正泰电器股份有限公司
电话	正泰	7V 白色	只	17.20	浙江正泰电器股份有限公司
电话插座	正泰	7C 香槟色	只	46.87	浙江正泰电器股份有限公司
电视	正泰	7C 香槟色	只	25.66	浙江正泰电器股份有限公司
电视	正泰	7V 白色	只	15.50	浙江正泰电器股份有限公司
三孔(空调)	正泰	7C 香槟色	只	21.41	浙江正泰电器股份有限公司
三孔(空调)	正泰	7V 白色	只	15.60	浙江正泰电器股份有限公司
网络	正泰	7C 香槟色	只	53.33	浙江正泰电器股份有限公司
网络	正泰	7V 白色	只	49.90	浙江正泰电器股份有限公司
网络加电视	正泰	7C 香槟色	只	69.09	浙江正泰电器股份有限公司
网络加电视	正泰	7V 白色	只	57.80	浙江正泰电器股份有限公司
五孔	正泰	7C 香槟色	只	22.42	浙江正泰电器股份有限公司
五孔	正泰	7V 白色	只	16.60	浙江正泰电器股份有限公司
一开单控五孔	正泰	7C 香槟色	只	34.94	浙江正泰电器股份有限公司
一开单控五孔	正泰	7V 白色	只	27.50	浙江正泰电器股份有限公司

2.6.3　面板

产品名称	品牌	规格型号	包装单位	参考价格（元）	供应商
空白面板	ABB 德逸	AE504 白	个	19.80	ABB(中国)有限公司
空白面板	飞雕	白	个	4.88	飞雕电器集团有限公司
A86 空白面板	鸿雁	A86ZBN	个	2.76	杭州鸿雁电器有限公司

续表

产品名称	品牌	规格型号	包装单位	参考价格（元）	供应商
RA86 空白面板	鸿雁	RA86ZB	个	3.52	杭州鸿雁电器有限公司
二位连体面板	罗格朗	玫瑰金 K8103/2-C1	个	24.30	罗格朗集团有限公司
二位连体面板	罗格朗	米兰金 K8103/2-C2	个	24.30	罗格朗集团有限公司
二位连体面板	罗格朗	深砂银 K8103/2-C3	个	24.30	罗格朗集团有限公司
二位连体面板	罗格朗	玉兰白 K8103/2	个	11.70	罗格朗集团有限公司
空白面板	罗格朗	K8/400	个	15.30	罗格朗集团有限公司
空白面板	罗格朗	K8/400-C1	个	20.90	罗格朗集团有限公司
空白面板	罗格朗	K8/400-C2	个	20.90	罗格朗集团有限公司
空白面板	罗格朗	K8/400-C3	个	20.90	罗格朗集团有限公司
三位连体面板	罗格朗	K8103/2	个	18.70	罗格朗集团有限公司
三位连体面板	罗格朗	K8103/2-C1	个	37.40	罗格朗集团有限公司
三位连体面板	罗格朗	K8103/2-C2	个	37.40	罗格朗集团有限公司
三位连体面板	罗格朗	K8103/2-C3	个	37.40	罗格朗集团有限公司
四位连体面板	罗格朗	K8103/2	个	25.60	罗格朗集团有限公司
四位连体面板	罗格朗	K8103/2-C1	个	50.90	罗格朗集团有限公司
四位连体面板	罗格朗	K8103/2-C3	个	50.90	罗格朗集团有限公司
四位连体面板	罗格朗	K8103/2-C2	个	50.90	罗格朗集团有限公司
五位连体面板	罗格朗	K8103/2	个	34.40	罗格朗集团有限公司
五位连体面板	罗格朗	K8103/2-C1	个	657.00	罗格朗集团有限公司
五位连体面板	罗格朗	K8103/2-C2	个	65.70	罗格朗集团有限公司
五位连体面板	罗格朗	K8103/2-C3	个	65.70	罗格朗集团有限公司
空白面板	施耐德都会	E3030X(GS)灰+银	个	13.83	施耐德电气(中国)有限公司
宏彩 单连防滴溅盖板	松下	标准	个	42.10	松下电器(中国)有限公司
宏彩 防滴溅盖板	松下	标准	个	42.10	松下电器(中国)有限公司
宏彩 空白面板	松下	标准	个	15.10	松下电器(中国)有限公司
新适佳 空白面板	松下	标准	个	11.60	松下电器(中国)有限公司
空白面板	西门子灵动	5TG07161NC1 雅白	个	12.37	西门子(中国)有限公司
空白面板	西门子品宜	5TG06178NC 白色	个	4.69	西门子(中国)有限公司
空白面板	西门子睿致	炫白	个	16.80	西门子(中国)有限公司
二位连体面板	西门子远景	5TG05021CC 雅白	个	6.53	西门子(中国)有限公司
空白面板	西门子远景	5TG05001CC 彩银	个	8.61	西门子(中国)有限公司
空白面板	西门子远景	5TG05001CC 雅白	个	6.44	西门子(中国)有限公司

续表

产品名称	品牌	规格型号	包装单位	参考价格(元)	供应商
三位连体面板	西门子远景	5TG05031CC 雅白	个	9.76	西门子(中国)有限公司
四位连体面板	西门子远景	5TG05041CC 雅白	个	13.00	西门子(中国)有限公司
五位连体面板	西门子远景	5TG05051CC 雅白	个	16.25	西门子(中国)有限公司
空白面板	西蒙	白	个	5.00	西蒙电气(中国)有限公司
空白面板	西蒙	白	个	5.40	西蒙电气(中国)有限公司
空白面板	西蒙	金	个	11.00	西蒙电气(中国)有限公司
白板	正泰	7C 香槟色	只	4.80	浙江正泰电器股份有限公司
白板	正泰	7V 白色	只	6.00	浙江正泰电器股份有限公司

2.7 断路器及配电箱

2.7.1 断路器

产品名称	品牌	规格型号	包装单位	参考价格(元)	供应商
倒顺开关 HY2 系列	爱德利	15A	个	12.30	浙江爱德利电器股份有限公司
倒顺开关 HY2 系列	爱德利	30A	个	17.50	浙江爱德利电器股份有限公司
倒顺开关 HY2 系列	爱德利	60A	个	18.20	浙江爱德利电器股份有限公司
交流接触器	爱德利	CJ20-100A	个	144.00	浙江爱德利电器股份有限公司
交流接触器	爱德利	CJ20-63A	个	100.50	浙江爱德利电器股份有限公司
交流接触器	爱德利	CJTI-10A	个	23.50	浙江爱德利电器股份有限公司
交流接触器	爱德利	CJTI-20A	个	39.50	浙江爱德利电器股份有限公司
交流接触器	爱德利	CJTI-40A	个	92.20	浙江爱德利电器股份有限公司
漏电断路器 DZ15LE	爱德利	100/490-100A	个	50.80	浙江爱德利电器股份有限公司
漏电断路器 DZ15LE	爱德利	100/490-63A	个	50.80	浙江爱德利电器股份有限公司
漏电断路器 DZ15LE	爱德利	40/490-32A	个	41.80	浙江爱德利电器股份有限公司
漏电断路器 DZ15LE	爱德利	40/490-40A	个	41.80	浙江爱德利电器股份有限公司
漏电断路器 DZ15LE	爱德利	DZ18L-20A	个	9.60	浙江爱德利电器股份有限公司
脱扣器	爱德利	DZ47-1P	个	10.80	浙江爱德利电器股份有限公司
脱扣器	爱德利	DZ47-2P	个	10.40	浙江爱德利电器股份有限公司
小型断路器 DZ47 系列	爱德利	(套装)25A	个	17.90	浙江爱德利电器股份有限公司
小型断路器 DZ47 系列	爱德利	(套装)32A	个	17.90	浙江爱德利电器股份有限公司

续表

产品名称	品牌	规格型号	包装单位	参考价格（元）	供应商
小型断路器 DZ47 系列	爱德利	（套装）40A	个	21.00	浙江爱德利电器股份有限公司
小型断路器 DZ47 系列	爱德利	（套装）63A	个	21.00	浙江爱德利电器股份有限公司
小型断路器 DZ47 系列	爱德利	100A	个	12.80	浙江爱德利电器股份有限公司
小型断路器 DZ47 系列	爱德利	1P 16A	个	4.40	浙江爱德利电器股份有限公司
小型断路器 DZ47 系列	爱德利	1P 63A	个	4.70	浙江爱德利电器股份有限公司
小型断路器 DZ47 系列	爱德利	1P 套装 16A	个	13.30	浙江爱德利电器股份有限公司
小型断路器 DZ47 系列	爱德利	1P 套装 20A	个	13.30	浙江爱德利电器股份有限公司
小型断路器 DZ47 系列	爱德利	20A	个	4.40	浙江爱德利电器股份有限公司
小型断路器 DZ47 系列	爱德利	20A	个	8.80	浙江爱德利电器股份有限公司
小型断路器 DZ47 系列	爱德利	25A	个	4.40	浙江爱德利电器股份有限公司
小型断路器 DZ47 系列	爱德利	2P（套装）20A	个	17.90	浙江爱德利电器股份有限公司
小型断路器 DZ47 系列	爱德利	2P 16A	个	8.80	浙江爱德利电器股份有限公司
小型断路器 DZ47 系列	爱德利	2P 25A	个	8.80	浙江爱德利电器股份有限公司
小型断路器 DZ47 系列	爱德利	2P 套装 63A	个	16.80	浙江爱德利电器股份有限公司
小型断路器 DZ47 系列	爱德利	32A	个	4.40	浙江爱德利电器股份有限公司
小型断路器 DZ47 系列	爱德利	32A	个	8.80	浙江爱德利电器股份有限公司
小型断路器 DZ47 系列	爱德利	3P 100A	个	38.40	浙江爱德利电器股份有限公司
小型断路器 DZ47 系列	爱德利	3P 32A	个	13.20	浙江爱德利电器股份有限公司
小型断路器 DZ47 系列	爱德利	3P＋N-40	个	31.40	浙江爱德利电器股份有限公司
小型断路器 DZ47 系列	爱德利	3P＋N-63	个	30.10	浙江爱德利电器股份有限公司
小型断路器 DZ47 系列	爱德利	40A	个	4.70	浙江爱德利电器股份有限公司
小型断路器 DZ47 系列	爱德利	40A	个	9.40	浙江爱德利电器股份有限公司
小型断路器 DZ47 系列	爱德利	40A	个	14.10	浙江爱德利电器股份有限公司
小型断路器 DZ47 系列	爱德利	4P 100A	个	51.20	浙江爱德利电器股份有限公司
小型断路器 DZ47 系列	爱德利	63A	个	9.40	浙江爱德利电器股份有限公司
小型断路器 DZ47 系列	爱德利	63A	个	14.10	浙江爱德利电器股份有限公司
小型断路器 DZ47 系列	爱德利	63A（高档）	个	16.30	浙江爱德利电器股份有限公司
小型断路器 DZ47 系列	爱德利	三极 3P＋N-32	个	29.50	浙江爱德利电器股份有限公司
小型断路器 DZ47 系列	爱德利	套装 32A	个	13.30	浙江爱德利电器股份有限公司
小型断路器 DZ47 系列	爱德利	套装 40A	个	16.80	浙江爱德利电器股份有限公司
DZ47P 双进双出断路器（不带漏电）	德力西	1P＋N 10A	个	13.30	德力西集团有限公司

续表

产品名称	品牌	规格型号	包装单位	参考价格（元）	供应商
DZ47P双进双出断路器（不带漏电）	德力西	1P+N 16A	个	13.30	德力西集团有限公司
DZ47P双进双出断路器（不带漏电）	德力西	1P+N 20A	个	13.30	德力西集团有限公司
DZ47P双进双出断路器（不带漏电）	德力西	1P+N 25A	个	13.30	德力西集团有限公司
DZ47P双进双出断路器（不带漏电）	德力西	1P+N 32A	个	13.30	德力西集团有限公司
DZ47P双进双出断路器（不带漏电）	德力西	1P+N 40A	个	11.52	德力西集团有限公司
DZ47PLE双进双出断路器（带漏电）	德力西	1P+N 10A	个	26.21	德力西集团有限公司
DZ47PLE双进双出断路器（带漏电）	德力西	1P+N 16A	个	26.21	德力西集团有限公司
DZ47PLE双进双出断路器（带漏电）	德力西	1P+N 20A	个	26.21	德力西集团有限公司
DZ47PLE双进双出断路器（带漏电）	德力西	1P+N 25A	个	26.21	德力西集团有限公司
DZ47PLE双进双出断路器（带漏电）	德力西	1P+N 32A	个	26.21	德力西集团有限公司
DZ47PLE双进双出断路器（带漏电）	德力西	1P+N 40A	个	35.91	德力西集团有限公司
DZ47s断路器（380V不带漏电）	德力西	3P 10A	个	25.09	德力西集团有限公司
DZ47s断路器（380V不带漏电）	德力西	3P 16A	个	25.09	德力西集团有限公司
DZ47s断路器（380V不带漏电）	德力西	3P 20A	个	25.09	德力西集团有限公司
DZ47s断路器（380V不带漏电）	德力西	3P 25A	个	25.09	德力西集团有限公司
DZ47s断路器（380V不带漏电）	德力西	3P 32A	个	25.09	德力西集团有限公司

续表

产品名称	品牌	规格型号	包装单位	参考价格（元）	供应商
DZ47s断路器（380V不带漏电）	德力西	3P 40A	个	29.47	德力西集团有限公司
DZ47s断路器（380V不带漏电）	德力西	3P 50A	个	29.47	德力西集团有限公司
DZ47s断路器（380V不带漏电）	德力西	3P 63A	个	29.47	德力西集团有限公司
DZ47s断路器（380V不带漏电）	德力西	3P+N 10A	个	20.41	德力西集团有限公司
DZ47s断路器（380V不带漏电）	德力西	3P+N 16A	个	20.41	德力西集团有限公司
DZ47s断路器（380V不带漏电）	德力西	3P+N 20A	个	20.41	德力西集团有限公司
DZ47s断路器（380V不带漏电）	德力西	3P+N 25A	个	20.41	德力西集团有限公司
DZ47s断路器（380V不带漏电）	德力西	3P+N 32A	个	20.41	德力西集团有限公司
DZ47s断路器（380V不带漏电）	德力西	3P+N 40A	个	23.11	德力西集团有限公司
DZ47s断路器（380V不带漏电）	德力西	3P+N 50A	个	23.99	德力西集团有限公司
DZ47s断路器（380V不带漏电）	德力西	3P+N 63A	个	23.99	德力西集团有限公司
DZ47s断路器（380V不带漏电）	德力西	4P 10A	个	34.09	德力西集团有限公司
DZ47s断路器（380V不带漏电）	德力西	4P 16A	个	34.09	德力西集团有限公司
DZ47s断路器（380V不带漏电）	德力西	4P 20A	个	34.09	德力西集团有限公司
DZ47s断路器（380V不带漏电）	德力西	4P 25A	个	34.09	德力西集团有限公司
DZ47s断路器（380V不带漏电）	德力西	4P 32A	个	34.09	德力西集团有限公司

续表

产品名称	品牌	规格型号	包装单位	参考价格（元）	供应商
DZ47s断路器（380V不带漏电）	德力西	4P 40A	个	40.08	德力西集团有限公司
DZ47s断路器（380V不带漏电）	德力西	4P 50A	个	40.08	德力西集团有限公司
DZ47s断路器（380V不带漏电）	德力西	4P 63A	个	40.08	德力西集团有限公司
DZ47s断路器（不带漏电）	德力西	2P 10A	个	14.77	德力西集团有限公司
DZ47s断路器（不带漏电）	德力西	2P 16A	个	17.05	德力西集团有限公司
DZ47s断路器（不带漏电）	德力西	2P 20A	个	17.05	德力西集团有限公司
DZ47s断路器（不带漏电）	德力西	2P 25A	个	17.05	德力西集团有限公司
DZ47s断路器（不带漏电）	德力西	2P 32A	个	17.05	德力西集团有限公司
DZ47s断路器（不带漏电）	德力西	2P 40A	个	20.00	德力西集团有限公司
DZ47s断路器（不带漏电）	德力西	2P 50A	个	20.00	德力西集团有限公司
DZ47s断路器（不带漏电）	德力西	2P 63A	个	20.00	德力西集团有限公司
DZ47sLE断路器（380V带漏电）	德力西	4P 10A	个	62.49	德力西集团有限公司
DZ47sLE断路器（380V带漏电）	德力西	4P 16A	个	62.49	德力西集团有限公司
DZ47sLE断路器（380V带漏电）	德力西	4P 20A	个	62.49	德力西集团有限公司
DZ47sLE断路器（380V带漏电）	德力西	4P 25A	个	62.49	德力西集团有限公司
DZ47sLE断路器（380V带漏电）	德力西	4P 32A	个	80.42	德力西集团有限公司

续表

产品名称	品牌	规格型号	包装单位	参考价格（元）	供应商
DZ47sLE断路器（380V带漏电）	德力西	4P 40A	个	80.42	德力西集团有限公司
DZ47sLE断路器（380V带漏电）	德力西	4P 50A	个	80.42	德力西集团有限公司
DZ47sLE断路器（380V带漏电）	德力西	4P 63A	个	51.08	德力西集团有限公司
DZ47sLE断路器（带漏电）	德力西	2P 10A	个	35.06	德力西集团有限公司
DZ47sLE断路器（带漏电）	德力西	2P 16A	个	35.06	德力西集团有限公司
DZ47sLE断路器（带漏电）	德力西	2P 20A	个	35.06	德力西集团有限公司
DZ47sLE断路器（带漏电）	德力西	2P 25A	个	35.06	德力西集团有限公司
DZ47sLE断路器（带漏电）	德力西	2P 32A	个	35.06	德力西集团有限公司
DZ47sLE断路器（带漏电）	德力西	2P 40A	个	49.11	德力西集团有限公司
DZ47sLE断路器（带漏电）	德力西	2P 50A	个	49.11	德力西集团有限公司
DZ47sLE断路器（带漏电）	德力西	2P 63A	个	49.11	德力西集团有限公司
DZ47sLE断路器（带漏电）	德力西	3P 10A	个	53.26	德力西集团有限公司
DZ47sLE断路器（带漏电）	德力西	3P 16A	个	53.26	德力西集团有限公司
DZ47sLE断路器（带漏电）	德力西	3P 20A	个	53.26	德力西集团有限公司
DZ47sLE断路器（带漏电）	德力西	3P 32A	个	53.26	德力西集团有限公司
DZ47sLE断路器（带漏电）	德力西	3P 40A	个	61.75	德力西集团有限公司

续表

产品名称	品牌	规格型号	包装单位	参考价格（元）	供应商
DZ47sLE 断路器（带漏电）	德力西	3P 50A	个	61.75	德力西集团有限公司
DZ47sLE 断路器（带漏电）	德力西	3P 60A	个	61.75	德力西集团有限公司
DZ47sLE 断路器（带漏电）	德力西	3P+N 16A	个	44.76	德力西集团有限公司
DZ47sLE 断路器（带漏电）	德力西	3P+N 20A	个	44.76	德力西集团有限公司
DZ47sLE 断路器（带漏电）	德力西	3P+N 25A	个	44.76	德力西集团有限公司
DZ47sLE 断路器（带漏电）	德力西	3P+N 32A	个	44.76	德力西集团有限公司
DZ47sLE 断路器（带漏电）	德力西	3P+N 40A	个	56.88	德力西集团有限公司
DZ47sLE 断路器（带漏电）	德力西	3P+N 50A	个	56.88	德力西集团有限公司
DZ47sLE 断路器（带漏电）	德力西	3P+N 63A	个	56.88	德力西集团有限公司
DZ47s 单进单出断路器（不带漏电）	德力西	1P 10A	个	7.03	德力西集团有限公司
DZ47s 单进单出断路器（不带漏电）	德力西	1P 16A	个	7.03	德力西集团有限公司
DZ47s 单进单出断路器（不带漏电）	德力西	1P 20A	个	7.03	德力西集团有限公司
DZ47s 单进单出断路器（不带漏电）	德力西	1P 25A	个	7.03	德力西集团有限公司
DZ47s 单进单出断路器（不带漏电）	德力西	1P 32A	个	8.11	德力西集团有限公司
DZ47s 单进单出断路器（不带漏电）	德力西	1P 40A	个	9.49	德力西集团有限公司
DZ47s 单进单出断路器（不带漏电）	德力西	1P 50A	个	9.49	德力西集团有限公司

续表

产品名称	品牌	规格型号	包装单位	参考价格(元)	供应商
DZ47s 单进单出断路器(不带漏电)	德力西	1P C63A	个	9.49	德力西集团有限公司
HLP 汇流排	德力西	1P 40A-HLP1P40A1205Z1M	根(1m/根)	16.66	德力西集团有限公司
HLP 汇流排	德力西	1P 50A-HLP1P50A1405Z1M	根(1m/根)	21.11	德力西集团有限公司
HLP 汇流排	德力西	1P 63A-HLP1P63A1407Z1M	根(1m/根)	22.21	德力西集团有限公司
HLP 汇流排	德力西	1PL 间距 45mm	根(1m/根)	34.80	德力西集团有限公司
HLP 汇流排	德力西	2P	根(1m/根)	46.66	德力西集团有限公司
HLP 汇流排	德力西	2P	根(1m/根)	33.33	德力西集团有限公司
HLP 汇流排	德力西	3P	根(1m/根)	99.98	德力西集团有限公司
HLP 汇流排	德力西	3P	根(1m/根)	64.43	德力西集团有限公司
HLP 汇流排	德力西	3P	根(1m/根)	55.54	德力西集团有限公司
HLP 汇流排	德力西	3P	根(1m/根)	48.87	德力西集团有限公司
HLP 汇流排	德力西	3P	根(1m/根)	39.99	德力西集团有限公司
HLP 汇流排	德力西	4P	根(1m/根)	99.98	德力西集团有限公司
HLP 汇流排	德力西	DPN 40A-HLPDPN40A1205Z1M	根(1m/根)	33.33	德力西集团有限公司
HLP 汇流排	德力西	DPN 50A-HLPDPN50A1405Z1M	根(1m/根)	39.99	德力西集团有限公司
HLP 汇流排	德力西	DPN+L 32A-HLP-DPNL32A1005Z1M	根(1m/根)	28.88	德力西集团有限公司
HLP 汇流排	德力西	DPN+L 50A-HLP-DPNL50A1405Z1M	根(1m/根)	37.77	德力西集团有限公司
EA9A45 漏电保护型断路器(双进双出不带漏电)	施耐德	1P+N C10A	个	31.59	施耐德电气(中国)有限公司
EA9A45 漏电保护型断路器(双进双出不带漏电)	施耐德	1P+N C16A	个	31.59	施耐德电气(中国)有限公司
EA9A45 漏电保护型断路器(双进双出不带漏电)	施耐德	1P+N C20A	个	31.59	施耐德电气(中国)有限公司

续表

产品名称	品牌	规格型号	包装单位	参考价格（元）	供应商
EA9A45 漏电保护型断路器（双进双出不带漏电）	施耐德	1P+N C25A	个	37.05	施耐德电气（中国）有限公司
EA9A45 漏电保护型断路器（双进双出不带漏电）	施耐德	1P+N C32A	个	37.05	施耐德电气（中国）有限公司
EA9A45 漏电保护型断路器（双进双出不带漏电）	施耐德	1P+N C40A	个	36.84	施耐德电气（中国）有限公司
EA9AN 保护型断路器（380V 不带漏电）	施耐德	3P C10A	个	72.15	施耐德电气（中国）有限公司
EA9AN 保护型断路器（380V 不带漏电）	施耐德	3P C16A	个	72.15	施耐德电气（中国）有限公司
EA9AN 保护型断路器（380V 不带漏电）	施耐德	3P C20A	个	72.15	施耐德电气（中国）有限公司
EA9AN 保护型断路器（380V 不带漏电）	施耐德	3P C25A	个	78.13	施耐德电气（中国）有限公司
EA9AN 保护型断路器（380V 不带漏电）	施耐德	3P C32A	个	78.13	施耐德电气（中国）有限公司
EA9AN 保护型断路器（380V 不带漏电）	施耐德	3P C40A	个	93.60	施耐德电气（中国）有限公司
EA9AN 保护型断路器（380V 不带漏电）	施耐德	3P C50A	个	107.25	施耐德电气（中国）有限公司
EA9AN 保护型断路器（380V 不带漏电）	施耐德	3P C63A	个	115.70	施耐德电气（中国）有限公司
EA9AN 保护型断路器（380V 不带漏电）	施耐德	4P C10A	个	97.49	施耐德电气（中国）有限公司
EA9AN 保护型断路器（380V 不带漏电）	施耐德	4P C16A	个	97.49	施耐德电气（中国）有限公司
EA9AN 保护型断路器（380V 不带漏电）	施耐德	4P C20A	个	97.49	施耐德电气（中国）有限公司
EA9AN 保护型断路器（380V 不带漏电）	施耐德	4P C25A	个	105.29	施耐德电气（中国）有限公司
EA9AN 保护型断路器（380V 不带漏电）	施耐德	4P C32A	个	105.29	施耐德电气（中国）有限公司

续表

产品名称	品牌	规格型号	包装单位	参考价格（元）	供应商
EA9AN保护型断路器（380V不带漏电）	施耐德	4P C40A	个	124.51	施耐德电气(中国)有限公司
EA9AN保护型断路器（380V不带漏电）	施耐德	4P C50A	个	142.36	施耐德电气(中国)有限公司
EA9AN保护型断路器（380V不带漏电）	施耐德	4P C63A	个	155.61	施耐德电气(中国)有限公司
EA9AN保护型断路器（不带漏电）	施耐德	2P C10A	个	45.37	施耐德电气(中国)有限公司
EA9AN保护型断路器（不带漏电）	施耐德	2P C16A	个	45.37	施耐德电气(中国)有限公司
EA9AN保护型断路器（不带漏电）	施耐德	2P C20A	个	45.37	施耐德电气(中国)有限公司
EA9AN保护型断路器（不带漏电）	施耐德	2P C25A	个	50.05	施耐德电气(中国)有限公司
EA9AN保护型断路器（不带漏电）	施耐德	2P C32A	个	50.05	施耐德电气(中国)有限公司
EA9AN保护型断路器（不带漏电）	施耐德	2P C40A	个	61.43	施耐德电气(中国)有限公司
EA9AN保护型断路器（不带漏电）	施耐德	2P C50A	个	71.04	施耐德电气(中国)有限公司
EA9AN保护型断路器（不带漏电）	施耐德	2P C63A	个	76.33	施耐德电气(中国)有限公司
EA9AN保护型断路器（单进单出不带漏电）	施耐德	1P C10A	个	18.59	施耐德电气(中国)有限公司
EA9AN保护型断路器（单进单出不带漏电）	施耐德	1P C16A	个	18.59	施耐德电气(中国)有限公司
EA9AN保护型断路器（单进单出不带漏电）	施耐德	1P C20A	个	18.59	施耐德电气(中国)有限公司
EA9AN保护型断路器（单进单出不带漏电）	施耐德	1P C25A	个	20.93	施耐德电气(中国)有限公司
EA9AN保护型断路器（单进单出不带漏电）	施耐德	1P C32A	个	20.93	施耐德电气(中国)有限公司

续表

产品名称	品牌	规格型号	包装单位	参考价格(元)	供应商
EA9AN保护型断路器(单进单出不带漏电)	施耐德	1P C40A	个	26.26	施耐德电气(中国)有限公司
EA9AN保护型断路器(单进单出不带漏电)	施耐德	1P C50A	个	31.20	施耐德电气(中国)有限公司
EA9AN保护型断路器(单进单出不带漏电)	施耐德	1P C63A	个	34.97	施耐德电气(中国)有限公司
EA9AN保护型断路器(单进单出不带漏电)	施耐德	1P C6A	个	25.61	施耐德电气(中国)有限公司
EA9C45漏电保护型断路器(双进双出带漏电)	施耐德	1P+N C10A	个	87.75	施耐德电气(中国)有限公司
EA9C45漏电保护型断路器(双进双出带漏电)	施耐德	1P+N C16A	个	87.75	施耐德电气(中国)有限公司
EA9C45漏电保护型断路器(双进双出带漏电)	施耐德	1P+N C20A	个	87.75	施耐德电气(中国)有限公司
EA9C45漏电保护型断路器(双进双出带漏电)	施耐德	1P+N C25A	个	105.30	施耐德电气(中国)有限公司
EA9C45漏电保护型断路器(双进双出带漏电)	施耐德	1P+N C32A	个	105.30	施耐德电气(中国)有限公司
EA9C45漏电保护型断路器(双进双出带漏电)	施耐德	1P+N C40A	个	110.50	施耐德电气(中国)有限公司
EA9RN漏电保护型断路器(380V带漏电)	施耐德	3P C10A	个	182.40	施耐德电气(中国)有限公司
EA9RN漏电保护型断路器(380V带漏电)	施耐德	3P C16A	个	182.40	施耐德电气(中国)有限公司
EA9RN漏电保护型断路器(380V带漏电)	施耐德	3P C20A	个	182.40	施耐德电气(中国)有限公司
EA9RN漏电保护型断路器(380V带漏电)	施耐德	3P C25A	个	188.50	施耐德电气(中国)有限公司
EA9RN漏电保护型断路器(380V带漏电)	施耐德	3P C32A	个	188.50	施耐德电气(中国)有限公司
EA9RN漏电保护型断路器(380V带漏电)	施耐德	3P C40A	个	203.90	施耐德电气(中国)有限公司

续表

产品名称	品牌	规格型号	包装单位	参考价格(元)	供应商
EA9RN 漏电保护型断路器(380V 带漏电)	施耐德	3P C50A	个	257.40	施耐德电气(中国)有限公司
EA9RN 漏电保护型断路器(380V 带漏电)	施耐德	3P C63A	个	266.20	施耐德电气(中国)有限公司
EA9RN 漏电保护型断路器(380V 带漏电)	施耐德	4P C10A	个	214.90	施耐德电气(中国)有限公司
EA9RN 漏电保护型断路器(380V 带漏电)	施耐德	4P C16A	个	214.90	施耐德电气(中国)有限公司
EA9RN 漏电保护型断路器(380V 带漏电)	施耐德	4P C20A	个	214.90	施耐德电气(中国)有限公司
EA9RN 漏电保护型断路器(380V 带漏电)	施耐德	4P C25A	个	222.90	施耐德电气(中国)有限公司
EA9RN 漏电保护型断路器(380V 带漏电)	施耐德	4P C32A	个	222.90	施耐德电气(中国)有限公司
EA9RN 漏电保护型断路器(380V 带漏电)	施耐德	4P C40A	个	242.10	施耐德电气(中国)有限公司
EA9RN 漏电保护型断路器(380V 带漏电)	施耐德	4P C50A	个	328.40	施耐德电气(中国)有限公司
EA9RN 漏电保护型断路器(380V 带漏电)	施耐德	4P C63A	个	341.50	施耐德电气(中国)有限公司
EA9RN 漏电保护型断路器(带漏电)	施耐德	2P C10A	个	127.27	施耐德电气(中国)有限公司
EA9RN 漏电保护型断路器(带漏电)	施耐德	2P C16A	个	127.27	施耐德电气(中国)有限公司
EA9RN 漏电保护型断路器(带漏电)	施耐德	2P C20A	个	127.27	施耐德电气(中国)有限公司
EA9RN 漏电保护型断路器(带漏电)	施耐德	2P C25A	个	131.72	施耐德电气(中国)有限公司
EA9RN 漏电保护型断路器(带漏电)	施耐德	2P C32A	个	131.72	施耐德电气(中国)有限公司
EA9RN 漏电保护型断路器(带漏电)	施耐德	2P C40A	个	143.31	施耐德电气(中国)有限公司

续表

产品名称	品牌	规格型号	包装单位	参考价格（元）	供应商
EA9RN漏电保护型断路器（带漏电）	施耐德	2P C50A	个	178.19	施耐德电气（中国）有限公司
EA9RN漏电保护型断路器（带漏电）	施耐德	2P C63A	个	183.61	施耐德电气（中国）有限公司
iC65N保护型断路器（380V不带漏电）	施耐德	3P C10A	个	90.53	施耐德电气（中国）有限公司
iC65N保护型断路器（380V不带漏电）	施耐德	3P C16A	个	90.53	施耐德电气（中国）有限公司
iC65N保护型断路器（380V不带漏电）	施耐德	3P C20A	个	90.53	施耐德电气（中国）有限公司
iC65N保护型断路器（380V不带漏电）	施耐德	3P C25A	个	98.08	施耐德电气（中国）有限公司
iC65N保护型断路器（380V不带漏电）	施耐德	3P C32A	个	98.08	施耐德电气（中国）有限公司
iC65N保护型断路器（380V不带漏电）	施耐德	3P C40A	个	116.69	施耐德电气（中国）有限公司
iC65N保护型断路器（380V不带漏电）	施耐德	3P C50A	个	130.76	施耐德电气（中国）有限公司
iC65N保护型断路器（380V不带漏电）	施耐德	3P C63A	个	140.17	施耐德电气（中国）有限公司
iC65N保护型断路器（380V不带漏电）	施耐德	4P C10A	个	121.42	施耐德电气（中国）有限公司
iC65N保护型断路器（380V不带漏电）	施耐德	4P C16A	个	121.42	施耐德电气（中国）有限公司
iC65N保护型断路器（380V不带漏电）	施耐德	4P C20A	个	121.42	施耐德电气（中国）有限公司
iC65N保护型断路器（380V不带漏电）	施耐德	4P C25A	个	130.76	施耐德电气（中国）有限公司
iC65N保护型断路器（380V不带漏电）	施耐德	4P C32A	个	130.76	施耐德电气（中国）有限公司
iC65N保护型断路器（380V不带漏电）	施耐德	4P C40A	个	154.10	施耐德电气（中国）有限公司

续表

产品名称	品牌	规格型号	包装单位	参考价格（元）	供应商
iC65N保护型断路器（380V不带漏电）	施耐德	4P C50A	个	172.70	施耐德电气(中国)有限公司
iC65N保护型断路器（380V不带漏电）	施耐德	4P C63A	个	186.70	施耐德电气(中国)有限公司
iC65N保护型断路器（不带漏电）	施耐德	2P C10A	个	56.97	施耐德电气(中国)有限公司
iC65N保护型断路器（不带漏电）	施耐德	2P C16A	个	56.97	施耐德电气(中国)有限公司
iC65N保护型断路器（不带漏电）	施耐德	2P C20A	个	56.97	施耐德电气(中国)有限公司
iC65N保护型断路器（不带漏电）	施耐德	2P C25A	个	62.53	施耐德电气(中国)有限公司
iC65N保护型断路器（不带漏电）	施耐德	2P C32A	个	62.53	施耐德电气(中国)有限公司
iC65N保护型断路器（不带漏电）	施耐德	2P C40A	个	76.61	施耐德电气(中国)有限公司
iC65N保护型断路器（不带漏电）	施耐德	2P C50A	个	86.63	施耐德电气(中国)有限公司
iC65N保护型断路器（不带漏电）	施耐德	2P C63A	个	92.52	施耐德电气(中国)有限公司
iC65N保护型断路器（单进单出不带漏电）	施耐德	1P C10A	个	23.27	施耐德电气(中国)有限公司
iC65N保护型断路器（单进单出不带漏电）	施耐德	1P C16A	个	23.27	施耐德电气(中国)有限公司
iC65N保护型断路器（单进单出不带漏电）	施耐德	1P C20A	个	23.27	施耐德电气(中国)有限公司
iC65N保护型断路器（单进单出不带漏电）	施耐德	1P C25A	个	26.08	施耐德电气(中国)有限公司
iC65N保护型断路器（单进单出不带漏电）	施耐德	1P C32A	个	26.08	施耐德电气(中国)有限公司
iC65N保护型断路器（单进单出不带漏电）	施耐德	1P C40A	个	31.85	施耐德电气(中国)有限公司

续表

产品名称	品牌	规格型号	包装单位	参考价格（元）	供应商
iC65N保护型断路器（单进单出不带漏电）	施耐德	1P C50A	个	38.37	施耐德电气（中国）有限公司
iC65N保护型断路器（单进单出不带漏电）	施耐德	1P C63A	个	42.07	施耐德电气（中国）有限公司
iDPNa保护型断路器（双进双出不带漏电）	施耐德	1P+N C10A	个	34.58	施耐德电气（中国）有限公司
iDPNa保护型断路器（双进双出不带漏电）	施耐德	1P+N C16A	个	34.58	施耐德电气（中国）有限公司
iDPNa保护型断路器（双进双出不带漏电）	施耐德	1P+N C20A	个	34.58	施耐德电气（中国）有限公司
iDPNa保护型断路器（双进双出不带漏电）	施耐德	1P+N C25A	个	39.39	施耐德电气（中国）有限公司
iDPNa保护型断路器（双进双出不带漏电）	施耐德	1P+N C32A	个	39.39	施耐德电气（中国）有限公司
iDPNa保护型断路器（双进双出不带漏电）	施耐德	1P+N C40A	个	44.85	施耐德电气（中国）有限公司
VigiiC65漏电保护附件（30mA AC类）	施耐德	1P+N 40AELE	个	88.55	施耐德电气（中国）有限公司
VigiiC65漏电保护附件（30mA AC类）	施耐德	1P+N 63AELE	个	116.00	施耐德电气（中国）有限公司
VigiiC65漏电保护附件（30mA AC类）	施耐德	2P 40AELE	个	88.55	施耐德电气（中国）有限公司
VigiiC65漏电保护附件（30mA AC类）	施耐德	2P 63AELE	个	116.00	施耐德电气（中国）有限公司
VigiiC65漏电保护附件（30mA AC类）	施耐德	3P 40AELE	个	126.70	施耐德电气（中国）有限公司
VigiiC65漏电保护附件（30mA AC类）	施耐德	3P 63AELE	个	172.00	施耐德电气（中国）有限公司
VigiiC65漏电保护附件（30mA AC类）	施耐德	4P 40AELE	个	158.00	施耐德电气（中国）有限公司
VigiiC65漏电保护附件（30mA AC类）	施耐德	4P 63AELE	个	212.60	施耐德电气（中国）有限公司

续表

产品名称	品牌	规格型号	包装单位	参考价格（元）	供应商
VigiiDPN 漏电保护附件（30mA AC 类）	施耐德	1P+N 25AELE	个	65.41	施耐德电气（中国）有限公司
VigiiDPN 漏电保护附件（30mA AC 类）	施耐德	1P+N 32AELE	个	71.24	施耐德电气（中国）有限公司
小型断路器	西门子	5SY30 1P+N 1 模数 C10 4.5kA	个	51.70	西门子（中国）有限公司
小型断路器	西门子	5SY30 1P+N 1 模数 C16 4.5kA	个	51.70	西门子（中国）有限公司
小型断路器	西门子	5SY30 1P+N 1 模数 C20 4.5kA	个	51.70	西门子（中国）有限公司
小型断路器	西门子	5SY30 1P+N 1 模数 C25 4.5kA	个	58.50	西门子（中国）有限公司
小型断路器	西门子	5SY30 1P+N 1 模数 C32 4.5kA	个	58.50	西门子（中国）有限公司
小型断路器	西门子	5SY30 1P+N 1 模数 C40 4.5kA	个	67.10	西门子（中国）有限公司
小型断路器	西门子	5SY30 1P+N 1 模数 C6 4.5kA	个	58.10	西门子（中国）有限公司
小型断路器	西门子	5SY6 1P C10	个	35.30	西门子（中国）有限公司
小型断路器	西门子	5SY6 1P C16	个	35.30	西门子（中国）有限公司
小型断路器	西门子	5SY6 1P C20	个	35.30	西门子（中国）有限公司
小型断路器	西门子	5SY6 1P C25	个	39.90	西门子（中国）有限公司
小型断路器	西门子	5SY6 1P C32	个	39.90	西门子（中国）有限公司
小型断路器	西门子	5SY6 1P C40	个	48.30	西门子（中国）有限公司
小型断路器	西门子	5SY6 1P C50	个	58.30	西门子（中国）有限公司
小型断路器	西门子	5SY6 1P C6	个	48.30	西门子（中国）有限公司
小型断路器	西门子	5SY6 1P C63	个	63.90	西门子（中国）有限公司
小型断路器	西门子	5SY6 2P C10	个	86.60	西门子（中国）有限公司
小型断路器	西门子	5SY6 2P C16	个	86.60	西门子（中国）有限公司
小型断路器	西门子	5SY6 2P C20	个	86.60	西门子（中国）有限公司
小型断路器	西门子	5SY6 2P C25	个	95.20	西门子（中国）有限公司
小型断路器	西门子	5SY6 2P C32	个	95.20	西门子（中国）有限公司

续表

产品名称	品牌	规格型号	包装单位	参考价格（元）	供应商
小型断路器	西门子	5SY6 2P C40	个	116.60	西门子（中国）有限公司
小型断路器	西门子	5SY6 2P C50	个	132.10	西门子（中国）有限公司
小型断路器	西门子	5SY6 2P C6	个	115.10	西门子（中国）有限公司
小型断路器	西门子	5SY6 2P C63	个	140.70	西门子（中国）有限公司
小型断路器	西门子	5SY6 3P C10	个	137.80	西门子（中国）有限公司
小型断路器	西门子	5SY6 3P C16	个	137.80	西门子（中国）有限公司
小型断路器	西门子	5SY6 3P C20	个	137.80	西门子（中国）有限公司
小型断路器	西门子	5SY6 3P C25	个	149.20	西门子（中国）有限公司
小型断路器	西门子	5SY6 3P C32	个	149.20	西门子（中国）有限公司
小型断路器	西门子	5SY6 3P C40	个	177.70	西门子（中国）有限公司
小型断路器	西门子	5SY6 3P C50	个	199.00	西门子（中国）有限公司
小型断路器	西门子	5SY6 3P C6	个	170.60	西门子（中国）有限公司
小型断路器	西门子	5SY6 3P C63	个	213.10	西门子（中国）有限公司
小型断路器	西门子	5SY6 4P C10	个	184.90	西门子（中国）有限公司
小型断路器	西门子	5SY6 4P C16	个	184.90	西门子（中国）有限公司
小型断路器	西门子	5SY6 4P C20	个	184.90	西门子（中国）有限公司
小型断路器	西门子	5SY6 4P C25	个	199.00	西门子（中国）有限公司
小型断路器	西门子	5SY6 4P C32	个	199.00	西门子（中国）有限公司
小型断路器	西门子	5SY6 4P C40	个	234.50	西门子（中国）有限公司
小型断路器	西门子	5SY6 4P C50	个	263.00	西门子（中国）有限公司
小型断路器	西门子	5SY6 4P C6	个	227.30	西门子（中国）有限公司
小型断路器	西门子	5SY6 4P C63	个	284.10	西门子（中国）有限公司
空气开关	正泰	2P 32A	个	12.60	浙江正泰电器股份有限公司
空气开关	正泰	2P 32A（套装）	个	28.80	浙江正泰电器股份有限公司
空气开关	正泰	3P 32A	个	21.30	浙江正泰电器股份有限公司
空气开关	正泰	40A	个	13.00	浙江正泰电器股份有限公司
空气开关	正泰	40A	个	18.90	浙江正泰电器股份有限公司
空气开关	正泰	40A（套装）	个	32.40	浙江正泰电器股份有限公司
空气开关	正泰	60A	个	12.60	浙江正泰电器股份有限公司
空气开关	正泰	60A	个	18.90	浙江正泰电器股份有限公司
空气开关	正泰	63A（套装）	个	32.40	浙江正泰电器股份有限公司
微型断路器	正泰	DZ47-60 1P 16A	只	9.10	浙江正泰电器股份有限公司

续表

产品名称	品牌	规格型号	包装单位	参考价格(元)	供应商
微型断路器	正泰	DZ47-60 2P 40A	只	22.00	浙江正泰电器股份有限公司
微型断路器	正泰	DZ47LE-60 1P+N 40A	只	40.65	浙江正泰电器股份有限公司

2.7.2 配电箱

产品名称	品牌	规格型号	包装单位	参考价格(元)	供应商
配电箱(暗装)	达通	10 回路	个	26.40	上海达通成套电气有限公司
配电箱(暗装)	达通	12 回路	个	30.00	上海达通成套电气有限公司
配电箱(暗装)	达通	15 回路	个	33.60	上海达通成套电气有限公司
配电箱(暗装)	达通	18 回路	个	46.80	上海达通成套电气有限公司
配电箱(暗装)	达通	4 回路	个	18.00	上海达通成套电气有限公司
配电箱(暗装)	达通	60 回路	个	220.00	上海达通成套电气有限公司
配电箱(暗装)	达通	6 回路	个	20.40	上海达通成套电气有限公司
配电箱(暗装)	达通	8 回路	个	22.80	上海达通成套电气有限公司
配电箱(明装)	达通	10 回路	个	26.40	上海达通成套电气有限公司
配电箱(明装)	达通	12 回路	个	30.00	上海达通成套电气有限公司
配电箱(明装)	达通	15 回路	个	33.60	上海达通成套电气有限公司
配电箱(明装)	达通	18 回路	个	46.80	上海达通成套电气有限公司
配电箱(明装)	达通	4 回路	个	18.00	上海达通成套电气有限公司
配电箱(明装)	达通	60 回路	个	220.00	上海达通成套电气有限公司
配电箱(明装)	达通	6 回路	个	20.40	上海达通成套电气有限公司
配电箱(明装)	达通	8 回路	个	22.80	上海达通成套电气有限公司
光纤箱(内含如图模块)	德力西	大 400×300×120(CDEN3G03)	个	198.66	德力西集团有限公司
光纤箱(内含如图模块)	德力西	小 300×250×120(CDEN3G01)	个	154.26	德力西集团有限公司
配电箱(暗装)	德力西	CDPZ50M12(12 回路)	个	62.13	德力西集团有限公司
配电箱(暗装)	德力西	CDPZ50M16(16 回路)	个	69.53	德力西集团有限公司
配电箱(暗装)	德力西	CDPZ50M20(20 回路)	个	90.94	德力西集团有限公司
配电箱(暗装)	德力西	CDPZ50M6(6 回路)	个	42.70	德力西集团有限公司

续表

产品名称	品牌	规格型号	包装单位	参考价格(元)	供应商
配电箱(暗装)	德力西	CDPZ50M8(8回路)	个	51.30	德力西集团有限公司
配电箱(暗装)	德力西	CDPZ50R12(12回路)	个	63.04	德力西集团有限公司
配电箱(暗装)	德力西	CDPZ50R16(16回路)	个	67.02	德力西集团有限公司
配电箱(暗装)	德力西	CDPZ50R20(20回路)	个	87.58	德力西集团有限公司
配电箱(暗装)	德力西	CDPZ50R24(24回路)	个	114.60	德力西集团有限公司
配电箱(暗装)	德力西	CDPZ50R6(6回路)	个	41.02	德力西集团有限公司
配电箱(暗装)	德力西	CDPZ50R8(8回路)	个	49.46	德力西集团有限公司
信息箱(空箱)	德力西	大400×300×120(CDEN3X03)	个	139.84	德力西集团有限公司
信息箱(空箱)	德力西	小300×250×120(CDEN3X01)	个	100.99	德力西集团有限公司
信息箱(空箱)	德力西	中350×300×120(CDEN3X02)	个	123.18	德力西集团有限公司
配电箱(明装)	施耐德	TYA-08	个	104.00	施耐德电气(中国)有限公司
配电箱(明装)	施耐德	TYA-12	个	127.40	施耐德电气(中国)有限公司
配电箱(明装)	施耐德	TYA-16	个	146.90	施耐德电气(中国)有限公司
配电箱(明装)	施耐德	TYA-20	个	182.23	施耐德电气(中国)有限公司
配电箱(明装)	施耐德	TYA-24	个	275.60	施耐德电气(中国)有限公司
配电箱(明装)	施耐德	TYA-36	个	429.00	施耐德电气(中国)有限公司
配电箱	太湖	PZ30-10＃暗	个	19.60	江苏太湖城电气有限公司
配电箱	太湖	PZ30-10＃明	个	22.40	江苏太湖城电气有限公司
配电箱	太湖	PZ30-12＃暗	个	21.90	江苏太湖城电气有限公司
配电箱	太湖	PZ30-12＃明	个	23.00	江苏太湖城电气有限公司
配电箱	太湖	PZ30-15＃暗	个	27.00	江苏太湖城电气有限公司
配电箱	太湖	PZ30-15＃明	个	28.20	江苏太湖城电气有限公司
配电箱	太湖	PZ30-4＃暗	个	10.40	江苏太湖城电气有限公司
配电箱	太湖	PZ30-4＃明	个	10.90	江苏太湖城电气有限公司
配电箱	太湖	PZ30-6＃暗	个	17.30	江苏太湖城电气有限公司
配电箱	太湖	PZ30-6＃明	个	17.30	江苏太湖城电气有限公司
配电箱	太湖	PZ30-8＃暗	个	17.30	江苏太湖城电气有限公司
配电箱	太湖	PZ30-8＃明	个	20.10	江苏太湖城电气有限公司
动力箱	桐旭	300×400	个	22.40	郯城县桐旭电器配件厂
动力箱	桐旭	400×500	个	32.20	郯城县桐旭电器配件厂
动力箱	桐旭	500×600	个	53.20	郯城县桐旭电器配件厂
配电明箱	桐旭	10P	个	11.90	郯城县桐旭电器配件厂

续表

产品名称	品牌	规格型号	包装单位	参考价格(元)	供应商
配电明箱	桐旭	12P	个	13.50	郯城县桐旭电器配件厂
配电明箱	桐旭	15P	个	15.70	郯城县桐旭电器配件厂
配电明箱	桐旭	18P	个	18.90	郯城县桐旭电器配件厂
配电明箱	桐旭	4P	个	5.80	郯城县桐旭电器配件厂
配电明箱	桐旭	6P	个	7.00	郯城县桐旭电器配件厂
配电明箱	桐旭	8P	个	9.50	郯城县桐旭电器配件厂

2.8 电工工具及耗材

2.8.1 电工工具

产品名称	品牌	规格型号	包装单位	参考价格(元)	供应商
测电笔	威力狮	不带灯感应数显	支	5.40	广州市威力狮工具有限公司
测电笔	威力狮	带灯感应数显	支	7.17	广州市威力狮工具有限公司
测电笔	威力狮	带灯数显	支	13.26	广州市威力狮工具有限公司
测电笔	威力狮	带灯数显(高档)	支	18.89	广州市威力狮工具有限公司
测电笔	威力狮	普通透明	支	3.77	广州市威力狮工具有限公司
测电笔	威力狮	普通透明(带挂)	支	2.91	广州市威力狮工具有限公司

2.8.2 电工耗材

产品名称	品牌	规格型号	包装单位	参考价格(元)	供应商
阻燃型 PVC 绝缘胶带	3M	黑 1600# 0.15×18×20	卷	5.00	3M 中国有限公司
阻燃型 PVC 绝缘胶带	3M	红 1600# 0.15×18×20	卷	5.50	3M 中国有限公司
阻燃型 PVC 绝缘胶带	3M	黄 1600# 0.15×18×20	卷	5.50	3M 中国有限公司
阻燃型 PVC 绝缘胶带	3M	蓝 1600# 0.15×18×20	卷	5.50	3M 中国有限公司
阻燃型 PVC 绝缘胶带	3M	绿 1600# 0.15×18×20	卷	5.50	3M 中国有限公司

续表

产品名称	品牌	规格型号	包装单位	参考价格（元）	供应商
太阳管	飞翔	顶式 1000W	根(20cm/根)	3.00	东海县驼峰乡飞翔照明电器厂
太阳管	飞翔	夹式 1000W	根(20cm/根)	3.00	东海县驼峰乡飞翔照明电器厂
PVC 绝缘胶带	鸿雁	HY1310-1(黑)	筒(10 卷/筒)	25.50	杭州鸿雁电器有限公司
PVC 绝缘胶带	鸿雁	HY1310-2(红)	筒(10 卷/筒)	25.50	杭州鸿雁电器有限公司
PVC 绝缘胶带	鸿雁	HY1310-3(黄)	筒(10 卷/筒)	25.50	杭州鸿雁电器有限公司
PVC 绝缘胶带	鸿雁	HY1310-4(蓝)	筒(10 卷/筒)	25.50	杭州鸿雁电器有限公司
PVC 绝缘胶带	鸿雁	HY1310-5(绿)	筒(10 卷/筒)	25.50	杭州鸿雁电器有限公司
PVC 绝缘胶带	鸿雁	HY1310-6(白)	筒(10 卷/筒)	25.50	杭州鸿雁电器有限公司
PVC 绝缘胶带	鸿雁	HY1520-1(黑)	筒(10 卷/筒)	47.00	杭州鸿雁电器有限公司
PVC 绝缘胶带	鸿雁	HY1520-2(红)	筒(10 卷/筒)	47.00	杭州鸿雁电器有限公司
PVC 绝缘胶带	鸿雁	HY1520-3(黄)	筒(10 卷/筒)	47.00	杭州鸿雁电器有限公司
PVC 绝缘胶带	鸿雁	HY1520-4(蓝)	筒(10 卷/筒)	47.00	杭州鸿雁电器有限公司
PVC 绝缘胶带	鸿雁	HY1520-5(绿)	筒(10 卷/筒)	47.00	杭州鸿雁电器有限公司
PVC 绝缘胶带	鸿雁	HY1520-6(白)	筒(10 卷/筒)	47.00	杭州鸿雁电器有限公司
绝缘胶带	九头鸟	标准	卷	2.90	孝感舒氏(集团)有限公司
绝缘胶带	九头鸟	标准	卷	2.90	孝感舒氏(集团)有限公司
导线连接器配套工具	理想 Ideal	标准	套	20.00	埃第尔电气科技(上海)有限公司
电线分线连接器	理想 Ideal	1.5mm²	个	0.90	埃第尔电气科技(上海)有限公司
电线分线连接器	理想 Ideal	1.5mm²、2.5mm²、4mm²	个	1.80	埃第尔电气科技(上海)有限公司
电线分线连接器	理想 Ideal	2.5mm²、4mm²、6mm²	个	2.80	埃第尔电气科技(上海)有限公司
电线分线连接器	理想 Ideal	防水防尘抗氧化	个	15.00	埃第尔电气科技(上海)有限公司
PE 波纹管	普通	D16	卷(80m/卷)	32.00	上海市闵行区闽康电线电缆经营部
PE 波纹管	普通	D20	卷(80m/卷)	38.00	上海市闵行区闽康电线电缆经营部
波纹管接头/锁扣	普通	D16	包(100 个/包)	18.00	上海市闵行区闽康电线电缆经营部
波纹管接头/锁扣	普通	D20	包(100 个/包)	18.00	上海市闵行区闽康电线电缆经营部
波纹管接头/锁扣	普通	D25	包(100 个/包)	18.00	上海市闵行区闽康电线电缆经营部
地插盒/地盒	普通	黑色 10cm×10cm	个	5.00	上海诗岚建筑材料有限公司

续表

产品名称	品牌	规格型号	包装单位	参考价格（元）	供应商
镀锌穿线钢丝	普通	16#	m	0.60	上海市闵行区闽康电线电缆经营部
镀锌穿线钢丝	普通	18#	m	0.60	上海市闵行区闽康电线电缆经营部
镀锌弹簧卡	普通	D20	个	0.20	上海市闵行昊琳建材经营部
镀锌弹簧卡	普通	D25	个	0.30	上海市闵行区金昇五金经营部
钢钉卡/线卡	普通	20mm	包(70个/包)	15.00	上海市闵行昊琳建材经营部
黄蜡管	普通	10#	根(1m/根)	1.20	上海市闵行区闽康电线电缆经营部
黄蜡管	普通	12#	根(1m/根)	1.30	上海市闵行区闽康电线电缆经营部
黄蜡管	普通	6#	根(1m/根)	0.69	上海市闵行区闽康电线电缆经营部
黄蜡管	普通	8#	根(1m/根)	1.20	上海市闵行区闽康电线电缆经营部
金属软管/蛇皮管/穿线管	普通	D16	卷(20m/卷)	25.00	上海市闵行区闽康电线电缆经营部
金属软管/蛇皮管/穿线管	普通	D20	卷(20m/卷)	38.00	上海市闵行区闽康电线电缆经营部
螺口灯泡	普通	200W	个	2.00	上海市闵行区闽康电线电缆经营部
螺口灯头	普通	标准	个	1.80	上海市闵行区闽康电线电缆经营部
网络水晶头	普通	标准	包(50个/包)	25.00	上海诗岚建筑材料有限公司
电缆铜接头（铜鼻子）	起帆	I型	个	3.50	上海起帆电线电缆有限公司
绝缘胶带	舒氏	标准	卷	3.20	孝感舒氏(集团)有限公司
绝缘胶带	舒氏	标准	卷	3.20	孝感舒氏(集团)有限公司
铝压线帽	松尼	4mm	袋(250个/袋)	5.80	松尼电工有限公司
铝压线帽	松尼	5mm	袋(250个/袋)	6.60	松尼电工有限公司
铝压线帽	松尼	6mm	袋(250个/袋)	7.00	松尼电工有限公司
铝压线帽	松尼	8mm	袋(250个/袋)	7.00	松尼电工有限公司
塑料扎带	松尼	10×1000	包(75根/包)	50.60	松尼电工有限公司
塑料扎带	松尼	10×1200	包(75根/包)	77.00	松尼电工有限公司
塑料扎带	松尼	10×400	包(75根/包)	14.08	松尼电工有限公司
塑料扎带	松尼	10×600	包(75根/包)	26.00	松尼电工有限公司
塑料扎带	松尼	10×800	包(75根/包)	38.50	松尼电工有限公司
塑料扎带	松尼	3×150	包(500根/包)	5.00	松尼电工有限公司
塑料扎带	松尼	4×200	包(250根/包)	5.00	松尼电工有限公司
塑料扎带	松尼	4×300	包(125根/包)	4.50	松尼电工有限公司

续表

产品名称	品牌	规格型号	包装单位	参考价格（元）	供应商
塑料扎带	松尼	5×200	包(250 根/包)	7.04	松尼电工有限公司
塑料扎带	松尼	5×300	包(125 根/包)	6.00	松尼电工有限公司
塑料扎带	松尼	5×400	包(125 根/包)	8.50	松尼电工有限公司
塑料扎带	松尼	8×300	包(115 根/包)	8.00	松尼电工有限公司
塑料扎带	松尼	8×400	包(120 根/包)	10.60	松尼电工有限公司
铜压线帽	松尼	10mm	袋(100 个/袋)	15.60	松尼电工有限公司
铜压线帽	松尼	5mm	袋(250 个/袋)	10.00	松尼电工有限公司
铜压线帽	松尼	6mm	袋(250 个/袋)	11.80	松尼电工有限公司
铜压线帽	松尼	8mm	袋(125 个/袋)	11.80	松尼电工有限公司
压线帽	长虹	6#	包（100 个/包）	16.00	长虹塑料集团英派瑞塑料股份有限公司
压线帽	长虹	6#	包（1000 个/包）	66.00	长虹塑料集团英派瑞塑料股份有限公司
压线帽	长虹	8#	包（100 个/包）	18.00	长虹塑料集团英派瑞塑料股份有限公司
压线帽	长虹	8#	包（500 个/包）	72.00	长虹塑料集团英派瑞塑料股份有限公司

第3章　泥工辅材

3.1　水泥

产品名称	品牌	规格型号	包装单位	参考价格（元）	供应商
水泥	海螺	325＃	包(50kg/包)	20.80	安徽海螺水泥股份有限公司
水泥	海螺	425＃	包(50kg/包)	26.00	安徽海螺水泥股份有限公司
白水泥	普通	425＃	包(50kg/包)	45.00	上海圣晏建筑材料有限公司
自流平水泥	舜坦	环氧地坪漆配套自流平水泥	包(25kg/包)	68.00	舜坦(上海)新材料有限公司

3.2　黄沙石子

产品名称	品牌	规格型号	包装单位	参考价格(元)	供应商
豆石	普通	标准	包(17kg/包)	5.50	上海圣晏建筑材料有限公司
瓜子片	普通	标准	包(17kg/包)	3.30	上海圣晏建筑材料有限公司
瓜子片	普通	标准	包(25kg/包)	4.40	上海圣晏建筑材料有限公司
黄沙(粗沙)	普通	标准	包(15kg/包)	3.00	上海圣晏建筑材料有限公司
黄沙(粗沙)	普通	标准	包(25kg/包)	4.17	上海圣晏建筑材料有限公司
黄沙(中沙)	普通	标准	包(15kg/包)	3.00	上海圣晏建筑材料有限公司
黄沙(中沙)	普通	标准	包(25kg/包)	4.17	上海圣晏建筑材料有限公司
石子	普通	246＃	包(17kg/包)	3.40	上海圣晏建筑材料有限公司
石子	普通	246＃	包(25kg/包)	4.50	上海圣晏建筑材料有限公司
陶粒	普通	标准	m^3	290.00	上海圣晏建筑材料有限公司

3.3　砖

产品名称	品牌	规格型号	包装单位	参考价格(元)	供应商
85多孔砖	普通	195×93×85	块	0.66	上海圣晏建筑材料有限公司
85砖	普通	180×77×30	块	0.45	上海圣晏建筑材料有限公司

续表

产品名称	品牌	规格型号	包装单位	参考价格(元)	供应商
85砖	普通	210×100×37	块	0.42	上海圣晏建筑材料有限公司
95多孔砖	普通	230×110×85	块	0.73	上海圣晏建筑材料有限公司
95砖	普通	235×105×45	块	0.58	上海圣晏建筑材料有限公司
加砌块	普通	600×300×100	块	5.80	上海圣晏建筑材料有限公司
加砌块	普通	600×300×120	块	5.80	上海圣晏建筑材料有限公司
加砌块	普通	600×300×150	块	7.00	上海圣晏建筑材料有限公司
加砌块	普通	600×300×200	块	11.50	上海圣晏建筑材料有限公司
加砌块	普通	600×300×80	块	4.98	上海圣晏建筑材料有限公司
水泥砖	普通	390×190×190 2孔	块	3.40	上海圣晏建筑材料有限公司

3.4 粘结剂

产品名称	品牌	规格型号	包装单位	参考价格(元)	供应商
BY1-Ⅲ特快型聚合物修补砂浆	白银	标准	袋(20kg/袋)	120.00	湖南省白银新材料有限公司
BY1-Ⅱ型聚合物防水粘接界面砂浆	白银	标准	袋(20kg/袋)	70.00	湖南省白银新材料有限公司
瓷砖胶伴侣	德高	DL	桶(20L/桶)	370.50	德高(广州)建材有限公司
瓷砖胶伴侣	德高	DL	桶(4L/桶)	94.90	德高(广州)建材有限公司
瓷砖胶粘剂	德高	TTBII型超强力	包(20kg/包)	62.40	德高(广州)建材有限公司
瓷砖胶粘剂	德高	TTBI型	包(20kg/包)	40.30	德高(广州)建材有限公司
马赛克粘结剂	德高	玻马王	包(5kg/包)	35.00	德高(广州)建材有限公司
玻化砖背胶(单组分)	鼎刮呱	标准	袋(3kg/袋)	150.00	北京海联锐克建材有限公司
玻化砖背胶(单组分)	鼎刮呱	标准	袋(5kg/袋)	230.00	北京海联锐克建材有限公司
玻化砖粘接剂	鼎刮呱	标准	袋(20kg/袋)	50.00	北京海联锐克建材有限公司
马赛克大理石粘接剂	鼎刮呱	标准	袋(20kg/袋)	70.00	北京海联锐克建材有限公司
陶瓷粘接剂	鼎刮呱	标准	袋(20kg/袋)	30.00	北京海联锐克建材有限公司
玻化砖背胶	东方雨虹	墙倍丽	桶(20kg/桶)	126.00	北京东方雨虹防水技术股份有限公司
玻化砖粘结剂	东方雨虹	华砂	包(20kg/包)	48.00	北京东方雨虹防水技术股份有限公司
釉面砖粘结剂	东方雨虹	华砂	包(20kg/包)	37.70	北京东方雨虹防水技术股份有限公司

续表

产品名称	品牌	规格型号	包装单位	参考价格(元)	供应商
玻化砖粘结剂	汉高百得	MC50	包(20kg/包)	65.00	汉高(中国)投资有限公司
釉面砖粘结剂	汉高百得	MC10	包(20kg/包)	45.00	汉高(中国)投资有限公司
玻化砖粘结剂	雷帝	灰色	包(20kg/包)	46.00	雷帝(中国)建筑材料有限公司
瓷砖胶粘剂	雷帝	标准	包(20kg/包)	34.00	雷帝(中国)建筑材料有限公司
玻化砖背胶(双组分)	牛元	标准	袋(10kg/袋)	140.00	上海牛元工贸有限公司
胶霸	牛元	标准	袋(20kg/袋)	35.00	上海牛元工贸有限公司
胶王(玻化砖)	牛元	标准	袋(20kg/袋)	55.00	上海牛元工贸有限公司
粘接剂	牛元	标准	袋(25kg/袋)	30.00	上海牛元工贸有限公司
玻化砖胶伴侣	上美	双组分,灰色	桶(10kg/桶)	130.00	上海姗美建材有限公司
玻化砖粘结剂	圣戈班伟伯	灰	包(20kg/包)	75.00	圣戈班(中国)投资有限公司
马赛克粘结剂	圣戈班伟伯	白	包(20kg/包)	117.00	圣戈班(中国)投资有限公司
马赛克粘结剂	圣戈班伟伯	白	包(5kg/包)	45.00	圣戈班(中国)投资有限公司
室内墙地砖粘结剂	圣戈班伟伯	灰	包(25kg/包)	55.00	圣戈班(中国)投资有限公司
釉面砖粘结剂	圣戈班伟伯	TM6	包(20kg/包)	41.60	圣戈班(中国)投资有限公司
重砖粘结剂	圣戈班伟伯	灰	包(20kg/包)	75.00	圣戈班(中国)投资有限公司
玻化砖粘结剂	优尼威	标准	袋(25kg/袋)	72.00	上海兰意新型建材发展有限公司
砂浆	优尼威	抗裂抹面	袋(25kg/袋)	68.00	上海兰意新型建材发展有限公司
砂浆	优尼威	无机保温	袋(30kg/袋)	90.00	上海兰意新型建材发展有限公司
玻化砖胶粘剂	正点	白色	袋(20kg/袋)	125.00	上海正点装饰材料有限公司
玻化砖胶粘剂	正点	白色	袋(20kg/袋)	125.00	上海正点装饰材料有限公司
瓷砖表面拉毛增强剂	正点	双组分	桶(20kg/桶)	250.00	上海正点装饰材料有限公司
防水弹性胶浆	正点	标准	桶(5kg/桶)	148.00	上海正点装饰材料有限公司
室内墙地砖胶粘剂	正点	标准	袋(20kg/袋)	64.00	上海正点装饰材料有限公司
室内墙地砖胶粘剂	正点	标准	袋(20kg/袋)	64.00	上海正点装饰材料有限公司

3.5 填缝剂

产品名称	品牌	规格型号	包装单位	参考价格(元)	供应商
填缝剂	881	瓷白色	支(310mL/支)	61.00	香港联合树脂远东有限公司
填缝剂	881	酒红色	支(310mL/支)	66.00	香港联合树脂远东有限公司

续表

产品名称	品牌	规格型号	包装单位	参考价格（元）	供应商
填缝剂	881	咖啡棕	支(310mL/支)	66.00	香港联合树脂远东有限公司
填缝剂	881	靓光金	支(310mL/支)	66.00	香港联合树脂远东有限公司
填缝剂	881	镏金色	支(310mL/支)	66.00	香港联合树脂远东有限公司
填缝剂	881	米白色	支(310mL/支)	61.00	香港联合树脂远东有限公司
填缝剂	881	米黄色	支(310mL/支)	66.00	香港联合树脂远东有限公司
填缝剂	881	象牙金	支(310mL/支)	66.00	香港联合树脂远东有限公司
填缝剂	881	炫亮银	支(310mL/支)	66.00	香港联合树脂远东有限公司
填缝剂	881	银灰色	支(310mL/支)	66.00	香港联合树脂远东有限公司
填缝剂	艾斯帝	单管瓷缝剂	支(300mL/支)	68.00	北京怡硕美科技有限公司
填缝剂	艾斯帝	冷焊瓷组合	组(800g/组)	118.00	北京怡硕美科技有限公司
填缝剂	艾斯帝	双管瓷缝剂	支(400mL/支)	98.00	北京怡硕美科技有限公司
填缝剂	德高	白	包(25kg/包)	125.00	德高(广州)建材有限公司
填缝剂	德高	白	包(2kg/包)	18.85	德高(广州)建材有限公司
填缝剂	德高	超细白	包(25kg/包)	140.00	德高(广州)建材有限公司
填缝剂	德高	黑	包(25kg/包)	158.60	德高(广州)建材有限公司
填缝剂	汉高百得	防霉抗水型,白	包(2kg/包)	32.50	汉高(中国)投资有限公司
填缝剂	建秀	纯白色	支(310mL/支)	31.00	安徽米兰士装饰材料有限公司
填缝剂	建秀	贵族灰	支(310mL/支)	31.00	安徽米兰士装饰材料有限公司
填缝剂	建秀	咖啡色	支(310mL/支)	31.00	安徽米兰士装饰材料有限公司
填缝剂	建秀	镏金色	支(310mL/支)	31.00	安徽米兰士装饰材料有限公司
填缝剂	建秀	玫瑰金	支(310mL/支)	31.00	安徽米兰士装饰材料有限公司
填缝剂	建秀	闪光金	支(310mL/支)	31.00	安徽米兰士装饰材料有限公司
填缝剂	建秀	闪光银	支(310mL/支)	31.00	安徽米兰士装饰材料有限公司
填缝剂	建秀	象牙金	支(310mL/支)	31.00	安徽米兰士装饰材料有限公司
填缝剂	建秀	月光银	支(310mL/支)	31.00	安徽米兰士装饰材料有限公司
填缝剂	朗凯奇	标准	袋(1kg/袋)	13.32	安徽朗凯奇建材有限公司
填缝剂	雷帝	彩色防霉	盒(2kg/盒)	23.00	雷帝(中国)建筑材料有限公司
填缝剂	雷帝	彩色防霉(窄缝)	盒(2kg/盒)	16.00	雷帝(中国)建筑材料有限公司
填缝剂	雷帝	幻彩全效环氧(三组分)	桶(5.3kg/桶)	805.00	雷帝(中国)建筑材料有限公司
填缝剂	雷帝	幻彩全效环氧-白金	桶(1.35kg/桶)	575.00	雷帝(中国)建筑材料有限公司
填缝剂	雷帝	幻彩全效环氧-彩金	桶(1.35kg/桶)	575.00	雷帝(中国)建筑材料有限公司
填缝剂	雷帝	幻彩全效环氧-黄金	桶(1.35kg/桶)	575.00	雷帝(中国)建筑材料有限公司

续表

产品名称	品牌	规格型号	包装单位	参考价格（元）	供应商
填缝剂	雷帝	幻彩全效环氧-玫瑰金	桶（1.35kg/桶）	575.00	雷帝（中国）建筑材料有限公司
填缝剂	雷帝	幻彩全效环氧-夜光	桶（1.35kg/桶）	575.00	雷帝（中国）建筑材料有限公司
填缝剂	雷帝	抗污防霉（窄缝双组分）	桶（2kg/桶）	46.00	雷帝（中国）建筑材料有限公司
防水嵌缝粉	米奇	标准	包（20kg/包）	67.00	鹤山市米奇涂料有限公司
美缝剂	牛元	袋	桶（2kg/桶）	40.00	上海牛元工贸有限公司
填缝剂	牛元	白色	包（2kg/包）	15.00	上海牛元工贸有限公司
填缝剂	牛元	袋	桶（2kg/桶）	10.00	上海牛元工贸有限公司
填缝剂	上美	14色	支（310mL/支）	60.00	上海姗美建材有限公司
填缝剂	上美	16色	支（310mL/支）	90.00	上海姗美建材有限公司
填缝剂	圣戈班伟伯	陶瓷砖冰水蓝	包（2kg/包）	41.60	圣戈班（中国）投资有限公司
填缝剂	圣戈班伟伯	陶瓷砖彩色	包（2kg/包）	28.60	圣戈班（中国）投资有限公司
填缝剂	圣戈班伟伯	陶瓷砖象牙白	包（2kg/包）	14.95	圣戈班（中国）投资有限公司
瓷砖填缝剂	正点	白色	袋（20kg/袋）	148.00	上海正点装饰材料有限公司
瓷砖填缝剂	正点	白色	袋（2kg/袋）	25.00	上海正点装饰材料有限公司
亮瓷美缝胶	正点	双组分 白色	支（310mL/支）	138.00	上海正点装饰材料有限公司
墙面柔性抗裂补修膏	正点	标准	罐（500g/罐）	29.00	上海正点装饰材料有限公司
墙面修补膏	正点	标准	罐（1kg/罐）	29.00	上海正点装饰材料有限公司

3.6 界面剂

产品名称	品牌	规格型号	包装单位	参考价格（元）	供应商
混凝土界面剂	宝石	标准	包（25kg/包）	30.00	上海久耕建材有限公司
地堌（绿色透明）	鼎刮呱	标准	桶（18kg/桶）	130.00	北京海联锐克建材有限公司
墙堌（超浓缩）	鼎刮呱	标准	桶（18kg/桶）	105.00	北京海联锐克建材有限公司
吸收性界面剂	汉高	妥善R777	桶（10kg/桶）	336.70	汉高（中国）投资有限公司
水性界面剂	汉高百得	MI30	桶（1kg/桶）	32.50	汉高（中国）投资有限公司
水性界面剂	汉高百得	MI30L	桶（10kg/桶）	208.00	汉高（中国）投资有限公司
混凝土界面剂	雷帝	标准	桶（20kg/桶）	253.00	雷帝（中国）建筑材料有限公司
混凝土界面剂	美巢	GQ500	桶（18kg/桶）	125.00	美巢集团股份公司
混凝土界面剂	美巢	GQ500	桶（9kg/桶）	77.00	美巢集团股份公司

续表

产品名称	品牌	规格型号	包装单位	参考价格（元）	供应商
外墙玻化粉	米奇	标准	包(20kg/包)	22.00	鹤山市米奇涂料有限公司
马赛克面砖界面剂	圣戈班伟伯	灰	包(25kg/包)	132.00	圣戈班(中国)投资有限公司
水性界面剂	圣戈班伟伯	S16，乳白	瓶(1L/瓶)	120.90	圣戈班(中国)投资有限公司
混凝土界面剂	正点	标准	袋(20kg/袋)	84.00	上海正点装饰材料有限公司

3.7　防水材料

3.7.1　防水涂料

产品名称	品牌	规格型号	包装单位	参考价格（元）	供应商
弹性防水涂料	白银	BY1-JS-I 型	袋(20kg/袋)	500.00	湖南省白银新材料有限公司
弹性防水涂料	白银	BY1-JS-I 型	桶(10kg/桶)	260.00	湖南省白银新材料有限公司
弹性防水涂料	白银	BY1-JS-I 型	桶(5kg/桶)	130.00	湖南省白银新材料有限公司
防水涂料	德高	SV	桶(20L/桶)	521.40	德高(广州)建材有限公司
防水涂料	德高	SV	桶(4L/桶)	125.40	德高(广州)建材有限公司
防水涂料	德高	柔韧砂浆性型	桶(20kg/桶)	232.32	德高(广州)建材有限公司
防水涂料	德高	柔韧性 II 型	桶(12kg/桶)	220.44	德高(广州)建材有限公司
防水涂料	德高	柔韧性 II 型(17L 浆料×25kg 添加剂)	桶(42kg/桶)	608.52	德高(广州)建材有限公司
防水涂料	德高	渗透结晶型	桶(25kg/桶)	351.12	德高(广州)建材有限公司
防水涂料	德高	通用型	桶(16.9kg/桶)	220.44	德高(广州)建材有限公司
防水涂料	德高	通用型	桶(18.2kg/桶)	232.32	德高(广州)建材有限公司
防水涂料	德高	通用型(9L 浆料＋25kg 添加剂)	桶(34kg/桶)	368.28	德高(广州)建材有限公司
柔性防水	鼎刮呱	标准	桶(10kg/桶)	120.00	北京海联锐克建材有限公司
柔性防水	鼎刮呱	标准	桶(20kg/桶)	230.00	北京海联锐克建材有限公司
通用防水	鼎刮呱	标准	桶(10kg/桶)	95.00	北京海联锐克建材有限公司
通用防水	鼎刮呱	标准	桶(20kg/桶)	165.00	北京海联锐克建材有限公司
防水涂料	东方雨虹	好仕涂 100(高弹丙烯酸)	桶(20kg/桶)	334.80	北京东方雨虹防水技术股份有限公司
防水涂料	东方雨虹	好仕涂屋面(暴露型)	桶(10kg/桶)	318.00	北京东方雨虹防水技术股份有限公司

续表

产品名称	品牌	规格型号	包装单位	参考价格（元）	供应商
防水涂料	东方雨虹	好仕涂屋面（暴露型）	桶（1kg/桶）	46.80	北京东方雨虹防水技术股份有限公司
防水涂料	东方雨虹	吉仕涂 101	桶（20kg/桶）	234.00	北京东方雨虹防水技术股份有限公司
防水涂料	东方雨虹	吉仕涂 100（通用型）	桶（18kg/桶）	171.60	北京东方雨虹防水技术股份有限公司
防水涂料	东方雨虹	吉仕涂 100（通用型）	桶（9kg/桶）	102.00	北京东方雨虹防水技术股份有限公司
防水涂料	东方雨虹	吉仕涂 101（柔韧型）	桶（18kg/桶）	234.00	北京东方雨虹防水技术股份有限公司
防水涂料	东方雨虹	吉仕涂 101（柔韧型）	桶（9kg/桶）	132.00	北京东方雨虹防水技术股份有限公司
防水涂料	东方雨虹	嘉仕涂 100	桶（18kg/桶）	225.60	北京东方雨虹防水技术股份有限公司
防水涂料	东方雨虹	水立顿易涂型	桶（15kg/桶）	262.80	北京东方雨虹防水技术股份有限公司
防水涂料	法高	K11 白色（宽缝型）	桶（20kg/桶）	110.00	昆明法高建材有限公司
防水涂料	法高	K11 灰色（柔韧性 II 型）	桶（18kg/桶）	268.00	昆明法高建材有限公司
防水涂料	法高	K11 蓝色（通用型）	桶（18kg/桶）	258.00	昆明法高建材有限公司
产品名称	法高	K11 绿色（柔韧高效型）	桶（18kg/桶）	288.00	昆明法高建材有限公司
防水涂料	汉高百得	55 型	桶（18kg/桶）	166.10	汉高（中国）投资有限公司
防水涂料	汉高百得	柔韧型 MW60	桶（12kg/桶）	288.00	汉高（中国）投资有限公司
防水涂料	魁霸	911 单组分聚氨酯	桶（7kg/桶）	25.30	广州市魁霸建筑防水装饰有限公司
防水涂料	魁霸	911 单组分聚氨酯	桶（7kg/桶）	25.30	广州市魁霸建筑防水装饰有限公司
防水涂料	魁霸	911 双组分聚氨酯	桶（25kg/桶）	165.00	广州市魁霸建筑防水装饰有限公司
防水涂料	魁霸	911 双组分聚氨酯	桶（25kg/桶）	165.00	广州市魁霸建筑防水装饰有限公司
防水涂料	朗凯奇	L-105 绿色（柔韧性）	桶（18kg/桶）	160.95	安徽朗凯奇建材有限公司
防水涂料	朗凯奇	L-180 绿色	桶（18kg/桶）	94.35	安徽朗凯奇建材有限公司

续表

产品名称	品牌	规格型号	包装单位	参考价格（元）	供应商
防水涂料	朗凯奇	L-180 绿色	桶(5kg/桶)	42.18	安徽朗凯奇建材有限公司
防水涂料	朗凯奇	L-180 绿色	桶(9kg/桶)	53.28	安徽朗凯奇建材有限公司
防水涂料	朗凯奇	L-181 绿色	桶(18kg/桶)	105.45	安徽朗凯奇建材有限公司
防水涂料	朗凯奇	L-181 绿色	桶(5kg/桶)	44.40	安徽朗凯奇建材有限公司
防水涂料	朗凯奇	L-181 绿色	桶(9kg/桶)	61.05	安徽朗凯奇建材有限公司
防水涂料	雷帝	高弹性	桶(18kg/桶)	299.00	雷帝(中国)建筑材料有限公司
防水涂料	雷帝	柔性	桶(18kg/桶)	172.00	雷帝(中国)建筑材料有限公司
防水涂料	龙彩云	K11 柔韧型	桶(10kg/桶)	60.00	上海步坚实业有限公司
防水涂料	龙彩云	K11 柔韧型	桶(20kg/桶)	105.00	上海步坚实业有限公司
防水涂料	龙彩云	K11 柔韧型	桶(5kg/桶)	38.00	上海步坚实业有限公司
防水涂料	龙彩云	K11 通用型	桶(10kg/桶)	60.00	上海步坚实业有限公司
防水涂料	龙彩云	K11 通用型	桶(20kg/桶)	105.00	上海步坚实业有限公司
防水涂料	龙彩云	K11 通用型	桶(5kg/桶)	38.00	上海步坚实业有限公司
防水涂料	美巢	FSG300JS 丙烯酸柔性	桶(18kg/桶)	202.00	美巢集团股份公司
防水涂料	美巢	FSG300JS 丙烯酸柔性	桶(9kg/桶)	111.00	美巢集团股份公司
104 高弹性防水	牛元	高弹灰色	桶(20kg/桶)	280.00	上海牛元工贸有限公司
K11 粉色柔Ⅲ防水	牛元	超柔蓝色	桶(18kg/桶)	245.00	上海牛元工贸有限公司
聚合物 JS 防水涂料	牛元	白色低柔	桶(10kg/桶)	80.00	上海牛元工贸有限公司
聚合物 JS 防水涂料	牛元	白色低柔	桶(20kg/桶)	140.00	上海牛元工贸有限公司
聚合物 JS 防水涂料	牛元	白色低柔	桶(5kg/桶)	45.00	上海牛元工贸有限公司
纳米 K11 浆料	牛元	灰色浆料	桶(20kg/桶)	165.00	上海牛元工贸有限公司
纳米 K12 浆料	牛元	灰色浆料	桶(10kg/桶)	90.00	上海牛元工贸有限公司
纳米 K13 浆料	牛元	灰色浆料	桶(5kg/桶)	55.00	上海牛元工贸有限公司
防水涂料	七乐	JS	桶(18kg/桶)	159.50	郑州七乐建材有限公司
防水涂料	七乐	JS	桶(18kg/桶)	159.50	郑州七乐建材有限公司
防水涂料	七乐	K11	桶(18kg/桶)	132.00	郑州七乐建材有限公司
防水涂料	七乐	K11	桶(18kg/桶)	132.00	郑州七乐建材有限公司

续表

产品名称	品牌	规格型号	包装单位	参考价格（元）	供应商
防水涂料	上美	JS 内外墙专用型(彩色)	桶(10kg/桶)	108.00	上海姗美建材有限公司
防水涂料	上美	JS 内外墙专用型(彩色)	桶(20kg/桶)	198.00	上海姗美建材有限公司
防水涂料	上美	JS 内外墙专用型(彩色)	桶(5kg/桶)	60.00	上海姗美建材有限公司
防水涂料	上美	K11 柔韧型(彩色)	桶(10kg/桶)	135.00	上海姗美建材有限公司
防水涂料	上美	K11 柔韧型(彩色)	桶(20kg/桶)	250.00	上海姗美建材有限公司
防水涂料	上美	K11 柔韧型(彩色)	桶(5kg/桶)	75.00	上海姗美建材有限公司
防水涂料	上美	K11 通用型(彩色)	桶(10kg/桶)	115.00	上海姗美建材有限公司
防水涂料	上美	K11 通用型(彩色)	桶(20kg/桶)	200.00	上海姗美建材有限公司
防水涂料	上美	K11 通用型(彩色)	桶(5kg/桶)	62.00	上海姗美建材有限公司
防水涂料	圣戈班伟伯	柔性灰浆(通用型) 红	桶(20kg/桶)	185.00	圣戈班(中国)投资有限公司
防水涂料	正点	柔性灰浆(宜拌型)	袋(16.9kg/袋)	250.00	上海正点装饰材料有限公司
防水涂料	正点	柔性灰浆(宜拌型)	袋(5kg/袋)	86.00	上海正点装饰材料有限公司
防水涂料	紫荆花	厨浴卫士通用型 D32-01	桶(18kg/桶)	141.60	紫荆花制漆(上海)有限公司

3.7.2 防水剂

产品名称	品牌	规格型号	包装单位	参考价格（元）	供应商
防水剂	驰凤	水不漏 5kg/包	箱(5 包/箱)	35.00	上海程申实业有限公司
防水剂	德高	堵漏王	包(1kg/包)	18.48	德高(广州)建材有限公司
防水剂	德高	渗必克	支(500mL/支)	80.52	德高(广州)建材有限公司
防水剂	德高	水不漏	包(2kg/包)	9.24	德高(广州)建材有限公司
防水剂	东方雨虹	速克 120(透明渗透型防水)	瓶(4kg/瓶)	262.80	北京东方雨虹防水技术股份有限公司
防水剂	东方雨虹	速克 120(透明渗透型防水)	瓶(500g/瓶)	46.80	北京东方雨虹防水技术股份有限公司
防水涂料	朗凯奇	堵漏王	袋(1kg/袋)	4.44	安徽朗凯奇建材有限公司
防水剂	雷帝	蓝色橡胶防水膜	桶(5kg/桶)	299.00	雷帝(中国)建筑材料有限公司
防水剂	雷帝	水不漏	桶(2kg/桶)	138.00	雷帝(中国)建筑材料有限公司
堵漏王	牛元	标准	袋(1kg/袋)	5.00	上海牛元工贸有限公司
防水剂	上美	堵漏王	袋(1kg/袋)	5.00	上海姗美建材有限公司

续表

产品名称	品牌	规格型号	包装单位	参考价格(元)	供应商
防水剂	上美	堵漏王	袋(5kg/袋)	20.00	上海姗美建材有限公司
防水剂	圣戈班伟伯	堵漏宝	包(4kg/包)	21.00	圣戈班(中国)投资有限公司
防水剂	圣戈班伟伯	柔性防水灰浆	桶(18kg/桶)	173.80	圣戈班(中国)投资有限公司

3.8　泥工工具及耗材

3.8.1　泥工工具

产品名称	品牌	规格型号	包装单位	参考价格(元)	供应商
镜面抹泥板	凯得蓝	20cm(8钉)不锈钢	把	6.30	武义县泉溪三联五金工具厂
镜面抹泥板	凯得蓝	20cm(8钉)小铁板	把	4.20	武义县泉溪三联五金工具厂
镜面抹泥板	凯得蓝	24cm(9钉)小铁板	把	4.90	武义县泉溪三联五金工具厂
不锈钢地坪镘刀	普通	1mm齿,9.5×30cm	把	21.00	上海程申实业有限公司
不锈钢地坪镘刀	普通	2mm齿,9.5×30cm	把	21.00	上海程申实业有限公司
不锈钢地坪镘刀	普通	3mm齿,9.5×30cm	把	21.00	上海程申实业有限公司
不锈钢地坪镘刀	普通	平口,9.5×30cm	把	21.00	上海程申实业有限公司
钢锹	普通	标准	把	11.31	上海曦阳五金电器有限公司
硅藻泥抹泥板	普通	长240mm×上宽76mm×下宽90mm,2140B	把	35.00	上海程申实业有限公司
军锹	普通	标准	个	14.56	上海曦阳五金电器有限公司
泥桶	普通	大号	个	4.50	上海晶贝水性涂料经营部
泡砖箱	普通	外径:530×380×290mm,内径:465×350×280mm,蓝	个	49.00	上海德羊实业有限公司
泡砖箱	普通	外径:535×412×332mm,内径:500×380×320mm,蓝	个	63.00	上海德羊实业有限公司
撬棍	普通	大黑	根	74.20	上海曦阳五金电器有限公司
撬棍	普通	蓝	根	18.20	上海曦阳五金电器有限公司
铁锹	普通	大号	个	16.80	上海曦阳五金电器有限公司
铁锹柄	普通	1.3m	把	4.50	上海曦阳五金电器有限公司
铁锹柄	普通	1m	把	4.60	上海曦阳五金电器有限公司
铁锹头	普通	铁	把	9.00	上海曦阳五金电器有限公司

续表

产品名称	品牌	规格型号	包装单位	参考价格(元)	供应商
瓦刀	普通	皮柄	把	4.90	上海曦阳五金电器有限公司
抹泥板	三联	20cm(8钉)小铁板	把	3.30	武义县泉溪三联五金工具厂
抹泥板	三联	45cm双端铁板	把	7.00	武义县泉溪三联五金工具厂
抹泥板	三联	50cm双端铁板	把	8.40	武义县泉溪三联五金工具厂
抹泥板	三联	60cm双端铁板	把	9.80	武义县泉溪三联五金工具厂
抹泥板	三联	75cm双端铁板	把	12.60	武义县泉溪三联五金工具厂

3.8.2 泥工耗材

产品名称	品牌	规格型号	包装单位	参考价格(元)	供应商
玻璃胶	大友	373酸性快干透明	支(300mL/支)	7.70	广州市大友装饰材料实业有限公司
玻璃胶	大友	668酸性快干透明	支(300mL/支)	6.38	广州市大友装饰材料实业有限公司
玻璃胶	大友	911快干中性带色	支(300mL/支)	9.35	广州市大友装饰材料实业有限公司
玻璃胶	大友	911快干中性透明	支(300mL/支)	9.90	广州市大友装饰材料实业有限公司
玻璃胶	大友	风影793带色	支(300mL/支)	7.15	广州市大友装饰材料实业有限公司
玻璃胶	大友	风影793透明	支(300mL/支)	7.70	广州市大友装饰材料实业有限公司
玻璃胶	大友	镜子专用胶	支(300mL/支)	16.50	广州市大友装饰材料实业有限公司
玻璃胶	大友	名将793带色	支(260mL/支)	6.05	广州市大友装饰材料实业有限公司
玻璃胶	大友	名将793透明	支(260mL/支)	7.15	广州市大友装饰材料实业有限公司
玻璃胶	大友	威士丽793带色	支(300mL/支)	7.15	广州市大友装饰材料实业有限公司
玻璃胶	大友	威士丽793透明	支(300mL/支)	8.25	广州市大友装饰材料实业有限公司
玻璃胶	大友	卫浴防霉专用胶	支(300mL/支)	15.95	广州市大友装饰材料实业有限公司
结构胶	大友	363软管结构胶	支(590mL/支)	27.50	广州市大友装饰材料实业有限公司
结构胶	大友	838软管结构胶	支(590mL/支)	14.85	广州市大友装饰材料实业有限公司
结构胶	大友	888水族馆结构胶	支(300mL/支)	12.65	广州市大友装饰材料实业有限公司
结构胶	大友	可爱宝995软管结构胶	支(590mL/支)	12.10	广州市大友装饰材料实业有限公司
结构胶	大友	名将995软管结构胶	支(590mL/支)	16.50	广州市大友装饰材料实业有限公司
防霉硅胶	道康宁	白	支(300mL/支)	20.00	道康宁(中国)投资有限公司
防霉硅胶	道康宁	半透明	支(300mL/支)	20.00	道康宁(中国)投资有限公司

续表

产品名称	品牌	规格型号	包装单位	参考价格(元)	供应商
酸性硅胶	道康宁	透明	支(300mL/支)	13.75	道康宁(中国)投资有限公司
中性硅胶	道康宁	白	支(300mL/支)	14.90	道康宁(中国)投资有限公司
中性硅胶	道康宁	半透明	支(300mL/支)	14.10	道康宁(中国)投资有限公司
中性硅胶	道康宁	黑	支(300mL/支)	14.90	道康宁(中国)投资有限公司
瓷砖十字架	法高	1.5mm	包(100 粒/包)	2.20	昆明法高建材有限公司
瓷砖十字架	法高	1mm	包(100 粒/包)	2.00	昆明法高建材有限公司
瓷砖十字架	法高	2mm	包(100 粒/包)	2.40	昆明法高建材有限公司
瓷砖十字架	法高	3mm	包(100 粒/包)	3.00	昆明法高建材有限公司
瓷砖十字架	法高	5mm	包(100 粒/包)	4.00	昆明法高建材有限公司
结构胶	锋泾窗友	238 透明	支(590mL/支)	15.84	锋泾(中国)建材集团有限公司
结构胶	锋泾窗友	238 有色	支(590mL/支)	12.96	锋泾(中国)建材集团有限公司
结构胶	锋泾窗友	258 有色	支(590mL/支)	14.40	锋泾(中国)建材集团有限公司
结构胶	锋泾窗友	288 有色	支(590mL/支)	20.16	锋泾(中国)建材集团有限公司
结构胶	锋泾窗友	298 有色	支(590mL/支)	24.48	锋泾(中国)建材集团有限公司
酸性硅胶	锋泾窗友	738 有色/透明	瓶(300ml/瓶)	7.92	锋泾(中国)建材集团有限公司
酸性硅胶	锋泾窗友	768 有色/透明	瓶(300ml/瓶)	10.80	锋泾(中国)建材集团有限公司
酸性硅胶	锋泾窗友	778 透明	瓶(300ml/瓶)	12.24	锋泾(中国)建材集团有限公司
酸性硅胶	锋泾窗友	798 透明	瓶(300ml/瓶)	14.40	锋泾(中国)建材集团有限公司
中性硅胶	锋泾窗友	238 透明	瓶(300ml/瓶)	9.36	锋泾(中国)建材集团有限公司
中性硅胶	锋泾窗友	238 有色	瓶(300ml/瓶)	7.92	锋泾(中国)建材集团有限公司
中性硅胶	锋泾窗友	268 瓷白	支(300mL/支)	10.80	锋泾(中国)建材集团有限公司
中性硅胶	锋泾窗友	268 透明	支(300mL/支)	10.80	锋泾(中国)建材集团有限公司
中性硅胶	锋泾窗友	278 闪银色	支(300mL/支)	12.96	锋泾(中国)建材集团有限公司
中性硅胶	锋泾窗友	278 透明	支(300mL/支)	12.24	锋泾(中国)建材集团有限公司
瓷砖十字架	普通	1.5mm	包(100 个/包)	2.60	上海程申实业有限公司
瓷砖十字架	普通	1mm	包(100 个/包)	2.20	上海程申实业有限公司
瓷砖十字架	普通	2mm	包(100 个/包)	2.20	上海程申实业有限公司
瓷砖十字架	普通	3mm	包(100 个/包)	2.50	上海程申实业有限公司
瓷砖十字架	普通	4mm	包(100 个/包)	3.20	上海程申实业有限公司
瓷砖十字架	普通	6mm	包(100 个/包)	4.50	上海程申实业有限公司
镀锌扎丝/细铁丝	普通	25cm	箱(8kg/箱)	45.00	上海卿晔建材有限公司
镀锌扎丝/细铁丝	普通	30cm	箱(8kg/箱)	45.00	上海卿晔建材有限公司

续表

产品名称	品牌	规格型号	包装单位	参考价格(元)	供应商
镀锌扎丝/细铁丝	普通	35cm	箱(8kg/箱)	38.00	上海卿晔建材有限公司
镀锌扎丝/细铁丝	普通	40cm	箱(8kg/箱)	45.00	上海卿晔建材有限公司
镀锌扎丝/细铁丝	普通	45cm	箱(8kg/箱)	45.00	上海卿晔建材有限公司
镀锌扎丝/细铁丝	普通	50cm	箱(12kg/箱)	56.00	上海卿晔建材有限公司
硅胶枪	普通	不锈钢	把	12.00	上海程申实业有限公司
结构胶	普通	中性995,白色	支(590mL/支)	16.00	上海晶贝水性涂料经营部
结构胶	普通	中性995,黑色	支(590mL/支)	16.00	上海晶贝水性涂料经营部
结构胶	普通	中性995,透明	支(590mL/支)	18.00	上海晶贝水性涂料经营部
蛇皮袋	普通	垃圾袋	包(50个/包)	35.00	上海曦阳五金电器有限公司
铁丝网	普通	1×9.5m	卷	45.00	上海亚永建材经营部
牙签	普通	中130	包	5.00	上海程申实业有限公司
玻璃胶	日丰	酸性瓷白	个	7.70	日丰企业集团有限公司
玻璃胶	日丰	酸性透明	个	7.70	日丰企业集团有限公司
玻璃胶	日丰	中性793瓷白	个	7.70	日丰企业集团有限公司
玻璃胶	日丰	中性793黑色	个	7.70	日丰企业集团有限公司
玻璃胶	日丰	中性793透明	个	7.70	日丰企业集团有限公司
玻璃胶	日丰	中性793银灰	个	7.70	日丰企业集团有限公司
玻璃胶	日丰	中性防霉662(瓷白)	个	15.00	日丰企业集团有限公司
玻璃胶	日丰	中性防霉662(透明)	个	16.00	日丰企业集团有限公司
玻璃胶	日丰	中性防霉788(透明)	个	20.00	日丰企业集团有限公司
结构胶	日丰	中性995瓷白	个	11.00	日丰企业集团有限公司
结构胶	日丰	中性995黑色	个	11.00	日丰企业集团有限公司
结构胶	日丰	中性995灰色	个	11.00	日丰企业集团有限公司
结构胶	日丰	中性995透明	个	13.00	日丰企业集团有限公司
玻璃胶	三和	皇牌	支(250mL/支)	18.00	广东三和化工科技有限公司
玻璃胶	三和	通用酸性	支(270mL/支)	10.00	广东三和化工科技有限公司
玻璃胶	三和	中性密封	支(300mL/支)	10.00	广东三和化工科技有限公司
结构胶	三和	TB951L幕墙工程(软包装)	支(590mL/支)	28.00	广东三和化工科技有限公司

续表

产品名称	品牌	规格型号	包装单位	参考价格（元）	供应商
结构胶	三和	中性硅酮（软包装）	支(590mL/支)	18.00	广东三和化工科技有限公司
耐高温红胶	三和	标准	支	6.00	广东三和化工科技有限公司
耐高温红胶	三和	标准	支	8.00	广东三和化工科技有限公司
强力 AB 胶	三和	标准	套	4.00	广东三和化工科技有限公司
强力 AB 胶	三和	标准	套	7.00	广东三和化工科技有限公司

第 4 章　木工辅材

4.1　生态板背板及配件

4.1.1　生态板

产品名称	品牌	规格型号	包装单位	参考价格（元）	供应商
生态板 E0	大王椰	金杉木亮面,1220×2440×17	张	220.50	杭州大王椰控股集团有限公司
生态板 E0	大王椰	金杉木芯小浮雕,1220×2440×17	张	215.25	杭州大王椰控股集团有限公司
生态板 E0	大王椰	进口马六甲小浮雕,1220×2440×18	张	207.90	杭州大王椰控股集团有限公司
生态板 E0	德丽斯	多层柳桉芯,1220×2440×17,柔光暖白	张	181.50	上海艾未实业发展有限公司
生态板 E0	德丽斯	多层柳桉芯,1220×2440×17,柔光钛白	张	181.50	上海艾未实业发展有限公司
生态板 E0	德丽斯	马六甲芯,1220×2440×17,白栓	张	181.50	上海艾未实业发展有限公司
生态板 E0	德丽斯	马六甲芯,1220×2440×17,白水曲柳	张	181.50	上海艾未实业发展有限公司
生态板 E0	德丽斯	马六甲芯,1220×2440×17,白橡	张	181.50	上海艾未实业发展有限公司
生态板 E0	德丽斯	马六甲芯,1220×2440×17,白樱桃	张	181.50	上海艾未实业发展有限公司
生态板 E0	德丽斯	马六甲芯,1220×2440×17,帝龙白橡	张	181.50	上海艾未实业发展有限公司
生态板 E0	德丽斯	马六甲芯,1220×2440×17,枫木	张	181.50	上海艾未实业发展有限公司
生态板 E0	德丽斯	马六甲芯,1220×2440×17,浮雕白水曲柳	张	202.23	上海艾未实业发展有限公司
生态板 E0	德丽斯	马六甲芯,1220×2440×17,浮雕黑水曲柳	张	202.23	上海艾未实业发展有限公司
生态板 E0	德丽斯	马六甲芯,1220×2440×17,浮雕红水曲柳	张	202.23	上海艾未实业发展有限公司
生态板 E0	德丽斯	马六甲芯,1220×2440×17,浮雕黄水曲柳	张	202.23	上海艾未实业发展有限公司
生态板 E0	德丽斯	马六甲芯,1220×2440×17,浮雕暖白	张	202.23	上海艾未实业发展有限公司
生态板 E0	德丽斯	马六甲芯,1220×2440×17,黑胡桃	张	181.50	上海艾未实业发展有限公司

续表

产品名称	品牌	规格型号	包装单位	参考价格（元）	供应商
生态板 E0	德丽斯	马六甲芯，1220×2440×17，黑檀	张	181.50	上海艾未实业发展有限公司
生态板 E0	德丽斯	马六甲芯，1220×2440×17，红枫	张	181.50	上海艾未实业发展有限公司
生态板 E0	德丽斯	马六甲芯，1220×2440×17，红胡桃	张	181.50	上海艾未实业发展有限公司
生态板 E0	德丽斯	马六甲芯，1220×2440×17，红橡	张	181.50	上海艾未实业发展有限公司
生态板 E0	德丽斯	马六甲芯，1220×2440×17，红樱桃	张	181.50	上海艾未实业发展有限公司
生态板 E0	德丽斯	马六甲芯，1220×2440×17，黄水曲柳	张	181.50	上海艾未实业发展有限公司
生态板 E0	德丽斯	马六甲芯，1220×2440×17，暖白	张	181.50	上海艾未实业发展有限公司
生态板 E0	德丽斯	马六甲芯，1220×2440×17，苹果木	张	181.50	上海艾未实业发展有限公司
生态板 E0	德丽斯	马六甲芯，1220×2440×17，浅胡桃	张	181.50	上海艾未实业发展有限公司
生态板 E0	德丽斯	马六甲芯，1220×2440×17，沙比利	张	181.50	上海艾未实业发展有限公司
生态板 E0	德丽斯	马六甲芯，1220×2440×17，钛白	张	181.50	上海艾未实业发展有限公司
生态板 E0	德丽斯	马六甲芯，1220×2440×17，天山雪松	张	181.50	上海艾未实业发展有限公司
生态板 E0	德丽斯	马六甲芯，1220×2440×17，银丝橡木	张	181.50	上海艾未实业发展有限公司
生态板 E0	德丽斯	马六甲芯，1220×2440×17，柚木	张	181.50	上海艾未实业发展有限公司
生态板 E0	德丽斯	马六甲芯，1220×2440×17，棕胡桃	张	181.50	上海艾未实业发展有限公司
生态板 E1	德丽斯	马六甲芯，1220×2440×17，白栓	张	160.60	上海艾未实业发展有限公司
生态板 E1	德丽斯	马六甲芯，1220×2440×17，白水曲柳	张	160.60	上海艾未实业发展有限公司
生态板 E1	德丽斯	马六甲芯，1220×2440×17，白橡	张	160.60	上海艾未实业发展有限公司
生态板 E1	德丽斯	马六甲芯，1220×2440×17，白樱桃	张	160.60	上海艾未实业发展有限公司
生态板 E1	德丽斯	马六甲芯，1220×2440×17，帝龙白橡	张	160.60	上海艾未实业发展有限公司
生态板 E1	德丽斯	马六甲芯，1220×2440×17，枫木	张	160.60	上海艾未实业发展有限公司
生态板 E1	德丽斯	马六甲芯，1220×2440×17，浮雕暖白	张	160.60	上海艾未实业发展有限公司
生态板 E1	德丽斯	马六甲芯，1220×2440×17，黑胡桃	张	160.60	上海艾未实业发展有限公司
生态板 E1	德丽斯	马六甲芯，1220×2440×17，黑檀	张	167.20	上海艾未实业发展有限公司
生态板 E1	德丽斯	马六甲芯，1220×2440×17，红枫	张	160.60	上海艾未实业发展有限公司
生态板 E1	德丽斯	马六甲芯，1220×2440×17，红胡桃	张	160.60	上海艾未实业发展有限公司
生态板 E1	德丽斯	马六甲芯，1220×2440×17，红橡	张	160.60	上海艾未实业发展有限公司
生态板 E1	德丽斯	马六甲芯，1220×2440×17，红樱桃	张	160.60	上海艾未实业发展有限公司
生态板 E1	德丽斯	马六甲芯，1220×2440×17，黄水曲柳	张	160.60	上海艾未实业发展有限公司
生态板 E1	德丽斯	马六甲芯，1220×2440×17，暖白	张	160.60	上海艾未实业发展有限公司
生态板 E1	德丽斯	马六甲芯，1220×2440×17，苹果木	张	160.60	上海艾未实业发展有限公司
生态板 E1	德丽斯	马六甲芯，1220×2440×17，浅胡桃	张	160.60	上海艾未实业发展有限公司

续表

产品名称	品牌	规格型号	包装单位	参考价格（元）	供应商
生态板 E1	德丽斯	马六甲芯，1220×2440×17，沙比利	张	160.60	上海艾未实业发展有限公司
生态板 E1	德丽斯	马六甲芯，1220×2440×17，钛白	张	160.60	上海艾未实业发展有限公司
生态板 E1	德丽斯	马六甲芯，1220×2440×17，天山雪松	张	160.60	上海艾未实业发展有限公司
生态板 E1	德丽斯	马六甲芯，1220×2440×17，柚木	张	160.60	上海艾未实业发展有限公司
生态板 E1	德丽斯	马六甲芯，1220×2440×17，棕胡桃	张	160.60	上海艾未实业发展有限公司
生态板	福景丽家	1220×2440×18，E0级	张	195.00	临沂市福德木业有限公司
生态板	金汉	杨桉，1220×2440×9，金菱白水曲柳	张	65.00	武汉双龙木业发展有限责任公司
生态板	金汉	杨桉，1220×2440×9，金菱白象牙	张	65.00	武汉双龙木业发展有限责任公司
生态板	金汉	杨桉，1220×2440×9，金菱桂香利	张	65.00	武汉双龙木业发展有限责任公司
生态板	金汉	杨桉，1220×2440×9，金菱红樱桃	张	65.00	武汉双龙木业发展有限责任公司
生态板	金汉	杨桉，1220×2440×9，金菱加州胡桃	张	65.00	武汉双龙木业发展有限责任公司
生态板	金汉	杨桉，1220×2440×9，金菱留金岁月	张	65.00	武汉双龙木业发展有限责任公司
生态板	金汉	杨桉，1220×2440×9，金菱暖白幻影	张	65.00	武汉双龙木业发展有限责任公司
生态板	金汉	杨桉，1220×2440×9，金菱思缘橡木	张	65.00	武汉双龙木业发展有限责任公司
生态板	金汉	杨桉，1220×2440×9，金菱天山雪松	张	65.00	武汉双龙木业发展有限责任公司
生态板	金汉	杨桉，1220×2440×9，金菱雅枫	张	65.00	武汉双龙木业发展有限责任公司
生态板	金汉	杨桉，1220×2440×9，金菱雨丝银橡	张	65.00	武汉双龙木业发展有限责任公司
生态板 E0	金汉	马六甲，1220×2440×17，白象牙	张	215.00	武汉双龙木业发展有限责任公司
生态板 E0	金汉	马六甲，1220×2440×17，黄鳄鱼皮	张	215.00	武汉双龙木业发展有限责任公司
生态板 E0	金汉	马六甲，1220×2440×17，金粉饰家	张	215.00	武汉双龙木业发展有限责任公司
生态板 E0	金汉	马六甲，1220×2440×17，暖白鳄鱼皮	张	215.00	武汉双龙木业发展有限责任公司
生态板 E0	金汉	马六甲，1220×2440×17，千丝万缕	张	215.00	武汉双龙木业发展有限责任公司
生态板 E0	金汉	马六甲，1220×2440×17，烟雨江南	张	215.00	武汉双龙木业发展有限责任公司
生态板 E0	金汉	全枫杨，1220×2440×17.5，白鳄鱼皮	张	225.00	武汉双龙木业发展有限责任公司
生态板 E0	金汉	全枫杨，1220×2440×17.5，白象牙	张	225.00	武汉双龙木业发展有限责任公司
生态板 E0	金汉	全枫杨，1220×2440×17.5，冰清玉洁	张	225.00	武汉双龙木业发展有限责任公司
生态板 E0	金汉	全枫杨，1220×2440×17.5，浮雕暖白	张	225.00	武汉双龙木业发展有限责任公司
生态板 E0	金汉	全枫杨，1220×2440×17.5，黄鳄鱼皮	张	225.00	武汉双龙木业发展有限责任公司
生态板 E0	金汉	全枫杨，1220×2440×17.5，节节高升	张	225.00	武汉双龙木业发展有限责任公司
生态板 E0	金汉	全枫杨，1220×2440×17.5，柔光白栓双面贴	张	225.00	武汉双龙木业发展有限责任公司

续表

产品名称	品牌	规格型号	包装单位	参考价格（元）	供应商
生态板 E0	金汉	全枫杨，1220×2440×17.5，柔光黑胡桃	张	225.00	武汉双龙木业发展有限责任公司
生态板 E0	金汉	全枫杨，1220×2440×17.5，柔光苹果木	张	225.00	武汉双龙木业发展有限责任公司
生态板 E0	金汉	全枫杨，1220×2440×17.5，柔光山纹白枫	张	225.00	武汉双龙木业发展有限责任公司
生态板 E0	金汉	全枫杨，1220×2440×17.5，柔光泰柚	张	225.00	武汉双龙木业发展有限责任公司
生态板 E0	金汉	全枫杨，1220×2440×17.5，柔光雨丝银橡	张	225.00	武汉双龙木业发展有限责任公司
生态板 E1	金汉	柳桉，1220×2440×9，白鳄鱼皮	张	108.00	武汉双龙木业发展有限责任公司
生态板 E1	金汉	柳桉，1220×2440×9，白鳄鱼皮	张	108.00	武汉双龙木业发展有限责任公司
生态板 E1	金汉	柳桉，1220×2440×9，白栓	张	108.00	武汉双龙木业发展有限责任公司
生态板 E1	金汉	柳桉，1220×2440×9，白象牙	张	108.00	武汉双龙木业发展有限责任公司
生态板 E1	金汉	柳桉，1220×2440×9，白象牙	张	108.00	武汉双龙木业发展有限责任公司
生态板 E1	金汉	柳桉，1220×2440×9，冰清玉洁	张	108.00	武汉双龙木业发展有限责任公司
生态板 E1	金汉	柳桉，1220×2440×9，浮雕暖白	张	108.00	武汉双龙木业发展有限责任公司
生态板 E1	金汉	柳桉，1220×2440×9，黑胡桃	张	108.00	武汉双龙木业发展有限责任公司
生态板 E1	金汉	柳桉，1220×2440×9，黄鳄鱼皮	张	108.00	武汉双龙木业发展有限责任公司
生态板 E1	金汉	柳桉，1220×2440×9，黄鳄鱼皮	张	108.00	武汉双龙木业发展有限责任公司
生态板 E1	金汉	柳桉，1220×2440×9，节节高升	张	108.00	武汉双龙木业发展有限责任公司
生态板 E1	金汉	柳桉，1220×2440×9，金粉饰家	张	108.00	武汉双龙木业发展有限责任公司
生态板 E1	金汉	柳桉，1220×2440×9，苹果木	张	108.00	武汉双龙木业发展有限责任公司
生态板 E1	金汉	柳桉，1220×2440×9，千丝万缕	张	108.00	武汉双龙木业发展有限责任公司
生态板 E1	金汉	柳桉，1220×2440×9，山纹白枫	张	108.00	武汉双龙木业发展有限责任公司
生态板 E1	金汉	柳桉，1220×2440×9，泰柚	张	108.00	武汉双龙木业发展有限责任公司
生态板 E1	金汉	柳桉，1220×2440×9，烟雨江南	张	108.00	武汉双龙木业发展有限责任公司
生态板 E1	金汉	柳桉，1220×2440×9，雨丝银橡	张	108.00	武汉双龙木业发展有限责任公司
生态板 E1	金汉	马六甲，1220×2440×17.5，白象牙	张	188.00	武汉双龙木业发展有限责任公司
生态板 E1	金汉	马六甲，1220×2440×17，红樱桃	张	188.00	武汉双龙木业发展有限责任公司
生态板 E1	金汉	马六甲，1220×2440×17，暖白幻影	张	192.00	武汉双龙木业发展有限责任公司
生态板 E1	金汉	马六甲，1220×2440×17，柔光白水曲柳	张	192.00	武汉双龙木业发展有限责任公司

续表

产品名称	品牌	规格型号	包装单位	参考价格（元）	供应商
生态板 E1	金汉	马六甲，1220×2440×17，柔光桂香利	张	192.00	武汉双龙木业发展有限责任公司
生态板 E1	金汉	马六甲，1220×2440×17，柔光加州胡桃	张	192.00	武汉双龙木业发展有限责任公司
生态板 E1	金汉	马六甲，1220×2440×17，柔光留金岁月	张	192.00	武汉双龙木业发展有限责任公司
生态板 E1	金汉	马六甲，1220×2440×17，柔光思缘橡木	张	192.00	武汉双龙木业发展有限责任公司
生态板 E1	金汉	马六甲，1220×2440×17，柔光天仙雪松	张	188.00	武汉双龙木业发展有限责任公司
生态板 E1	金汉	马六甲，1220×2440×17，柔光雨丝银橡	张	192.00	武汉双龙木业发展有限责任公司
生态板 E1	金汉	马六甲，1220×2440×17，雅枫	张	188.00	武汉双龙木业发展有限责任公司
生态板	莫干山	E0级马六甲 2440×1220×17，白枫木	张	283.00	浙江升华云峰新材股份有限公司
生态板	莫干山	E0级马六甲 2440×1220×17，北欧白橡	张	283.00	浙江升华云峰新材股份有限公司
生态板	莫干山	E0级马六甲 2440×1220×17，奶白	张	283.00	浙江升华云峰新材股份有限公司
生态板	莫干山	E0级马六甲 2440×1220×17，茜菲枫木	张	283.00	浙江升华云峰新材股份有限公司
生态板	莫干山	E0级香杉木 2440×1220×17，巴西酸枝	张	315.00	浙江升华云峰新材股份有限公司
生态板	莫干山	E0级香杉木 2440×1220×17，北欧白橡	张	315.00	浙江升华云峰新材股份有限公司
生态板	莫干山	E0级香杉木 2440×1220×17，红橡	张	315.00	浙江升华云峰新材股份有限公司
生态板	莫干山	E0级香杉木 2440×1220×17，卡佛尼	张	315.00	浙江升华云峰新材股份有限公司
生态板	莫干山	E0级香杉木 2440×1220×17，奶白	张	315.00	浙江升华云峰新材股份有限公司
生态板	莫干山	E0级香杉木 2440×1220×17，苹果木	张	315.00	浙江升华云峰新材股份有限公司
生态板	莫干山	E0级香杉木 2440×1220×17，茜菲枫木	张	315.00	浙江升华云峰新材股份有限公司
生态板	莫干山	E0级香杉木 2440×1220×17，王朝枫木	张	315.00	浙江升华云峰新材股份有限公司

续表

产品名称	品牌	规格型号	包装单位	参考价格（元）	供应商
生态板	莫干山	E0级香杉木2440×1220×17，香山云橡	张	315.00	浙江升华云峰新材股份有限公司
生态板	莫干山	E0级香杉木2440×1220×17，亚光白富贵牡丹	张	315.00	浙江升华云峰新材股份有限公司
生态板	莫干山	E0级香杉木2440×1220×17，亚光白孔雀开屏	张	315.00	浙江升华云峰新材股份有限公司
生态板	莫干山	E0级香杉木2440×1220×17，亚光红富贵牡丹	张	315.00	浙江升华云峰新材股份有限公司
生态板	莫干山	E0级香杉木2440×1220×17，亚光红孔雀开屏	张	315.00	浙江升华云峰新材股份有限公司
生态板	莫干山	E0级香杉木2440×1220×7，单面贴	张	158.00	浙江升华云峰新材股份有限公司
生态板	莫干山	E1级 马六甲2440×1220×17，巴西酸枝	张	272.00	浙江升华云峰新材股份有限公司
生态板	莫干山	E1级 马六甲2440×1220×17，白枫木	张	272.00	浙江升华云峰新材股份有限公司
生态板	莫干山	E1级 马六甲2440×1220×17，白色浮雕	张	272.00	浙江升华云峰新材股份有限公司
生态板	莫干山	E1级 马六甲2440×1220×17，白橡	张	272.00	浙江升华云峰新材股份有限公司
生态板	莫干山	E1级 马六甲2440×1220×17，北欧白橡	张	272.00	浙江升华云峰新材股份有限公司
生态板	莫干山	E1级 马六甲2440×1220×17，布纹	张	272.00	浙江升华云峰新材股份有限公司
生态板	莫干山	E1级 马六甲2440×1220×17，古梨木	张	272.00	浙江升华云峰新材股份有限公司
生态板	莫干山	E1级 马六甲2440×1220×17，红橡	张	272.00	浙江升华云峰新材股份有限公司
生态板	莫干山	E1级 马六甲2440×1220×17，奶白	张	272.00	浙江升华云峰新材股份有限公司
生态板	莫干山	E1级 马六甲2440×1220×17，苹果木	张	272.00	浙江升华云峰新材股份有限公司
生态板	莫干山	E1级 马六甲2440×1220×17，茜菲枫木	张	272.00	浙江升华云峰新材股份有限公司
生态板	莫干山	E1级 马六甲2440×1220×17，水曲柳	张	272.00	浙江升华云峰新材股份有限公司
生态板	莫干山	E1级柳桉2440×1220×17，单面贴	张	108.00	浙江升华云峰新材股份有限公司
生态板	莫干山	E1级柳桉2440×1220×17，单面贴	张	135.00	浙江升华云峰新材股份有限公司
生态板	莫干山	E1级香杉木2440×1220×17，北欧白橡	张	292.00	浙江升华云峰新材股份有限公司

续表

产品名称	品牌	规格型号	包装单位	参考价格（元）	供应商
生态板	莫干山	E1 级香杉木 2440×1220×17，红橡	张	292.00	浙江升华云峰新材股份有限公司
生态板	莫干山	E1 级香杉木 2440×1220×17，奶白	张	292.00	浙江升华云峰新材股份有限公司
生态板	莫干山	E1 级香杉木 2440×1220×17，苹果木	张	292.00	浙江升华云峰新材股份有限公司
生态板	莫干山	E1 级香杉木 2440×1220×17，茜菲枫木	张	292.00	浙江升华云峰新材股份有限公司
生态板	莫干山	E1 级香杉木 2440×1220×17，王朝枫木	张	292.00	浙江升华云峰新材股份有限公司
生态板	莫干山	E1 级香杉木 2440×1220×17，香山云橡	张	292.00	浙江升华云峰新材股份有限公司
生态板 E1	普通	马六甲芯，1220×2440×17，白栓	张	160.60	上海羿臣实业有限公司
生态板 E1	普通	马六甲芯，1220×2440×17，淡雅清风	张	160.60	上海羿臣实业有限公司
生态板 E1	普通	马六甲芯，1220×2440×17，枫木	张	160.60	上海羿臣实业有限公司
生态板 E1	普通	马六甲芯，1220×2440×17，黑胡桃	张	160.60	上海羿臣实业有限公司
生态板 E1	普通	马六甲芯，1220×2440×17，黑檀	张	160.60	上海羿臣实业有限公司
生态板 E1	普通	马六甲芯，1220×2440×17，红橡	张	160.60	上海羿臣实业有限公司
生态板 E1	普通	马六甲芯，1220×2440×17，红樱桃	张	160.60	上海羿臣实业有限公司
生态板 E1	普通	马六甲芯，1220×2440×17，胡桃木	张	160.60	上海羿臣实业有限公司
生态板 E1	普通	马六甲芯，1220×2440×17，黄水曲柳	张	160.60	上海羿臣实业有限公司
生态板 E1	普通	马六甲芯，1220×2440×17，洁白	张	160.60	上海羿臣实业有限公司
生态板 E1	普通	马六甲芯，1220×2440×17，暖白	张	160.60	上海羿臣实业有限公司
生态板 E1	普通	马六甲芯，1220×2440×17，沙比利	张	160.60	上海羿臣实业有限公司
生态板 E1	普通	马六甲芯，1220×2440×17，银丝橡木	张	160.60	上海羿臣实业有限公司
生态板 E1	普通	马六甲芯，1220×2440×17，樱桃木	张	160.60	上海羿臣实业有限公司
生态板 E1	普通	马六甲芯，1220×2440×17，柚木	张	160.60	上海羿臣实业有限公司
生态板 E0	千年舟	马六甲芯，1220×2440×17	张	208.00	千年舟新材销售有限公司
生态板 E0	千年舟	杉木芯，1220×2440×17	张	255.00	千年舟新材销售有限公司
生态板 E1	千年舟	马六甲芯，1220×2440×17	张	200.00	千年舟新材销售有限公司
生态板 E0	声达	进口多层柳桉芯，1220×2440×17，欧洲风韵	张	229.90	上海声达木业有限公司
生态板 E0	声达	进口多层柳桉芯，1220×2440×17，欧洲橡木	张	229.90	上海声达木业有限公司

续表

产品名称	品牌	规格型号	包装单位	参考价格（元）	供应商
生态板 E0	声达	进口多层柳桉芯，1220×2440×17，柔光白大花	张	229.90	上海声达木业有限公司
生态板 E0	声达	进口多层柳桉芯，1220×2440×17，柔光白猫眼	张	229.90	上海声达木业有限公司
生态板 E0	声达	进口多层柳桉芯，1220×2440×17，柔光紫檀	张	229.90	上海声达木业有限公司
生态板 E0	声达	进口马六甲，1220×2440×17，白麻	张	229.90	上海声达木业有限公司
生态板 E0	声达	进口马六甲，1220×2440×17，白栓	张	218.90	上海声达木业有限公司
生态板 E0	声达	进口马六甲，1220×2440×17，白橡	张	218.90	上海声达木业有限公司
生态板 E0	声达	进口马六甲，1220×2440×17，白樱桃	张	218.90	上海声达木业有限公司
生态板 E0	声达	进口马六甲，1220×2440×17，非洲橡木	张	229.90	上海声达木业有限公司
生态板 E0	声达	进口马六甲，1220×2440×17，浮雕白	张	240.90	上海声达木业有限公司
生态板 E0	声达	进口马六甲，1220×2440×17，浮雕白栓	张	240.90	上海声达木业有限公司
生态板 E0	声达	进口马六甲，1220×2440×17，浮雕黑	张	240.90	上海声达木业有限公司
生态板 E0	声达	进口马六甲，1220×2440×17，浮雕黄	张	240.90	上海声达木业有限公司
生态板 E0	声达	进口马六甲，1220×2440×17，黑胡桃	张	229.90	上海声达木业有限公司
生态板 E0	声达	进口马六甲，1220×2440×17，黑檀	张	229.90	上海声达木业有限公司
生态板 E0	声达	进口马六甲，1220×2440×17，红酸枝	张	229.90	上海声达木业有限公司
生态板 E0	声达	进口马六甲，1220×2440×17，红橡	张	218.90	上海声达木业有限公司
生态板 E0	声达	进口马六甲，1220×2440×17，红樱桃	张	218.90	上海声达木业有限公司
生态板 E0	声达	进口马六甲，1220×2440×17，胡桃木	张	218.90	上海声达木业有限公司
生态板 E0	声达	进口马六甲，1220×2440×17，洁白	张	218.90	上海声达木业有限公司
生态板 E0	声达	进口马六甲，1220×2440×17，美国樱桃	张	229.90	上海声达木业有限公司
生态板 E0	声达	进口马六甲，1220×2440×17，暖白	张	229.90	上海声达木业有限公司
生态板 E0	声达	进口马六甲，1220×2440×17，柔光胡桃木	张	229.90	上海声达木业有限公司
生态板 E0	声达	进口马六甲，1220×2440×17，柔光花布纹	张	229.90	上海声达木业有限公司
生态板 E0	声达	进口马六甲，1220×2440×17，沙比利	张	229.90	上海声达木业有限公司

续表

产品名称	品牌	规格型号	包装单位	参考价格（元）	供应商
生态板E0	声达	进口马六甲，1220×2440×17，水曲柳	张	218.90	上海声达木业有限公司
生态板E0	声达	进口马六甲，1220×2440×17，松木	张	218.90	上海声达木业有限公司
生态板E0	声达	进口马六甲，1220×2440×17，银丝橡木	张	218.90	上海声达木业有限公司
生态板E0	声达	进口马六甲，1220×2440×17，柚木	张	218.90	上海声达木业有限公司
生态板E0	声达	杉木芯，1220×2440×17，白栓	张	240.90	上海声达木业有限公司
生态板E0	声达	杉木芯，1220×2440×17，白橡	张	240.90	上海声达木业有限公司
生态板E0	声达	杉木芯，1220×2440×17，非洲橡木	张	240.90	上海声达木业有限公司
生态板E0	声达	杉木芯，1220×2440×17，浮雕白	张	240.90	上海声达木业有限公司
生态板E0	声达	杉木芯，1220×2440×17，胡桃木	张	240.90	上海声达木业有限公司
生态板E0	声达	杉木芯，1220×2440×17，暖白	张	240.90	上海声达木业有限公司
生态板E0	声达	杉木芯，1220×2440×17，银丝橡木	张	240.90	上海声达木业有限公司
生态板	兔宝宝	TRUE感系列马六甲芯，1220×2440×17，巴西酸枝	张	251.90	德华兔宝宝装饰新材股份有限公司
生态板	兔宝宝	TRUE感系列马六甲芯，1220×2440×17，北美橡木	张	251.90	德华兔宝宝装饰新材股份有限公司
生态板	兔宝宝	TRUE感系列马六甲芯，1220×2440×17，芬兰梨木	张	251.90	德华兔宝宝装饰新材股份有限公司
生态板	兔宝宝	TRUE感系列马六甲芯，1220×2440×17，富贵江南	张	251.90	德华兔宝宝装饰新材股份有限公司
生态板	兔宝宝	TRUE感系列马六甲芯，1220×2440×17，皇家橡木	张	251.90	德华兔宝宝装饰新材股份有限公司
生态板	兔宝宝	TRUE感系列马六甲芯，1220×2440×17，瑞典胡桃木	张	251.90	德华兔宝宝装饰新材股份有限公司
生态板	兔宝宝	TRUE感系列马六甲芯，1220×2440×17，威尼斯木	张	251.90	德华兔宝宝装饰新材股份有限公司
生态板	兔宝宝	TRUE感系列马六甲芯，1220×2440×17，印度檀香	张	251.90	德华兔宝宝装饰新材股份有限公司
生态板E0	兔宝宝	马六甲芯，1220×2440×17，白橡	张	236.50	德华兔宝宝装饰新材股份有限公司
生态板E0	兔宝宝	马六甲芯，1220×2440×17，白樱桃	张	236.50	德华兔宝宝装饰新材股份有限公司

续表

产品名称	品牌	规格型号	包装单位	参考价格（元）	供应商
生态板 E0	兔宝宝	马六甲芯，1220×2440×17，北欧栓木	张	236.50	德华兔宝宝装饰新材股份有限公司
生态板 E0	兔宝宝	马六甲芯，1220×2440×17，核桃木	张	236.50	德华兔宝宝装饰新材股份有限公司
生态板 E0	兔宝宝	马六甲芯，1220×2440×17，黑檀	张	236.50	德华兔宝宝装饰新材股份有限公司
生态板 E0	兔宝宝	马六甲芯，1220×2440×17，红橡	张	236.50	德华兔宝宝装饰新材股份有限公司
生态板 E0	兔宝宝	马六甲芯，1220×2440×17，胡桃木	张	236.50	德华兔宝宝装饰新材股份有限公司
生态板 E0	兔宝宝	马六甲芯，1220×2440×17，浪漫之都	张	236.50	德华兔宝宝装饰新材股份有限公司
生态板 E0	兔宝宝	马六甲芯，1220×2440×17，卢浮宫白（花）	张	236.50	德华兔宝宝装饰新材股份有限公司
生态板 E0	兔宝宝	马六甲芯，1220×2440×17，罗马浮雕	张	251.90	德华兔宝宝装饰新材股份有限公司
生态板 E0	兔宝宝	马六甲芯，1220×2440×17，暖白（花）	张	236.50	德华兔宝宝装饰新材股份有限公司
生态板 E0	兔宝宝	马六甲芯，1220×2440×17，苹果木	张	236.50	德华兔宝宝装饰新材股份有限公司
生态板 E0	兔宝宝	马六甲芯，1220×2440×17，沙比利	张	236.50	德华兔宝宝装饰新材股份有限公司
生态板 E0	兔宝宝	马六甲芯，1220×2440×17，水曲柳浮雕	张	251.90	德华兔宝宝装饰新材股份有限公司
生态板 E0	兔宝宝	马六甲芯，1220×2440×17，银丝橡木	张	236.50	德华兔宝宝装饰新材股份有限公司
生态板 E0	兔宝宝	马六甲芯，1220×2440×17，柚木	张	236.50	德华兔宝宝装饰新材股份有限公司
生态板 E0	兔宝宝	杉木芯，1220×2440×17，白橡	张	270.00	德华兔宝宝装饰新材股份有限公司
生态板 E0	兔宝宝	杉木芯，1220×2440×17，白樱桃	张	270.00	德华兔宝宝装饰新材股份有限公司

续表

产品名称	品牌	规格型号	包装单位	参考价格（元）	供应商
生态板 E0	兔宝宝	杉木芯，1220×2440×17，北欧栓木	张	270.00	德华兔宝宝装饰新材股份有限公司
生态板 E0	兔宝宝	杉木芯，1220×2440×17，核桃木	张	270.00	德华兔宝宝装饰新材股份有限公司
生态板 E0	兔宝宝	杉木芯，1220×2440×17，红橡	张	270.00	德华兔宝宝装饰新材股份有限公司
生态板 E0	兔宝宝	杉木芯，1220×2440×17，胡桃木	张	270.00	德华兔宝宝装饰新材股份有限公司
生态板 E0	兔宝宝	杉木芯，1220×2440×17，罗马浮雕	张	280.00	德华兔宝宝装饰新材股份有限公司
生态板 E0	兔宝宝	杉木芯，1220×2440×17，暖白（花）	张	270.00	德华兔宝宝装饰新材股份有限公司
生态板 E0	兔宝宝	杉木芯，1220×2440×17，苹果木	张	270.00	德华兔宝宝装饰新材股份有限公司
生态板 E0	兔宝宝	杉木芯，1220×2440×17，水曲柳浮雕	张	280.00	德华兔宝宝装饰新材股份有限公司
生态板 E0	兔宝宝	杉木芯，1220×2440×17，银丝橡木	张	270.00	德华兔宝宝装饰新材股份有限公司
生态板 E0	兔宝宝	杉木芯，1220×2440×17，柚木	张	270.00	德华兔宝宝装饰新材股份有限公司
生态板 E0	万象	1220×2440×18，傲雪凌霜	张	274.56	湖南旺德府木业有限公司
生态板 E0	万象	1220×2440×18，白水曲柳	张	274.56	湖南旺德府木业有限公司
生态板 E0	万象	1220×2440×18，百川潮涌	张	277.20	湖南旺德府木业有限公司
生态板 E0	万象	1220×2440×18，浮雕暖白	张	283.80	湖南旺德府木业有限公司
生态板 E0	万象	1220×2440×18，胡桃木	张	277.20	湖南旺德府木业有限公司
生态板 E0	万象	1220×2440×18，欧松白橡	张	277.20	湖南旺德府木业有限公司
生态板 E0	万象	1220×2440×18，青枫	张	274.56	湖南旺德府木业有限公司
生态板 E0	万象	1220×2440×18，山川之韵	张	277.20	湖南旺德府木业有限公司
生态板 E0	万象	1220×2440×18，银丝白橡	张	274.56	湖南旺德府木业有限公司
生态板	维德红 A	杉木芯，1220×2440×18，白栓	张	190.00	维德木业（苏州）有限公司

续表

产品名称	品牌	规格型号	包装单位	参考价格(元)	供应商
生态板	维德红A	杉木芯,1220×2440×18,沉香	张	215.00	维德木业(苏州)有限公司
生态板	维德红A	杉木芯,1220×2440×18,贵族红木	张	190.00	维德木业(苏州)有限公司
生态板	维德红A	杉木芯,1220×2440×18,红枫	张	190.00	维德木业(苏州)有限公司
生态板	维德红A	杉木芯,1220×2440×18,暖白浮雕	张	190.00	维德木业(苏州)有限公司
生态板	维德红A	杉木芯,1220×2440×18,七彩橡木	张	190.00	维德木业(苏州)有限公司
生态板	维德红A	杉木芯,1220×2440×18,柔情似水	张	190.00	维德木业(苏州)有限公司
生态板	维德红A	杉木芯,1220×2440×18,熏衣布纹	张	190.00	维德木业(苏州)有限公司
生态板	维德红A	杉木芯,1220×2440×18,银松	张	190.00	维德木业(苏州)有限公司
生态板	维德红A	杉木芯,1220×2440×18,榆木	张	190.00	维德木业(苏州)有限公司
生态板	伟业	E0级 桉木 1.22×2.44×3.6,深浮雕水曲柳	张	165.00	广州市伟正木制品有限公司
生态板	伟业	E0级 金杉 1.22×2.44×1.7,莫克布纹	张	258.00	广州市伟正木制品有限公司
生态板	伟业	E0级 杉木 1.22×2.44×1.7,木工板	张	165.00	广州市伟正木制品有限公司
生态板	伟业	E1级 马六甲 1.22×2.44×1.7,桂香梨	张	198.00	广州市伟正木制品有限公司
生态板	伟业	E0级 马六甲 1.22×2.44×1.7,奥运橡木	张	238.00	广州市伟正木制品有限公司
生态板	伟业	E0级 马六甲 1.22×2.44×1.7,布纹	张	238.00	广州市伟正木制品有限公司
生态板	伟业	E0级 马六甲 1.22×2.44×1.7,大浮雕	张	228.00	广州市伟正木制品有限公司

续表

产品名称	品牌	规格型号	包装单位	参考价格（元）	供应商
生态板	伟业	EO级 马六甲 1.22×2.44×1.7，经典泰柚	张	238.00	广州市伟正木制品有限公司
生态板	伟业	EO级 马六甲 1.22×2.44×1.7，实木芯石纹	张	368.00	广州市伟正木制品有限公司
生态板	伟业	EO级 马六甲 1.22×2.44×1.7，天堂花梨	张	228.00	广州市伟正木制品有限公司
生态板	伟业	EO级 马六甲 1.22×2.44×1.7，银丝白橡	张	228.00	广州市伟正木制品有限公司
生态板	伟业	EO级 马六甲 1.22×2.44×1.7，雨丝橡木	张	238.00	广州市伟正木制品有限公司
浅浮雕面系列生态木工板 E0级	裕森	环保 E0级 17.0±0.2 进口马六甲芯板，白花	张	228.00	合肥裕森木业有限公司
浅浮雕面系列生态木工板 E0级	裕森	环保 E0级 17.0±0.2 进口马六甲芯板，白橡	张	228.00	合肥裕森木业有限公司
浅浮雕面系列生态木工板 E0级	裕森	环保 E0级 17.0±0.2 进口马六甲芯板，板栗木	张	228.00	合肥裕森木业有限公司
浅浮雕面系列生态木工板 E0级	裕森	环保 E0级 17.0±0.2 进口马六甲芯板，北欧浮雕	张	243.00	合肥裕森木业有限公司
浅浮雕面系列生态木工板 E0级	裕森	环保 E0级 17.0±0.2 进口马六甲芯板，枫木	张	228.00	合肥裕森木业有限公司
浅浮雕面系列生态木工板 E0级	裕森	环保 E0级 17.0±0.2 进口马六甲芯板，浮雕红檀	张	243.00	合肥裕森木业有限公司
浅浮雕面系列生态木工板 E0级	裕森	环保 E0级 17.0±0.2 进口马六甲芯板，浮雕黄檀	张	243.00	合肥裕森木业有限公司
浅浮雕面系列生态木工板 E0级	裕森	环保 E0级 17.0±0.2 进口马六甲芯板，浮雕金檀	张	243.00	合肥裕森木业有限公司
浅浮雕面系列生态木工板 E0级	裕森	环保 E0级 17.0±0.2 进口马六甲芯板，玫瑰橡	张	228.00	合肥裕森木业有限公司
浅浮雕面系列生态木工板 E0级	裕森	环保 E0级 17.0±0.2 进口马六甲芯板，暖白	张	228.00	合肥裕森木业有限公司
浅浮雕面系列生态木工板 E0级	裕森	环保 E0级 17.0±0.2 进口马六甲芯板，欧橡	张	228.00	合肥裕森木业有限公司

续表

产品名称	品牌	规格型号	包装单位	参考价格（元）	供应商
浅浮雕面系列生态木工板 E0 级	裕森	环保 E0 级 17.0±0.2 进口马六甲芯板，欧洲风韵	张	228.00	合肥裕森木业有限公司
浅浮雕面系列生态木工板 E0 级	裕森	环保 E0 级 17.0±0.2 进口马六甲芯板，炫彩檀木	张	228.00	合肥裕森木业有限公司
柔光面系列生态木工板 E0 级	裕森	环保 E0 级 17.0±0.2 进口柳桉多层芯板，梦里水乡	张	243.00	合肥裕森木业有限公司
柔光面系列生态木工板 E0 级	裕森	环保 E0 级 17.0±0.2 进口柳桉多层芯板，尼泊尔柚木	张	243.00	合肥裕森木业有限公司
柔光面系列生态木工板 E0 级	裕森	环保 E0 级 17.0±0.2 进口柳桉多层芯板，思维空间	张	243.00	合肥裕森木业有限公司
柔光面系列生态木工板 E0 级	裕森	环保 E0 级 17.0±0.2 进口柳桉多层芯板，西域风情	张	243.00	合肥裕森木业有限公司
柔光面系列生态木工板 E0 级	裕森	环保 E0 级 17.0±0.2 进口柳桉多层芯板，雪域印象	张	243.00	合肥裕森木业有限公司
柔光面系列生态木工板 E0 级	裕森	环保 E0 级 17.0±0.2 进口柳桉多层芯板，雅典胡桃	张	243.00	合肥裕森木业有限公司
柔光面系列生态木工板 E0 级	裕森	环保 E0 级 17.0±0.2 进口柳桉多层芯板，挪威森林	张	243.00	合肥裕森木业有限公司
生态板 E1	裕森	环保 E1 级 17.0±0.2 高级机制香杉木，枫木	张	238.00	合肥裕森木业有限公司
生态板 E1	裕森	环保 E1 级 17.0±0.2 高级机制香杉木，欧橡	张	238.00	合肥裕森木业有限公司
生态板 E1	正声	马六甲芯，1220×2440×17，白栓	张	163.90	上海羿臣实业有限公司
生态板 E1	正声	马六甲芯，1220×2440×17，白橡	张	163.90	上海羿臣实业有限公司
生态板 E1	正声	马六甲芯，1220×2440×17，白樱桃	张	163.90	上海羿臣实业有限公司
生态板 E1	正声	马六甲芯，1220×2440×17，黑胡桃	张	163.90	上海羿臣实业有限公司
生态板 E1	正声	马六甲芯，1220×2440×17，红橡	张	163.90	上海羿臣实业有限公司
生态板 E1	正声	马六甲芯，1220×2440×17，红樱桃	张	163.90	上海羿臣实业有限公司
生态板 E1	正声	马六甲芯，1220×2440×17，胡桃木	张	163.90	上海羿臣实业有限公司
生态板 E1	正声	马六甲芯，1220×2440×17，暖白	张	163.90	上海羿臣实业有限公司
生态板 E1	正声	马六甲芯，1220×2440×17，苹果木	张	163.90	上海羿臣实业有限公司
生态板 E1	正声	马六甲芯，1220×2440×17，钛白	张	163.90	上海羿臣实业有限公司

续表

产品名称	品牌	规格型号	包装单位	参考价格（元）	供应商
生态板 E1	正声	马六甲芯，1220×2440×17，雅枫	张	163.90	上海羿臣实业有限公司
生态板 E1	正声	马六甲芯，1220×2440×17，银丝橡木	张	163.90	上海羿臣实业有限公司
生态板 E1	正声	马六甲芯，1220×2440×17，柚木	张	163.90	上海羿臣实业有限公司

4.1.2 背板

产品名称	品牌	规格型号	包装单位	参考价格（元）	供应商
背板 E0	德丽斯	柳桉芯多层，1220×2440×7，白栓	张	85.80	上海艾未实业发展有限公司
背板 E0	德丽斯	柳桉芯多层，1220×2440×7，白水曲柳	张	85.80	上海艾未实业发展有限公司
背板 E0	德丽斯	柳桉芯多层，1220×2440×7，白橡	张	85.80	上海艾未实业发展有限公司
背板 E0	德丽斯	柳桉芯多层，1220×2440×7，白樱桃	张	85.80	上海艾未实业发展有限公司
背板 E0	德丽斯	柳桉芯多层，1220×2440×7，帝龙白橡	张	85.80	上海艾未实业发展有限公司
背板 E0	德丽斯	柳桉芯多层，1220×2440×7，枫木	张	85.80	上海艾未实业发展有限公司
背板 E0	德丽斯	柳桉芯多层，1220×2440×7，浮雕白水曲柳	张	96.00	上海艾未实业发展有限公司
背板 E0	德丽斯	柳桉芯多层，1220×2440×7，浮雕黑水曲柳	张	95.00	上海艾未实业发展有限公司
背板 E0	德丽斯	柳桉芯多层，1220×2440×7，浮雕红水曲柳	张	95.00	上海艾未实业发展有限公司
背板 E0	德丽斯	柳桉芯多层，1220×2440×7，浮雕黄水曲柳	张	95.00	上海艾未实业发展有限公司
背板 E0	德丽斯	柳桉芯多层，1220×2440×7，浮雕暖白	张	95.00	上海艾未实业发展有限公司
背板 E0	德丽斯	柳桉芯多层，1220×2440×7，黑胡桃	张	85.80	上海艾未实业发展有限公司
背板 E0	德丽斯	柳桉芯多层，1220×2440×7，黑檀	张	85.80	上海艾未实业发展有限公司
背板 E0	德丽斯	柳桉芯多层，1220×2440×7，红枫	张	85.80	上海艾未实业发展有限公司
背板 E0	德丽斯	柳桉芯多层，1220×2440×7，红胡桃	张	85.80	上海艾未实业发展有限公司
背板 E0	德丽斯	柳桉芯多层，1220×2440×7，红橡	张	85.80	上海艾未实业发展有限公司
背板 E0	德丽斯	柳桉芯多层，1220×2440×7，红樱桃	张	85.80	上海艾未实业发展有限公司
背板 E0	德丽斯	柳桉芯多层，1220×2440×7，黄水曲柳	张	85.80	上海艾未实业发展有限公司
背板 E0	德丽斯	柳桉芯多层，1220×2440×7，鸡翅木	张	85.80	上海艾未实业发展有限公司
背板 E0	德丽斯	柳桉芯多层，1220×2440×7，暖白	张	85.80	上海艾未实业发展有限公司

续表

产品名称	品牌	规格型号	包装单位	参考价格（元）	供应商
背板 E0	德丽斯	柳桉芯多层，1220×2440×7，苹果木	张	85.80	上海艾未实业发展有限公司
背板 E0	德丽斯	柳桉芯多层，1220×2440×7，浅胡桃	张	85.80	上海艾未实业发展有限公司
背板 E0	德丽斯	柳桉芯多层，1220×2440×7，柔光暖白	张	85.80	上海艾未实业发展有限公司
背板 E0	德丽斯	柳桉芯多层，1220×2440×7，柔光钛白	张	85.80	上海艾未实业发展有限公司
背板 E0	德丽斯	柳桉芯多层，1220×2440×7，沙比利	张	85.80	上海艾未实业发展有限公司
背板 E0	德丽斯	柳桉芯多层，1220×2440×7，钛白	张	85.80	上海艾未实业发展有限公司
背板 E0	德丽斯	柳桉芯多层，1220×2440×7，天山雪松	张	85.80	上海艾未实业发展有限公司
背板 E0	德丽斯	柳桉芯多层，1220×2440×7，银丝橡木	张	85.80	上海艾未实业发展有限公司
背板 E0	德丽斯	柳桉芯多层，1220×2440×7，柚木	张	85.80	上海艾未实业发展有限公司
背板 E0	德丽斯	柳桉芯多层，1220×2440×7，棕胡桃	张	85.80	上海艾未实业发展有限公司
背板	福景丽家	1220×2440×5，阿凡达布纹	张	65.00	临沂市福德木业有限公司
背板	福景丽家	1220×2440×5，白枫木	张	65.00	临沂市福德木业有限公司
背板	福景丽家	1220×2440×5，白橡木	张	65.00	临沂市福德木业有限公司
背板	福景丽家	1220×2440×5，白樱桃	张	65.00	临沂市福德木业有限公司
背板	福景丽家	1220×2440×5，北国橡木	张	65.00	临沂市福德木业有限公司
背板	福景丽家	1220×2440×5，东南亚柚木	张	65.00	临沂市福德木业有限公司
背板	福景丽家	1220×2440×5，法国橄榄木	张	65.00	临沂市福德木业有限公司
背板	福景丽家	1220×2440×5，粉红布纹	张	65.00	临沂市福德木业有限公司
背板	福景丽家	1220×2440×5，浮雕小叶紫檀	张	65.00	临沂市福德木业有限公司
背板	福景丽家	1220×2440×5，黑檀	张	65.00	临沂市福德木业有限公司
背板	福景丽家	1220×2440×5，黄胡桃	张	65.00	临沂市福德木业有限公司
背板	福景丽家	1220×2440×5，经典布艺-11	张	24.00	临沂市福德木业有限公司
背板	福景丽家	1220×2440×5，锯齿橡木	张	65.00	临沂市福德木业有限公司
背板	福景丽家	1220×2440×5，七彩橡木	张	65.00	临沂市福德木业有限公司
背板	福景丽家	1220×2440×5，浅柚木	张	65.00	临沂市福德木业有限公司
背板	福景丽家	1220×2440×5，瑞士雪松	张	65.00	临沂市福德木业有限公司
背板	福景丽家	1220×2440×5，苏香桐	张	65.00	临沂市福德木业有限公司
背板	福景丽家	1220×2440×5，五彩樱桃	张	65.00	临沂市福德木业有限公司
背板	福景丽家	1220×2440×5，夏特橡木	张	65.00	临沂市福德木业有限公司
背板	福景丽家	1220×2440×5，香柏木	张	65.00	临沂市福德木业有限公司
背板	福景丽家	1220×2440×5，新白浮雕	张	65.00	临沂市福德木业有限公司
背板	福景丽家	1220×2440×5，新红胡桃	张	65.00	临沂市福德木业有限公司

续表

产品名称	品牌	规格型号	包装单位	参考价格（元）	供应商
背板	福景丽家	1220×2440×5，鱼翅木	张	65.00	临沂市福德木业有限公司
背板	莫干山	E0 级 2440×1220×0.5	张	116.00	浙江升华云峰新材股份有限公司
背板	莫干山	E0 级 2440×1220×0.9	张	156.00	浙江升华云峰新材股份有限公司
背板	莫干山	E0 级 2440×1220×0.9	张	185.00	浙江升华云峰新材股份有限公司
背板	莫干山	E0 级 2440×1220×1.2	张	197.00	浙江升华云峰新材股份有限公司
背板	莫干山	E0 级 2440×1220×1.5	张	221.00	浙江升华云峰新材股份有限公司
背板 E1	普通	柳桉芯，1220×2440×7，白大花	张	79.20	上海羿臣实业有限公司
背板 E1	普通	柳桉芯，1220×2440×7，白栓	张	79.20	上海羿臣实业有限公司
背板 E1	普通	柳桉芯，1220×2440×7，淡雅清风	张	79.20	上海羿臣实业有限公司
背板 E1	普通	柳桉芯，1220×2440×7，枫木	张	79.20	上海羿臣实业有限公司
背板 E1	普通	柳桉芯，1220×2440×7，黑胡桃	张	79.20	上海羿臣实业有限公司
背板 E1	普通	柳桉芯，1220×2440×7，黑檀	张	79.20	上海羿臣实业有限公司
背板 E1	普通	柳桉芯，1220×2440×7，红橡	张	79.20	上海羿臣实业有限公司
背板 E1	普通	柳桉芯，1220×2440×7，红樱桃	张	79.20	上海羿臣实业有限公司
背板 E1	普通	柳桉芯，1220×2440×7，胡桃木	张	79.20	上海羿臣实业有限公司
背板 E1	普通	柳桉芯，1220×2440×7，黄水曲柳	张	79.20	上海羿臣实业有限公司
背板 E1	普通	柳桉芯，1220×2440×7，洁白	张	79.20	上海羿臣实业有限公司
背板 E1	普通	柳桉芯，1220×2440×7，暖白	张	79.20	上海羿臣实业有限公司
背板 E1	普通	柳桉芯，1220×2440×7，沙比利	张	79.20	上海羿臣实业有限公司
背板 E1	普通	柳桉芯，1220×2440×7，松木	张	79.20	上海羿臣实业有限公司
背板 E1	普通	柳桉芯，1220×2440×7，银丝橡木	张	79.20	上海羿臣实业有限公司
背板 E1	普通	柳桉芯，1220×2440×7，樱桃木	张	79.20	上海羿臣实业有限公司
背板 E1	普通	柳桉芯，1220×2440×7，柚木	张	79.20	上海羿臣实业有限公司
背板（正声配套）E1	普通	马六甲芯，1220×2440×7，白栓	张	80.30	上海羿臣实业有限公司
背板（正声配套）E1	普通	马六甲芯，1220×2440×7，白橡	张	80.30	上海羿臣实业有限公司

续表

产品名称	品牌	规格型号	包装单位	参考价格（元）	供应商
背板（正声配套）E1	普通	马六甲芯，1220×2440×7，白樱桃	张	80.30	上海羿臣实业有限公司
背板（正声配套）E1	普通	马六甲芯，1220×2440×7，黑胡桃	张	80.30	上海羿臣实业有限公司
背板（正声配套）E1	普通	马六甲芯，1220×2440×7，红橡	张	80.30	上海羿臣实业有限公司
背板（正声配套）E1	普通	马六甲芯，1220×2440×7，红樱桃	张	80.30	上海羿臣实业有限公司
背板（正声配套）E1	普通	马六甲芯，1220×2440×7，胡桃木	张	80.30	上海羿臣实业有限公司
背板（正声配套）E1	普通	马六甲芯，1220×2440×7，暖白	张	80.30	上海羿臣实业有限公司
背板（正声配套）E1	普通	马六甲芯，1220×2440×7，苹果木	张	80.30	上海羿臣实业有限公司
背板（正声配套）E1	普通	马六甲芯，1220×2440×7，钛白	张	80.30	上海羿臣实业有限公司
背板（正声配套）E1	普通	马六甲芯，1220×2440×7，雅枫	张	80.30	上海羿臣实业有限公司
背板（正声配套）E1	普通	马六甲芯，1220×2440×7，银丝橡木	张	80.30	上海羿臣实业有限公司
背板（正声配套）E1	普通	马六甲芯，1220×2440×7，柚木	张	80.30	上海羿臣实业有限公司
背板 E0	千年舟	马六甲，1220×2440×5	张	115.50	千年舟新材销售有限公司
背板 E1	千年舟	马六甲，1220×2440×5	张	99.75	千年舟新材销售有限公司
背板 E1	千喜鸟	杉木芯，1220×2440×7.5	张	79.00	千年舟新材销售有限公司
背板 E0	声达	进口多层柳桉芯，1220×2440×7，白麻	张	130.90	上海声达木业有限公司
背板 E0	声达	进口多层柳桉芯，1220×2440×7，白栓	张	130.90	上海声达木业有限公司
背板 E0	声达	进口多层柳桉芯，1220×2440×7，白橡	张	130.90	上海声达木业有限公司

续表

产品名称	品牌	规格型号	包装单位	参考价格（元）	供应商
背板 E0	声达	进口多层柳桉芯，1220×2440×7，白樱桃	张	130.90	上海声达木业有限公司
背板 E0	声达	进口多层柳桉芯，1220×2440×7，非洲橡木	张	130.90	上海声达木业有限公司
背板 E0	声达	进口多层柳桉芯，1220×2440×7，浮雕白	张	138.60	上海声达木业有限公司
背板 E0	声达	进口多层柳桉芯，1220×2440×7，浮雕白栓	张	138.60	上海声达木业有限公司
背板 E0	声达	进口多层柳桉芯，1220×2440×7，浮雕黑	张	138.60	上海声达木业有限公司
背板 E0	声达	进口多层柳桉芯，1220×2440×7，浮雕黄	张	138.60	上海声达木业有限公司
背板 E0	声达	进口多层柳桉芯，1220×2440×7，黑胡桃	张	130.90	上海声达木业有限公司
背板 E0	声达	进口多层柳桉芯，1220×2440×7，黑檀	张	130.90	上海声达木业有限公司
背板 E0	声达	进口多层柳桉芯，1220×2440×7，红酸枝	张	130.90	上海声达木业有限公司
背板 E0	声达	进口多层柳桉芯，1220×2440×7，红橡	张	130.90	上海声达木业有限公司
背板 E0	声达	进口多层柳桉芯，1220×2440×7，红樱桃	张	130.90	上海声达木业有限公司
背板 E0	声达	进口多层柳桉芯，1220×2440×7，胡桃木	张	130.90	上海声达木业有限公司
背板 E0	声达	进口多层柳桉芯，1220×2440×7，洁白	张	130.90	上海声达木业有限公司
背板 E0	声达	进口多层柳桉芯，1220×2440×7，美国樱桃	张	130.90	上海声达木业有限公司
背板 E0	声达	进口多层柳桉芯，1220×2440×7，暖白	张	130.90	上海声达木业有限公司
背板 E0	声达	进口多层柳桉芯，1220×2440×7，欧洲风韵	张	130.90	上海声达木业有限公司

续表

产品名称	品牌	规格型号	包装单位	参考价格（元）	供应商
背板 E0	声达	进口多层柳桉芯，1220×2440×7，欧洲橡木	张	130.90	上海声达木业有限公司
背板 E0	声达	进口多层柳桉芯，1220×2440×7，柔光白大花	张	130.90	上海声达木业有限公司
背板 E0	声达	进口多层柳桉芯，1220×2440×7，柔光白猫眼	张	130.90	上海声达木业有限公司
背板 E0	声达	进口多层柳桉芯，1220×2440×7，柔光胡桃木	张	130.90	上海声达木业有限公司
背板 E0	声达	进口多层柳桉芯，1220×2440×7，柔光花布纹	张	130.90	上海声达木业有限公司
背板 E0	声达	进口多层柳桉芯，1220×2440×7，柔光紫檀	张	130.90	上海声达木业有限公司
背板 E0	声达	进口多层柳桉芯，1220×2440×7，沙比利	张	130.90	上海声达木业有限公司
背板 E0	声达	进口多层柳桉芯，1220×2440×7，水曲柳	张	130.90	上海声达木业有限公司
背板 E0	声达	进口多层柳桉芯，1220×2440×7，松木	张	130.90	上海声达木业有限公司
背板 E0	声达	进口多层柳桉芯，1220×2440×7，银丝橡木	张	130.90	上海声达木业有限公司
背板 E0	声达	进口多层柳桉芯，1220×2440×7，柚木	张	130.90	上海声达木业有限公司
背板	兔宝宝	TRUE 感系列柳桉芯，1220×2440×7，巴西酸枝	张	141.90	德华兔宝宝装饰新材股份有限公司
背板	兔宝宝	TRUE 感系列柳桉芯，1220×2440×7，北美橡木	张	141.90	德华兔宝宝装饰新材股份有限公司
背板	兔宝宝	TRUE 感系列柳桉芯，1220×2440×7，芬兰梨木	张	141.90	德华兔宝宝装饰新材股份有限公司
背板	兔宝宝	TRUE 感系列柳桉芯，1220×2440×7，富贵江南	张	141.90	德华兔宝宝装饰新材股份有限公司
背板	兔宝宝	TRUE 感系列柳桉芯，1220×2440×7，皇家橡木	张	141.90	德华兔宝宝装饰新材股份有限公司

续表

产品名称	品牌	规格型号	包装单位	参考价格（元）	供应商
背板	兔宝宝	TRUE 感系列柳桉芯，1220×2440×7，瑞典胡桃木	张	141.90	德华兔宝宝装饰新材股份有限公司
背板	兔宝宝	TRUE 感系列柳桉芯，1220×2440×7，威尼斯木	张	141.90	德华兔宝宝装饰新材股份有限公司
背板	兔宝宝	TRUE 感系列柳桉芯，1220×2440×7，印度檀香	张	141.90	德华兔宝宝装饰新材股份有限公司
背板 E0	兔宝宝	柳桉芯，1220×2440×7，白橡	张	130.90	德华兔宝宝装饰新材股份有限公司
背板 E0	兔宝宝	柳桉芯，1220×2440×7，白樱桃	张	130.90	德华兔宝宝装饰新材股份有限公司
背板 E0	兔宝宝	柳桉芯，1220×2440×7，北欧栓木	张	130.90	德华兔宝宝装饰新材股份有限公司
背板 E0	兔宝宝	柳桉芯，1220×2440×7，核桃木	张	130.90	德华兔宝宝装饰新材股份有限公司
背板 E0	兔宝宝	柳桉芯，1220×2440×7，黑檀	张	130.90	德华兔宝宝装饰新材股份有限公司
背板 E0	兔宝宝	柳桉芯，1220×2440×7，红橡	张	130.90	德华兔宝宝装饰新材股份有限公司
背板 E0	兔宝宝	柳桉芯，1220×2440×7，胡桃木	张	130.90	德华兔宝宝装饰新材股份有限公司
背板 E0	兔宝宝	柳桉芯，1220×2440×7，浪漫之都	张	130.90	德华兔宝宝装饰新材股份有限公司
背板 E0	兔宝宝	柳桉芯，1220×2440×7，卢浮宫白（花）	张	130.90	德华兔宝宝装饰新材股份有限公司
背板 E0	兔宝宝	柳桉芯，1220×2440×7，罗马浮雕	张	141.90	德华兔宝宝装饰新材股份有限公司
背板 E0	兔宝宝	柳桉芯，1220×2440×7，暖白（花）	张	130.90	德华兔宝宝装饰新材股份有限公司
背板 E0	兔宝宝	柳桉芯，1220×2440×7，苹果木	张	130.90	德华兔宝宝装饰新材股份有限公司
背板 E0	兔宝宝	柳桉芯，1220×2440×7，沙比利	张	130.90	德华兔宝宝装饰新材股份有限公司

续表

产品名称	品牌	规格型号	包装单位	参考价格（元）	供应商
背板 E0	兔宝宝	柳桉芯，1220×2440×7，水曲柳浮雕	张	141.90	德华兔宝宝装饰新材股份有限公司
背板 E0	兔宝宝	柳桉芯，1220×2440×7，银丝橡木	张	130.90	德华兔宝宝装饰新材股份有限公司
背板 E0	兔宝宝	柳桉芯，1220×2440×7，柚木	张	130.90	德华兔宝宝装饰新材股份有限公司
背板	万象	傲雪凌霜，1220×2440×7	张	145.20	湖南旺德府木业有限公司
背板	万象	白水曲柳，1220×2440×7	张	145.20	湖南旺德府木业有限公司
背板	万象	百川潮涌，1220×2440×7	张	145.20	湖南旺德府木业有限公司
背板	万象	浮雕暖白，1220×2440×7	张	145.20	湖南旺德府木业有限公司
背板	万象	胡桃木，1220×2440×7	张	145.20	湖南旺德府木业有限公司
背板	万象	欧松白橡，1220×2440×7	张	145.20	湖南旺德府木业有限公司
背板	万象	青枫，1220×2440×7	张	145.20	湖南旺德府木业有限公司
背板	万象	山川之韵，1220×2440×7	张	145.20	湖南旺德府木业有限公司
背板	万象	银丝白橡，1220×2440×7	张	145.20	湖南旺德府木业有限公司
背板	伟业	E1 级 桉木 1.22×2.44×0.3，白橡	张	128.00	广州市伟正木制品有限公司
背板	伟业	E1 级 桉木 1.22×2.44×0.3，浮雕水曲柳	张	125.00	广州市伟正木制品有限公司
背板	伟业	E1 级 桉木 1.22×2.44×0.3，红檀	张	128.00	广州市伟正木制品有限公司
背板	伟业	E1 级 桉木 1.22×2.44×0.9，九合板	张	105.00	广州市伟正木制品有限公司
浅浮雕面系列生态七厘板 E0 级	裕森	环保 E0 级 7.0±0.2 柳桉层板，白花	张	125.00	合肥裕森木业有限公司
浅浮雕面系列生态七厘板 E0 级	裕森	环保 E0 级 7.0±0.2 柳桉层板，白橡	张	125.00	合肥裕森木业有限公司
浅浮雕面系列生态七厘板 E0 级	裕森	环保 E0 级 7.0±0.2 柳桉层板，板栗木	张	125.00	合肥裕森木业有限公司
浅浮雕面系列生态七厘板 E0 级	裕森	环保 E0 级 7.0±0.2 柳桉层板，枫木	张	125.00	合肥裕森木业有限公司

续表

产品名称	品牌	规格型号	包装单位	参考价格（元）	供应商
浅浮雕面系列生态七厘板 E0 级	裕森	环保 E0 级 7.0±0.2 柳桉层板，浮雕金檀	张	135.00	合肥裕森木业有限公司
浅浮雕面系列生态七厘板 E0 级	裕森	环保 E0 级 7.0±0.2 柳桉层板，玫瑰橡	张	125.00	合肥裕森木业有限公司
浅浮雕面系列生态七厘板 E0 级	裕森	环保 E0 级 7.0±0.2 柳桉层板，暖白	张	125.00	合肥裕森木业有限公司
浅浮雕面系列生态七厘板 E0 级	裕森	环保 E0 级 7.0±0.2 柳桉层板，欧橡	张	125.00	合肥裕森木业有限公司
浅浮雕面系列生态七厘板 E0 级	裕森	环保 E0 级 7.0±0.2 柳桉层板，欧洲风韵	张	125.00	合肥裕森木业有限公司
浅浮雕面系列生态七厘板 E0 级	裕森	环保 E0 级 7.0±0.2 柳桉层板，炫彩檀木	张	125.00	合肥裕森木业有限公司
浅浮雕面系列生态七厘板 E1 级	裕森	环保 E0 级 7.0±0.2 柳桉层板，北欧浮雕	张	135.00	合肥裕森木业有限公司
浅浮雕面系列生态七厘板 E1 级	裕森	环保 E0 级 7.0±0.2 柳桉层板，浮雕红檀	张	135.00	合肥裕森木业有限公司
浅浮雕面系列生态七厘板 E1 级	裕森	环保 E0 级 7.0±0.2 柳桉层板，浮雕黄檀	张	135.00	合肥裕森木业有限公司
浅柔光面系列生态七厘板 E0 级	裕森	环保 E0 级 7.0±0.2 柳桉层板，梦里水乡	张	135.00	合肥裕森木业有限公司
浅柔光面系列生态七厘板 E0 级	裕森	环保 E0 级 7.0±0.2 柳桉层板，尼泊尔柚木	张	135.00	合肥裕森木业有限公司
浅柔光面系列生态七厘板 E0 级	裕森	环保 E0 级 7.0±0.2 柳桉层板，挪威森林	张	135.00	合肥裕森木业有限公司
浅柔光面系列生态七厘板 E0 级	裕森	环保 E0 级 7.0±0.2 柳桉层板，思维空间	张	135.00	合肥裕森木业有限公司
浅柔光面系列生态七厘板 E0 级	裕森	环保 E0 级 7.0±0.2 柳桉层板，西域风情	张	135.00	合肥裕森木业有限公司
浅柔光面系列生态七厘板 E0 级	裕森	环保 E0 级 7.0±0.2 柳桉层板，雪域印象	张	135.00	合肥裕森木业有限公司
浅柔光面系列生态七厘板 E0 级	裕森	环保 E0 级 7.0±0.2 柳桉层板，雅典胡桃	张	135.00	合肥裕森木业有限公司

4.1.3　扣条

产品名称	品牌	规格型号	包装单位	参考价格（元）	供应商
PVC扣条/U型条	德丽斯	18×2500，白栓	根	4.00	上海艾未实业发展有限公司
PVC扣条/U型条	德丽斯	18×2500，白水曲柳	根	4.00	上海艾未实业发展有限公司
PVC扣条/U型条	德丽斯	18×2500，白橡	根	4.00	上海艾未实业发展有限公司
PVC扣条/U型条	德丽斯	18×2500，白樱桃	根	4.00	上海艾未实业发展有限公司
PVC扣条/U型条	德丽斯	18×2500，帝龙白橡	根	4.00	上海艾未实业发展有限公司
PVC扣条/U型条	德丽斯	18×2500，枫木	根	4.00	上海艾未实业发展有限公司
PVC扣条/U型条	德丽斯	18×2500，浮雕白水曲柳	根	4.00	上海艾未实业发展有限公司
PVC扣条/U型条	德丽斯	18×2500，浮雕黑水曲柳	根	4.00	上海艾未实业发展有限公司
PVC扣条/U型条	德丽斯	18×2500，浮雕红水曲柳	根	4.00	上海艾未实业发展有限公司
PVC扣条/U型条	德丽斯	18×2500，浮雕暖白	根	4.00	上海艾未实业发展有限公司
PVC扣条/U型条	德丽斯	18×2500，黑胡桃	根	4.00	上海艾未实业发展有限公司
PVC扣条/U型条	德丽斯	18×2500，黑檀	根	4.00	上海艾未实业发展有限公司
PVC扣条/U型条	德丽斯	18×2500，红枫	根	4.00	上海艾未实业发展有限公司
PVC扣条/U型条	德丽斯	18×2500，红胡桃	根	4.00	上海艾未实业发展有限公司
PVC扣条/U型条	德丽斯	18×2500，红橡	根	4.00	上海艾未实业发展有限公司
PVC扣条/U型条	德丽斯	18×2500，红樱桃	根	4.00	上海艾未实业发展有限公司
PVC扣条/U型条	德丽斯	18×2500，黄水曲柳	根	4.00	上海艾未实业发展有限公司
PVC扣条/U型条	德丽斯	18×2500，鸡翅木	根	4.00	上海艾未实业发展有限公司
PVC扣条/U型条	德丽斯	18×2500，暖白	根	4.00	上海艾未实业发展有限公司
PVC扣条/U型条	德丽斯	18×2500，苹果木	根	4.00	上海艾未实业发展有限公司
PVC扣条/U型条	德丽斯	18×2500，浅胡桃	根	4.00	上海艾未实业发展有限公司
PVC扣条/U型条	德丽斯	18×2500，柔光暖白	根	4.00	上海艾未实业发展有限公司
PVC扣条/U型条	德丽斯	18×2500，柔光钛白	根	4.00	上海艾未实业发展有限公司
PVC扣条/U型条	德丽斯	18×2500，沙比利	根	4.00	上海艾未实业发展有限公司
PVC扣条/U型条	德丽斯	18×2500，钛白	根	4.00	上海艾未实业发展有限公司
PVC扣条/U型条	德丽斯	18×2500，天山雪松	根	4.00	上海艾未实业发展有限公司
PVC扣条/U型条	德丽斯	18×2500，银丝橡木	根	4.00	上海艾未实业发展有限公司
PVC扣条/U型条	德丽斯	18×2500，柚木	根	4.00	上海艾未实业发展有限公司
PVC扣条/U型条	德丽斯	18×2500，棕胡桃	根	4.00	上海艾未实业发展有限公司
PVC双层扣条/U型条	德丽斯	36×2500，白栓	根	7.00	上海艾未实业发展有限公司
PVC双层扣条/U型条	德丽斯	36×2500，白水曲柳	根	7.00	上海艾未实业发展有限公司

续表

产品名称	品牌	规格型号	包装单位	参考价格（元）	供应商
PVC 双层扣条/U 型条	德丽斯	36×2500，白橡	根	7.00	上海艾未实业发展有限公司
PVC 双层扣条/U 型条	德丽斯	36×2500，白樱桃	根	7.00	上海艾未实业发展有限公司
PVC 双层扣条/U 型条	德丽斯	36×2500，帝龙白橡	根	7.00	上海艾未实业发展有限公司
PVC 双层扣条/U 型条	德丽斯	36×2500，枫木	根	7.00	上海艾未实业发展有限公司
PVC 双层扣条/U 型条	德丽斯	36×2500，浮雕白水曲柳	根	7.00	上海艾未实业发展有限公司
PVC 双层扣条/U 型条	德丽斯	36×2500，浮雕黑水曲柳	根	7.00	上海艾未实业发展有限公司
PVC 双层扣条/U 型条	德丽斯	36×2500，浮雕红水曲柳	根	7.00	上海艾未实业发展有限公司
PVC 双层扣条/U 型条	德丽斯	36×2500，浮雕暖白	根	7.00	上海艾未实业发展有限公司
PVC 双层扣条/U 型条	德丽斯	36×2500，黑胡桃	根	7.00	上海艾未实业发展有限公司
PVC 双层扣条/U 型条	德丽斯	36×2500，黑檀	根	7.00	上海艾未实业发展有限公司
PVC 双层扣条/U 型条	德丽斯	36×2500，红枫	根	7.00	上海艾未实业发展有限公司
PVC 双层扣条/U 型条	德丽斯	36×2500，红胡桃	根	7.00	上海艾未实业发展有限公司
PVC 双层扣条/U 型条	德丽斯	36×2500，红橡	根	7.00	上海艾未实业发展有限公司
PVC 双层扣条/U 型条	德丽斯	36×2500，红樱桃	根	7.00	上海艾未实业发展有限公司
PVC 双层扣条/U 型条	德丽斯	36×2500，黄水曲柳	根	7.00	上海艾未实业发展有限公司
PVC 双层扣条/U 型条	德丽斯	36×2500，鸡翅木	根	7.00	上海艾未实业发展有限公司
PVC 双层扣条/U 型条	德丽斯	36×2500，暖白	根	7.00	上海艾未实业发展有限公司
PVC 双层扣条/U 型条	德丽斯	36×2500，苹果木	根	7.00	上海艾未实业发展有限公司
PVC 双层扣条/U 型条	德丽斯	36×2500，浅胡桃	根	7.00	上海艾未实业发展有限公司
PVC 双层扣条/U 型条	德丽斯	36×2500，柔光暖白	根	7.00	上海艾未实业发展有限公司
PVC 双层扣条/U 型条	德丽斯	36×2500，柔光钛白	根	7.00	上海艾未实业发展有限公司
PVC 双层扣条/U 型条	德丽斯	36×2500，沙比利	根	7.00	上海艾未实业发展有限公司
PVC 双层扣条/U 型条	德丽斯	36×2500，钛白	根	7.00	上海艾未实业发展有限公司
PVC 双层扣条/U 型条	德丽斯	36×2500，天山雪松	根	7.00	上海艾未实业发展有限公司
PVC 双层扣条/U 型条	德丽斯	36×2500，银丝橡木	根	7.00	上海艾未实业发展有限公司
PVC 双层扣条/U 型条	德丽斯	36×2500，柚木	根	7.00	上海艾未实业发展有限公司
PVC 双层扣条/U 型条	德丽斯	36×2500，棕胡桃	根	7.00	上海艾未实业发展有限公司
PVC 扣条/U 型条	普通	17×2400，白大花	根	4.00	上海羿臣实业有限公司
PVC 扣条/U 型条	普通	17×2400，白栓	根	4.00	上海羿臣实业有限公司
PVC 扣条/U 型条	普通	17×2400，淡雅清风	根	4.00	上海羿臣实业有限公司
PVC 扣条/U 型条	普通	17×2400，枫木	根	4.00	上海羿臣实业有限公司
PVC 扣条/U 型条	普通	17×2400，黑胡桃	根	4.00	上海羿臣实业有限公司

续表

产品名称	品牌	规格型号	包装单位	参考价格（元）	供应商
PVC 扣条/U 型条	普通	17×2400，黑檀	根	4.00	上海羿臣实业有限公司
PVC 扣条/U 型条	普通	17×2400，红橡	根	4.00	上海羿臣实业有限公司
PVC 扣条/U 型条	普通	17×2400，红樱桃	根	4.00	上海羿臣实业有限公司
PVC 扣条/U 型条	普通	17×2400，胡桃木	根	4.00	上海羿臣实业有限公司
PVC 扣条/U 型条	普通	17×2400，黄水曲柳	根	4.00	上海羿臣实业有限公司
PVC 扣条/U 型条	普通	17×2400，洁白	根	4.00	上海羿臣实业有限公司
PVC 扣条/U 型条	普通	17×2400，暖白	根	4.00	上海羿臣实业有限公司
PVC 扣条/U 型条	普通	17×2400，苹果木	根	4.00	上海羿臣实业有限公司
PVC 扣条/U 型条	普通	17×2400，沙比利	根	4.00	上海羿臣实业有限公司
PVC 扣条/U 型条	普通	17×2400，松木	根	4.00	上海羿臣实业有限公司
PVC 扣条/U 型条	普通	17×2400，银丝橡木	根	4.00	上海羿臣实业有限公司
PVC 扣条/U 型条	普通	17×2400，樱桃木	根	4.00	上海羿臣实业有限公司
PVC 扣条/U 型条	普通	17×2400，柚木	根	4.00	上海羿臣实业有限公司
PVC 扣条/U 型条（正声配套）	普通	17×2500，白栓	根	4.00	上海羿臣实业有限公司
PVC 扣条/U 型条（正声配套）	普通	17×2500，白橡	根	4.00	上海羿臣实业有限公司
PVC 扣条/U 型条（正声配套）	普通	17×2500，白樱桃	根	4.00	上海羿臣实业有限公司
PVC 扣条/U 型条（正声配套）	普通	17×2500，黑胡桃	根	4.00	上海羿臣实业有限公司
PVC 扣条/U 型条（正声配套）	普通	17×2500，红橡	根	4.00	上海羿臣实业有限公司
PVC 扣条/U 型条（正声配套）	普通	17×2500，红樱桃	根	4.00	上海羿臣实业有限公司
PVC 扣条/U 型条（正声配套）	普通	17×2500，胡桃木	根	4.00	上海羿臣实业有限公司
PVC 扣条/U 型条（正声配套）	普通	17×2500，暖白	根	4.00	上海羿臣实业有限公司
PVC 扣条/U 型条（正声配套）	普通	17×2500，苹果木	根	4.00	上海羿臣实业有限公司

续表

产品名称	品牌	规格型号	包装单位	参考价格（元）	供应商
PVC扣条/U型条（正声配套）	普通	17×2500，钛白	根	4.00	上海羿臣实业有限公司
PVC扣条/U型条（正声配套）	普通	17×2500，雅枫	根	4.00	上海羿臣实业有限公司
PVC扣条/U型条（正声配套）	普通	17×2500，银丝橡木	根	4.00	上海羿臣实业有限公司
PVC扣条/U型条（正声配套）	普通	17×2500，柚木	根	4.00	上海羿臣实业有限公司
PVC双层扣条/U型条（正声配套）	普通	36×2500，白栓	根	7.00	上海羿臣实业有限公司
PVC双层扣条/U型条（正声配套）	普通	36×2500，白橡	根	7.00	上海羿臣实业有限公司
PVC双层扣条/U型条（正声配套）	普通	36×2500，白樱桃	根	7.00	上海羿臣实业有限公司
PVC双层扣条/U型条（正声配套）	普通	36×2500，黑胡桃	根	7.00	上海羿臣实业有限公司
PVC双层扣条/U型条（正声配套）	普通	36×2500，红橡	根	7.00	上海羿臣实业有限公司
PVC双层扣条/U型条（正声配套）	普通	36×2500，红樱桃	根	7.00	上海羿臣实业有限公司
PVC双层扣条/U型条（正声配套）	普通	36×2500，胡桃木	根	7.00	上海羿臣实业有限公司
PVC双层扣条/U型条（正声配套）	普通	36×2500，暖白	根	7.00	上海羿臣实业有限公司
PVC双层扣条/U型条（正声配套）	普通	36×2500，苹果木	根	7.00	上海羿臣实业有限公司
PVC双层扣条/U型条（正声配套）	普通	36×2500，钛白	根	7.00	上海羿臣实业有限公司
PVC双层扣条/U型条（正声配套）	普通	36×2500，雅枫	根	7.00	上海羿臣实业有限公司
PVC双层扣条/U型条（正声配套）	普通	36×2500，银丝橡木	根	7.00	上海羿臣实业有限公司

续表

产品名称	品牌	规格型号	包装单位	参考价格（元）	供应商
PVC 双层扣条/U 型条（正声配套）	普通	36×2500，柚木	根	7.00	上海羿臣实业有限公司
PVC 扣条/U 型条	声达	17×2400，白麻	根	6.00	上海声达木业有限公司
PVC 扣条/U 型条	声达	17×2400，白栓	根	6.00	上海声达木业有限公司
PVC 扣条/U 型条	声达	17×2400，白橡	根	6.00	上海声达木业有限公司
PVC 扣条/U 型条	声达	17×2400，白樱桃	根	6.00	上海声达木业有限公司
PVC 扣条/U 型条	声达	17×2400，非洲橡木	根	6.00	上海声达木业有限公司
PVC 扣条/U 型条	声达	17×2400，浮雕白	根	6.00	上海声达木业有限公司
PVC 扣条/U 型条	声达	17×2400，浮雕白栓	根	6.00	上海声达木业有限公司
PVC 扣条/U 型条	声达	17×2400，浮雕黑	根	6.00	上海声达木业有限公司
PVC 扣条/U 型条	声达	17×2400，浮雕黄	根	6.00	上海声达木业有限公司
PVC 扣条/U 型条	声达	17×2400，黑胡桃	根	6.00	上海声达木业有限公司
PVC 扣条/U 型条	声达	17×2400，黑檀	根	6.00	上海声达木业有限公司
PVC 扣条/U 型条	声达	17×2400，红酸枝	根	6.00	上海声达木业有限公司
PVC 扣条/U 型条	声达	17×2400，红橡	根	6.00	上海声达木业有限公司
PVC 扣条/U 型条	声达	17×2400，红樱桃	根	6.00	上海声达木业有限公司
PVC 扣条/U 型条	声达	17×2400，胡桃木	根	6.00	上海声达木业有限公司
PVC 扣条/U 型条	声达	17×2400，洁白	根	6.00	上海声达木业有限公司
PVC 扣条/U 型条	声达	17×2400，美国樱桃	根	6.00	上海声达木业有限公司
PVC 扣条/U 型条	声达	17×2400，暖白	根	6.00	上海声达木业有限公司
PVC 扣条/U 型条	声达	17×2400，欧洲风韵	根	6.00	上海声达木业有限公司
PVC 扣条/U 型条	声达	17×2400，欧洲橡木	根	6.00	上海声达木业有限公司
PVC 扣条/U 型条	声达	17×2400，柔光白大花	根	6.00	上海声达木业有限公司
PVC 扣条/U 型条	声达	17×2400，柔光白猫眼	根	6.00	上海声达木业有限公司
PVC 扣条/U 型条	声达	17×2400，柔光胡桃木	根	6.00	上海声达木业有限公司
PVC 扣条/U 型条	声达	17×2400，柔光花布纹	根	6.00	上海声达木业有限公司
PVC 扣条/U 型条	声达	17×2400，柔光紫檀	根	6.00	上海声达木业有限公司
PVC 扣条/U 型条	声达	17×2400，沙比利	根	6.00	上海声达木业有限公司
PVC 扣条/U 型条	声达	17×2400，水曲柳	根	6.00	上海声达木业有限公司
PVC 扣条/U 型条	声达	17×2400，松木	根	6.00	上海声达木业有限公司
PVC 扣条/U 型条	声达	17×2400，银丝橡木	根	6.00	上海声达木业有限公司
PVC 扣条/U 型条	声达	17×2400，柚木	根	6.00	上海声达木业有限公司

续表

产品名称	品牌	规格型号	包装单位	参考价格（元）	供应商
PVC 双层扣条/U 型条	声达	35×2400，白麻	根	11.00	上海声达木业有限公司
PVC 双层扣条/U 型条	声达	35×2400，白栓	根	11.00	上海声达木业有限公司
PVC 双层扣条/U 型条	声达	35×2400，白橡	根	11.00	上海声达木业有限公司
PVC 双层扣条/U 型条	声达	35×2400，白樱桃	根	11.00	上海声达木业有限公司
PVC 双层扣条/U 型条	声达	35×2400，非洲橡木	根	11.00	上海声达木业有限公司
PVC 双层扣条/U 型条	声达	35×2400，浮雕白	根	11.00	上海声达木业有限公司
PVC 双层扣条/U 型条	声达	35×2400，浮雕白栓	根	11.00	上海声达木业有限公司
PVC 双层扣条/U 型条	声达	35×2400，浮雕黑	根	11.00	上海声达木业有限公司
PVC 双层扣条/U 型条	声达	35×2400，浮雕黄	根	11.00	上海声达木业有限公司
PVC 双层扣条/U 型条	声达	35×2400，黑胡桃	根	11.00	上海声达木业有限公司
PVC 双层扣条/U 型条	声达	35×2400，黑檀	根	11.00	上海声达木业有限公司
PVC 双层扣条/U 型条	声达	35×2400，红酸枝	根	11.00	上海声达木业有限公司
PVC 双层扣条/U 型条	声达	35×2400，红橡	根	11.00	上海声达木业有限公司
PVC 双层扣条/U 型条	声达	35×2400，红樱桃	根	11.00	上海声达木业有限公司
PVC 双层扣条/U 型条	声达	35×2400，胡桃木	根	11.00	上海声达木业有限公司
PVC 双层扣条/U 型条	声达	35×2400，洁白	根	11.00	上海声达木业有限公司
PVC 双层扣条/U 型条	声达	35×2400，美国樱桃	根	11.00	上海声达木业有限公司
PVC 双层扣条/U 型条	声达	35×2400，暖白	根	11.00	上海声达木业有限公司
PVC 双层扣条/U 型条	声达	35×2400，欧洲风韵	根	11.00	上海声达木业有限公司
PVC 双层扣条/U 型条	声达	35×2400，欧洲橡木	根	11.00	上海声达木业有限公司
PVC 双层扣条/U 型条	声达	35×2400，柔光白大花	根	11.00	上海声达木业有限公司
PVC 双层扣条/U 型条	声达	35×2400，柔光白猫眼	根	11.00	上海声达木业有限公司
PVC 双层扣条/U 型条	声达	35×2400，柔光胡桃木	根	11.00	上海声达木业有限公司
PVC 双层扣条/U 型条	声达	35×2400，柔光花布纹	根	11.00	上海声达木业有限公司
PVC 双层扣条/U 型条	声达	35×2400，柔光紫檀	根	11.00	上海声达木业有限公司
PVC 双层扣条/U 型条	声达	35×2400，沙比利	根	11.00	上海声达木业有限公司
PVC 双层扣条/U 型条	声达	35×2400，水曲柳	根	11.00	上海声达木业有限公司
PVC 双层扣条/U 型条	声达	35×2400，松木	根	11.00	上海声达木业有限公司
PVC 双层扣条/U 型条	声达	35×2400，银丝橡木	根	11.00	上海声达木业有限公司
PVC 双层扣条/U 型条	声达	35×2400，柚木	根	11.00	上海声达木业有限公司
PVC 扣条/U 型条	兔宝宝	17×2440，巴西酸枝	根	8.00	德华兔宝宝装饰新材股份有限公司
PVC 扣条/U 型条	兔宝宝	17×2440，白橡	根	8.00	德华兔宝宝装饰新材股份有限公司

续表

产品名称	品牌	规格型号	包装单位	参考价格（元）	供应商
PVC扣条/U型条	兔宝宝	17×2440，白樱桃	根	8.00	德华兔宝宝装饰新材股份有限公司
PVC扣条/U型条	兔宝宝	17×2440，北美橡木	根	8.00	德华兔宝宝装饰新材股份有限公司
PVC扣条/U型条	兔宝宝	17×2440，北欧栓木	根	8.00	德华兔宝宝装饰新材股份有限公司
PVC扣条/U型条	兔宝宝	17×2440，芬兰梨木	根	8.00	德华兔宝宝装饰新材股份有限公司
PVC扣条/U型条	兔宝宝	17×2440，富贵江南	根	8.00	德华兔宝宝装饰新材股份有限公司
PVC扣条/U型条	兔宝宝	17×2440，核桃木	根	8.00	德华兔宝宝装饰新材股份有限公司
PVC扣条/U型条	兔宝宝	17×2440，黑檀	根	8.00	德华兔宝宝装饰新材股份有限公司
PVC扣条/U型条	兔宝宝	17×2440，红橡	根	8.00	德华兔宝宝装饰新材股份有限公司
PVC扣条/U型条	兔宝宝	17×2440，胡桃木	根	8.00	德华兔宝宝装饰新材股份有限公司
PVC扣条/U型条	兔宝宝	17×2440，皇家橡木	根	8.00	德华兔宝宝装饰新材股份有限公司
PVC扣条/U型条	兔宝宝	17×2440，浪漫之都	根	8.00	德华兔宝宝装饰新材股份有限公司
PVC扣条/U型条	兔宝宝	17×2440，卢浮宫白（花）	根	8.00	德华兔宝宝装饰新材股份有限公司
PVC扣条/U型条	兔宝宝	17×2440，罗马浮雕	根	8.00	德华兔宝宝装饰新材股份有限公司
PVC扣条/U型条	兔宝宝	17×2440，暖白（花）	根	8.00	德华兔宝宝装饰新材股份有限公司
PVC扣条/U型条	兔宝宝	17×2440，苹果木	根	8.00	德华兔宝宝装饰新材股份有限公司
PVC扣条/U型条	兔宝宝	17×2440，瑞典胡桃木	根	8.00	德华兔宝宝装饰新材股份有限公司
PVC扣条/U型条	兔宝宝	17×2440，沙比利	根	8.00	德华兔宝宝装饰新材股份有限公司
PVC扣条/U型条	兔宝宝	17×2440，水曲柳浮雕	根	8.00	德华兔宝宝装饰新材股份有限公司
PVC扣条/U型条	兔宝宝	17×2440，威尼斯木	根	8.00	德华兔宝宝装饰新材股份有限公司
PVC扣条/U型条	兔宝宝	17×2440，银丝橡木	根	8.00	德华兔宝宝装饰新材股份有限公司
PVC扣条/U型条	兔宝宝	17×2440，印度檀香	根	8.00	德华兔宝宝装饰新材股份有限公司
PVC扣条/U型条	兔宝宝	17×2440，柚木	根	8.00	德华兔宝宝装饰新材股份有限公司
PVC双层扣条/U型条	兔宝宝	35×2440，巴西酸枝	根	10.00	德华兔宝宝装饰新材股份有限公司
PVC双层扣条/U型条	兔宝宝	35×2440，白橡	根	10.00	德华兔宝宝装饰新材股份有限公司
PVC双层扣条/U型条	兔宝宝	35×2440，白樱桃	根	10.00	德华兔宝宝装饰新材股份有限公司
PVC双层扣条/U型条	兔宝宝	35×2440，北美橡木	根	10.00	德华兔宝宝装饰新材股份有限公司
PVC双层扣条/U型条	兔宝宝	35×2440，北欧栓木	根	10.00	德华兔宝宝装饰新材股份有限公司
PVC双层扣条/U型条	兔宝宝	35×2440，芬兰梨木	根	10.00	德华兔宝宝装饰新材股份有限公司
PVC双层扣条/U型条	兔宝宝	35×2440，富贵江南	根	10.00	德华兔宝宝装饰新材股份有限公司
PVC双层扣条/U型条	兔宝宝	35×2440，核桃木	根	10.00	德华兔宝宝装饰新材股份有限公司
PVC双层扣条/U型条	兔宝宝	35×2440，黑檀	根	10.00	德华兔宝宝装饰新材股份有限公司
PVC双层扣条/U型条	兔宝宝	35×2440，红橡	根	10.00	德华兔宝宝装饰新材股份有限公司

续表

产品名称	品牌	规格型号	包装单位	参考价格(元)	供应商
PVC 双层扣条/U 型条	兔宝宝	35×2440,胡桃木	根	10.00	德华兔宝宝装饰新材股份有限公司
PVC 双层扣条/U 型条	兔宝宝	35×2440,皇家橡木	根	10.00	德华兔宝宝装饰新材股份有限公司
PVC 双层扣条/U 型条	兔宝宝	35×2440,浪漫之都	根	10.00	德华兔宝宝装饰新材股份有限公司
PVC 双层扣条/U 型条	兔宝宝	35×2440,卢浮宫白(花)	根	10.00	德华兔宝宝装饰新材股份有限公司
PVC 双层扣条/U 型条	兔宝宝	35×2440,罗马浮雕	根	10.00	德华兔宝宝装饰新材股份有限公司
PVC 双层扣条/U 型条	兔宝宝	35×2440,暖白(花)	根	10.00	德华兔宝宝装饰新材股份有限公司
PVC 双层扣条/U 型条	兔宝宝	35×2440,苹果木	根	10.00	德华兔宝宝装饰新材股份有限公司
PVC 双层扣条/U 型条	兔宝宝	35×2440,瑞典胡桃木	根	10.00	德华兔宝宝装饰新材股份有限公司
PVC 双层扣条/U 型条	兔宝宝	35×2440,沙比利	根	10.00	德华兔宝宝装饰新材股份有限公司
PVC 双层扣条/U 型条	兔宝宝	35×2440,水曲柳浮雕	根	10.00	德华兔宝宝装饰新材股份有限公司
PVC 双层扣条/U 型条	兔宝宝	35×2440,威尼斯木	根	10.00	德华兔宝宝装饰新材股份有限公司
PVC 双层扣条/U 型条	兔宝宝	35×2440,银丝橡木	根	10.00	德华兔宝宝装饰新材股份有限公司
PVC 双层扣条/U 型条	兔宝宝	35×2440,印度檀香	根	10.00	德华兔宝宝装饰新材股份有限公司
PVC 双层扣条/U 型条	兔宝宝	35×2440,柚木	根	10.00	德华兔宝宝装饰新材股份有限公司

4.1.4 封边条

产品名称	品牌	规格型号	包装单位	参考价格(元)	供应商
封边条	德丽斯	20mm,白栓	卷(80m/卷)	36.00	上海艾未实业发展有限公司
封边条	德丽斯	20mm,白水曲柳	卷(80m/卷)	36.00	上海艾未实业发展有限公司
封边条	德丽斯	20mm,白橡	卷(80m/卷)	36.00	上海艾未实业发展有限公司
封边条	德丽斯	20mm,白樱桃	卷(80m/卷)	36.00	上海艾未实业发展有限公司
封边条	德丽斯	20mm,帝龙白橡	卷(80m/卷)	36.00	上海艾未实业发展有限公司
封边条	德丽斯	20mm,枫木	卷(80m/卷)	36.00	上海艾未实业发展有限公司
封边条	德丽斯	20mm,浮雕白水曲柳	卷(80m/卷)	36.00	上海艾未实业发展有限公司
封边条	德丽斯	20mm,浮雕黑水曲柳	卷(80m/卷)	36.00	上海艾未实业发展有限公司
封边条	德丽斯	20mm,浮雕红水曲柳	卷(80m/卷)	36.00	上海艾未实业发展有限公司
封边条	德丽斯	20mm,浮雕暖白	卷(80m/卷)	36.00	上海艾未实业发展有限公司
封边条	德丽斯	20mm,黑胡桃	卷(80m/卷)	36.00	上海艾未实业发展有限公司
封边条	德丽斯	20mm,黑檀	卷(80m/卷)	36.00	上海艾未实业发展有限公司
封边条	德丽斯	20mm,红枫	卷(80m/卷)	36.00	上海艾未实业发展有限公司
封边条	德丽斯	20mm,红胡桃	卷(80m/卷)	36.00	上海艾未实业发展有限公司

续表

产品名称	品牌	规格型号	包装单位	参考价格(元)	供应商
封边条	德丽斯	20mm,红橡	卷(80m/卷)	36.00	上海艾未实业发展有限公司
封边条	德丽斯	20mm,红樱桃	卷(80m/卷)	36.00	上海艾未实业发展有限公司
封边条	德丽斯	20mm,黄水曲柳	卷(80m/卷)	36.00	上海艾未实业发展有限公司
封边条	德丽斯	20mm,鸡翅木	卷(80m/卷)	36.00	上海艾未实业发展有限公司
封边条	德丽斯	20mm,暖白	卷(80m/卷)	36.00	上海艾未实业发展有限公司
封边条	德丽斯	20mm,苹果木	卷(80m/卷)	36.00	上海艾未实业发展有限公司
封边条	德丽斯	20mm,浅胡桃	卷(80m/卷)	36.00	上海艾未实业发展有限公司
封边条	德丽斯	20mm,柔光暖白	卷(80m/卷)	36.00	上海艾未实业发展有限公司
封边条	德丽斯	20mm,柔光钛白	卷(80m/卷)	36.00	上海艾未实业发展有限公司
封边条	德丽斯	20mm,沙比利	卷(80m/卷)	36.00	上海艾未实业发展有限公司
封边条	德丽斯	20mm,钛白	卷(80m/卷)	36.00	上海艾未实业发展有限公司
封边条	德丽斯	20mm,天山雪松	卷(80m/卷)	36.00	上海艾未实业发展有限公司
封边条	德丽斯	20mm,银丝橡木	卷(80m/卷)	36.00	上海艾未实业发展有限公司
封边条	德丽斯	20mm,柚木	卷(80m/卷)	36.00	上海艾未实业发展有限公司
封边条	德丽斯	20mm,棕胡桃	卷(80m/卷)	36.00	上海艾未实业发展有限公司
封边条	德丽斯	50mm,白栓	卷(80m/卷)	56.00	上海艾未实业发展有限公司
封边条	德丽斯	50mm,白水曲柳	卷(80m/卷)	56.00	上海艾未实业发展有限公司
封边条	德丽斯	50mm,白橡	卷(80m/卷)	56.00	上海艾未实业发展有限公司
封边条	德丽斯	50mm,白樱桃	卷(80m/卷)	56.00	上海艾未实业发展有限公司
封边条	德丽斯	50mm,帝龙白橡	卷(80m/卷)	56.00	上海艾未实业发展有限公司
封边条	德丽斯	50mm,枫木	卷(80m/卷)	56.00	上海艾未实业发展有限公司
封边条	德丽斯	50mm,浮雕白水曲柳	卷(80m/卷)	56.00	上海艾未实业发展有限公司
封边条	德丽斯	50mm,浮雕黑水曲柳	卷(80m/卷)	56.00	上海艾未实业发展有限公司
封边条	德丽斯	50mm,浮雕红水曲柳	卷(80m/卷)	56.00	上海艾未实业发展有限公司
封边条	德丽斯	50mm,浮雕暖白	卷(80m/卷)	56.00	上海艾未实业发展有限公司
封边条	德丽斯	50mm,黑胡桃	卷(80m/卷)	56.00	上海艾未实业发展有限公司
封边条	德丽斯	50mm,黑檀	卷(80m/卷)	56.00	上海艾未实业发展有限公司
封边条	德丽斯	50mm,红枫	卷(80m/卷)	56.00	上海艾未实业发展有限公司
封边条	德丽斯	50mm,红胡桃	卷(80m/卷)	56.00	上海艾未实业发展有限公司
封边条	德丽斯	50mm,红橡	卷(80m/卷)	56.00	上海艾未实业发展有限公司
封边条	德丽斯	50mm,红樱桃	卷(80m/卷)	56.00	上海艾未实业发展有限公司
封边条	德丽斯	50mm,黄水曲柳	卷(80m/卷)	56.00	上海艾未实业发展有限公司

续表

产品名称	品牌	规格型号	包装单位	参考价格（元）	供应商
封边条	德丽斯	50mm，鸡翅木	卷（80m/卷）	56.00	上海艾未实业发展有限公司
封边条	德丽斯	50mm，暖白	卷（80m/卷）	56.00	上海艾未实业发展有限公司
封边条	德丽斯	50mm，苹果木	卷（80m/卷）	56.00	上海艾未实业发展有限公司
封边条	德丽斯	50mm，浅胡桃	卷（80m/卷）	56.00	上海艾未实业发展有限公司
封边条	德丽斯	50mm，柔光暖白	卷（80m/卷）	56.00	上海艾未实业发展有限公司
封边条	德丽斯	50mm，柔光钛白	卷（80m/卷）	56.00	上海艾未实业发展有限公司
封边条	德丽斯	50mm，沙比利	卷（80m/卷）	56.00	上海艾未实业发展有限公司
封边条	德丽斯	50mm，钛白	卷（80m/卷）	56.00	上海艾未实业发展有限公司
封边条	德丽斯	50mm，天山雪松	卷（80m/卷）	56.00	上海艾未实业发展有限公司
封边条	德丽斯	50mm，银丝橡木	卷（80m/卷）	56.00	上海艾未实业发展有限公司
封边条	德丽斯	50mm，柚木	卷（80m/卷）	56.00	上海艾未实业发展有限公司
封边条	德丽斯	50mm，棕胡桃	卷（80m/卷）	56.00	上海艾未实业发展有限公司
封边条	普通	20mm，白大花	卷（50m/卷）	30.80	上海羿臣实业有限公司
封边条	普通	20mm，白栓	卷（50m/卷）	30.80	上海羿臣实业有限公司
封边条	普通	20mm，淡雅清风	卷（50m/卷）	30.80	上海羿臣实业有限公司
封边条	普通	20mm，枫木	卷（50m/卷）	30.80	上海羿臣实业有限公司
封边条	普通	20mm，黑胡桃	卷（50m/卷）	30.80	上海羿臣实业有限公司
封边条	普通	20mm，黑檀	卷（50m/卷）	30.80	上海羿臣实业有限公司
封边条	普通	20mm，红橡	卷（50m/卷）	30.80	上海羿臣实业有限公司
封边条	普通	20mm，红樱桃	卷（50m/卷）	30.80	上海羿臣实业有限公司
封边条	普通	20mm，胡桃木	卷（50m/卷）	30.80	上海羿臣实业有限公司
封边条	普通	20mm，黄水曲柳	卷（50m/卷）	30.80	上海羿臣实业有限公司
封边条	普通	20mm，洁白	卷（50m/卷）	30.80	上海羿臣实业有限公司
封边条	普通	20mm，暖白	卷（50m/卷）	30.80	上海羿臣实业有限公司
封边条	普通	20mm，沙比利	卷（50m/卷）	30.80	上海羿臣实业有限公司
封边条	普通	20mm，银丝橡木	卷（50m/卷）	30.80	上海羿臣实业有限公司
封边条	普通	20mm，樱桃木	卷（50m/卷）	30.80	上海羿臣实业有限公司
封边条	普通	20mm，柚木	卷（50m/卷）	30.80	上海羿臣实业有限公司
封边条（正声配套）	普通	20mm，白栓	卷（50m/卷）	30.80	上海羿臣实业有限公司
封边条（正声配套）	普通	20mm，白橡	卷（50m/卷）	30.80	上海羿臣实业有限公司

续表

产品名称	品牌	规格型号	包装单位	参考价格（元）	供应商
封边条（正声配套）	普通	20mm，白樱桃	卷（50m/卷）	30.80	上海羿臣实业有限公司
封边条（正声配套）	普通	20mm，黑胡桃	卷（50m/卷）	30.80	上海羿臣实业有限公司
封边条（正声配套）	普通	20mm，红橡	卷（50m/卷）	30.80	上海羿臣实业有限公司
封边条（正声配套）	普通	20mm，红樱桃	卷（50m/卷）	30.80	上海羿臣实业有限公司
封边条（正声配套）	普通	20mm，胡桃木	卷（50m/卷）	30.80	上海羿臣实业有限公司
封边条（正声配套）	普通	20mm，暖白	卷（50m/卷）	30.80	上海羿臣实业有限公司
封边条（正声配套）	普通	20mm，苹果木	卷（50m/卷）	30.80	上海羿臣实业有限公司
封边条（正声配套）	普通	20mm，钛白	卷（50m/卷）	30.80	上海羿臣实业有限公司
封边条（正声配套）	普通	20mm，雅枫	卷（50m/卷）	30.80	上海羿臣实业有限公司
封边条（正声配套）	普通	20mm，银丝橡木	卷（50m/卷）	30.80	上海羿臣实业有限公司
封边条（正声配套）	普通	20mm，柚木	卷（50m/卷）	30.80	上海羿臣实业有限公司
封边条	声达	22×0.8，白麻	m	2.00	上海声达木业有限公司
封边条	声达	22×0.8，白栓	m	2.00	上海声达木业有限公司
封边条	声达	22×0.8，白橡	m	2.00	上海声达木业有限公司
封边条	声达	22×0.8，白樱桃	m	2.00	上海声达木业有限公司
封边条	声达	22×0.8，非洲橡木	m	2.00	上海声达木业有限公司
封边条	声达	22×0.8，浮雕白	m	2.00	上海声达木业有限公司
封边条	声达	22×0.8，浮雕白栓	m	2.00	上海声达木业有限公司
封边条	声达	22×0.8，浮雕黑	m	2.00	上海声达木业有限公司
封边条	声达	22×0.8，浮雕黄	m	2.00	上海声达木业有限公司
封边条	声达	22×0.8，黑胡桃	m	2.00	上海声达木业有限公司

续表

产品名称	品牌	规格型号	包装单位	参考价格（元）	供应商
封边条	声达	22×0.8,黑檀	m	2.00	上海声达木业有限公司
封边条	声达	22×0.8,红酸枝	m	2.00	上海声达木业有限公司
封边条	声达	22×0.8,红橡	m	2.00	上海声达木业有限公司
封边条	声达	22×0.8,红樱桃	m	2.00	上海声达木业有限公司
封边条	声达	22×0.8,胡桃木	m	2.00	上海声达木业有限公司
封边条	声达	22×0.8,洁白	m	2.00	上海声达木业有限公司
封边条	声达	22×0.8,美国樱桃	m	2.00	上海声达木业有限公司
封边条	声达	22×0.8,暖白	m	2.00	上海声达木业有限公司
封边条	声达	22×0.8,欧洲风韵	m	2.00	上海声达木业有限公司
封边条	声达	22×0.8,欧洲橡木	m	2.00	上海声达木业有限公司
封边条	声达	22×0.8,柔光白大花	m	2.00	上海声达木业有限公司
封边条	声达	22×0.8,柔光白猫眼	m	2.00	上海声达木业有限公司
封边条	声达	22×0.8,柔光胡桃木	m	2.00	上海声达木业有限公司
封边条	声达	22×0.8,柔光花布纹	m	2.00	上海声达木业有限公司
封边条	声达	22×0.8,柔光紫檀	m	2.00	上海声达木业有限公司
封边条	声达	22×0.8,沙比利	m	2.00	上海声达木业有限公司
封边条	声达	22×0.8,水曲柳	m	2.00	上海声达木业有限公司
封边条	声达	22×0.8,松木	m	2.00	上海声达木业有限公司
封边条	声达	22×0.8,银丝橡木	m	2.00	上海声达木业有限公司
封边条	声达	22×0.8,柚木	m	2.00	上海声达木业有限公司
封边条	声达	50×0.8,白麻	m	4.00	上海声达木业有限公司
封边条	声达	50×0.8,白栓	m	4.00	上海声达木业有限公司
封边条	声达	50×0.8,白橡	m	4.00	上海声达木业有限公司
封边条	声达	50×0.8,白樱桃	m	4.00	上海声达木业有限公司
封边条	声达	50×0.8,非洲橡木	m	4.00	上海声达木业有限公司
封边条	声达	50×0.8,浮雕白	m	4.00	上海声达木业有限公司
封边条	声达	50×0.8,浮雕白栓	m	4.00	上海声达木业有限公司
封边条	声达	50×0.8,浮雕黑	m	4.00	上海声达木业有限公司
封边条	声达	50×0.8,浮雕黄	m	4.00	上海声达木业有限公司
封边条	声达	50×0.8,黑胡桃	m	4.00	上海声达木业有限公司
封边条	声达	50×0.8,黑檀	m	4.00	上海声达木业有限公司
封边条	声达	50×0.8,红酸枝	m	4.00	上海声达木业有限公司

续表

产品名称	品牌	规格型号	包装单位	参考价格（元）	供应商
封边条	声达	50×0.8,红橡	m	4.00	上海声达木业有限公司
封边条	声达	50×0.8,红樱桃	m	4.00	上海声达木业有限公司
封边条	声达	50×0.8,胡桃木	m	4.00	上海声达木业有限公司
封边条	声达	50×0.8,洁白	m	4.00	上海声达木业有限公司
封边条	声达	50×0.8,美国樱桃	m	4.00	上海声达木业有限公司
封边条	声达	50×0.8,暖白	m	4.00	上海声达木业有限公司
封边条	声达	50×0.8,欧洲风韵	m	4.00	上海声达木业有限公司
封边条	声达	50×0.8,欧洲橡木	m	4.00	上海声达木业有限公司
封边条	声达	50×0.8,柔光白大花	m	4.00	上海声达木业有限公司
封边条	声达	50×0.8,柔光白猫眼	m	4.00	上海声达木业有限公司
封边条	声达	50×0.8,柔光胡桃木	m	4.00	上海声达木业有限公司
封边条	声达	50×0.8,柔光花布纹	m	4.00	上海声达木业有限公司
封边条	声达	50×0.8,柔光紫檀	m	4.00	上海声达木业有限公司
封边条	声达	50×0.8,沙比利	m	4.00	上海声达木业有限公司
封边条	声达	50×0.8,水曲柳	m	4.00	上海声达木业有限公司
封边条	声达	50×0.8,松木	m	4.00	上海声达木业有限公司
封边条	声达	50×0.8,银丝橡木	m	4.00	上海声达木业有限公司
封边条	声达	50×0.8,柚木	m	4.00	上海声达木业有限公司
封边条	兔宝宝	22mm,巴西酸枝	m	4.00	德华兔宝宝装饰新材股份有限公司
封边条	兔宝宝	22mm,白橡	m	4.00	德华兔宝宝装饰新材股份有限公司
封边条	兔宝宝	22mm,白樱桃	m	4.00	德华兔宝宝装饰新材股份有限公司
封边条	兔宝宝	22mm,北美橡木	m	4.00	德华兔宝宝装饰新材股份有限公司
封边条	兔宝宝	22mm,北欧栓木	m	4.00	德华兔宝宝装饰新材股份有限公司
封边条	兔宝宝	22mm,芬兰梨木	m	4.00	德华兔宝宝装饰新材股份有限公司
封边条	兔宝宝	22mm,富贵江南	m	4.00	德华兔宝宝装饰新材股份有限公司
封边条	兔宝宝	22mm,核桃木	m	4.00	德华兔宝宝装饰新材股份有限公司
封边条	兔宝宝	22mm,黑檀	m	4.00	德华兔宝宝装饰新材股份有限公司
封边条	兔宝宝	22mm,红橡	m	4.00	德华兔宝宝装饰新材股份有限公司
封边条	兔宝宝	22mm,胡桃木	m	4.00	德华兔宝宝装饰新材股份有限公司
封边条	兔宝宝	22mm,皇家橡木	m	4.00	德华兔宝宝装饰新材股份有限公司
封边条	兔宝宝	22mm,浪漫之都	m	4.00	德华兔宝宝装饰新材股份有限公司
封边条	兔宝宝	22mm,卢浮宫白(花)	m	4.00	德华兔宝宝装饰新材股份有限公司

续表

产品名称	品牌	规格型号	包装单位	参考价格（元）	供应商
封边条	兔宝宝	22mm，罗马浮雕	m	4.00	德华兔宝宝装饰新材股份有限公司
封边条	兔宝宝	22mm，暖白（花）	m	4.00	德华兔宝宝装饰新材股份有限公司
封边条	兔宝宝	22mm，苹果木	m	4.00	德华兔宝宝装饰新材股份有限公司
封边条	兔宝宝	22mm，瑞典胡桃木	m	4.00	德华兔宝宝装饰新材股份有限公司
封边条	兔宝宝	22mm，沙比利	m	4.00	德华兔宝宝装饰新材股份有限公司
封边条	兔宝宝	22mm，水曲柳浮雕	m	4.00	德华兔宝宝装饰新材股份有限公司
封边条	兔宝宝	22mm，威尼斯木	m	4.00	德华兔宝宝装饰新材股份有限公司
封边条	兔宝宝	22mm，银丝橡木	m	4.00	德华兔宝宝装饰新材股份有限公司
封边条	兔宝宝	22mm，印度檀香	m	4.00	德华兔宝宝装饰新材股份有限公司
封边条	兔宝宝	22mm，柚木	m	4.00	德华兔宝宝装饰新材股份有限公司

4.2 石膏板硅钙板矿棉板

4.2.1 石膏板

产品名称	品牌	规格型号	包装单位	参考价格（元）	供应商
石膏板	德丽斯	1220×2440×12	张	29.00	上海艾未实业发展有限公司
石膏板	德丽斯	1220×2440×9.5	张	19.00	上海艾未实业发展有限公司
石膏线（JJ）	金巢阳光	2000×100（JJ10080）	根	14.00	哈尔滨金巢阳光装饰材料有限公司
石膏线（JJ）	金巢阳光	2000×80（JJ08060）	根	13.00	哈尔滨金巢阳光装饰材料有限公司
石膏线（JJ）	金巢阳光	2400×100（JJ10001）	根	14.00	哈尔滨金巢阳光装饰材料有限公司
石膏线（JJ）	金巢阳光	2400×103（JJ10301）	根	16.00	哈尔滨金巢阳光装饰材料有限公司
石膏线（JJ）	金巢阳光	2400×106（JJ10601）	根	16.00	哈尔滨金巢阳光装饰材料有限公司
石膏线（JJ）	金巢阳光	2400×110（JJ11011）	根	21.00	哈尔滨金巢阳光装饰材料有限公司
石膏线（JJ）	金巢阳光	2400×113（JJ11301）	根	14.00	哈尔滨金巢阳光装饰材料有限公司
石膏线（JJ）	金巢阳光	2400×113（JJ11302）	根	15.00	哈尔滨金巢阳光装饰材料有限公司
石膏线（JJ）	金巢阳光	2400×113（JJ11303）	根	15.00	哈尔滨金巢阳光装饰材料有限公司
石膏线（JJ）	金巢阳光	2400×115（JJ11501 ）	根	13.00	哈尔滨金巢阳光装饰材料有限公司
石膏线（JJ）	金巢阳光	2400×117（JJ11701）	根	17.00	哈尔滨金巢阳光装饰材料有限公司
石膏线（JJ）	金巢阳光	2400×120（JJ12801）	根	16.00	哈尔滨金巢阳光装饰材料有限公司
石膏线（JJ）	金巢阳光	2400×134（JJ13401）	根	17.00	哈尔滨金巢阳光装饰材料有限公司

续表

产品名称	品牌	规格型号	包装单位	参考价格（元）	供应商
石膏线(JJ)	金巢阳光	2400×135(JJ13501)	根	17.00	哈尔滨金巢阳光装饰材料有限公司
石膏线(JJ)	金巢阳光	2400×140(JJ14001)	根	18.00	哈尔滨金巢阳光装饰材料有限公司
石膏线(JJ)	金巢阳光	2400×141(JJ14101)	根	18.00	哈尔滨金巢阳光装饰材料有限公司
石膏线(JJ)	金巢阳光	2400×153(JJ15301)	根	20.00	哈尔滨金巢阳光装饰材料有限公司
石膏线(JJ)	金巢阳光	2400×70(JJ07001)	根	11.00	哈尔滨金巢阳光装饰材料有限公司
石膏线(JJ)	金巢阳光	2400×80(JJ08001)	根	12.00	哈尔滨金巢阳光装饰材料有限公司
石膏线(JJ)	金巢阳光	2400×80(JJ08002)	根	12.00	哈尔滨金巢阳光装饰材料有限公司
石膏线(JJ)	金巢阳光	2400×80(JJ08003)	根	14.00	哈尔滨金巢阳光装饰材料有限公司
石膏线(JJ)	金巢阳光	2400×84(JJ08401)	根	12.00	哈尔滨金巢阳光装饰材料有限公司
石膏线(JJ)	金巢阳光	2400×85(JJ08501)	根	102.00	哈尔滨金巢阳光装饰材料有限公司
石膏线(JJ)	金巢阳光	2400×99(JJ09901)	根	13.00	哈尔滨金巢阳光装饰材料有限公司
石膏线(JP)	金巢阳光	2200×45(JP04501)	根	12.00	哈尔滨金巢阳光装饰材料有限公司
石膏线(JP)	金巢阳光	2200×45(JP04502)	根	14.00	哈尔滨金巢阳光装饰材料有限公司
石膏线(JP)	金巢阳光	2400×55(JP05502)	根	13.00	哈尔滨金巢阳光装饰材料有限公司
石膏线(JP)	金巢阳光	2400×60(JP06001)	根	17.00	哈尔滨金巢阳光装饰材料有限公司
石膏线(JP)	金巢阳光	2400×70(JP07001)	根	14.00	哈尔滨金巢阳光装饰材料有限公司
石膏线(JP)	金巢阳光	2400×80(JP08002)	根	18.00	哈尔滨金巢阳光装饰材料有限公司
石膏线 JH01（开模弧形）	金巢阳光	开模弧形	m	40.00	哈尔滨金巢阳光装饰材料有限公司
石膏线快粘粉	金巢阳光	标准	袋(3.5 kg/袋)	30.00	哈尔滨金巢阳光装饰材料有限公司
石膏板	可耐福	1200×2100×9.5	张	24.50	可耐福新型建筑材料(芜湖)有限公司
石膏板	可耐福	1200×2400×12	张	36.00	可耐福新型建筑材料(芜湖)有限公司
石膏板	可耐福	1200×2400×9.5	张	30.00	可耐福新型建筑材料(芜湖)有限公司
石膏板	可耐福	1200×2400×9.5	张	28.00	可耐福新型建筑材料(芜湖)有限公司
石膏板	可耐福	防潮 1200×2400×9.5	张	48.00	可耐福新型建筑材料(芜湖)有限公司
石膏板	可耐福	防水 1200×2400×9.5	张	68.00	可耐福新型建筑材料(芜湖)有限公司
石膏板	龙牌	1200×2400×12	张	29.15	北新集团建材股份有限公司
石膏板	龙牌	1200×2400×9.5	张	24.20	北新集团建材股份有限公司
石膏板	龙牌	2440×1220×9.5	张	27.50	北新集团建材股份有限公司
石膏板	龙牌	防潮,1200×2400×9.5	张	42.90	北新集团建材股份有限公司
石膏板	普通	垫底用 1200×2400×9	张	12.00	上海羿臣实业有限公司

续表

产品名称	品牌	规格型号	包装单位	参考价格（元）	供应商
C牛板	圣戈班杰科	1200×2400×12	张	37.40	圣戈班（中国）投资有限公司
C牛板	圣戈班杰科	1200×2400×9.5	张	36.30	圣戈班（中国）投资有限公司
C牛板	圣戈班杰科	声达板材专供 1200×2400×12	张	37.40	圣戈班（中国）投资有限公司
C牛板	圣戈班杰科	声达板材专供 1200×2400×9.5	张	36.30	圣戈班（中国）投资有限公司
石膏板	圣戈班杰科	1200×2400×9.5，B20+分解甲醛	张	60.00	圣戈班（中国）投资有限公司
石膏板	圣戈班杰科	1200×2400×9.5	张	30.58	圣戈班（中国）投资有限公司
石膏板	圣戈班杰科	A30+分解甲醛全功能板 1200×2400×9.5	张	95.00	圣戈班（中国）投资有限公司
石膏板	圣戈班杰科	C30+分解甲醛高强板 1200×2400×9.5	张	85.00	圣戈班（中国）投资有限公司
石膏板	圣戈班杰科	M30+分解甲醛防潮防霉板 1200×2400×9.5	张	65.00	圣戈班（中国）投资有限公司
石膏板	圣戈班杰科	防潮 1200×2400×9.5	张	58.30	圣戈班（中国）投资有限公司
石膏板	圣戈班杰科	防水 1200×2400×9.5	张	69.30	圣戈班（中国）投资有限公司
石膏板	圣戈班杰科	嘉合 1200×2400×9.5	张	28.80	圣戈班（中国）投资有限公司
石膏板	圣戈班杰科	耐火 1200×2400×12	张	64.90	圣戈班（中国）投资有限公司
石膏板	圣戈班杰科	耐火 1200×2400×9.5	张	52.80	圣戈班（中国）投资有限公司
石膏板	泰山	1200×2400×12	张	30.80	泰山石膏股份有限公司
石膏板	泰山	1200×2400×9	张	20.50	泰山石膏股份有限公司
石膏板	泰山	1200×2400×9.5	张	23.76	泰山石膏股份有限公司
石膏板	泰山	防潮 1200×2400×12	张	55.00	泰山石膏股份有限公司
石膏板	泰山	防潮 1200×2400×9.5	张	52.80	泰山石膏股份有限公司
石膏板	泰山	耐火 1200×2400×12	张	53.90	泰山石膏股份有限公司

续表

产品名称	品牌	规格型号	包装单位	参考价格（元）	供应商
石膏板	泰山	耐火 1200×2400×9.5	张	42.90	泰山石膏股份有限公司
石膏板	兔宝宝	1220×2440×9.5	张	38.00	德华兔宝宝装饰新材股份有限公司
石膏板	伟业	1200×2400×9.5，无醛普通石膏板	张	28.00	广州市伟正木制品有限公司
石膏板	伟业	1220×2440×9.5，无醛防潮石膏板	张	55.00	广州市伟正木制品有限公司
耐潮纸面石膏板	亚兴	1200×3000×1.2	张	49.50	威海高技术产业开发区亚兴吊顶材料中心
耐潮纸面石膏板	亚兴	1200×3000×9.5	张	45.00	威海高技术产业开发区亚兴吊顶材料中心
耐水纸面石膏板	亚兴	3000×1200×12	张	72.00	威海高技术产业开发区亚兴吊顶材料中心
耐水纸面石膏板	亚兴	3000×1200×9.5	张	68.40	威海高技术产业开发区亚兴吊顶材料中心
普通纸面石膏板	亚兴	3000×1200×12	张	29.50	威海高技术产业开发区亚兴吊顶材料中心
普通纸面石膏板	亚兴	3000×1200×9.5	张	28.50	威海高技术产业开发区亚兴吊顶材料中心
布面石膏板	亿博	2400×1200×9.5	m^2	18.00	北京凯跃亿博建材有限公司
穿孔石膏板	亿博	2400×1200×12	m^2	48.00	北京凯跃亿博建材有限公司
纸面石膏板耐潮石膏板	亿博	3000×12×9.5	张	52.20	北京凯跃亿博建材有限公司
纸面石膏板耐潮石膏板	亿博	3000×1200×12	张	66.60	北京凯跃亿博建材有限公司
纸面石膏板耐火石膏板	亿博	3000×12×9.5	张	48.60	北京凯跃亿博建材有限公司
纸面石膏板耐火石膏板	亿博	3000×1200×12	张	59.40	北京凯跃亿博建材有限公司
纸面石膏板耐水石膏板	亿博	3000×12×9.5	张	75.60	北京凯跃亿博建材有限公司
纸面石膏板耐水石膏板	亿博	3000×1200×12	张	86.40	北京凯跃亿博建材有限公司
纸面石膏板普通石膏板	亿博	3000×1200×12	张	43.20	北京凯跃亿博建材有限公司

续表

产品名称	品牌	规格型号	包装单位	参考价格（元）	供应商
纸面石膏板普通石膏板	亿博	3000×1200×9.5	张	36.00	北京凯跃亿博建材有限公司
石膏板	优时吉博罗	防潮 1200×2400×12	张	64.90	优时吉博罗管理服务(上海)有限公司
石膏板	优时吉博罗	防潮 1200×2400×9.5	张	55.00	优时吉博罗管理服务(上海)有限公司
石膏板	优时吉博罗	易捷 1200×2400×9	张	29.70	优时吉博罗管理服务(上海)有限公司
石膏板	优时吉博罗	优时吉博罗 1200×2400×9.5	张	29.80	优时吉博罗管理服务(上海)有限公司
石膏板	优时吉博罗	优时吉耐水 1200×2400×12	张	79.20	优时吉博罗管理服务(上海)有限公司
石膏板	优时吉博罗	优时吉耐水 1200×2400×9.5	张	69.30	优时吉博罗管理服务(上海)有限公司

4.2.2 硅钙板

产品名称	品牌	规格型号	包装单位	参考价格（元）	供应商
硅钙板	绿格	毛毛虫 595×595(英制)	片	8.00	上海绿格装饰材料有限公司
硅钙板	绿格	毛毛虫 600×600(公制)	片	8.00	上海绿格装饰材料有限公司
硅钙板	普通	毛毛虫 595×595(英制)	片	8.00	上海羿臣实业有限公司
硅钙板	普通	毛毛虫 600×600(公制)	片	8.00	上海羿臣实业有限公司
硅酸钙板吊顶系列	亿博	穿孔 600×600×6	m^2	38.00	北京凯跃亿博建材有限公司
硅酸钙板吊顶系列	亿博	浮雕 600×600×6	m^2	30.00	北京凯跃亿博建材有限公司
硅酸钙板吊顶系列	亿博	浮雕 600×600×8	m^2	35.00	北京凯跃亿博建材有限公司
硅酸钙板隔墙系列	亿博	2440×1220×10	张	78.00	北京凯跃亿博建材有限公司
硅酸钙板隔墙系列	亿博	2440×1220×12	张	99.00	北京凯跃亿博建材有限公司
硅酸钙板隔墙系列	亿博	2440×1220×6	张	53.00	北京凯跃亿博建材有限公司
硅酸钙板隔墙系列	亿博	2440×1220×8	张	63.00	北京凯跃亿博建材有限公司
硅钙板	银城	毛毛虫 595×595(英制)	片	8.00	上海市闵行区吴泾镇银城装饰材料加工厂
硅钙板	银城	毛毛虫 600×600(公制)	片	8.00	上海市闵行区吴泾镇银城装饰材料加工厂

4.2.3 矿棉板

产品名称	品牌	规格型号	包装单位	参考价格（元）	供应商
矿棉吸音板 压花超越暗架板	亿博	300×1200×15	m^2	47.00	北京凯跃亿博建材有限公司
矿棉吸音板 压花超越暗架板	亿博	300×1200×18	m^2	62.00	北京凯跃亿博建材有限公司
矿棉吸音板 压花超越暗架板	亿博	300×600×15	m^2	42.50	北京凯跃亿博建材有限公司
矿棉吸音板 压花超越暗架板	亿博	300×600×18	m^2	71.00	北京凯跃亿博建材有限公司
矿棉吸音板 压花跌级板	亿博	600×600×14	m^2	31.00	北京凯跃亿博建材有限公司
矿棉吸音板 压花跌级板	亿博	600×600×15	m^2	40.50	北京凯跃亿博建材有限公司
矿棉吸音板 压花跌级板	亿博	600×600×18	m^2	61.00	北京凯跃亿博建材有限公司
矿棉吸音板 压花平板	亿博	600×600×14	m^2	28.50	北京凯跃亿博建材有限公司
矿棉吸音板 压花平板	亿博	600×600×15	m^2	35.50	北京凯跃亿博建材有限公司
矿棉吸音板 压花平板	亿博	600×600×18	m^2	55.00	北京凯跃亿博建材有限公司
矿棉吸音板 针砂超暗架板	亿博	300×600×15	m^2	89.00	北京凯跃亿博建材有限公司
矿棉吸音板 针砂超暗架板	亿博	300×600×18	m^2	149.00	北京凯跃亿博建材有限公司
矿棉吸音板 针砂跌级板	亿博	600×600×15	m^2	78.00	北京凯跃亿博建材有限公司
矿棉吸音板 针砂跌级板	亿博	600×600×18	m^2	93.00	北京凯跃亿博建材有限公司
矿棉吸音板 针砂平板	亿博	600×600×15	m^2	75.00	北京凯跃亿博建材有限公司
矿棉吸音板 针砂平板	亿博	600×600×18	m^2	85.00	北京凯跃亿博建材有限公司

4.3 其他板材

4.3.1 细木工板

产品名称	品牌	规格型号	包装单位	参考价格（元）	供应商
细木工板 E1	大王椰	金杉木，1220×2440×16.5	张	136.50	杭州大王椰控股集团有限公司
细木工板 E1	大王椰	杉木工程料，1220×2440×16.5	张	126.00	杭州大王椰控股集团有限公司
细木工板	福景丽家	1220×2440×18，E0 级	张	145.00	临沂市福德木业有限公司
多层板 木工板	莫干山	E0 级 2440×1220×15	张	195.00	浙江升华云峰新材股份有限公司
多层板 木工板	莫干山	E0 级 2440×1220×17	张	220.00	浙江升华云峰新材股份有限公司
多层板 木工板	莫干山	E0 级 2440×1220×17	张	207.00	浙江升华云峰新材股份有限公司
多层板 木工板	莫干山	E0 级 2440×1220×17，杉木贴面	张	229.00	浙江升华云峰新材股份有限公司

续表

产品名称	品牌	规格型号	包装单位	参考价格（元）	供应商
木工板	莫干山	E1 级 2440×1220×15	张	194.00	浙江升华云峰新材股份有限公司
木工板	莫干山	E1 级 2440×1220×17	张	196.00	浙江升华云峰新材股份有限公司
细木工板 E0	普通	柳桉，1220×2440×17	张	163.90	上海羿臣实业有限公司
细木工板 E1	普通	马六甲，1220×2440×17	张	146.30	上海羿臣实业有限公司
细木工板 E1	普通	小白松，1220×2440×17	张	130.90	上海羿臣实业有限公司
细木工板 E1	普通	杂木芯，1220×2440×16	张	91.30	上海羿臣实业有限公司
细木工板 E1	普通	杂木芯，1220×2440×17	张	112.20	上海羿臣实业有限公司
细木工板 E0	千年舟	马六甲，1220×2440×17.5	张	162.75	千年舟新材销售有限公司
细木工板 E0	千年舟	杉木，1220×2440×16.5	张	152.25	千年舟新材销售有限公司
细木工板 E0	千年舟	杉木，1220×2440×18	张	194.25	千年舟新材销售有限公司
细木工板 E1	千年舟	马六甲，1220×2440×16	张	131.25	千年舟新材销售有限公司
细木工板 E1	千年舟	杨木，1220×2440×17.5	张	141.75	千年舟新材销售有限公司
细木工板 E1	千喜鸟	1220×2440×17	张	99.75	千年舟新材销售有限公司
细木工板 E0	声达	柳桉芯，1220×2440×18	张	207.90	上海声达木业有限公司
细木工板 E0	声达	香杉木，1220×2440×18	张	207.90	上海声达木业有限公司
细木工板 E1	声达	红芯马六甲，1220×2440×17	张	163.90	上海声达木业有限公司
细木工板 E1	声达	马六甲，1220×2440×17	张	167.20	上海声达木业有限公司
细木工板 E1	声达	香杉木，1220×2440×17.5	张	174.90	上海声达木业有限公司
细木工板 E1	声达	小白松，1220×2440×17	张	137.50	上海声达木业有限公司
细木工板 E0	兔宝宝	马六甲，1220×2440×18	张	204.60	德华兔宝宝装饰新材股份有限公司
细木工板 E0	兔宝宝	杉木芯，1220×2440×18	张	211.20	德华兔宝宝装饰新材股份有限公司
细木工板 E1	兔宝宝	马六甲，1220×2440×17	张	185.90	德华兔宝宝装饰新材股份有限公司
细木工板 E1	兔宝宝	杉木，1220×2440×16.5	张	176.00	德华兔宝宝装饰新材股份有限公司
细木工板 E1	兔宝宝	杉木，1220×2440×17.5	张	190.30	德华兔宝宝装饰新材股份有限公司
细木工板 E0	万象	1220×2440×15	张	228.36	湖南旺德府木业有限公司
细木工板 E0	万象	1220×2440×18	张	234.96	湖南旺德府木业有限公司
细木工板 E1	万象	1220×2440×15	张	201.96	湖南旺德府木业有限公司
细木工板 E1	万象	1220×2440×18	张	208.56	湖南旺德府木业有限公司
E0 级桐木木工板	裕森	环保 E0 级 16.0±0.2 机制桐木	张	145.00	合肥裕森木业有限公司
E0 级桐木木工板	裕森	环保 E0 级 17.0±0.2 机制桐木	张	155.00	合肥裕森木业有限公司

续表

产品名称	品牌	规格型号	包装单位	参考价格（元）	供应商
E0 级桐木木工板	裕森	环保 E0 级 18.0±0.2 机制桐木	张	162.00	合肥裕森木业有限公司
E0 金木工板	裕森	环保 E0 级 18.0±0.2 机制杉木	张	205.00	合肥裕森木业有限公司
E1 金木工板	裕森	环保 E1 级 18.0±0.0 机制杉木	张	185.00	合肥裕森木业有限公司
工程板	裕森	环保 E1 级 16.0±0.2 一级机制杂木	张	118.00	合肥裕森木业有限公司
工程板	裕森	环保 E1 级 16.5±0.2 二级机制杨木	张	105.00	合肥裕森木业有限公司
工程板	裕森	环保 E1 级 17.5±0.2 机制桐木	张	128.00	合肥裕森木业有限公司
工程板	裕森	环保 E1 级 18.0±0.2 机制桐木	张	140.00	合肥裕森木业有限公司
集成材贴面木工板（马六甲芯）一等品	裕森	环保 E1 级 17.5±0.6 机制杉木	张	162.00	合肥裕森木业有限公司
集成材贴面木工板（马六甲芯）优等品	裕森	环保 E1 级 17.5±0.5 马六甲芯	张	175.00	合肥裕森木业有限公司
集成材贴面木工板（杉木芯）一等品	裕森	环保 E1 级 17.5±0.4 机制杉木	张	165.00	合肥裕森木业有限公司
集成材贴面木工板（杉木芯）优等品	裕森	环保 E0 级 17.5±0.2 机制杉木	张	198.00	合肥裕森木业有限公司
集成材贴面木工板（杉木芯）优等品	裕森	环保 E1 级 17.5±0.3 机制杉木	张	188.00	合肥裕森木业有限公司
康达木工板	裕森	环保 E1 级 17.5±0.2 机制杉木	张	180.00	合肥裕森木业有限公司
木工板（东北杨木）	裕森	环保 E1 级 17.0±0.2 机制杨木	张	128.00	合肥裕森木业有限公司
木工板（柜门专用）	裕森	1.5cm 环保 E1 级 14.5±0.2 机制杉木	张	165.00	合肥裕森木业有限公司
无醛金木工板（柳桉）	裕森	无甲醛 17.5±0.2 机制柳桉	张	198.00	合肥裕森木业有限公司
香樟（2X8）集成块	裕森	环保 E1 级 16.0±0.2 香樟木指接板	张	160.00	合肥裕森木业有限公司

4.3.2 多层板

产品名称	品牌	规格型号	包装单位	参考价格（元）	供应商
多层板 柳桉芯 E1	大王椰	1220×2440×12	张	115.50	杭州大王椰控股集团有限公司
多层板 柳桉芯 E1	大王椰	1220×2440×5	张	52.50	杭州大王椰控股集团有限公司
多层板 柳桉芯 E1	大王椰	1220×2440×9	张	89.25	杭州大王椰控股集团有限公司
多层板 柳桉芯 E1	普通	1220×2440×12	张	99.00	上海羿臣实业有限公司
多层板 柳桉芯 E1	普通	1220×2440×15	张	122.10	上海羿臣实业有限公司
多层板 柳桉芯 E1	普通	1220×2440×18	张	146.30	上海羿臣实业有限公司
多层板 柳桉芯 E1	普通	1220×2440×3	张	46.20	上海羿臣实业有限公司
多层板 柳桉芯 E1	普通	1220×2440×3	张	62.70	上海羿臣实业有限公司
多层板 柳桉芯 E1	普通	1220×2440×5	张	55.00	上海羿臣实业有限公司
多层板 柳桉芯 E1	普通	1220×2440×9	张	69.30	上海羿臣实业有限公司
多层板 杨杂 E1	千年舟	1220×2440×12	张	110.25	千年舟新材销售有限公司
多层板 杨杂 E1	千年舟	1220×2440×9	张	89.25	千年舟新材销售有限公司
多层板 杂木 E1	千年舟	1220×2440×12	张	126.00	千年舟新材销售有限公司
多层板 杂木 E1	千年舟	1220×2440×15	张	152.25	千年舟新材销售有限公司
多层板 杂木 E1	千年舟	1220×2440×18	张	173.25	千年舟新材销售有限公司
多层板 杂木 E1	千年舟	1220×2440×5	张	68.25	千年舟新材销售有限公司
多层板 杂木 E1	千年舟	1220×2440×9	张	99.75	千年舟新材销售有限公司
多层板 杨杂	千喜鸟	1220×2440×12	张	78.75	千年舟新材销售有限公司
多层板 杨杂	千喜鸟	1220×2440×15	张	110.25	千年舟新材销售有限公司
多层板 杨杂	千喜鸟	1220×2440×18	张	134.40	千年舟新材销售有限公司
多层板 杨杂	千喜鸟	1220×2440×9	张	68.25	千年舟新材销售有限公司
多层板 柳桉芯 E0	声达	1220×2440×12	张	160.60	上海声达木业有限公司
多层板 柳桉芯 E0	声达	1220×2440×15	张	195.80	上海声达木业有限公司
多层板 柳桉芯 E0	声达	1220×2440×18	张	218.90	上海声达木业有限公司
多层板 柳桉芯 E0	声达	1220×2440×3	张	68.20	上海声达木业有限公司
多层板 柳桉芯 E0	声达	1220×2440×5	张	86.90	上海声达木业有限公司
多层板 柳桉芯 E0	声达	1220×2440×9	张	130.90	上海声达木业有限公司
多层板 柳桉芯 E1	声达	1220×2440×12	张	137.50	上海声达木业有限公司
多层板 柳桉芯 E1	声达	1220×2440×15	张	171.60	上海声达木业有限公司
多层板 柳桉芯 E1	声达	1220×2440×18	张	195.80	上海声达木业有限公司
多层板 柳桉芯 E1	声达	1220×2440×3	张	52.80	上海声达木业有限公司

续表

产品名称	品牌	规格型号	包装单位	参考价格（元）	供应商
多层板 柳桉芯 E1	声达	1220×2440×5	张	71.50	上海声达木业有限公司
多层板 柳桉芯 E1	声达	1220×2440×9	张	104.50	上海声达木业有限公司
多层板 柳桉芯 E0	兔宝宝	1220×2440×12	张	183.70	德华兔宝宝装饰新材股份有限公司
多层板 柳桉芯 E0	兔宝宝	1220×2440×15	张	228.80	德华兔宝宝装饰新材股份有限公司
多层板 柳桉芯 E0	兔宝宝	1220×2440×18	张	230.00	德华兔宝宝装饰新材股份有限公司
多层板 柳桉芯 E0	兔宝宝	1220×2440×3	张	72.60	德华兔宝宝装饰新材股份有限公司
多层板 柳桉芯 E0	兔宝宝	1220×2440×5	张	108.90	德华兔宝宝装饰新材股份有限公司
多层板 柳桉芯 E0	兔宝宝	1220×2440×9	张	151.80	德华兔宝宝装饰新材股份有限公司
多层板 柳桉芯 E1	兔宝宝	1220×2440×12	张	166.10	德华兔宝宝装饰新材股份有限公司
多层板 柳桉芯 E1	兔宝宝	1220×2440×15	张	201.30	德华兔宝宝装饰新材股份有限公司
多层板 柳桉芯 E1	兔宝宝	1220×2440×18	张	232.10	德华兔宝宝装饰新材股份有限公司
多层板 柳桉芯 E1	兔宝宝	1220×2440×3	张	61.60	德华兔宝宝装饰新材股份有限公司
多层板 柳桉芯 E1	兔宝宝	1220×2440×5	张	94.60	德华兔宝宝装饰新材股份有限公司
多层板 柳桉芯 E1	兔宝宝	1220×2440×9	张	130.90	德华兔宝宝装饰新材股份有限公司
E0 金多层板	裕森	环保 E0 级 九厘，厚为 8.8±0.2，柳桉	张	120.00	合肥裕森木业有限公司
E0 金多层板	裕森	环保 E0 级 十二厘，厚为 11.8±0.2，柳桉	张	152.00	合肥裕森木业有限公司
E0 金多层板	裕森	环保 E0 级 五厘，厚为 4.8±0.2，柳桉	张	95.00	合肥裕森木业有限公司
多层板	裕森	环保 E1 级 九厘，厚为 8.0±0.2，杨木	张	98.00	合肥裕森木业有限公司
多层板	裕森	环保 E1 级 十八厘，厚为 17.8±0.2，柳桉	张	185.00	合肥裕森木业有限公司
多层板	裕森	环保 E1 级 十二厘，厚为 11.0±0.2，杨木	张	108.00	合肥裕森木业有限公司
多层板	裕森	环保 E1 级 十五厘，厚为 14.8±0.2，柳桉	张	162.00	合肥裕森木业有限公司
多层板	裕森	环保 E1 级 贴面多层，集成材贴面 材质柳桉，柳桉	张	108.00	合肥裕森木业有限公司

续表

产品名称	品牌	规格型号	包装单位	参考价格(元)	供应商
多层板	裕森	环保 E1 级 贴面多层,集成材贴面 材质柳桉,柳桉	张	95.00	合肥裕森木业有限公司
多层板	裕森	环保 E1 级 贴面多层,集成材贴面 材质杨木,杨木	张	105.00	合肥裕森木业有限公司
多层板	裕森	环保 E1 级 贴面多层,橡木贴面六厘 材质杨木,杨木	张	90.00	合肥裕森木业有限公司
多层板	裕森	环保 E1 级 五厘,厚为4.5±0.2,杨木	张	66.00	合肥裕森木业有限公司
康达多层板	裕森	环保 E1 级 九厘,厚为8.5±0.2,柳桉	张	108.00	合肥裕森木业有限公司
康达多层板	裕森	环保 E1 级 十二厘,厚为11.5±0.2,柳桉	张	135.00	合肥裕森木业有限公司
康达多层板	裕森	环保 E1 级 五厘,厚为4.8±0.2,柳桉	张	75.00	合肥裕森木业有限公司

4.3.3 木方

产品名称	品牌	规格型号	包装单位	参考价格(元)	供应商
白松跳板	普通	40mm×185mm×3600mm	根	92.00	上海羿臣实业有限公司
白松跳板	普通	40mm×240mm×3600mm	根	98.00	上海羿臣实业有限公司
地龙骨	普通	2.5cm×4.5cm× 400cm	根	17.60	上海羿臣实业有限公司
木方(白松条)	普通	1.8cm×3.8cm×370cm	根	9.60	上海羿臣实业有限公司
木方(白松条)	普通	2.2cm×3.8cm×370cm	根	9.80	上海羿臣实业有限公司
木方(白松条)	普通	2.5cm×3.8cm×370cm	根	11.00	上海羿臣实业有限公司
木方(白松条)	普通	3cm×4cm×370cm	根	17.10	上海羿臣实业有限公司
木方(白松条)	普通	3cm×5cm×370cm	根	17.00	上海羿臣实业有限公司
木方(赤松)	普通	2.7cm×4.5cm×360cm	根	16.80	上海羿臣实业有限公司
木方(赤松)	普通	3.5cm×5.5cm×360cm	根	25.30	上海羿臣实业有限公司
木方(赤松)	普通	4cm×9cm×360cm	根	38.50	上海羿臣实业有限公司
木方(落叶松)	普通	2.5cm×4.5×370cm	根	17.76	上海羿臣实业有限公司
木方(樟子松)	普通	38mm×88mm×3660mm	根	31.35	上海羿臣实业有限公司
地龙骨(蒸汽烘干)	声达	3cm×5cm×400cm	根	25.00	上海声达木业有限公司

4.3.4 饰面板

产品名称	品牌	规格型号	包装单位	参考价格（元）	供应商
饰面板	莫干山	E0 级 2440×1220×30，3D 黑胡桃浮雕	张	318.00	浙江升华云峰新材股份有限公司
饰面板	莫干山	E0 级 2440×1220×30，3D 沙比利	张	318.00	浙江升华云峰新材股份有限公司
饰面板	莫干山	E0 级 2440×1220×30，3D 酸枝木浮雕	张	318.00	浙江升华云峰新材股份有限公司
饰面板	莫干山	E0 级 2440×1220×30，白枫	张	144.00	浙江升华云峰新材股份有限公司
饰面板	莫干山	E0 级 2440×1220×30，红酸枝	张	152.00	浙江升华云峰新材股份有限公司
饰面板	莫干山	E0 级 2440×1220×30，红橡	张	139.00	浙江升华云峰新材股份有限公司
饰面板	莫干山	E0 级 2440×1220×30，花梨木或红檀	张	148.00	浙江升华云峰新材股份有限公司
饰面板	莫干山	E0 级 2440×1220×30，花纹水曲柳	张	134.00	浙江升华云峰新材股份有限公司
饰面板	莫干山	E0 级 2440×1220×30，麦格利	张	134.00	浙江升华云峰新材股份有限公司
饰面板	莫干山	E0 级 2440×1220×30，沙比利	张	134.00	浙江升华云峰新材股份有限公司
饰面板	莫干山	E0 级 2440×1220×30，泰柚	张	151.00	浙江升华云峰新材股份有限公司
饰面板	莫干山	E0 级 2440×1220×30，直纹红樱桃	张	130.00	浙江升华云峰新材股份有限公司
饰面板	莫干山	E0 级 2440×1220×30，直纹水曲柳	张	134.00	浙江升华云峰新材股份有限公司
饰面板	莫干山	E1 级 2440×1220×0.5	张	92.00	浙江升华云峰新材股份有限公司
饰面板	莫干山	E1 级 2440×1220×0.5	张	113.00	浙江升华云峰新材股份有限公司
饰面板	莫干山	E1 级 2440×1220×0.9	张	127.00	浙江升华云峰新材股份有限公司
饰面板	莫干山	E1 级 2440×1220×0.9	张	150.00	浙江升华云峰新材股份有限公司
饰面板	莫干山	E1 级 2440×1220×1.2	张	161.00	浙江升华云峰新材股份有限公司
饰面板	莫干山	E1 级 2440×1220×1.5	张	188.00	浙江升华云峰新材股份有限公司
饰面板	莫干山	E1 级 2440×1220×32，水曲柳花纹	张	180.00	浙江升华云峰新材股份有限公司
饰面板	莫干山	E1 级 2440×1220×36，花纹红橡浮雕	张	286.00	浙江升华云峰新材股份有限公司
饰面板	莫干山	E1 级 2440×1220×36，花纹水曲柳浮雕	张	268.00	浙江升华云峰新材股份有限公司
饰面板	莫干山	E1 级 2440×1220×36，直纹红橡浮雕	张	286.00	浙江升华云峰新材股份有限公司
饰面板	莫干山	E1 级 2440×1220×36，直纹水曲柳浮雕	张	268.00	浙江升华云峰新材股份有限公司
装饰板	莫干山	E1 级 2440×1220×27，EP 红檀	张	99.00	浙江升华云峰新材股份有限公司
装饰板	莫干山	E1 级 2440×1220×27，EV 白橡	张	108.00	浙江升华云峰新材股份有限公司
装饰板	莫干山	E1 级 2440×1220×27，EV 红橡	张	108.00	浙江升华云峰新材股份有限公司
装饰板	莫干山	E1 级 2440×1220×27，白翠竹	张	135.00	浙江升华云峰新材股份有限公司
装饰板	莫干山	E1 级 2440×1220×27，白枫	张	116.00	浙江升华云峰新材股份有限公司
装饰板	莫干山	E1 级 2440×1220×27，红酸枝	张	132.00	浙江升华云峰新材股份有限公司
装饰板	莫干山	E1 级 2440×1220×27，花梨木或红檀	张	114.00	浙江升华云峰新材股份有限公司

续表

产品名称	品牌	规格型号	包装单位	参考价格（元）	供应商
装饰板	莫干山	E1 级 2440×1220×27，花纹古典樱桃	张	102.00	浙江升华云峰新材股份有限公司
装饰板	莫干山	E1 级 2440×1220×27，花纹红樱桃	张	104.00	浙江升华云峰新材股份有限公司
装饰板	莫干山	E1 级 2440×1220×27，花纹水曲柳	张	105.00	浙江升华云峰新材股份有限公司
装饰板	莫干山	E1 级 2440×1220×27，黄翠竹	张	135.00	浙江升华云峰新材股份有限公司
装饰板	莫干山	E1 级 2440×1220×27，麦格利	张	98.00	浙江升华云峰新材股份有限公司
装饰板	莫干山	E1 级 2440×1220×27，沙比利	张	102.00	浙江升华云峰新材股份有限公司
装饰板	莫干山	E1 级 2440×1220×27，天然红橡	张	111.00	浙江升华云峰新材股份有限公司
装饰板	莫干山	E1 级 2440×1220×27，天然泰柚	张	125.00	浙江升华云峰新材股份有限公司
装饰板	莫干山	E1 级 2440×1220×27，直纹古典樱桃	张	102.00	浙江升华云峰新材股份有限公司
装饰板	莫干山	E1 级 2440×1220×27，直纹红樱桃	张	104.00	浙江升华云峰新材股份有限公司
装饰板	莫干山	E1 级 2440×1220×27，直纹水曲柳	张	105.00	浙江升华云峰新材股份有限公司
饰面板 E1	声达	多层柳桉芯，1220×2440×3.6，浮雕水曲柳	张	148.50	上海声达木业有限公司
饰面板 E1	声达	多层柳桉芯，1220×2440×3.6，沙比利	张	115.50	上海声达木业有限公司
饰面板 E1	声达	多层柳桉芯，1220×2440×3，白橡	张	135.30	上海声达木业有限公司
饰面板 E1	声达	多层柳桉芯，1220×2440×3，斑马木	张	112.20	上海声达木业有限公司
饰面板 E1	声达	多层柳桉芯，1220×2440×3，黑胡桃	张	122.10	上海声达木业有限公司
饰面板 E1	声达	多层柳桉芯，1220×2440×3，红胡桃	张	97.90	上海声达木业有限公司
饰面板 E1	声达	多层柳桉芯，1220×2440×3，红橡	张	112.20	上海声达木业有限公司
饰面板 E1	声达	多层柳桉芯，1220×2440×3，红樱桃	张	97.90	上海声达木业有限公司
饰面板 E1	声达	多层柳桉芯，1220×2440×3，美国樱桃	张	124.30	上海声达木业有限公司
饰面板 E1	声达	多层柳桉芯，1220×2440×3，沙比利	张	97.90	上海声达木业有限公司
饰面板 E1	声达	多层柳桉芯，1220×2440×3，水曲柳	张	97.90	上海声达木业有限公司
饰面板 E1	声达	多层柳桉芯，1220×2440×3，天然白影	张	174.90	上海声达木业有限公司
饰面板 E1	声达	多层柳桉芯，1220×2440×3，铁刀木	张	106.70	上海声达木业有限公司
饰面板 E1	声达	多层柳桉芯，1220×2440×3，柚木	张	122.10	上海声达木业有限公司
贴面板	裕森	环保 E0 级 厚 3.0±0.10 柳桉底板，美人松	张	127.00	合肥裕森木业有限公司
贴面板	裕森	环保 E0 级 厚 3.0±0.11 柳桉底板，天然直纹红橡	张	129.00	合肥裕森木业有限公司
贴面板	裕森	环保 E0 级 厚 3.0±0.12 柳桉底板，宝石檀	张	116.00	合肥裕森木业有限公司

续表

产品名称	品牌	规格型号	包装单位	参考价格（元）	供应商
贴面板	裕森	环保E0级 厚3.0±0.13 柳桉底板，山纹水曲柳	张	113.00	合肥裕森木业有限公司
贴面板	裕森	环保E0级 厚3.0±0.14 柳桉底板，直纹水曲柳	张	118.00	合肥裕森木业有限公司
贴面板	裕森	环保E0级 厚3.0±0.15 柳桉底板，直纹红樱桃	张	118.00	合肥裕森木业有限公司
贴面板	裕森	环保E0级 厚3.0±0.16 柳桉底板，山纹樱桃木	张	116.00	合肥裕森木业有限公司
贴面板	裕森	环保E0级 厚3.0±0.17 柳桉底板，麦格利水波	张	138.00	合肥裕森木业有限公司
贴面板	裕森	环保E0级 厚3.0±0.2 柳桉底板，法国樱桃	张	113.00	合肥裕森木业有限公司
贴面板	裕森	环保E0级 厚3.0±0.3 柳桉底板，直纹白橡	张	113.00	合肥裕森木业有限公司
贴面板	裕森	环保E0级 厚3.0±0.4 柳桉底板，沙比利	张	113.00	合肥裕森木业有限公司
贴面板	裕森	环保E0级 厚3.0±0.5 柳桉底板，山纹白橡	张	113.00	合肥裕森木业有限公司
贴面板	裕森	环保E0级 厚3.0±0.6 柳桉底板，天然红檀	张	129.00	合肥裕森木业有限公司
贴面板	裕森	环保E0级 厚3.0±0.7 柳桉底板，天然泰柚	张	138.00	合肥裕森木业有限公司
贴面板	裕森	环保E0级 厚3.0±0.8 柳桉底板，山纹古典樱桃	张	116.00	合肥裕森木业有限公司
贴面板	裕森	环保E0级 厚3.0±0.9 柳桉底板，直纹古典樱桃	张	116.00	合肥裕森木业有限公司
贴面板	裕森	环保E1级 厚3.0±0.1 柳桉底板，白枫影	张	102.00	合肥裕森木业有限公司
贴面板	裕森	环保E1级 厚3.0±0.1 柳桉底板，斑马木	张	102.00	合肥裕森木业有限公司
贴面板	裕森	环保E1级 厚3.0±0.1 柳桉底板，宝石檀	张	92.00	合肥裕森木业有限公司

续表

产品名称	品牌	规格型号	包装单位	参考价格（元）	供应商
贴面板	裕森	环保E1级 厚3.0±0.1 柳桉底板，法国樱桃	张	86.00	合肥裕森木业有限公司
贴面板	裕森	环保E1级 厚3.0±0.1 柳桉底板，富贵木	张	95.00	合肥裕森木业有限公司
贴面板	裕森	环保E1级 厚3.0±0.1 柳桉底板，富贵樱花	张	95.00	合肥裕森木业有限公司
贴面板	裕森	环保E1级 厚3.0±0.1 柳桉底板，古典樱桃（花纹）	张	91.00	合肥裕森木业有限公司
贴面板	裕森	环保E1级 厚3.0±0.1 柳桉底板，古典樱桃（直纹）	张	91.00	合肥裕森木业有限公司
贴面板	裕森	环保E1级 厚3.0±0.1 柳桉底板，红枫影	张	95.00	合肥裕森木业有限公司
贴面板	裕森	环保E1级 厚3.0±0.1 柳桉底板，红花梨	张	124.00	合肥裕森木业有限公司
贴面板	裕森	环保E1级 厚3.0±0.1 柳桉底板，麦格利	张	93.00	合肥裕森木业有限公司
贴面板	裕森	环保E1级 厚3.0±0.1 柳桉底板，天然红檀	张	116.00	合肥裕森木业有限公司
贴面板	裕森	环保E1级 厚3.0±0.1 柳桉底板，天然铁刀木	张	116.00	合肥裕森木业有限公司
贴面板	裕森	环保E1级 厚3.0±0.1 柳桉底板，郁金香	张	95.00	合肥裕森木业有限公司
贴面板	裕森	环保E1级 厚3.0±0.1 柳桉底板，直纹红橡（EV）	张	88.00	合肥裕森木业有限公司
贴面板	裕森	环保E1级 厚3.0±0.1 柳桉底板，直纹水曲柳	张	95.00	合肥裕森木业有限公司
贴面板	裕森	环保E1级 厚3.0±0.1 柳桉底板，30S浮雕山纹红橡	张	124.00	合肥裕森木业有限公司
贴面板	裕森	环保E1级 厚3.0±0.1 柳桉底板，50S浮雕山纹水曲柳	张	151.00	合肥裕森木业有限公司
贴面板	裕森	环保E1级 厚3.0±0.1 柳桉底板，EV黑檀B	张	95.00	合肥裕森木业有限公司

续表

产品名称	品牌	规格型号	包装单位	参考价格（元）	供应商
贴面板	裕森	环保 E1 级 厚 3.0±0.1 柳桉底板，EV 红檀	张	92.00	合肥裕森木业有限公司
贴面板	裕森	环保 E1 级 厚 3.0±0.1 柳桉底板，澳洲酸枝	张	97.00	合肥裕森木业有限公司
贴面板	裕森	环保 E1 级 厚 3.0±0.1 柳桉底板，巴西酸枝	张	103.00	合肥裕森木业有限公司
贴面板	裕森	环保 E1 级 厚 3.0±0.1 柳桉底板，巴西檀木	张	140.00	合肥裕森木业有限公司
贴面板	裕森	环保 E1 级 厚 3.0±0.1 柳桉底板，白影	张	110.00	合肥裕森木业有限公司
贴面板	裕森	环保 E1 级 厚 3.0±0.1 柳桉底板，沉香木	张	164.00	合肥裕森木业有限公司
贴面板	裕森	环保 E1 级 厚 3.0±0.1 柳桉底板，枫木雀影	张	450.00	合肥裕森木业有限公司
贴面板	裕森	环保 E1 级 厚 3.0±0.1 柳桉底板，核桃木	张	124.00	合肥裕森木业有限公司
贴面板	裕森	环保 E1 级 厚 3.0±0.1 柳桉底板，黑檀拼接	张	257.00	合肥裕森木业有限公司
贴面板	裕森	环保 E1 级 厚 3.0±0.1 柳桉底板，红影	张	106.00	合肥裕森木业有限公司
贴面板	裕森	环保 E1 级 厚 3.0±0.1 柳桉底板，肌理板（松木炭化 100S）	张	435.00	合肥裕森木业有限公司
贴面板	裕森	环保 E1 级 厚 3.0±0.1 柳桉底板，极品球沙	张	453.00	合肥裕森木业有限公司
贴面板	裕森	环保 E1 级 厚 3.0±0.1 柳桉底板，金萍影	张	175.00	合肥裕森木业有限公司
贴面板	裕森	环保 E1 级 厚 3.0±0.1 柳桉底板，金丝楠木	张	189.00	合肥裕森木业有限公司
贴面板	裕森	环保 E1 级 厚 3.0±0.1 柳桉底板，麦格利强影	张	167.00	合肥裕森木业有限公司
贴面板	裕森	环保 E1 级 厚 3.0±0.1 柳桉底板，麦格利水波	张	116.00	合肥裕森木业有限公司

续表

产品名称	品牌	规格型号	包装单位	参考价格（元）	供应商
贴面板	裕森	环保 E1 级 厚 3.0±0.1 柳桉底板，美国白栓	张	121.00	合肥裕森木业有限公司
贴面板	裕森	环保 E1 级 厚 3.0±0.1 柳桉底板，美人松	张	95.00	合肥裕森木业有限公司
贴面板	裕森	环保 E1 级 厚 3.0±0.1 柳桉底板，缅甸红木	张	89.00	合肥裕森木业有限公司
贴面板	裕森	环保 E1 级 厚 3.0±0.1 柳桉底板，苹果木	张	210.00	合肥裕森木业有限公司
贴面板	裕森	环保 E1 级 厚 3.0±0.1 柳桉底板，七彩栎木	张	188.00	合肥裕森木业有限公司
贴面板	裕森	环保 E1 级 厚 3.0±0.1 柳桉底板，沙比利	张	92.00	合肥裕森木业有限公司
贴面板	裕森	环保 E1 级 厚 3.0±0.1 柳桉底板，山纹白枫(EV)	张	95.00	合肥裕森木业有限公司
贴面板	裕森	环保 E1 级 厚 3.0±0.1 柳桉底板，山纹白橡(EV)	张	89.00	合肥裕森木业有限公司
贴面板	裕森	环保 E1 级 厚 3.0±0.1 柳桉底板，山纹水曲柳	张	95.00	合肥裕森木业有限公司
贴面板	裕森	环保 E1 级 厚 3.0±0.1 柳桉底板，山纹樱桃木	张	95.00	合肥裕森木业有限公司
贴面板	裕森	环保 E1 级 厚 3.0±0.1 柳桉底板，泰柚拼接	张	203.00	合肥裕森木业有限公司
贴面板	裕森	环保 E1 级 厚 3.0±0.1 柳桉底板，天然黑胡桃	张	118.00	合肥裕森木业有限公司
贴面板	裕森	环保 E1 级 厚 3.0±0.1 柳桉底板，天然黑檀 A	张	237.00	合肥裕森木业有限公司
贴面板	裕森	环保 E1 级 厚 3.0±0.1 柳桉底板，天然黑檀 B	张	178.00	合肥裕森木业有限公司
贴面板	裕森	环保 E1 级 厚 3.0±0.1 柳桉底板，天然黄花梨	张	149.00	合肥裕森木业有限公司
贴面板	裕森	环保 E1 级 厚 3.0±0.1 柳桉底板，天然酸枝	张	253.00	合肥裕森木业有限公司

续表

产品名称	品牌	规格型号	包装单位	参考价格（元）	供应商
贴面板	裕森	环保 E1 级 厚 3.0±0.1 柳桉底板，小叶檀木	张	124.00	合肥裕森木业有限公司
贴面板	裕森	环保 E1 级 厚 3.0±0.1 柳桉底板，印尼黑檀	张	97.00	合肥裕森木业有限公司
贴面板	裕森	环保 E1 级 厚 3.0±0.1 柳桉底板，印尼紫檀	张	97.00	合肥裕森木业有限公司
贴面板	裕森	环保 E1 级 厚 3.0±0.1 柳桉底板，直纹白橡(EV)	张	95.00	合肥裕森木业有限公司
贴面板	裕森	环保 E1 级 厚 3.0±0.1 柳桉底板，直纹樱桃木	张	99.00	合肥裕森木业有限公司

4.3.5 集成板

产品名称	品牌	规格型号	包装单位	参考价格（元）	供应商
集成材/指接板	莫干山	E1 级 2440×1220×15	张	178.00	浙江升华云峰新材股份有限公司
集成材/指接板	莫干山	E1 级 2440×1220×16.5，香樟	张	332.00	浙江升华云峰新材股份有限公司
集成材/指接板	莫干山	E1 级 2440×1220×17	张	198.00	浙江升华云峰新材股份有限公司
集成板/指接板 E1	普通	香樟木，1220×2440×17(无节)	张	257.40	上海羿臣实业有限公司
集成板/指接板 E1	普通	樟子松，1220×2440×12(无节)	张	208.00	上海羿臣实业有限公司
集成板/指接板 E1	普通	樟子松，1220×2440×17(无节)	张	298.00	上海羿臣实业有限公司
集成材/指接板 E0 无甲醛	声达	杉木，1220×2440×12(无节)	张	167.20	上海声达木业有限公司
集成材/指接板 E0 无甲醛	声达	杉木，1220×2440×12(有节)	张	156.20	上海声达木业有限公司
集成材/指接板 E0 无甲醛	声达	杉木，1220×2440×17(无节)	张	231.00	上海声达木业有限公司
集成材/指接板 E0 无甲醛	声达	杉木，1220×2440×17(有节)	张	200.20	上海声达木业有限公司
集成材/指接板 E0 无甲醛	声达	新西兰松木，1220×2440×12(无节)	张	328.00	上海声达木业有限公司

续表

产品名称	品牌	规格型号	包装单位	参考价格(元)	供应商
集成材/指接板 E0 无甲醛	声达	新西兰松木,1220×2440×12(有节)	张	330.00	上海声达木业有限公司
集成材/指接板 E0 无甲醛	声达	新西兰松木,1220×2440×17(无节)	张	355.00	上海声达木业有限公司
集成材/指接板 E0 无甲醛	声达	新西兰松木,1220×2440×17(有节)	张	355.00	上海声达木业有限公司
集成材/指接板 E0 无甲醛	声达	樟子松木,1220×2440×17(无节)	张	360.60	上海声达木业有限公司
E0 实木板	裕森	环保 E0 级 17.0±0.2 冷拼美洲松木	张	298.00	合肥裕森木业有限公司
E0 实木板	裕森	环保 E0 级 17.0±0.2 冷拼美洲松木 3D 浮雕	张	388.00	合肥裕森木业有限公司
集成材/指接板	裕森	不释放甲醛 16.8±0.2 机制杉木	张	188.00	合肥裕森木业有限公司
集成材/指接板	裕森	环保 E0 级 16.8±0.2 机制杉木	张	195.00	合肥裕森木业有限公司
集成材/指接板 E0	裕森	环保 E0 级 14.0±0.2 机制杉木	张	168.00	合肥裕森木业有限公司
集成材/指接板 E0	裕森	环保 E0 级 16.8±0.2 机制杉木	张	180.00	合肥裕森木业有限公司
集成材/指接板 E0	裕森	环保 E1 级 14.0±0.2 机制杉木	张	162.00	合肥裕森木业有限公司
集成材/指接板 E0	裕森	环保 E1 级 16.8±0.2 机制杉木	张	175.00	合肥裕森木业有限公司
集成材/指接板 E0	裕森	环保 E1 级 16.8±0.2 无直接接头	张	185.00	合肥裕森木业有限公司
集成材/指接板(双无节)	裕森	不释放甲醛 16.8±0.2 机制杉木	张	220.00	合肥裕森木业有限公司
集成材/指接板(双无节)	裕森	环保 E0 级 16.8±0.2 机制杉木	张	217.00	合肥裕森木业有限公司
集成材/指接板(双无节)	裕森	环保 E1 级 16.8±0.2 机制杉木	张	202.00	合肥裕森木业有限公司

4.3.6 密度板

产品名称	品牌	规格型号	包装单位	参考价格(元)	供应商
密度板(高纤板) E1	普通	1220×2440×12	张	86.00	上海羿臣实业有限公司
密度板(高纤板) E1	普通	1220×2440×15	张	97.00	上海羿臣实业有限公司
密度板(高纤板) E1	普通	1220×2440×18	张	112.00	上海羿臣实业有限公司

续表

产品名称	品牌	规格型号	包装单位	参考价格(元)	供应商
密度板(高纤板) E1	普通	1220×2440×3	张	38.00	上海羿臣实业有限公司
密度板(高纤板) E1	普通	1220×2440×5	张	52.00	上海羿臣实业有限公司
密度板(高纤板) E1	普通	1220×2440×9	张	75.00	上海羿臣实业有限公司
密度板(中纤板) E1	普通	1220×2440×12	张	82.28	上海羿臣实业有限公司
密度板(中纤板) E1	普通	1220×2440×15	张	108.68	上海羿臣实业有限公司
密度板(中纤板) E1	普通	1220×2440×18	张	119.24	上海羿臣实业有限公司
密度板(中纤板) E1	普通	1220×2440×3	张	27.72	上海羿臣实业有限公司
密度板(中纤板) E1	普通	1220×2440×5	张	47.96	上海羿臣实业有限公司
密度板(中纤板) E1	普通	1220×2440×9	张	67.76	上海羿臣实业有限公司

4.3.7 其他板

产品名称	品牌	规格型号	包装单位	参考价格(元)	供应商
欧松板/顺芯板	宝源	1220×2440×15,白水曲柳	张	279.50	湖北宝源木业有限公司
欧松板/顺芯板	宝源	1220×2440×15,白橡	张	295.10	湖北宝源木业有限公司
欧松板/顺芯板	宝源	1220×2440×15,茶色细接木	张	279.50	湖北宝源木业有限公司
欧松板/顺芯板	宝源	1220×2440×15,淡雅清风	张	279.50	湖北宝源木业有限公司
欧松板/顺芯板	宝源	1220×2440×15,花纹红木	张	295.10	湖北宝源木业有限公司
欧松板/顺芯板	宝源	1220×2440×15,幻影橡木	张	279.50	湖北宝源木业有限公司
欧松板/顺芯板	宝源	1220×2440×15,金粉世家	张	279.50	湖北宝源木业有限公司
欧松板/顺芯板	宝源	1220×2440×15,暖白	张	279.50	湖北宝源木业有限公司
欧松板/顺芯板	宝源	1220×2440×15,苹果木	张	295.10	湖北宝源木业有限公司
欧松板/顺芯板	宝源	1220×2440×15,实木红木	张	295.10	湖北宝源木业有限公司
欧松板/顺芯板	宝源	1220×2440×17,白水曲柳	张	305.50	湖北宝源木业有限公司
欧松板/顺芯板	宝源	1220×2440×17,白橡	张	321.10	湖北宝源木业有限公司
欧松板/顺芯板	宝源	1220×2440×17,茶色细接木	张	305.50	湖北宝源木业有限公司
欧松板/顺芯板	宝源	1220×2440×17,淡雅清风	张	305.50	湖北宝源木业有限公司
欧松板/顺芯板	宝源	1220×2440×17,花纹红木	张	321.10	湖北宝源木业有限公司
欧松板/顺芯板	宝源	1220×2440×17,幻影橡木	张	305.50	湖北宝源木业有限公司
欧松板/顺芯板	宝源	1220×2440×17,金粉世家	张	305.50	湖北宝源木业有限公司
欧松板/顺芯板	宝源	1220×2440×17,暖白	张	305.50	湖北宝源木业有限公司

续表

产品名称	品牌	规格型号	包装单位	参考价格(元)	供应商
欧松板/顺芯板	宝源	1220×2440×17,苹果木	张	321.10	湖北宝源木业有限公司
欧松板/顺芯板	宝源	1220×2440×17,实木红木	张	321.10	湖北宝源木业有限公司
欧松板/顺芯板	宝源	1220×2440×8,白水曲柳	张	169.00	湖北宝源木业有限公司
欧松板/顺芯板	宝源	1220×2440×8,白橡	张	184.60	湖北宝源木业有限公司
欧松板/顺芯板	宝源	1220×2440×8,茶色细接木	张	169.00	湖北宝源木业有限公司
欧松板/顺芯板	宝源	1220×2440×8,淡雅清风	张	169.00	湖北宝源木业有限公司
欧松板/顺芯板	宝源	1220×2440×8,花纹红木	张	184.60	湖北宝源木业有限公司
欧松板/顺芯板	宝源	1220×2440×8,幻影橡木	张	169.00	湖北宝源木业有限公司
欧松板/顺芯板	宝源	1220×2440×8,金粉世家	张	169.00	湖北宝源木业有限公司
欧松板/顺芯板	宝源	1220×2440×8,暖白	张	169.00	湖北宝源木业有限公司
欧松板/顺芯板	宝源	1220×2440×8,苹果木	张	184.60	湖北宝源木业有限公司
欧松板/顺芯板	宝源	1220×2440×8,实木红木	张	184.60	湖北宝源木业有限公司
铝塑板	吉祥	1220×2440×4,12 丝,白	张	141.90	上海吉祥科技(集团)有限公司
铝塑板	吉祥	1220×2440×4,12 丝,警察蓝	张	141.90	上海吉祥科技(集团)有限公司
铝塑板	吉祥	1220×2440×4,12 丝,橘红	张	141.90	上海吉祥科技(集团)有限公司
欧松板/顺芯板	莫干山	环保型 2440×1220×12	张	155.00	浙江升华云峰新材股份有限公司
欧松板/顺芯板	莫干山	环保型 2440×1220×15	张	187.82	浙江升华云峰新材股份有限公司
欧松板/顺芯板	莫干山	环保型 2440×1220×18	张	210.00	浙江升华云峰新材股份有限公司
欧松板/顺芯板	莫干山	环保型 2440×1220×3	张	55.00	浙江升华云峰新材股份有限公司
欧松板/顺芯板	莫干山	环保型 2440×1220×9	张	110.00	浙江升华云峰新材股份有限公司
挤塑保温板	普通	灰色,B3 级,2000×600×20	张	8.40	宇霸龙实业(上海)有限公司
挤塑保温板	普通	灰色,B3 级,2000×600×30	张	11.52	宇霸龙实业(上海)有限公司
挤塑保温板	普通	灰色,B3 级,2000×600×40	张	15.36	宇霸龙实业(上海)有限公司
挤塑保温板	普通	灰色,B3 级,2000×600×50	张	21.12	宇霸龙实业(上海)有限公司
挤塑保温板	普通	蓝色,B1 级,1800×600×20	张	26.40	宇霸龙实业(上海)有限公司
挤塑保温板	普通	蓝色,B1 级,2000×600×30	张	42.60	宇霸龙实业(上海)有限公司
挤塑保温板	普通	蓝色,B1 级,2000×600×40	张	57.60	宇霸龙实业(上海)有限公司
挤塑保温板	普通	蓝色,B1 级,2000×600×50	张	71.40	宇霸龙实业(上海)有限公司
挤塑保温板	普通	蓝色,B3 级,1800×600×20	张	10.20	宇霸龙实业(上海)有限公司
挤塑保温板	普通	蓝色,B3 级,1800×600×30	张	16.20	宇霸龙实业(上海)有限公司
挤塑保温板	普通	蓝色,B3 级,1800×600×40	张	22.20	宇霸龙实业(上海)有限公司
挤塑保温板	普通	蓝色,B3 级,1800×600×50	张	28.80	宇霸龙实业(上海)有限公司

续表

产品名称	品牌	规格型号	包装单位	参考价格（元）	供应商
建筑模板	普通	1220×2440×13.5,黑色（可用 2～3 次）	张	118.00	上海羿臣实业有限公司
建筑模板	普通	1220×2440×13.5,红色（可用 2～3 次）	张	91.00	上海羿臣实业有限公司
建筑模板	普通	1220×2440×14,红色（可用 4～5 次）	张	97.00	上海羿臣实业有限公司
建筑模板	普通	1220×2440×17,黑色（可用 7～8 次）	张	172.00	上海羿臣实业有限公司
建筑模板	普通	1830×915×13.5,红色防水板（可用 2～3 次）	张	52.00	上海羿臣实业有限公司
建筑模板	普通	1830×915×13.5,红色工程板（可用 1～2 次）	张	43.00	上海羿臣实业有限公司
建筑模板	普通	1830×915×13,黑色（可用 5～6 次）	张	68.00	上海羿臣实业有限公司
建筑模板	普通	1830×915×14,黑色（可用 7～8 次）	张	85.00	上海羿臣实业有限公司
建筑模板	普通	1830×915×14,黄色（可用 8～10 次）	张	72.00	上海羿臣实业有限公司
欧松板/顺芯板	普通	1220×2440×18	张	143.00	上海羿臣实业有限公司
欧松板/顺芯板	普通	1220×2440×9	张	86.30	上海羿臣实业有限公司
桑拿板/扣板/吊顶板/护墙板	普通	云杉免漆,4000×97×11	块	20.00	上海羿臣实业有限公司
桑拿板/扣板/吊顶板/护墙板	普通	云杉免漆,4000×97×9	块	18.00	上海羿臣实业有限公司
水泥板	普通	1200×2400×0.9	张	32.00	上海羿臣实业有限公司
水泥板	普通	1200×2400×1.2	张	46.00	上海羿臣实业有限公司
模压板 E0	声达	多层柳桉芯,1220×2440×3	张	95.70	上海声达木业有限公司
模压板 E1	声达	多层柳桉芯,1220×2440×3	张	69.30	上海声达木业有限公司
桑拿板/扣板/吊顶板/护墙板	声达	杉木免漆,3950×96×12	块	36.00	上海声达木业有限公司
欧松板/顺芯板无醛级	兔宝宝	1220×2440×18	张	201.30	德华兔宝宝装饰新材股份有限公司

续表

产品名称	品牌	规格型号	包装单位	参考价格（元）	供应商
欧松板/顺芯板无醛级	兔宝宝	1220×2440×9	张	124.30	德华兔宝宝装饰新材股份有限公司
欧松板/顺芯板	维德红A	1220×2440×12，素板	张	97.00	维德木业（苏州）有限公司
欧松板/顺芯板	维德红A	1220×2440×15，素板	张	118.00	维德木业（苏州）有限公司
欧松板/顺芯板	维德红A	1220×2440×18，白栓	张	200.00	维德木业（苏州）有限公司
欧松板/顺芯板	维德红A	1220×2440×18，沉香	张	200.00	维德木业（苏州）有限公司
欧松板/顺芯板	维德红A	1220×2440×18，贵族红木	张	200.00	维德木业（苏州）有限公司
欧松板/顺芯板	维德红A	1220×2440×18，红枫	张	200.00	维德木业（苏州）有限公司
欧松板/顺芯板	维德红A	1220×2440×18，暖白浮雕	张	200.00	维德木业（苏州）有限公司
欧松板/顺芯板	维德红A	1220×2440×18，七彩橡木	张	200.00	维德木业（苏州）有限公司
欧松板/顺芯板	维德红A	1220×2440×18，柔情似水	张	200.00	维德木业（苏州）有限公司
欧松板/顺芯板	维德红A	1220×2440×18，素板	张	152.00	维德木业（苏州）有限公司
欧松板/顺芯板	维德红A	1220×2440×18，熏衣布纹	张	200.00	维德木业（苏州）有限公司
欧松板/顺芯板	维德红A	1220×2440×18，银松	张	200.00	维德木业（苏州）有限公司
欧松板/顺芯板	维德红A	1220×2440×18，榆木	张	200.00	维德木业（苏州）有限公司
欧松板/顺芯板	维德红A	1220×2440×9，素板	张	79.00	维德木业（苏州）有限公司
定向秸秆板	裕森	11mm，零甲醛、强度高、防潮、防虫蛀、防火	张	185.00	合肥裕森木业有限公司
定向秸秆板	裕森	15mm，零甲醛、强度高、防潮防虫蛀、防火	张	235.00	合肥裕森木业有限公司
定向秸秆板	裕森	18mm，零甲醛、强度高、防潮、防虫蛀、防火	张	265.00	合肥裕森木业有限公司
定向秸秆板	裕森	8mm，零甲醛、强度高、防潮、防虫蛀、防火	张	140.00	合肥裕森木业有限公司

4.4 轻钢龙骨

4.4.1 主龙骨

产品名称	品牌	规格型号	包装单位	参考价格（元）	供应商
38主龙骨	博罗拉法基	国标 38×12×1.0	根（3m/根）	4.00	优时吉博罗管理服务（上海）有限公司
50主龙骨	博罗拉法基	国标 50×15×1.0	根（3m/根）	5.08	优时吉博罗管理服务（上海）有限公司

续表

产品名称	品牌	规格型号	包装单位	参考价格（元）	供应商
50 主龙骨	博罗拉法基	国标 50×15×1.2	根(3m/根)	6.05	优时吉博罗管理服务(上海)有限公司
38 主龙骨	翰韩	国标 38×12×0.8	根(3m/根)	7.00	上海翰韩五金制品有限公司
38 主龙骨	翰韩	国标 38×12×0.8	根(4m/根)	9.33	上海翰韩五金制品有限公司
38 主龙骨	翰韩	国标 38×12×1.0	根(3m/根)	8.91	上海翰韩五金制品有限公司
38 主龙骨	翰韩	国标 38×12×1.0	根(4m/根)	11.87	上海翰韩五金制品有限公司
38 主龙骨	翰韩	中标 38×10×0.5	根(3m/根)	3.98	上海翰韩五金制品有限公司
38 主龙骨	翰韩	中标 38×10×0.5	根(4m/根)	5.31	上海翰韩五金制品有限公司
38 主龙骨	翰韩	中标 38×10×0.7	根(3m/根)	5.54	上海翰韩五金制品有限公司
38 主龙骨	翰韩	中标 38×10×0.7	根(4m/根)	7.39	上海翰韩五金制品有限公司
50 主龙骨	翰韩	国标 50×15×0.9	根(3m/根)	10.05	上海翰韩五金制品有限公司
50 主龙骨	翰韩	国标 50×15×0.9	根(4m/根)	13.40	上海翰韩五金制品有限公司
50 主龙骨	翰韩	国标 50×15×1.0	根(3m/根)	11.19	上海翰韩五金制品有限公司
50 主龙骨	翰韩	国标 50×15×1.0	根(4m/根)	14.92	上海翰韩五金制品有限公司
50 主龙骨	翰韩	国标 50×15×1.2	根(3m/根)	13.48	上海翰韩五金制品有限公司
50 主龙骨	翰韩	国标 50×15×1.2	根(4m/根)	17.97	上海翰韩五金制品有限公司
50 主龙骨	翰韩	中标 50×12×0.7	根(3m/根)	7.17	上海翰韩五金制品有限公司
50 主龙骨	翰韩	中标 50×12×0.7	根(4m/根)	9.56	上海翰韩五金制品有限公司
50 主龙骨	翰韩	中标 50×12×0.8	根(3m/根)	8.11	上海翰韩五金制品有限公司
50 主龙骨	翰韩	中标 50×12×0.8	根(4m/根)	10.81	上海翰韩五金制品有限公司
50 主龙骨	翰韩	中标 50×12×0.9	根(3m/根)	9.01	上海翰韩五金制品有限公司
50 主龙骨	翰韩	中标 50×12×0.9	根(4m/根)	12.01	上海翰韩五金制品有限公司
50 主龙骨	翰韩	中标 50×12×1.0	根(3m/根)	10.15	上海翰韩五金制品有限公司
50 主龙骨	翰韩	中标 50×12×1.0	根(4m/根)	13.54	上海翰韩五金制品有限公司
50 主龙骨	翰韩	中标 50×12×1.2	根(3m/根)	12.30	上海翰韩五金制品有限公司
50 主龙骨	翰韩	中标 50×12×1.2	根(4m/根)	16.40	上海翰韩五金制品有限公司
60 主龙骨	翰韩	国标 60×27×0.9	根(3m/根)	15.18	上海翰韩五金制品有限公司
60 主龙骨	翰韩	国标 60×27×0.9	根(4m/根)	20.24	上海翰韩五金制品有限公司
60 主龙骨	翰韩	国标 60×27×1.0	根(3m/根)	16.77	上海翰韩五金制品有限公司
60 主龙骨	翰韩	国标 60×27×1.0	根(4m/根)	22.36	上海翰韩五金制品有限公司
60 主龙骨	翰韩	国标 60×27×1.2	根(3m/根)	20.93	上海翰韩五金制品有限公司
60 主龙骨	翰韩	国标 60×27×1.2	根(4m/根)	27.90	上海翰韩五金制品有限公司
U 型龙骨	翰韩	中标 18×18×0.4	根(3m/根)	3.29	上海翰韩五金制品有限公司

续表

产品名称	品牌	规格型号	包装单位	参考价格（元）	供应商
U型龙骨	翰韩	中标 18×18×0.4	根(4m/根)	4.39	上海翰韩五金制品有限公司
38 主龙骨	恒扬	中标 38×12×1.0	根(3m/根)	2.46	江阴恒扬新型建材有限公司
50 主龙骨	恒扬	中标 50×15×1.2	根(3m/根)	3.89	江阴恒扬新型建材有限公司
38 主龙骨	龙牌	标准 38×12×0.8	根(3m/根)	16.38	北新集团建材股份有限公司
38 主龙骨	龙牌	标准 38×12×0.8	根(4m/根)	21.84	北新集团建材股份有限公司
38 主龙骨	龙牌	标准 38×12×1.0	根(3m/根)	20.43	北新集团建材股份有限公司
38 主龙骨	龙牌	标准 38×12×1.0	根(4m/根)	27.24	北新集团建材股份有限公司
50 主龙骨	龙牌	标准 50×15×1.0	根(3m/根)	26.82	北新集团建材股份有限公司
50 主龙骨	龙牌	标准 50×15×1.0	根(4m/根)	35.76	北新集团建材股份有限公司
50 主龙骨	龙牌	标准 50×15×1.2	根(3m/根)	31.05	北新集团建材股份有限公司
50 主龙骨	龙牌	标准 50×15×1.2	根(4m/根)	41.40	北新集团建材股份有限公司
50 主龙骨	龙牌	标准 50×19×0.5	根(3m/根)	18.12	北新集团建材股份有限公司
50 主龙骨	龙牌	标准 50×19×0.5	根(4m/根)	24.16	北新集团建材股份有限公司
56 主龙骨	龙牌	标准 56×26×0.7	根(3m/根)	28.05	北新集团建材股份有限公司
56 主龙骨	龙牌	标准 56×26×0.7	根(4m/根)	37.40	北新集团建材股份有限公司
56 主龙骨	龙牌	标准 56×26×0.8	根(3m/根)	31.71	北新集团建材股份有限公司
56 主龙骨	龙牌	标准 56×26×0.8	根(4m/根)	42.28	北新集团建材股份有限公司
60 主龙骨	龙牌	标准 60×27×0.6	根(3m/根)	26.01	北新集团建材股份有限公司
60 主龙骨	龙牌	标准 60×27×0.6	根(4m/根)	34.68	北新集团建材股份有限公司
60 主龙骨	龙牌	标准 60×27×1.0	根(3m/根)	39.78	北新集团建材股份有限公司
60 主龙骨	龙牌	标准 60×27×1.0	根(4m/根)	53.04	北新集团建材股份有限公司
60 主龙骨	龙牌	标准 60×27×1.2	根(3m/根)	48.54	北新集团建材股份有限公司
60 主龙骨	龙牌	标准 60×27×1.2	根(4m/根)	64.72	北新集团建材股份有限公司
F 型龙骨	龙牌	标准 28×20×48×0.5	根(3m/根)	35.43	北新集团建材股份有限公司
F 型龙骨	龙牌	标准 28×20×48×0.5	根(4m/根)	47.24	北新集团建材股份有限公司
吊顶轻钢主龙骨	亚兴	38×12×0.8	m	3.70	威海高技术产业开发区亚兴吊顶材料中心
吊顶轻钢主龙骨	亚兴	38×12×1.0	m	4.80	威海高技术产业开发区亚兴吊顶材料中心
吊顶轻钢主龙骨	亚兴	38×12×1.2	m	5.80	威海高技术产业开发区亚兴吊顶材料中心

续表

产品名称	品牌	规格型号	包装单位	参考价格（元）	供应商
吊顶轻钢主龙骨	亚兴	50×15×1.0	m	5.95	威海高技术产业开发区亚兴吊顶材料中心
吊顶轻钢主龙骨	亚兴	50×15×1.2	m	6.95	威海高技术产业开发区亚兴吊顶材料中心
吊顶轻钢主龙骨	亚兴	60×27×1.0	m	9.60	威海高技术产业开发区亚兴吊顶材料中心
吊顶轻钢主龙骨	亚兴	60×27×1.2	m	11.00	威海高技术产业开发区亚兴吊顶材料中心
38主龙骨	志豪	国标 38×12×0.8	根(3m/根)	7.55	上海志豪实业有限公司
38主龙骨	志豪	国标 38×12×0.8	根(4m/根)	10.07	上海志豪实业有限公司
38主龙骨	志豪	国标 38×12×1.0	根(3m/根)	9.52	上海志豪实业有限公司
38主龙骨	志豪	国标 38×12×1.0	根(4m/根)	12.69	上海志豪实业有限公司
50主龙骨	志豪	国标 50×15×0.9	根(3m/根)	10.86	上海志豪实业有限公司
50主龙骨	志豪	国标 50×15×0.9	根(4m/根)	14.48	上海志豪实业有限公司
50主龙骨	志豪	国标 50×15×1.0	根(3m/根)	12.10	上海志豪实业有限公司
50主龙骨	志豪	国标 50×15×1.0	根(4m/根)	16.14	上海志豪实业有限公司
50主龙骨	志豪	国标 50×15×1.2	根(3m/根)	14.59	上海志豪实业有限公司
50主龙骨	志豪	国标 50×15×1.2	根(4m/根)	19.45	上海志豪实业有限公司
50主龙骨	志豪	中标 50×12×0.7	根(3m/根)	7.93	上海志豪实业有限公司
50主龙骨	志豪	中标 50×12×0.7	根(4m/根)	10.58	上海志豪实业有限公司
50主龙骨	志豪	中标 50×12×0.8	根(3m/根)	8.93	上海志豪实业有限公司
50主龙骨	志豪	中标 50×12×0.8	根(4m/根)	11.91	上海志豪实业有限公司
50主龙骨	志豪	中标 50×12×0.9	根(3m/根)	10.07	上海志豪实业有限公司
50主龙骨	志豪	中标 50×12×0.9	根(4m/根)	13.43	上海志豪实业有限公司
50主龙骨	志豪	中标 50×12×1.0	根(3m/根)	11.21	上海志豪实业有限公司
50主龙骨	志豪	中标 50×12×1.0	根(4m/根)	14.94	上海志豪实业有限公司
60主龙骨	志豪	国标 60×27×0.9	根(3m/根)	16.31	上海志豪实业有限公司
60主龙骨	志豪	国标 60×27×0.9	根(4m/根)	21.75	上海志豪实业有限公司
60主龙骨	志豪	国标 60×27×1.0	根(3m/根)	18.17	上海志豪实业有限公司
60主龙骨	志豪	国标 60×27×1.0	根(4m/根)	24.23	上海志豪实业有限公司
60主龙骨	志豪	国标 60×27×1.2	根(3m/根)	21.90	上海志豪实业有限公司
60主龙骨	志豪	国标 60×27×1.2	根(4m/根)	29.20	上海志豪实业有限公司

4.4.2 中龙骨

产品名称	品牌	规格型号	包装单位	参考价格(元)	供应商
50 中龙骨	博罗拉法基	国标 50×19×0.45	根(3m/根)	3.13	优时吉博罗管理服务(上海)有限公司
50 中龙骨	博罗拉法基	国标 50×19×0.45	根(3m/根)	3.40	优时吉博罗管理服务(上海)有限公司
50 中龙骨	翰韩	国标 50×19×0.4	根(3m/根)	6.10	上海翰韩五金制品有限公司
50 中龙骨	翰韩	国标 50×19×0.4	根(4m/根)	8.13	上海翰韩五金制品有限公司
50 中龙骨	翰韩	国标 50×19×0.45	根(3m/根)	6.76	上海翰韩五金制品有限公司
50 中龙骨	翰韩	国标 50×19×0.45	根(4m/根)	9.01	上海翰韩五金制品有限公司
50 中龙骨	翰韩	国标 50×19×0.45	根(4m/根)	10.12	上海翰韩五金制品有限公司
50 中龙骨	翰韩	国标 50×19×0.5	根(3m/根)	7.59	上海翰韩五金制品有限公司
50 中龙骨	翰韩	中标 50×17×0.35	根(3m/根)	4.71	上海翰韩五金制品有限公司
50 中龙骨	翰韩	中标 50×17×0.35	根(4m/根)	6.28	上海翰韩五金制品有限公司
50 中龙骨	翰韩	中标 50×17×0.43	根(3m/根)	5.93	上海翰韩五金制品有限公司
50 中龙骨	翰韩	中标 50×17×0.43	根(4m/根)	7.90	上海翰韩五金制品有限公司
50 中龙骨	恒扬	中标 50×19×0.45	根(3m/根)	2.19	江阴恒扬新型建材有限公司
50 中龙骨	龙牌	标准 50×19×0.4	根(3m/根)	14.58	北新集团建材股份有限公司
50 中龙骨	龙牌	标准 50×19×0.4	根(4m/根)	19.44	北新集团建材股份有限公司
50 中龙骨	龙牌	标准 50×19×0.45	根(3m/根)	16.17	北新集团建材股份有限公司
50 中龙骨	龙牌	标准 50×19×0.45	根(4m/根)	21.56	北新集团建材股份有限公司
吊顶付龙骨	亚兴	50×19×0.45	m	4.00	威海高技术产业开发区亚兴吊顶材料中心
吊顶付龙骨	亚兴	50×19×0.5	m	4.40	威海高技术产业开发区亚兴吊顶材料中心
吊顶付龙骨	亚兴	60×27×0.6	m	6.30	威海高技术产业开发区亚兴吊顶材料中心
50 中龙骨	志豪	国标 50×19×0.4	根(3m/根)	6.66	上海志豪实业有限公司
50 中龙骨	志豪	国标 50×19×0.4	根(4m/根)	8.87	上海志豪实业有限公司
50 中龙骨	志豪	国标 50×19×0.45	根(3m/根)	7.38	上海志豪实业有限公司
50 中龙骨	志豪	国标 50×19×0.45	根(4m/根)	9.84	上海志豪实业有限公司
50 中龙骨	志豪	国标 50×19×0.5	根(3m/根)	8.24	上海志豪实业有限公司
50 中龙骨	志豪	国标 50×19×0.5	根(4m/根)	10.99	上海志豪实业有限公司
50 中龙骨	志豪	中标 50×17×0.35	根(3m/根)	5.41	上海志豪实业有限公司
50 中龙骨	志豪	中标 50×17×0.35	根(4m/根)	7.22	上海志豪实业有限公司
50 中龙骨	志豪	中标 50×17×0.43	根(3m/根)	6.59	上海志豪实业有限公司
50 中龙骨	志豪	中标 50×17×0.43	根(4m/根)	8.78	上海志豪实业有限公司
60 中龙骨	志豪	国标 60×27×0.5	根(3m/根)	10.14	上海志豪实业有限公司

续表

产品名称	品牌	规格型号	包装单位	参考价格(元)	供应商
60 中龙骨	志豪	国标 60×27×0.5	根(4m/根)	13.52	上海志豪实业有限公司
60 中龙骨	志豪	国标 60×27×0.6	根(3m/根)	12.04	上海志豪实业有限公司
60 中龙骨	志豪	国标 60×27×0.6	根(4m/根)	16.05	上海志豪实业有限公司

4.4.3　边龙骨

产品名称	品牌	规格型号	包装单位	参考价格(元)	供应商
边龙骨	翰韩	国标 20×20×0.4	根(3m/根)	3.74	上海翰韩五金制品有限公司
边龙骨	翰韩	国标 20×20×0.4	根(4m/根)	4.99	上海翰韩五金制品有限公司
边龙骨	翰韩	国标 20×20×0.5	根(3m/根)	4.37	上海翰韩五金制品有限公司
边龙骨	翰韩	国标 20×20×0.5	根(4m/根)	5.82	上海翰韩五金制品有限公司
边龙骨	翰韩	国标 20×26×0.45	根(3m/根)	4.40	上海翰韩五金制品有限公司
边龙骨	翰韩	国标 20×26×0.45	根(4m/根)	5.87	上海翰韩五金制品有限公司
边龙骨	翰韩	国标 20×34×0.4	根(3m/根)	4.26	上海翰韩五金制品有限公司
边龙骨	翰韩	国标 20×34×0.4	根(4m/根)	5.68	上海翰韩五金制品有限公司
边龙骨	翰韩	国标 20×34×0.45	根(3m/根)	4.75	上海翰韩五金制品有限公司
边龙骨	翰韩	国标 20×34×0.45	根(4m/根)	6.33	上海翰韩五金制品有限公司
边龙骨	翰韩	国标 20×34×0.5	根(3m/根)	5.27	上海翰韩五金制品有限公司
边龙骨	翰韩	国标 20×34×0.5	根(4m/根)	7.02	上海翰韩五金制品有限公司
边龙骨	龙牌	标准 U22×30×20×0.4	根(3m/根)	12.24	北新集团建材股份有限公司
边龙骨	龙牌	标准 U22×30×20×0.4	根(4m/根)	16.32	北新集团建材股份有限公司
L 型边龙	志豪	中标 30×23×0.4	根(3m/根)	3.62	上海志豪实业有限公司
L 型边龙	志豪	中标 30×23×0.4	根(4m/根)	4.83	上海志豪实业有限公司
L 型边龙	志豪	中标 30×23×0.5	根(3m/根)	4.41	上海志豪实业有限公司
L 型边龙	志豪	中标 30×23×0.5	根(4m/根)	5.89	上海志豪实业有限公司
边龙骨	志豪	国标 20×30×0.4	根(3m/根)	4.48	上海志豪实业有限公司
边龙骨	志豪	国标 20×30×0.45	根(3m/根)	5.00	上海志豪实业有限公司
边龙骨	志豪	国标 20×30×0.5	根(3m/根)	5.48	上海志豪实业有限公司
边龙骨	志豪	国标 20×34×0.4	根(4m/根)	5.98	上海志豪实业有限公司
边龙骨	志豪	国标 20×34×0.45	根(4m/根)	6.64	上海志豪实业有限公司
边龙骨	志豪	国标 20×34×0.5	根(4m/根)	7.31	上海志豪实业有限公司
边龙骨	志豪	中标 20×18×0.4	根(3m/根)	3.62	上海志豪实业有限公司
边龙骨	志豪	中标 20×18×0.4	根(4m/根)	4.83	上海志豪实业有限公司

续表

产品名称	品牌	规格型号	包装单位	参考价格(元)	供应商
边龙骨	志豪	中标 20×18×0.5	根(3m/根)	4.41	上海志豪实业有限公司
边龙骨	志豪	中标 20×18×0.5	根(4m/根)	5.89	上海志豪实业有限公司

4.4.4 横撑龙骨

产品名称	品牌	规格型号	包装单位	参考价格(元)	供应商
横撑龙骨	龙牌	标准 443×38×9×0.5	根(3m/根)	4.62	北新集团建材股份有限公司
横撑龙骨	龙牌	标准 443×38×9×0.5	根(4m/根)	6.16	北新集团建材股份有限公司
横撑龙骨	龙牌	标准 563×38×9×0.5	根(3m/根)	5.16	北新集团建材股份有限公司
横撑龙骨	龙牌	标准 563×38×9×0.5	根(4m/根)	6.88	北新集团建材股份有限公司

4.4.5 卡式龙骨

产品名称	品牌	规格型号	包装单位	参考价格(元)	供应商
卡式龙骨	博罗拉法基	0.6×20×34	根(3m/根)	4.97	优时吉博罗管理服务(上海)有限公司
卡式龙骨	博罗拉法基	0.8×20×34	根(3m/根)	6.26	优时吉博罗管理服务(上海)有限公司
卡式龙骨	博罗拉法基	1.0×20×25	根(3m/根)	5.62	优时吉博罗管理服务(上海)有限公司
卡式龙骨	翰韩	中标 20×27×0.8	根(3m/根)	8.56	上海翰韩五金制品有限公司
卡式龙骨	翰韩	中标 20×27×0.8	根(4m/根)	11.41	上海翰韩五金制品有限公司
卡式龙骨	翰韩	中标 20×37×0.8	根(3m/根)	11.02	上海翰韩五金制品有限公司
卡式龙骨	翰韩	中标 20×37×0.8	根(4m/根)	14.69	上海翰韩五金制品有限公司
卡式龙骨	恒扬	0.6×20×25	根(3m/根)	2.20	江阴恒扬新型建材有限公司
卡式龙骨	恒扬	0.8×20×34	根(3m/根)	3.70	江阴恒扬新型建材有限公司
卡式龙骨	龙牌	标准 20×37×0.8	根(3m/根)	26.10	北新集团建材股份有限公司
卡式龙骨	龙牌	标准 20×37×0.8	根(4m/根)	34.80	北新集团建材股份有限公司
卡式龙骨	龙牌	标准 22×32×0.6	根(3m/根)	16.77	北新集团建材股份有限公司
卡式龙骨	龙牌	标准 22×32×0.6	根(4m/根)	22.36	北新集团建材股份有限公司
卡式龙骨	龙牌	标准 37×22×0.6	根(3m/根)	19.35	北新集团建材股份有限公司
卡式龙骨	龙牌	标准 37×22×0.6	根(4m/根)	25.80	北新集团建材股份有限公司
卡式龙骨	龙牌	标准 37×22×0.8	根(3m/根)	25.74	北新集团建材股份有限公司
卡式龙骨	龙牌	标准 37×22×0.8	根(4m/根)	34.32	北新集团建材股份有限公司
卡式龙骨	志豪	国标 37×20×0.8	根(3m/根)	12.52	上海志豪实业有限公司
卡式龙骨	志豪	国标 37×20×0.8	根(4m/根)	16.69	上海志豪实业有限公司

续表

产品名称	品牌	规格型号	包装单位	参考价格(元)	供应商
卡式龙骨	志豪	国标 37×20×1.0	根(3m/根)	15.69	上海志豪实业有限公司
卡式龙骨	志豪	国标 37×20×1.0	根(4m/根)	20.92	上海志豪实业有限公司
卡式龙骨	志豪	中标 20×27×0.7	根(3m/根)	8.62	上海志豪实业有限公司
卡式龙骨	志豪	中标 20×27×0.7	根(4m/根)	11.50	上海志豪实业有限公司
卡式龙骨	志豪	中标 20×27×0.75	根(3m/根)	9.07	上海志豪实业有限公司
卡式龙骨	志豪	中标 20×27×0.75	根(4m/根)	12.09	上海志豪实业有限公司
卡式龙骨	志豪	中标 20×27×0.8	根(3m/根)	9.69	上海志豪实业有限公司
卡式龙骨	志豪	中标 20×27×0.8	根(4m/根)	12.92	上海志豪实业有限公司
卡式龙骨	志豪	中标 20×27×0.9	根(3m/根)	10.90	上海志豪实业有限公司
卡式龙骨	志豪	中标 20×27×0.9	根(4m/根)	14.53	上海志豪实业有限公司
卡式龙骨	志豪	中标 20×27×1.0	根(3m/根)	12.14	上海志豪实业有限公司
卡式龙骨	志豪	中标 20×27×1.0	根(4m/根)	16.18	上海志豪实业有限公司

4.4.6　天地龙骨

产品名称	品牌	规格型号	包装单位	参考价格(元)	供应商
75 天地龙骨	博罗拉法基	0.6×35×75(3m/根)	m	6.32	优时吉博罗管理服务(上海)有限公司
100 天地龙骨	翰韩	国标 100×35×0.6	根(3m/根)	15.45	上海翰韩五金制品有限公司
100 天地龙骨	翰韩	国标 100×35×0.6	根(4m/根)	20.61	上海翰韩五金制品有限公司
100 天地龙骨	翰韩	国标 100×35×0.7	根(3m/根)	18.09	上海翰韩五金制品有限公司
100 天地龙骨	翰韩	国标 100×35×0.7	根(4m/根)	24.12	上海翰韩五金制品有限公司
100 天地龙骨	翰韩	国标 100×35×0.8	根(3m/根)	20.62	上海翰韩五金制品有限公司
100 天地龙骨	翰韩	国标 100×35×0.8	根(4m/根)	27.49	上海翰韩五金制品有限公司
100 天地龙骨	翰韩	中标 100×35×0.5	根(3m/根)	13.24	上海翰韩五金制品有限公司
100 天地龙骨	翰韩	中标 100×35×0.5	根(4m/根)	17.65	上海翰韩五金制品有限公司
50 天地龙骨	翰韩	国标 50×35×0.6	根(3m/根)	11.05	上海翰韩五金制品有限公司
50 天地龙骨	翰韩	国标 50×35×0.6	根(4m/根)	14.74	上海翰韩五金制品有限公司
50 天地龙骨	翰韩	中标 50×35×0.45	根(3m/根)	8.28	上海翰韩五金制品有限公司
50 天地龙骨	翰韩	中标 50×35×0.45	根(4m/根)	11.04	上海翰韩五金制品有限公司
50 天地龙骨	翰韩	中标 50×35×0.5	根(3m/根)	9.42	上海翰韩五金制品有限公司

续表

产品名称	品牌	规格型号	包装单位	参考价格（元）	供应商
50天地龙骨	翰韩	中标 50×35×0.5	根(4m/根)	12.57	上海翰韩五金制品有限公司
75天地龙骨	翰韩	国标 75×36×0.5	根(3m/根)	11.12	上海翰韩五金制品有限公司
75天地龙骨	翰韩	国标 75×36×0.5	根(4m/根)	14.83	上海翰韩五金制品有限公司
75天地龙骨	翰韩	国标 75×36×0.6	根(3m/根)	13.27	上海翰韩五金制品有限公司
75天地龙骨	翰韩	国标 75×36×0.6	根(4m/根)	17.69	上海翰韩五金制品有限公司
75天地龙骨	翰韩	国标 75×36×0.7	根(3m/根)	15.77	上海翰韩五金制品有限公司
75天地龙骨	翰韩	国标 75×36×0.7	根(4m/根)	21.02	上海翰韩五金制品有限公司
75天地龙骨	翰韩	中标 75×30×0.3	根(3m/根)	5.37	上海翰韩五金制品有限公司
75天地龙骨	翰韩	中标 75×30×0.3	根(4m/根)	7.16	上海翰韩五金制品有限公司
75天地龙骨	翰韩	中标 75×30×0.35	根(3m/根)	6.17	上海翰韩五金制品有限公司
75天地龙骨	翰韩	中标 75×30×0.35	根(4m/根)	8.22	上海翰韩五金制品有限公司
75天地龙骨	翰韩	中标 75×30×0.4	根(3m/根)	7.07	上海翰韩五金制品有限公司
75天地龙骨	翰韩	中标 75×30×0.4	根(4m/根)	9.42	上海翰韩五金制品有限公司
75天地龙骨	翰韩	中标 75×30×0.45	根(3m/根)	8.28	上海翰韩五金制品有限公司
75天地龙骨	翰韩	中标 75×30×0.45	根(4m/根)	11.04	上海翰韩五金制品有限公司
75天地龙骨	翰韩	中标 75×30×0.5	根(3m/根)	9.22	上海翰韩五金制品有限公司
75天地龙骨	翰韩	中标 75×30×0.5	根(4m/根)	12.29	上海翰韩五金制品有限公司
75天地龙骨	恒扬	0.6×35×75(3m/根)	m	3.70	江阴恒扬新型建材有限公司
100天地龙骨	龙牌	标准 U100×40×0.6	根(3m/根)	46.23	北新集团建材股份有限公司
100天地龙骨	龙牌	标准 U100×40×0.6	根(4m/根)	61.64	北新集团建材股份有限公司
150天地龙骨	龙牌	标准 U150×40×0.6	根(3m/根)	84.33	北新集团建材股份有限公司
150天地龙骨	龙牌	标准 U150×40×0.6	根(4m/根)	112.44	北新集团建材股份有限公司
50天地龙骨	龙牌	标准 U50×40×0.5	根(3m/根)	29.04	北新集团建材股份有限公司
50天地龙骨	龙牌	标准 U50×40×0.5	根(4m/根)	38.72	北新集团建材股份有限公司
75天地龙骨	龙牌	标准 75×35×0.5	根(3m/根)	27.90	北新集团建材股份有限公司
75天地龙骨	龙牌	标准 75×35×0.5	根(4m/根)	37.20	北新集团建材股份有限公司
75天地龙骨	龙牌	标准 75×35×0.6	根(3m/根)	33.45	北新集团建材股份有限公司
75天地龙骨	龙牌	标准 75×35×0.6	根(4m/根)	44.60	北新集团建材股份有限公司
75天地龙骨	龙牌	标准 U75×40×0.6	根(3m/根)	34.71	北新集团建材股份有限公司
75天地龙骨	龙牌	标准 U75×40×0.6	根(4m/根)	46.28	北新集团建材股份有限公司
75天地龙骨	龙牌	标准 U75×40×0.8	根(3m/根)	45.60	北新集团建材股份有限公司
75天地龙骨	龙牌	标准 U75×40×0.8	根(4m/根)	60.80	北新集团建材股份有限公司

续表

产品名称	品牌	规格型号	包装单位	参考价格（元）	供应商
隔墙横龙骨	亚兴	100×35×0.5	m	7.60	威海高技术产业开发区亚兴吊顶材料中心
隔墙横龙骨	亚兴	100×35×0.6	m	8.90	威海高技术产业开发区亚兴吊顶材料中心
隔墙横龙骨	亚兴	50×35×0.5	m	6.00	威海高技术产业开发区亚兴吊顶材料中心
隔墙横龙骨	亚兴	50×35×0.6	m	6.40	威海高技术产业开发区亚兴吊顶材料中心
隔墙横龙骨	亚兴	75×35×0.5	m	6.60	威海高技术产业开发区亚兴吊顶材料中心
隔墙横龙骨	亚兴	75×35×0.6	m	7.50	威海高技术产业开发区亚兴吊顶材料中心
100 天地龙骨	志豪	国标 100×35×0.6	根(3m/根)	16.79	上海志豪实业有限公司
100 天地龙骨	志豪	国标 100×35×0.6	根(4m/根)	22.39	上海志豪实业有限公司
100 天地龙骨	志豪	国标 100×35×0.7	根(3m/根)	19.00	上海志豪实业有限公司
100 天地龙骨	志豪	国标 100×35×0.7	根(4m/根)	25.33	上海志豪实业有限公司
100 天地龙骨	志豪	国标 100×35×0.8	根(3m/根)	21.42	上海志豪实业有限公司
100 天地龙骨	志豪	国标 100×35×0.8	根(4m/根)	28.55	上海志豪实业有限公司
100 天地龙骨	志豪	中标 100×35×0.53	根(3m/根)	15.04	上海志豪实业有限公司
100 天地龙骨	志豪	中标 100×35×0.53	根(4m/根)	20.05	上海志豪实业有限公司
150 天地龙骨	志豪	国标 150×35×0.8	根(3m/根)	27.86	上海志豪实业有限公司
150 天地龙骨	志豪	国标 150×35×0.8	根(4m/根)	37.15	上海志豪实业有限公司
50 天地龙骨	志豪	国标 50×35×0.6	根(3m/根)	12.04	上海志豪实业有限公司
50 天地龙骨	志豪	国标 50×35×0.6	根(4m/根)	16.05	上海志豪实业有限公司
50 天地龙骨	志豪	中标 50×25×0.45	根(3m/根)	7.45	上海志豪实业有限公司
50 天地龙骨	志豪	中标 50×25×0.45	根(4m/根)	9.93	上海志豪实业有限公司
50 天地龙骨	志豪	中标 50×35×0.5	根(3m/根)	10.14	上海志豪实业有限公司
50 天地龙骨	志豪	中标 50×35×0.5	根(4m/根)	13.52	上海志豪实业有限公司
75 天地龙骨	志豪	国标 75×35×0.6	根(4m/根)	19.27	上海志豪实业有限公司
75 天地龙骨	志豪	国标 75×35×0.7	根(3m/根)	14.45	上海志豪实业有限公司
75 天地龙骨	志豪	国标 75×35×0.7	根(3m/根)	16.38	上海志豪实业有限公司
75 天地龙骨	志豪	国标 75×35×0.7	根(4m/根)	21.84	上海志豪实业有限公司
75 天地龙骨	志豪	中标 75×35×0.35	根(3m/根)	7.17	上海志豪实业有限公司

续表

产品名称	品牌	规格型号	包装单位	参考价格（元）	供应商
75 天地龙骨	志豪	中标 75×35×0.35	根(4m/根)	9.56	上海志豪实业有限公司
75 天地龙骨	志豪	中标 75×35×0.4	根(3m/根)	8.28	上海志豪实业有限公司
75 天地龙骨	志豪	中标 75×35×0.4	根(4m/根)	11.04	上海志豪实业有限公司
75 天地龙骨	志豪	中标 75×35×0.45	根(3m/根)	9.24	上海志豪实业有限公司
75 天地龙骨	志豪	中标 75×35×0.45	根(4m/根)	12.32	上海志豪实业有限公司
75 天地龙骨	志豪	中标 75×35×0.5	根(3m/根)	10.14	上海志豪实业有限公司
75 天地龙骨	志豪	中标 75×35×0.5	根(4m/根)	13.52	上海志豪实业有限公司
75 天地龙骨	志豪	中标 75×35×0.6	根(3m/根)	12.04	上海志豪实业有限公司
75 天地龙骨	志豪	中标 75×35×0.6	根(4m/根)	16.05	上海志豪实业有限公司
75 天地龙骨	志豪	中标 75×45×0.45	根(3m/根)	10.97	上海志豪实业有限公司
75 天地龙骨	志豪	中标 75×45×0.45	根(4m/根)	14.62	上海志豪实业有限公司
75 天地龙骨	志豪	中标 75×45×0.53	根(3m/根)	12.21	上海志豪实业有限公司
75 天地龙骨	志豪	中标 75×45×0.53	根(4m/根)	16.28	上海志豪实业有限公司

4.4.7 竖向龙骨

产品名称	品牌	规格型号	包装单位	参考价格（元）	供应商
75 竖向龙骨	博罗拉法基	0.6×45×75(3m/根)	m	7.56	优时吉博罗管理服务(上海)有限公司
100 竖向龙骨	翰韩	国标 100×45×0.6	根(3m/根)	17.81	上海翰韩五金制品有限公司
100 竖向龙骨	翰韩	国标 100×45×0.6	根(4m/根)	23.75	上海翰韩五金制品有限公司
100 竖向龙骨	翰韩	国标 100×45×0.7	根(3m/根)	21.03	上海翰韩五金制品有限公司
100 竖向龙骨	翰韩	国标 100×45×0.7	根(4m/根)	28.04	上海翰韩五金制品有限公司
100 竖向龙骨	翰韩	国标 100×45×0.8	根(3m/根)	23.87	上海翰韩五金制品有限公司
100 竖向龙骨	翰韩	国标 100×45×0.8	根(4m/根)	31.83	上海翰韩五金制品有限公司
100 竖向龙骨	翰韩	国标 100×45×1.0	根(3m/根)	30.70	上海翰韩五金制品有限公司
100 竖向龙骨	翰韩	国标 100×45×1.0	根(4m/根)	40.93	上海翰韩五金制品有限公司
100 竖向龙骨	翰韩	中标 100×45×0.5	根(3m/根)	15.35	上海翰韩五金制品有限公司
100 竖向龙骨	翰韩	中标 100×45×0.5	根(4m/根)	20.47	上海翰韩五金制品有限公司
50 竖向龙骨	翰韩	国标 50×45×0.6	根(3m/根)	13.62	上海翰韩五金制品有限公司
50 竖向龙骨	翰韩	国标 50×45×0.6	根(4m/根)	18.16	上海翰韩五金制品有限公司
50 竖向龙骨	翰韩	国标 50×45×0.7	根(3m/根)	15.97	上海翰韩五金制品有限公司
50 竖向龙骨	翰韩	国标 50×45×0.7	根(4m/根)	21.30	上海翰韩五金制品有限公司

续表

产品名称	品牌	规格型号	包装单位	参考价格(元)	供应商
50 竖向龙骨	翰韩	中标 50×45×0.45	根(3m/根)	9.84	上海翰韩五金制品有限公司
50 竖向龙骨	翰韩	中标 50×45×0.45	根(4m/根)	13.12	上海翰韩五金制品有限公司
50 竖向龙骨	翰韩	中标 50×45×0.5	根(3m/根)	10.98	上海翰韩五金制品有限公司
50 竖向龙骨	翰韩	中标 50×45×0.5	根(4m/根)	14.65	上海翰韩五金制品有限公司
75 竖向龙骨	翰韩	国标 75×45×0.6	根(3m/根)	15.45	上海翰韩五金制品有限公司
75 竖向龙骨	翰韩	国标 75×45×0.6	根(4m/根)	20.61	上海翰韩五金制品有限公司
75 竖向龙骨	翰韩	国标 75×45×0.7	根(3m/根)	18.19	上海翰韩五金制品有限公司
75 竖向龙骨	翰韩	国标 75×45×0.7	根(4m/根)	24.26	上海翰韩五金制品有限公司
75 竖向龙骨	翰韩	国标 75×45×0.8	根(3m/根)	20.79	上海翰韩五金制品有限公司
75 竖向龙骨	翰韩	国标 75×45×0.8	根(4m/根)	27.72	上海翰韩五金制品有限公司
75 竖向龙骨	翰韩	国标 75×45×1.0	根(3m/根)	26.09	上海翰韩五金制品有限公司
75 竖向龙骨	翰韩	国标 75×45×1.0	根(4m/根)	34.79	上海翰韩五金制品有限公司
75 竖向龙骨	翰韩	中标 75×35×0.35	根(3m/根)	7.62	上海翰韩五金制品有限公司
75 竖向龙骨	翰韩	中标 75×35×0.35	根(4m/根)	10.16	上海翰韩五金制品有限公司
75 竖向龙骨	翰韩	中标 75×35×0.4	根(3m/根)	8.56	上海翰韩五金制品有限公司
75 竖向龙骨	翰韩	中标 75×35×0.4	根(4m/根)	11.41	上海翰韩五金制品有限公司
75 竖向龙骨	翰韩	中标 75×35×0.45	根(3m/根)	9.84	上海翰韩五金制品有限公司
75 竖向龙骨	翰韩	中标 75×35×0.45	根(4m/根)	13.12	上海翰韩五金制品有限公司
75 竖向龙骨	翰韩	中标 75×35×0.5	根(3m/根)	11.33	上海翰韩五金制品有限公司
75 竖向龙骨	翰韩	中标 75×35×0.5	根(4m/根)	15.11	上海翰韩五金制品有限公司
75 竖向龙骨	翰韩	中标 75×45×0.45	根(3m/根)	11.47	上海翰韩五金制品有限公司
75 竖向龙骨	翰韩	中标 75×45×0.45	根(4m/根)	15.29	上海翰韩五金制品有限公司
75 竖向龙骨	翰韩	中标 75×45×0.53	根(3m/根)	13.44	上海翰韩五金制品有限公司
75 竖向龙骨	翰韩	中标 75×45×0.53	根(4m/根)	17.93	上海翰韩五金制品有限公司
75 竖向龙骨	翰韩	中标 75×45×0.55	根(3m/根)	14.52	上海翰韩五金制品有限公司
75 竖向龙骨	翰韩	中标 75×45×0.55	根(4m/根)	19.36	上海翰韩五金制品有限公司
75 竖向龙骨	恒扬	0.6×45×75(3m/根)	m	4.64	江阴恒扬新型建材有限公司
100 竖向龙骨	龙牌	标准 C100×50×0.6	根(3m/根)	52.65	北新集团建材股份有限公司
100 竖向龙骨	龙牌	标准 C100×50×0.6	根(4m/根)	70.20	北新集团建材股份有限公司
100 竖向龙骨	龙牌	标准 C100×50×0.8	根(3m/根)	68.82	北新集团建材股份有限公司
100 竖向龙骨	龙牌	标准 C100×50×0.8	根(4m/根)	91.76	北新集团建材股份有限公司
150 竖向龙骨	龙牌	标准 C150×50×0.8	根(3m/根)	87.21	北新集团建材股份有限公司

续表

产品名称	品牌	规格型号	包装单位	参考价格（元）	供应商
150 竖向龙骨	龙牌	标准 C150×50×0.8	根(4m/根)	116.28	北新集团建材股份有限公司
50 竖向龙骨	龙牌	标准 C50×50×0.5	根(3m/根)	36.24	北新集团建材股份有限公司
50 竖向龙骨	龙牌	标准 C50×50×0.5	根(4m/根)	48.32	北新集团建材股份有限公司
75 竖向龙骨	龙牌	标准 75×45×0.5	根(3m/根)	33.78	北新集团建材股份有限公司
75 竖向龙骨	龙牌	标准 75×45×0.5	根(4m/根)	45.04	北新集团建材股份有限公司
75 竖向龙骨	龙牌	标准 75×45×0.6	根(3m/根)	40.50	北新集团建材股份有限公司
75 竖向龙骨	龙牌	标准 75×45×0.6	根(4m/根)	54.00	北新集团建材股份有限公司
75 竖向龙骨	龙牌	标准 C75×50×0.6	根(3m/根)	42.57	北新集团建材股份有限公司
75 竖向龙骨	龙牌	标准 C75×50×0.6	根(4m/根)	56.76	北新集团建材股份有限公司
75 竖向龙骨	龙牌	标准 C75×50×0.8	根(3m/根)	55.71	北新集团建材股份有限公司
75 竖向龙骨	龙牌	标准 C75×50×0.8	根(4m/根)	74.28	北新集团建材股份有限公司
隔墙竖龙骨	亚兴	100×45×0.5	m	8.90	威海高技术产业开发区亚兴吊顶材料中心
隔墙竖龙骨	亚兴	100×45×0.6	m	11.00	威海高技术产业开发区亚兴吊顶材料中心
隔墙竖龙骨	亚兴	50×45×0.5	m	6.95	威海高技术产业开发区亚兴吊顶材料中心
隔墙竖龙骨	亚兴	50×45×0.6	m	7.90	威海高技术产业开发区亚兴吊顶材料中心
隔墙竖龙骨	亚兴	75×45×0.5	m	7.50	威海高技术产业开发区亚兴吊顶材料中心
隔墙竖龙骨	亚兴	75×45×0.6	m	9.10	威海高技术产业开发区亚兴吊顶材料中心
100 竖向龙骨	志豪	国标 100×45×0.6	根(3m/根)	19.42	上海志豪实业有限公司
100 竖向龙骨	志豪	国标 100×45×0.6	根(4m/根)	25.89	上海志豪实业有限公司
100 竖向龙骨	志豪	国标 100×45×0.7	根(3m/根)	22.07	上海志豪实业有限公司
100 竖向龙骨	志豪	国标 100×45×0.7	根(4m/根)	29.43	上海志豪实业有限公司
100 竖向龙骨	志豪	国标 100×45×0.8	根(3m/根)	24.83	上海志豪实业有限公司
100 竖向龙骨	志豪	国标 100×45×0.8	根(4m/根)	33.11	上海志豪实业有限公司
100 竖向龙骨	志豪	国标 100×45×1.0	根(3m/根)	31.24	上海志豪实业有限公司
100 竖向龙骨	志豪	国标 100×45×1.0	根(4m/根)	41.66	上海志豪实业有限公司
100 竖向龙骨	志豪	中标 100×45×0.53	根(3m/根)	17.41	上海志豪实业有限公司

续表

产品名称	品牌	规格型号	包装单位	参考价格（元）	供应商
100竖向龙骨	志豪	中标 100×45×0.53	根(4m/根)	23.22	上海志豪实业有限公司
150竖向龙骨	志豪	国标 150×45×0.8	根(3m/根)	31.76	上海志豪实业有限公司
150竖向龙骨	志豪	国标 150×45×0.8	根(4m/根)	42.35	上海志豪实业有限公司
150竖向龙骨	志豪	国标 150×45×1.0	根(3m/根)	39.93	上海志豪实业有限公司
150竖向龙骨	志豪	国标 150×45×1.0	根(4m/根)	53.24	上海志豪实业有限公司
50竖向龙骨	志豪	国标 50×45×0.6	根(3m/根)	14.45	上海志豪实业有限公司
50竖向龙骨	志豪	国标 50×45×0.6	根(4m/根)	19.27	上海志豪实业有限公司
50竖向龙骨	志豪	国标 50×45×0.7	根(3m/根)	16.38	上海志豪实业有限公司
50竖向龙骨	志豪	国标 50×45×0.7	根(4m/根)	21.84	上海志豪实业有限公司
50竖向龙骨	志豪	中标 50×45×0.45	根(3m/根)	10.97	上海志豪实业有限公司
50竖向龙骨	志豪	中标 50×45×0.45	根(4m/根)	14.62	上海志豪实业有限公司
50竖向龙骨	志豪	中标 50×45×0.5	根(3m/根)	12.21	上海志豪实业有限公司
50竖向龙骨	志豪	中标 50×45×0.5	根(4m/根)	16.28	上海志豪实业有限公司
75竖向龙骨	志豪	国标 75×45×0.53	根(3m/根)	16.79	上海志豪实业有限公司
75竖向龙骨	志豪	国标 75×45×0.53	根(4m/根)	22.39	上海志豪实业有限公司
75竖向龙骨	志豪	国标 75×45×0.7	根(3m/根)	19.00	上海志豪实业有限公司
75竖向龙骨	志豪	国标 75×45×0.7	根(4m/根)	25.33	上海志豪实业有限公司
75竖向龙骨	志豪	国标 75×45×0.8	根(3m/根)	21.42	上海志豪实业有限公司
75竖向龙骨	志豪	国标 75×45×0.8	根(4m/根)	28.55	上海志豪实业有限公司
75竖向龙骨	志豪	国标 75×45×1.0	根(3m/根)	27.14	上海志豪实业有限公司
75竖向龙骨	志豪	国标 75×45×1.0	根(4m/根)	35.91	上海志豪实业有限公司
75竖向龙骨	志豪	中标 75×35×0.35	根(3m/根)	8.72	上海志豪实业有限公司
75竖向龙骨	志豪	中标 75×35×0.35	根(4m/根)	11.63	上海志豪实业有限公司
75竖向龙骨	志豪	中标 75×35×0.4	根(3m/根)	9.86	上海志豪实业有限公司
75竖向龙骨	志豪	中标 75×35×0.4	根(4m/根)	13.15	上海志豪实业有限公司
75竖向龙骨	志豪	中标 75×35×0.45	根(3m/根)	10.93	上海志豪实业有限公司
75竖向龙骨	志豪	中标 75×35×0.45	根(4m/根)	14.58	上海志豪实业有限公司
75竖向龙骨	志豪	中标 75×35×0.5	根(3m/根)	12.21	上海志豪实业有限公司
75竖向龙骨	志豪	中标 75×35×0.5	根(4m/根)	16.28	上海志豪实业有限公司
75竖向龙骨	志豪	中标 75×35×0.6	根(3m/根)	14.45	上海志豪实业有限公司
75竖向龙骨	志豪	中标 75×35×0.6	根(4m/根)	19.27	上海志豪实业有限公司
75竖向龙骨	志豪	中标 75×45×0.45	根(3m/根)	12.66	上海志豪实业有限公司

续表

产品名称	品牌	规格型号	包装单位	参考价格(元)	供应商
75 竖向龙骨	志豪	中标 75×45×0.45	根(4m/根)	16.87	上海志豪实业有限公司
75 竖向龙骨	志豪	中标 75×45×0.53	根(3m/根)	15.04	上海志豪实业有限公司
75 竖向龙骨	志豪	中标 75×45×0.53	根(4m/根)	20.05	上海志豪实业有限公司

4.4.8 烤漆龙骨

产品名称	品牌	规格型号	包装单位	参考价格(元)	供应商
T 型凹槽龙骨	普通	B 型 28 高 黑色公制	根(0.6m/根)	3.00	上海艾未实业发展有限公司
T 型凹槽龙骨	普通	B 型 28 高 黑色公制	根(3m/根)	12.00	上海艾未实业发展有限公司
T 型凹槽龙骨	普通	B 型 28 高 黑色英制	根(0.6m/根)	3.00	上海艾未实业发展有限公司
T 型凹槽龙骨	普通	B 型 28 高 黑色英制	根(3m/根)	12.00	上海艾未实业发展有限公司
T 型凹槽龙骨	普通	T15×32 黑色公制	根(0.6m/根)	3.00	上海艾未实业发展有限公司
T 型凹槽龙骨	普通	T15×32 黑色公制	根(3m/根)	13.00	上海艾未实业发展有限公司
T 型凹槽龙骨	普通	T15×32 黑色英制	根(0.6m/根)	3.00	上海艾未实业发展有限公司
T 型凹槽龙骨	普通	T15×32 黑色英制	根(3m/根)	13.00	上海艾未实业发展有限公司
T 型凹槽龙骨	普通	T15B 型 白色公制	根(0.6m/根)	3.00	上海艾未实业发展有限公司
T 型凹槽龙骨	普通	T15B 型 白色公制	根(3m/根)	12.00	上海艾未实业发展有限公司
T 型凹槽龙骨	普通	T15B 型 白色英制	根(0.6m/根)	3.00	上海艾未实业发展有限公司
T 型凹槽龙骨	普通	T15B 型 白色英制	根(3m/根)	12.00	上海艾未实业发展有限公司

4.4.9 龙骨配件

产品名称	品牌	规格型号	包装单位	参考价格(元)	供应商
大吊	普通	50 彩吊 含配套螺栓	包(50 套/包)	13.80	上海羿臣实业有限公司
大吊	普通	50 彩吊 含配套螺栓	套	0.48	上海羿臣实业有限公司
大吊	普通	60 彩吊 含配套螺栓	包(50 套/包)	13.80	上海羿臣实业有限公司
大吊	普通	60 彩吊 含配套螺栓	套	0.48	上海羿臣实业有限公司
大吊	普通	国标 38	个	0.45	上海羿臣实业有限公司
大吊	普通	国标 50	个	0.98	上海羿臣实业有限公司
大吊	普通	国标 60	个	1.46	上海羿臣实业有限公司
垫片	普通	M8	包(100 个/包)	3.00	上海羿臣实业有限公司
对销螺栓/穿心螺栓	普通	50	套	0.24	上海羿臣实业有限公司

续表

产品名称	品牌	规格型号	包装单位	参考价格(元)	供应商
对销螺栓/穿心螺栓	普通	60	套	0.30	上海羿臣实业有限公司
副龙骨接头	普通	50	个	1.72	上海羿臣实业有限公司
隔音棉/玻璃棉	普通	800×400×50,黄色	包(4.8m²/包)	35.00	上海羿臣实业有限公司
隔音棉/玻璃棉	普通	800×400×80,黄色	包(4.8m²/包)	35.00	上海羿臣实业有限公司
隔音棉/玻璃棉	普通	800×400×40,黄色	包(4.8m²/包)	35.00	上海羿臣实业有限公司
螺栓螺母	普通	5mm	个	0.51	上海羿臣实业有限公司
膨胀组合三件套	普通	M10 丝杆专用	套	0.73	上海羿臣实业有限公司
膨胀组合三件套	普通	M12 丝杆专用	套	0.98	上海羿臣实业有限公司
膨胀组合三件套	普通	M8 丝杆专用	套	0.80	上海羿臣实业有限公司
丝杆	普通	8mm	根(3m/根)	3.60	上海羿臣实业有限公司
支撑卡	普通	100 系列	个	0.45	上海羿臣实业有限公司
支撑卡	普通	75 系列	个	0.45	上海羿臣实业有限公司
中吊	普通	50	个	0.38	上海羿臣实业有限公司
中吊	普通	60	个	0.38	上海羿臣实业有限公司
中吊	普通	国标 50	个	0.58	上海羿臣实业有限公司
中吊	普通	国标 60	个	0.58	上海羿臣实业有限公司
主龙骨接头	普通	50	个	2.06	上海羿臣实业有限公司

4.5　木漆木工胶

4.5.1　木漆

产品名称	品牌	规格型号	包装单位	参考价格(元)	供应商
零度面漆	PPG 长春藤	白面漆	组(6.5kg/组)	204.75	庞贝捷管理(上海)有限公司
零度面漆	PPG 长春藤	清面漆	组(6.5kg/组)	191.10	庞贝捷管理(上海)有限公司
天然植物油 NC 木器漆	PPG 长春藤	半哑光白面漆/QD1602SM	桶(4kg/桶)	156.98	庞贝捷管理(上海)有限公司
天然植物油 NC 木器漆	PPG 长春藤	半哑光透明清漆/QD1633SM	桶(4kg/桶)	156.98	庞贝捷管理(上海)有限公司

续表

产品名称	品牌	规格型号	包装单位	参考价格（元）	供应商
天然植物油 NC 木器漆	PPG 长春藤	手扫白底漆/QD1602F	桶(4kg/桶)	143.33	庞贝捷管理(上海)有限公司
天然植物油 NC 木器漆	PPG 长春藤	手扫清底漆/QD1633F	桶(4kg/桶)	143.33	庞贝捷管理(上海)有限公司
天然植物油地板漆	PPG 长春藤	半哑透明清漆/QD699SM	桶(4kg/桶)	188.37	庞贝捷管理(上海)有限公司
天然植物油地板漆	PPG 长春藤	亮光透明清漆/QD699	桶(4kg/桶)	188.37	庞贝捷管理(上海)有限公司
天然植物油套装 PU 木器漆	PPG 长春藤	白底漆/QD6802F	桶(5kg/桶)	193.83	庞贝捷管理(上海)有限公司
天然植物油套装 PU 木器漆	PPG 长春藤	半哑白面漆 QD6802SM	桶(5kg/桶)	212.94	庞贝捷管理(上海)有限公司
天然植物油套装 PU 木器漆	PPG 长春藤	半哑透明清漆/QD6833SM	桶(5kg/桶)	195.20	庞贝捷管理(上海)有限公司
天然植物油套装 PU 木器漆	PPG 长春藤	清底漆/QD6833F	桶(5kg/桶)	181.55	庞贝捷管理(上海)有限公司
无添加聚酯木器漆	PPG 长春藤	白底漆	组(5kg/组)	178.00	庞贝捷管理(上海)有限公司
无添加聚酯木器漆	PPG 长春藤	白面漆	组(5kg/组)	188.00	庞贝捷管理(上海)有限公司
无添加聚酯木器漆	PPG 长春藤	清底漆	组(5kg/组)	168.00	庞贝捷管理(上海)有限公司
无添加聚酯木器漆	PPG 长春藤	清面漆	组(5kg/组)	178.00	庞贝捷管理(上海)有限公司
组合无添加健康木器（白底漆）	PPG 长春藤	2kg＋1kg＋2kg（A 主＋固＋稀）	组	171.99	庞贝捷管理(上海)有限公司
海之吻多功能 水性漆	晨阳	半光白	桶(0.8kg/桶)	66.30	河北晨阳工贸集团有限公司
海之吻多功能 水性漆	晨阳	半光白	桶(3kg/桶)	193.70	河北晨阳工贸集团有限公司
海之吻多功能 水性漆	晨阳	半光葱绿	桶(0.8kg/桶)	76.70	河北晨阳工贸集团有限公司
海之吻多功能 水性漆	晨阳	半光葱绿	桶(3kg/桶)	219.70	河北晨阳工贸集团有限公司
海之吻多功能 水性漆	晨阳	半光大红	桶(0.8kg/桶)	66.30	河北晨阳工贸集团有限公司
海之吻多功能 水性漆	晨阳	半光大红	桶(3kg/桶)	219.70	河北晨阳工贸集团有限公司

续表

产品名称	品牌	规格型号	包装单位	参考价格（元）	供应商
海之吻多功能 水性漆	晨阳	半光淡粉	桶(0.8kg/桶)	76.70	河北晨阳工贸集团有限公司
海之吻多功能 水性漆	晨阳	半光淡粉	桶(3kg/桶)	219.70	河北晨阳工贸集团有限公司
海之吻多功能 水性漆	晨阳	半光淡绿	桶(0.8kg/桶)	76.70	河北晨阳工贸集团有限公司
海之吻多功能 水性漆	晨阳	半光淡绿	桶(3kg/桶)	219.70	河北晨阳工贸集团有限公司
海之吻多功能 水性漆	晨阳	半光黑	桶(0.8kg/桶)	66.30	河北晨阳工贸集团有限公司
海之吻多功能 水性漆	晨阳	半光黑	桶(3kg/桶)	184.60	河北晨阳工贸集团有限公司
海之吻多功能 水性漆	晨阳	半光琥珀	桶(0.8kg/桶)	76.70	河北晨阳工贸集团有限公司
海之吻多功能 水性漆	晨阳	半光琥珀	桶(3kg/桶)	219.70	河北晨阳工贸集团有限公司
海之吻多功能 水性漆	晨阳	半光橘红	桶(0.8kg/桶)	66.30	河北晨阳工贸集团有限公司
海之吻多功能 水性漆	晨阳	半光橘红	桶(3kg/桶)	227.50	河北晨阳工贸集团有限公司
海之吻多功能 水性漆	晨阳	半光孔雀蓝	桶(0.8kg/桶)	76.70	河北晨阳工贸集团有限公司
海之吻多功能 水性漆	晨阳	半光孔雀蓝	桶(3kg/桶)	219.70	河北晨阳工贸集团有限公司
海之吻多功能 水性漆	晨阳	半光米黄	桶(0.8kg/桶)	66.30	河北晨阳工贸集团有限公司
海之吻多功能 水性漆	晨阳	半光米黄	桶(3kg/桶)	193.70	河北晨阳工贸集团有限公司
海之吻多功能 水性漆	晨阳	半光苹果绿	桶(0.8kg/桶)	76.70	河北晨阳工贸集团有限公司
海之吻多功能 水性漆	晨阳	半光苹果绿	桶(3kg/桶)	219.70	河北晨阳工贸集团有限公司
海之吻多功能 水性漆	晨阳	半光清漆	桶(0.8kg/桶)	66.30	河北晨阳工贸集团有限公司
海之吻多功能 水性漆	晨阳	半光清漆	桶(3kg/桶)	184.60	河北晨阳工贸集团有限公司
海之吻多功能 水性漆	晨阳	半光乳白	桶(0.8kg/桶)	76.70	河北晨阳工贸集团有限公司
海之吻多功能 水性漆	晨阳	半光乳白	桶(3kg/桶)	219.70	河北晨阳工贸集团有限公司
海之吻多功能 水性漆	晨阳	半光铁红	桶(0.8kg/桶)	66.30	河北晨阳工贸集团有限公司
海之吻多功能 水性漆	晨阳	半光铁红	桶(3kg/桶)	184.60	河北晨阳工贸集团有限公司
海之吻多功能 水性漆	晨阳	半光烟灰	桶(0.8kg/桶)	76.70	河北晨阳工贸集团有限公司
海之吻多功能 水性漆	晨阳	半光烟灰	桶(3kg/桶)	219.70	河北晨阳工贸集团有限公司
海之吻多功能 水性漆	晨阳	半光艳绿	桶(0.8kg/桶)	76.70	河北晨阳工贸集团有限公司
海之吻多功能 水性漆	晨阳	半光艳绿	桶(3kg/桶)	219.70	河北晨阳工贸集团有限公司
海之吻多功能 水性漆	晨阳	半光中灰	桶(0.8kg/桶)	66.30	河北晨阳工贸集团有限公司
海之吻多功能 水性漆	晨阳	半光中灰	桶(3kg/桶)	193.70	河北晨阳工贸集团有限公司
海之吻多功能 水性漆	晨阳	半光中蓝	桶(0.8kg/桶)	76.70	河北晨阳工贸集团有限公司
海之吻多功能 水性漆	晨阳	半光中蓝	桶(3kg/桶)	219.70	河北晨阳工贸集团有限公司
海之吻多功能 水性漆	晨阳	半光紫棕	桶(0.8kg/桶)	66.30	河北晨阳工贸集团有限公司
海之吻多功能 水性漆	晨阳	半光紫棕	桶(3kg/桶)	184.60	河北晨阳工贸集团有限公司

续表

产品名称	品牌	规格型号	包装单位	参考价格（元）	供应商
木饰丽木器漆	多乐士	白底漆/A769	桶(5kg/桶)	177.45	阿克苏诺贝尔(中国)投资有限公司
木饰丽木器漆	多乐士	半哑白面漆/A769	桶(5kg/桶)	188.37	阿克苏诺贝尔(中国)投资有限公司
木饰丽木器漆	多乐士	半哑清面漆/A768	桶(5kg/桶)	188.37	阿克苏诺贝尔(中国)投资有限公司
木饰丽木器漆	多乐士	清底漆/A768	桶(5kg/桶)	177.45	阿克苏诺贝尔(中国)投资有限公司
沐韵净味水性木器漆	多乐士	白底	桶(2.5kg/桶)	160.00	阿克苏诺贝尔(中国)投资有限公司
沐韵净味水性木器漆	多乐士	白面	桶(2.5kg/桶)	170.00	阿克苏诺贝尔(中国)投资有限公司
沐韵净味水性木器漆	多乐士	清底	桶(2.5kg/桶)	160.00	阿克苏诺贝尔(中国)投资有限公司
沐韵净味水性木器漆	多乐士	清面	桶(2.5kg/桶)	170.00	阿克苏诺贝尔(中国)投资有限公司
强效抗划净味木器漆	多乐士	白底漆/A719-65025	组(5kg/组)	233.42	阿克苏诺贝尔(中国)投资有限公司
强效抗划净味木器漆	多乐士	白面漆/A719-65022	组(5kg/组)	243.79	阿克苏诺贝尔(中国)投资有限公司
强效抗划净味木器漆	多乐士	清底漆/A718-68025	组(5kg/组)	233.42	阿克苏诺贝尔(中国)投资有限公司
强效抗划净味木器漆	多乐士	清面漆/A718-68022	组(5kg/组)	243.79	阿克苏诺贝尔(中国)投资有限公司
纯水性木器底漆	芬琳	荷美	桶(3L/桶)	720.72	迪古里拉(中国)涂料有限公司
纯水性木器面漆	芬琳	荷美	桶(3L/桶)	735.46	迪古里拉(中国)涂料有限公司
纯水性木器清漆	芬琳	吉娃	桶(3L/桶)	735.46	迪古里拉(中国)涂料有限公司
木蜡油	芬琳	宾雅	桶(3L/桶)	809.17	迪古里拉(中国)涂料有限公司
聚酯白漆底漆	华润	5kg	组	143.00	广东华润涂料有限公司
聚酯白漆底漆	华润	9kg	组	248.00	广东华润涂料有限公司
聚酯白漆面漆	华润	5kg	组	153.00	广东华润涂料有限公司
聚酯白漆面漆	华润	9kg	组	258.00	广东华润涂料有限公司
聚酯清底	华润	5kg	组	133.00	广东华润涂料有限公司

续表

产品名称	品牌	规格型号	包装单位	参考价格（元）	供应商
聚酯清底	华润	9kg	组	238.00	广东华润涂料有限公司
聚酯清漆	华润	5kg	组	143.00	广东华润涂料有限公司
聚酯清漆	华润	9kg	组	248.00	广东华润涂料有限公司
硝基白底漆	华润	10kg	桶	285.00	广东华润涂料有限公司
硝基白面漆	华润	10kg	桶	310.00	广东华润涂料有限公司
硝基清底漆	华润	10kg	桶	275.00	广东华润涂料有限公司
硝基清面漆	华润	10kg	桶	285.00	广东华润涂料有限公司
硝基稀释剂	华润	10kg	桶	168.00	广东华润涂料有限公司
防腐剂	普通	木格栅	桶（13kg/桶）	61.43	上海晶贝水性涂料经营部
耐候木油色浆	切瑞西	北欧绿	瓶（2.5L/瓶）	14.00	上海切瑞西化学有限公司
耐候木油色浆	切瑞西	蜂蜜	瓶（2.5L/瓶）	14.00	上海切瑞西化学有限公司
耐候木油色浆	切瑞西	红褐色	瓶（2.5L/瓶）	14.00	上海切瑞西化学有限公司
耐候木油色浆	切瑞西	火山红	瓶（2.5L/瓶）	14.00	上海切瑞西化学有限公司
耐候木油色浆	切瑞西	加州红	瓶（2.5L/瓶）	14.00	上海切瑞西化学有限公司
耐候木油色浆	切瑞西	栗壳	瓶（2.5L/瓶）	14.00	上海切瑞西化学有限公司
耐候木油色浆	切瑞西	麦子黄	瓶（2.5L/瓶）	14.00	上海切瑞西化学有限公司
耐候木油色浆	切瑞西	玫瑰红	瓶（2.5L/瓶）	14.00	上海切瑞西化学有限公司
耐候木油色浆	切瑞西	浅草绿	瓶（2.5L/瓶）	14.00	上海切瑞西化学有限公司
耐候木油色浆	切瑞西	檀木	瓶（2.5L/瓶）	14.00	上海切瑞西化学有限公司
耐候木油色浆	切瑞西	土棕	瓶（2.5L/瓶）	14.00	上海切瑞西化学有限公司
耐候木油色浆	切瑞西	橡木	瓶（2.5L/瓶）	14.00	上海切瑞西化学有限公司
耐候木油色浆	切瑞西	锈红	瓶（2.5L/瓶）	14.00	上海切瑞西化学有限公司
耐候木油色浆	切瑞西	烟灰	瓶（2.5L/瓶）	14.00	上海切瑞西化学有限公司
耐候木油色浆	切瑞西	柚木	瓶（2.5L/瓶）	14.00	上海切瑞西化学有限公司
耐候木油色浆	切瑞西	棕黄	瓶（2.5L/瓶）	14.00	上海切瑞西化学有限公司
耐候木油	切瑞西	防腐木油	桶（2.5L/桶）	81.90	上海切瑞西化学有限公司
康家超滑木器漆	三棵树	白底漆	桶（5kg/桶）	320.00	三棵树涂料股份有限公司
康家超滑木器漆	三棵树	半哑白面漆	桶（5kg/桶）	341.00	三棵树涂料股份有限公司
康家超滑木器漆	三棵树	半哑清面漆	桶（5kg/桶）	310.00	三棵树涂料股份有限公司
康家超滑木器漆	三棵树	清底漆	桶（5kg/桶）	289.00	三棵树涂料股份有限公司
清味竹炭木器漆	三棵树	白底漆	桶（5kg/桶）	446.00	三棵树涂料股份有限公司
清味竹炭木器漆	三棵树	半哑白面漆	桶（5kg/桶）	440.00	三棵树涂料股份有限公司

续表

产品名称	品牌	规格型号	包装单位	参考价格（元）	供应商
清味竹炭木器漆	三棵树	半哑清面漆	桶(5kg/桶)	437.00	三棵树涂料股份有限公司
清味竹炭木器漆	三棵树	清底漆	桶(5kg/桶)	412.00	三棵树涂料股份有限公司
植物清味木器漆	三棵树	白底漆	桶(5kg/桶)	458.00	三棵树涂料股份有限公司
植物清味木器漆	三棵树	半哑白面漆	桶(5kg/桶)	481.00	三棵树涂料股份有限公司
植物清味木器漆	三棵树	半哑清面漆	桶(5kg/桶)	446.00	三棵树涂料股份有限公司
植物清味木器漆	三棵树	清底漆	桶(5kg/桶)	425.00	三棵树涂料股份有限公司
天然耐候桐油	正点	标准	桶(2L/桶)	148.00	上海正点装饰材料有限公司
天然耐候桐油	正点	标准	桶(2L/桶)	148.00	上海正点装饰材料有限公司
NC 硝基漆稀释剂	紫荆花	N809	桶(10kg/桶)	173.36	紫荆花制漆(上海)有限公司
NC 硝基漆稀释剂	紫荆花	N809	桶(3kg/桶)	72.35	紫荆花制漆(上海)有限公司
PU 固化剂	紫荆花	SP99B	桶(4kg/桶)	171.99	紫荆花制漆(上海)有限公司
PU 木器漆	紫荆花	绿色新家园 SF02N	桶(5kg/桶)	170.63	紫荆花制漆(上海)有限公司
PU 木器漆	紫荆花	绿色新家园 SF99N	桶(5kg/桶)	161.07	紫荆花制漆(上海)有限公司
PU 木器漆	紫荆花	优施惠 S73-02N	桶(9kg/桶)	241.61	紫荆花制漆(上海)有限公司
PU 木器漆	紫荆花	优施惠 S73-99N	桶(9kg/桶)	236.15	紫荆花制漆(上海)有限公司
PU 木器漆	紫荆花	悦家(848)ST99N	桶(8kg/桶)	202.02	紫荆花制漆(上海)有限公司
PU 木器漆	紫荆花	悦家(850)ST02N	桶(8kg/桶)	202.02	紫荆花制漆(上海)有限公司
PU 稀释剂	紫荆花	S801	桶(8kg/桶)	177.45	紫荆花制漆(上海)有限公司
低味多功能硝基漆	紫荆花	N06-02N	桶(10kg/桶)	298.94	紫荆花制漆(上海)有限公司
低味多功能硝基漆	紫荆花	N06-02N	桶(2.8kg/桶)	98.28	紫荆花制漆(上海)有限公司
多功能硝基漆	紫荆花	白底/N06-02N	桶(10kg/桶)	298.94	紫荆花制漆(上海)有限公司
多功能硝基漆	紫荆花	白底/N06-02N	桶(2.8kg/桶)	98.28	紫荆花制漆(上海)有限公司
多功能硝基漆	紫荆花	白面/N06-02/SG/F	桶(10kg/桶)	341.25	紫荆花制漆(上海)有限公司
多功能硝基漆	紫荆花	白面/N06-02/SG/F	桶(2.8kg/桶)	117.39	紫荆花制漆(上海)有限公司
多功能硝基漆	紫荆花	清底/N06-99N	桶(10kg/桶)	298.94	紫荆花制漆(上海)有限公司
多功能硝基漆	紫荆花	清底/N06-99N	桶(2.8kg/桶)	98.28	紫荆花制漆(上海)有限公司
多功能硝基漆	紫荆花	清面/N06-100/SG/F	桶(2.8kg/桶)	113.30	紫荆花制漆(上海)有限公司
多功能硝基漆	紫荆花	清面/N06-99/SG/F	桶(10kg/桶)	305.76	紫荆花制漆(上海)有限公司
居丽雅抗刮伤 PU 木器漆	紫荆花	白底/SX02N	桶(5kg/桶)	163.80	紫荆花制漆(上海)有限公司
居丽雅抗刮伤 PU 木器漆	紫荆花	白面/SX02/SG/F	桶(5kg/桶)	177.45	紫荆花制漆(上海)有限公司

续表

产品名称	品牌	规格型号	包装单位	参考价格(元)	供应商
居丽雅抗刮伤PU木器漆	紫荆花	清底/SX99N	桶(5kg/桶)	150.15	紫荆花制漆(上海)有限公司
居丽雅抗刮伤PU木器漆	紫荆花	清面/SX99/SG/F	桶(5kg/桶)	163.80	紫荆花制漆(上海)有限公司
抗刮伤PU木器漆	紫荆花	居丽雅SX99N	桶(5kg/桶)	150.15	紫荆花制漆(上海)有限公司
抗划伤水晶地板漆	紫荆花	69996005SG	桶(5kg/桶)	207.48	紫荆花制漆(上海)有限公司
裂纹白面漆	紫荆花	LW-02	桶(4L/桶)	188.37	紫荆花制漆(上海)有限公司
特级化白水	紫荆花	414	桶(0.8kg/桶)	40.95	紫荆花制漆(上海)有限公司
特级化白水	紫荆花	414	桶(3kg/桶)	109.20	紫荆花制漆(上海)有限公司
硝基粗闪光银面漆	紫荆花	亮光/NG109	桶(3kg/桶)	227.96	紫荆花制漆(上海)有限公司
硝基黑面漆	紫荆花	半哑/NG88SG	桶(3kg/桶)	139.23	紫荆花制漆(上海)有限公司
硝基黑面漆	紫荆花	亮光/NG88	桶(3kg/桶)	139.23	紫荆花制漆(上海)有限公司
硝基黑面漆	紫荆花	哑光/NG88F	桶(3kg/桶)	139.23	紫荆花制漆(上海)有限公司
硝基黄金漆	紫荆花	NG181	桶(3kg/桶)	227.96	紫荆花制漆(上海)有限公司
硝基稀释剂	紫荆花	N809	桶(10kg/桶)	173.36	紫荆花制漆(上海)有限公司
硝基稀释剂	紫荆花	N809	桶(3kg/桶)	72.35	紫荆花制漆(上海)有限公司
优施惠PU木器漆	紫荆花	白底/S73-02N	组(9kg/组)	241.61	紫荆花制漆(上海)有限公司
优施惠PU木器漆	紫荆花	白面/S73-02/SG/F	组(9kg/组)	289.38	紫荆花制漆(上海)有限公司
优施惠PU木器漆	紫荆花	清底/S73-99N	组(9kg/组)	236.15	紫荆花制漆(上海)有限公司
优施惠PU木器漆	紫荆花	清面/S73-99/SG/F	组(9kg/组)	253.89	紫荆花制漆(上海)有限公司
悦家PU木器漆	紫荆花	白底/ST02N	组(8kg/组)	202.02	紫荆花制漆(上海)有限公司
悦家PU木器漆	紫荆花	白面/ST02类	组(8kg/组)	288.02	紫荆花制漆(上海)有限公司
悦家PU木器漆	紫荆花	清底/ST99N	组(8kg/组)	202.02	紫荆花制漆(上海)有限公司
悦家PU木器漆	紫荆花	清面/ST99类	组(8kg/组)	238.88	紫荆花制漆(上海)有限公司

4.5.2 木工胶

产品名称	品牌	规格型号	包装单位	参考价格(元)	供应商
发泡胶	驰凤	9000型	瓶(600g/瓶)	16.50	上海程申实业有限公司
发泡胶	驰凤	9000型	瓶(900g/瓶)	21.00	上海程申实业有限公司
免钉胶	驰凤	标准	支(300mL/支)	8.40	上海程申实业有限公司

续表

产品名称	品牌	规格型号	包装单位	参考价格（元）	供应商
白胶	大友	标准	桶(16kg/桶)	104.50	广州市大友装饰材料实业有限公司
白胶	大友	标准	桶(8kg/桶)	60.50	广州市大友装饰材料实业有限公司
免钉胶	大友	标准	支(300mL/支)	7.70	广州市大友装饰材料实业有限公司
万能胶	大友	皇冠	桶(2L/桶)	27.50	广州市大友装饰材料实业有限公司
万能胶	大友	皇冠	桶(6.5kg/桶)	110.00	广州市大友装饰材料实业有限公司
万能胶	大友	黄金胶	套(8kg/套)	159.50	广州市大友装饰材料实业有限公司
万能胶	大友	黄金胶	桶(2L/桶)	46.20	广州市大友装饰材料实业有限公司
万能胶	大友	科宝	桶(6.5L/桶)	126.50	广州市大友装饰材料实业有限公司
万能胶	大友	威士丽	桶(2L/桶)	36.30	广州市大友装饰材料实业有限公司
万能胶	大友	威士丽	桶(7kg/桶)	137.50	广州市大友装饰材料实业有限公司
白乳胶(净味)	鼎刮呱	标准	桶(16kg/桶)	120.00	北京海联锐克建材有限公司
白胶	多菱	新一代系列	桶(10kg/桶)	77.00	上海兴春装饰材料有限公司
白胶	多菱	新一代系列	桶(18kg/桶)	106.00	上海兴春装饰材料有限公司
白胶	多菱	新一代系列	桶(4kg/桶)	31.00	上海兴春装饰材料有限公司
发泡胶	锋泾窗友	932墙伴侣	瓶	23.04	锋泾(中国)建材集团有限公司
发泡胶	锋泾窗友	934万能	瓶	25.92	锋泾(中国)建材集团有限公司
白胶	哥俩好	标准	桶(10kg/桶)	115.50	哥俩好新材料股份有限公司
白胶	哥俩好	标准	桶(5kg/桶)	60.50	哥俩好新材料股份有限公司
万能胶	哥俩好	标准	桶(17kg/桶)	46.59	哥俩好新材料股份有限公司
万能胶	哥俩好	标准	桶(2L/桶)	33.28	哥俩好新材料股份有限公司
万能胶	哥俩好	标准	桶(7L/桶)	179.69	哥俩好新材料股份有限公司
万能胶	汉高百得	透明	桶(4L/桶)	165.00	汉高(中国)投资有限公司
白胶	金汉	白色	桶(8kg/桶)	65.00	武汉双龙木业发展有限责任公司
白胶	金汉	标准	桶(15kg/桶)	110.00	武汉双龙木业发展有限责任公司
免钉胶	金汉	瓷白	支(300mL/支)	12.50	武汉双龙木业发展有限责任公司
免钉胶	金汉	米黄	支(300mL/支)	12.50	武汉双龙木业发展有限责任公司
白胶	金万德	300#	桶(16kg/桶)	132.00	广东金万得胶粘剂有限公司
E0白乳胶	莫干山	标准	桶(16kg/桶)	280.00	浙江升华云峰新材股份有限公司
E0白乳胶	莫干山	标准	桶(4kg/桶)	94.00	浙江升华云峰新材股份有限公司
E0白乳胶	莫干山	标准	桶(8kg/桶)	180.00	浙江升华云峰新材股份有限公司
E1白乳胶	莫干山	标准	桶(18kg/桶)	200.00	浙江升华云峰新材股份有限公司
E1白乳胶	莫干山	标准	桶(4kg/桶)	80.00	浙江升华云峰新材股份有限公司

续表

产品名称	品牌	规格型号	包装单位	参考价格(元)	供应商
E1白乳胶	莫干山	标准	桶(8kg/桶)	160.00	浙江升华云峰新材股份有限公司
免钉胶	七乐	标准	支(300mL/支)	7.70	郑州七乐建材有限公司
白胶	七叶	标准	桶(10kg/桶)	110.00	江苏七叶乳胶有限公司
白胶	七叶	标准	桶(5kg/桶)	55.00	江苏七叶乳胶有限公司
白胶	千年舟	标准	桶(10kg/桶)	108.00	千年舟新材销售有限公司
白胶	千年舟	标准	桶(5kg/桶)	54.00	千年舟新材销售有限公司
万能胶	千年舟	标准	桶(2.1kg/桶)	54.00	千年舟新材销售有限公司
免钉胶	三和	标准	支(350mL/支)	12.00	广东三和化工科技有限公司
发泡胶	桑莱斯	F280	支(750mL/支)	32.00	上海宇晟密封材料有限公司
发泡胶	树玉	红树玉	支(750mL/支)	27.50	上海树玉建材有限公司
白乳胶	兔宝宝	BG-II型	桶(15kg/桶)	180.00	德华兔宝宝装饰新材股份有限公司
白乳胶	兔宝宝	BG-II型	桶(4kg/桶)	60.00	德华兔宝宝装饰新材股份有限公司
白乳胶	兔宝宝	BG-II型	桶(9kg/桶)	100.00	德华兔宝宝装饰新材股份有限公司
白乳胶	兔宝宝	BH-I型	桶(18kg/桶)	300.00	德华兔宝宝装饰新材股份有限公司
白乳胶	兔宝宝	BH-I型	桶(9kg/桶)	160.00	德华兔宝宝装饰新材股份有限公司
白胶	熊猫	卓效型	桶(10kg/桶)	198.00	上海熊猫线缆股份有限公司
白胶	熊猫	卓效型	桶(18kg/桶)	430.90	上海熊猫线缆股份有限公司
白胶	熊猫	卓效型	桶(1kg/桶)	27.50	上海熊猫线缆股份有限公司
白胶	熊猫	卓效型	桶(3.8kg/桶)	85.00	上海熊猫线缆股份有限公司
正点超强建筑胶水901	正点	防冻	桶(18kg/桶)	178.00	上海正点装饰材料有限公司

4.6　钉子螺栓

4.6.1　地板钉

产品名称	品牌	规格型号	包装单位	参考价格(元)	供应商
麻花钉	莫干山	1.5寸	盒(500g/盒)	12.00	浙江升华云峰新材股份有限公司
麻花钉	莫干山	2.5寸	盒(500g/盒)	12.00	浙江升华云峰新材股份有限公司
麻花钉	莫干山	2寸	盒(500g/盒)	12.00	浙江升华云峰新材股份有限公司

续表

产品名称	品牌	规格型号	包装单位	参考价格(元)	供应商
麻花钉	莫干山	3 寸	盒(500g/盒)	12.00	浙江升华云峰新材股份有限公司
防松地板钉	普通	1.5 寸	盒(1000g/盒)	20.00	上海润旭贸易有限公司
防松地板钉	普通	2 寸	盒(1000g/盒)	20.00	上海润旭贸易有限公司
麻花钉	普通	2.5 寸	包(400g/包)	4.58	上海润旭贸易有限公司
麻花钉	普通	2.5 寸	箱(25 包/箱)	105.60	上海润旭贸易有限公司
麻花钉	普通	2 寸	包(400g/包)	4.58	上海润旭贸易有限公司
麻花钉	普通	2 寸	箱(25 包/箱)	105.60	上海润旭贸易有限公司
麻花钉	普通	3 寸	包(400g/包)	4.58	上海润旭贸易有限公司
麻花钉	普通	3 寸	箱(25 包/箱)	105.60	上海润旭贸易有限公司
麻花钉	普通	4 寸	包(400g/包)	4.58	上海润旭贸易有限公司
麻花钉	普通	4 寸	箱(25 包/箱)	105.60	上海润旭贸易有限公司
美固钉	普通	M10×100	包(45 个/包)	23.68	上海润旭贸易有限公司
美固钉	普通	M10×120	包(45 个/包)	29.44	上海润旭贸易有限公司
美固钉	普通	M10×80	包(45 个/包)	19.84	上海润旭贸易有限公司
美固钉	普通	M6×60	包(45 个/包)	8.96	上海润旭贸易有限公司
美固钉	普通	M8×100	包(45 个/包)	18.56	上海润旭贸易有限公司
美固钉	普通	M8×80	包(45 个/包)	16.64	上海润旭贸易有限公司
美固钉 尼龙	普通	M10×100	包(45 个/包)	24.00	上海润旭贸易有限公司
美固钉 尼龙	普通	M10×100	箱(20 盒/箱)	440.00	上海润旭贸易有限公司
美固钉 尼龙	普通	M10×80	包(45 个/包)	20.16	上海润旭贸易有限公司
美固钉 尼龙	普通	M10×80	箱(20 盒/箱)	369.60	上海润旭贸易有限公司

4.6.2 干壁钉

产品名称	品牌	规格型号	包装单位	参考价格(元)	供应商
干壁钉	拉法斯	M3.5×16	盒(550g/盒)	10.56	上海润旭贸易有限公司
干壁钉	拉法斯	M3.5×16	箱(20 盒/箱)	188.80	上海润旭贸易有限公司
干壁钉	拉法斯	M3.5×20	盒(550g/盒)	10.56	上海润旭贸易有限公司
干壁钉	拉法斯	M3.5×20	箱(20 盒/箱)	188.80	上海润旭贸易有限公司
干壁钉	拉法斯	M3.5×25	盒(550g/盒)	10.56	上海润旭贸易有限公司
干壁钉	拉法斯	M3.5×25	箱(20 盒/箱)	188.80	上海润旭贸易有限公司
干壁钉	拉法斯	M3.5×30	盒(550g/盒)	10.56	上海润旭贸易有限公司

续表

产品名称	品牌	规格型号	包装单位	参考价格(元)	供应商
干壁钉	拉法斯	M3.5×30	箱(20盒/箱)	188.80	上海润旭贸易有限公司
干壁钉	拉法斯	M3.5×35	盒(550g/盒)	10.56	上海润旭贸易有限公司
干壁钉	拉法斯	M3.5×35	箱(20盒/箱)	188.80	上海润旭贸易有限公司
干壁钉	拉法斯	M3.5×40	盒(550g/盒)	10.56	上海润旭贸易有限公司
干壁钉	拉法斯	M3.5×40	箱(20盒/箱)	188.80	上海润旭贸易有限公司
干壁钉	拉法斯	M3.5×50	盒(550g/盒)	10.56	上海润旭贸易有限公司
干壁钉	拉法斯	M3.5×50	箱(20盒/箱)	188.80	上海润旭贸易有限公司
干壁钉 304不锈钢	普通	M3.5×25	包(1kg/包)	53.76	上海润旭贸易有限公司
干壁钉 304不锈钢	普通	M3.5×30	包(1kg/包)	53.76	上海润旭贸易有限公司
干壁钉 304不锈钢	普通	M3.5×35	包(1kg/包)	53.76	上海润旭贸易有限公司
干壁钉 304不锈钢	普通	M3.5×40	包(1kg/包)	53.76	上海润旭贸易有限公司
干壁钉 304不锈钢	普通	M3.5×50	包(1kg/包)	53.76	上海润旭贸易有限公司
干壁钉 镀锌	普通	M3.5×25	盒(350g/盒)	13.52	上海润旭贸易有限公司
干壁钉 镀锌	普通	M3.5×25	箱(20盒/箱)	228.80	上海润旭贸易有限公司
干壁钉 镀锌	普通	M3.5×30	盒(350g/盒)	13.52	上海润旭贸易有限公司
干壁钉 镀锌	普通	M3.5×30	箱(20盒/箱)	228.80	上海润旭贸易有限公司
干壁钉 镀锌	普通	M3.5×35	盒(350g/盒)	13.52	上海润旭贸易有限公司
干壁钉 镀锌	普通	M3.5×35	箱(20盒/箱)	228.80	上海润旭贸易有限公司
干壁钉 镀锌	普通	M3.5×40	盒(350g/盒)	13.52	上海润旭贸易有限公司
干壁钉 镀锌	普通	M3.5×40	箱(20盒/箱)	228.80	上海润旭贸易有限公司
干壁钉 镀锌	普通	M3.5×50	盒(350g/盒)	13.52	上海润旭贸易有限公司
干壁钉 镀锌	普通	M3.5×50	箱(20盒/箱)	228.80	上海润旭贸易有限公司

4.6.3 枪钉

产品名称	品牌	规格型号	包装单位	参考价格(元)	供应商
气枪钉	道康宁	F型	盒(3000支/盒)	5.58	道康宁(中国)投资有限公司
气枪钉	道康宁	F型	盒(4000支/盒)	6.18	道康宁(中国)投资有限公司
气枪钉	道康宁	F型	盒(5000支/盒)	6.47	道康宁(中国)投资有限公司
钢排钉	金汉	ST-25	盒(400颗/盒)	4.50	武汉双龙木业发展有限责任公司
钢排钉	金汉	ST-32	盒(400颗/盒)	5.00	武汉双龙木业发展有限责任公司
钢排钉	金汉	ST-38	盒(400颗/盒)	6.00	武汉双龙木业发展有限责任公司
钢排钉	金汉	ST-45	盒(400颗/盒)	7.00	武汉双龙木业发展有限责任公司

续表

产品名称	品牌	规格型号	包装单位	参考价格（元）	供应商
钢排钉	金汉	ST-50	盒(400颗/盒)	8.00	武汉双龙木业发展有限责任公司
气枪钉	金汉	F15	盒(4000颗/盒)	5.50	武汉双龙木业发展有限责任公司
气枪钉	金汉	F20	盒(4000颗/盒)	6.50	武汉双龙木业发展有限责任公司
气枪钉	金汉	F25	盒(4000颗/盒)	7.00	武汉双龙木业发展有限责任公司
气枪钉	金汉	F30	盒(4000颗/盒)	7.50	武汉双龙木业发展有限责任公司
钢排钉	莫干山	ST25	盒(400只/盒)	10.60	浙江升华云峰新材股份有限公司
钢排钉	莫干山	ST32	盒(400只/盒)	11.40	浙江升华云峰新材股份有限公司
钢排钉	莫干山	ST38	盒(400只/盒)	12.60	浙江升华云峰新材股份有限公司
钢排钉	莫干山	ST45	盒(400只/盒)	13.50	浙江升华云峰新材股份有限公司
钢排钉	莫干山	ST50	盒(400只/盒)	13.20	浙江升华云峰新材股份有限公司
汽钉	莫干山	F15	盒(2500发/盒)	9.00	浙江升华云峰新材股份有限公司
汽钉	莫干山	F20	盒(2500发/盒)	10.00	浙江升华云峰新材股份有限公司
汽钉	莫干山	F25	盒(2500发/盒)	11.00	浙江升华云峰新材股份有限公司
汽钉	莫干山	F30	盒(2500发/盒)	12.00	浙江升华云峰新材股份有限公司
F直钉 304不锈钢	普通	F15	盒(18×70支/盒)	10.40	上海润旭贸易有限公司
F直钉 304不锈钢	普通	F20	盒(18×70支/盒)	11.44	上海润旭贸易有限公司
F直钉 304不锈钢	普通	F25	盒(18×70支/盒)	12.48	上海润旭贸易有限公司
F直钉 304不锈钢	普通	F30	盒(18×70支/盒)	13.52	上海润旭贸易有限公司
F直钉 镀锌	普通	F15	盒(5000支/盒)	7.90	上海润旭贸易有限公司
F直钉 镀锌	普通	F20	盒(5000支/盒)	8.74	上海润旭贸易有限公司
F直钉 镀锌	普通	F25	盒(5000支/盒)	9.57	上海润旭贸易有限公司
F直钉 镀锌	普通	F25	箱(20盒/箱)	161.60	上海润旭贸易有限公司
F直钉 镀锌	普通	F30	盒(5000支/盒)	10.40	上海润旭贸易有限公司
F直钉 镀锌	普通	F30	箱(20盒/箱)	176.00	上海润旭贸易有限公司
T直钉 不锈钢	普通	T38	盒(18×40支/盒)	9.36	上海润旭贸易有限公司
T直钉 不锈钢	普通	T50	盒(18×40支/盒)	10.40	上海润旭贸易有限公司
钢排钉	普通	ST18	盒(400支/盒)	8.00	上海润旭贸易有限公司
钢排钉	普通	ST25	盒(400支/盒)	8.00	上海润旭贸易有限公司
钢排钉	普通	ST32	盒(400支/盒)	9.00	上海润旭贸易有限公司
钢排钉	普通	ST38	盒(400支/盒)	9.80	上海润旭贸易有限公司
钢排钉	普通	ST38	箱(20盒/箱)	148.00	上海润旭贸易有限公司
钢排钉	普通	ST45	盒(400支/盒)	11.80	上海润旭贸易有限公司

续表

产品名称	品牌	规格型号	包装单位	参考价格(元)	供应商
钢排钉	普通	ST50	盒(400 支/盒)	12.80	上海润旭贸易有限公司
钢排钉	普通	ST50	箱(20 盒/箱)	168.00	上海润旭贸易有限公司
钢排钉	普通	ST58	盒(400 支/盒)	13.80	上海润旭贸易有限公司
钢排钉	普通	ST64	盒(400 支/盒)	15.80	上海润旭贸易有限公司
F 直钉 镀锌	兔宝宝	F20	盒(5000 支/盒)	7.02	德华兔宝宝装饰新材股份有限公司

4.6.4 铁钉

产品名称	品牌	规格型号	包装单位	参考价格(元)	供应商
圆钉	金汉	40-70	袋(1kg/袋)	6.00	武汉双龙木业发展有限责任公司
铁钉	普通	1.5 寸	包(400g/包)	5.76	上海润旭贸易有限公司
铁钉	普通	1.5 寸	箱(25 包/箱)	86.40	上海润旭贸易有限公司
铁钉	普通	1 寸	包(400g/包)	5.76	上海润旭贸易有限公司
铁钉	普通	1 寸	箱(25 包/箱)	86.40	上海润旭贸易有限公司
铁钉	普通	2.5 寸	包(400g/包)	5.76	上海润旭贸易有限公司
铁钉	普通	2.5 寸	箱(25 包/箱)	86.40	上海润旭贸易有限公司
铁钉	普通	2 寸	包(400g/包)	5.76	上海润旭贸易有限公司
铁钉	普通	2 寸	箱(25 包/箱)	86.40	上海润旭贸易有限公司
铁钉	普通	3.5 寸	包(400g/包)	5.76	上海润旭贸易有限公司
铁钉	普通	3.5 寸	箱(25 包/箱)	86.40	上海润旭贸易有限公司
铁钉	普通	3 寸	包(400g/包)	5.76	上海润旭贸易有限公司
铁钉	普通	3 寸	箱(25 包/箱)	86.40	上海润旭贸易有限公司
铁钉	普通	4 寸	包(400g/包)	5.76	上海润旭贸易有限公司
铁钉	普通	4 寸	箱(25 包/箱)	86.40	上海润旭贸易有限公司

4.6.5 钢钉

产品名称	品牌	规格型号	包装单位	参考价格(元)	供应商
水泥钉	普通	1.5 寸	盒(400g/盒)	8.00	上海润旭贸易有限公司
水泥钉	普通	1.5 寸	箱(20 盒/箱)	67.20	上海润旭贸易有限公司
水泥钉	普通	1 寸	盒(400g/盒)	8.00	上海润旭贸易有限公司
水泥钉	普通	1 寸	箱(20 盒/箱)	78.40	上海润旭贸易有限公司
水泥钉	普通	2.5 寸	盒(400g/盒)	8.00	上海润旭贸易有限公司

续表

产品名称	品牌	规格型号	包装单位	参考价格(元)	供应商
水泥钉	普通	2.5 寸	箱(20 盒/箱)	67.20	上海润旭贸易有限公司
水泥钉	普通	2 寸	盒(400g/盒)	8.00	上海润旭贸易有限公司
水泥钉	普通	2 寸	箱(20 盒/箱)	67.20	上海润旭贸易有限公司
水泥钉	普通	3.5 寸	盒(400g/盒)	8.00	上海润旭贸易有限公司
水泥钉	普通	3.5 寸	箱(20 盒/箱)	67.20	上海润旭贸易有限公司
水泥钉	普通	3 寸	盒(400g/盒)	8.00	上海润旭贸易有限公司
水泥钉	普通	3 寸	箱(20 盒/箱)	67.20	上海润旭贸易有限公司
水泥钉	普通	4 寸	盒(400g/盒)	8.00	上海润旭贸易有限公司
水泥钉	普通	4 寸	箱(20 盒/箱)	67.20	上海润旭贸易有限公司

4.6.6 螺栓螺母

产品名称	品牌	规格型号	包装单位	参考价格(元)	供应商
插座面板螺栓	普通	M4×50mm	盒(200 根/盒)	19.80	上海曦阳五金电器有限公司
螺母 镀锌	普通	10mm	包(100 个/包)	20.00	上海羿臣实业有限公司
螺母 镀锌	普通	12mm	包(100 个/包)	20.00	上海羿臣实业有限公司
螺母 镀锌	普通	8mm	包(100 个/包)	20.00	上海羿臣实业有限公司
内膨胀螺栓 镀锌	普通	10mm	包(50 个/包)	38.00	上海羿臣实业有限公司
内膨胀螺栓 镀锌	普通	12mm	包(50 个/包)	42.00	上海羿臣实业有限公司
内膨胀螺栓 镀锌	普通	8mm	包(50 个/包)	26.00	上海羿臣实业有限公司
塑料膨胀(不带螺栓)	普通	6mm	包(300 只/包)	7.80	上海曦阳五金电器有限公司
塑料膨胀(不带螺栓)	普通	8mm	包(200 只/包)	7.80	上海曦阳五金电器有限公司
外膨胀螺栓	普通	M10	包(50 个/包)	40.00	上海羿臣实业有限公司
外膨胀螺栓	普通	M12	包(50 个/包)	40.00	上海羿臣实业有限公司
外膨胀螺栓	普通	M14	包(50 个/包)	48.00	上海羿臣实业有限公司
外膨胀螺栓	普通	M8	包(50 个/包)	32.00	上海羿臣实业有限公司
自攻螺钉	普通	M3.5×15	盒(500 个/盒)	16.00	上海曦阳五金电器有限公司
自攻螺钉	普通	M3.5×25	盒(500 个/盒)	16.00	上海曦阳五金电器有限公司
自攻螺钉	普通	M3.5×35	盒(500 个/盒)	13.20	上海曦阳五金电器有限公司

4.6.7 其他

产品名称	品牌	规格型号	包装单位	参考价格(元)	供应商
K 钉	道康宁	标准	盒	16.20	道康宁(中国)投资有限公司

续表

产品名称	品牌	规格型号	包装单位	参考价格(元)	供应商
K 钉	道康宁	标准	盒	27.90	道康宁(中国)投资有限公司
码钉	道康宁	标准	盒(4000 支/盒)	6.06	道康宁(中国)投资有限公司
射钉	道康宁	标准	盒(100g/盒)	4.91	道康宁(中国)投资有限公司
6/12 蚊钉	莫干山	标准	盒(5040 发/盒)	11.30	浙江升华云峰新材股份有限公司
6/15 蚊钉	莫干山	标准	盒(5040 发/盒)	12.60	浙江升华云峰新材股份有限公司
码钉	莫干山	1010	盒(5000 发/盒)	13.00	浙江升华云峰新材股份有限公司
码钉	莫干山	1013	盒(5000 发/盒)	14.80	浙江升华云峰新材股份有限公司
K 钉	普通	K425	盒(2000 支/盒)	12.48	上海润旭贸易有限公司
K 钉	普通	K432	盒(2000 支/盒)	14.40	上海润旭贸易有限公司
K 钉	普通	K438	盒(2000 支/盒)	16.00	上海润旭贸易有限公司
拉铆钉	普通	M4×10	盒(1.05kg/盒)	28.80	上海润旭贸易有限公司
拉铆钉	普通	M4×13	盒(1.05kg/盒)	28.80	上海润旭贸易有限公司
拉铆钉	普通	M4×16	盒(1.05kg/盒)	28.80	上海润旭贸易有限公司
拉铆钉	普通	M4×20	盒(1.05kg/盒)	28.80	上海润旭贸易有限公司
拉铆钉	普通	M5×13	盒(1.05kg/盒)	28.80	上海润旭贸易有限公司
拉铆钉	普通	M5×16	盒(1.05kg/盒)	28.80	上海润旭贸易有限公司
拉铆钉	普通	M5×20	盒(1.05kg/盒)	28.80	上海润旭贸易有限公司
码钉	普通	J1010	盒(4000 支/盒)	9.60	上海润旭贸易有限公司
码钉	普通	J1013	盒(4000 支/盒)	10.88	上海润旭贸易有限公司
射钉	普通	27mm	盒(100 粒/盒)	4.48	上海润旭贸易有限公司
蚊钉	普通	12mm	盒(68×78 支/盒)	7.20	上海润旭贸易有限公司
蚊钉	普通	15mm	盒(68×78 支/盒)	8.64	上海润旭贸易有限公司
蚊钉	普通	18mm	盒(68×78 支/盒)	10.08	上海润旭贸易有限公司
蚊钉	普通	22mm	盒(68×78 支/盒)	11.52	上海润旭贸易有限公司

4.7　木工工具及耗材

4.7.1　木工工具

产品名称	品牌	规格型号	包装单位	参考价格(元)	供应商
V 型刀(木工铣刀)	普通	1/4×1/4	把	4.65	上海程申实业有限公司
V 型刀(木工铣刀)	普通	1/4×3/8	把	4.65	上海曦阳五金电器有限公司

续表

产品名称	品牌	规格型号	包装单位	参考价格（元）	供应商
V型刀（木工铣刀）	普通	1/4×5/16	把	4.65	上海程申实业有限公司
起钉器	普通	600	把	11.55	上海曦阳五金电器有限公司
起钉器	普通	900	把	16.50	上海曦阳五金电器有限公司
起钉器	普通	1050	把	18.00	上海曦阳五金电器有限公司
起钉器	普通	1200	把	23.25	上海曦阳五金电器有限公司
修边刀（木工铣刀）	普通	1/2×1/2	把	6.75	上海程申实业有限公司
修边刀（木工铣刀）	普通	1/2×1/4	把	6.75	上海程申实业有限公司
修边刀（木工铣刀）	普通	1/4×1/4	把	6.30	上海程申实业有限公司
修边刀（木工铣刀）	普通	1/4×3/8	把	6.30	上海程申实业有限公司
修边刀（木工铣刀）	普通	1/4×5/16	把	6.30	上海程申实业有限公司
圆底刀	普通	1/4×1/4	把	4.65	上海程申实业有限公司
圆底刀	普通	1/4×3/8	把	4.65	上海程申实业有限公司
圆底刀	普通	1/4×5/16	把	4.65	上海程申实业有限公司
斩斧	普通	标准	把	13.46	上海曦阳五金电器有限公司
斩斧柄	普通	标准	把	1.72	上海曦阳五金电器有限公司
直刀（开槽刀）	普通	1/2×1/2	把	4.95	上海程申实业有限公司
直刀（开槽刀）	普通	1/4×1/4	把	4.20	上海程申实业有限公司
直刀（开槽刀）	普通	1/4×1/8	把	4.20	上海程申实业有限公司
直刀（开槽刀）	普通	1/4×3/8	把	4.20	上海程申实业有限公司
直刀（开槽刀）	普通	1/4×5/16	把	4.20	上海程申实业有限公司
卷线墨斗	威力狮	15m线	个	25.80	广州市威力狮工具有限公司
卷线墨斗	威力狮	15m线（自动）	个	32.91	广州市威力狮工具有限公司
墨汁	威力狮	180mL	瓶（180mL/瓶）	8.94	广州市威力狮工具有限公司
三合一粉线盒	威力狮	30m墨线盒/弹线器/墨汁	个	18.43	广州市威力狮工具有限公司

4.7.2 木工耗材

产品名称	品牌	规格型号	包装单位	参考价格（元）	供应商
橱柜调整脚	普通	12cm，黑色	个	1.80	上海明大家具材料有限公司
铝合金L型条	普通	2cm×2cm	根（6m/根）	22.00	上海佳千建材有限公司
铝合金T型条	普通	2cm×1cm	根（2.5m/根）	10.80	上海佳千建材有限公司
铝合金T型条	普通	2.5cm×2.5cm	根（6m/根）	25.00	上海佳千建材有限公司

续表

产品名称	品牌	规格型号	包装单位	参考价格(元)	供应商
木工锯片	普通	10 寸	片	52.00	上海曦阳五金电器有限公司
木工锯片	普通	4 寸 30 齿	片	6.50	上海曦阳五金电器有限公司
木工锯片	普通	4 寸 40 齿	片	8.25	上海曦阳五金电器有限公司
木工锯片	普通	7 寸×60 齿	片	20.00	上海曦阳五金电器有限公司
木工锯片	普通	8 寸 60 齿	片	25.30	上海曦阳五金电器有限公司
木工锯片	普通	9 寸 60 齿	片	32.00	上海曦阳五金电器有限公司
木工锯片	普通	9 寸 80 齿	片	39.00	上海曦阳五金电器有限公司
木开孔器	普通	ϕ100	个	28.80	上海曦阳五金电器有限公司
木开孔器	普通	ϕ16	个	3.84	上海曦阳五金电器有限公司
木开孔器	普通	ϕ20	个	5.76	上海曦阳五金电器有限公司
木开孔器	普通	ϕ25	个	7.20	上海曦阳五金电器有限公司
木开孔器	普通	ϕ30	个	8.64	上海曦阳五金电器有限公司
木开孔器	普通	ϕ35	个	10.08	上海曦阳五金电器有限公司
木开孔器	普通	ϕ40	个	11.52	上海曦阳五金电器有限公司
木开孔器	普通	ϕ50	个	14.40	上海曦阳五金电器有限公司
木开孔器	普通	ϕ60	个	17.28	上海曦阳五金电器有限公司
木开孔器	普通	ϕ70	个	20.16	上海曦阳五金电器有限公司
木开孔器	普通	ϕ75	个	21.60	上海曦阳五金电器有限公司
木开孔器	普通	ϕ80	个	23.04	上海曦阳五金电器有限公司
施工线	普通	大卷	卷	8.00	上海曦阳五金电器有限公司
小墨汁	普通	300mL	瓶(300mL/瓶)	3.00	上海曦阳五金电器有限公司

第5章　油工辅材

5.1　乳胶漆

5.1.1　内墙漆

产品名称	品牌	规格型号	包装单位	参考价格（元）	供应商
功能外墙哑光乳胶漆（白色）	PPG大师	MEL-2500	桶（25kg/桶）	468.00	庞贝捷管理（上海）有限公司
朗净净味内墙蛋壳光乳胶漆（白色）	PPG大师	MA0-3200	桶（5L/桶）	699.00	庞贝捷管理（上海）有限公司
朗净净味内墙乳胶漆（粉白）	PPG大师	MIM-3110	桶（18L/桶）	605.00	庞贝捷管理（上海）有限公司
内墙哑光面漆（粉白基色）	PPG大师	45-110	桶（18.3L/桶）	1280.00	庞贝捷管理（上海）有限公司
内墙哑光面漆（粉白基色）	PPG大师	45-110	桶（3.66L/桶）	288.00	庞贝捷管理（上海）有限公司
强效防霉内墙乳胶漆	PPG大师	MIM-2110	桶（25kg/桶）	369.00	庞贝捷管理（上海）有限公司
清逸净味内墙底漆	PPG大师	50-1180	桶（3.78L/桶）	298.00	庞贝捷管理（上海）有限公司
清逸全效超低VOC内墙乳胶漆（粉白基色）	PPG大师	50-5110	桶（3.66L/桶）	318.00	庞贝捷管理（上海）有限公司
欣美内墙乳胶漆	PPG大师	ME11-1100	桶（18L/桶）	303.00	庞贝捷管理（上海）有限公司
新一代优清净味超低VOC内墙乳胶漆（白色）	PPG大师	ME44-3100	桶（5L/桶）	259.00	庞贝捷管理（上海）有限公司
怡美净味内墙底漆	PPG大师	MHO-3180	桶（5L/桶）	178.00	庞贝捷管理（上海）有限公司
怡美净味内墙乳胶漆	PPG大师	MHO-3110	桶（18L/桶）	406.00	庞贝捷管理（上海）有限公司

续表

产品名称	品牌	规格型号	包装单位	参考价格（元）	供应商
怡美净味内墙乳胶漆	PPG大师	MHO-3110	桶（5L/桶）	188.00	庞贝捷管理（上海）有限公司
优质哑光内墙漆	白银	标准	桶（20kg/桶）	380.00	湖南省白银新材料有限公司
B型基漆	都芳	B型基漆	桶（1L/桶）	158.00	梅菲特（北京）涂料有限公司
B型基漆	都芳	B型基漆	桶（5L/桶）	476.00	梅菲特（北京）涂料有限公司
C型基漆	都芳	C型基漆	桶（1L/桶）	191.00	梅菲特（北京）涂料有限公司
C型基漆	都芳	C型基漆	桶（5L/桶）	511.00	梅菲特（北京）涂料有限公司
铂家	都芳	铂家	桶（5L/桶）	580.00	梅菲特（北京）涂料有限公司
厨卫防水底漆	都芳	原装进口	桶（2.5L/桶）	435.00	梅菲特（北京）涂料有限公司
底漆	都芳	标准	桶（5L/桶）	320.00	梅菲特（北京）涂料有限公司
都芳美家	都芳	都芳美家	桶（18L/桶）	476.00	梅菲特（北京）涂料有限公司
都芳美家	都芳	都芳美家	桶（5L/桶）	195.00	梅菲特（北京）涂料有限公司
多功能抗碱底漆	都芳	多功能抗碱底漆	桶（18L/桶）	826.00	梅菲特（北京）涂料有限公司
多功能抗碱底漆	都芳	多功能抗碱底漆	桶（5L/桶）	225.00	梅菲特（北京）涂料有限公司
二代六合一	都芳	D型基漆	桶（1L/桶）	191.00	梅菲特（北京）涂料有限公司
二代六合一	都芳	D型基漆	桶（5L/桶）	614.00	梅菲特（北京）涂料有限公司
二代六合一	都芳	TR型基漆	桶（1L/桶）	215.00	梅菲特（北京）涂料有限公司
二代六合一	都芳	TR型基漆	桶（5L/桶）	671.00	梅菲特（北京）涂料有限公司
二代六合一	都芳	二代六合一	桶（1L/桶）	156.00	梅菲特（北京）涂料有限公司
二代六合一	都芳	二代六合一	桶（5L/桶）	514.80	梅菲特（北京）涂料有限公司
二代五合一（可做厨卫防水面漆）	都芳	二代五合一（可做厨卫防水面漆）	桶（5L/桶）	406.00	梅菲特（北京）涂料有限公司
金六合一	都芳	原装进口	桶（5L/桶）	586.00	梅菲特（北京）涂料有限公司
金装抗菌	都芳	金装抗菌	桶（1L/桶）	130.00	梅菲特（北京）涂料有限公司
金装全效防水底漆	都芳	金装全效防水底漆	桶（5L/桶）	225.23	梅菲特（北京）涂料有限公司
金装全效防水面漆	都芳	金装全效防水面漆	桶（5L/桶）	390.39	梅菲特（北京）涂料有限公司
净界	都芳	净界	桶（5L/桶）	596.00	梅菲特（北京）涂料有限公司
内墙漆	都芳	第二代抗菌环保D200	桶（18L/桶）	502.32	梅菲特（北京）涂料有限公司
内墙漆	都芳	生态墙面漆	桶（5L/桶）	520.00	梅菲特（北京）涂料有限公司
通用型多功能抗碱底漆	都芳	原装进口	桶（5L/桶）	366.00	梅菲特（北京）涂料有限公司
钻石	都芳	钻石	桶（5L/桶）	980.00	梅菲特（北京）涂料有限公司

续表

产品名称	品牌	规格型号	包装单位	参考价格（元）	供应商
超易洗	多乐士	A986	桶（20L/桶）	522.00	阿克苏诺贝尔（中国）投资有限公司
超易洗	多乐士	A986	桶（5L/桶）	138.00	阿克苏诺贝尔（中国）投资有限公司
超易洗无添加（调色基料）	多乐士	A663 R2	桶（5L/桶）	220.00	阿克苏诺贝尔（中国）投资有限公司
超易洗无添加（调色基料）	多乐士	A663 R4	桶（5L/桶）	200.00	阿克苏诺贝尔（中国）投资有限公司
二代五合一净味	多乐士	A890	桶（18L/桶）	648.00	阿克苏诺贝尔（中国）投资有限公司
二代五合一净味	多乐士	A890	桶（5L/桶）	166.00	阿克苏诺贝尔（中国）投资有限公司
二代五合一无添加	多乐士	A611	桶（15L/桶）	572.00	阿克苏诺贝尔（中国）投资有限公司
二代五合一无添加	多乐士	A611	桶（5L/桶）	208.00	阿克苏诺贝尔（中国）投资有限公司
家丽安	多乐士	A990	桶（18L/桶）	246.00	阿克苏诺贝尔（中国）投资有限公司
家丽安	多乐士	A990	桶（5L/桶）	107.80	阿克苏诺贝尔（中国）投资有限公司
家丽安底漆	多乐士	A914	桶（18L/桶）	276.00	阿克苏诺贝尔（中国）投资有限公司
家丽安底漆	多乐士	A914	桶（5L/桶）	102.00	阿克苏诺贝尔（中国）投资有限公司
家丽安净味	多乐士	A991	桶（18L/桶）	324.50	阿克苏诺贝尔（中国）投资有限公司
家丽安净味	多乐士	A991	桶（5L/桶）	128.00	阿克苏诺贝尔（中国）投资有限公司
家丽安无添加	多乐士	A846	桶（18L/桶）	550.00	阿克苏诺贝尔（中国）投资有限公司
洁易白	多乐士	A926	桶（20kg/桶）	138.00	阿克苏诺贝尔（中国）投资有限公司
金装五合一净味超低 VOC	多乐士	A997	桶（18L/桶）	750.00	阿克苏诺贝尔（中国）投资有限公司
金装五合一净味超低 VOC	多乐士	A997	桶（5L/桶）	210.00	阿克苏诺贝尔（中国）投资有限公司
净味超哑光五合一	多乐士	A873	桶（18L/桶）	589.00	阿克苏诺贝尔（中国）投资有限公司
净味超哑光五合一	多乐士	A873	桶（5L/桶）	208.00	阿克苏诺贝尔（中国）投资有限公司
美时丽亮白	多乐士	A8800	桶（18L/桶）	156.98	阿克苏诺贝尔（中国）投资有限公司
清新居五合一	多乐士	A895	桶（5L/桶）	280.00	阿克苏诺贝尔（中国）投资有限公司
全效无添加底漆	多乐士	A931	桶（5L/桶）	188.00	阿克苏诺贝尔（中国）投资有限公司
全效竹炭森呼吸无添加儿童漆	多乐士	A8106	桶（5L/桶）	678.00	阿克苏诺贝尔（中国）投资有限公司
通用无添加底漆	多乐士	A914	桶（18L/桶）	440.40	阿克苏诺贝尔（中国）投资有限公司
通用无添加底漆	多乐士	A914	桶（5L/桶）	138.00	阿克苏诺贝尔（中国）投资有限公司
五合一无添加底漆	多乐士	A931	桶（5L/桶）	180.00	阿克苏诺贝尔（中国）投资有限公司

续表

产品名称	品牌	规格型号	包装单位	参考价格（元）	供应商
竹炭超哑光净味五合一	多乐士	A8116	桶(18L/桶)	628.00	阿克苏诺贝尔(中国)投资有限公司
竹炭超哑光净味五合一	多乐士	A8116	桶(5L/桶)	208.00	阿克苏诺贝尔(中国)投资有限公司
竹炭金装无添加五合一	多乐士	A8104	桶(5L/桶)	308.00	阿克苏诺贝尔(中国)投资有限公司
竹炭全效无添加儿童漆	多乐士	A655	桶(5L/桶)	836.00	阿克苏诺贝尔(中国)投资有限公司
竹炭森呼吸全效无添加	多乐士	A699	桶(5L/桶)	621.50	阿克苏诺贝尔(中国)投资有限公司
竹炭森呼吸五合一无添加	多乐士	A698	桶(5L/桶)	457.00	阿克苏诺贝尔(中国)投资有限公司
专业1000墙面漆	多乐士	A971	桶(20L/桶)	182.40	阿克苏诺贝尔(中国)投资有限公司
3G全能内墙面漆	芬琳	3G全能内墙面漆	桶(10L/桶)	1146.60	迪古里拉(中国)涂料有限公司
3G全能内墙面漆	芬琳	3G全能内墙面漆	桶(1L/桶)	180.18	迪古里拉(中国)涂料有限公司
3G全能内墙面漆	芬琳	3G全能内墙面漆	桶(3L/桶)	395.85	迪古里拉(中国)涂料有限公司
3G水性环保防水底漆	芬琳	3G水性环保防水底漆	桶(3L/桶)	1031.94	迪古里拉(中国)涂料有限公司
3G通用底漆	芬琳	3G通用底漆	桶(10L/桶)	1023.75	迪古里拉(中国)涂料有限公司
3G通用底漆	芬琳	3G通用底漆	桶(3L/桶)	395.85	迪古里拉(中国)涂料有限公司
北极光金漆	芬琳	北极光金漆	桶(1L/桶)	352.17	迪古里拉(中国)涂料有限公司
北极光银漆	芬琳	北极光银漆	桶(1L/桶)	325.96	迪古里拉(中国)涂料有限公司
超级生态内墙漆	芬琳	超级生态内墙漆	桶(3L/桶)	737.10	迪古里拉(中国)涂料有限公司
纯白内墙漆	芬琳	纯白内墙漆	桶(3L/桶)	350.53	迪古里拉(中国)涂料有限公司
皇冠约克超级内墙漆	芬琳	皇冠约克超级内墙漆	桶(3L/桶)	1023.75	迪古里拉(中国)涂料有限公司
诺娃7度环保内墙漆	芬琳	诺娃7度环保内墙漆	桶(10L/桶)	1064.70	迪古里拉(中国)涂料有限公司
诺娃7度环保内墙漆	芬琳	诺娃7度环保内墙漆	桶(3L/桶)	382.20	迪古里拉(中国)涂料有限公司
诺娃环保内墙底漆	芬琳	诺娃环保内墙底漆	桶(9L/桶)	1010.10	迪古里拉(中国)涂料有限公司
童话儿童漆	芬琳	童话儿童漆	桶(3L/桶)	647.01	迪古里拉(中国)涂料有限公司
威玛超级环保底漆	芬琳	威玛超级环保底漆	桶(3L/桶)	655.20	迪古里拉(中国)涂料有限公司
纯环保全致能金装全效内墙漆	华润	标准	桶(15L/桶)	2022.00	广东华润涂料有限公司
纯环保全致能金装全效内墙漆	华润	标准	桶(5L/桶)	1034.00	广东华润涂料有限公司

续表

产品名称	品牌	规格型号	包装单位	参考价格（元）	供应商
纯环保竹炭全效内墙漆	华润	标准	桶(5L/桶)	919.00	广东华润涂料有限公司
纯净 A+纯环保水性封闭底漆	华润	标准	桶(1kg/桶)	182.00	广东华润涂料有限公司
纯净味水性木器漆	华润	白色底漆	桶(2.5L/桶)	505.00	广东华润涂料有限公司
纯净味水性木器漆	华润	半光白面+白色底漆	桶(5L/桶)	1021.00	广东华润涂料有限公司
纯净味水性木器漆	华润	半光白面漆	桶(2.5L/桶)	528.00	广东华润涂料有限公司
纯净味水性木器漆	华润	半光清面+透明底漆	桶(5L/桶)	1021.00	广东华润涂料有限公司
纯净味水性木器漆	华润	半光清面漆	桶(2.5L/桶)	528.00	广东华润涂料有限公司
纯净味水性木器漆	华润	透明底漆	桶(2.5L/桶)	505.00	广东华润涂料有限公司
纯净味五合一内墙漆	华润	标准	桶(15L/桶)	1034.00	广东华润涂料有限公司
纯境 A+纯环保五合一内墙乳胶漆	华润	标准	桶(5L/桶)	377.00	广东华润涂料有限公司
纯境 A+耐擦洗环保五合一内墙乳胶漆	华润	标准	桶(5L/桶)	481.00	广东华润涂料有限公司
纯境 A+内墙漆乳胶漆	华润	标准	桶(5L/桶)	918.00	广东华润涂料有限公司
经典纯境 A+竹炭环保全效内墙漆	华润	标准	桶(5L/桶)	757.00	广东华润涂料有限公司
净味 7 效多功能内墙漆	华润	标准	桶(15L/桶)	988.00	广东华润涂料有限公司
净味 7 效多功能内墙漆	华润	标准	桶(5L/桶)	505.00	广东华润涂料有限公司
净味 7 效多功能内墙乳胶漆	华润	标准	桶(18L/桶)	919.00	广东华润涂料有限公司
净味高遮盖内墙漆	华润	标准	桶(18L/桶)	803.00	广东华润涂料有限公司
净味高遮盖内墙漆	华润	标准	桶(5L/桶)	309.00	广东华润涂料有限公司
净味惠涂易高级内墙漆	华润	标准	桶(18L/桶)	459.00	广东华润涂料有限公司
抗醛净味全效内墙漆超值促销套	华润	标准	桶(15L/桶)	1149.00	广东华润涂料有限公司
喷涂专用全效底漆 VD10	华润	标准	桶(5L/桶)	263.00	广东华润涂料有限公司
竹炭 A+纯环保抗甲醛全效内墙漆	华润	标准	桶(5L/桶)	1033.00	广东华润涂料有限公司

续表

产品名称	品牌	规格型号	包装单位	参考价格（元）	供应商
德国城堡清新墙面漆	可耐美	常规	桶(5L/桶)	1680.00	北京可耐美国际贸易有限公司
德国净味墙面漆	可耐美	常规	桶(15kg/桶)	980.00	北京可耐美国际贸易有限公司
德国可丽涂乳胶漆	可耐美	常规	桶(25kg/桶)	1030.00	北京可耐美国际贸易有限公司
德国耐力涂乳胶漆	可耐美	常规	桶(25kg/桶)	1380.00	北京可耐美国际贸易有限公司
德国耐丽涂乳胶漆	可耐美	常规	桶(15kg/桶)	858.00	北京可耐美国际贸易有限公司
德国内墙抗碱底漆	可耐美	常规	桶(15kg/桶)	898.00	北京可耐美国际贸易有限公司
德国庄园 73 净味底漆	可耐美	常规	桶(5L/桶)	998.00	北京可耐美国际贸易有限公司
德国庄园 73 欧盟环保墙面漆	可耐美	常规	桶(5L/桶)	1080.00	北京可耐美国际贸易有限公司
净味 120 二合一	立邦	净味 120 二合一	桶(18L/桶)	408.00	立邦涂料(中国)有限公司
内墙漆	立邦	金装净味五合一 V2	桶(18L/桶)	702.00	立邦涂料(中国)有限公司
内墙漆	立邦	金装净味五合一 V2	桶(5L/桶)	214.50	立邦涂料(中国)有限公司
内墙漆	立邦	净味 120 二合一	桶(5L/桶)	137.80	立邦涂料(中国)有限公司
内墙漆	立邦	净味 120 五合一	桶(5L/桶)	252.00	立邦涂料(中国)有限公司
内墙漆	立邦	净味 120 二合一无添加	桶(18L/桶)	420.00	立邦涂料(中国)有限公司
内墙漆	立邦	净味 120 防潮	桶(15L/桶)	458.90	立邦涂料(中国)有限公司
内墙漆	立邦	净味 120 防潮	桶(5L/桶)	182.00	立邦涂料(中国)有限公司
内墙漆	立邦	净味 120 三合一	桶(15L/桶)	569.40	立邦涂料(中国)有限公司
内墙漆	立邦	净味 120 三合一	桶(5L/桶)	204.00	立邦涂料(中国)有限公司
内墙漆	立邦	净味 120 五合一	桶(15L/桶)	796.90	立邦涂料(中国)有限公司
内墙漆	立邦	抗甲醛净味五合一	桶(5L/桶)	344.50	立邦涂料(中国)有限公司
内墙漆	立邦	墙面卫士净味全能底漆	桶(5L/桶)	162.50	立邦涂料(中国)有限公司
内墙漆	立邦	时时丽工程漆	桶(18L/桶)	162.80	立邦涂料(中国)有限公司
墙面卫士全能抗碱底漆	立邦	墙面卫士全能抗碱底漆	桶(18L/桶)	275.00	立邦涂料(中国)有限公司
新时时丽	立邦	新时时丽	桶(17L/桶)	122.00	立邦涂料(中国)有限公司
1+1 非常墙面漆（负离子）	米奇	MW-9008	桶(6.8kg/桶)	760.00	鹤山市米奇涂料有限公司

续表

产品名称	品牌	规格型号	包装单位	参考价格(元)	供应商
不黄变白底漆	米奇	WP-726E	桶(5kg/桶)	449.00	鹤山市米奇涂料有限公司
不黄变半哑白面漆	米奇	WP-726C	桶(5kg/桶)	480.00	鹤山市米奇涂料有限公司
超白内墙墙面漆	米奇	MW-8000	桶(20kg/桶)	350.00	鹤山市米奇涂料有限公司
儿童漆雅家系列	米奇	MW-666	桶(20kg/桶)	876.00	鹤山市米奇涂料有限公司
儿童全能净味底漆	米奇	MW-600	桶(6.8kg/桶)	495.00	鹤山市米奇涂料有限公司
防裂耐洗宝	米奇	MW-988B	桶(5kg/桶)	660.00	鹤山市米奇涂料有限公司
福美佳内墙墙面漆	米奇	MW-168	桶(20kg/桶)	320.00	鹤山市米奇涂料有限公司
海藻泥净味墙面漆	米奇	MW-366	桶(20kg/桶)	808.00	鹤山市米奇涂料有限公司
惠美家白底漆	米奇	WP-0177E	桶(5kg/桶)	360.00	鹤山市米奇涂料有限公司
惠美家半哑白面漆	米奇	WP-0177C	桶(5kg/桶)	398.00	鹤山市米奇涂料有限公司
惠美家透明底漆	米奇	WP-0077E	桶(5kg/桶)	332.00	鹤山市米奇涂料有限公司
净味100墙面漆	米奇	MW-3100	桶(20kg/桶)	655.00	鹤山市米奇涂料有限公司
乐而居抗藻哑光墙面漆	米奇	MW-3008	桶(6kg/桶)	233.00	鹤山市米奇涂料有限公司
丽家清味清面漆	米奇	WP-601C	桶(5kg/桶)	578.00	鹤山市米奇涂料有限公司
丽家透明底漆	米奇	WP-601E	桶(5kg/桶)	521.00	鹤山市米奇涂料有限公司
五合一靓而居乳胶漆(哑光)	米奇	MW-6008B	桶(6.8kg/桶)	516.00	鹤山市米奇涂料有限公司
竹炭墙面漆	米奇	MW-4008	桶(6kg/桶)	236.00	鹤山市米奇涂料有限公司
专业儿童漆黄金版	米奇	MW-668	桶(5kg/桶)	499.00	鹤山市米奇涂料有限公司
内墙面漆	三棵树	儿童漆抗污净味墙面漆	桶(5L/桶)	552.00	三棵树涂料股份有限公司
内墙面漆	三棵树	净味防霉墙面漆	桶(7kg/桶)	226.00	三棵树涂料股份有限公司
内墙面漆	三棵树	净味高效抗碱内墙底漆	桶(7kg/桶)	228.00	三棵树涂料股份有限公司
内墙面漆	三棵树	净味竹炭五合一墙面漆	桶(7kg/桶)	341.00	三棵树涂料股份有限公司
内墙面漆	三棵树	鲜呼吸净味墙面漆	桶(7kg/桶)	467.00	三棵树涂料股份有限公司
内墙面漆	三棵树	鲜呼吸净味套装	桶(21kg/桶)	1258.00	三棵树涂料股份有限公司
内墙漆	三兄弟	多彩真石漆	桶(25kg/桶)	182.00	智德伟业涂料(北京)有限公司
内墙漆	三兄弟	佳洁仕乳胶漆	桶(20kg/桶)	260.00	智德伟业涂料(北京)有限公司
内墙漆	三兄弟	净味全效环内墙乳胶漆	桶(20kg/桶)	374.00	智德伟业涂料(北京)有限公司

续表

产品名称	品牌	规格型号	包装单位	参考价格（元）	供应商
内墙漆	三兄弟	牡丹乳胶漆	桶(25kg/桶)	260.00	智德伟业涂料(北京)有限公司
内墙漆	三兄弟	清新氧吧内墙漆	桶(20kg/桶)	218.00	智德伟业涂料(北京)有限公司

5.1.2　外墙漆

产品名称	品牌	规格型号	包装单位	参考价格（元）	供应商
固美居高级外墙乳胶漆	PPG 大师	ME36-1500（白色）	桶(5L/桶)	314.00	庞贝捷管理(上海)有限公司
内外墙扛碱底漆	PPG 大师	49-6003	桶(3.66L/桶)	398.00	庞贝捷管理(上海)有限公司
2000 镜面王	白银	标准	袋(20kg/袋)	50.00	湖南省白银新材料有限公司
904 刮墙漆	白银	标准	桶(20kg/桶)	200.00	湖南省白银新材料有限公司
BY14 型有机硅无色保护漆	白银	标准	桶(20kg/桶)	1200.00	湖南省白银新材料有限公司
BY1-IV 型弹性防水胶王漆	白银	标准	桶(20kg/桶)	550.00	湖南省白银新材料有限公司
BY1-V 型弹性防水胶王漆	白银	标准	桶(20kg/桶)	280.00	湖南省白银新材料有限公司
BY1 型聚合物水泥砂浆乳液	白银	标准	桶(20kg/桶)	300.00	湖南省白银新材料有限公司
白银全能抗碱底漆	白银	标准	桶(20kg/桶)	500.00	湖南省白银新材料有限公司
豪华哑光型墙漆王	白银	标准	桶(6kg/桶)	280.00	湖南省白银新材料有限公司
旧墙专用杀菌封固底漆	白银	标准	桶(20kg/桶)	200.00	湖南省白银新材料有限公司
情侣墙漆(金、银色)	白银	标准	桶(23kg/桶)	450.00	湖南省白银新材料有限公司
情侣墙漆(普色)	白银	标准	桶(23kg/桶)	560.00	湖南省白银新材料有限公司
十合一型超豪华墙漆王	白银	标准	桶(6kg/桶)	480.00	湖南省白银新材料有限公司
涂料王 904	白银	标准	袋(20kg/袋)	40.00	湖南省白银新材料有限公司
优质外墙漆	白银	标准	桶(20kg/桶)	480.00	湖南省白银新材料有限公司
蓝卫士	都芳	蓝卫士	桶(5L/桶)	450.45	梅菲特(北京)涂料有限公司
蓝卫士底漆	都芳	蓝卫士底漆	桶(5L/桶)	390.39	梅菲特(北京)涂料有限公司
保丽居弹性外墙底漆	多乐士	A931	桶(5L/桶)	180.00	阿克苏诺贝尔(中国)投资有限公司
保丽居弹性外墙面漆	多乐士	A601	桶(5L/桶)	208.00	阿克苏诺贝尔(中国)投资有限公司

续表

产品名称	品牌	规格型号	包装单位	参考价格（元）	供应商
保丽居耐候外墙面漆	多乐士	A602	桶(15L/桶)	409.00	阿克苏诺贝尔(中国)投资有限公司
保丽居外墙底漆（耐候专用）	多乐士	A931	桶(15L/桶)	328.00	阿克苏诺贝尔(中国)投资有限公司
晴雨漆耐候弹性外墙面漆	多乐士	A605	桶(5L/桶)	405.00	阿克苏诺贝尔(中国)投资有限公司
通用弹性外墙面漆	多乐士	A822	桶(15L/桶)	604.70	阿克苏诺贝尔(中国)投资有限公司
通用外墙底漆	多乐士	A914	桶(15L/桶)	333.06	阿克苏诺贝尔(中国)投资有限公司
通用外墙面漆	多乐士	A821	桶(15L/桶)	354.90	阿克苏诺贝尔(中国)投资有限公司
耐久外墙漆	立邦	美得丽	桶(22kg/桶)	474.50	立邦涂料(中国)有限公司
耐久外墙漆	立邦	美得丽	桶(5L/桶)	192.40	立邦涂料(中国)有限公司
外墙漆	立邦	707 耐候	桶(20kg/桶)	354.90	立邦涂料(中国)有限公司
外墙漆	立邦	美得丽	桶(17L/桶)	238.00	立邦涂料(中国)有限公司
外墙漆	立邦	美得丽	桶(5L/桶)	96.00	立邦涂料(中国)有限公司
外墙漆	立邦	专业外墙通用底漆	桶(20kg/桶)	317.00	立邦涂料(中国)有限公司
多功能外墙漆	亮倩	多功能外墙漆	桶(20kg/桶)	130.00	上海亮倩环保涂料有限公司
真石漆/石感漆	亮倩	亮鑫白	桶(25kg/桶)	120.00	上海亮倩环保涂料有限公司
外墙漆	三兄弟	超耐候	桶(25kg/桶)	455.00	智德伟业涂料(北京)有限公司

5.1.3 调色

产品名称	品牌	规格型号	包装单位	参考价格（元）	供应商
都芳调色	都芳	1-0302P(18L)	桶	10.00	梅菲特(北京)涂料有限公司
都芳调色	都芳	1-0302P(5L)	桶	10.00	梅菲特(北京)涂料有限公司
都芳调色	都芳	1-0706P(18L)	桶	10.00	梅菲特(北京)涂料有限公司
都芳调色	都芳	1-0706P(5L)	桶	10.00	梅菲特(北京)涂料有限公司
都芳调色	都芳	1-1006P(18L)	桶	10.00	梅菲特(北京)涂料有限公司
都芳调色	都芳	1-1006P(5L)	桶	10.00	梅菲特(北京)涂料有限公司
都芳调色	都芳	1-1007P(18L)	桶	10.00	梅菲特(北京)涂料有限公司
都芳调色	都芳	1-1007P(5L)	桶	10.00	梅菲特(北京)涂料有限公司

续表

产品名称	品牌	规格型号	包装单位	参考价格（元）	供应商
都芳调色	都芳	1-1606P(18L)	桶	10.00	梅菲特(北京)涂料有限公司
都芳调色	都芳	1-1606P(5L)	桶	10.00	梅菲特(北京)涂料有限公司
都芳调色	都芳	1-1607P(18L)	桶	10.00	梅菲特(北京)涂料有限公司
都芳调色	都芳	1-1607P(5L)	桶	10.00	梅菲特(北京)涂料有限公司
都芳调色	都芳	1-1906P(18L)	桶	10.00	梅菲特(北京)涂料有限公司
都芳调色	都芳	1-1906P(5L)	桶	10.00	梅菲特(北京)涂料有限公司
都芳调色	都芳	1-1907P(18L)	桶	10.00	梅菲特(北京)涂料有限公司
都芳调色	都芳	1-1907P(5L)	桶	10.00	梅菲特(北京)涂料有限公司
都芳调色	都芳	1-2201P(18L)	桶	10.00	梅菲特(北京)涂料有限公司
都芳调色	都芳	1-2201P(5L)	桶	10.00	梅菲特(北京)涂料有限公司
都芳调色	都芳	1-2202P(18L)	桶	10.00	梅菲特(北京)涂料有限公司
都芳调色	都芳	1-2202P(5L)	桶	10.00	梅菲特(北京)涂料有限公司
都芳调色	都芳	1-2401P(18L)	桶	10.00	梅菲特(北京)涂料有限公司
都芳调色	都芳	1-2401P(5L)	桶	10.00	梅菲特(北京)涂料有限公司
都芳调色	都芳	1-2402P(18L)	桶	10.00	梅菲特(北京)涂料有限公司
都芳调色	都芳	1-2402P(5L)	桶	10.00	梅菲特(北京)涂料有限公司
都芳调色	都芳	1-4001P(18L)	桶	10.00	梅菲特(北京)涂料有限公司
都芳调色	都芳	1-4001P(5L)	桶	10.00	梅菲特(北京)涂料有限公司
都芳调色	都芳	1-4002P(18L)	桶	10.00	梅菲特(北京)涂料有限公司
都芳调色	都芳	1-4002P(5L)	桶	10.00	梅菲特(北京)涂料有限公司
都芳调色	都芳	2-0101P(18L)	桶	10.00	梅菲特(北京)涂料有限公司
都芳调色	都芳	2-0101P(5L)	桶	10.00	梅菲特(北京)涂料有限公司
都芳调色	都芳	2-0102P(18L)	桶	10.00	梅菲特(北京)涂料有限公司
都芳调色	都芳	2-0102P(5L)	桶	10.00	梅菲特(北京)涂料有限公司
都芳调色	都芳	2-0401P(18L)	桶	10.00	梅菲特(北京)涂料有限公司
都芳调色	都芳	2-0401P(5L)	桶	10.00	梅菲特(北京)涂料有限公司
都芳调色	都芳	2-0402P(18L)	桶	10.00	梅菲特(北京)涂料有限公司
都芳调色	都芳	2-0402P(5L)	桶	10.00	梅菲特(北京)涂料有限公司
都芳调色	都芳	2-0601P(18L)	桶	10.00	梅菲特(北京)涂料有限公司
都芳调色	都芳	2-0601P(5L)	桶	10.00	梅菲特(北京)涂料有限公司
都芳调色	都芳	2-0602P(18L)	桶	10.00	梅菲特(北京)涂料有限公司
都芳调色	都芳	2-0602P(5L)	桶	10.00	梅菲特(北京)涂料有限公司

续表

产品名称	品牌	规格型号	包装单位	参考价格（元）	供应商
都芳调色	都芳	2-0801P(18L)	桶	10.00	梅菲特(北京)涂料有限公司
都芳调色	都芳	2-0801P(5L)	桶	10.00	梅菲特(北京)涂料有限公司
都芳调色	都芳	2-0901P(18L)	桶	10.00	梅菲特(北京)涂料有限公司
都芳调色	都芳	2-0901P(5L)	桶	10.00	梅菲特(北京)涂料有限公司
都芳调色	都芳	2-0902P(18L)	桶	10.00	梅菲特(北京)涂料有限公司
都芳调色	都芳	2-0902P(5L)	桶	10.00	梅菲特(北京)涂料有限公司
都芳调色	都芳	2-1001P(18L)	桶	10.00	梅菲特(北京)涂料有限公司
都芳调色	都芳	2-1001P(5L)	桶	10.00	梅菲特(北京)涂料有限公司
都芳调色	都芳	2-1002P(18L)	桶	10.00	梅菲特(北京)涂料有限公司
都芳调色	都芳	2-1002P(5L)	桶	10.00	梅菲特(北京)涂料有限公司
都芳调色	都芳	2-1201P(18L)	桶	10.00	梅菲特(北京)涂料有限公司
都芳调色	都芳	2-1201P(5L)	桶	10.00	梅菲特(北京)涂料有限公司
都芳调色	都芳	2-1202P(18L)	桶	10.00	梅菲特(北京)涂料有限公司
都芳调色	都芳	2-1202P(5L)	桶	10.00	梅菲特(北京)涂料有限公司
都芳调色	都芳	2-1301P(18L)	桶	10.00	梅菲特(北京)涂料有限公司
都芳调色	都芳	2-1301P(5L)	桶	10.00	梅菲特(北京)涂料有限公司
都芳调色	都芳	2-1302P(18L)	桶	10.00	梅菲特(北京)涂料有限公司
都芳调色	都芳	2-1302P(5L)	桶	10.00	梅菲特(北京)涂料有限公司
都芳调色	都芳	2-1401P(18L)	桶	10.00	梅菲特(北京)涂料有限公司
都芳调色	都芳	2-1401P(5L)	桶	10.00	梅菲特(北京)涂料有限公司
都芳调色	都芳	2-1606P(18L)	桶	10.00	梅菲特(北京)涂料有限公司
都芳调色	都芳	2-1606P(5L)	桶	10.00	梅菲特(北京)涂料有限公司
都芳调色	都芳	2-1701P(18L)	桶	10.00	梅菲特(北京)涂料有限公司
都芳调色	都芳	2-1701P(5L)	桶	10.00	梅菲特(北京)涂料有限公司
都芳调色	都芳	2-3106P(18L)	桶	10.00	梅菲特(北京)涂料有限公司
都芳调色	都芳	2-3106P(5L)	桶	10.00	梅菲特(北京)涂料有限公司
都芳调色	都芳	2-3201P(18L)	桶	10.00	梅菲特(北京)涂料有限公司
都芳调色	都芳	2-3201P(5L)	桶	10.00	梅菲特(北京)涂料有限公司
都芳调色	都芳	2-3202P(18L)	桶	10.00	梅菲特(北京)涂料有限公司
都芳调色	都芳	2-3202P(5L)	桶	10.00	梅菲特(北京)涂料有限公司
都芳调色	都芳	2-3401P(18L)	桶	10.00	梅菲特(北京)涂料有限公司
都芳调色	都芳	2-3401P(5L)	桶	10.00	梅菲特(北京)涂料有限公司

续表

产品名称	品牌	规格型号	包装单位	参考价格（元）	供应商
都芳调色	都芳	2-3402P(18L)	桶	10.00	梅菲特(北京)涂料有限公司
都芳调色	都芳	2-3402P(5L)	桶	10.00	梅菲特(北京)涂料有限公司
都芳调色	都芳	2-3403T(18L)	桶	66.00	梅菲特(北京)涂料有限公司
都芳调色	都芳	2-3403T(5L)	桶	22.00	梅菲特(北京)涂料有限公司
都芳调色	都芳	2-3501P(18L)	桶	10.00	梅菲特(北京)涂料有限公司
都芳调色	都芳	2-3501P(5L)	桶	10.00	梅菲特(北京)涂料有限公司
都芳调色	都芳	2-3502P(18L)	桶	10.00	梅菲特(北京)涂料有限公司
都芳调色	都芳	2-3502P(5L)	桶	10.00	梅菲特(北京)涂料有限公司
都芳调色	都芳	2-3601P(18L)	桶	10.00	梅菲特(北京)涂料有限公司
都芳调色	都芳	2-3601P(5L)	桶	10.00	梅菲特(北京)涂料有限公司
都芳调色	都芳	2-3602P(18L)	桶	10.00	梅菲特(北京)涂料有限公司
都芳调色	都芳	2-3602P(5L)	桶	10.00	梅菲特(北京)涂料有限公司
都芳调色	都芳	2-3701P(18L)	桶	10.00	梅菲特(北京)涂料有限公司
都芳调色	都芳	2-3701P(5L)	桶	10.00	梅菲特(北京)涂料有限公司
都芳调色	都芳	2-3702P(18L)	桶	10.00	梅菲特(北京)涂料有限公司
都芳调色	都芳	2-3702P(5L)	桶	10.00	梅菲特(北京)涂料有限公司
都芳调色	都芳	2-3901P(18L)	桶	10.00	梅菲特(北京)涂料有限公司
都芳调色	都芳	2-3901P(5L)	桶	10.00	梅菲特(北京)涂料有限公司
都芳调色	都芳	2-3902P(18L)	桶	10.00	梅菲特(北京)涂料有限公司
都芳调色	都芳	2-3902P(5L)	桶	10.00	梅菲特(北京)涂料有限公司
都芳调色	都芳	2-4001P(18L)	桶	10.00	梅菲特(北京)涂料有限公司
都芳调色	都芳	2-4001P(5L)	桶	10.00	梅菲特(北京)涂料有限公司
都芳调色	都芳	3-1206P(18L)	桶	10.00	梅菲特(北京)涂料有限公司
都芳调色	都芳	3-1206P(5L)	桶	10.00	梅菲特(北京)涂料有限公司
都芳调色	都芳	3-1207P(18L)	桶	10.00	梅菲特(北京)涂料有限公司
都芳调色	都芳	3-1207P(5L)	桶	10.00	梅菲特(北京)涂料有限公司
都芳调色	都芳	3-1406P(18L)	桶	10.00	梅菲特(北京)涂料有限公司
都芳调色	都芳	3-1406P(5L)	桶	10.00	梅菲特(北京)涂料有限公司
都芳调色	都芳	3-1407P(18L)	桶	10.00	梅菲特(北京)涂料有限公司
都芳调色	都芳	3-1407P(5L)	桶	10.00	梅菲特(北京)涂料有限公司
都芳调色	都芳	3-3102P(18L)	桶	10.00	梅菲特(北京)涂料有限公司
都芳调色	都芳	3-3102P(5L)	桶	10.00	梅菲特(北京)涂料有限公司

续表

产品名称	品牌	规格型号	包装单位	参考价格（元）	供应商
都芳调色	都芳	3-3202P(18L)	桶	10.00	梅菲特(北京)涂料有限公司
都芳调色	都芳	3-3202P(5L)	桶	10.00	梅菲特(北京)涂料有限公司
都芳调色	都芳	3-3301P(18L)	桶	10.00	梅菲特(北京)涂料有限公司
都芳调色	都芳	3-3301P(5L)	桶	10.00	梅菲特(北京)涂料有限公司
都芳调色	都芳	3-3302P(18L)	桶	10.00	梅菲特(北京)涂料有限公司
都芳调色	都芳	3-3302P(5L)	桶	10.00	梅菲特(北京)涂料有限公司
都芳调色	都芳	3-3401P(18L)	桶	10.00	梅菲特(北京)涂料有限公司
都芳调色	都芳	3-3401P(5L)	桶	10.00	梅菲特(北京)涂料有限公司
都芳调色	都芳	3-3402P(18L)	桶	10.00	梅菲特(北京)涂料有限公司
都芳调色	都芳	3-3402P(5L)	桶	10.00	梅菲特(北京)涂料有限公司
都芳调色	都芳	3-3501P(18L)	桶	10.00	梅菲特(北京)涂料有限公司
都芳调色	都芳	3-3501P(5L)	桶	10.00	梅菲特(北京)涂料有限公司
都芳调色	都芳	3-3502P(18L)	桶	10.00	梅菲特(北京)涂料有限公司
都芳调色	都芳	3-3502P(5L)	桶	10.00	梅菲特(北京)涂料有限公司
都芳调色	都芳	3-3701P(18L)	桶	10.00	梅菲特(北京)涂料有限公司
都芳调色	都芳	3-3701P(5L)	桶	10.00	梅菲特(北京)涂料有限公司
都芳调色	都芳	3-3801P(18L)	桶	10.00	梅菲特(北京)涂料有限公司
都芳调色	都芳	3-3801P(5L)	桶	10.00	梅菲特(北京)涂料有限公司
都芳调色	都芳	3-3802P(18L)	桶	10.00	梅菲特(北京)涂料有限公司
都芳调色	都芳	3-3802P(5L)	桶	10.00	梅菲特(北京)涂料有限公司
都芳调色	都芳	3-3902P(18L)	桶	10.00	梅菲特(北京)涂料有限公司
都芳调色	都芳	3-3902P(5L)	桶	10.00	梅菲特(北京)涂料有限公司
都芳调色	都芳	3-4001P(18L)	桶	10.00	梅菲特(北京)涂料有限公司
都芳调色	都芳	3-4001P(5L)	桶	10.00	梅菲特(北京)涂料有限公司
都芳调色	都芳	3-4002P(18L)	桶	10.00	梅菲特(北京)涂料有限公司
都芳调色	都芳	3-4002P(5L)	桶	10.00	梅菲特(北京)涂料有限公司
都芳调色	都芳	4-0701P(18L)	桶	10.00	梅菲特(北京)涂料有限公司
都芳调色	都芳	4-0701P(5L)	桶	10.00	梅菲特(北京)涂料有限公司
都芳调色	都芳	4-0702P(18L)	桶	10.00	梅菲特(北京)涂料有限公司
都芳调色	都芳	4-0702P(5L)	桶	10.00	梅菲特(北京)涂料有限公司
都芳调色	都芳	4-0802P(18L)	桶	10.00	梅菲特(北京)涂料有限公司
都芳调色	都芳	4-0802P(5L)	桶	10.00	梅菲特(北京)涂料有限公司

续表

产品名称	品牌	规格型号	包装单位	参考价格(元)	供应商
都芳调色	都芳	4-0907P(18L)	桶	10.00	梅菲特(北京)涂料有限公司
都芳调色	都芳	4-0907P(5L)	桶	10.00	梅菲特(北京)涂料有限公司
都芳调色	都芳	4-1002P(18L)	桶	10.00	梅菲特(北京)涂料有限公司
都芳调色	都芳	4-1002P(5L)	桶	10.00	梅菲特(北京)涂料有限公司
都芳调色	都芳	4-3701P(18L)	桶	10.00	梅菲特(北京)涂料有限公司
都芳调色	都芳	4-3701P(5L)	桶	10.00	梅菲特(北京)涂料有限公司
都芳调色	都芳	4-3702P(18L)	桶	10.00	梅菲特(北京)涂料有限公司
都芳调色	都芳	4-3702P(5L)	桶	10.00	梅菲特(北京)涂料有限公司
都芳调色	都芳	4-3801P(18L)	桶	10.00	梅菲特(北京)涂料有限公司
都芳调色	都芳	4-3801P(5L)	桶	10.00	梅菲特(北京)涂料有限公司
都芳调色	都芳	4-4001P(18L)	桶	10.00	梅菲特(北京)涂料有限公司
都芳调色	都芳	4-4001P(5L)	桶	10.00	梅菲特(北京)涂料有限公司
多乐士调色	多乐士	白色系 00YY 83/057(5L)	项	11.00	阿克苏诺贝尔(中国)投资有限公司
多乐士调色	多乐士	白色系 30GY 88/014(5L)	项	11.00	阿克苏诺贝尔(中国)投资有限公司
多乐士调色	多乐士	白色系 50RB 83/005(5L)	项	11.00	阿克苏诺贝尔(中国)投资有限公司
多乐士调色	多乐士	白色系 90RB 83/015(5L)	项	11.00	阿克苏诺贝尔(中国)投资有限公司
多乐士调色	多乐士	橙色系 10YY 78/188(5L)	项	26.40	阿克苏诺贝尔(中国)投资有限公司
多乐士调色	多乐士	红色系 10RR 60/197(5L)	项	26.40	阿克苏诺贝尔(中国)投资有限公司
多乐士调色	多乐士	红色系 19RR 78/088(5L)	项	11.00	阿克苏诺贝尔(中国)投资有限公司
多乐士调色	多乐士	红色系 33RR 74/111(5L)	项	13.20	阿克苏诺贝尔(中国)投资有限公司
多乐士调色	多乐士	红色系 50RR 49/195(5L)	项	39.60	阿克苏诺贝尔(中国)投资有限公司
多乐士调色	多乐士	红色系 50RR 83/034(5L)	项	11.00	阿克苏诺贝尔(中国)投资有限公司
多乐士调色	多乐士	红色系 69RB 70/114(5L)	项	13.20	阿克苏诺贝尔(中国)投资有限公司
多乐士调色	多乐士	红色系 70RR 83/040(5L)	项	11.00	阿克苏诺贝尔(中国)投资有限公司
多乐士调色	多乐士	红色系 78RR 71/148(5L)	项	26.40	阿克苏诺贝尔(中国)投资有限公司
多乐士调色	多乐士	红色系 79RB 76/076(5L)	项	11.00	阿克苏诺贝尔(中国)投资有限公司
多乐士调色	多乐士	红色系 90RB 83/023(5L)	项	11.00	阿克苏诺贝尔(中国)投资有限公司
多乐士调色	多乐士	黄绿色系 89YY 78/269(5L)	项	26.40	阿克苏诺贝尔(中国)投资有限公司
多乐士调色	多乐士	黄绿色系 90YY 83/179(5L)	项	13.20	阿克苏诺贝尔(中国)投资有限公司
多乐士调色	多乐士	黄色系 61YY 89/135(5L)	项	11.00	阿克苏诺贝尔(中国)投资有限公司
多乐士调色	多乐士	黄色系 71YY 87/078(5L)	项	11.00	阿克苏诺贝尔(中国)投资有限公司
多乐士调色	多乐士	金色系 25YY 81/177(5L)	项	13.20	阿克苏诺贝尔(中国)投资有限公司

续表

产品名称	品牌	规格型号	包装单位	参考价格（元）	供应商
多乐士调色	多乐士	金色系 25YY 85/108(5L)	项	13.20	阿克苏诺贝尔(中国)投资有限公司
多乐士调色	多乐士	金色系 27YY 78/255(5L)	项	13.20	阿克苏诺贝尔(中国)投资有限公司
多乐士调色	多乐士	金色系 44YY 80/106(5L)	项	11.00	阿克苏诺贝尔(中国)投资有限公司
多乐士调色	多乐士	蓝绿色系 10BG 63/189(5L)	项	13.20	阿克苏诺贝尔(中国)投资有限公司
多乐士调色	多乐士	蓝绿色系 10BG 83/061(5L)	项	11.00	阿克苏诺贝尔(中国)投资有限公司
多乐士调色	多乐士	蓝绿色系 13BG 72/151(5L)	项	11.00	阿克苏诺贝尔(中国)投资有限公司
多乐士调色	多乐士	蓝绿色系 30GG 83/075(5L)	项	11.00	阿克苏诺贝尔(中国)投资有限公司
多乐士调色	多乐士	蓝绿色系 50GG 71/180(5L)	项	13.20	阿克苏诺贝尔(中国)投资有限公司
多乐士调色	多乐士	蓝绿色系 50GG 83/034(5L)	项	11.00	阿克苏诺贝尔(中国)投资有限公司
多乐士调色	多乐士	蓝色系 29BB 75/065(5L)	项	11.00	阿克苏诺贝尔(中国)投资有限公司
多乐士调色	多乐士	蓝色系 44BB 62/134(5L)	项	13.20	阿克苏诺贝尔(中国)投资有限公司
多乐士调色	多乐士	蓝色系 46BG 63/190(5L)	项	13.20	阿克苏诺贝尔(中国)投资有限公司
多乐士调色	多乐士	蓝色系 48BG 54/244(5L)	项	26.40	阿克苏诺贝尔(中国)投资有限公司
多乐士调色	多乐士	蓝色系 49BB 51/186(5L)	项	26.40	阿克苏诺贝尔(中国)投资有限公司
多乐士调色	多乐士	蓝色系 50BG 74/130(5L)	项	11.00	阿克苏诺贝尔(中国)投资有限公司
多乐士调色	多乐士	蓝色系 66BG 68/157(5L)	项	11.00	阿克苏诺贝尔(中国)投资有限公司
多乐士调色	多乐士	蓝色系 69BG 77/076(5L)	项	11.00	阿克苏诺贝尔(中国)投资有限公司
多乐士调色	多乐士	蓝色系 70BG 70/113(5L)	项	11.00	阿克苏诺贝尔(中国)投资有限公司
多乐士调色	多乐士	蓝色系 74BG 61/206(5L)	项	13.20	阿克苏诺贝尔(中国)投资有限公司
多乐士调色	多乐士	蓝色系 79BG 53/259(5L)	项	26.40	阿克苏诺贝尔(中国)投资有限公司
多乐士调色	多乐士	蓝色系 90BG 72/100(5L)	项	11.00	阿克苏诺贝尔(中国)投资有限公司
多乐士调色	多乐士	蓝色系 99BG 62/159(5L)	项	13.20	阿克苏诺贝尔(中国)投资有限公司
多乐士调色	多乐士	蓝紫色系 03RB 63/122(5L)	项	13.20	阿克苏诺贝尔(中国)投资有限公司
多乐士调色	多乐士	蓝紫色系 04RB 71/092(5L)	项	13.20	阿克苏诺贝尔(中国)投资有限公司
多乐士调色	多乐士	蓝紫色系 42RB 53/176(5L)	项	26.40	阿克苏诺贝尔(中国)投资有限公司
多乐士调色	多乐士	蓝紫色系 42RB 63/137(5L)	项	13.20	阿克苏诺贝尔(中国)投资有限公司
多乐士调色	多乐士	蓝紫色系 64RB 55/192(5L)	项	26.40	阿克苏诺贝尔(中国)投资有限公司
多乐士调色	多乐士	蓝紫色系 90RB 75/051(5L)	项	13.20	阿克苏诺贝尔(中国)投资有限公司
多乐士调色	多乐士	绿色系 10GG 76/153(5L)	项	11.00	阿克苏诺贝尔(中国)投资有限公司
多乐士调色	多乐士	绿色系 24GY 85/110(5L)	项	11.00	阿克苏诺贝尔(中国)投资有限公司
多乐士调色	多乐士	绿色系 50GY 77/195(5L)	项	13.20	阿克苏诺贝尔(中国)投资有限公司
多乐士调色	多乐士	绿色系 70GY 83/080(5L)	项	11.00	阿克苏诺贝尔(中国)投资有限公司

续表

产品名称	品牌	规格型号	包装单位	参考价格（元）	供应商
多乐士调色	多乐士	绿色系 90GY 65/275(5L)	项	26.40	阿克苏诺贝尔(中国)投资有限公司
多乐士调色	多乐士	哑光白色系 10BB 83/006(5L)	项	11.00	阿克苏诺贝尔(中国)投资有限公司
多乐士调色	多乐士	哑光白色系 10BB 83/017(5L)	项	11.00	阿克苏诺贝尔(中国)投资有限公司
多乐士调色	多乐士	哑光白色系 10RB 83/012(5L)	项	11.00	阿克苏诺贝尔(中国)投资有限公司
多乐士调色	多乐士	哑光白色系 30GG 72/008(5L)	项	11.00	阿克苏诺贝尔(中国)投资有限公司
多乐士调色	多乐士	哑光白色系 40YY 83/021(5L)	项	11.00	阿克苏诺贝尔(中国)投资有限公司
多乐士调色	多乐士	哑光白色系 55YR 83/024(5L)	项	11.00	阿克苏诺贝尔(中国)投资有限公司
多乐士调色	多乐士	哑光白色系 56BG 81/023(5L)	项	11.00	阿克苏诺贝尔(中国)投资有限公司
多乐士调色	多乐士	哑光白色系 59BB 81/022(5L)	项	11.00	阿克苏诺贝尔(中国)投资有限公司
多乐士调色	多乐士	哑光白色系 70BB 73/030(5L)	项	11.00	阿克苏诺贝尔(中国)投资有限公司
多乐士调色	多乐士	哑光橙色系 00YY 83/034(5L)	项	11.00	阿克苏诺贝尔(中国)投资有限公司
多乐士调色	多乐士	哑光橙色系 60YR 75/075(5L)	项	11.00	阿克苏诺贝尔(中国)投资有限公司
多乐士调色	多乐士	哑光橙色系 70YR 56/190(5L)	项	26.40	阿克苏诺贝尔(中国)投资有限公司
多乐士调色	多乐士	哑光红色系与粉红色系 10YR 67/111(5L)	项	11.00	阿克苏诺贝尔(中国)投资有限公司
多乐士调色	多乐士	哑光红色系与粉红色系 30YR 83/029(5L)	项	11.00	阿克苏诺贝尔(中国)投资有限公司
多乐士调色	多乐士	哑光红色系与粉红色系 30YR 83/040(5L)	项	11.00	阿克苏诺贝尔(中国)投资有限公司
多乐士调色	多乐士	哑光红色系与粉红色系 70RR 74/051(5L)	项	13.20	阿克苏诺贝尔(中国)投资有限公司
多乐士调色	多乐士	哑光蓝绿色系 50GG 82/115(5L)	项	11.00	阿克苏诺贝尔(中国)投资有限公司
多乐士调色	多乐士	哑光蓝色系 90BG 72/063(5L)	项	11.00	阿克苏诺贝尔(中国)投资有限公司
多乐士调色	多乐士	哑光蓝紫色系 10RR 56/029(5L)	项	13.20	阿克苏诺贝尔(中国)投资有限公司
多乐士调色	多乐士	哑光蓝紫色系 10RR 75/039(5L)	项	13.20	阿克苏诺贝尔(中国)投资有限公司
多乐士调色	多乐士	哑光绿色 30GG 60/143(5L)	项	26.40	阿克苏诺贝尔(中国)投资有限公司
多乐士调色	多乐士	哑光中性暖色 30YY 46/036(5L)	项	26.40	阿克苏诺贝尔(中国)投资有限公司

续表

产品名称	品牌	规格型号	包装单位	参考价格（元）	供应商
多乐士调色	多乐士	哑光中性暖色 40YY 51/084(5L)	项	26.40	阿克苏诺贝尔（中国）投资有限公司
多乐士调色	多乐士	中性冷色 10BB 73/039(5L)	项	11.00	阿克苏诺贝尔（中国）投资有限公司
多乐士调色	多乐士	中性冷色 72BG 75/023(5L)	项	11.00	阿克苏诺贝尔（中国）投资有限公司
多乐士调色	多乐士	中性暖色 00YY 50/091(5L)	项	26.40	阿克苏诺贝尔（中国）投资有限公司
多乐士调色	多乐士	中性暖色 00YY 74/053(5L)	项	11.00	阿克苏诺贝尔（中国）投资有限公司
多乐士调色	多乐士	中性暖色 30YR 63/031(5L)	项	13.20	阿克苏诺贝尔（中国）投资有限公司
多乐士调色	多乐士	中性暖色 30YR 73/034(5L)	项	11.00	阿克苏诺贝尔（中国）投资有限公司
立邦调色（含面漆和调色费）	立邦	BC0024-2，海天一色	桶（18L/桶）	580.00	立邦涂料（中国）有限公司
立邦调色（含面漆和调色费）	立邦	BC0026-2，大洋风光	桶（18L/桶）	580.00	立邦涂料（中国）有限公司
立邦调色（含面漆和调色费）	立邦	BC5630-2，苍翠欲滴	桶（18L/桶）	580.00	立邦涂料（中国）有限公司
立邦调色（含面漆和调色费）	立邦	BC5640-2，玉珏	桶（18L/桶）	580.00	立邦涂料（中国）有限公司
立邦调色（含面漆和调色费）	立邦	BC5730-2，寒雨连江	桶（18L/桶）	580.00	立邦涂料（中国）有限公司
立邦调色（含面漆和调色费）	立邦	BC5740-2，木兰岩	桶（18L/桶）	580.00	立邦涂料（中国）有限公司
立邦调色（含面漆和调色费）	立邦	BC5880-2，蓝色多瑙河	桶（18L/桶）	580.00	立邦涂料（中国）有限公司
立邦调色（含面漆和调色费）	立邦	BC5890-2，镜花缘	桶（18L/桶）	580.00	立邦涂料（中国）有限公司
立邦调色（含面漆和调色费）	立邦	BC5930-2，地中海	桶（18L/桶）	580.00	立邦涂料（中国）有限公司
立邦调色（含面漆和调色费）	立邦	BC5940-2，西楼西畔	桶（18L/桶）	580.00	立邦涂料（中国）有限公司
立邦调色（含面漆和调色费）	立邦	BC5980-2，心情故事	桶（18L/桶）	580.00	立邦涂料（中国）有限公司
立邦调色（含面漆和调色费）	立邦	BC5990-2，亲密接触	桶（18L/桶）	580.00	立邦涂料（中国）有限公司

续表

产品名称	品牌	规格型号	包装单位	参考价格（元）	供应商
立邦调色（含面漆和调色费）	立邦	BC6230-2，叶脉青	桶（18L/桶）	580.00	立邦涂料（中国）有限公司
立邦调色（含面漆和调色费）	立邦	BC6240-2，岩石	桶（18L/桶）	580.00	立邦涂料（中国）有限公司
立邦调色（含面漆和调色费）	立邦	BC6330-2，波特蓝	桶（18L/桶）	580.00	立邦涂料（中国）有限公司
立邦调色（含面漆和调色费）	立邦	BC6340-2，幽幽深谷	桶（18L/桶）	580.00	立邦涂料（中国）有限公司
立邦调色（含面漆和调色费）	立邦	BC6380-2，云中漫步	桶（18L/桶）	580.00	立邦涂料（中国）有限公司
立邦调色（含面漆和调色费）	立邦	BC6390-2，海底世界	桶（18L/桶）	580.00	立邦涂料（中国）有限公司
立邦调色（含面漆和调色费）	立邦	BC6430-2，蓝印花布	桶（18L/桶）	580.00	立邦涂料（中国）有限公司
立邦调色（含面漆和调色费）	立邦	BC6440-2，佛罗伦萨蓝	桶（18L/桶）	580.00	立邦涂料（中国）有限公司
立邦调色（含面漆和调色费）	立邦	BC6630-2，马赛蓝	桶（18L/桶）	580.00	立邦涂料（中国）有限公司
立邦调色（含面漆和调色费）	立邦	BC6640-2，金陵遗梦	桶（18L/桶）	580.00	立邦涂料（中国）有限公司
立邦调色（含面漆和调色费）	立邦	BC6680-2，风月	桶（18L/桶）	580.00	立邦涂料（中国）有限公司
立邦调色（含面漆和调色费）	立邦	BC6690-2，马提尼	桶（18L/桶）	580.00	立邦涂料（中国）有限公司
立邦调色（含面漆和调色费）	立邦	BC6730-2，风姿绰约	桶（18L/桶）	580.00	立邦涂料（中国）有限公司
立邦调色（含面漆和调色费）	立邦	BC6740-2，蓝色妖姬	桶（18L/桶）	580.00	立邦涂料（中国）有限公司
立邦调色（含面漆和调色费）	立邦	BC6780-2，暴风雨	桶（18L/桶）	580.00	立邦涂料（中国）有限公司
立邦调色（含面漆和调色费）	立邦	BC6790-2，远见卓识	桶（18L/桶）	580.00	立邦涂料（中国）有限公司

续表

产品名称	品牌	规格型号	包装单位	参考价格(元)	供应商
立邦调色(含面漆和调色费)	立邦	BC6830-2,银蓝	桶(18L/桶)	580.00	立邦涂料(中国)有限公司
立邦调色(含面漆和调色费)	立邦	BC6840-2,亮蓝	桶(18L/桶)	580.00	立邦涂料(中国)有限公司
立邦调色(含面漆和调色费)	立邦	BN0005-2,爱琴海	桶(18L/桶)	580.00	立邦涂料(中国)有限公司
立邦调色(含面漆和调色费)	立邦	BN6480-2,历史车轮	桶(18L/桶)	580.00	立邦涂料(中国)有限公司
立邦调色(含面漆和调色费)	立邦	BN6490-2,蓝色庄园	桶(18L/桶)	580.00	立邦涂料(中国)有限公司
立邦调色(含面漆和调色费)	立邦	BN6890-2,狂野之城	桶(18L/桶)	580.00	立邦涂料(中国)有限公司
立邦调色(含面漆和调色费)	立邦	BN6930-2,雾紫	桶(18L/桶)	580.00	立邦涂料(中国)有限公司
立邦调色(含面漆和调色费)	立邦	BN6940-2,意乱情迷	桶(18L/桶)	580.00	立邦涂料(中国)有限公司
立邦调色(含面漆和调色费)	立邦	BN6980-2,流连	桶(18L/桶)	580.00	立邦涂料(中国)有限公司
立邦调色(含面漆和调色费)	立邦	BN6990-2,王室蓝	桶(18L/桶)	580.00	立邦涂料(中国)有限公司
立邦调色(含面漆和调色费)	立邦	BN7430-2,清花瓷器	桶(18L/桶)	580.00	立邦涂料(中国)有限公司
立邦调色(含面漆和调色费)	立邦	BN7440-2,契木	桶(18L/桶)	580.00	立邦涂料(中国)有限公司
立邦调色(含面漆和调色费)	立邦	BN7480-2,夜未央	桶(18L/桶)	580.00	立邦涂料(中国)有限公司
立邦调色(含面漆和调色费)	立邦	BN7490-2,怒海潮	桶(18L/桶)	580.00	立邦涂料(中国)有限公司
立邦调色(含面漆和调色费)	立邦	BN7630-2,威尼斯水道	桶(18L/桶)	580.00	立邦涂料(中国)有限公司
立邦调色(含面漆和调色费)	立邦	BN7640-2,土耳其尖顶	桶(18L/桶)	580.00	立邦涂料(中国)有限公司

续表

产品名称	品牌	规格型号	包装单位	参考价格(元)	供应商
立邦调色(含面漆和调色费)	立邦	GC4070-2,查特酒	桶(18L/桶)	580.00	立邦涂料(中国)有限公司
立邦调色(含面漆和调色费)	立邦	GC4080-2,绿野仙踪	桶(18L/桶)	580.00	立邦涂料(中国)有限公司
立邦调色(含面漆和调色费)	立邦	GC4540-2,三叶草	桶(18L/桶)	580.00	立邦涂料(中国)有限公司
立邦调色(含面漆和调色费)	立邦	GC4590-2,绿色召唤	桶(18L/桶)	580.00	立邦涂料(中国)有限公司
立邦调色(含面漆和调色费)	立邦	GC4630-2,无花果	桶(18L/桶)	580.00	立邦涂料(中国)有限公司
立邦调色(含面漆和调色费)	立邦	GC4640-2,番石榴	桶(18L/桶)	580.00	立邦涂料(中国)有限公司
立邦调色(含面漆和调色费)	立邦	GC4690-2,茶园飘香	桶(18L/桶)	580.00	立邦涂料(中国)有限公司
立邦调色(含面漆和调色费)	立邦	GC5330-2,祖母绿	桶(18L/桶)	580.00	立邦涂料(中国)有限公司
立邦调色(含面漆和调色费)	立邦	GC5390-2,明尼苏达之梦	桶(18L/桶)	580.00	立邦涂料(中国)有限公司
立邦调色(含面漆和调色费)	立邦	GC5430-2,翠玉	桶(18L/桶)	580.00	立邦涂料(中国)有限公司
立邦调色(含面漆和调色费)	立邦	GC5480-2,心语	桶(18L/桶)	580.00	立邦涂料(中国)有限公司
立邦调色(含面漆和调色费)	立邦	GC5490-2,弄臣	桶(18L/桶)	580.00	立邦涂料(中国)有限公司
立邦调色(含面漆和调色费)	立邦	GC5540-2,锦茵	桶(18L/桶)	580.00	立邦涂料(中国)有限公司
立邦调色(含面漆和调色费)	立邦	GC5690-2,磬馨之器	桶(18L/桶)	580.00	立邦涂料(中国)有限公司
立邦调色(含面漆和调色费)	立邦	GN4380-2,苔绿	桶(18L/桶)	580.00	立邦涂料(中国)有限公司
立邦调色(含面漆和调色费)	立邦	GN5030-2,青葱	桶(18L/桶)	580.00	立邦涂料(中国)有限公司

续表

产品名称	品牌	规格型号	包装单位	参考价格（元）	供应商
立邦调色（含面漆和调色费）	立邦	GN5040-2，春回大地	桶（18L/桶）	580.00	立邦涂料（中国）有限公司
立邦调色（含面漆和调色费）	立邦	GN5080-2，狮峰龙井	桶（18L/桶）	580.00	立邦涂料（中国）有限公司
立邦调色（含面漆和调色费）	立邦	GN5130-2，柳浪闻莺	桶（18L/桶）	580.00	立邦涂料（中国）有限公司
立邦调色（含面漆和调色费）	立邦	GN5140-2，生菜	桶（18L/桶）	580.00	立邦涂料（中国）有限公司
立邦调色（含面漆和调色费）	立邦	GN5180-2，荷塘月色	桶（18L/桶）	580.00	立邦涂料（中国）有限公司
立邦调色（含面漆和调色费）	立邦	GN6040-2，竹影	桶（18L/桶）	580.00	立邦涂料（中国）有限公司
立邦调色（含面漆和调色费）	立邦	OC0001-2，玫瑰花茶	桶（18L/桶）	580.00	立邦涂料（中国）有限公司
立邦调色（含面漆和调色费）	立邦	OC0008-2，桃乐丝	桶（18L/桶）	580.00	立邦涂料（中国）有限公司
立邦调色（含面漆和调色费）	立邦	OC0009-2，西柚红	桶（18L/桶）	580.00	立邦涂料（中国）有限公司
立邦调色（含面漆和调色费）	立邦	OC0015-2，红粉	桶（18L/桶）	580.00	立邦涂料（中国）有限公司
立邦调色（含面漆和调色费）	立邦	OC0016-2，红胭脂	桶（18L/桶）	580.00	立邦涂料（中国）有限公司
立邦调色（含面漆和调色费）	立邦	OC0034-2，秋日阳光	桶（18L/桶）	580.00	立邦涂料（中国）有限公司
立邦调色（含面漆和调色费）	立邦	OC0035-2，火山红	桶（18L/桶）	580.00	立邦涂料（中国）有限公司
立邦调色（含面漆和调色费）	立邦	OC0042-2，可可	桶（18L/桶）	580.00	立邦涂料（中国）有限公司
立邦调色（含面漆和调色费）	立邦	OC0043-2，肯尼亚土地	桶（18L/桶）	580.00	立邦涂料（中国）有限公司
立邦调色（含面漆和调色费）	立邦	OC0050-2，浅麻棕	桶（18L/桶）	580.00	立邦涂料（中国）有限公司

续表

产品名称	品牌	规格型号	包装单位	参考价格（元）	供应商
立邦调色（含面漆和调色费）	立邦	OC0051-2，棕铜	桶（18L/桶）	580.00	立邦涂料（中国）有限公司
立邦调色（含面漆和调色费）	立邦	OC0058-2，香橙味	桶（18L/桶）	580.00	立邦涂料（中国）有限公司
立邦调色（含面漆和调色费）	立邦	OC0059-2，艳丽亮橘	桶（18L/桶）	580.00	立邦涂料（中国）有限公司
立邦调色（含面漆和调色费）	立邦	OC0065-2，活力亮橙	桶（18L/桶）	580.00	立邦涂料（中国）有限公司
立邦调色（含面漆和调色费）	立邦	OC0066-2，火烧云	桶（18L/桶）	580.00	立邦涂料（中国）有限公司
立邦调色（含面漆和调色费）	立邦	OC0075-2，午后沙滩	桶（18L/桶）	580.00	立邦涂料（中国）有限公司
立邦调色（含面漆和调色费）	立邦	OC0076-2，西部风情	桶（18L/桶）	580.00	立邦涂料（中国）有限公司
立邦调色（含面漆和调色费）	立邦	OC1530-2，黎明拂晓	桶（18L/桶）	580.00	立邦涂料（中国）有限公司
立邦调色（含面漆和调色费）	立邦	OC1540-2，西班牙女郎	桶（18L/桶）	580.00	立邦涂料（中国）有限公司
立邦调色（含面漆和调色费）	立邦	OC1630-2，小山羊	桶（18L/桶）	580.00	立邦涂料（中国）有限公司
立邦调色（含面漆和调色费）	立邦	OC1640-2，杏仁夹心	桶（18L/桶）	580.00	立邦涂料（中国）有限公司
立邦调色（含面漆和调色费）	立邦	OC1680-2，棕瓦瓷	桶（18L/桶）	580.00	立邦涂料（中国）有限公司
立邦调色（含面漆和调色费）	立邦	OC1690-2，热情白兰地	桶（18L/桶）	580.00	立邦涂料（中国）有限公司
立邦调色（含面漆和调色费）	立邦	OC1730-2，天籁之音	桶（18L/桶）	580.00	立邦涂料（中国）有限公司
立邦调色（含面漆和调色费）	立邦	OC1740-2，篝火彩	桶（18L/桶）	580.00	立邦涂料（中国）有限公司
立邦调色（含面漆和调色费）	立邦	OC1780-2，热情沙漠	桶（18L/桶）	580.00	立邦涂料（中国）有限公司

续表

产品名称	品牌	规格型号	包装单位	参考价格(元)	供应商
立邦调色(含面漆和调色费)	立邦	OC1790-2,水晶萝卜	桶(18L/桶)	580.00	立邦涂料(中国)有限公司
立邦调色(含面漆和调色费)	立邦	OC2230-2,高粱穗	桶(18L/桶)	580.00	立邦涂料(中国)有限公司
立邦调色(含面漆和调色费)	立邦	OC2240-2,采撷之乐	桶(18L/桶)	580.00	立邦涂料(中国)有限公司
立邦调色(含面漆和调色费)	立邦	OC2280-2,琥珀叶	桶(18L/桶)	580.00	立邦涂料(中国)有限公司
立邦调色(含面漆和调色费)	立邦	OC2290-2,阳光女孩	桶(18L/桶)	580.00	立邦涂料(中国)有限公司
立邦调色(含面漆和调色费)	立邦	OC7930-2,香山枫	桶(18L/桶)	580.00	立邦涂料(中国)有限公司
立邦调色(含面漆和调色费)	立邦	ON0002-2,激情荷兰	桶(18L/桶)	580.00	立邦涂料(中国)有限公司
立邦调色(含面漆和调色费)	立邦	ON0008-2,奇想世界	桶(18L/桶)	580.00	立邦涂料(中国)有限公司
立邦调色(含面漆和调色费)	立邦	ON0009-2,晚霞红日	桶(18L/桶)	580.00	立邦涂料(中国)有限公司
立邦调色(含面漆和调色费)	立邦	ON0017-2,晚霞	桶(18L/桶)	580.00	立邦涂料(中国)有限公司
立邦调色(含面漆和调色费)	立邦	ON0018-2,木瓜芬芳	桶(18L/桶)	580.00	立邦涂料(中国)有限公司
立邦调色(含面漆和调色费)	立邦	ON0024-2,芒果柑橘	桶(18L/桶)	580.00	立邦涂料(中国)有限公司
立邦调色(含面漆和调色费)	立邦	ON0025-2,午后艳阳	桶(18L/桶)	580.00	立邦涂料(中国)有限公司
立邦调色(含面漆和调色费)	立邦	ON0031-2,金菊蟹黄	桶(18L/桶)	580.00	立邦涂料(中国)有限公司
立邦调色(含面漆和调色费)	立邦	ON0032-2,骄阳似火	桶(18L/桶)	580.00	立邦涂料(中国)有限公司
立邦调色(含面漆和调色费)	立邦	ON0041-2,鸡蛋黄	桶(18L/桶)	580.00	立邦涂料(中国)有限公司

续表

产品名称	品牌	规格型号	包装单位	参考价格（元）	供应商
立邦调色（含面漆和调色费）	立邦	ON0042-2，满月	桶（18L/桶）	580.00	立邦涂料（中国）有限公司
立邦调色（含面漆和调色费）	立邦	ON0049-2，浓情蜜意	桶（18L/桶）	580.00	立邦涂料（中国）有限公司
立邦调色（含面漆和调色费）	立邦	ON0050-2，鸳鸯奶茶	桶（18L/桶）	580.00	立邦涂料（中国）有限公司
立邦调色（含面漆和调色费）	立邦	ON0057-2，金棕榈	桶（18L/桶）	580.00	立邦涂料（中国）有限公司
立邦调色（含面漆和调色费）	立邦	ON0063-2，桂圆蛋糕	桶（18L/桶）	580.00	立邦涂料（中国）有限公司
立邦调色（含面漆和调色费）	立邦	ON0064-2，秋日稻谷	桶（18L/桶）	580.00	立邦涂料（中国）有限公司
立邦调色（含面漆和调色费）	立邦	ON0070-2，埃及古迹	桶（18L/桶）	580.00	立邦涂料（中国）有限公司
立邦调色（含面漆和调色费）	立邦	ON0071-2，时尚棕榈	桶（18L/桶）	580.00	立邦涂料（中国）有限公司
立邦调色（含面漆和调色费）	立邦	ON-0077-2，苍茫大地	桶（18L/桶）	580.00	立邦涂料（中国）有限公司
立邦调色（含面漆和调色费）	立邦	ON-0082-2，秋之叶	桶（18L/桶）	580.00	立邦涂料（中国）有限公司
立邦调色（含面漆和调色费）	立邦	ON-0083-2，金陶黄	桶（18L/桶）	580.00	立邦涂料（中国）有限公司
立邦调色（含面漆和调色费）	立邦	ON-0090-2，黄河	桶（18L/桶）	580.00	立邦涂料（中国）有限公司
立邦调色（含面漆和调色费）	立邦	ON-0099-2，赭石	桶（18L/桶）	580.00	立邦涂料（中国）有限公司
立邦调色（含面漆和调色费）	立邦	ON1830-2，鲜橙汁	桶（18L/桶）	580.00	立邦涂料（中国）有限公司
立邦调色（含面漆和调色费）	立邦	ON1840-2，十月金秋	桶（18L/桶）	580.00	立邦涂料（中国）有限公司
立邦调色（含面漆和调色费）	立邦	ON1890-2，琉璃橙	桶（18L/桶）	580.00	立邦涂料（中国）有限公司

续表

产品名称	品牌	规格型号	包装单位	参考价格(元)	供应商
立邦调色(含面漆和调色费)	立邦	ON1930-2,橘碧彩	桶(18L/桶)	580.00	立邦涂料(中国)有限公司
立邦调色(含面漆和调色费)	立邦	ON1940-2,梦之果	桶(18L/桶)	580.00	立邦涂料(中国)有限公司
立邦调色(含面漆和调色费)	立邦	ON1980-2,南瓜瓤	桶(18L/桶)	580.00	立邦涂料(中国)有限公司
立邦调色(含面漆和调色费)	立邦	ON1990-2,印度玉米	桶(18L/桶)	580.00	立邦涂料(中国)有限公司
立邦调色(含面漆和调色费)	立邦	ON2320-2,彩云飞	桶(18L/桶)	580.00	立邦涂料(中国)有限公司
立邦调色(含面漆和调色费)	立邦	ON2330-2,橘柚	桶(18L/桶)	580.00	立邦涂料(中国)有限公司
立邦调色(含面漆和调色费)	立邦	ON2340-2,福桔	桶(18L/桶)	580.00	立邦涂料(中国)有限公司
立邦调色(含面漆和调色费)	立邦	ON2370-2,茶色	桶(18L/桶)	580.00	立邦涂料(中国)有限公司
立邦调色(含面漆和调色费)	立邦	ON2390-2,坚果	桶(18L/桶)	580.00	立邦涂料(中国)有限公司
立邦调色(含面漆和调色费)	立邦	ON2730-2,天竺黄	桶(18L/桶)	580.00	立邦涂料(中国)有限公司
立邦调色(含面漆和调色费)	立邦	ON2740-2,万寿菊	桶(18L/桶)	580.00	立邦涂料(中国)有限公司
立邦调色(含面漆和调色费)	立邦	ON2780-2,金海螺	桶(18L/桶)	580.00	立邦涂料(中国)有限公司
立邦调色(含面漆和调色费)	立邦	ON2790-2,野菊花	桶(18L/桶)	580.00	立邦涂料(中国)有限公司
立邦调色(含面漆和调色费)	立邦	ON8240-2,金盏花	桶(18L/桶)	580.00	立邦涂料(中国)有限公司
立邦调色(含面漆和调色费)	立邦	RC0001-2,海滩暮色	桶(18L/桶)	580.00	立邦涂料(中国)有限公司
立邦调色(含面漆和调色费)	立邦	RC0007-2,甜美殿堂	桶(18L/桶)	580.00	立邦涂料(中国)有限公司

续表

产品名称	品牌	规格型号	包装单位	参考价格(元)	供应商
立邦调色(含面漆和调色费)	立邦	RC0008-2,贝蒂猫	桶(18L/桶)	580.00	立邦涂料(中国)有限公司
立邦调色(含面漆和调色费)	立邦	RC0014-2,庀语精华	桶(18L/桶)	580.00	立邦涂料(中国)有限公司
立邦调色(含面漆和调色费)	立邦	RC0015-2,醉艳	桶(18L/桶)	580.00	立邦涂料(中国)有限公司
立邦调色(含面漆和调色费)	立邦	RC0026-2,百花香	桶(18L/桶)	580.00	立邦涂料(中国)有限公司
立邦调色(含面漆和调色费)	立邦	RC0033-2,粉艳霓裳	桶(18L/桶)	580.00	立邦涂料(中国)有限公司
立邦调色(含面漆和调色费)	立邦	RC0034-2,风韵万千	桶(18L/桶)	580.00	立邦涂料(中国)有限公司
立邦调色(含面漆和调色费)	立邦	RC0040-2,绚光媚影	桶(18L/桶)	580.00	立邦涂料(中国)有限公司
立邦调色(含面漆和调色费)	立邦	RC0041-2,锦鲤	桶(18L/桶)	580.00	立邦涂料(中国)有限公司
立邦调色(含面漆和调色费)	立邦	RC0047-2,粉色童话	桶(18L/桶)	580.00	立邦涂料(中国)有限公司
立邦调色(含面漆和调色费)	立邦	RC0048-2,木棉花	桶(18L/桶)	580.00	立邦涂料(中国)有限公司
立邦调色(含面漆和调色费)	立邦	RC0055-2,粉妆玉琢	桶(18L/桶)	580.00	立邦涂料(中国)有限公司
立邦调色(含面漆和调色费)	立邦	RC0056-2,胭脂蝴蝶	桶(18L/桶)	580.00	立邦涂料(中国)有限公司
立邦调色(含面漆和调色费)	立邦	RC0062-2,杨桃	桶(18L/桶)	580.00	立邦涂料(中国)有限公司
立邦调色(含面漆和调色费)	立邦	RC0063-2,娇艳欲滴	桶(18L/桶)	580.00	立邦涂料(中国)有限公司
立邦调色(含面漆和调色费)	立邦	RC0074-2,粉艳茶花	桶(18L/桶)	580.00	立邦涂料(中国)有限公司
立邦调色(含面漆和调色费)	立邦	RC0075-2,艳芳绝代	桶(18L/桶)	580.00	立邦涂料(中国)有限公司

续表

产品名称	品牌	规格型号	包装单位	参考价格（元）	供应商
立邦调色（含面漆和调色费）	立邦	RC0081-2，粉蝶飞舞	桶（18L/桶）	580.00	立邦涂料（中国）有限公司
立邦调色（含面漆和调色费）	立邦	RC0082-2，艳阳珊瑚	桶（18L/桶）	580.00	立邦涂料（中国）有限公司
立邦调色（含面漆和调色费）	立邦	RC0088-2，烂漫	桶（18L/桶）	580.00	立邦涂料（中国）有限公司
立邦调色（含面漆和调色费）	立邦	RC0089-2，艳光四射	桶（18L/桶）	580.00	立邦涂料（中国）有限公司
立邦调色（含面漆和调色费）	立邦	RC0096-2，哈瓦那红	桶（18L/桶）	580.00	立邦涂料（中国）有限公司
立邦调色（含面漆和调色费）	立邦	RC0097-2，蜜桃滋味	桶（18L/桶）	580.00	立邦涂料（中国）有限公司
立邦调色（含面漆和调色费）	立邦	RC0230-2，绝荇桃乍	桶（18L/桶）	580.00	立邦涂料（中国）有限公司
立邦调色（含面漆和调色费）	立邦	RC0240-2，玫瑰之约	桶（18L/桶）	580.00	立邦涂料（中国）有限公司
立邦调色（含面漆和调色费）	立邦	RC0280-2，雪玫瑰	桶（18L/桶）	580.00	立邦涂料（中国）有限公司
立邦调色（含面漆和调色费）	立邦	RC0290-2，紫绢	桶（18L/桶）	580.00	立邦涂料（中国）有限公司
立邦调色（含面漆和调色费）	立邦	RC0330-2，红尘往事	桶（18L/桶）	580.00	立邦涂料（中国）有限公司
立邦调色（含面漆和调色费）	立邦	RC0340-2，倩女美牌	桶（18L/桶）	580.00	立邦涂料（中国）有限公司
立邦调色（含面漆和调色费）	立邦	RC0430-2，憧憬	桶（18L/桶）	580.00	立邦涂料（中国）有限公司
立邦调色（含面漆和调色费）	立邦	RC0440-2，洋红	桶（18L/桶）	580.00	立邦涂料（中国）有限公司
立邦调色（含面漆和调色费）	立邦	RC0540-2，热情西班牙	桶（18L/桶）	580.00	立邦涂料（中国）有限公司
立邦调色（含面漆和调色费）	立邦	RC0630-2，迷情岁月	桶（18L/桶）	580.00	立邦涂料（中国）有限公司

续表

产品名称	品牌	规格型号	包装单位	参考价格（元）	供应商
立邦调色（含面漆和调色费）	立邦	RC0640-2，日出	桶（18L/桶）	580.00	立邦涂料（中国）有限公司
立邦调色（含面漆和调色费）	立邦	RC0680-2，淘气红娘	桶（18L/桶）	580.00	立邦涂料（中国）有限公司
立邦调色（含面漆和调色费）	立邦	RC8130-2，樱桃白兰地	桶（18L/桶）	580.00	立邦涂料（中国）有限公司
立邦调色（含面漆和调色费）	立邦	RN0010-2，落燕	桶（18L/桶）	580.00	立邦涂料（中国）有限公司
立邦调色（含面漆和调色费）	立邦	RN0011-2，红磨坊	桶（18L/桶）	580.00	立邦涂料（中国）有限公司
立邦调色（含面漆和调色费）	立邦	RN0017-2，冰乌梅	桶（18L/桶）	580.00	立邦涂料（中国）有限公司
立邦调色（含面漆和调色费）	立邦	RN0018-2，蜜豆	桶（18L/桶）	580.00	立邦涂料（中国）有限公司
立邦调色（含面漆和调色费）	立邦	RN0025-2，相思豆	桶（18L/桶）	580.00	立邦涂料（中国）有限公司
立邦调色（含面漆和调色费）	立邦	RN0031-2，红枫林	桶（18L/桶）	580.00	立邦涂料（中国）有限公司
立邦调色（含面漆和调色费）	立邦	RN0040-2，印第安红	桶（18L/桶）	580.00	立邦涂料（中国）有限公司
立邦调色（含面漆和调色费）	立邦	RN0048-2，红薯	桶（18L/桶）	580.00	立邦涂料（中国）有限公司
立邦调色（含面漆和调色费）	立邦	RN0055-2，炉火	桶（18L/桶）	580.00	立邦涂料（中国）有限公司
立邦调色（含面漆和调色费）	立邦	RN0056-2，朱丹	桶（18L/桶）	580.00	立邦涂料（中国）有限公司
立邦调色（含面漆和调色费）	立邦	RN0073-2，火焰山	桶（18L/桶）	580.00	立邦涂料（中国）有限公司
立邦调色（含面漆和调色费）	立邦	RN0074-2，焦糖玛奇朵	桶（18L/桶）	580.00	立邦涂料（中国）有限公司
立邦调色（含面漆和调色费）	立邦	RN0078-2，陶罐	桶（18L/桶）	580.00	立邦涂料（中国）有限公司

续表

产品名称	品牌	规格型号	包装单位	参考价格（元）	供应商
立邦调色（含面漆和调色费）	立邦	RN0380-2，鲤鱼吐芳	桶（18L/桶）	580.00	立邦涂料（中国）有限公司
立邦调色（含面漆和调色费）	立邦	RN0390-2，吉庆祥和	桶（18L/桶）	580.00	立邦涂料（中国）有限公司
立邦调色（含面漆和调色费）	立邦	RN0480-2，如浴金香	桶（18L/桶）	580.00	立邦涂料（中国）有限公司
立邦调色（含面漆和调色费）	立邦	RN0490-2，姹紫嫣红	桶（18L/桶）	580.00	立邦涂料（中国）有限公司
立邦调色（含面漆和调色费）	立邦	RN0580-2，百思草	桶（18L/桶）	580.00	立邦涂料（中国）有限公司
立邦调色（含面漆和调色费）	立邦	RN0590-2，宝塔红	桶（18L/桶）	580.00	立邦涂料（中国）有限公司
立邦调色（含面漆和调色费）	立邦	RN0720-3，珊瑚礁	桶（18L/桶）	580.00	立邦涂料（中国）有限公司
立邦调色（含面漆和调色费）	立邦	RN0730-2，热情姜色	桶（18L/桶）	580.00	立邦涂料（中国）有限公司
立邦调色（含面漆和调色费）	立邦	RN0740-2，深红	桶（18L/桶）	580.00	立邦涂料（中国）有限公司
立邦调色（含面漆和调色费）	立邦	RN0770-3，爱莲小语	桶（18L/桶）	580.00	立邦涂料（中国）有限公司
立邦调色（含面漆和调色费）	立邦	RN0780-2，怡然黏土	桶（18L/桶）	580.00	立邦涂料（中国）有限公司
立邦调色（含面漆和调色费）	立邦	RN0790-2，布达拉宫	桶（18L/桶）	580.00	立邦涂料（中国）有限公司
立邦调色（含面漆和调色费）	立邦	RN1420-3，小辣椒	桶（18L/桶）	580.00	立邦涂料（中国）有限公司
立邦调色（含面漆和调色费）	立邦	RN1430-2，圣诞夜	桶（18L/桶）	580.00	立邦涂料（中国）有限公司
立邦调色（含面漆和调色费）	立邦	RN1440-2，矿物红	桶（18L/桶）	580.00	立邦涂料（中国）有限公司
立邦调色（含面漆和调色费）	立邦	RN1470-3，神殿红	桶（18L/桶）	580.00	立邦涂料（中国）有限公司

续表

产品名称	品牌	规格型号	包装单位	参考价格（元）	供应商
立邦调色(含面漆和调色费)	立邦	RN1480-2,映山红	桶(18L/桶)	580.00	立邦涂料(中国)有限公司
立邦调色(含面漆和调色费)	立邦	RN1490-2,新新人类	桶(18L/桶)	580.00	立邦涂料(中国)有限公司
立邦调色(含面漆和调色费)	立邦	RN1580-2,浓浓鲜橙	桶(18L/桶)	580.00	立邦涂料(中国)有限公司
立邦调色(含面漆和调色费)	立邦	RN1590-2,红贝壳	桶(18L/桶)	580.00	立邦涂料(中国)有限公司
立邦调色(含面漆和调色费)	立邦	VC0004-2,蓝莓之夜	桶(18L/桶)	580.00	立邦涂料(中国)有限公司
立邦调色(含面漆和调色费)	立邦	VC0010-2,矢车菊	桶(18L/桶)	580.00	立邦涂料(中国)有限公司
立邦调色(含面漆和调色费)	立邦	VC0011-2,遐想时刻	桶(18L/桶)	580.00	立邦涂料(中国)有限公司
立邦调色(含面漆和调色费)	立邦	VC0018-2,月色星空	桶(18L/桶)	580.00	立邦涂料(中国)有限公司
立邦调色(含面漆和调色费)	立邦	VC0027-2,优柔华贵	桶(18L/桶)	580.00	立邦涂料(中国)有限公司
立邦调色(含面漆和调色费)	立邦	VC0028-2,紫薇花	桶(18L/桶)	590.00	立邦涂料(中国)有限公司
立邦调色(含面漆和调色费)	立邦	VC0084-2,温室花朵	桶(18L/桶)	580.00	立邦涂料(中国)有限公司
立邦调色(含面漆和调色费)	立邦	VC2890-2,欢歌笑语	桶(18L/桶)	580.00	立邦涂料(中国)有限公司
立邦调色(含面漆和调色费)	立邦	YC0006-2,澳洲海岸	桶(18L/桶)	580.00	立邦涂料(中国)有限公司
立邦调色(含面漆和调色费)	立邦	YC0007-2,秋日原野	桶(18L/桶)	580.00	立邦涂料(中国)有限公司
立邦调色(含面漆和调色费)	立邦	YC0013-2,油菜花	桶(18L/桶)	580.00	立邦涂料(中国)有限公司
立邦调色(含面漆和调色费)	立邦	YC0014-2,辉煌	桶(18L/桶)	580.00	立邦涂料(中国)有限公司

续表

产品名称	品牌	规格型号	包装单位	参考价格(元)	供应商
立邦调色(含面漆和调色费)	立邦	YC0020-2,田园小麦	桶(18L/桶)	580.00	立邦涂料(中国)有限公司
立邦调色(含面漆和调色费)	立邦	YC0021-2,琵琶满枝	桶(18L/桶)	580.00	立邦涂料(中国)有限公司
立邦调色(含面漆和调色费)	立邦	YC0027-2,新月	桶(18L/桶)	580.00	立邦涂料(中国)有限公司
立邦调色(含面漆和调色费)	立邦	YC0028-2,稻草人	桶(18L/桶)	580.00	立邦涂料(中国)有限公司
立邦调色(含面漆和调色费)	立邦	YC0036-2,碎金	桶(18L/桶)	580.00	立邦涂料(中国)有限公司
立邦调色(含面漆和调色费)	立邦	YC0037-2,金丝带	桶(18L/桶)	580.00	立邦涂料(中国)有限公司
立邦调色(含面漆和调色费)	立邦	YC0043-2,豆芽黄	桶(18L/桶)	580.00	立邦涂料(中国)有限公司
立邦调色(含面漆和调色费)	立邦	YC0044-2,金冠	桶(18L/桶)	580.00	立邦涂料(中国)有限公司
立邦调色(含面漆和调色费)	立邦	YC0050-2,鹅黄香蓉	桶(18L/桶)	580.00	立邦涂料(中国)有限公司
立邦调色(含面漆和调色费)	立邦	YC0060-2,日光黄	桶(18L/桶)	580.00	立邦涂料(中国)有限公司
立邦调色(含面漆和调色费)	立邦	YC0066-2,金沙	桶(18L/桶)	580.00	立邦涂料(中国)有限公司
立邦调色(含面漆和调色费)	立邦	YC0067-2,晨光依旧	桶(18L/桶)	580.00	立邦涂料(中国)有限公司
立邦调色(含面漆和调色费)	立邦	YC0073-2,浅橘黄	桶(18L/桶)	580.00	立邦涂料(中国)有限公司
立邦调色(含面漆和调色费)	立邦	YC0074-2,香蕉船	桶(18L/桶)	580.00	立邦涂料(中国)有限公司
立邦调色(含面漆和调色费)	立邦	YC0080-2,金色华尔兹	桶(18L/桶)	580.00	立邦涂料(中国)有限公司
立邦调色(含面漆和调色费)	立邦	YC0081-2,酸甜柠檬	桶(18L/桶)	580.00	立邦涂料(中国)有限公司

续表

产品名称	品牌	规格型号	包装单位	参考价格（元）	供应商
立邦调色（含面漆和调色费）	立邦	YC2830-2，飞黄腾达	桶（18L/桶）	580.00	立邦涂料（中国）有限公司
立邦调色（含面漆和调色费）	立邦	YC2840-2，向日葵	桶（18L/桶）	580.00	立邦涂料（中国）有限公司
立邦调色（含面漆和调色费）	立邦	YC2880-2，落日熔金	桶（18L/桶）	580.00	立邦涂料（中国）有限公司
立邦调色（含面漆和调色费）	立邦	YC2930-2，王室黄	桶（18L/桶）	580.00	立邦涂料（中国）有限公司
立邦调色（含面漆和调色费）	立邦	YC2980-2，秋海棠	桶（18L/桶）	580.00	立邦涂料（中国）有限公司
立邦调色（含面漆和调色费）	立邦	YC2990-2，阳光灿烂	桶（18L/桶）	580.00	立邦涂料（中国）有限公司
立邦调色（含面漆和调色费）	立邦	YC3290-2，黄水晶	桶（18L/桶）	580.00	立邦涂料（中国）有限公司
立邦调色（含面漆和调色费）	立邦	YN0004-2，橄榄油	桶（18L/桶）	580.00	立邦涂料（中国）有限公司
立邦调色（含面漆和调色费）	立邦	YN0036-2，撒哈拉	桶（18L/桶）	580.00	立邦涂料（中国）有限公司
立邦调色（含面漆和调色费）	立邦	YN0045-2，吐司	桶（18L/桶）	580.00	立邦涂料（中国）有限公司
立邦调色（含面漆和调色费）	立邦	YN0046-2，恒河圣水	桶（18L/桶）	580.00	立邦涂料（中国）有限公司
立邦调色（含面漆和调色费）	立邦	YN0053-2，斯巴达	桶（18L/桶）	580.00	立邦涂料（中国）有限公司
立邦调色（含面漆和调色费）	立邦	YN0061-2，复古焦糖	桶（18L/桶）	580.00	立邦涂料（中国）有限公司
立邦调色（含面漆和调色费）	立邦	YN0067-2，飘叶	桶（18L/桶）	580.00	立邦涂料（中国）有限公司
立邦调色（含面漆和调色费）	立邦	YN3180-2，橄榄彩	桶（18L/桶）	580.00	立邦涂料（中国）有限公司
立邦调色（含面漆和调色费）	立邦	YN3190-2，沙茶彩	桶（18L/桶）	580.00	立邦涂料（中国）有限公司

续表

产品名称	品牌	规格型号	包装单位	参考价格(元)	供应商
立邦调色(含面漆和调色费)	立邦	YN3340-2,树皮色	桶(18L/桶)	580.00	立邦涂料(中国)有限公司
立邦调色(含面漆和调色费)	立邦	YN3380-2,角斗士	桶(18L/桶)	580.00	立邦涂料(中国)有限公司
立邦调色(含面漆和调色费)	立邦	YN3620-2,金秋岁月	桶(18L/桶)	580.00	立邦涂料(中国)有限公司
立邦调色(含面漆和调色费)	立邦	YN3740-2,香料黄	桶(18L/桶)	580.00	立邦涂料(中国)有限公司
立邦调色(含面漆和调色费)	立邦	YN3780-2,陨石	桶(18L/桶)	580.00	立邦涂料(中国)有限公司

5.2 其他漆

产品名称	品牌	规格型号	包装单位	参考价格(元)	供应商
醇酸调和漆	航船	白	桶(0.5kg/桶)	10.00	云南万里化工制漆有限责任公司
醇酸调和漆	航船	白	桶(1.6kg/桶)	25.00	云南万里化工制漆有限责任公司
醇酸调和漆	航船	白	桶(8kg/桶)	95.00	云南万里化工制漆有限责任公司
醇酸调和漆	航船	草绿	桶(0.5kg/桶)	10.00	云南万里化工制漆有限责任公司
醇酸调和漆	航船	草绿	桶(1.6kg/桶)	25.00	云南万里化工制漆有限责任公司
醇酸调和漆	航船	草绿	桶(8kg/桶)	95.00	云南万里化工制漆有限责任公司
醇酸调和漆	航船	黑	桶(0.5kg/桶)	10.00	云南万里化工制漆有限责任公司
醇酸调和漆	航船	黑	桶(1.6kg/桶)	25.00	云南万里化工制漆有限责任公司
醇酸调和漆	航船	黑	桶(8kg/桶)	85.00	云南万里化工制漆有限责任公司
醇酸调和漆	航船	红	桶(0.5kg/桶)	10.00	云南万里化工制漆有限责任公司
醇酸调和漆	航船	红	桶(1.6kg/桶)	25.00	云南万里化工制漆有限责任公司
醇酸调和漆	航船	红	桶(8kg/桶)	110.00	云南万里化工制漆有限责任公司
醇酸调和漆	航船	黄	桶(0.5kg/桶)	10.00	云南万里化工制漆有限责任公司
醇酸调和漆	航船	黄	桶(1.6kg/桶)	25.00	云南万里化工制漆有限责任公司
醇酸调和漆	航船	黄	桶(8kg/桶)	110.00	云南万里化工制漆有限责任公司
醇酸调和漆	航船	灰	桶(0.5kg/桶)	10.00	云南万里化工制漆有限责任公司
醇酸调和漆	航船	灰	桶(1.6kg/桶)	25.00	云南万里化工制漆有限责任公司
醇酸调和漆	航船	灰	桶(8kg/桶)	85.00	云南万里化工制漆有限责任公司

续表

产品名称	品牌	规格型号	包装单位	参考价格(元)	供应商
醇酸调和漆	航船	橘红	桶(0.5kg/桶)	10.00	云南万里化工制漆有限责任公司
醇酸调和漆	航船	橘红	桶(1.6kg/桶)	25.00	云南万里化工制漆有限责任公司
醇酸调和漆	航船	橘红	桶(8kg/桶)	110.00	云南万里化工制漆有限责任公司
醇酸调和漆	航船	橘黄	桶(0.5kg/桶)	10.00	云南万里化工制漆有限责任公司
醇酸调和漆	航船	橘黄	桶(1.6kg/桶)	25.00	云南万里化工制漆有限责任公司
醇酸调和漆	航船	橘黄	桶(8kg/桶)	110.00	云南万里化工制漆有限责任公司
醇酸调和漆	航船	蓝	桶(0.5kg/桶)	10.00	云南万里化工制漆有限责任公司
醇酸调和漆	航船	蓝	桶(1.6kg/桶)	25.00	云南万里化工制漆有限责任公司
醇酸调和漆	航船	蓝	桶(8kg/桶)	90.00	云南万里化工制漆有限责任公司
醇酸调和漆	航船	沥青清	桶(9kg/桶)	75.00	云南万里化工制漆有限责任公司
醇酸调和漆	航船	绿	桶(0.5kg/桶)	10.00	云南万里化工制漆有限责任公司
醇酸调和漆	航船	绿	桶(1.6kg/桶)	25.00	云南万里化工制漆有限责任公司
醇酸调和漆	航船	绿	桶(8kg/桶)	90.00	云南万里化工制漆有限责任公司
醇酸调和漆	航船	苹果绿	桶(0.5kg/桶)	10.00	云南万里化工制漆有限责任公司
醇酸调和漆	航船	苹果绿	桶(1.6kg/桶)	25.00	云南万里化工制漆有限责任公司
醇酸调和漆	航船	苹果绿	桶(8kg/桶)	90.00	云南万里化工制漆有限责任公司
醇酸调和漆	航船	乳白	桶(0.5kg/桶)	10.00	云南万里化工制漆有限责任公司
醇酸调和漆	航船	乳白	桶(1.6kg/桶)	25.00	云南万里化工制漆有限责任公司
醇酸调和漆	航船	乳白	桶(8kg/桶)	95.00	云南万里化工制漆有限责任公司
醇酸调和漆	航船	深蓝	桶(0.5kg/桶)	10.00	云南万里化工制漆有限责任公司
醇酸调和漆	航船	深蓝	桶(1.6kg/桶)	25.00	云南万里化工制漆有限责任公司
醇酸调和漆	航船	深蓝	桶(8kg/桶)	90.00	云南万里化工制漆有限责任公司
醇酸调和漆	航船	天蓝	桶(0.5kg/桶)	10.00	云南万里化工制漆有限责任公司
醇酸调和漆	航船	天蓝	桶(1.6kg/桶)	25.00	云南万里化工制漆有限责任公司
醇酸调和漆	航船	天蓝	桶(8kg/桶)	90.00	云南万里化工制漆有限责任公司
醇酸调和漆	航船	铁红	桶(0.5kg/桶)	10.00	云南万里化工制漆有限责任公司
醇酸调和漆	航船	铁红	桶(1.6kg/桶)	25.00	云南万里化工制漆有限责任公司
醇酸调和漆	航船	铁红	桶(8kg/桶)	85.00	云南万里化工制漆有限责任公司
醇酸调和漆	航船	棕/古铜	桶(0.5kg/桶)	10.00	云南万里化工制漆有限责任公司
醇酸调和漆	航船	棕/古铜	桶(1.6kg/桶)	25.00	云南万里化工制漆有限责任公司
醇酸调和漆	航船	棕/古铜	桶(8kg/桶)	85.00	云南万里化工制漆有限责任公司
酚醛防锈漆	航船	红丹	桶(13kg/桶)	150.00	云南万里化工制漆有限责任公司
酚醛防锈漆	航船	红丹	桶(2.5kg/桶)	30.00	云南万里化工制漆有限责任公司
酚醛防锈漆	航船	灰	桶(0.5kg/桶)	10.00	云南万里化工制漆有限责任公司
酚醛防锈漆	航船	灰	桶(1.6kg/桶)	25.00	云南万里化工制漆有限责任公司

续表

产品名称	品牌	规格型号	包装单位	参考价格(元)	供应商
酚醛防锈漆	航船	灰	桶(8kg/桶)	85.00	云南万里化工制漆有限责任公司
酚醛防锈漆	航船	铁红	桶(0.5kg/桶)	10.00	云南万里化工制漆有限责任公司
酚醛防锈漆	航船	铁红	桶(1.6kg/桶)	25.00	云南万里化工制漆有限责任公司
酚醛防锈漆	航船	铁红	桶(8kg/桶)	85.00	云南万里化工制漆有限责任公司
黑板漆	航船	标准	桶(0.5kg/桶)	8.00	云南万里化工制漆有限责任公司
黑板漆	航船	标准	桶(14kg/桶)	130.00	云南万里化工制漆有限责任公司
黑板漆	航船	标准	桶(2kg/桶)	23.00	云南万里化工制漆有限责任公司
熟桐油	航船	标准	桶(0.4kg/桶)	10.00	云南万里化工制漆有限责任公司
熟桐油	航船	标准	桶(1.3kg/桶)	25.00	云南万里化工制漆有限责任公司
熟桐油	航船	标准	桶(7kg/桶)	120.00	云南万里化工制漆有限责任公司
酯胶清漆	航船	标准	桶(0.4kg/桶)	10.00	云南万里化工制漆有限责任公司
酯胶清漆	航船	标准	桶(1.3kg/桶)	25.00	云南万里化工制漆有限责任公司
酯胶清漆	航船	标准	桶(7kg/桶)	120.00	云南万里化工制漆有限责任公司

5.3 批墙材料

5.3.1 石膏粉

产品名称	品牌	规格型号	包装单位	参考价格(元)	供应商
嵌缝膏	壁丽宝	标准	包(15kg/包)	10.18	上海顶易建筑装饰材料有限公司
嵌缝膏	博罗拉法基	标准	包(20kg/包)	51.00	优时吉博罗管理服务(上海)有限公司
嵌缝膏	驰凤	标准	包(20kg/包)	60.40	上海程申实业有限公司
快粘粉	鼎刮呱	标准	袋(3.5kg/袋)	15.00	北京海联锐克建材有限公司
嵌缝粉	鼎刮呱	标准	袋(10kg/袋)	25.00	北京海联锐克建材有限公司
嵌缝粉	鼎刮呱	标准	袋(20kg/袋)	45.00	北京海联锐克建材有限公司
找平(粉刷石膏)	鼎刮呱	标准	袋(20kg/袋)	25.00	北京海联锐克建材有限公司
粉刷石膏	莱恩斯	白	包(20kg/包)	55.00	北京莱恩斯涂料有限公司
嵌缝膏	莱恩斯	白	包(20kg/包)	62.00	北京莱恩斯涂料有限公司
嵌缝膏	莱恩斯	白	桶(17kg/桶)	238.00	北京莱恩斯涂料有限公司
嵌缝膏	美巢	QN45GQ	包(20kg/包)	32.16	美巢集团股份公司
波罗拉发基嵌缝膏	米奇	标准	包(20kg/包)	50.00	鹤山市米奇涂料有限公司
永昌粉刷石膏	米奇	标准	包(15kg/包)	22.00	鹤山市米奇涂料有限公司
嵌缝膏	圣戈班	标准	包(20kg/包)	56.20	圣戈班(中国)投资有限公司

5.3.2　腻子粉

产品名称	品牌	规格型号	包装单位	参考价格(元)	供应商
BY1-I型外墙面双组分腻子王	白银	标准	袋(20kg/袋)	120.00	湖南省白银新材料有限公司
BY1-JS-II型弹性防水腻子	白银	标准	袋(20kg/袋)	400.00	湖南省白银新材料有限公司
高强粘接耐磨防水腻子	白银	标准	桶(20kg/桶)	400.00	湖南省白银新材料有限公司
内墙干粉腻子	白银	标准	袋(20kg/袋)	50.00	湖南省白银新材料有限公司
耐水腻子	壁丽宝	标准	包(20kg/包)	53.30	上海顶易建筑装饰材料有限公司
耐水腻子	壁丽宝	标准	包(20kg/包)	38.00	上海顶易建筑装饰材料有限公司
腻子粉	壁丽宝	标准	包(15kg/包)	10.18	上海顶易建筑装饰材料有限公司
腻子粉	壁丽宝	标准	包(20kg/包)	22.68	上海顶易建筑装饰材料有限公司
底层腻子	博罗拉法基	标准	包(20kg/包)	43.70	优时吉博罗管理服务(上海)有限公司
光面内墙粉	鼎刮呱	标准	袋(20kg/袋)	20.00	北京海联锐克建材有限公司
耐水粉	鼎刮呱	标准	袋(20kg/袋)	35.00	北京海联锐克建材有限公司
外墙粉	鼎刮呱	标准	袋(20kg/袋)	35.00	北京海联锐克建材有限公司
耐水腻子	汉高百得	标准	包(20kg/包)	78.40	汉高(中国)投资有限公司
耐水腻子	莱恩斯	白	包(20kg/包)	62.00	北京莱恩斯涂料有限公司
腻子粉	莱恩斯	白	包(20kg/包)	55.00	北京莱恩斯涂料有限公司
底层腻子	立邦	快涂宝	包(15kg/包)	48.00	立邦涂料(中国)有限公司
面层腻子	立邦	快涂宝	包(15kg/包)	39.00	立邦涂料(中国)有限公司
面层腻子	立邦	美加俪	包(15kg/包)	29.00	立邦涂料(中国)有限公司
耐水腻子	美巢	易呱平 YGP800GQ	包(18kg/包)	71.00	美巢集团股份公司
耐水腻子	美巢	易呱平 YGP800JJ	包(18kg/包)	62.20	美巢集团股份公司
腻子粉	美巢	易呱平 YGP400KF	包(20kg/包)	34.56	美巢集团股份公司
瑞临腻子粉	米奇	标准	包(20kg/包)	15.00	鹤山市米奇涂料有限公司
耐水腻子	七乐	5kg	桶	38.50	郑州七乐建材有限公司
腻子粉	七乐	白	桶(3.5kg/桶)	38.50	郑州七乐建材有限公司
腻子粉	三和	标准	桶(2kg/桶)	45.00	广东三和化工科技有限公司
底层腻子	圣戈班	标准	包(20kg/包)	81.40	圣戈班(中国)投资有限公司
面层腻子	圣戈班	标准	包(20kg/包)	66.60	圣戈班(中国)投资有限公司

续表

产品名称	品牌	规格型号	包装单位	参考价格(元)	供应商
耐水腻子	蚁巢	16kg	包	17.60	武汉蚁巢装饰材料有限公司
耐水腻子	蚁巢	17kg	包	18.70	武汉蚁巢装饰材料有限公司
腻子粉	蚁巢	17kg	包	8.58	武汉蚁巢装饰材料有限公司
腻子粉	蚁巢	金匠特级	包(17kg/包)	13.20	武汉蚁巢装饰材料有限公司
腻子粉	蚁巢	美佳	包(17kg/包)	11.00	武汉蚁巢装饰材料有限公司
腻子粉	优尼威	弹性	袋(20kg/袋)	54.00	上海兰意新型建材发展有限公司
腻子粉	优尼威	柔性	袋(20kg/袋)	48.00	上海兰意新型建材发展有限公司

5.3.3 滑石粉

产品名称	品牌	规格型号	包装单位	参考价格(元)	供应商
滑石粉	壁丽宝	650 目	包(15kg/包)	7.78	上海顶易建筑装饰材料有限公司
滑石粉	壁丽宝	880 目	包(15kg/包)	10.30	上海顶易建筑装饰材料有限公司

5.3.4 熟胶粉

产品名称	品牌	规格型号	包装单位	参考价格(元)	供应商
熟胶粉	驰凤	八合一	包(400g/包)	8.50	上海程申实业有限公司
熟胶粉	高士	M30	包(400g/包)	12.92	广州市高士实业有限公司
熟胶粉	高士	M30	箱(24 包/箱)	353.00	广州市高士实业有限公司
熟胶粉	美亚	标准	包(400g/包)	7.50	上海美士星建筑胶粘剂有限公司
熟胶粉	强盛	标准	包(350g/包)	6.50	上海程申实业有限公司

5.3.5 胶类

产品名称	品牌	规格型号	包装单位	参考价格(元)	供应商
内墙干粉腻子专用胶王	白银	标准	桶(20kg/桶)	400.00	湖南省白银新材料有限公司
优质建筑胶水	白银	标准	桶(10kg/桶)	35.00	湖南省白银新材料有限公司
801 胶水	汉高百得	标准	桶(18kg/桶)	135.00	汉高(中国)投资有限公司
801 胶水	七乐	浓缩	桶(17kg/桶)	38.50	郑州七乐建材有限公司
901 胶水	七乐	超浓缩	桶(16kg/桶)	44.00	郑州七乐建材有限公司
干挂胶	七乐	AB 石材	套(20kg/套)	137.50	郑州七乐建材有限公司

续表

产品名称	品牌	规格型号	包装单位	参考价格(元)	供应商
干挂胶	七乐	AB 石材	桶(28kg/桶)	181.50	郑州七乐建材有限公司
环氧树脂胶	七乐	透明	套(1.6L/套)	49.50	郑州七乐建材有限公司
双面胶	七乐	标准	卷(10m/卷)	2.20	郑州七乐建材有限公司
植筋胶	七乐	标准	桶(5kg/桶)	49.50	郑州七乐建材有限公司
美缝剂	三和	逢美	瓶(300mL/瓶)	50.00	广东三和化工科技有限公司
陶瓷胶	三和	美逢金刚	瓶(300mL/瓶)	70.00	广东三和化工科技有限公司
万能胶	三和	皇特效	桶(7kg/桶)	180.00	广东三和化工科技有限公司
万能胶	三和	绿贴特效	瓶(1.5kg/瓶)	50.00	广东三和化工科技有限公司
万能胶	三和	绿贴特效	瓶(500g/瓶)	18.00	广东三和化工科技有限公司
液态密封胶	三和	半干型	支(81g/支)	5.00	广东三和化工科技有限公司
901 胶粉	胜德佳	标准	包(700g/包)	43.00	苏州市胜德佳新型建筑材料有限公司
801 胶水	蚁巢	标准	桶(16kg/桶)	30.80	武汉蚁巢装饰材料有限公司
801 胶水	中南	标准	桶(20kg/桶)	85.80	上海中南建筑材料有限公司
801 胶水(零添加)	中南	标准	桶(20kg/桶)	118.00	上海中南建筑材料有限公司
801 胶水(无甲醛)	中南	标准	桶(20kg/桶)	105.60	上海中南建筑材料有限公司

5.4　油工工具及耗材

5.4.1　油工工具

产品名称	品牌	规格型号	包装单位	参考价格(元)	供应商
干砂	驰凤	120 目	包(10 张/包)	16.00	上海程申实业有限公司
干砂	驰凤	180 目	包(10 张/包)	16.00	上海程申实业有限公司
干砂	驰凤	240 目	包(10 张/包)	16.00	上海程申实业有限公司
干砂	驰凤	320 目	包(10 张/包)	16.00	上海程申实业有限公司
干砂	驰凤	400 目	包(10 张/包)	16.00	上海程申实业有限公司
干砂	驰凤	600 目	包(10 张/包)	16.00	上海程申实业有限公司
硅藻泥光身滚筒	驰凤	7 寸塑料,EG008	把	19.80	上海程申实业有限公司
滚筒(粗毛)	驰凤	4 寸	把	4.20	上海程申实业有限公司
滚筒(粗毛)	驰凤	6 寸	把	4.20	上海程申实业有限公司
滚筒(粗毛)	驰凤	8 寸	把	4.32	上海程申实业有限公司

续表

产品名称	品牌	规格型号	包装单位	参考价格（元）	供应商
滚筒(细毛)	驰凤	9寸	把	8.00	上海程申实业有限公司
滚筒(细毛)	驰凤	9寸，超光大师彩柄303	把	17.40	上海程申实业有限公司
清洁刀	驰凤	高21.8cm×宽10cm	把	6.96	上海程申实业有限公司
羊毛刷	驰凤	1寸	把	2.00	上海程申实业有限公司
羊毛刷	驰凤	2寸	把	2.80	上海程申实业有限公司
羊毛刷	驰凤	3寸	把	3.00	上海程申实业有限公司
羊毛刷	驰凤	4寸	把	3.20	上海程申实业有限公司
羊毛刷	驰凤	5寸	把	3.80	上海程申实业有限公司
铁砂	飞轮	100目	包(10张/包)	5.70	上海飞轮实业有限公司
铁砂	飞轮	120目	包(10张/包)	5.70	上海飞轮实业有限公司
铁砂	飞轮	36目	包(10张/包)	5.70	上海飞轮实业有限公司
铁砂	飞轮	46目	包(10张/包)	5.70	上海飞轮实业有限公司
铁砂	飞轮	60目	包(10张/包)	5.70	上海飞轮实业有限公司
铁砂	飞轮	80目	包(10张/包)	5.70	上海飞轮实业有限公司
自粘砂纸(短)	锋鹰	180目	包(10张/包)	18.00	上海程申实业有限公司
自粘砂纸(短)	锋鹰	240目	包(10张/包)	18.00	上海程申实业有限公司
自粘砂纸(长)	锋鹰	180目	包(10张/包)	26.00	上海程申实业有限公司
自粘砂纸(长)	锋鹰	240目	包(10张/包)	26.00	上海程申实业有限公司
滚筒	汉得克	1×100，5239#	支	15.00	汉得克工具贸易(上海)有限公司
滚筒	汉得克	1×40，1939#	支	20.00	汉得克工具贸易(上海)有限公司
滚筒	汉得克	1×40，4139#	支	25.00	汉得克工具贸易(上海)有限公司
滚筒	汉得克	1×40，4239#	支	20.00	汉得克工具贸易(上海)有限公司
滚筒	汉得克	1×40，5139#	支	35.00	汉得克工具贸易(上海)有限公司
汉得克小滚芯(白绒)	汉得克	标准	支	10.00	汉得克工具贸易(上海)有限公司
羊毛刷	华生	2寸	把	1.44	余姚市华生刷业有限公司
羊毛刷	华生	3寸	把	1.00	余姚市华生刷业有限公司
羊毛刷	华生	4寸	把	1.00	余姚市华生刷业有限公司
羊毛刷	华生	5寸	把	1.00	余姚市华生刷业有限公司
羊毛刷	华生	8寸	把	1.00	余姚市华生刷业有限公司
滚筒(粗毛)	华星	五彩9寸	把	3.96	上海程申实业有限公司
油灰刀	金飞	1.5寸	把	1.20	安徽金飞工具有限公司

续表

产品名称	品牌	规格型号	包装单位	参考价格（元）	供应商
油灰刀	金飞	1寸	把	0.96	安徽金飞工具有限公司
油灰刀	金飞	2.5寸	把	1.80	安徽金飞工具有限公司
油灰刀	金飞	2寸	把	1.20	安徽金飞工具有限公司
油灰刀	金飞	3.5寸	把	2.40	安徽金飞工具有限公司
油灰刀	金飞	3寸	把	1.80	安徽金飞工具有限公司
油灰刀	金飞	4寸	把	2.40	安徽金飞工具有限公司
油灰刀	金飞	5寸	把	2.40	安徽金飞工具有限公司
彩条海绵滚筒	米奇	标准	个	6.00	鹤山市米奇涂料有限公司
刀片	米奇	标准	个	4.00	鹤山市米奇涂料有限公司
黄蓝条无死角滚筒	米奇	标准	个	5.00	鹤山市米奇涂料有限公司
灰刀	米奇	1寸	个	1.50	鹤山市米奇涂料有限公司
灰刀	米奇	2寸	个	2.00	鹤山市米奇涂料有限公司
灰刀	米奇	3寸	个	2.50	鹤山市米奇涂料有限公司
灰刀	米奇	4寸	个	3.50	鹤山市米奇涂料有限公司
棉无死角滚筒	米奇	标准	个	6.00	鹤山市米奇涂料有限公司
塑料桶	米奇	标准	个	6.00	鹤山市米奇涂料有限公司
无缝海绵滚筒	米奇	标准	个	9.00	鹤山市米奇涂料有限公司
无缝黄毛滚筒	米奇	标准	个	11.00	鹤山市米奇涂料有限公司
小红桶	米奇	标准	个	1.50	鹤山市米奇涂料有限公司
羊毛刷	米奇	标准	把	4.00	鹤山市米奇涂料有限公司
猪毛刷	米奇	2寸	把	1.50	鹤山市米奇涂料有限公司
猪毛刷	米奇	3寸	把	2.00	鹤山市米奇涂料有限公司
猪毛刷	米奇	4寸	把	2.50	鹤山市米奇涂料有限公司
猪毛刷	米奇	8寸	个	4.50	鹤山市米奇涂料有限公司
壁纸接缝滚筒	普通	2寸,ED005M	把	9.24	上海程申实业有限公司
不锈钢油灰刀	普通	加厚木柄,2寸	把	4.80	上海程申实业有限公司
不锈钢油灰刀	普通	加厚木柄,3寸	把	5.76	上海程申实业有限公司
不锈钢油灰刀	普通	加厚木柄,4寸	把	6.00	上海程申实业有限公司
钢丝刷	普通	10丝	把	1.44	上海程申实业有限公司
钢丝刷	普通	12丝	把	1.61	上海程申实业有限公司
钢丝刷	普通	16丝	把	1.80	上海程申实业有限公司
刮刀	普通	白	把	1.20	上海程申实业有限公司

续表

产品名称	品牌	规格型号	包装单位	参考价格(元)	供应商
刮刀	普通	硅藻泥塑料齿口,D1115	个	7.80	上海程申实业有限公司
刮刀	普通	黄	把	0.90	上海程申实业有限公司
刮刀	普通	牛筋	把	1.00	上海程申实业有限公司
刮刀	普通	三夹板	把	2.50	上海程申实业有限公司
刮刀	普通	橡胶木柄	个	23.40	上海程申实业有限公司
刮刀	普通	橡胶木柄	个	23.40	上海程申实业有限公司
红头船用刷	普通	1.5寸	把	0.80	上海程申实业有限公司
红头船用刷	普通	1寸	把	0.50	上海程申实业有限公司
红头船用刷	普通	2.5寸	把	1.44	上海程申实业有限公司
红头船用刷	普通	2寸	把	1.08	上海程申实业有限公司
红头船用刷	普通	3寸	把	1.80	上海程申实业有限公司
红头船用刷	普通	4寸	把	2.40	上海程申实业有限公司
红头船用刷	普通	5寸	把	3.00	上海程申实业有限公司
环氧地坪消泡滚筒	普通	10寸齿高13mm,D806A	把	50.16	上海程申实业有限公司
环氧地坪消泡滚筒	普通	10寸齿高28mm,D803B	把	66.00	上海程申实业有限公司
环氧地坪消泡滚筒	普通	20寸齿高11mm,D809B	把	92.40	上海程申实业有限公司
环氧地坪消泡滚筒	普通	20寸齿高28mm,D803C	把	129.36	上海程申实业有限公司
环氧地坪消泡滚筒	普通	4寸齿高11mm,D809E	把	21.12	上海程申实业有限公司
环氧地坪消泡滚筒	普通	4寸齿高13mm,D806E	把	21.12	上海程申实业有限公司
环氧地坪消泡滚筒	普通	7寸齿高28mm,D820D	把	33.00	上海程申实业有限公司
环氧地坪消泡滚筒	普通	9寸齿高11mm,D809C	把	33.00	上海程申实业有限公司
环氧地坪消泡滚筒	普通	9寸齿高13mm,D806C	把	36.96	上海程申实业有限公司
胶带切割器	普通	塑料4.5#	只	6.04	上海程申实业有限公司
胶带切割器	普通	塑料6#	只	6.90	上海程申实业有限公司
胶带切割器	普通	铁4.5#	只	6.90	上海程申实业有限公司
胶带切割器	普通	铁6#	只	7.76	上海程申实业有限公司
搅拌器	普通	奔驰型	个	15.00	上海程申实业有限公司
搅拌器	普通	丰田型	个	11.70	上海程申实业有限公司
铝合金刮尺	普通	1.2m	根	22.00	上海程申实业有限公司
铝合金刮尺	普通	1.8M	根	34.00	上海程申实业有限公司
铝合金刮尺	普通	2m	根	18.48	上海程申实业有限公司
马鬃刷	普通	大号	把	25.08	上海程申实业有限公司

续表

产品名称	品牌	规格型号	包装单位	参考价格（元）	供应商
马鬃刷	普通	小号	把	21.12	上海程申实业有限公司
毛笔	普通	大	包(100 支/包)	26.40	上海程申实业有限公司
毛笔	普通	小	包(100 支/包)	23.76	上海程申实业有限公司
毛笔	普通	中	包(100 支/包)	25.08	上海程申实业有限公司
木纹器(配胶手柄)	普通	MS16	个	17.55	上海程申实业有限公司
木纹器(片状)	普通	MS11,15×7.2	个	15.60	上海程申实业有限公司
木纹器(片状)	普通	MS12,15×9.5	个	17.55	上海程申实业有限公司
木纹器(片状)	普通	MS13,21×12.3	个	19.80	上海程申实业有限公司
墙纸刮板	普通	B001,20×11	把	15.00	上海程申实业有限公司
墙纸刮板	普通	B002,15×11	把	10.40	上海程申实业有限公司
墙纸滚筒	普通	平面 35×50,ED001TM	个	33.00	上海程申实业有限公司
墙纸滚筒	普通	平面 40×50,ED001M	把	46.20	上海程申实业有限公司
墙纸滚筒	普通	阳角 35×50,ED003TM	把	36.96	上海程申实业有限公司
墙纸滚筒	普通	阳角 40×50,ED003M	把	56.76	上海程申实业有限公司
墙纸滚筒	普通	阴角 60×50,ED002M	把	56.76	上海程申实业有限公司
墙纸滚筒	普通	阴角 64×40,ED002TM	把	36.96	上海程申实业有限公司
塑料 PVC 护角条	普通	120g,阴角条	根(2.4m/根)	1.80	上海晶贝水性涂料经营部
塑料 PVC 护角条	普通	80g,阳角条	根(2.4m/根)	1.10	上海晶贝水性涂料经营部
塑料 PVC 护角条	普通	80g,阴角条	根(2.4m/根)	1.10	上海晶贝水性涂料经营部
塑料桶	普通	加厚大红桶	个	4.80	上海曦阳五金电器有限公司
塑料桶	普通	普通小白桶	只	1.32	上海晶贝水性涂料经营部
塑料油漆托盘	普通	T999,9 寸	个	12.74	上海程申实业有限公司
涂胶机	普通	3 寸,流量不可控(MM3)	把	36.96	上海程申实业有限公司
涂胶机	普通	3 寸,流量可控制(MM3C)	把	46.20	上海程申实业有限公司
涂胶机	普通	6 寸,流量不可控(MM6)	把	50.16	上海程申实业有限公司
涂胶机	普通	标准	把	59.40	上海程申实业有限公司
弯柄刷	普通	2.5 寸	把	2.38	上海程申实业有限公司
弯柄刷	普通	2 寸	把	2.11	上海程申实业有限公司
弯柄刷	普通	3 寸	把	2.64	上海程申实业有限公司
弯柄刷	普通	4 寸	把	3.17	上海程申实业有限公司
万向砂架	普通	RJ766 型	个	13.65	上海程申实业有限公司

续表

产品名称	品牌	规格型号	包装单位	参考价格(元)	供应商
万用刷	普通	EG019	套	19.80	上海程申实业有限公司
阳角器	普通	D200,80×60×60cm	个	19.50	上海程申实业有限公司
油画笔	普通	4#	盒(25 支/盒)	7.92	上海程申实业有限公司
油画笔	普通	6#	盒(25 支/盒)	11.88	上海程申实业有限公司
油画笔	普通	标准	盒(25 支/盒)	15.84	上海程申实业有限公司
油画笔	普通	标准	盒(25 支/盒)	19.80	上海程申实业有限公司
油画笔	普通	标准	盒(25 支/盒)	23.76	上海程申实业有限公司
油漆过滤网	普通	1000 目	个	2.00	上海晶贝水性涂料经营部
油漆过滤网	普通	大过滤网	个	2.00	上海晶贝水性涂料经营部
油漆过滤网	普通	小过滤网	个	2.00	上海晶贝水性涂料经营部
圆砂(红砂)	普通	4 寸,120 目	包(100 张/包)	46.00	上海程申实业有限公司
圆砂(红砂)	普通	4 寸,180 目	包(100 张/包)	46.00	上海程申实业有限公司
圆砂(红砂)	普通	4 寸,240 目	包(100 张/包)	46.00	上海程申实业有限公司
圆砂(红砂)	普通	4 寸,280 目	包(100 张/包)	46.00	上海程申实业有限公司
圆砂(红砂)	普通	4 寸,320 目	包(100 张/包)	46.00	上海程申实业有限公司
圆砂(红砂)	普通	4 寸,360 目	包(100 张/包)	46.00	上海程申实业有限公司
圆砂(红砂)	普通	4 寸,400 目	包(100 张/包)	46.00	上海程申实业有限公司
圆砂(红砂)	普通	4 寸,40 目	包(100 张/包)	46.00	上海程申实业有限公司
圆砂(红砂)	普通	4 寸,600 目	包(100 张/包)	46.00	上海程申实业有限公司
圆砂(红砂)	普通	4 寸,80 目	包(100 张/包)	46.00	上海程申实业有限公司
圆头拉毛滚筒刷	普通	标准	把	33.00	上海程申实业有限公司
圆头拉毛滚筒刷	普通	标准	把	33.00	上海程申实业有限公司
圆头拉毛滚筒刷	普通	标准	把	33.00	上海程申实业有限公司
自粘砂架	普通	短	个	24.05	上海程申实业有限公司
自粘砂架	普通	长	个	28.38	上海程申实业有限公司
马鬃刷	七乐	1×10,999 型 3 寸	把	3.30	郑州七乐建材有限公司
马鬃刷	七乐	1×10,999 型 4 寸	把	4.40	郑州七乐建材有限公司
七乐塑料阳角线	七乐	1×300	支	0.99	郑州七乐建材有限公司
羊毛滚筒	七乐	9 寸	把	16.50	郑州七乐建材有限公司
中长毛套装无死角滚筒	七乐	9 寸	把	11.00	郑州七乐建材有限公司
塑胶油灰刀	威力狮	2 寸(50mm)	把	1.49	广州市威力狮工具有限公司

续表

产品名称	品牌	规格型号	包装单位	参考价格(元)	供应商
塑胶油灰刀	威力狮	4 寸(100mm)	把	2.38	广州市威力狮工具有限公司
塑胶油灰刀	威力狮	6 寸(150mm)	把	2.97	广州市威力狮工具有限公司
水砂	犀利	120 号	张	1.00	湖北玉立砂带集团股份有限公司
水砂	犀利	180 号	张	1.00	湖北玉立砂带集团股份有限公司
水砂	犀利	2000 号	张	1.20	湖北玉立砂带集团股份有限公司
水砂	犀利	240 号	张	1.00	湖北玉立砂带集团股份有限公司
水砂	犀利	320 号	张	1.00	湖北玉立砂带集团股份有限公司
水砂	犀利	360 号	张	1.00	湖北玉立砂带集团股份有限公司
水砂	犀利	480 号	张	1.00	湖北玉立砂带集团股份有限公司
水砂	犀利	600 号	张	1.00	湖北玉立砂带集团股份有限公司
水砂	犀利	800 号	张	1.00	湖北玉立砂带集团股份有限公司
水砂	犀利	80 号	张	1.00	湖北玉立砂带集团股份有限公司
船用刷	永固	1.5 寸	把	1.26	桐城市永固制刷有限责任公司
船用刷	永固	1 寸	把	0.72	桐城市永固制刷有限责任公司
船用刷	永固	2.5 寸	把	3.06	桐城市永固制刷有限责任公司
船用刷	永固	2 寸	把	1.80	桐城市永固制刷有限责任公司
船用刷	永固	3 寸	把	4.32	桐城市永固制刷有限责任公司
船用刷	永固	4 寸	把	6.12	桐城市永固制刷有限责任公司
船用刷	永固	5 寸	把	7.20	桐城市永固制刷有限责任公司
板刷	玉达	1.5 寸	个	1.00	安徽玉达工具有限公司
板刷	玉达	1～4 寸	个	1.00	安徽玉达工具有限公司
板刷	玉达	1～4 寸	个	2.00	安徽玉达工具有限公司
板刷	玉达	1～4 寸	个	1.50	安徽玉达工具有限公司
板刷	玉达	1～4 寸	个	3.00	安徽玉达工具有限公司
板刷	玉达	1～4 寸	个	3.00	安徽玉达工具有限公司
短毛滚刷	玉达	8 寸	个	9.50	安徽玉达工具有限公司
多彩滚刷	玉达	4 寸	个	3.00	安徽玉达工具有限公司
滚刷	玉达	8 寸	个	5.50	安徽玉达工具有限公司
板刷	玉桐	1～4 寸	个	1.00	安徽玉达工具有限公司
板刷	玉桐	1～4 寸	个	2.00	安徽玉达工具有限公司
板刷	玉桐	1～4 寸	个	1.50	安徽玉达工具有限公司
板刷	玉桐	1～4 寸	个	3.00	安徽玉达工具有限公司

续表

产品名称	品牌	规格型号	包装单位	参考价格（元）	供应商
板刷	玉桐	1～4寸	个	3.00	安徽玉达工具有限公司
板刷	玉桐	4～8寸	个	3.00	安徽玉达工具有限公司
板刷	玉桐	4～8寸	个	5.50	安徽玉达工具有限公司
高级木柄油灰刀	正点	100mm(4″)	把	10.80	上海正点装饰材料有限公司
高级木柄油灰刀	正点	100mm(4″)	把	10.80	上海正点装饰材料有限公司
高级木柄油灰刀	正点	25mm(1″)	把	7.80	上海正点装饰材料有限公司
高级木柄油灰刀	正点	25mm(1″)	把	7.80	上海正点装饰材料有限公司
高级木柄油灰刀	正点	50mm(2″)	把	8.80	上海正点装饰材料有限公司
高级木柄油灰刀	正点	50mm(2″)	把	8.80	上海正点装饰材料有限公司
高级木柄油灰刀	正点	75mm(3″)	把	9.80	上海正点装饰材料有限公司
高级木柄油灰刀	正点	75mm(3″)	把	9.80	上海正点装饰材料有限公司
水砂	正点	180目	包(10张/包)	6.60	上海正点装饰材料有限公司
水砂	正点	240目	包(10张/包)	6.60	上海正点装饰材料有限公司
水砂	正点	280目	包(10张/包)	6.60	上海正点装饰材料有限公司
水砂	正点	320目	包(10张/包)	6.60	上海正点装饰材料有限公司
水砂	正点	360目	包(10张/包)	6.60	上海正点装饰材料有限公司
水砂	正点	400目	包(10张/包)	6.60	上海正点装饰材料有限公司
水砂	正点	600目	包(10张/包)	6.60	上海正点装饰材料有限公司
羊毛刷	正点	3寸	把	3.60	上海正点装饰材料有限公司
羊毛刷	正点	4寸	把	4.20	上海正点装饰材料有限公司
羊毛刷	正点	5寸	把	5.90	上海正点装饰材料有限公司

5.4.2 油工耗材

产品名称	品牌	规格型号	包装单位	参考价格（元）	供应商
发泡枪	超宇	CY-001，蓝	把	22.00	浙江超宇工具有限公司
布绷带	驰凤	4.5cm×40m	卷	7.00	上海程申实业有限公司
布绷带	驰凤	4.5cm×80m	卷	8.80	上海程申实业有限公司
布绷带	驰凤	8cm×30m	卷	9.00	上海程申实业有限公司
木制品修补膏	驰凤	榉木色	支	3.00	上海程申实业有限公司
墙纸基膜	驰凤	普通型	桶(10kg/桶)	76.70	上海程申实业有限公司
墙纸基膜	驰凤	普通型	桶(1kg/桶)	14.30	上海程申实业有限公司

续表

产品名称	品牌	规格型号	包装单位	参考价格(元)	供应商
网格带/网格布	驰凤	宽 10cm×长 35m	卷	7.15	上海程申实业有限公司
网格带/网格布	驰凤	宽 15cm×长 35m	卷	10.73	上海程申实业有限公司
网格带/网格布	驰凤	宽 20cm×长 35m	卷	14.30	上海程申实业有限公司
网格带/网格布	驰凤	宽 30cm×长 35m	卷	21.45	上海程申实业有限公司
网格带/网格布	驰凤	宽 4.5cm×长 35m	卷	5.00	上海程申实业有限公司
油漆保护膜	驰凤	110cm×25m	卷	12.60	上海程申实业有限公司
油漆保护膜	驰凤	150cm×25m	卷	14.40	上海程申实业有限公司
油漆保护膜	驰凤	30cm×25m	卷	6.30	上海程申实业有限公司
油漆保护膜	驰凤	55cm×25m	卷	8.10	上海程申实业有限公司
油漆保护膜	驰凤	65cm×25m	卷	9.00	上海程申实业有限公司
纸绷带	拉法基	5cm×150m	卷	18.00	优时吉博罗管理服务(上海)有限公司
纸绷带	拉法基	5cm×60m	卷	15.00	优时吉博罗管理服务(上海)有限公司
除锈剂	兰玛世	AD-50,500mL/瓶	箱(24 瓶/箱)	179.40	常州嘉玛百胜化工有限公司
拉法基牛皮纸	米奇	标准	盒	9.00	鹤山市米奇涂料有限公司
滤网	米奇	标准	个	1.50	鹤山市米奇涂料有限公司
美纹纸	米奇	18#	个	1.50	鹤山市米奇涂料有限公司
瑞临 901 胶水	米奇	标准	包(10kg/包)	20.00	鹤山市米奇涂料有限公司
砂夹	米奇	标准	个	3.50	鹤山市米奇涂料有限公司
砂纸	米奇	标准	张	1.00	鹤山市米奇涂料有限公司
网格布	米奇	标准	个	9.00	鹤山市米奇涂料有限公司
亿马牛皮纸	米奇	标准	个	6.00	鹤山市米奇涂料有限公司
阴阳角	米奇	标准	个	2.00	鹤山市米奇涂料有限公司
的确良布	普通	宽 1m	m	4.00	上海程申实业有限公司
和纸胶带	普通	宽 1.8cm×长 13m	筒(7 卷/筒)	18.00	上海程申实业有限公司
和纸胶带	普通	宽 2.4cm×长 13m	筒(5 卷/筒)	18.00	上海程申实业有限公司
警示胶带	普通	双色 4.8cm	卷	5.69	上海程申实业有限公司
警示胶带	普通	双色 6.0cm	卷	7.25	上海程申实业有限公司
铝合金护角条	普通	薄铝,阳角条	根(2.4m/根)	4.94	上海佳千建材有限公司
铝合金护角条	普通	薄铝,阴角条	根(2.4m/根)	4.94	上海佳千建材有限公司
铝合金护角条	普通	厚铝,阳角条	根(2.4m/根)	7.90	上海佳千建材有限公司

续表

产品名称	品牌	规格型号	包装单位	参考价格(元)	供应商
铝合金护角条	普通	厚铝,阴角条	根(2.4m/根)	7.90	上海佳千建材有限公司
美纹纸胶带	普通	宽 2cm×长 14m	卷	3.00	上海程申实业有限公司
美纹纸胶带	普通	宽 3cm×长 14m	卷	4.00	上海程申实业有限公司
内墙用色浆	普通	黑	瓶(1kg/瓶)	20.00	上海程申实业有限公司
内墙用色浆	普通	红	瓶(1kg/瓶)	32.00	上海程申实业有限公司
内墙用色浆	普通	黄	瓶(1kg/瓶)	32.00	上海程申实业有限公司
内墙用色浆	普通	蓝	瓶(1kg/瓶)	32.00	上海程申实业有限公司
内墙用色浆	普通	绿	瓶(1kg/瓶)	32.00	上海程申实业有限公司
牛皮纸胶带	普通	宽 5cm	卷	4.60	上海曦阳五金电器有限公司
墙纸基膜	普通	墙纸基膜	桶(10kg/桶)	203.50	上海晶贝水性涂料经营部
双面胶	普通	宽 1.5cm	包(2 卷/包)	5.00	上海程申实业有限公司
双面胶	普通	宽 2cm	包(2 卷/包)	6.00	上海程申实业有限公司
双面胶	普通	宽 3cm	包(2 卷/包)	9.50	上海程申实业有限公司
松香水	普通	松香水	瓶(2L/瓶)	15.00	上海晶贝水性涂料经营部
塑料 pvc 护角条	普通	120g,阳角条	根(2.4m/根)	1.80	上海晶贝水性涂料经营部
透明胶带	普通	宽 45mm×长 110m	卷	6.90	上海程申实业有限公司
透明胶带	普通	宽 48mm×长 110m	卷	7.25	上海程申实业有限公司
透明胶带	普通	宽 60mm×长 110m	卷	9.14	上海程申实业有限公司
网格带/网格布	普通	宽 1m ×长 50m	卷	63.80	上海晶贝水性涂料经营部
美纹纸胶带	七乐	1×108	卷	1.98	郑州七乐建材有限公司
美纹纸胶带	七乐	1×48	卷	2.20	郑州七乐建材有限公司
美纹纸胶带	七乐	1×60	卷	1.65	郑州七乐建材有限公司
美纹纸胶带	七乐	1×72	卷	2.97	郑州七乐建材有限公司
美纹纸胶带	七乐	1×90	卷	2.42	郑州七乐建材有限公司
墙面封固剂	七乐	标准	桶(20L/桶)	121.00	郑州七乐建材有限公司
纸绷带	七乐	150m	卷	20.90	郑州七乐建材有限公司
纸绷带	七乐	75m	卷	11.00	郑州七乐建材有限公司
纸绷带	圣戈班	5cm×60m	卷	9.60	圣戈班(中国)投资有限公司
宽幅接缝网格带	正点	10cm×45m	卷	24.00	上海正点装饰材料有限公司
防火涂料	中南	防火涂料	桶(10kg/桶)	185.00	上海中南建筑材料有限公司
防火涂料	中南	防火涂料	桶(20kg/桶)	277.90	上海中南建筑材料有限公司

第6章　五金及工具

6.1　五金工具及耗材

6.1.1　扳手

产品名称	品牌	规格型号	包装单位	参考价格(元)	供应商
套筒批头	普通	长80mm×内孔深42mm	排(5支/排)	10.00	上海曦阳五金电器有限公司
8件套梅花型内六角扳手阻套,铬钒钢	威力狮	折叠T9/10/15/20/25/27/	套	34.32	广州市威力狮工具有限公司
8件套梅花型内六角扳手阻套,优质钢	威力狮	折叠T5/6/7/8/9/10/15/2	套	22.86	广州市威力狮工具有限公司
活动扳手	威力狮	10寸(250mm)粘塑柄	把	46.37	广州市威力狮工具有限公司
活动扳手	威力狮	6寸(150mm)粘塑柄	把	26.85	广州市威力狮工具有限公司
活动扳手	威力狮	8寸(200mm)粘塑柄	把	35.52	广州市威力狮工具有限公司
镜面开口扳手	威力狮	10～12mm	支	9.25	广州市威力狮工具有限公司
镜面开口扳手	威力狮	5.5～7mm	支	7.82	广州市威力狮工具有限公司
镜面开口扳手	威力狮	6～7mm	支	7.82	广州市威力狮工具有限公司
镜面开口扳手	威力狮	8～10mm	支	7.82	广州市威力狮工具有限公司
镜面开口扳手	威力狮	8～9mm	支	7.82	广州市威力狮工具有限公司
镜面开口扳手	威力狮	9～11mm	支	9.25	广州市威力狮工具有限公司
球头内六角扳手,45#钢	威力狮	1.5mm	支	1.12	广州市威力狮工具有限公司
球头内六角扳手,45#钢	威力狮	10mm	支	8.19	广州市威力狮工具有限公司
球头内六角扳手,45#钢	威力狮	12mm	支	16.16	广州市威力狮工具有限公司
球头内六角扳手,45#钢	威力狮	14mm	支	25.79	广州市威力狮工具有限公司
球头内六角扳手,45#钢	威力狮	17mm	支	38.42	广州市威力狮工具有限公司
球头内六角扳手,45#钢	威力狮	19mm	支	50.42	广州市威力狮工具有限公司
球头内六角扳手,45#钢	威力狮	2.5mm	支	1.12	广州市威力狮工具有限公司
球头内六角扳手,45#钢	威力狮	2mm	支	1.12	广州市威力狮工具有限公司
球头内六角扳手,45#钢	威力狮	3mm	支	1.32	广州市威力狮工具有限公司

续表

产品名称	品牌	规格型号	包装单位	参考价格（元）	供应商
球头内六角扳手，45＃钢	威力狮	4mm	支	2.35	广州市威力狮工具有限公司
球头内六角扳手，45＃钢	威力狮	5mm	支	2.85	广州市威力狮工具有限公司
球头内六角扳手，45＃钢	威力狮	6mm	支	3.55	广州市威力狮工具有限公司
球头内六角扳手，45＃钢	威力狮	8mm	支	5.60	广州市威力狮工具有限公司
球头内六角扳手，铬钒钢	威力狮	1.5mm	支	2.35	广州市威力狮工具有限公司
球头内六角扳手，铬钒钢	威力狮	10mm	支	13.04	广州市威力狮工具有限公司
球头内六角扳手，铬钒钢	威力狮	12mm	支	28.11	广州市威力狮工具有限公司
球头内六角扳手，铬钒钢	威力狮	14mm	支	42.90	广州市威力狮工具有限公司
球头内六角扳手，铬钒钢	威力狮	17mm	支	71.01	广州市威力狮工具有限公司
球头内六角扳手，铬钒钢	威力狮	19mm	支	106.40	广州市威力狮工具有限公司
球头内六角扳手，铬钒钢	威力狮	2.5mm	支	2.86	广州市威力狮工具有限公司
球头内六角扳手，铬钒钢	威力狮	2mm	支	2.72	广州市威力狮工具有限公司
球头内六角扳手，铬钒钢	威力狮	3mm	支	3.39	广州市威力狮工具有限公司
球头内六角扳手，铬钒钢	威力狮	4mm	支	4.07	广州市威力狮工具有限公司
球头内六角扳手，铬钒钢	威力狮	5mm	支	5.00	广州市威力狮工具有限公司
球头内六角扳手，铬钒钢	威力狮	6mm	支	6.10	广州市威力狮工具有限公司
球头内六角扳手，铬钒钢	威力狮	8mm	支	8.83	广州市威力狮工具有限公司

6.1.2 锤钳

产品名称	品牌	规格型号	包装单位	参考价格（元）	供应商
白皮锤	普通	白/1000g	把	9.00	上海曦阳五金电器有限公司
白皮锤	普通	白/500g	把	6.00	上海曦阳五金电器有限公司
白皮锤	普通	白/750g	把	6.50	上海曦阳五金电器有限公司
断线钳	普通	18 寸/450mm	把	43.20	上海曦阳五金电器有限公司
断线钳	普通	24 寸/ 600mm	把	58.05	上海曦阳五金电器有限公司
断线钳	普通	30 寸/750mm	把	93.15	上海曦阳五金电器有限公司
断线钳	普通	36 寸/ 900mm	把	165.00	上海曦阳五金电器有限公司
断线钳	普通	42 寸/1050mm	把	185.00	上海曦阳五金电器有限公司
钢黑皮锤	普通	黑/1000g	把	11.90	上海曦阳五金电器有限公司
钢黑皮锤	普通	黑/500g	把	7.70	上海曦阳五金电器有限公司

续表

产品名称	品牌	规格型号	包装单位	参考价格（元）	供应商
钢黑皮锤	普通	黑/750g	把	8.40	上海曦阳五金电器有限公司
网络钳	普通	四芯线、八芯线两用	把	22.00	上海曦阳五金电器有限公司
网络钳	普通	四芯线、六芯线、八芯线三用	把	22.00	上海曦阳五金电器有限公司
羊角锤	普通	0.25kg	把	13.50	上海曦阳五金电器有限公司
羊角锤	普通	0.5kg	把	15.75	上海曦阳五金电器有限公司
圆头锤	普通	1.5P(约700g)	把	6.30	上海曦阳五金电器有限公司
圆头锤	普通	1P(约520g)	把	4.90	上海曦阳五金电器有限公司
圆头锤	普通	2.5P(约1130g)	把	9.80	上海曦阳五金电器有限公司
圆头锤	普通	2P(约920g)	把	8.40	上海曦阳五金电器有限公司
大力钳	威力狮	5寸(150mm)/葫芦嘴吸塑	把	16.33	广州市威力狮工具有限公司
大力钳	威力狮	7寸(175mm)/葫芦嘴吸塑	把	24.65	广州市威力狮工具有限公司
大力钳	威力狮	7寸(175mm)/普通吸塑	把	23.71	广州市威力狮工具有限公司
大力钳	威力狮	7寸(175mm)/粘塑	把	27.75	广州市威力狮工具有限公司
电话端子钳	威力狮	200mm/4芯线、6芯线	把	34.67	广州市威力狮工具有限公司
电话端子钳	威力狮	200mm/4芯线、6芯线、8芯线	把	35.92	广州市威力狮工具有限公司
电话端子钳	威力狮	210mm/4芯线、6芯线、8芯线	把	53.76	广州市威力狮工具有限公司
钢丝钳/老虎钳	威力狮	6寸(150mm)/美式双色	把	17.32	广州市威力狮工具有限公司
钢丝钳/老虎钳	威力狮	8寸(200mm)/黑色柄	把	22.20	广州市威力狮工具有限公司
钢丝钳/老虎钳	威力狮	8寸(200mm)/美式双色	把	22.41	广州市威力狮工具有限公司
钢丝钳/老虎钳	威力狮	8寸(200mm)/香蕉柄	把	24.24	广州市威力狮工具有限公司
尖嘴钳	威力狮	6寸(150mm)/香蕉柄刃口带孔	把	18.82	广州市威力狮工具有限公司
尖嘴钳	威力狮	8寸(200mm)/黑色柄	把	19.26	广州市威力狮工具有限公司
尖嘴钳	威力狮	8寸(200mm)/美式双色	把	19.50	广州市威力狮工具有限公司
木工锤(方柄)	威力狮	300g	把	15.31	广州市威力狮工具有限公司
木工锤(方柄)	威力狮	400g	把	17.79	广州市威力狮工具有限公司
钳工锤	威力狮	100g	把	8.21	广州市威力狮工具有限公司
钳工锤	威力狮	200g	把	12.24	广州市威力狮工具有限公司
钳工锤	威力狮	300g	把	15.15	广州市威力狮工具有限公司
钳工锤	威力狮	400g	把	17.48	广州市威力狮工具有限公司
钳工锤	威力狮	500g	把	20.58	广州市威力狮工具有限公司
橡胶锤(钢管柄)	威力狮	300g/黑色	个	9.65	广州市威力狮工具有限公司
橡胶锤(钢管柄)	威力狮	500g/黑色	个	13.42	广州市威力狮工具有限公司

续表

产品名称	品牌	规格型号	包装单位	参考价格（元）	供应商
橡胶锤(钢管柄)	威力狮	750g/黑色	个	16.48	广州市威力狮工具有限公司
橡胶锤(木柄)	威力狮	300g/黑色	个	8.20	广州市威力狮工具有限公司
橡胶锤(木柄)	威力狮	500g/白色	个	21.73	广州市威力狮工具有限公司
橡胶锤(木柄)	威力狮	500g/黑色	个	13.18	广州市威力狮工具有限公司
橡胶锤(木柄)	威力狮	750g/黑色	个	14.79	广州市威力狮工具有限公司
斜嘴钳	威力狮	8 寸(200mm)/美式双色	把	19.62	广州市威力狮工具有限公司
羊角锤	威力狮	16:oz/方柄	把	17.87	广州市威力狮工具有限公司
羊角锤	威力狮	16:oz/木柄	把	23.56	广州市威力狮工具有限公司
羊角锤	威力狮	16:oz/玻璃纤维柄	把	28.71	广州市威力狮工具有限公司
羊角锤	威力狮	16:oz/抛光青岗木	把	30.50	广州市威力狮工具有限公司
羊角锤	威力狮	8:oz/方柄	把	13.83	广州市威力狮工具有限公司
羊角锤	威力狮	8:oz/木柄	把	19.94	广州市威力狮工具有限公司
羊角锤	威力狮	8:oz/玻璃纤维柄	把	20.71	广州市威力狮工具有限公司
羊角锤	威力狮	8:oz/抛光青岗木	把	23.53	广州市威力狮工具有限公司
圆头锤	威力狮	1.5P	把	27.65	广州市威力狮工具有限公司
圆头锤	威力狮	1/2P	把	15.40	广州市威力狮工具有限公司
圆头锤	威力狮	1/4P	把	15.40	广州市威力狮工具有限公司
圆头锤	威力狮	1P	把	19.92	广州市威力狮工具有限公司
圆头锤	威力狮	2.5P	把	37.49	广州市威力狮工具有限公司
圆头锤	威力狮	2P	把	32.12	广州市威力狮工具有限公司
圆头锤	威力狮	3/4P	把	18.27	广州市威力狮工具有限公司
圆头锤	威力狮	3P	把	40.64	广州市威力狮工具有限公司
长柄龙骨钳	威力狮	6 寸(适用范围:0.5～0.8mm)	把	111.92	广州市威力狮工具有限公司
重型管子钳	威力狮	10 寸(250mm)	把	27.62	广州市威力狮工具有限公司
重型管子钳	威力狮	12 寸(300mm)	把	36.32	广州市威力狮工具有限公司
重型管子钳	威力狮	14 寸(350mm)	把	44.10	广州市威力狮工具有限公司
重型管子钳	威力狮	18 寸(450mm)	把	60.37	广州市威力狮工具有限公司
重型管子钳	威力狮	24 寸(600mm)	把	89.97	广州市威力狮工具有限公司
重型管子钳	威力狮	36 寸(900mm)	把	177.35	广州市威力狮工具有限公司
重型管子钳	威力狮	48 寸(1200mm)	把	271.68	广州市威力狮工具有限公司
重型管子钳	威力狮	8 寸(200mm)	把	23.25	广州市威力狮工具有限公司

6.1.3 丝批

产品名称	品牌	规格型号	包装单位	参考价格（元）	供应商
十字批头	奇凡	65mm	排(10支/排)	20.00	永康市奇凡五金工具厂
10件套十字风批头阻套	威力狮	2#/65mm	排	25.39	广州市威力狮工具有限公司
8件折叠式组合螺丝批	威力狮	一字(3/5/6/7)+梅花(PH0/PH1/PH2/PH3)	套	32.59	广州市威力狮工具有限公司
8件折叠式组合螺丝批	威力狮	一字/十字(2.5/3.5/4.5/5.5)	套	22.40	广州市威力狮工具有限公司
单头十字风批头	威力狮	1#/50mm	支	3.00	广州市威力狮工具有限公司
高档胶柄十字螺丝批	威力狮	3mm×3寸(75mm)	支	4.75	广州市威力狮工具有限公司
高档胶柄十字螺丝批	威力狮	3mm×4寸(100mm)	支	4.88	广州市威力狮工具有限公司
高档胶柄十字螺丝批	威力狮	3mm×5寸(125mm)	支	5.02	广州市威力狮工具有限公司
高档胶柄十字螺丝批	威力狮	3mm×6寸(150mm)	支	5.28	广州市威力狮工具有限公司
高档胶柄十字螺丝批	威力狮	5mm×3寸(75mm)	支	7.52	广州市威力狮工具有限公司
高档胶柄十字螺丝批	威力狮	5mm×4寸(100mm)	支	7.78	广州市威力狮工具有限公司
高档胶柄十字螺丝批	威力狮	5mm×5寸(125mm)	支	8.04	广州市威力狮工具有限公司
高档胶柄十字螺丝批	威力狮	5mm×6寸(150mm)	支	8.58	广州市威力狮工具有限公司
高档胶柄十字螺丝批	威力狮	5mm×8寸(200mm)	支	9.10	广州市威力狮工具有限公司
高档胶柄十字螺丝批	威力狮	6mm×10寸(250mm)	支	14.77	广州市威力狮工具有限公司
高档胶柄十字螺丝批	威力狮	6mm×12寸(300mm)	支	15.91	广州市威力狮工具有限公司
高档胶柄十字螺丝批	威力狮	6mm×4寸(100mm)	支	11.54	广州市威力狮工具有限公司
高档胶柄十字螺丝批	威力狮	6mm×5寸(125mm)	支	11.99	广州市威力狮工具有限公司
高档胶柄十字螺丝批	威力狮	6mm×6寸(150mm)	支	12.53	广州市威力狮工具有限公司
高档胶柄十字螺丝批	威力狮	6mm×8寸(200mm)	支	13.78	广州市威力狮工具有限公司
高档胶柄一字螺丝批	威力狮	3mm×3寸(75mm)	支	4.75	广州市威力狮工具有限公司
高档胶柄一字螺丝批	威力狮	3mm×4寸(100mm)	支	4.88	广州市威力狮工具有限公司
高档胶柄一字螺丝批	威力狮	3mm×5寸(125mm)	支	5.02	广州市威力狮工具有限公司
高档胶柄一字螺丝批	威力狮	3mm×6寸(150mm)	支	5.28	广州市威力狮工具有限公司
高档胶柄一字螺丝批	威力狮	5mm×3寸(75mm)	支	7.52	广州市威力狮工具有限公司
高档胶柄一字螺丝批	威力狮	5mm×4寸(100mm)	支	7.78	广州市威力狮工具有限公司
高档胶柄一字螺丝批	威力狮	5mm×5寸(125mm)	支	8.04	广州市威力狮工具有限公司
高档胶柄一字螺丝批	威力狮	5mm×6寸(150mm)	支	8.58	广州市威力狮工具有限公司
高档胶柄一字螺丝批	威力狮	5mm×8寸(200mm)	支	9.10	广州市威力狮工具有限公司

续表

产品名称	品牌	规格型号	包装单位	参考价格（元）	供应商
高档胶柄一字螺丝批	威力狮	6mm×10 寸(250mm)	支	14.77	广州市威力狮工具有限公司
高档胶柄一字螺丝批	威力狮	6mm×12 寸(300mm)	支	15.91	广州市威力狮工具有限公司
高档胶柄一字螺丝批	威力狮	6mm×4 寸(100mm)	支	11.54	广州市威力狮工具有限公司
高档胶柄一字螺丝批	威力狮	6mm×5 寸(125mm)	支	11.99	广州市威力狮工具有限公司
高档胶柄一字螺丝批	威力狮	6mm×6 寸(150mm)	支	12.53	广州市威力狮工具有限公司
高档胶柄一字螺丝批	威力狮	6mm×8 寸(200mm)	支	13.78	广州市威力狮工具有限公司
两用螺丝批	威力狮	6×100mm	把	9.18	广州市威力狮工具有限公司
双色彩条十字螺丝批	威力狮	3mm×3 寸(75mm)	支	1.98	广州市威力狮工具有限公司
双色彩条十字螺丝批	威力狮	3mm×4 寸(100mm)	支	2.10	广州市威力狮工具有限公司
双色彩条十字螺丝批	威力狮	3mm×5 寸(125mm)	支	2.41	广州市威力狮工具有限公司
双色彩条十字螺丝批	威力狮	3mm×6 寸(150mm)	支	2.67	广州市威力狮工具有限公司
双色彩条十字螺丝批	威力狮	5mm×10 寸(250mm)	支	5.15	广州市威力狮工具有限公司
双色彩条十字螺丝批	威力狮	5mm×3 寸(75mm)	支	3.47	广州市威力狮工具有限公司
双色彩条十字螺丝批	威力狮	5mm×4 寸(100mm)	支	3.70	广州市威力狮工具有限公司
双色彩条十字螺丝批	威力狮	5mm×5 寸(125mm)	支	3.94	广州市威力狮工具有限公司
双色彩条十字螺丝批	威力狮	5mm×6 寸(150mm)	支	4.27	广州市威力狮工具有限公司
双色彩条十字螺丝批	威力狮	5mm×8 寸(200mm)	支	4.73	广州市威力狮工具有限公司
双色彩条十字螺丝批	威力狮	6mm×1.5 寸(40mm)	支	3.96	广州市威力狮工具有限公司
双色彩条十字螺丝批	威力狮	6mm×10 寸(250mm)	支	6.52	广州市威力狮工具有限公司
双色彩条十字螺丝批	威力狮	6mm×12 寸(300mm)	支	7.08	广州市威力狮工具有限公司
双色彩条十字螺丝批	威力狮	6mm×4 寸(100mm)	支	4.24	广州市威力狮工具有限公司
双色彩条十字螺丝批	威力狮	6mm×5 寸(125mm)	支	4.53	广州市威力狮工具有限公司
双色彩条十字螺丝批	威力狮	6mm×6 寸(150mm)	支	4.82	广州市威力狮工具有限公司
双色彩条十字螺丝批	威力狮	6mm×8 寸(200mm)	支	5.39	广州市威力狮工具有限公司
双色彩条一字螺丝批	威力狮	3mm×3 寸(75mm)	支	1.98	广州市威力狮工具有限公司
双色彩条一字螺丝批	威力狮	3mm×4 寸(100mm)	支	2.10	广州市威力狮工具有限公司
双色彩条一字螺丝批	威力狮	3mm×5 寸(125mm)	支	2.41	广州市威力狮工具有限公司
双色彩条一字螺丝批	威力狮	3mm×6 寸(150mm)	支	2.67	广州市威力狮工具有限公司
双色彩条一字螺丝批	威力狮	5mm×10 寸(250mm)	支	5.15	广州市威力狮工具有限公司
双色彩条一字螺丝批	威力狮	5mm×3 寸(75mm)	支	3.47	广州市威力狮工具有限公司
双色彩条一字螺丝批	威力狮	5mm×4 寸(100mm)	支	3.70	广州市威力狮工具有限公司
双色彩条一字螺丝批	威力狮	5mm×5 寸(125mm)	支	3.94	广州市威力狮工具有限公司

续表

产品名称	品牌	规格型号	包装单位	参考价格(元)	供应商
双色彩条一字螺丝批	威力狮	5mm×6 寸(150mm)	支	4.27	广州市威力狮工具有限公司
双色彩条一字螺丝批	威力狮	5mm×8 寸(200mm)	支	4.73	广州市威力狮工具有限公司
双色彩条一字螺丝批	威力狮	6mm×1.5 寸(40mm)	支	3.96	广州市威力狮工具有限公司
双色彩条一字螺丝批	威力狮	6mm×10 寸(250mm)	支	6.52	广州市威力狮工具有限公司
双色彩条一字螺丝批	威力狮	6mm×12 寸(300mm)	支	7.08	广州市威力狮工具有限公司
双色彩条一字螺丝批	威力狮	6mm×4 寸(100mm)	支	4.24	广州市威力狮工具有限公司
双色彩条一字螺丝批	威力狮	6mm×5 寸(125mm)	支	4.53	广州市威力狮工具有限公司
双色彩条一字螺丝批	威力狮	6mm×6 寸(150mm)	支	4.82	广州市威力狮工具有限公司
双色彩条一字螺丝批	威力狮	6mm×8 寸(200mm)	支	5.39	广州市威力狮工具有限公司

6.1.4　冲凿

产品名称	品牌	规格型号	包装单位	参考价格(元)	供应商
尖凿	威力狮	14mm×200mm	支	7.06	广州市威力狮工具有限公司
尖凿	威力狮	16mm×250mm	支	11.30	广州市威力狮工具有限公司
尖凿	威力狮	16mm×300mm	支	13.42	广州市威力狮工具有限公司
木工凿(半圆型)	威力狮	1.5 寸(38mm)	支	24.98	广州市威力狮工具有限公司
木工凿(半圆型)	威力狮	1/2 寸(13mm)	支	18.28	广州市威力狮工具有限公司
木工凿(半圆型)	威力狮	1 寸(25mm)	支	18.28	广州市威力狮工具有限公司
木工凿(半圆型)	威力狮	3/4 寸(19mm)	支	18.28	广州市威力狮工具有限公司
木工凿(半圆型)	威力狮	3/8 寸(9mm)	支	18.28	广州市威力狮工具有限公司
木工凿(扁柄)	威力狮	1.5 寸(38mm)	支	19.11	广州市威力狮工具有限公司
木工凿(扁柄)	威力狮	1.75 寸(44mm)	支	19.11	广州市威力狮工具有限公司
木工凿(扁柄)	威力狮	1/2 寸(13mm)	支	13.57	广州市威力狮工具有限公司
木工凿(扁柄)	威力狮	1 寸(25mm)	支	13.57	广州市威力狮工具有限公司
木工凿(扁柄)	威力狮	3/4 寸(19mm)	支	13.57	广州市威力狮工具有限公司
木工凿(扁柄)	威力狮	3/8 寸(9mm)	支	13.57	广州市威力狮工具有限公司
木工凿(穿心)	威力狮	1.25 寸(32mm)	支	18.69	广州市威力狮工具有限公司
木工凿(穿心)	威力狮	1.5 寸(38mm)	支	18.69	广州市威力狮工具有限公司
木工凿(穿心)	威力狮	1/2 寸(13mm)	支	13.27	广州市威力狮工具有限公司
木工凿(穿心)	威力狮	1 寸(25mm)	支	13.27	广州市威力狮工具有限公司
木工凿(穿心)	威力狮	3/4 寸(19mm)	支	13.27	广州市威力狮工具有限公司
木工凿(穿心)	威力狮	3/8 寸(9mm)	支	13.27	广州市威力狮工具有限公司

续表

产品名称	品牌	规格型号	包装单位	参考价格(元)	供应商
平凿	威力狮	14mm×200mm	支	7.06	广州市威力狮工具有限公司
平凿	威力狮	16mm×250mm	支	11.30	广州市威力狮工具有限公司
平凿	威力狮	16mm×300mm	支	13.42	广州市威力狮工具有限公司

6.1.5 磨切

产品名称	品牌	规格型号	包装单位	参考价格(元)	供应商
金刚石磨片	普通	标准	张	8.40	上海曦阳五金电器有限公司
切割片	普通	玻化砖专用	片	20.00	上海曦阳五金电器有限公司
切割片	普通	开槽专用	片	18.00	上海曦阳五金电器有限公司
树脂砂轮片	普通	350×3.2,4300m/min	张	36.48	上海曦阳五金电器有限公司
铁开孔器	普通	ϕ100	个	48.30	上海曦阳五金电器有限公司
铁开孔器	普通	ϕ16	个	7.73	上海曦阳五金电器有限公司
铁开孔器	普通	ϕ20	个	9.66	上海曦阳五金电器有限公司
铁开孔器	普通	ϕ25	个	12.08	上海曦阳五金电器有限公司
铁开孔器	普通	ϕ30	个	14.49	上海曦阳五金电器有限公司
铁开孔器	普通	ϕ35	个	15.25	上海曦阳五金电器有限公司
铁开孔器	普通	ϕ40	个	19.32	上海曦阳五金电器有限公司
铁开孔器	普通	ϕ50	个	24.15	上海曦阳五金电器有限公司
铁开孔器	普通	ϕ60	个	28.98	上海曦阳五金电器有限公司
铁开孔器	普通	ϕ70	个	27.72	上海程申实业有限公司
铁开孔器	普通	ϕ75	个	36.23	上海曦阳五金电器有限公司
铁开孔器	普通	ϕ80	个	38.64	上海曦阳五金电器有限公司
玻璃开孔器	威力狮	100mm	个	42.35	广州市威力狮工具有限公司
玻璃开孔器	威力狮	10mm	个	2.59	广州市威力狮工具有限公司
玻璃开孔器	威力狮	110mm	个	46.59	广州市威力狮工具有限公司
玻璃开孔器	威力狮	120mm	个	50.82	广州市威力狮工具有限公司
玻璃开孔器	威力狮	12mm	个	3.11	广州市威力狮工具有限公司
玻璃开孔器	威力狮	14mm	个	3.62	广州市威力狮工具有限公司
玻璃开孔器	威力狮	16mm	个	4.14	广州市威力狮工具有限公司
玻璃开孔器	威力狮	18mm	个	4.66	广州市威力狮工具有限公司
玻璃开孔器	威力狮	20mm	个	5.18	广州市威力狮工具有限公司
玻璃开孔器	威力狮	22mm	个	5.69	广州市威力狮工具有限公司

续表

产品名称	品牌	规格型号	包装单位	参考价格(元)	供应商
玻璃开孔器	威力狮	25mm	个	6.47	广州市威力狮工具有限公司
玻璃开孔器	威力狮	30mm	个	7.76	广州市威力狮工具有限公司
玻璃开孔器	威力狮	35mm	个	9.06	广州市威力狮工具有限公司
玻璃开孔器	威力狮	40mm	个	10.35	广州市威力狮工具有限公司
玻璃开孔器	威力狮	45mm	个	11.65	广州市威力狮工具有限公司
玻璃开孔器	威力狮	50mm	个	12.94	广州市威力狮工具有限公司
玻璃开孔器	威力狮	55mm	个	14.24	广州市威力狮工具有限公司
玻璃开孔器	威力狮	60mm	个	15.53	广州市威力狮工具有限公司
玻璃开孔器	威力狮	65mm	个	27.53	广州市威力狮工具有限公司
玻璃开孔器	威力狮	6mm	个	1.55	广州市威力狮工具有限公司
玻璃开孔器	威力狮	70mm	个	29.65	广州市威力狮工具有限公司
玻璃开孔器	威力狮	75mm	个	31.76	广州市威力狮工具有限公司
玻璃开孔器	威力狮	80mm	个	33.88	广州市威力狮工具有限公司
玻璃开孔器	威力狮	85mm	个	36.00	广州市威力狮工具有限公司
玻璃开孔器	威力狮	8mm	个	2.07	广州市威力狮工具有限公司
玻璃开孔器	威力狮	90mm	个	38.12	广州市威力狮工具有限公司
玻璃开孔器	威力狮	95mm	个	40.24	广州市威力狮工具有限公司
钢锯架	威力狮	300mm/电镀调节式	把	23.45	广州市威力狮工具有限公司
钢锯架	威力狮	300mm/固定式	把	20.42	广州市威力狮工具有限公司
钢锯架	威力狮	300mm/活动式	把	21.72	广州市威力狮工具有限公司
金刚石开孔器	威力狮	10mm	个	5.88	广州市威力狮工具有限公司
金刚石开孔器	威力狮	12mm	个	7.06	广州市威力狮工具有限公司
金刚石开孔器	威力狮	14mm	个	8.24	广州市威力狮工具有限公司
金刚石开孔器	威力狮	16mm	个	9.41	广州市威力狮工具有限公司
金刚石开孔器	威力狮	18mm	个	10.59	广州市威力狮工具有限公司
金刚石开孔器	威力狮	20mm	个	11.76	广州市威力狮工具有限公司
金刚石开孔器	威力狮	21mm	个	12.35	广州市威力狮工具有限公司
金刚石开孔器	威力狮	22mm	个	12.94	广州市威力狮工具有限公司
金刚石开孔器	威力狮	25mm	个	14.71	广州市威力狮工具有限公司
金刚石开孔器	威力狮	27mm	个	15.88	广州市威力狮工具有限公司
金刚石开孔器	威力狮	28mm	个	16.47	广州市威力狮工具有限公司
金刚石开孔器	威力狮	30mm	个	17.65	广州市威力狮工具有限公司

续表

产品名称	品牌	规格型号	包装单位	参考价格(元)	供应商
金刚石开孔器	威力狮	32mm	个	18.82	广州市威力狮工具有限公司
金刚石开孔器	威力狮	34mm	个	20.00	广州市威力狮工具有限公司
金刚石开孔器	威力狮	35mm	个	20.59	广州市威力狮工具有限公司
金刚石开孔器	威力狮	40mm	个	23.53	广州市威力狮工具有限公司
金刚石开孔器	威力狮	42mm	个	24.71	广州市威力狮工具有限公司
金刚石开孔器	威力狮	45mm	个	26.47	广州市威力狮工具有限公司
金刚石开孔器	威力狮	50mm	个	29.41	广州市威力狮工具有限公司
金刚石开孔器	威力狮	53mm	个	31.18	广州市威力狮工具有限公司
金刚石开孔器	威力狮	55mm	个	32.35	广州市威力狮工具有限公司
金刚石开孔器	威力狮	60mm	个	35.29	广州市威力狮工具有限公司
金刚石开孔器	威力狮	6mm	个	3.53	广州市威力狮工具有限公司
金刚石开孔器	威力狮	8mm	个	4.71	广州市威力狮工具有限公司
手板锯	威力狮	12 寸(300mm)	把	26.21	广州市威力狮工具有限公司
手板锯	威力狮	16 寸(400mm)	把	35.15	广州市威力狮工具有限公司
手腰锯	威力狮	8 寸(180mm)	把	46.88	广州市威力狮工具有限公司
手用钢锯条	威力狮	18 牙	条	0.55	广州市威力狮工具有限公司
手用钢锯条	威力狮	18 牙/柔性	条	0.70	广州市威力狮工具有限公司
手用钢锯条	威力狮	24 牙	条	0.55	广州市威力狮工具有限公司
手用钢锯条	威力狮	24 牙/柔性	条	0.70	广州市威力狮工具有限公司
特殊合金钢锯条	威力狮	中档 18 牙	条	2.72	广州市威力狮工具有限公司
特殊合金钢锯条	威力狮	中档 24 牙	条	2.72	广州市威力狮工具有限公司

6.1.6 刀刃具

产品名称	品牌	规格型号	包装单位	参考价格(元)	供应商
玻璃钻	普通	ϕ10	根	8.05	上海曦阳五金电器有限公司
玻璃钻	普通	ϕ35	根	14.01	上海曦阳五金电器有限公司
玻璃钻	普通	ϕ40	根	16.10	上海曦阳五金电器有限公司
玻璃钻	普通	ϕ6	根	3.22	上海曦阳五金电器有限公司
玻璃钻	普通	ϕ8	根	6.44	上海曦阳五金电器有限公司
不锈钢斜角墙纸刀	普通	ED0080,8 寸	把	38.40	上海程申实业有限公司
不锈钢斜角墙纸刀	普通	ED0088,11 寸	把	46.80	上海程申实业有限公司

续表

产品名称	品牌	规格型号	包装单位	参考价格(元)	供应商
冲击钻	普通	8×160	支	3.60	上海曦阳五金电器有限公司
麻花钻	普通	ϕ10	根	4.03	上海曦阳五金电器有限公司
麻花钻	普通	ϕ3.2	根	2.50	上海曦阳五金电器有限公司
麻花钻	普通	ϕ3.5	根	1.77	上海曦阳五金电器有限公司
麻花钻	普通	ϕ4	根	1.77	上海曦阳五金电器有限公司
麻花钻	普通	ϕ4.2	根	2.25	上海曦阳五金电器有限公司
麻花钻	普通	ϕ8	个	2.38	上海曦阳五金电器有限公司
铁皮剪	普通	10 寸	把	21.60	上海曦阳五金电器有限公司
铁皮剪	普通	12 寸	把	25.20	上海曦阳五金电器有限公司
铁皮剪	普通	14 寸	把	28.80	上海曦阳五金电器有限公司
铁皮剪	普通	8 寸	把	18.00	上海曦阳五金电器有限公司
美工刀片	日钢	宽 18mm	盒(100 片/盒)	24.00	揭阳市日钢五金实业有限公司
美工刀片	日钢	宽 18mm	盒(10 片/盒)	4.82	揭阳市日钢五金实业有限公司
12 件套雕刻刀	威力狮	W3444	套	354.54	广州市威力狮工具有限公司
PVC 割刀	威力狮	0～42mm/自动	把	29.65	广州市威力狮工具有限公司
PVC 割刀	威力狮	25～42mm/鱼式	把	35.76	广州市威力狮工具有限公司
PVC 铝塑管割刀	威力狮	0～42mm	把	28.09	广州市威力狮工具有限公司
PVC 铝塑管割刀	威力狮	0～42mm/胶柄	把	30.95	广州市威力狮工具有限公司
玻璃刀	威力狮	2～19mm	把	34.50	广州市威力狮工具有限公司
玻璃刀	威力狮	3～6mm	把	25.42	广州市威力狮工具有限公司
玻璃刀	威力狮	3～8mm	把	45.42	广州市威力狮工具有限公司
冲击钻	威力狮	10×全长 150mm	支	6.66	广州市威力狮工具有限公司
冲击钻	威力狮	12×全长 150mm	支	6.66	广州市威力狮工具有限公司
冲击钻	威力狮	14×全长 150mm	支	11.21	广州市威力狮工具有限公司
冲击钻	威力狮	16×全长 150mm	支	11.21	广州市威力狮工具有限公司
冲击钻	威力狮	6×全长 150mm	支	6.66	广州市威力狮工具有限公司
冲击钻	威力狮	8×全长 150mm	支	6.66	广州市威力狮工具有限公司
电工刀	威力狮	200mm/大弯	把	23.73	广州市威力狮工具有限公司
电工刀	威力狮	200mm/黑檀木柄弯嘴	把	32.50	广州市威力狮工具有限公司
电工刀	威力狮	200mm/黑檀木柄直嘴	把	32.50	广州市威力狮工具有限公司

续表

产品名称	品牌	规格型号	包装单位	参考价格（元）	供应商
电工刀	威力狮	200mm/塑柄弯嘴	把	16.00	广州市威力狮工具有限公司
电工刀	威力狮	200mm/塑柄直嘴	把	16.00	广州市威力狮工具有限公司
勾刀	威力狮	含四枚刀片	把	7.71	广州市威力狮工具有限公司
勾刀刀片	威力狮	标准	盒(10片/盒)	2.48	广州市威力狮工具有限公司
剪刀	威力狮	170mm/民用剪	把	4.76	广州市威力狮工具有限公司
剪刀	威力狮	215mm 大头剪	把	7.25	广州市威力狮工具有限公司
剪刀	威力狮	220mm/发黑民用剪	把	7.46	广州市威力狮工具有限公司
剪刀	威力狮	240mm/皮具剪	把	10.17	广州市威力狮工具有限公司
麻花钻	威力狮	1.0mm	支	1.57	广州市威力狮工具有限公司
麻花钻	威力狮	1.5mm	支	1.57	广州市威力狮工具有限公司
麻花钻	威力狮	10.0mm	支	17.30	广州市威力狮工具有限公司
麻花钻	威力狮	10.5mm	支	19.30	广州市威力狮工具有限公司
麻花钻	威力狮	11.0mm	支	22.55	广州市威力狮工具有限公司
麻花钻	威力狮	11.5mm	支	25.23	广州市威力狮工具有限公司
麻花钻	威力狮	12.0mm	支	29.58	广州市威力狮工具有限公司
麻花钻	威力狮	12.5mm	支	31.60	广州市威力狮工具有限公司
麻花钻	威力狮	13.0mm	支	33.60	广州市威力狮工具有限公司
麻花钻	威力狮	14.0mm	支	37.79	广州市威力狮工具有限公司
麻花钻	威力狮	15.0mm	支	41.51	广州市威力狮工具有限公司
麻花钻	威力狮	16.0mm	支	43.37	广州市威力狮工具有限公司
麻花钻	威力狮	2.0mm	支	1.57	广州市威力狮工具有限公司
麻花钻	威力狮	2.5mm	支	1.69	广州市威力狮工具有限公司
麻花钻	威力狮	2.8mm	支	2.03	广州市威力狮工具有限公司
麻花钻	威力狮	3.0mm	支	2.03	广州市威力狮工具有限公司
麻花钻	威力狮	3.2mm	支	2.03	广州市威力狮工具有限公司
麻花钻	威力狮	3.5mm	支	2.26	广州市威力狮工具有限公司
麻花钻	威力狮	4.0mm	支	2.83	广州市威力狮工具有限公司
麻花钻	威力狮	4.2mm	支	2.83	广州市威力狮工具有限公司
麻花钻	威力狮	4.5mm	支	3.19	广州市威力狮工具有限公司
麻花钻	威力狮	4.8mm	支	4.12	广州市威力狮工具有限公司

续表

产品名称	品牌	规格型号	包装单位	参考价格（元）	供应商
麻花钻	威力狮	5.0mm	支	4.12	广州市威力狮工具有限公司
麻花钻	威力狮	5.2mm	支	4.12	广州市威力狮工具有限公司
麻花钻	威力狮	5.3mm	支	4.48	广州市威力狮工具有限公司
麻花钻	威力狮	5.5mm	支	4.48	广州市威力狮工具有限公司
麻花钻	威力狮	6.0mm	支	6.38	广州市威力狮工具有限公司
麻花钻	威力狮	6.2mm	支	7.13	广州市威力狮工具有限公司
麻花钻	威力狮	6.5mm	支	7.13	广州市威力狮工具有限公司
麻花钻	威力狮	6.8mm	支	8.83	广州市威力狮工具有限公司
麻花钻	威力狮	7.0mm	支	8.83	广州市威力狮工具有限公司
麻花钻	威力狮	7.5mm	支	9.63	广州市威力狮工具有限公司
麻花钻	威力狮	8.0mm	支	11.20	广州市威力狮工具有限公司
麻花钻	威力狮	8.2mm	支	13.25	广州市威力狮工具有限公司
麻花钻	威力狮	8.5mm	支	13.25	广州市威力狮工具有限公司
麻花钻	威力狮	9.0mm	支	14.95	广州市威力狮工具有限公司
麻花钻	威力狮	9.5mm	支	16.24	广州市威力狮工具有限公司
美工刀	威力狮	9mm	把	5.86	广州市威力狮工具有限公司
美工刀片	啄木鸟	宽 18mm	盒(100片/盒)	30.80	宁波市福达刀片有限公司
美工刀片	啄木鸟	宽 18mm	盒(10片/盒)	5.35	宁波市福达刀片有限公司

6.1.7　仪表测量

产品名称	品牌	规格型号	包装单位	参考价格(元)	供应商
吊线锤/线陀	普通	1000g	卷	11.20	上海程申实业有限公司
吊线锤/线陀	普通	1500g	卷	18.90	上海程申实业有限公司
吊线锤/线陀	普通	2000g	卷	28.00	上海程申实业有限公司
吊线锤/线陀	普通	300g	卷	3.50	上海程申实业有限公司
吊线锤/线陀	普通	500g	卷	5.60	上海程申实业有限公司
吊线锤/线陀	普通	750g	卷	7.00	上海程申实业有限公司
金玲角尺	普通	300mm×150mm	把	5.14	上海曦阳五金电器有限公司
卷尺	普通	10m	把	17.42	上海曦阳五金电器有限公司
卷尺	普通	3m	把	5.28	上海曦阳五金电器有限公司

续表

产品名称	品牌	规格型号	包装单位	参考价格(元)	供应商
卷尺	普通	5m	把	6.60	上海曦阳五金电器有限公司
卷尺	普通	7.5m	把	10.96	上海曦阳五金电器有限公司
三角尺	普通	15cm	把	2.86	上海曦阳五金电器有限公司
三角尺	普通	20cm	把	4.55	上海曦阳五金电器有限公司
包胶钢卷尺	威力狮	10m×25mm	卷	36.05	广州市威力狮工具有限公司
包胶钢卷尺	威力狮	3.6m×16mm	卷	10.49	广州市威力狮工具有限公司
包胶钢卷尺	威力狮	3m×16mm	卷	9.42	广州市威力狮工具有限公司
包胶钢卷尺	威力狮	5m×19mm	卷	13.13	广州市威力狮工具有限公司
包胶钢卷尺	威力狮	5m×19mm	卷	13.13	广州市威力狮工具有限公司
包胶钢卷尺	威力狮	5m×25mm	卷	16.91	广州市威力狮工具有限公司
包胶钢卷尺	威力狮	7.5m×25mm	卷	25.77	广州市威力狮工具有限公司
丙烷减压表(全铜)	威力狮	0322 红色	个	108.24	广州市威力狮工具有限公司
玻璃纤维皮卷尺	威力狮	20m	卷	25.41	广州市威力狮工具有限公司
玻璃纤维皮卷尺	威力狮	30m	卷	34.12	广州市威力狮工具有限公司
玻璃纤维皮卷尺	威力狮	50m	卷	49.41	广州市威力狮工具有限公司
不锈钢架式插尺	威力狮	30m	个	95.65	广州市威力狮工具有限公司
不锈钢架式插尺	威力狮	50m	个	124.23	广州市威力狮工具有限公司
磁性鱼雷水平尺	威力狮	225mm	条	8.14	广州市威力狮工具有限公司
磁性鱼雷水平尺	威力狮	吸塑 225mm	条	9.69	广州市威力狮工具有限公司
吊线锤/线陀	威力狮	200g	个	9.95	广州市威力狮工具有限公司
吊线锤/线陀	威力狮	300g	个	13.39	广州市威力狮工具有限公司
吊线锤/线陀	威力狮	400g	个	15.34	广州市威力狮工具有限公司
吊线锤/线陀	威力狮	500g	个	17.27	广州市威力狮工具有限公司
钢卷尺	威力狮	2m×13mm	卷	5.56	广州市威力狮工具有限公司
钢卷尺	威力狮	3.5m×16mm	卷	7.86	广州市威力狮工具有限公司
钢卷尺	威力狮	3m×13mm	卷	6.73	广州市威力狮工具有限公司
钢卷尺	威力狮	3m×16mm	卷	7.96	广州市威力狮工具有限公司
钢卷尺	威力狮	3m×16mm	卷	17.65	广州市威力狮工具有限公司
钢卷尺	威力狮	5m×19mm	卷	11.79	广州市威力狮工具有限公司
钢卷尺	威力狮	5m×19mm	卷	25.65	广州市威力狮工具有限公司
钢卷尺	威力狮	5m×25mm	卷	15.13	广州市威力狮工具有限公司

续表

产品名称	品牌	规格型号	包装单位	参考价格(元)	供应商
钢卷尺	威力狮	5m×25mm	卷	29.89	广州市威力狮工具有限公司
钢卷尺	威力狮	7.5m×25mm	卷	24.88	广州市威力狮工具有限公司
钢卷尺	威力狮	7m×25mm	卷	41.42	广州市威力狮工具有限公司
铝合金水平尺,强磁带荧光	威力狮	1000mm	条	38.30	广州市威力狮工具有限公司
铝合金水平尺,强磁带荧光	威力狮	1200mm	条	45.49	广州市威力狮工具有限公司
铝合金水平尺,强磁带荧光	威力狮	1500mm	条	92.40	广州市威力狮工具有限公司
铝合金水平尺,强磁带荧光	威力狮	300mm	条	19.82	广州市威力狮工具有限公司
铝合金水平尺,强磁带荧光	威力狮	400mm	条	21.50	广州市威力狮工具有限公司
铝合金水平尺,强磁带荧光	威力狮	450mm	条	23.69	广州市威力狮工具有限公司
铝合金水平尺,强磁带荧光	威力狮	500mm	条	24.24	广州市威力狮工具有限公司
铝合金水平尺,强磁带荧光	威力狮	600mm	条	27.66	广州市威力狮工具有限公司
铝合金水平尺,强磁带荧光	威力狮	800mm	条	33.30	广州市威力狮工具有限公司
手推数字滚动式测距轮	威力狮	10000m	个	259.31	广州市威力狮工具有限公司
万用表	威力狮	A型	个	93.89	广州市威力狮工具有限公司
万用表	威力狮	B型	个	70.58	广州市威力狮工具有限公司
万用表	威力狮	C型	个	41.04	广州市威力狮工具有限公司
锌合金角尺	威力狮	200mm	把	18.00	广州市威力狮工具有限公司
锌合金角尺	威力狮	250mm	把	19.53	广州市威力狮工具有限公司
锌合金角尺	威力狮	300mm	把	22.47	广州市威力狮工具有限公司
锌合金角尺	威力狮	500mm	把	34.60	广州市威力狮工具有限公司
锌合金组合角尺	威力狮	300mm	把	23.20	广州市威力狮工具有限公司
氧气减压表(全铜)	威力狮	0320A内牙	个	108.24	广州市威力狮工具有限公司
氧气减压表(全铜)	威力狮	0320B外牙	个	143.12	广州市威力狮工具有限公司
乙炔减压表(全铜)	威力狮	0321红色	个	108.24	广州市威力狮工具有限公司
游标卡尺	威力狮	0～125mm	把	94.46	广州市威力狮工具有限公司
游标卡尺	威力狮	0～150mm	把	114.60	广州市威力狮工具有限公司
游标卡尺	威力狮	0～200mm	把	159.50	广州市威力狮工具有限公司
游标卡尺	威力狮	0～300mm	把	305.82	广州市威力狮工具有限公司
插地尺	长城	30m	把	26.40	宁波长城精工实业有限公司
插地尺	长城	50m	把	29.04	宁波长城精工实业有限公司
钢卷尺	长城	50m	把	29.04	宁波长城精工实业有限公司

6.1.8 工具组套

产品名称	品牌	规格型号	包装单位	参考价格(元)	供应商
家用工具组套	威力狮	12 件套	套	119.53	广州市威力狮工具有限公司
家用工具组套	威力狮	9 件套	套	71.30	广州市威力狮工具有限公司

6.2 劳保清洁

6.2.1 劳保用品

产品名称	品牌	规格型号	包装单位	参考价格(元)	供应商
耳塞	3M	1100 型	副	0.86	3M 中国有限公司
耳塞	3M	1110 型(带线)	副	1.73	3M 中国有限公司
耳塞	3M	1270 型(圣诞树型带线)	副	8.64	3M 中国有限公司
防尘口罩	3M	耳戴式 9001	个	3.60	3M 中国有限公司
防尘口罩	3M	头戴式 9002	只	3.60	3M 中国有限公司
防毒面具	3M	1201 型	只	54.72	3M 中国有限公司
防毒面具	3M	半面型 620P6000 系列	个	171.60	3M 中国有限公司
防护眼镜	3M	灰	副	29.04	3M 中国有限公司
防毒口罩	驰风	优质	只	11.52	上海程申实业有限公司
安全带	普通	标准	套	16.56	上海曦阳五金电器有限公司
安全帽	普通	ABS	顶	15.84	上海程申实业有限公司
安全帽	普通	普通	顶	6.48	上海程申实业有限公司
安全帽	普通	威武	顶	9.36	上海程申实业有限公司
钉鞋(地坪漆专用)	普通	均码	双	68.00	上海曦阳五金电器有限公司
帆布手套	普通	标准	副	2.54	上海程申实业有限公司
防护眼镜	普通	蓝边×12	只	2.88	上海程申实业有限公司
焊接面罩	普通	黑	只	4.75	上海程申实业有限公司
焊接面罩	普通	红	只	4.75	上海程申实业有限公司
胶片手套	普通	黄胶片	打(12 双/打)	18.72	上海程申实业有限公司
胶片手套	普通	绿胶片	打(12 双/打)	43.20	上海程申实业有限公司
棉纱手套	普通	红边纱	打(12 双/打)	12.96	上海程申实业有限公司

续表

产品名称	品牌	规格型号	包装单位	参考价格（元）	供应商
棉纱手套	普通	绿边纱	打(12 双/打)	11.05	上海程申实业有限公司
细布口罩	普通	标准	包(10 只/包)	8.60	上海程申实业有限公司
橡胶手套	普通	12 双/打	打	50.40	上海程申实业有限公司
一次性口罩	普通	标准	盒(50 只/盒)	7.20	上海程申实业有限公司
安全带	威力狮	单背	条	45.21	广州市威力狮工具有限公司
安全带	威力狮	双背	条	52.83	广州市威力狮工具有限公司
安全带	威力狮	双背双绳	条	78.35	广州市威力狮工具有限公司
电焊手套	威力狮	驳掌胶袖，11 寸/无里衬	对	13.60	广州市威力狮工具有限公司
电焊手套	威力狮	驳掌胶袖，11 寸/有里衬	对	15.00	广州市威力狮工具有限公司
焊接面罩	威力狮	手持黑色	个	13.60	广州市威力狮工具有限公司

6.2.2　清洁用品

产品名称	品牌	规格型号	包装单位	参考价格(元)	供应商
钢丝球	驰凤	标准	袋(10 个/袋)	4.80	上海程申实业有限公司
研磨百洁布	驰凤	230mm×90mm×6mm	箱(60 片/箱)	26.40	上海程申实业有限公司
擦布	普通	标准	扎(5kg/扎)	59.40	上海程申实业有限公司
彩条布	普通	2m×20m	张	48.00	上海亚永建材经营部
彩条布	普通	4m×10m	张	56.00	上海亚永建材经营部
彩条布	普通	6m×9m	张	88.00	上海亚永建材经营部
彩条布	普通	8m×9m	张	112.20	上海亚永建材经营部
回丝	普通	精白	kg	17.28	上海程申实业有限公司
回丝	普通	精白	扎(12kg/扎)	165.00	上海程申实业有限公司
芦花扫把	普通	标准	把	8.00	上海亚永建材经营部
毛巾	普通	白色	条	2.60	上海晶贝水性涂料经营部
便捷式刮污刀	威力狮	100mm	把	5.80	广州市威力狮工具有限公司
便捷式刮污刀	威力狮	102mm+刀片 10 片	组	10.00	广州市威力狮工具有限公司
便捷式刮污刀	威力狮	短柄，100mm	把	11.29	广州市威力狮工具有限公司
便捷式刮污刀	威力狮	长柄，100mm	把	14.59	广州市威力狮工具有限公司
便捷式刮污刀片	威力狮	100mm	盒(10 片/盒)	3.40	广州市威力狮工具有限公司

6.3 门锁五金

产品名称	品牌	规格型号	包装单位	参考价格（元）	供应商
202 不锈钢合页	顶固	4×3×3 金拉丝（一副两个）	副	78.00	广东顶固集创家居股份有限公司
202 不锈钢合页	顶固	4×3×3 银拉丝（一副两个）	副	78.00	广东顶固集创家居股份有限公司
202 不锈钢合页	顶固	4×3×3 棕古铜（一副两个）	副	78.00	广东顶固集创家居股份有限公司
玻璃门吊轮	顶固	氧化银白(60～80kg)	副	255.00	广东顶固集创家居股份有限公司
不锈钢保险插	顶固	砂光 6 寸	个	77.00	广东顶固集创家居股份有限公司
不锈钢尖嘴插	顶固	砂光 6 寸	个	76.00	广东顶固集创家居股份有限公司
不锈钢尖嘴插	顶固	砂光 8 寸	个	88.00	广东顶固集创家居股份有限公司
抽屉锁	顶固	镍 锁芯长度 22mm	把	18.00	广东顶固集创家居股份有限公司
抽屉锁	顶固	镍 锁芯长度 32mm	把	19.00	广东顶固集创家居股份有限公司
地门吸	顶固	合金 PVD 金	个	48.00	广东顶固集创家居股份有限公司
地门吸	顶固	合金 镍拉丝	个	42.00	广东顶固集创家居股份有限公司
地门吸	顶固	合金 青古铜	个	45.00	广东顶固集创家居股份有限公司
地门吸	顶固	合金 棕古铜	个	45.00	广东顶固集创家居股份有限公司
吊轨	顶固	电泳香槟(120kg)	m	129.00	广东顶固集创家居股份有限公司
吊轨	顶固	电泳香槟(60kg)	m	75.00	广东顶固集创家居股份有限公司
吊轨	顶固	碱砂氧化(120kg)	m	117.00	广东顶固集创家居股份有限公司

续表

产品名称	品牌	规格型号	包装单位	参考价格(元)	供应商
吊轨	顶固	碱砂氧化(60kg)	m	56.00	广东顶固集创家居股份有限公司
简约锌合金拉手	顶固	24K 金(孔距 128mm)	个	25.00	广东顶固集创家居股份有限公司
简约锌合金拉手	顶固	24K 金(孔距 64mm)	个	25.00	广东顶固集创家居股份有限公司
简约锌合金拉手	顶固	24K 金(孔距 96mm)	个	29.00	广东顶固集创家居股份有限公司
简约锌合金拉手	顶固	24K 金(孔距 96mm)	个	25.00	广东顶固集创家居股份有限公司
简约锌合金拉手	顶固	咖啡红铜(孔距 128mm)	个	55.00	广东顶固集创家居股份有限公司
简约锌合金拉手	顶固	拉丝古银(孔距 128mm)	个	46.00	广东顶固集创家居股份有限公司
简约锌合金拉手	顶固	拉丝古银(孔距 160mm)	个	57.00	广东顶固集创家居股份有限公司
简约锌合金拉手	顶固	青古铜(孔距 160mm)	个	57.00	广东顶固集创家居股份有限公司
简约锌合金拉手	顶固	钢间金(孔距 160mm)	个	36.00	广东顶固集创家居股份有限公司
简约锌合金拉手	顶固	镍拉丝(孔距 128mm)	个	19.00	广东顶固集创家居股份有限公司
简约锌合金拉手	顶固	双色钢(孔距 128mm)	个	23.00	广东顶固集创家居股份有限公司
简约锌合金拉手	顶固	双色钢(孔距 160mm)	个	36.00	广东顶固集创家居股份有限公司
门吸	顶固	合金 金拉丝	个	56.00	广东顶固集创家居股份有限公司
门吸	顶固	合金 砂镍	个	38.00	广东顶固集创家居股份有限公司
门吸	顶固	合金 珍珠铬	个	50.00	广东顶固集创家居股份有限公司

续表

产品名称	品牌	规格型号	包装单位	参考价格（元）	供应商
门吸	顶固	合金 棕古铜	个	42.00	广东顶固集创家居股份有限公司
木门吊轮	顶固	镍拉丝(40kg)	副	91.00	广东顶固集创家居股份有限公司
木门吊轮	顶固	沙盯铬(60kg)	副	136.00	广东顶固集创家居股份有限公司
欧式锌合金拉手	顶固	24K 金(孔距 128mm)	个	30.00	广东顶固集创家居股份有限公司
欧式锌合金拉手	顶固	24K 金(孔距 128mm)	个	32.00	广东顶固集创家居股份有限公司
欧式锌合金拉手	顶固	24K 金(孔距 64mm)	个	23.00	广东顶固集创家居股份有限公司
欧式锌合金拉手	顶固	24K 金(孔距 64mm)	个	21.00	广东顶固集创家居股份有限公司
欧式锌合金拉手	顶固	24K 金(孔距 96mm)	个	25.00	广东顶固集创家居股份有限公司
欧式锌合金拉手	顶固	咖啡红铜(孔距 128mm)	个	34.00	广东顶固集创家居股份有限公司
欧式锌合金拉手	顶固	拉丝古银(孔距 160mm)	个	57.00	广东顶固集创家居股份有限公司
欧式锌合金拉手	顶固	青古铜(孔距 128mm)	个	34.00	广东顶固集创家居股份有限公司
欧式锌合金拉手	顶固	青古铜(孔距 64mm)	个	15.00	广东顶固集创家居股份有限公司
三节滚珠滑轨	顶固	45# 10 寸/25cm 黑色(一副两个)	副	28.00	广东顶固集创家居股份有限公司
三节滚珠滑轨	顶固	45# 10 寸/25cm 银白(一副两个)	副	28.00	广东顶固集创家居股份有限公司
三节滚珠滑轨	顶固	45# 12 寸/30cm 黑色(一副两个)	副	34.00	广东顶固集创家居股份有限公司
三节滚珠滑轨	顶固	45# 12 寸/30cm 银白(一副两个)	副	34.00	广东顶固集创家居股份有限公司

续表

产品名称	品牌	规格型号	包装单位	参考价格（元）	供应商
三节滚珠滑轨	顶固	45＃ 14寸/35cm黑色（一副两个）	副	40.00	广东顶固集创家居股份有限公司
三节滚珠滑轨	顶固	45＃ 14寸/35cm银白（一副两个）	副	40.00	广东顶固集创家居股份有限公司
三节滚珠滑轨	顶固	45＃ 16寸/40cm黑色（一副两个）	副	45.00	广东顶固集创家居股份有限公司
三节滚珠滑轨	顶固	45＃ 16寸/40cm银白（一副两个）	副	45.00	广东顶固集创家居股份有限公司
三节滚珠滑轨	顶固	45＃ 18寸/45cm黑色（一副两个）	副	51.00	广东顶固集创家居股份有限公司
三节滚珠滑轨	顶固	45＃ 18寸/45cm银白（一副两个）	副	51.00	广东顶固集创家居股份有限公司
三节滚珠滑轨	顶固	45＃ 20寸/50cm黑色（一副两个）	副	57.00	广东顶固集创家居股份有限公司
三节滚珠滑轨	顶固	45＃ 20寸/50cm银白（一副两个）	副	57.00	广东顶固集创家居股份有限公司
三节滚珠滑轨	顶固	45＃ 22寸/55cm黑色（一副两个）	副	62.00	广东顶固集创家居股份有限公司
三节滚珠滑轨	顶固	45＃ 22寸/55cm银白（一副两个）	副	62.00	广东顶固集创家居股份有限公司
三节滚珠滑轨	顶固	45＃ 24寸/60cm银白（一副两个）	副	68.00	广东顶固集创家居股份有限公司
陶瓷锌合金拉手	顶固	金古铜（单孔）	个	18.00	广东顶固集创家居股份有限公司
陶瓷锌合金拉手	顶固	金古铜（单孔）	个	18.00	广东顶固集创家居股份有限公司
陶瓷锌合金拉手	顶固	金古铜（孔距128mm）	个	37.00	广东顶固集创家居股份有限公司
陶瓷锌合金拉手	顶固	金古铜（孔距128mm）	个	37.00	广东顶固集创家居股份有限公司
陶瓷锌合金拉手	顶固	金古铜（孔距96mm）	个	32.00	广东顶固集创家居股份有限公司

续表

产品名称	品牌	规格型号	包装单位	参考价格（元）	供应商
陶瓷锌合金拉手	顶固	深黑古铜(孔距 96mm)	个	32.00	广东顶固集创家居股份有限公司
陶瓷锌合金拉手	顶固	香槟金(单孔)	个	23.00	广东顶固集创家居股份有限公司
陶瓷锌合金拉手	顶固	香槟金(孔距 96mm)	个	32.00	广东顶固集创家居股份有限公司
自锁三节滚珠滑轨	顶固	45＃ 16 寸/40cm 黑色（一副两个）	副	53.00	广东顶固集创家居股份有限公司
自锁三节滚珠滑轨	顶固	45＃ 18 寸/45cm 黑色（一副两个）	副	60.00	广东顶固集创家居股份有限公司
自锁三节滚珠滑轨	顶固	45＃ 20 寸/50cm 黑色（一副两个）	副	67.00	广东顶固集创家居股份有限公司
自卸液压铰链	顶固	金古铜 大弯	个	18.00	广东顶固集创家居股份有限公司
自卸液压铰链	顶固	金古铜 直弯	个	18.00	广东顶固集创家居股份有限公司
自卸液压铰链	顶固	金古铜 中弯	个	18.00	广东顶固集创家居股份有限公司
自卸液压铰链	顶固	镍 大弯	个	16.00	广东顶固集创家居股份有限公司
自卸液压铰链	顶固	镍 直弯	个	16.00	广东顶固集创家居股份有限公司
自卸液压铰链	顶固	镍 中弯	个	16.00	广东顶固集创家居股份有限公司
分体门锁	坚朗	MY2707 锌合金 亚光	套	225.00	广东坚朗五金制品股份有限公司
分体门锁	坚朗	MYS2701C 304 不锈钢 青古铜	套	275.00	广东坚朗五金制品股份有限公司
分体门锁	坚朗	MYS2701C 304 不锈钢 亚光	套	258.00	广东坚朗五金制品股份有限公司
合页	坚朗	MJ035 304 不锈钢 青古铜	副（2 片/副）	41.00	广东坚朗五金制品股份有限公司

续表

产品名称	品牌	规格型号	包装单位	参考价格（元）	供应商
合页	坚朗	MJ035 304 不锈钢 亚光	副（2 片/副）	36.00	广东坚朗五金制品股份有限公司
合页	坚朗	MJ041 304 不锈钢 青古铜	副（2 片/副）	40.00	广东坚朗五金制品股份有限公司
合页	坚朗	MJ041 304 不锈钢 亚光	副（2 片/副）	33.00	广东坚朗五金制品股份有限公司
门吸	坚朗	DS001 304 不锈钢 亚光	套	32.00	广东坚朗五金制品股份有限公司
门吸	坚朗	DS005 304 不锈钢 亚光	套	48.00	广东坚朗五金制品股份有限公司
入户门锁	坚朗	ML103067B 锌合金 亚光	套	268.00	广东坚朗五金制品股份有限公司
入户门锁	坚朗	MLS0207C 304 不锈钢 青古铜	套	299.00	广东坚朗五金制品股份有限公司
入户门锁	坚朗	MLS0207C 304 不锈钢 亚光	套	269.00	广东坚朗五金制品股份有限公司
室内门锁	坚朗	ME104067B 锌合金 亚光	套	150.00	广东坚朗五金制品股份有限公司
室内门锁	坚朗	MRS0607 304 不锈钢 青古铜	套	233.00	广东坚朗五金制品股份有限公司
室内门锁	坚朗	MRS0607 304 不锈钢 亚光	套	199.00	广东坚朗五金制品股份有限公司
导轨	久安	300mm(不锈钢色)	副	39.60	永稳贸易(上海)有限公司
导轨	久安	350mm(不锈钢色)	副	42.00	永稳贸易(上海)有限公司
导轨	久安	400mm(不锈钢色)	副	46.80	永稳贸易(上海)有限公司
导轨	久安	450mm(不锈钢色)	副	49.20	永稳贸易(上海)有限公司
导轨	久安	500mm(不锈钢色)	副	52.80	永稳贸易(上海)有限公司

续表

产品名称	品牌	规格型号	包装单位	参考价格（元）	供应商
导轨	久安	550mm(不锈钢色)	副	57.60	永稳贸易(上海)有限公司
合页	久安	4in,厚度 2.5mm（PVD 金色）	片	30.00	永稳贸易(上海)有限公司
合页	久安	4in,厚度 2.5mm（不锈钢磨砂）	片	18.00	永稳贸易(上海)有限公司
合页	久安	4in,厚度 2.5mm（青古铜）	片	24.00	永稳贸易(上海)有限公司
家具铰链	久安	暗藏/门厚 14～21mm（不锈钢色）	个	6.00	永稳贸易(上海)有限公司
家具铰链	久安	半盖/门厚 14～21mm（不锈钢色）	个	6.00	永稳贸易(上海)有限公司
家具铰链	久安	全盖/门厚 14～21mm（不锈钢色）	个	6.00	永稳贸易(上海)有限公司
门锁	久安	最大门厚 45mm（右开/黄古铜）	把	129.60	永稳贸易(上海)有限公司
门锁	久安	最大门厚 45mm(右开/砂镍亮镍-不锈钢色)	把	118.80	永稳贸易(上海)有限公司
门锁	久安	最大门厚 45mm（右开/锌合金镀锆）	把	194.40	永稳贸易(上海)有限公司
门锁	久安	最大门厚 45mm（左开/黄古铜）	把	129.60	永稳贸易(上海)有限公司
门锁	久安	最大门厚 45mm(左开/砂镍亮镍-不锈钢色)	把	118.80	永稳贸易(上海)有限公司
门锁	久安	最大门厚 45mm（左开/锌合金镀锆）	把	194.40	永稳贸易(上海)有限公司
门锁	久安	最大门厚 50mm（通用型/不锈钢磨砂）	把	273.60	永稳贸易(上海)有限公司
门锁	久安	最大门厚 50mm（右开/不锈钢磨砂）	把	240.00	永稳贸易(上海)有限公司
门锁	久安	最大门厚 50mm（左开/不锈钢磨砂）	把	240.00	永稳贸易(上海)有限公司

续表

产品名称	品牌	规格型号	包装单位	参考价格（元）	供应商
门吸	久安	不锈钢磨砂	个	21.60	永稳贸易(上海)有限公司
门吸	久安	不锈钢磨砂	个	43.20	永稳贸易(上海)有限公司
门吸	久安	黄铜抛光	个	44.40	永稳贸易(上海)有限公司
门吸	久安	青古铜	个	44.40	永稳贸易(上海)有限公司
暗合页	普通	（吸塑）	个	1.20	青岛中企易装网络科技有限公司
暗合页	普通	缓冲 全牙	个	1.30	青岛中企易装网络科技有限公司
暗合页	普通	缓冲(半牙)	个	1.20	青岛中企易装网络科技有限公司
暗合页	普通	全半牙两用	个	2.40	青岛中企易装网络科技有限公司
暗合页	普通	油压缓冲 半牙	个	2.50	青岛中企易装网络科技有限公司
暗合页	普通	自卸式．吸塑．半牙	个	1.30	青岛中企易装网络科技有限公司
暗合页	普通	自卸式不锈钢吸塑	个	2.30	青岛中企易装网络科技有限公司
玻璃夹	普通	玻璃门上夹 FY-020	个	10.50	青岛中企易装网络科技有限公司
玻璃夹	普通	顶夹 FY-030	个	11.20	青岛中企易装网络科技有限公司
玻璃夹	普通	方形 180FY-406	个	29.40	青岛中企易装网络科技有限公司
玻璃夹	普通	曲夹 FY-040	个	14.70	青岛中企易装网络科技有限公司
玻璃夹	普通	锁夹 FY-050	个	30.80	青岛中企易装网络科技有限公司

续表

产品名称	品牌	规格型号	包装单位	参考价格（元）	供应商
玻璃夹	普通	下夹 FY-010	个	11.20	青岛中企易装网络科技有限公司
玻璃夹	普通	浴室 方形 90 单边 FY-405	个	22.40	青岛中企易装网络科技有限公司
玻璃门锁	普通	单锁头-117	个	40.20	青岛中企易装网络科技有限公司
玻璃门锁	普通	利人牌	个	3.50	青岛中企易装网络科技有限公司
玻璃门锁	普通	双锁头-118	个	38.40	青岛中企易装网络科技有限公司
不锈钢吊轮	普通	半圆形 FY-205	个	35.00	青岛中企易装网络科技有限公司
不锈钢吊轮	普通	方形 FY-204	个	33.60	青岛中企易装网络科技有限公司
抽屉锁	普通	136 电脑桌 ϕ16	个	2.20	青岛中企易装网络科技有限公司
抽屉锁	普通	138 电脑桌 ϕ19 短脖	个	2.10	青岛中企易装网络科技有限公司
抽屉锁	普通	138 电脑桌 ϕ19 长脖	个	2.40	青岛中企易装网络科技有限公司
抽屉锁	普通	303B 优（铁心）	个	3.30	青岛中企易装网络科技有限公司
抽屉锁	普通	803ϕ16mm	个	2.45	青岛中企易装网络科技有限公司
抽屉锁	普通	自动	个	3.30	青岛中企易装网络科技有限公司
抽屉锁	普通	自动高脖	个	3.60	青岛中企易装网络科技有限公司
弹子门锁	普通	116-2	个	20.00	青岛中企易装网络科技有限公司
弹子门锁	普通	117-2	个	9.70	青岛中企易装网络科技有限公司

续表

产品名称	品牌	规格型号	包装单位	参考价格（元）	供应商
弹子门锁	普通	117-2(优)	个	18.80	青岛中企易装网络科技有限公司
弹子门锁	普通	2008 圆柱电脑匙	个	33.13	青岛中企易装网络科技有限公司
弹子门锁	普通	9219(木门)	个	19.60	青岛中企易装网络科技有限公司
弹子门锁	普通	9219 镀白木门	个	18.50	青岛中企易装网络科技有限公司
弹子门锁	普通	9219 镀白铁门	个	17.80	青岛中企易装网络科技有限公司
弹子门锁	普通	939A(优)-6164	个	9.90	青岛中企易装网络科技有限公司
弹子门锁	普通	9768 铜头电脑匙	个	30.50	青岛中企易装网络科技有限公司
弹子门锁	普通	9768 锌头电脑锁	个	22.20	青岛中企易装网络科技有限公司
弹子门锁	普通	三环牌 101(优)	个	18.70	青岛中企易装网络科技有限公司
弹子门锁	普通	万字牌 101	个	11.50	青岛中企易装网络科技有限公司
弹子门锁	普通	中顺 9219(铁门)	个	17.80	青岛中企易装网络科技有限公司
防火合页	普通	4 寸	个	4.50	青岛中企易装网络科技有限公司
防火合页	普通	5 寸	个	6.90	青岛中企易装网络科技有限公司
合页	普通	100mm	个	1.50	青岛中企易装网络科技有限公司
合页	普通	125mm	个	4.00	青岛中企易装网络科技有限公司
合页	普通	125mm	个	2.30	青岛中企易装网络科技有限公司

续表

产品名称	品牌	规格型号	包装单位	参考价格（元）	供应商
合页	普通	2.5 寸	个	0.63	青岛中企易装网络科技有限公司
合页	普通	3 寸	个	1.12	青岛中企易装网络科技有限公司
合页	普通	3 寸	个	1.00	青岛中企易装网络科技有限公司
合页	普通	4 寸	个	3.10	青岛中企易装网络科技有限公司
合页	普通	4 寸加厚	个	5.10	青岛中企易装网络科技有限公司
合页	普通	5 寸	个	7.80	青岛中企易装网络科技有限公司
合页	普通	5 寸	个	7.70	青岛中企易装网络科技有限公司
合页	普通	不锈钢 2.5 寸	个	0.76	青岛中企易装网络科技有限公司
合页	普通	不锈钢 5 寸加厚	个	11.00	青岛中企易装网络科技有限公司
合页	普通	不锈钢镀铜 125mm 加厚	个	13.30	青岛中企易装网络科技有限公司
合页	普通	不锈钢油压合页(半牙)	个	3.12	青岛中企易装网络科技有限公司
合页	普通	不锈钢字母 4 寸	个	5.90	青岛中企易装网络科技有限公司
合页	普通	镀铜 2 寸	个	0.50	青岛中企易装网络科技有限公司
合页	普通	双色平头 100mm	个	2.40	青岛中企易装网络科技有限公司
合页	普通	双袖 75mm	个	0.70	青岛中企易装网络科技有限公司
铰链合页	普通	165°	个	4.20	青岛中企易装网络科技有限公司

续表

产品名称	品牌	规格型号	包装单位	参考价格（元）	供应商
铰链合页	普通	弹子	个	1.70	青岛中企易装网络科技有限公司
卷帘门锁	普通	豪华月牙(超薄)	个	12.80	青岛中企易装网络科技有限公司
卷帘门锁	普通	荣和牌(一字锁)	个	8.80	青岛中企易装网络科技有限公司
卷帘门锁	普通	十字锁	个	8.80	青岛中企易装网络科技有限公司
拉手	普通	100mm	个	0.63	青岛中企易装网络科技有限公司
拉手	普通	125mm	个	0.70	青岛中企易装网络科技有限公司
拉手	普通	125mm	个	0.21	青岛中企易装网络科技有限公司
拉手	普通	8寸	个	3.40	青岛中企易装网络科技有限公司
拉手	普通	玻璃门大扁 JL-003C	个	33.60	青岛中企易装网络科技有限公司
拉手	普通	不锈钢6寸	个	2.10	青岛中企易装网络科技有限公司
拉手	普通	不锈钢梅花 150mm	个	0.90	青岛中企易装网络科技有限公司
拉手	普通	大圆014双环	个	16.80	青岛中企易装网络科技有限公司
拉手	普通	弓形 150mm	个	0.30	青岛中企易装网络科技有限公司
拉手	普通	深信不锈钢6寸	个	0.43	青岛中企易装网络科技有限公司
门内锁	普通	飞燕牌901	个	5.80	青岛中企易装网络科技有限公司
门吸	普通	不锈钢3043	个	3.20	青岛中企易装网络科技有限公司

续表

产品名称	品牌	规格型号	包装单位	参考价格（元）	供应商
门吸	普通	不锈钢 3045	个	2.40	青岛中企易装网络科技有限公司
门吸	普通	不锈钢 311	个	4.50	青岛中企易装网络科技有限公司
门吸	普通	不锈钢可调门吸 12cm	个	8.20	青岛中企易装网络科技有限公司
门吸	普通	黑胡桃门吸	个	8.40	青岛中企易装网络科技有限公司
门吸	普通	精品 810	个	3.60	青岛中企易装网络科技有限公司
门吸	普通	可调 A 型	个	2.70	青岛中企易装网络科技有限公司
门吸	普通	锌合金 868	个	5.00	青岛中企易装网络科技有限公司
球锁	普通	5831 不锈钢拉丝	个	13.80	青岛中企易装网络科技有限公司
球锁	普通	5831 钢沙光 CC	个	15.50	青岛中企易装网络科技有限公司
球锁	普通	5831 榉木 BB	个	19.70	青岛中企易装网络科技有限公司
球锁	普通	5831 铜体双拉丝（铜芯）	个	20.20	青岛中企易装网络科技有限公司
球锁	普通	5882 钢拉丝（铜芯）	个	39.00	青岛中企易装网络科技有限公司
球锁	普通	5886 铜芯枪黑间金	个	31.20	青岛中企易装网络科技有限公司
球锁	普通	607 三杆	个	15.00	青岛中企易装网络科技有限公司
球锁	普通	钢沙光 587CC 铜芯	个	15.70	青岛中企易装网络科技有限公司
球锁	普通	塑钢门 587CC 铜芯长杆	个	16.00	青岛中企易装网络科技有限公司

续表

产品名称	品牌	规格型号	包装单位	参考价格（元）	供应商
舍锁	普通	华宜牌 60420L	个	2.60	青岛中企易装网络科技有限公司
十字合页	普通	42×35	个	2.30	青岛中企易装网络科技有限公司
锁芯	普通	防盗门铜锁芯 80mm 曲线塑封	个	31.20	青岛中企易装网络科技有限公司
锁芯	普通	平齿	个	17.10	青岛中企易装网络科技有限公司
铁挂锁（纯铜芯）	普通	362(25mm)	个	2.60	青岛中企易装网络科技有限公司
铁挂锁（纯铜芯）	普通	363(32mm)	个	3.40	青岛中企易装网络科技有限公司
铁挂锁（纯铜芯）	普通	364(38mm)	个	4.25	青岛中企易装网络科技有限公司
铁挂锁（纯铜芯）	普通	365(50mm)	个	7.25	青岛中企易装网络科技有限公司
铁挂锁（纯铜芯）	普通	366(63mm)	个	12.00	青岛中企易装网络科技有限公司
铁挂锁（纯铜芯）	普通	三环 361(20mm)	个	2.40	青岛中企易装网络科技有限公司
铜挂锁	普通	262(25mm)	个	8.30	青岛中企易装网络科技有限公司
铜挂锁	普通	263(32mm)	个	12.30	青岛中企易装网络科技有限公司
铜挂锁	普通	264(38mm)	个	17.20	青岛中企易装网络科技有限公司
铜挂锁	普通	265(50mm)	个	31.20	青岛中企易装网络科技有限公司
铜挂锁	普通	266(63mm)	个	53.10	青岛中企易装网络科技有限公司
铜挂锁	普通	三环 261(20mm)	个	5.80	青岛中企易装网络科技有限公司

续表

产品名称	品牌	规格型号	包装单位	参考价格（元）	供应商
弯扣	普通	标准	个	0.50	青岛中企易装网络科技有限公司
月牙锁	普通	半圆亚光	个	2.50	青岛中企易装网络科技有限公司
月牙锁	普通	豪华亚光（锌体）	个	2.90	青岛中企易装网络科技有限公司
长梁挂锁	普通	364	个	7.90	青岛中企易装网络科技有限公司
长梁挂锁	普通	365	个	13.20	青岛中企易装网络科技有限公司
长梁挂锁	普通	三环 363	个	6.20	青岛中企易装网络科技有限公司
长梁铜挂锁	普通	263（32mm）	个	13.60	青岛中企易装网络科技有限公司
长梁铜挂锁	普通	264（38mm）	个	18.50	青岛中企易装网络科技有限公司
长梁铜挂锁	普通	265（50mm）	个	33.40	青岛中企易装网络科技有限公司
长梁铜挂锁	普通	三环 262（25mm）	个	9.10	青岛中企易装网络科技有限公司
执手门锁	普通	5081-X176 枪间金	个	67.50	青岛中企易装网络科技有限公司
执手门锁	普通	5083-X178 枪间金	个	67.50	青岛中企易装网络科技有限公司
执手门锁	普通	D827	个	28.40	青岛中企易装网络科技有限公司
执手门锁	普通	D893 钛金色	个	31.20	青岛中企易装网络科技有限公司
执手门锁	普通	创奇 901（高档）	个	36.30	青岛中企易装网络科技有限公司
执手门锁	普通	钢拉丝 X1813-L033	个	42.30	青岛中企易装网络科技有限公司

续表

产品名称	品牌	规格型号	包装单位	参考价格（元）	供应商
执手门锁	普通	钢拉丝 X1855-L107	个	43.50	青岛中企易装网络科技有限公司
执手门锁	普通	钢拉丝 X2004-X026	个	51.20	青岛中企易装网络科技有限公司
执手门锁	普通	钢拉丝 XD59-033	个	50.00	青岛中企易装网络科技有限公司
执手门锁	普通	钢拉丝 XK62-157	个	53.30	青岛中企易装网络科技有限公司
执手门锁	普通	密斯顿 D811	个	29.20	青岛中企易装网络科技有限公司
执手门锁	普通	枪间金 X1852-L058	个	50.80	青岛中企易装网络科技有限公司
执手门锁	普通	枪间金 X2007-156	个	70.50	青岛中企易装网络科技有限公司
执手门锁	普通	枪间金 XD49-L005	个	51.80	青岛中企易装网络科技有限公司
执手门锁	普通	枪间金 XK62-157	个	54.80	青岛中企易装网络科技有限公司
执手门锁	普通	圣信塑钢门	个	28.40	青岛中企易装网络科技有限公司
直扣	普通	标准	个	0.50	青岛中企易装网络科技有限公司

附录　企业名录

上海市

3M 中国有限公司

地址：上海市兴义路 8 号万都大厦 38 楼
电话：021-62753535
传真：021-62753535
网址：www. 3m. com. cn
邮箱：zhan@mmm. com

艾比威（上海）电气有限公司

地址：上海浦东新区新城路 2 号 5 幢
电话：400-8610-108
网址：www. abv-electric. com

庞贝捷管理（上海）有限公司

地址：上海市长宁区延安西路 1118 号龙之梦大厦 25 楼
电话：400-880-1717
网址：www. ppgmm. com

爱康企业集团（上海）有限公司

地址：上海市浦东新区新场镇申江南路 4828 号
电话：021-68152838
传真：021-68152777
网址：www. akan. com. cn
邮箱：akan@akan. com. cn

泰科电子（上海）有限公司

地址：上海市古美路 1528 号 5 幢
电话：021-33980000
网址：www. te. com. cn

汉高（中国）投资有限公司

地址：上海市浦东新区张衡路 928 号
电话：021-28918000
传真：021-28915956
网址：www. henkel. cn

上海久耕建材有限公司

地址：上海市松江区九亭镇九新公路 339 号 1 幢 8 楼-515
电话：021-57631989

上海顶易建筑装饰材料有限公司

地址：上海市闸北区虬江路 1000 号 2010-3 室
电话：18321712979
邮箱：1130259002@qq. com

优时吉博罗管理服务（上海）有限公司

地址：上海市长宁区延安西路 1088 号长峰中心 19 楼
电话：021-23074800
传真：021-23074888
网址：www. boral. com. cn

上海程申实业有限公司

地址：上海市闵行区七宝镇九星村星友路 3 幢 15-20 号
电话：18018695899
网址：chengshenjj. tmall. com

上海达通成套电气有限公司

地址：上海市青浦区重固镇崧盈路1158号
电话：021-59867821

道康宁（中国）投资有限公司

地址：中国（上海）自由贸易试验区张衡路1077号
电话：021-38995500
传真：021-50796567
网址：www.dowcorning.com.cn

德力西集团有限公司

地址：上海市普陀区中山北路1777号中国德力西大厦27楼
电话：021-62363333
传真：021-62365822
网址：www.delixi.com

上海艾未实业发展有限公司

地址：上海市闵行区九星吴家浜路28栋3-11号
电话：400-058-6588
网址：www.delisibancai.com.cn

阿克苏诺贝尔（中国）投资有限公司

地址：上海市静安区南京西路1788号22层06单元
电话：021-22205000
网址：www.akzonobel.com

上海兴春装饰材料有限公司

地址：上海市松江区泖港镇陈阁村
电话：021-57865218

飞雕电器集团有限公司

地址：上海市松江区港德路288号
电话：021-51519888
网址：www.feidiao.com

上海飞轮实业有限公司

地址：上海市徐汇区老沪闵路809号
电话：021-61428770

汉得克工具贸易（上海）有限公司

地址：上海市徐汇区中山西路2259号中油企业大厦210室
电话：021-64689842
传真：021-64276056
网址：www.handycrown.com
邮箱：info@handycrown.com

上海翰韩五金制品有限公司

地址：上海市青浦区朱家角镇王金村230号1幢102
电话：021-69830780
传真：021-69830691
网址：hhwj158.1688.com

上海吉祥科技（集团）有限公司

地址：上海市松江石湖荡工业区塔汇路505号
电话：021-57846111
传真：021-57846333
网址：www.shjix.cn
邮箱：shjix@shjix.cn

阔盛管道系统（上海）有限公司

地址：上海市长寿路1076号2002-2004
电话：021-52986002
网址：www.aquatherm.cc
邮箱：info@aquatherm.cc

上海润旭贸易有限公司

地址：上海市闵行区七宝镇九星村星中路九区 10 号楼 105-108 号

电话：021-54798688

雷帝（中国）建筑材料有限公司

地址：上海市松江区新浜工业园区浩海路 309 号

电话：021-57893300

传真：021-57892200

网址：www. laticrete. com. cn

立邦涂料（中国）有限公司

地址：上海市浦东新区金桥出口加工区南区创业路 287 号

电话：021-58384799

网址：www. nipponpaint. com. cn

上海连讯实业发展有限公司

地址：上海市金山区亭林镇兴工路 68 号 F 幢

电话：021-34130641

邮箱：shtaidong@126. com

上海亮倩环保涂料有限公司

地址：上海市青浦区胜利路 588 号 3 幢一层 J 区 197 室

电话：13818134000

邮箱：1103410374@qq. com

上海步坚实业有限公司

地址：上海市闵行区浦江工业园区

电话：021-64290723

传真：021-64290831

网址：www. lonrare. com

邮箱：info@lonrare. com

罗格朗集团有限公司

地址：上海市静安区乌鲁木齐北路 480 号万泰国际 19 层

电话：021-62112511

网址：www. legrand. com. cn

上海绿格装饰材料有限公司

地址：上海市嘉定区嘉松北路 5633 号

电话：021-61536383

网址：www. sh-lvge. com

上海美士星建筑胶粘剂有限公司

地址：上海市徐汇区龙吴路 388 号厂内 A2-A8

电话：021-54356666

传真：021-54353433

网址：www. shmsx. com. cn

邮箱：meiya168@163. com

上海牛元工贸有限公司

地址：上海市宝山区蕰川路 516 号泰德商务中心（共富园）4-20

电话：021-56921138

传真：021-56921139

网址：www. niuyuan. com

上海起帆电线电缆有限公司

地址：上海市金山区张堰镇振康路 238 号

电话：021-68095800

传真：021-68095588

网址：www. qfan. cc

上海切瑞西化学有限公司

地址：上海市嘉定区金沙江西路 1555 弄 390 号

电话：021-52791097

传真：021-69125302

网址：www. qierx. com

上海宇晟密封材料有限公司

地址：上海市中山北路1958号华源世界广场28层
电话：021-62059707
传真：021-60825485
网址：www.sunrisepu.com

上海姗美建材有限公司

地址：上海市金山区金廊公路41号
电话：400-658-0978
网址：www.smjc.com.cn

上海声达木业有限公司

地址：上海市沪太公路6188号
电话：021-56039107
传真：021-56039107
网址：www.shengda-wood.com
邮箱：kei.zhangq@gmail.com

圣戈班（中国）投资有限公司

地址：上海市延安东路222号外滩中心办公楼7楼
电话：021-63618899
传真：021-63222909
网址：www.saint-gobain.com.cn
邮箱：CorporateCommunication.CN@saint-gobain.com

上海树玉建材有限公司

地址：上海市浦东新区沪南公路建豪路圣太企业园91号
电话：021-20985906
传真：021-20985921
网址：www.shuyujiancai.com
邮箱：wwmjhywty@163.com

舜坦（上海）新材料有限公司

地址：上海市奉贤区浦星公路6978号5支号
电话：021-33613388
传真：021-33613366
网址：www.nikenipe.com
邮箱：stsh@nikenipe.com

上海熊猫线缆股份有限公司

地址：上海市松江区洞泾镇张泾路505号
电话：021-57675838
传真：021-57675848
网址：www.pandawire.cn

上海市闵行区吴泾镇银城装饰材料加工厂

地址：上海市闵行区剑川路1030号
电话：13816887448
网址：sanjun5209.1688.com

上海兰意新型建材发展有限公司

地址：上海市松江区泗泾镇方泗路218
电话：021-57626489
传真：021-57626786

上海正点装饰材料有限公司

地址：上海市老真北路222号6栋-2
电话：021-52813021
传真：021-52812237
网址：www.noonzd.com
邮箱：1626426565@qq.com

上海羿臣实业有限公司

地址：上海市沪太路 4332 号 B 区 3116 号
电话：021-51813930

上海志豪实业有限公司

地址：上海市松江区泗泾镇方泗公路 218 号
电话：021-66670066
传真：021-57617994
网址：www.zhihaosy.cn
邮箱：zfsj888@163.com

上海中南建筑材料有限公司

地址：上海市凯旋路 3001 号
电话：021-64867722
传真：021-64870827
网址：www.zhongnan.com.cn
邮箱：zncoating@vip.163.com

上海皮尔萨实业有限公司

地址：上海市新顺路 68 号
电话：400-888-3003
传真：021-54863871
网址：www.cnpes.cn

紫荆花制漆（上海）有限公司

地址：上海市青浦区重固镇北青公路 6511 号
电话：021-59789999
网址：www.bauhiniahk.com.hk

上海德羊实业有限公司

地址：上海市闵行区七宝镇九星村虹莘路 2 号房 10-12 号
电话：021-54397033

上海佳千建材有限公司

地址：上海市闵行区七宝镇九星村星友路 3 号房 39-42 号
电话：021-54791061

上海晶贝水性涂料经营部

地址：上海市闵行区七宝镇九星村虹莘路 6 号楼西外 13、14 号
电话：021-54164667

上海市闵行区闽康电线电缆经营部

地址：上海市闵行区七宝镇九星村星高街 5 幢 29、64、30、65 号
电话：021-64063879

上海明大家具材料有限公司

地址：上海市闵行区九星市场星村路 7 号楼 25-26
电话：021-64796803
传真：021-64594180
邮箱：mdtwl@126.com

上海卿晔建材有限公司

地址：上海市闵行区七宝镇九星村星中路 29 幢 1-8、11-12、201-212 号
电话：021-64799563
邮箱：751293752@qq.com

上海圣晏建筑材料有限公司

地址：上海市奉贤区四团镇安泰路 605 号 1 幢 379 室
电话：18657776577

上海诗岚建筑材料有限公司

地址：上海市闵行区七宝镇九星村星中路九区4幢8-9、10号东
电话：021-54868290

上海市闵行昊琳建材经营部

地址：上海市闵行区七宝镇九星村星东路20幢15-16号
电话：15618355613

上海市闵行区金昇五金经营部

地址：上海市闵行区七宝镇九星村东兰西路3幢103号
电话：021-34530115

上海亚永建材经营部

地址：上海市闵行区七宝镇九星村星村街7号房11-12号
电话：021-54763648

宇霸龙实业（上海）有限公司

地址：上海市闵行区元江路5500号第1幢D473室
电话：021-34150022
传真：021-54852898
网址：shop1368726665109.1688.com

上海曦阳五金电器有限公司

地址：上海市漕宝路九星市场九区九幢13号
电话：021-64789108

永稳贸易（上海）有限公司

地址：上海市徐泾镇汇龙路129号A栋1楼
电话：400-090-7957
网址：www.eversef.com.cn

埃第尔电气科技（上海）有限公司

地址：上海市浦东新区张衡路1000弄61号
电话：021-31263188
传真：021-61605906
网址：www.idealindustries.cn
邮箱：ideal_china@idealindustries.com

上海上塑控股（集团）有限公司

地址：上海市奉贤区青村镇青港经济园区上塑路88号
电话：021-57567890
传真：021-57567890
网址：www.shsu.com.cn
邮箱：info@shsu.com.cn

上海牛元工贸有限公司

地址：上海市宝山区蕰川路516号泰德商务中心（共富园）4-20
电话：021-56921138
传真：021-56921139
网址：www.niuyuan.com

上海天力实业（集团）有限公司

地址：上海市奉贤区金汇工业园金斗路288号
电话：400-920-1898
传真：021-37561122
网址：www.teilei.com

飞利浦照明（中国）投资有限公司

地址：上海市闵行区虹梅路1535号1号楼10楼
电话：400-920-1201
网址：www.lighting.philips.com.cn

北京市

ABB（中国）有限公司

地址：北京市朝阳区酒仙桥路 10 号恒通广厦
电话：010-84566688
传真：010-62431613
网址：www. abb. com. cn
邮箱：ning. ning@cn. abb. com

北京怡硕美科技有限公司

地址：北京市通州区潞城镇东刘庄村村委会北 100 米
电话：010-58423127
网址：www. ysm168. cn
邮箱：goutongwen@163. com

北京东方雨虹防水技术股份有限公司

地址：北京市顺义区顺平路沙岭段甲 2 号
电话：010-59031800
网址：www. yuhong. com. cn
邮箱：yuhong@yuhong. com. cn

梅菲特（北京）涂料有限公司

地址：北京市通州区聚富苑民族产业发展基地聚和六街 2 号-137
电话：010-64450470
网址：www. dufang. com. cn
邮箱：zangzhixin@dufang. com. cn

迪古里拉（中国）涂料有限公司

地址：北京市朝阳区阜通东大街 1 号院 望京 SOHO T2-B-18 层
电话：010-67872529
传真：010-67871477
网址：www. ifeelings. com. cn
邮箱：TBP. cn@tikkurila. com

北京慧远电线电缆有限公司

地址：北京市朝阳区金盏乡曹各庄
电话：010-84391107
网址：www. huiyuandianxiandianlan. com
邮箱：huiyuanxiaoshou@126. com

北京市朝阳昆仑电线厂

地址：北京市朝阳区北楼梓庄
电话：010-84313141
传真：010-84318907
网址：www. kldxc. com
邮箱：admin@lkldxc. com

北京莱恩斯涂料有限公司

地址：北京市通州区台湖光机电一体化产业基地兴光五街 11 号
电话：010-81503577
传真：010-81504020
网址：www. lionspaint. com
邮箱：lionshr@163. com

北新集团建材股份有限公司

地址：北京市海淀区首体南路 9 号主语国际 4 号楼 9、10 层
电话：010-68799800
传真：010-68799891
网址：www. bnbmg. com. cn

美巢集团股份公司

地址：北京市大兴区瀛元街 6 号
电话：010-87690181
网址：www. meichao. com

北京润德鸿图科技发展有限公司

地址：北京市东城区南竹杆胡同6号楼9层01-10
电话：010-51655654
传真：010-51802295
网址：www.dilou.com.cn
邮箱：leemingh@163.com

智德伟业涂料（北京）有限公司

地址：北京朝阳区双惠苑甲5号楼2单元
电话：010-65703221
传真：010-65703221

施耐德电气（中国）有限公司

地址：北京市朝阳区望京东路6号施耐德大厦
电话：400-810-1315
网址：www.schneider-electric.cn
邮箱：order.commercial@cn.schneider-electric.com

西门子（中国）有限公司

地址：北京市朝阳区望京中环南路7号
电话：400-616-2020
网址：www.siemens.com
邮箱：contact.slc@siemens.com

北京海联锐克建材有限公司

地址：北京市房山区良乡镇吴店村东
电话：010-69502286
传真：010-69502286

北京可耐美国际贸易有限公司

地址：北京市东城区安定门外大街2号安贞大厦2308室
电话：010-64482186
传真：010-64482226
网址：www.germanyclime.com
邮箱：beijing@germanyclime.cn

北京凯跃亿博建材有限公司

地址：北京市门头沟区石龙经济开发区永安路20号3幢B1-2087室
电话：010-69820193

松下电器（中国）有限公司

地址：北京市朝阳区景华南街5号远洋光华中心C座3层、6层
电话：010-65626688
网址：panasonic.cn

天津市

天津小猫天缆集团有限公司

地址：天津市北辰区大张庄镇万发科技园
电话：400-111-9292
传真：022-26995398
网址：www.tlxmbc.com
邮箱：tlxmbc@163.com

浙江省

浙江超宇工具有限公司

地址：浙江省台州市椒江区创业路5路
电话：0576-88558282
传真：0576-88558181
网址：www.zjchaoyu.com
邮箱：sales@zjchaoyu.com

杭州大王椰控股集团有限公司

地址：浙江省杭州市萧山经济技术开发区红垦农场垦辉六路899号
电话：400-826-6899
网址：www.dwywooden.com

公元塑业集团有限公司

地址：浙江省台州市黄岩经济开发区埭西路2号
电话：0576-84277181
传真：0576-84277283
网址：www.era.com.cn
邮箱：ygxsb@era.com.cn

余姚市华生刷业有限公司

地址：浙江省余姚市朗霞街道朗霞村
电话：0574-63305485
传真：0574-63302485

武义县泉溪三联五金工具厂

地址：浙江省武义市泉溪镇永武二线何村路口变电站旁
电话：0579-87618277
传真：0579-87726846
网址：www.kdlgj.com

永康市奇凡五金工具厂

地址：浙江省永康市芝英镇里塘下村12-3号
电话：0579-87430170
传真：0579-87430170
网址：ykqifan.1688.com

千年舟新材销售有限公司

地址：浙江省杭州市余杭区良渚镇好运街152号
电话：0571-89002555
传真：0571-88746130
网址：www.hhqnz.com
邮箱：alex@hhqnz.com

松尼电工有限公司

地址：浙江省乐清市柳市镇智广工业区
电话：0577-62723000
传真：0577-62721222
网址：www.chinalgl.com
邮箱：lgl@chinalgl.com

德华兔宝宝装饰新材股份有限公司

地址：浙江省德清县武康镇临溪街588号
电话：0572-8406110
传真：0572-8823166
网址：www.tubaobao.com

浙江伟星新型建材股份有限公司

地址：浙江省台州市临海经济开发区柏叶中路
电话：400-728-9289
网址：www.china-pipes.com

宁波长城精工实业有限公司

地址：浙江省余姚市阳明科技工业园区江丰路一号
电话：0574-62880815
传真：0574-62880812
网址：www.gwpstools.com
邮箱：ccjg@gwpstools.com

长虹塑料集团英派瑞塑料股份有限公司

地址：浙江省乐清市柳市镇长征路71-85号
电话：0577-62793331
传真：0577-62793006
网址：cn.chs.com.cn
邮箱：sale@chs.com.cn

浙江中财管道科技股份有限公司

地址：浙江省新昌县新昌大道东路658号
电话：0575-86127808
传真：0575-86120351
网址：www.zhongcai.com
邮箱：zcgf@zhongcai.com

宁波市福达刀片有限公司

地址：浙江省宁波市江北区洪塘工业C区广元路201号
电话：0574-87586862
传真：0574-88199830
网址：www.fdblades.com

浙江正泰电器股份有限公司

地址：浙江省乐清市北白象镇正泰工业园区正泰路1号
电话：400-817-7777
网址：www.chint.com
邮箱：services@chint.com

浙江升华云峰新材股份有限公司

地址：浙江省德清县钟管工业区南湖路9号
电话：400-826-8199
传真：0572-8677662
网址：http：//www.yunfeng.com
邮箱：yfgn@yunfeng.com

公牛集团有限公司

地址：浙江省慈溪市观海卫镇工业园东区
电话：400-883-2388
网址：http：//www.gongniu.cn
邮箱：kefu@gongniu.cn

浙江爱德利电器股份有限公司

地址：浙江省乐清市柳市镇新光工业区新光大道122号1号楼
电话：0577-61513312
传真：0577-62777730
网址：www.chdele.com

杭州鸿雁电器有限公司

地址：浙江省杭州市天目山路248号华鸿大厦
电话：400-826-7818
网址：www.hongyan.com.cn

江苏省

东海县驼峰乡飞翔照明电器厂

地址：江苏省东海县驼峰乡浦湾路
电话：13585286327

江阴恒扬新型建材有限公司

地址：江苏省江阴市华士镇红旗路 52 号
电话：0510-68952886
传真：0510-68952887
网址：www. hynbm. com
邮箱：info@hynbm. com

无锡市沪安电缆有限公司

地址：江苏省宜兴市官林镇东虹路
电话：0510-87208881
传真：0510-87205602
网址：www. huancable. com

无锡江南电缆有限公司

地址：江苏省宜兴市官林镇新官东路 53 号
电话：0510-87210333
传真：0510-87200620
网址：www. jncable. com. cn

昆山市交通电线电缆有限公司

地址：江苏省昆山市振新西路 288 号（张浦民营开发三区）
电话：0512-57456886
传真：0512-57456886
网址：www. ksjtline. com. cn
邮箱：hbline@pub. sz. jsinfo. net

常州嘉玛百胜化工有限公司

地址：江苏省常州市钟楼区关河西路 210 号
电话：400-838-5807
传真：0519-85510919
网址：www. jsjiama. com
邮箱：Jqh9988@163. com

江苏七叶乳胶有限公司

地址：江苏省苏州市吴中区东山镇西泾山
电话：0512-66281365
传真：0512-66281365
网址：www. qiyegroup. com
邮箱：qiye@hi2000. com

苏州市胜德佳新型建筑材料有限公司

地址：江苏省苏州市孙武路 80 号
电话：400-831-3966
网址：www. szsdj. net
邮箱：szsdj-a@szsdj. net

维德木业（苏州）有限公司

地址：江苏省苏州市国家高新技术产业开发区维德城
电话：0512-65393117
传真：0512-66711444
网址：www. vicwoodtimber. com. cn
邮箱：market@vicwoodtimber. com. cn

远东电缆有限公司

地址：江苏省宜兴市远东大道 8 号
电话：0510-87242500
传真：0510-87242500
网址：www. fe-cable. com

昆山市长江电线电缆厂

地址：江苏省昆山市长江北路 1355 号
电话：0512-57711738
传真：0512-57643311
网址：www. kschangjiang. com
邮箱：info@kschangjiang. com

西蒙电气（中国）有限公司

地址：江苏省海安开发区西蒙路 1 号
电话：0513-88917070
传真：0513-88917088
网址：www. simon. com. cn

江苏太湖城电气有限公司

地址：江苏省无锡市凤翔北路 37 号
电话：0510-83103188
传真：0510-8233903
网址：www. thch. cn
邮箱：jianglei5250@gmail. com

广东省

联合树脂（远东）有限公司

地址：广东省江门市江海区高新技术产业开发区福兴路 18 号
电话：0750-3869821
传真：0750-3869810

佛山市顺德区迪欧电器实业有限公司

地址：广东省佛山市顺德乐从第三工业区迪欧大厦
电话：0757-28912208
传真：0757-28863449
网址：www. oulia. com
邮箱：sales@oulia. com

广州市大友装饰材料实业有限公司

地址：广州市天健国际五金交易中心 A 座 T2105-2106
电话：020-87202334
传真：020-87046483
网址：www. gzdy888. com
邮箱：dayou@gzdy888. com

德高（广州）建材有限公司

地址：广州市海珠区滨江西路 206 号
电话：020-84411717
传真：020-84431130
网址：www. davco. cn

广州市高士实业有限公司

地址：广东省广州市广花三路 360 号
电话：020-36080290
传真：020-36080289
网址：www. glorystar. cn

广东金万得胶粘剂有限公司

地址：广东省揭阳市揭东经济开发区
电话：0663-3274490
传真：0663-8202690
网址：www. jwd. com. cn

广州市魁霸建筑防水装饰有限公司

地址：广东省广州市天河区天平架广州大道北 647-6 号
电话：020-87749701
传真：020-87790887
网址：www. gzkuiba. com
邮箱：gzkuiba@126. com

惠州雷士光电科技有限公司

地址：广东省惠州市汝湖雷士工业园
电话：0752-2786666
传真：0752-2786689
网址：www. nvc-lighting. com. cn

欧司朗（中国）照明有限公司

地址：广东省佛山市工业北路 1 号
电话：0757-86482111
网址：www. osram. com. cn

日丰企业集团有限公司

地址：广东省佛山市祖庙路 16 号日丰大厦
电话：400-111-0211
网址：www. rifeng. com. cn
邮箱：rifeng@rifeng. com

揭阳市日钢五金实业有限公司

地址：广东省揭阳市空港经济区天福路庵前路侧西侧
电话：0663-8650665

广东三和化工科技有限公司

地址：广东省中山市黄圃镇大岑工业区
电话：0760-28163601
网址：www. sanvo. com
邮箱：sanvo@sanvo. com

广东三雄极光照明股份有限公司

地址：广东省广州市番禺区石壁街韦涌工业区 132 号
电话：020-28660333
传真：020-28660389
网址：www. pak. com. cn
邮箱：commonality@pak. com. cn

广州市威力狮工具有限公司

地址：广东省佛山市南海区黄岐东湖路 8 号威力狮商务大楼
电话：0757-85959207
传真：020-81154635
网址：www. wynnstools. net. cn

广东联塑科技实业有限公司

地址：广东省佛山市顺德区龙江镇联塑工业村
电话：400-168-2128
传真：757-23888555
网址：www. lesso. com

中山市古镇欧宇灯饰电器厂

地址：广东省中山市古镇海洲沙源顺成工业区
电话：0760-23688288
传真：0760-22313281
网址：www. ouyulight. com
邮箱：info@ouyulight. com

广东华润涂料有限公司

地址：广东省佛山市顺德高新技术开发区科技产业园
电话：0757-29990481
网址：www. huarun. com

广东坚朗五金制品股份有限公司

地址：广东省东莞市塘厦镇大坪坚朗路3号
电话：0769-82166666
传真：0769-82136666
网址：www. kinlong. com
邮箱：mail@kinlong. com

鹤山市米奇涂料有限公司

地址：广东省鹤山市鹤城镇新材料产业基地
电话：0750-8429777
传真：0769-22422777
网址：www. mickey-paint. com

广州市伟正木制品有限公司

地址：广东省广州市番禺区东涌镇南涌村启新路127号
电话：020-84900747
传真：020-84900757
网址：www. gzweizheng. cn

深圳市秋叶原实业有限公司

地址：广东省深圳市宝安区黄田光汇工业区
电话：0755-27512800
传真：0755-27512791
网址：www. choseal. cn
邮箱：info@choseal. cn

广东顶固集创家居股份有限公司

地址：广东省中山市东凤镇东阜三路429号
电话：0760-22772555
传真：0760-22632402
网址：www. dinggu. net

福建省

九牧厨卫股份有限公司

地址：福建省南安市经济开发区九牧工业园
电话：0595-86149999
网址：www. jomoo. com. cn
邮箱：jwd@jwd. com. cn

三棵树涂料股份有限公司

地址：福建省莆田市荔园北大道518号
电话：0594-2761926
网址：www. skshu. com. cn
邮箱：huangll@skshu. com. cn

安徽省

安徽海螺水泥股份有限公司

地址：安徽省芜湖市文化路39号
电话：0553-8398999
网址：www. conch. cn
邮箱：webmaster@conch. cn

安徽米兰士装饰材料有限公司

地址：安徽省桐城市范岗工业园
电话：400-027-1299
网址：www. tcjxzs. com
邮箱：fjiansz@qq. com

安徽金飞工具有限公司

地址：安徽省桐城市范岗镇区合安路 57 号
电话：0556-6010073
传真：0556-6010073

可耐福新型建筑材料（芜湖）有限公司

地址：安徽省芜湖市港湾路 2 号
电话：0553-5842053
传真：0553-5841416
网址：www.knauf.com.cn

桐城市永固制刷有限责任公司

地址：安徽省桐城市新渡镇姚板村
电话：0556-6818227
传真：0556-6818227
网址：yonguzhishua.1688.com

安徽玉达工具有限公司

地址：安徽省合肥经济圈桐城市范岗镇
电话：0556-6020085
网址：www.ahyuda.com
邮箱：lisa@ahyuda.com

合肥裕森木业有限公司

地址：安徽省合肥市明光路 86 号
电话：400-800-5666
网址：www.yusen.com.cn

安徽朗凯奇建材有限公司

地址：安徽省合肥市高新区海棠路 260 号
电话：0551-65578226
传真：0551-65710788
网址：www.lencaqi.com
邮箱：langkaiqi@126.com

绿宝电缆（集团）有限公司

地址：安徽省合肥市瑶海工业园区
电话：0551-64387778
传真：0551-64394799
网址：www.lbtzdl.com

湖南省

湖南丰旭线缆有限公司

地址：湖南省长沙县湘龙街道办事处土桥村圆梦完美生活 4 栋 1305 号
电话：0731-86883086
传真：0731-86883086

金杯电工股份有限公司

地址：湖南省长沙市高新技术产业开发区东方红中路 580 号
电话：0734-8496993
传真：0734-8401889
网址：www.gold-cup.cn

湖南旺德府木业有限公司

地址：湖南省长沙市芙蓉区万家丽中路一段 176 号旺德府国际大厦 26 楼
电话：0731-89735077
传真：0731-82191078
网址：www.hn-wanxiang.com

湖南省白银新材料有限公司

地址：湖南省岳阳市经济技术开发区通海路
电话：0730-8711099
传真：0730-8752299
网址：www.hnbyhg.com
邮箱：hnbyxcl@163.com

湖北省

武汉第二电线电缆有限公司

地址：湖北省武汉市东西湖区新沟油纱路16号
电话：027-83852600
传真：027-83831021
网址：www. wherxian. com
邮箱：wherxian@foxmail. com

武汉双龙木业发展有限责任公司

地址：湖北省武汉市东西湖区走马岭木业工业园
电话：800-880-9508
传真：027-83067650
网址：www. jinhan. cn

武汉金牛经济发展有限公司

地址：湖北省武汉市汉阳区黄金口工业园金福路8号
电话：027-84469077
传真：027-84469067
网址：www. wuhankb. com

孝感舒氏（集团）有限公司

地址：湖北省孝感市孝南区南大工业开发区
电话：0712-2516001
传真：0712-2516004
网址：www. shushi. com. cn
邮箱：shushi@shushi. com. cn

湖北玉立砂带集团股份有限公司

地址：湖北省通城县玉立大道218号
电话：0715-4322107
传真：0715-4352111
网址：www. sharpness. com. cn
邮箱：sales@sharpness. com. cn

武汉蚁巢装饰材料有限公司

地址：湖北省武汉市东西湖区将军三路附2路
电话：13995653460
邮箱：2020827875@qq. com

湖北宝源木业有限公司

地址：湖北省荆门市东宝区子陵镇子陵街18号
电话：0724-8642986
传真：0724-8642890
网址：www. baoyuanmy. com
邮箱：hbbymy@163. com

云南省

昆明法高建材有限公司

地址：云南省昆明市安宁市金方街道办事处大普河村
电话：0871-63355233
传真：0871-63355233
网址：www. lawhigh. com. cn

云南万里化工制漆有限责任公司

地址：云南省昆明市官渡区昌宏路新高原明珠五金机电城D14栋8-9号
电话：0871-65174581
网址：www. ynwlhg. com
邮箱：wlhg8027@163. com

辽宁省

哥俩好新材料股份有限公司

地址：辽宁省抚顺市哥俩好工业园区 15-18 号
电话：4006-302-333
传真：024-55262508
网址：www.geliahao.com.cn

金德管业集团有限公司

地址：辽宁省沈阳市于洪区北陵乡八家子村
电话：400-655-9677
网址：www.ginde.com
邮箱：ginde@ginde.cn

河北省

河北晨阳工贸集团有限公司

地址：河北省保定市徐水区晨阳大街 1 号
电话：0312-8687666
网址：www.chenyang.com
邮箱：chenyangshuiqi@163.com

河南省

郑州七乐建材有限公司

地址：河南省郑州市郑东新区商都路六号
电话：0371-66657018
网址：www.qljc.net
邮箱：812684635@qq.com

郑州市银河电线电缆有限公司

地址：巩义市鲁庄镇南候村
电话：0371-66302666
传真：0371-65305888

黑龙江省

哈尔滨金巢阳光装饰材料有限公司

地址：黑龙江省哈尔滨市香坊区香坊大街向阳乡刘明屯
电话：400-038-7367
网址：www.jcygsg.com

山东省

泰山石膏股份有限公司

地址：山东省泰安市岱岳区大汶口
电话：0538-8811449
网址：www.taihegroup.com
邮箱：tssgbgs@163.com

锋泾（中国）建材集团有限公司

地址：山东省青岛市胶州马店工业园
电话：0532-83225762
传真：0532-83225764
网址：www.fengjingpu.com

青岛崂山管业科技有限公司

地址：山东省青岛市即墨北安工业园
电话：0532-87515977
传真：0532-87517977
网址：www.laoshanpipe.com
邮箱：laoshanpipe@163.com

临沂市福德木业有限公司

地址：山东省临沂市兰山区义堂镇苑朱里村西
电话：400-011-8589
传真：0539-8560090
网址：www.fudemuye.com

郯城县桐旭电器配件厂

地址：山东省郯城县黄山镇工业园
电话：0539-6785236
传真：0539-6785236

威海高技术产业开发区亚兴吊顶材料中心

地址：山东省威海市高区世昌大道361号4号楼112、113、115
电话：0631-5255042
传真：0631-5255042

青岛中企易装网络科技有限公司

地址：山东省青岛市李沧区大同北101-4
电话：0532-55556288
网址：zhongqiyizhuang.com
邮箱：634110558@qq.com